甘肃省科技经费
配置效率分析及结构优化研究

张爱宁 李晓玲 李建伟 主 编

谢艳艳 副主编

甘肃科学技术出版社

甘肃·兰州

图书在版编目（CIP）数据

甘肃省科技经费配置效率分析及结构优化研究 / 张爱宁，李晥玲，李建伟主编. -- 兰州：甘肃科学技术出版社，2023.11
ISBN 978-7-5424-3155-4

Ⅰ．①甘… Ⅱ．①张… ②李… ③李… Ⅲ．①科技经费—优化配置—研究—甘肃 Ⅳ．①G322.742

中国国家版本馆CIP数据核字（2023）第250407号

甘肃省科技经费配置效率分析及结构优化研究
张爱宁　李晥玲　李建伟　主编

责任编辑　刘　钊
封面设计　孙顺利

出　　版	甘肃科学技术出版社
社　　址	兰州市城关区曹家巷1号　730030
电　　话	0931-2131570（编辑部）　0931-8773237（发行部）
发　　行	甘肃科学技术出版社　　印　刷　甘肃城科工贸印刷有限公司
开　　本	880毫米×1230毫米 1/16　印　张　29　插页 2　字　数　590千
版　　次	2024年5月第1版
印　　次	2024年5月第1次印刷
印　　数	1～600
书　　号	ISBN 978-7-5424-3155-4　　定　价　89.00元

图书若有破损、缺页可随时与本社联系：0931-8773237
本书所有内容经作者同意授权，并许可使用
未经同意,不得以任何形式复制转载

前　言

科技是国家强盛之基,创新是民族进步之魂。当前,面对新一轮科技革命和产业变革带来的机遇和挑战,许多国家和地区把创新驱动作为国家发展的核心战略。党的二十大报告指出,要坚持创新在中国现代化建设全局中的核心地位,加快实现高水平科技自立自强,加快建设科技强国。

创新是引领发展的第一动力,第一动力更加需要"第一保障"。科技经费投入是保障区域科技进步和高质量发展的重要物质基础和条件支撑,其增长情况是政府财政投入关注的重点。党的十八大以来,中国科技投入体制机制改革逐步深化,初步形成科技经费投入政策体系,呈现政策措施多样化、投入主体多元化态势,以政府投入为引导、企业投入为主体、金融市场为支撑的多元投入体系逐步建立,助力中国稳居世界第二大研发投入国,为创新型国家、世界科技强国建设提供了有力支撑。

科学技术是第一生产力,投资科技就是投资未来。近年来,甘肃省委省政府高度重视科技创新工作,大力实施强科技行动,持续增加科技经费投入,多项关键指标交出不俗成绩,其中,研发经费投入强度达到1.29%,财政科技支出占一般公共预算支出的比重达到1.35%,有效赋能创新型甘肃建设。立足实现高水平科技自立自强目标,我们也意识到甘肃还存在科技经费分配机制不完善、配置效率不高、投入结构不优等问题。创新不止,未来可期,如何进一步强化科技经费投入强度,提升科技经费使用效能,将科技经费精准匹配到善于创新的优秀人才团队和符合经济社会重大需求的科研项目上,充分激发全社会创新活力,成为当前亟待研究的新课题。

本书在已有相关研究成果的基础上,进一步横向拓宽研究视野、纵向延伸研究领域、深向集合多种研究方式,从科技经费投入与经济增长的理论研究出发,以中国四个不同经济区域、甘肃省及14个市州为研究对象,开展研究科技经费投入对经济增长的促进作用、科技经费投入与科技产出效率的实证研究,特别是对企业创新主体以"解剖麻雀"的方式进行了深入研究,精准分析企业研究经费投入产出效率、研发投入对企业绩效的影响因素,对中国及甘肃省科技经费配置和使用效率进行客观评价和分析研判,重点对如何提高甘肃省科技经费投入效率进行了思考。

希望本书能为研究人员了解甘肃科技经费投入现状、为政府部门提高科技资金使用效率提供参考和借鉴。

目 录

第一章 研究综述与理论基础 ... 1
一、研究综述 ... 1
二、相关理论基础 ... 2

第二章 中国科技经费投入、产出及其关联分析 ... 8
一、中国科技投入分析 ... 8
二、中国科技产出状况分析 ... 21
三、四个不同经济区域科技经费投入与科技产出对比分析 ... 47
四、中国科技经费投入与科技产出的关联性分析 ... 58

第三章 中国企业研究经费投入产出分析 ... 61
一、企业的研发经费情况 ... 61
二、工业企业的研究与发展活动 ... 64

第四章 中国科技经费投入效率研究 ... 70
一、科技经费投入效率的测算 ... 70
二、科技经费投入的 Malmquist 指数分解 ... 73

第五章 中国科技经费投入与经济增长的关系研究 ... 76
一、科技投入与经济增长的作用机制 ... 76
二、中国科技投入与经济增长关系的实证研究 ... 78

第六章 甘肃省科技投入产出分析 ... 82
一、甘肃省科技投入情况 ... 82
二、甘肃省科技产出情况 ... 89

第七章 甘肃省企业研发经费投入产出分析 ... 112
一、甘肃省企业研发发展现状 ... 112
二、甘肃省企业研发投入影响因素 ... 118
三、企业研发投入对企业绩效影响的实证分析 ... 120
四、政策研究 ... 132

第八章 甘肃省市州科技经费投入产出分析 ... 136
[1]兰州篇 ... 136
一、科技投入情况 ... 136
二、科技产出情况 ... 145

[2]嘉峪关篇 ... 159
一、科技投入情况 ... 159
二、科技产出情况 ... 165

[3]金昌篇 ... 179
一、科技投入情况 ... 179

  二、科技产出情况 ………………………………………………………… 188

[4]白银篇 …………………………………………………………………… 201
  一、科技投入情况 ………………………………………………………… 201
  二、科技产出情况 ………………………………………………………… 210

[5]天水篇 …………………………………………………………………… 225
  一、科技投入情况 ………………………………………………………… 225
  二、科技产出情况 ………………………………………………………… 234

[6]武威篇 …………………………………………………………………… 249
  一、科技投入情况 ………………………………………………………… 249
  二、科技产出情况 ………………………………………………………… 258

[7]张掖篇 …………………………………………………………………… 272
  一、科技投入情况 ………………………………………………………… 272
  二、科技产出情况 ………………………………………………………… 281

[8]平凉篇 …………………………………………………………………… 295
  一、科技投入情况 ………………………………………………………… 295
  二、科技产出情况 ………………………………………………………… 303

[9]酒泉篇 …………………………………………………………………… 317
  一、科技投入情况 ………………………………………………………… 317
  二、科技产出情况 ………………………………………………………… 326

[10]庆阳篇 ………………………………………………………………… 341
  一、科技投入情况 ………………………………………………………… 341
  二、科技产出情况 ………………………………………………………… 350

[11]定西篇 ………………………………………………………………… 364
  一、科技投入情况 ………………………………………………………… 364
  二、科技产出情况 ………………………………………………………… 372

[12]陇南篇 ………………………………………………………………… 386
  一、科技投入情况 ………………………………………………………… 386
  二、科技产出情况 ………………………………………………………… 394

[13]临夏篇 ………………………………………………………………… 408
  一、科技投入情况 ………………………………………………………… 408
  二、科技产出情况 ………………………………………………………… 416

[14]甘南篇 ………………………………………………………………… 430
  一、科技投入情况 ………………………………………………………… 430
  二、科技产出情况 ………………………………………………………… 438

第九章 提高甘肃省科技经费投入效率的建议 ……………………………… 452
  一、甘肃省科技经费投入分析 …………………………………………… 452
  二、提高甘肃省科技经费投入效率的建议 ……………………………… 455

后记 …………………………………………………………………………… 459

第一章 研究综述与理论基础

一、研究综述

对科技经费投入效率的研究文献,大体上可以分为四大类:第一,研究科技经费支出与经济增长之间的关系,并做出相应的评估;第二,研究政府财政科技支出的效率评价问题;第三,研究政府科技创新有关的税收优惠政策及其作用效果;第四,研究科技经费支出与企业科技投入之间的关系,并做出相应的评估。本章主要围绕科技经费投入产出效率、科技投入与经济增长两条主线对国内外研究动态进行系统梳理。

(一)科技经费投入产出效率研究综述

1.国外研究

国外研究者对于科技经费投入对产出科技创新成果、促进经济持续增长方面研究起步比较早。Simon Kuznets(1995)统计分析了17~20世纪以来13个国家的产业结构,得出:随着工业化、信息化的快速发展和经济的持续增长,相关科研部门和科研组织都倾向于在科技产业革命以后加大对科技投入的力度。Denison等(1962)采用"索罗余值"计算方法研究美国1981~1984年间的科技经费投入情况,研究结果显示:科技进步对美国经济增长贡献巨大,贡献率达66%。EC.Wang(2007)用五年时间研究分析了三十个国家的科技投入数据,构建了国家截面数据模型,明确了政府经费投入对科技创新产出和经济增长具有正向的促进作用。

2.国内研究

在国内,科技投入有效性研究最早见于姚洋(2001)采用的参数方法,用基于C-D生产函数的边界生产函数模型,研究中国工业企业技术效率的各种影响因素。李尽法(2011)运用超效率DEA方法,对2006年中国(31个省、市、自治区,全书同)的财政科技投入效率进行了实证分析,发现:保持财政投入效率有效性的只有9个省份,剩余22个省份处于低效率阶段。丁可锋(2012)采用相关性分析和因果关系检验的现代计量经济学方法,分析了2001~2011年的统计数据,结果表明:科技投入与GDP关系紧密,高科技投入能够有效促进经济增长。栾强和罗守贵(2016)分析了上海市2009~2013年企业科技数据,运用DEA模型测算了政府R&D经费投入效率,研究结果显示:政府R&D经费投入能很大程度上提高企业的创新成果和经济绩效。朱承亮和刘建翠(2021)采用数据包络分析法,对青海省2000~2017年R&D活动的静态和动态投入效率进行了测算,结果显示:对青海省R&D活动投入效率促进作用显著的是研发人员、创新环境和对外开放指标水平的提升,而政府的支持和研发经费对青海省R&D活动投入效率提升作用不明显。

(二)科技投入与经济增长关系研究综述

1.国外研究

关于科技经费与经济增长关系的研究,国外学者多利用生产函数模型分析R&D经费与经济增长关系。Lichtenberg(1992)对国家级的投资以及固定资本投资和人力资本投资对劳动生产率的影响进行了分析,他认为加大科技投入对刺激经济增长有较为显著的作用。Charles(1998)强调了科技投入对经济增长的重要性。他实证分析了科技经费的回报率问题,认为私人科技投入过少,投资回报率被低估,最优的科技投入应该是实际数据的4倍以上。Guellec和Bruno(2001)在经合组织的工作报告中探讨了不同类型的研发对多要素生产率增长的长期影响,运用计量经济学方法对研发的溢出效应进行计算,得出结论:每增加1%的企业研发投入,生产率增长0.13%;此外,R&D每增加1%,产生的生产率增长0.44%;公共研发增加1%,导致生产率增长0.17%,这种效果在大学较多的国家中更为显著。Dominique和Bruno(2003)对过去20年17个经合组织成员国企业科技研发的政府总拨款进行量化研究,研究结果表明:政府科技经费投入对企业R&D有正向作用。

2.国内研究

关于科技投入与经济增长的关系,国内学者主要集中于两方面:一是财政科技支出与经济增长的关系。李瑶(2016)以安徽省为例,采用STR模型对地方财政科技投入、创新产出和经济增长之间的动态关系进行了实证研究,结果显示:地方财政科技投入和创新产出都对经济增长具有促进作用。王德娟和贾建宇(2017)以2008~2015年的经济数据实证分析了河北省财政科技投入与经济增长的关系,结果显示:科技投入和经济增长二者相辅相成,起促进作用。刘艳芳(2018)从科技发展与社会需求的角度进行实证分析,研究结果显示:在短期内,北京市财政科技投入能够促进经济增长,但对北京市GDP的拉动作用一般。欧明远(2019)、房秀玲(2019)、段梦和娄峰(2021)、马淑燕和赵祚翔(2022)等也认为财政科技投入促进了经济增长,并且存在着长期均衡稳定关系。二是农业科技投入与农业经济增长的关系。闵晨(2022)分析了2005~2019年间的安徽省农业经济发展数据,认为安徽省农业科技投入对经济增长具有长期的正向影响。韩学娟和李之风(2022)分析了甘肃省2000~2009年的农业经济发展数据,认为农业科技投入与农业经济增长之间存在滞后期。柯福艳等(2022)分析了浙江省2015~2019年间60个县的数据样本,从财力和人力两个维度,运用面板数据模型进行实证分析,结果显示:农业科技财政投入和农业经济增长具有正相关关系。

二、相关理论基础

(一)基本概念

1.科技活动

科技活动指所有与各科学技术领域(即自然科学、工程和技术、医学、农业科学、社会科学及人文科学)中科技知识的产生、发展、传播和应用密切相关的系统的活动。

这个定义包含两个方面的含义,第一是科学技术活动的性质,即这些活动必须集中于或密切关系到科技知识的产生、发展、传播和应用;第二是所涉及的领域,即这些活动是在自然科学、工程与技术、医学、农业科学、社会科学及人文科学领域内进行的。

所谓有组织的、系统的科技活动,指在一个机构的范围之内,并列入这一机构的工作计划,由这一机构的人员有计划地进行的科技活动。目前,我们统计的科技活动,是指在调查范围内有组织有系统开展的科技活动,包括研究与发展活动,研究与发展成果应用活动及科技服务活动。

2. R&D

R&D 是英文 Research and Experimental Development 的缩写,中文译为"研究与试验发展",简称"研发"。R&D 是指为增加知识存量(也包括有关人类、文化和社会的知识)以及设计已有知识的新应用而进行的创造性、系统性工作,包括基础研究、应用研究和试验发展三种类型。其中,基础研究是一种不预设任何特定应用或使用目的的实验性或理论性的工作,其主要目的是为获得(已发生)现象和可观察事实的基本原理、规律和新知识,其活动规模体现了面向科学前沿的原始创新能力,更能反映一个国家的科技实力。

R&D 活动应当满足五个条件:新颖性、创造性、不确定性、系统性、可转移性(可复制性)。在中国,R&D 活动主要分布在工业,建筑业,交通运输、仓储和邮政业,信息传输软件和信息技术服务业,科学研究和技术服务业,水利环境和公共设施管理业,教育,卫生和社会工作,文化、体育和娱乐业等行业;各类企业、科研机构和高等学校等是实施 R&D 活动的主体。

3. R&D 经费

R&D 经费是指报告期为实施 R&D 活动而实际发生的全部经费支出。R&D 经费按使用主体分为内部支出和外部支出。内部支出是指报告期调查单位内部为实施 R&D 活动而实际发生的全部经费,外部支出是指报告期调查单位委托其他单位或与其他单位合作开展 R&D 活动而转拨给其他单位的全部经费。为避免重复计算,中国全社会 R&D 经费为调查单位 R&D 经费内部支出的合计。

4. R&D 经费投入强度

投入强度是指 R&D 与 GDP 之比,不仅是测度一个国家 R&D 投入强度的重要指标,同时也是评价一个国家经济增长质量和经济发展潜力的重要指标。全国 R&D 经费投入强度是指中国全社会 R&D 经费投入总量与国内生产总值之比;地区 R&D 经费投入强度是指地区 R&D 经费与地区生产总值之比;企业 R&D 经费投入强度是指企业 R&D 经费与营业收入之比。

5. 科技经费投入概念的界定

广义的科技经费投入是指在各种科学技术活动(研究开发、成果应用、科技服务、技术进口等)中投入的货币经费,是反映一个国家或地区对科技经费投入的总体性指标,是实施科技活动和科技进步的必要条件。

科技经费的来源一般包括财政预算安排用于科技活动的经费,科研单位自行组织用于科技活动的经费,企业投入科技研发方面的经费和银行的科技信贷经费。中国是典型的发展中国家,在科技经费投入中,财政科技经费支出占据主体地位。财政科技经费指政府财政预算安排对科技活动的投入并用于科技方面的支出,属于公共财政支出的范畴,按照科技支出的内容可分为基本支出和项目支出。基本支出是科技部门、科研单位或组织为保证机构正常运转,完成日常工作任务发生的人员经费和公用经费等支出。项目支出是科技部门、科研单位或组织为完成特定的科技事业发展目标或特定的科研工作任务发生的专项支出。

考虑到R&D经费投入以及国家财政科技拨款在科技经费投入中的主体地位,本研究重点从R&D经费投入和国家财政科技经费投入两个方面开展分析。

6.科技经费投入的特点

科技经费投入作为一种战略投资,与国家利益和现代化目标有十分密切的关联。自20世纪90年代开始,无论是发达国家、新兴国家还是发展中国家,都在加大科技经费的投入力度。在这一过程中,科技经费投入表现出一些共同的特点:

第一,主要源自政府财政投入。科技经费投入主要来源于政府的财政支出,是财政收入初次分配安排用于科技活动方面的支出。经费的使用体现国家或政府的意志,是以维护国家利益或公共利益,保障机构或项目得以正常进行为前提的。

第二,是一种专项经费。科技经费是专门用于科技活动,为科技活动服务的经费,有专门的用途。专项经费要求专款专用,单独核算。

第三,是一种用于科技方面的支出。国家规定科技经费只能用于科技方面的支出,而且还有明确的开支范围和标准,严禁挤占、挪用和截留经费的行为发生。

第四,是一种资助性的经费。目前,很多国家对科技资源的分配和调节主要靠政府制定政策来实现,特别是涉及国家利益和公共利益的基础研究,国家长远发展的战略性高技术研究开发,都需要依靠政府的资助和监管才能完成。

从以上特点可以看出,科技经费投入对一个国家的基础研究、经济发展、安全战略等起着重要的引导和调控作用。科技经费投入对支撑国家安全及社会经济的发展有着至关重要的作用。科技支撑经济发展的效果,不仅体现在科技经费投入总量的多寡,更加取决于科技经费投入效率的高低。新形势下,如何提升科技经费投入效率,进而为加快国家创新体系建设任务,使中国早日步入"科技强国"的行列是当前社会各界最为关注的问题。本研究在分析中国当前科技经费投入实践的基础上,对中国科技经费投入效率进行研究,以期为政府决策提供客观的对策建议。

7.经济学中"效率"概念界定

效率(Efficiency),又称为有效性或效益,是经济学的核心思想之一,经济效率的标准含义是指资源配置实现了最大的价值。国内外很多学者曾经对效率下过定义。马克思认为,效率是投入与产出的数量关系,即在尽量少的劳动时间里创造出尽量多的物质财富,他以单位劳动时间的产出量来衡量生产力,以劳动生产率作为度量生产效率的指标。萨缪尔森则认为,效率意味着尽可能有效地运用经济资源以满足人们的需要或不存在浪费。中国经济学者樊钢在《公有制宏观经济理论大纲》中给经济效率下的定义是:"经济效率是指社会利用现有资源进行生产所提供的效用满足的程度,因此也可以一般地称为资源的利用效率。"不管经济学理论体系中对效率的理解存在着何等的差异,对效率的基本认识是一致的,即效率是投入与产出的数量关系,它表示以更少的费用取得更多效用的基本目标取向。通常在一般情况下,效率与投入成反比例关系,与产出成正比例关系。

尽管诸多学者对效率下的定义在字面上有所区别,但从本质上看基本上是一致的,即沿用了极大化-稀缺-配置-效率的帕累托效率(Pareto Efficiency)的基本范式。帕累托是新古典经济学派的代表之一,他于20世纪初最早提出了效率的概念。帕累托在其《政治经济学讲义》和《政治经济学教科书》中对配置效率下了一个精确的定义,并将其简称为效率。按照他的解释,由于社会资源是普遍稀缺的,资源的稀缺性必然使得资源所有者必须对各种资源进行有效配置。

(二)科技经费投入理论基础

1.科技创新理论

美国学者伊诺斯首次明确对科技创新下了定义。他认为科技创新是几种行为的综合结果,这些行为包括发明的选择、资本投入保证、组织建立、制定计划、招收工人和开辟市场等。他的这一定义引起了后来学者对科技创新定义的热潮。美国经济学者曼斯菲尔德认为,科技创新是指技术的首次或者实际应用。英国经济学家弗里德曼认为科技创新是指第一次引进某项新产品、工艺过程中所包含的技术、设计、生产、财务管理和市场活动的诸多步骤。也就是说,他认为科技创新是生产活动与其他各种社会活动的有机结合。著名管理学家德鲁克提出,所谓创新就是赋予资源创造更多财富的能力。他认为创新不单指技术方面,凡能改变已有资源的财富创造潜力的行为,全是创新。

2.新制度经济学

所谓新制度经济学,正如科斯所说,就是用主流经济学的方法分析制度的经济学。迄今为止,新制度经济学的发展初具规模,已形成交易费用经济学、产权经济学、委托-代理理论、公共选择理论、新经济史学等几个支流。

科斯将科技创新和制度创新都看成为内生变量,认为制度创新是经济发展不可缺少的组成部分;所有制度的创新都是人们为了降低生产的交易成本而做的努力;所有的科技创新都是人们为了降低生产的直接成本而做的努力。诺斯认为,一般来讲,不论哪种创新机制,其内在动力都是人们对经济中潜在利润的追求所导致的,而潜在利润又与外部世界的不确定性紧密相关。诺斯表示,制度变迁可以用可技术变迁的理论来解释,因为制度安排的改变在一定程度上是技术变迁的一种特殊形式,即用一种特殊的方式将资源进行创新组合。另外,他还分析了1600~1850年海洋运输业生产率变化的原因,认为制度的变迁比技术的变迁更加重要,即使在没有科技创新的情况下,只要有高效率的制度存在,同样可以激发劳动者的积极性来创造更多的财富;相反,即使有先进的生产技术,但却缺乏有效的制度环境,这样也无法激励劳动者创造财富。

3.国家创新系统理论

英国著名经济学家弗里德曼在1987年曾经提出国家创新系统的概念。弗里德曼认为,由于科技创新的外部性,仅仅依靠市场力量来实现科技创新是远远不够的,必须由政府来进行干预和支持,提供更多的具有外部性的科技创新物品,并从一个更加长远和动态的视角去支持和调控资源的有效配置。后来,内尔森将国家创新系统理论进一步完善,他提出国家创新体系是指一个国家产生并应用其创新能力的一切政策和制度的集合。内尔森认为创新来源于以下几个方面:科技的不稳定性和新机会的产生、国家主体的制度和策略导向、企业或产业结构、公共机构的职能以及各国之间的具体实践。国家创新系统理论一般采用国别研究或者专业领域研究的方法来研究一国的科技创新问题。

国家创新系统理论,在继承技术创新理论的基础上,吸收了人力资本理论和新增长理论的思想。在国家创新系统理论中,除了继续重视技术创新外,知识被视为重要的经济资源,学习是一个重要的社会过程,创造、储存和转移新知识、技能和新技术成为国家创新系统的功能。国家创新系统的活动包括知识的生产、扩散、储存、转移、传播和应用。

(三)科技进步与经济增长理论

1.马克思的技术发展理论

马克思通过劳动、工艺等生产和经济过程的分析揭示了技术的本质。认为技术是人们在劳动过程中所掌握的各种物质手段,包括机器。科学属于生产力范畴,但科学只有通过技术这个"中介或桥梁"才能转化为生产力。生产力的发展水平是由科学技术发展的程度决定的,是以一定的科学技术发展程度为基础的,社会生产对科学技术的产生和发展具有巨大的推动作用;同时,社会经济制度对科学技术具有很强的制约作用。

2.索洛的技术进步新古典增长模型

二战后的初期,建立于凯恩斯理论之上的哈罗德-多马增长模型,将人口、资本、技术等因素视为在长期内变化的量,分析它们在连续的时间内与其他变量一起在经济增长中的作用和相互关系。这一模型假设生产技术和资本-产出率不变,经济增长率高低实际取决于储蓄率的大小,强调资本积累是经济增长的决定性因素。然而,运用该模型解释战后各发达国家在相同的资本积累水平下存在相当大的经济增长差异这一现实时,却难尽人意。与此同时,各发达国家迅速发展的科学技术对经济增长所起的重要作用日益凸显,哈罗德-多马模型的不足和新的经济现象,被索洛等人强调技术进步的新古典增长模型所弥补和关注。

1956年,索洛提出了加速技术决定作用的增长模型。它将原先固定不变的资本-产出率及劳动-产出率以技术变动来表现。该模型表明:经济增长不仅取决于资本增长率和劳动增长率,以及资本和劳动对收入增长的相对作用的权数,而且还取决于技术进步。索洛模型的突出贡献在于,区分了由要素数量增加而产生的"增长效应"和因要素技术水平提高而带来经济增长的"水平效应"。在这里,技术进步第一次被视为一个单独的因素,纳入到经济增长理论中给予系统地研究,从而比较完整地描述和解释了经济增长的原因。此后,丹尼森等经济学家在经济增长的实证分析中,进一步证实了索洛模型的结论,并进一步提出,在经济增长计量中,总的经济增长远远大于资本和劳动等要素投入的增长率,即出现了一个增长的"余值"。丹尼森明确地把这个无法用要素投入来解释的"余值"归结到技术进步上,并由此得出技术进步是经济增长的主要源泉。

3.罗默新经济增长理论

美国加洲大学经济学家保罗·罗默认为,知识技术是一个重要生产要素,可以提高投资收益。在他看来,生产要素有四项:资本、非技术的劳动力、人力资本、新思想。他将人力资本的提高和新思想归结为科技进步。

收益递增是新增长理论的核心。罗默的收益递增增长模型除了考虑资本和劳动两个生产要素外,还将知识或技术作为一个内生的、独立的因素纳入到模型之中,知识被当作生产过程中一种特殊的投入。罗默把知识分解为一般知识和专业化知识,一般知识是所有经济主体都可以无偿使用的,可以产生一般的规模经济效益;而专业化知识是以应用性很强的科技创造发明或专利的形式,投入到生产之中,它必然产生要素的递增效益。两种知识的综合和衔接,不仅使知识、技术的人力资本自身具有递增效益,而且也使资本和劳动等其他投入要素的效益递增。此种递增的效益可能形成垄断利润,而获得的垄断效益又可以成为知识创新和研究与开发(R&D)活动的资金来源和动力。

罗默还从经济投入这一视角提出:知识或技术的生产源于厂商利润极大化的投资决策的努力,它的全面增加必是与人们为其贡献的资源成正比的。换言之,知识或技术的规模取决于研究与开发投入的水平。他认为,在一个投资刺激知识积累,而知识积累又反过来促进投资的良性循环中,投资的持续增加能持久地提高一国的长期增长率。

第二章 中国科技经费投入、产出及其关联分析

一、中国科技投入分析

（一）R&D人员投入

1. 基本情况

科技人力资源队伍是建设创新型国家的重要保障。随着中国对科学技术的重视,科技人力资源队伍总量迅速增长。中国的R&D人员投入呈现逐年上升的趋势,从R&D人员数来看,2011~2016年年均增长速度为36.46%,增速较为缓慢,"十三五"时期年均增长速度为47.17%,相较2011~2016年增长速度有所加快,在2021年R&D人员达到了858.09万人,与2011年相比增长了将近两倍多。从R&D人员全时当量来看,变化趋势与R&D人员数的变化大致相同,前期增速缓慢,"十三五"期间增速加快,2021年,中国R&D人员全时当量达到了571.63万人年。这些均表明中国研发活动中的人力资本在逐年增加。表2-1,图2-1。

表2-1　2011~2021全国R&D人员投入情况

年度	R&D人员（人）	R&D人员全时当量（人年）
2011	4017578	2882903
2012	4617120	3246840
2013	5018218	3532817
2014	5351472	3710580
2015	5482528	3758848
2016	5830741	3878057
2017	6213627	4033597
2018	6571372	4381444
2019	7129256	4800768
2020	7552986	5234508
2021	8580860	5716330

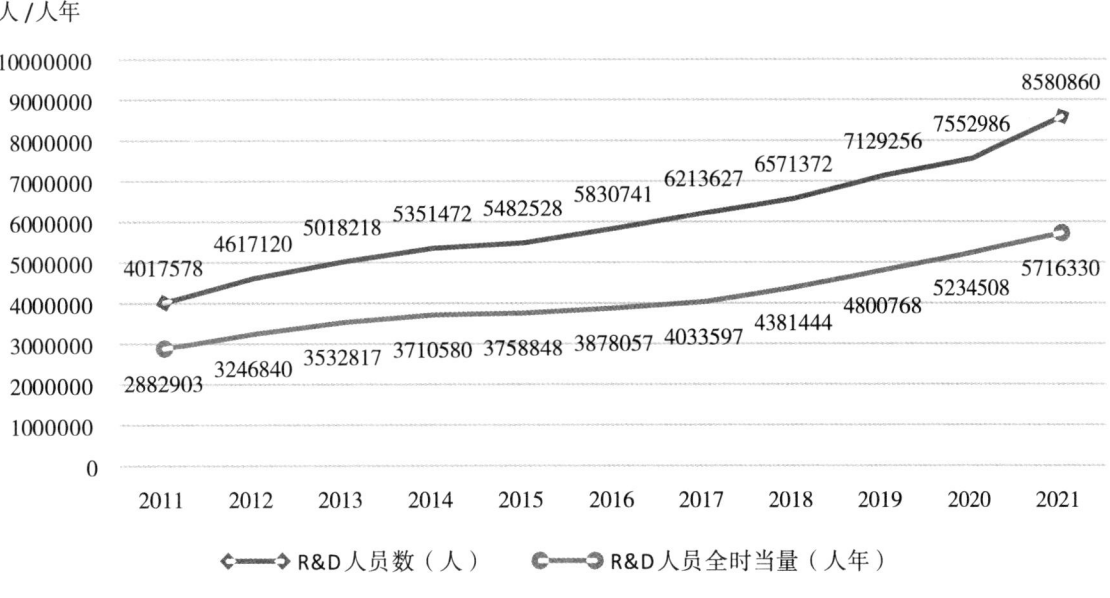

图 2-1 2011~2021 全国 R&D 人员投入情况

2. 结构分布

(1)按执行部门分布

按执行部门来看,企业的 R&D 人员数远远超过其他几个部门,2021 年企业 R&D 人员数为 647.16 万人,占全国 R&D 人员数的 75.42%,其中全时人员为 460.27 万人年,占企业 R&D 人员数的 71.12%。高校 R&D 人员数为 140.8 万人,占全国 R&D 人员数的 16.41%,其中全时人员为 60.13 万人年,占高校 R&D 人员的 42.71%。科研机构 R&D 人员数为 52.91 万人,占全国 R&D 人员数的 8.18%,其中全时人员为 41.51 万人年,占科研机构 R&D 人员数的 78.45%。不难发现,三大执行部门中,科研机构中的 R&D 人员相比是最少的。表 2-2,图 2-2。

表 2-2 2021 年全国 R&D 人员分布情况

执行部门	R&D 人员(万人)	全时人员(万人年)
企业	647.16	460.27
科研机构	52.91	41.51
高等学校	140.80	60.13
其他	17.21	8.74

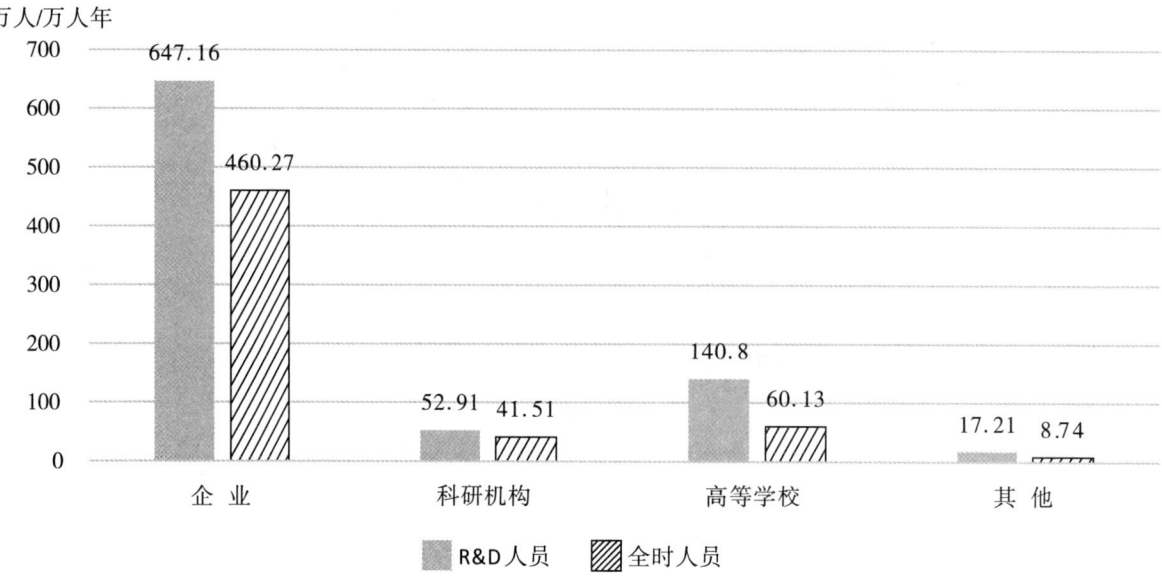

图 2-2　各部门 R&D 人员分布情况

（2）按地区分布

按地区来看，东部地区的 R&D 人员 539.77 万人，占全国 R&D 人员的 62.9%，其中全时人员为 373.41 万人年，占东部地区 R&D 人员的 69.18%。中部地区 R&D 人员 166.61 万人，占全国 R&D 人员的 19.42%，其中全时人员为 107.17 万人年，占中部地区 R&D 人员的 64.32%。西部地区 R&D 人员 116.63 万人，占全国 R&D 人员的 13.59%，其中全时人员为 68.61 万人年，占西部地区 R&D 人员的 58.83%。东北地区 R&D 人员 35.08 万人，占全国 R&D 人员的 4.09%，其中全时人员为 21.45 万人年，占东北地区 R&D 人员的 61.15%。可见R&D 人员在经济较发达的东中部地区分布最多，而在东北地区分布最少。表 2-3，图 2-3。

表 2-3　2021 年各地区 R&D 人员分布表

地区	R&D 人员(万人)	全时人员(万人年)
东部地区	539.77	373.41
中部地区	166.61	107.17
西部地区	116.63	68.61
东北地区	35.08	21.45

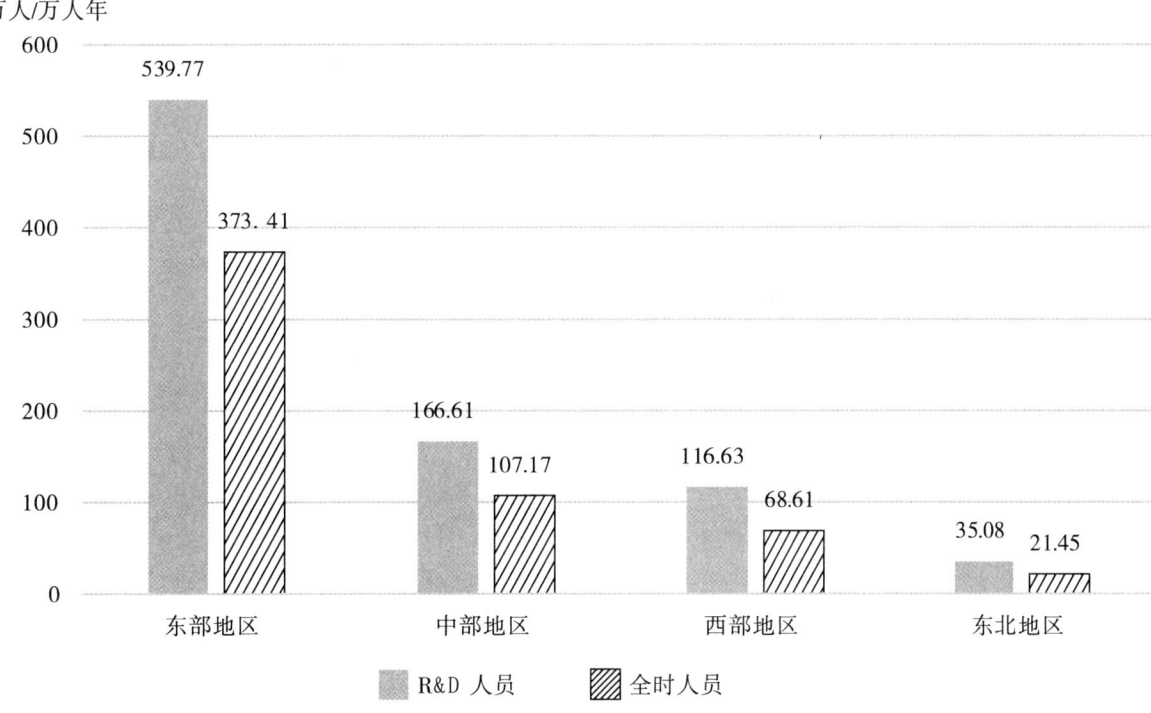

图 2-3 2021 年各地区 R&D 人员分布情况

(3)按省份分布

2021 年各省份 R&D 人员排名前十的分别是广东、江苏、浙江、山东、北京、湖北、安徽、福建、河南以及上海,科技人员投入量大的地区集中在经济较为发达的东部和中部地区,甘肃省位于 25 位,处于下游位置。表 2-4。

表 2-4 2021 年全国各地区 R&D 人员排名表

地区	R&D 人员(人)	排名	地区	R&D 人员(人)	排名
广东	1248474	1	江苏	1088317	2
浙江	798574	3	山东	695945	4
北京	472860	5	湖北	353579	6
安徽	350238	7	福建	347528	8
河南	346737	9	上海	344991	10
湖南	326048	11	四川	311721	12
河北	213334	13	重庆	202465	14
辽宁	189514	15	江西	188413	16
陕西	187874	17	天津	166037	18
广西	103691	19	山西	101123	20
云南	97539	21	吉林	87034	22
贵州	77390	23	黑龙江	74230	24

续表 2-4

地区	R&D 人员(人)	排名	地区	R&D 人员(人)	排名
甘肃	55067	25	内蒙古	50166	26
新疆	38223	27	宁夏	29463	28
海南	21627	29	青海	9438	30
西藏	3219	31			

(二)R&D 经费投入

1.全国总量

2011~2021 年间,中国 R&D 经费内部支出呈现连续增长趋势,2021 年,中国 R&D 经费内部支出为 27 956.31 亿元,相较于 2011 年,支出增加了三倍多,年均增长量为 1926.93 亿元。表2-5,图 2-4。

表 2-5 2011~2021 年中国 R&D 经费内部支出情况

年度	R&D 经费内部支出(亿元)
2011	8687.01
2012	10298.41
2013	11846.60
2014	13015.63
2015	14169.88
2016	15676.75
2017	17606.13
2018	19677.93
2019	22143.58
2020	24393.11
2021	27956.31

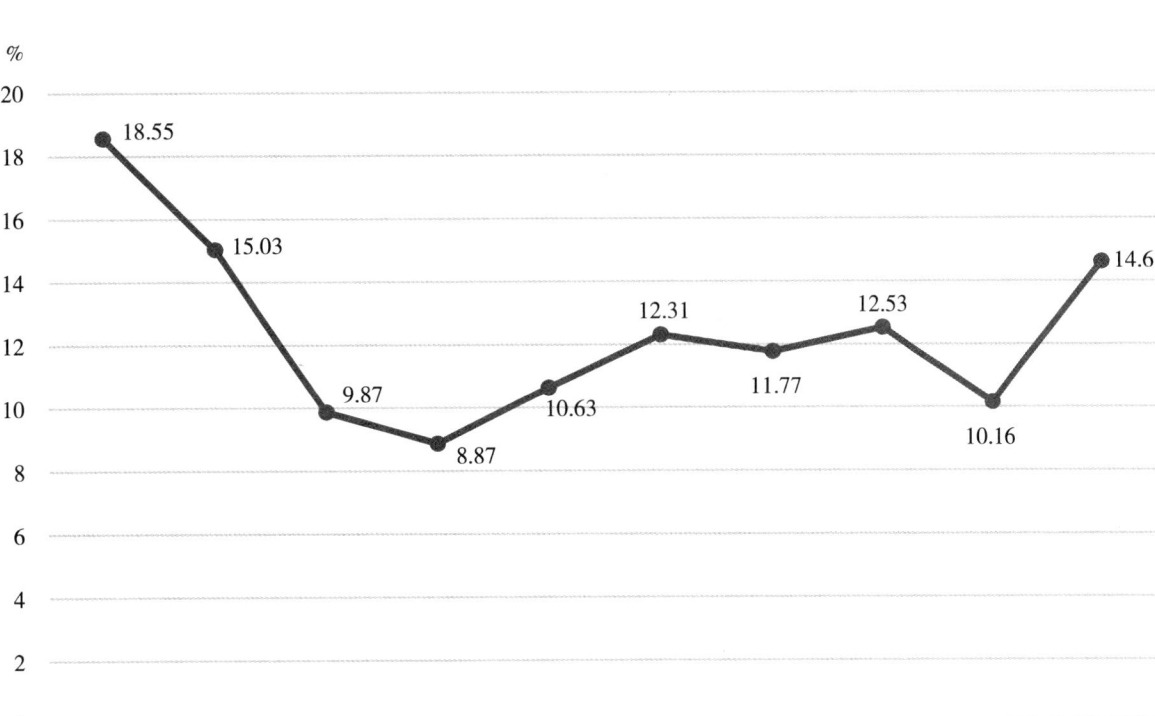

图 2-4 2012~2021 年中国 R&D 经费内部支出增长率情况

2.结构分布

(1)按执行部门分布

从 R&D 经费执行部门来看,分为企业、科研机构、高等学校和其他。2021 年企业 R&D 经费投入 21 504.1 亿元,比上年增长 15.16%,比 2011 年增加 3 倍,年均增长率达到 12.57%。高等学

表 2-6 按执行部门分组的 R&D 经费内部支出

年度	企业(亿元)	科研机构(亿元)	高等学校(亿元)	其他(亿元)
2011	6579.33	1306.71	688.85	112.12
2012	7842.24	1548.93	780.56	126.68
2013	9075.85	1781.40	856.71	132.64
2014	10060.64	1926.18	898.15	130.67
2015	10881.35	2136.49	998.59	153.46
2016	12143.96	2260.18	1072.24	200.37
2017	13660.23	2435.70	1265.96	244.24
2018	15233.72	2691.68	1457.88	294.64
2019	16921.79	3080.83	1796.62	344.34
2020	18673.75	3408.82	1882.48	428.05
2021	21504.06	3717.93	2180.49	553.82

校 R&D 经费投入从 2011 年的 688.9 亿元增加到 2021 年的 2180.5 亿元,增长量超过三倍。科研机构的科技经费投入也保持了快速增长的势头,从 2011 年的 1306.7 亿元,增加到 2021 年的 3717.9 亿元,年均增长率达到 11.02%。这也符合西方发达国家的 R&D 经费结构,表明企业已经成为了中国科技创新发展的主力军和关键力量。表 2-6,图 2-5。

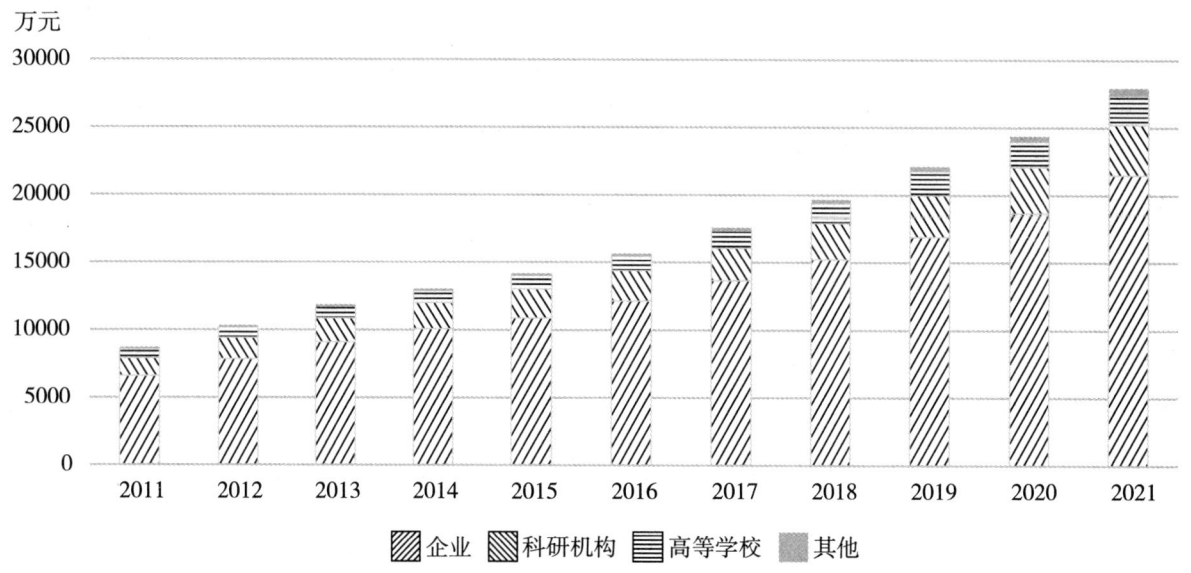

图 2-5 按执行部门分组的 R&D 经费内部支出

（2）按经费来源分

中国 R&D 经费来源主要分为企业资金、政府资金、高校资金和其他资金。从经费来源来看,R&D 经费来源主要集中在政府资金和企业资金这两部分,且都呈现正向增长趋势。2011~2021

表 2-7 2011~2021 经费来源分布

年度	政府资金(亿元)	企业资金(亿元)	国外资金(亿元)	其他资金(亿元)
2011	1882.97	6420.64	116.20	267.20
2012	2221.40	7625.02	100.40	351.59
2013	2500.57	8837.72	105.86	402.45
2014	2636.08	9816.51	107.55	455.49
2015	3013.20	10588.58	105.17	462.95
2016	3140.81	11923.54	103.24	509.15
2017	3487.45	13464.94	113.29	540.45
2018	3978.64	15079.30	71.41	548.57
2019	4537.31	16887.15	23.91	695.21
2020	4825.56	18895.03	90.07	582.46
2021	5299.66	21808.80	58.38	789.47

年政府资金年均增长率为10.9%,企业资金年均增长率为13.01%。2021年,R&D经费来源中政府资金占比为18.96%,企业占比为78.01%,远超过国外资金和其他资金占比。表2-7,图2-6。

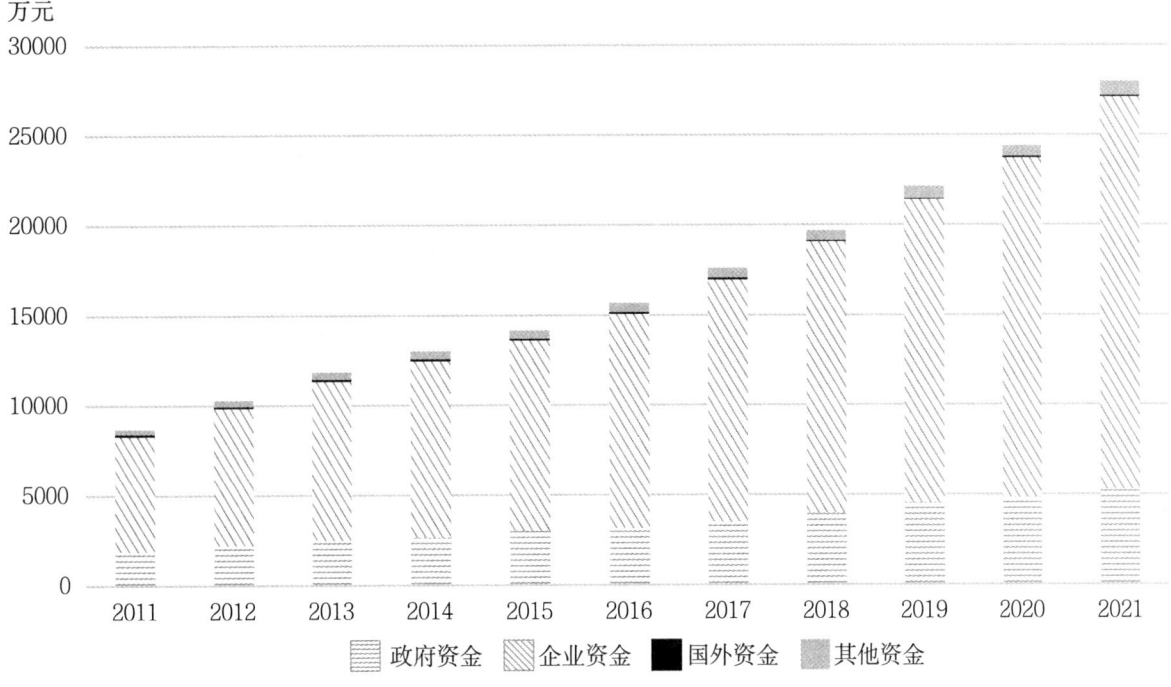

图2-6 经费来源分布情况

（3）按活动类型分

从R&D经费的活动类型来分析,经费支出主要用于基础研究、应用研究和实验研究。可以看到,中国的科技经费主要用于试验发展的领域,到2021年,试验发展、基础研究和应用研究分别占R&D经费支出比重为82.25%、6.5%和11.25%,试验发展占比远远超过其他两项活动占比

表2-8 2011~2021年活动类型经费投入

年度	基础研究（亿元）	应用研究（亿元）	试验发展（亿元）
2011	411.81	1028.39	7246.81
2012	498.81	1161.97	8637.63
2013	554.95	1269.12	10022.53
2014	613.54	1398.53	11003.56
2015	716.12	1528.64	11925.13
2016	822.89	1610.49	13243.36
2017	975.49	1849.21	14781.43
2018	1090.37	2190.87	16396.69
2019	1335.57	2498.46	18309.55
2020	1467.00	2757.24	20168.88
2021	1817.03	3145.37	22995.88

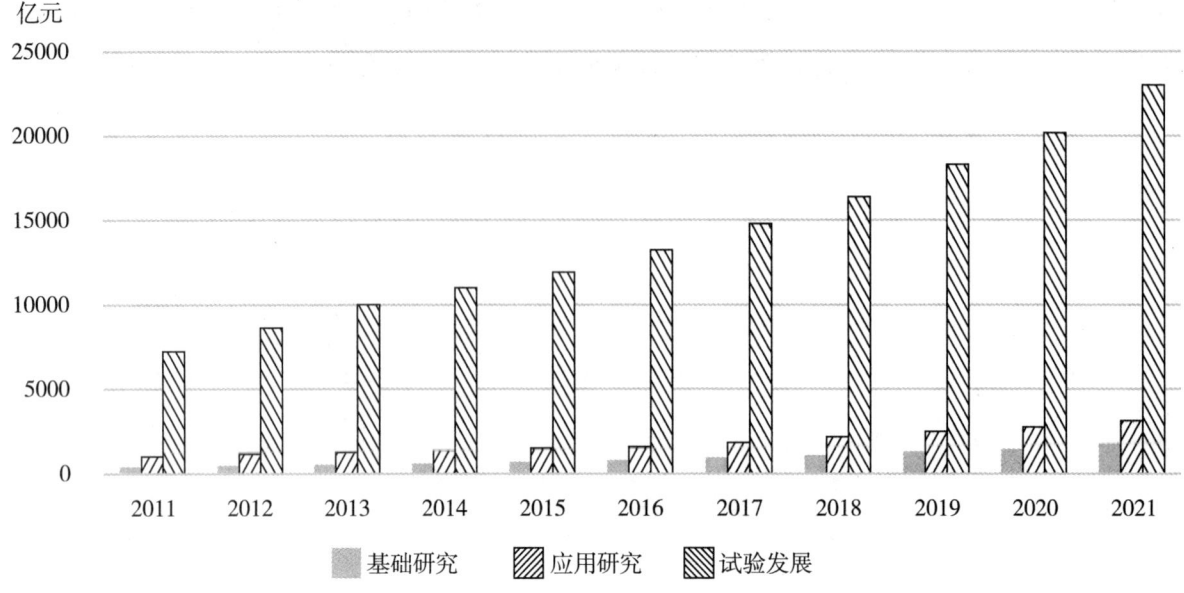

图 2-7 按活动类型经费投入情况

之和。在"十三五"期间,基础研究的年均增长率为 16%,应用研究的年均增长率为 11.83%,试验发展的年均增长率为 12.24%。表 2-8,图 2-7。

(4)按支出用途分

从不同执行部门的支出用途来看,企业的日常性支出和资产性支出分别占企业 R&D 经费内部支出的 93.68% 和 6.32%,其中人员劳务费为 7525.09 亿元,占日常性支出的 37.36%,仪器和设备支出为 1318.72 亿元,占资产性支出的 97.01%;研发机构的日常性支出和资产性支出分别占比 85.44% 和 14.53%,其中人员劳务费为 933.07 亿元,占日常性支出的 29.37%,仪器和设备支出为 351.09 亿元,占资产性支出的 64.99%;高校的日常性支出和资产性支出分别占比为 80.57% 和 19.43%,其中人员劳务费为 536.45 亿元,占日常性支出的 30.53%,仪器和设备支出为 292.55 亿元,占资产性支出的 69.05%。表 2-9,图 2-8。

表 2-9 执行部门和支出用途分 R&D 内部支出

部门	R&D 经费内部支出(亿元)	日常性支出(亿元)	资产性支出(亿元)
企业	21504.06	20144.63	1359.43
研究与开发机构	3717.93	3176.57	540.20
高等学校	2180.49	1756.84	423.65
其他	553.82	389.64	164.18

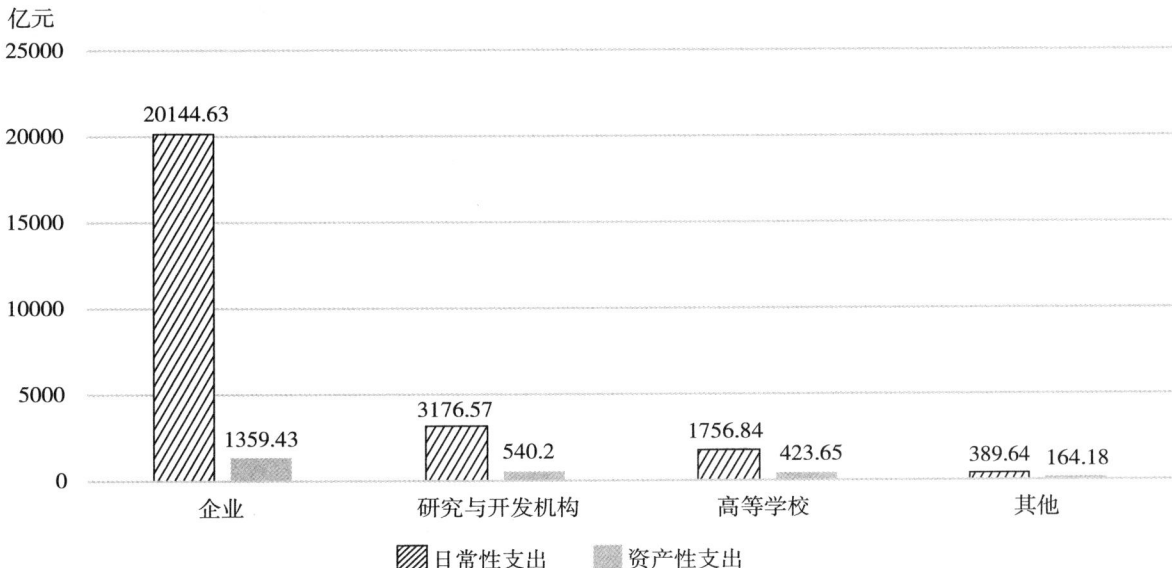

图 2-8 执行部门和支出用途分 R&D 内部支出情况

（5）按省份分

2021年，R&D 经费超过 1000 亿元的有广东、江苏、北京、浙江、山东、上海、四川、湖北、湖南、河南以及安徽11个省（市），这些省（市）大多是经济实力比较强、发展比较快的地区，甘肃在全国排第 26 位。表 2-10。

表 2-10 2021 年各地区 R&D 经费投入排名

地区	R&D 经费（亿元）	排名	地区	R&D 经费（亿元）	排名
广东	4002.18	1	江苏	3438.56	2
北京	2629.32	3	浙江	2157.69	4
山东	1944.66	5	上海	1819.77	6
四川	1214.52	7	湖北	1160.22	8
湖南	1028.91	9	河南	1018.84	10
安徽	1006.12	11	福建	968.73	12
河北	745.49	13	陕西	700.62	14
重庆	603.84	15	辽宁	600.42	16
天津	574.33	17	江西	502.17	18
云南	281.94	19	山西	251.89	20
广西	199.46	21	黑龙江	194.58	22
内蒙古	190.06	23	吉林	183.65	24
贵州	180.35	25	甘肃	129.47	26
新疆	78.31	27	宁夏	70.44	28
海南	46.98	29	青海	26.77	30
西藏	6.00	31			

（三）R&D 经费投入强度

"十三五"期间，R&D 经费投入强度不断增加，2021 年中国 R&D 经费投入强度为 2.43%，比上年增加了 0.02 个百分点，与 2012 年相比，增加了 0.52 个百分点。表 2-11，图 2-9。

表 2-11 R&D 经费投入强度（%）

年度	全国
2012	1.91
2013	2.00
2014	2.02
2015	2.06
2016	2.10
2017	2.12
2018	2.14
2019	2.24
2020	2.41
2021	2.43

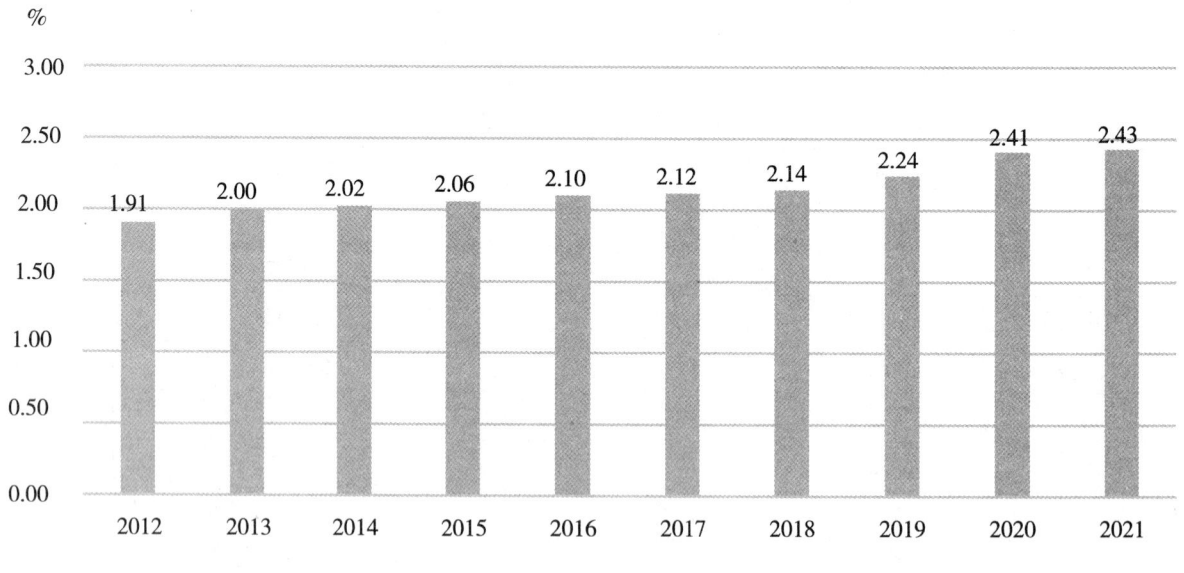

图 2-9 R&D 经费投入强度

2021年,中国各地区R&D投入强度排名位于前十的有北京、上海、天津、广东、江苏、浙江、陕西、安徽、山东以及湖北,其中超过全国平均水平(2.44%)的有北京、上海、天津、江苏、浙江和广东6个省(市)。甘肃省R&D经费投入强度在"十三五"期间变化不大,2021年投入强度为1.26%,较2012年增加了0.19个百分点,居全国第22位。表2-12。

表2-12 2021年各地区R&D投入强度排名情况

地区	R&D投入强度(%)	排名	地区	R&D投入强度(%)	排名
北京	6.53	1	上海	4.21	2
天津	3.66	3	广东	3.22	4
江苏	2.95	5	浙江	2.94	6
陕西	2.35	7	安徽	2.34	8
山东	2.34	9	湖北	2.32	10
四川	2.26	11	湖南	2.23	12
辽宁	2.18	13	重庆	2.16	14
福建	1.98	15	河北	1.85	16
河南	1.73	17	江西	1.7	18
宁夏	1.56	19	吉林	1.39	20
黑龙江	1.31	21	甘肃	1.26	22
山西	1.12	23	云南	1.04	24
内蒙古	0.93	25	贵州	0.92	26
广西	0.81	27	青海	0.8	28
海南	0.73	29	新疆	0.49	30
西藏	0.29	31			

(四)财政科技支出

"十三五"期间,全国财政科技支出呈现快速增长的趋势,由2016年的6563.96亿元增加到2021的9669.77亿元,增长了1.5倍,年均增长率为8.06%。其中,中央财政科技支出由2016年的2686.10亿元增加到2021年的3205.53亿元,年均增长率3.60%;地方财政科技支出也由"十三五"初期的3877.86亿元增加到2021年的6464.24亿元,年均增长率为10.76%。由于受新冠肺炎疫情影响,2020年国家财政科技支出为9018.34亿元,比上年减少452.45亿元,下降4.78%,其中,中央财政科技拨款为3216.48亿元,下降8.52%;地方财政科技拨款5801.86亿元,下降2.57%。

"十三五"时期,中国持续加大对科技创新的投入力度,始终把"科学技术是第一生产力"作为中国赶超世界强国的根本要求,坚定不移地贯彻中央提出的建设创新型国家的长远战略,尤其是在地方财政科技投入上,中国取得了快速的成效,这对于中国区域间以及区域内的可持续发展打下了有利的经济基础。表2-13。

表 2-13 "十三五"期间全国财政科技支出情况

年度	国家财政科技支出(亿元)	比上年增长(%)	中央财政科技支出(亿元)	比上年增长(%)	地方财政科技支出(亿元)	比上年增长(%)
2016	6563.96	11.96	2686.10	8.38	3877.86	14.59
2017	7266.98	10.71	2826.96	5.24	4440.02	14.50
2018	8326.65	14.58	3120.27	10.38	5206.38	17.26
2019	9470.79	13.74	3516.18	12.69	5954.61	14.37
2020	9018.34	-4.78	3216.48	-8.52	5801.86	-2.57
2021	9669.77	7.22	3205.53	-0.34	6464.24	11.42

中国财政科技支出和地方财政支出占一般公共预算的比重呈现同增同减的变化趋势,在 2021 年都达到了峰值,分别为 3.94% 和 3.07%,与上一年相比,分别增加了 0.27 和 0.31 个百分点,财政科技支出在一般公共预算支出中的比例越大,推动科技发展的速度就越快,因此,应当继续增加财政科技支出总量,优化支出类型,推动科技进一步发展。表 2-14,图 2-10。

表 2-14 全国及地方财政科技支出占比情况

年度	国家科技财政支出占一般公共预算支出比重(%)	地方财政科技支出占地方一般公共预算支出比重(%)
2011	3.50	2.03
2012	3.54	2.09
2013	3.63	2.27
2014	3.50	2.23
2015	3.33	2.25
2016	3.50	2.42
2017	3.58	2.56
2018	3.77	2.77
2019	3.97	2.92
2020	3.67	2.76
2021	3.94	3.07

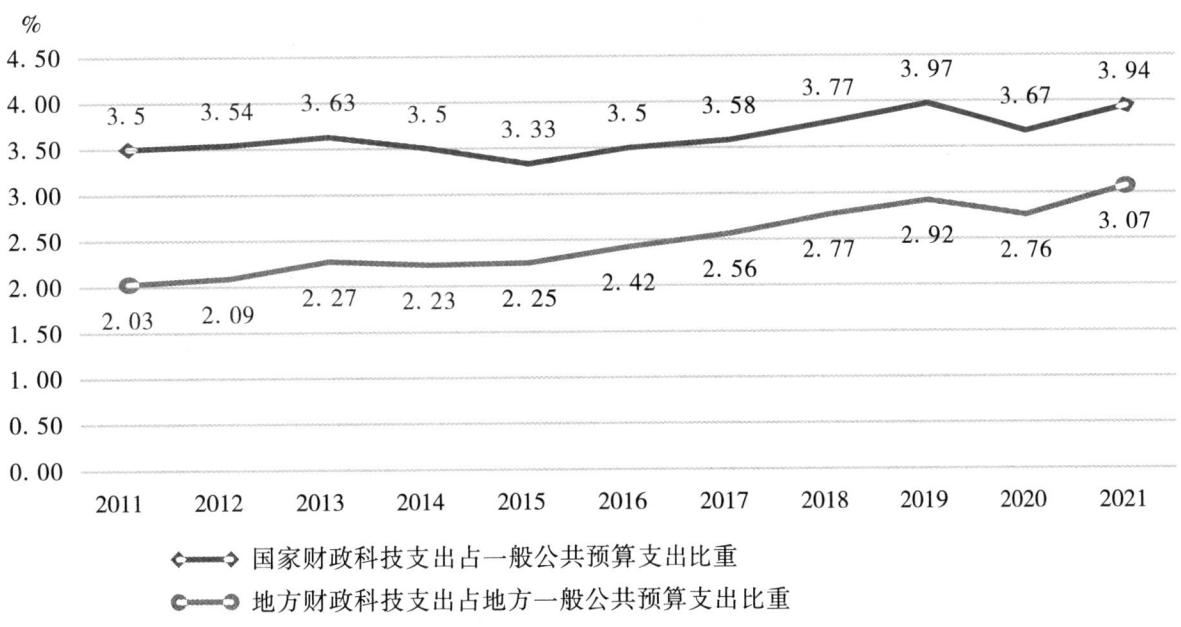

图 2-10　全国及地方财政科技支出占比变化情况

二、中国科技产出状况分析

(一)中国高技术产业发展现状

1.高技术产业企业情况

2011~2021 年,中国高技术产业飞速发展,高技术产业企业数量稳步增加,2021 年,中国高技术产业企业数增至 45 646 家,较 2020 年增加 5 452 家,2011~2021 年均增长率为 7.73%。图 2-11,表 2-15。

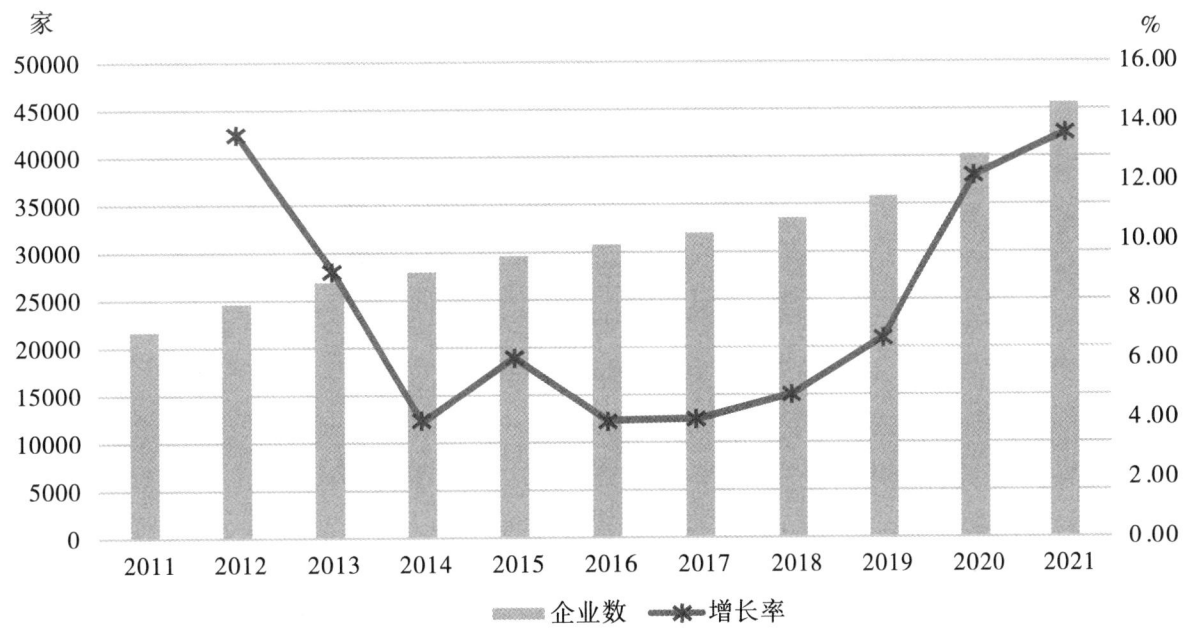

图 2-11　2011~2021 年中国高技术产业企业数与增长率

表 2-15 2011~2021 年中国高技术产业企业数

年度	企业数	增加值	增长率
2011	21682	—	—
2012	24636	2954	13.62%
2013	26894	2258	9.17%
2014	27939	1045	3.89%
2015	29631	1692	6.06%
2016	30798	1167	3.94%
2017	32027	1229	3.99%
2018	33573	1546	4.83%
2019	35833	2260	6.73%
2020	40194	4361	12.17%
2021	45646	5452	13.56%

2.高技术产业企业领域分布

中国高技术产业按行业分布可分为医药制造业、电子及通讯设备制造业、计算机及办公室设备制造业、医疗仪器设备及仪器仪表制造业与信息化学品制造业。2021年，中国高技术产业营业收入达到 204 436.99 亿元，其中：电子及通讯设备制造业营业收入最高，达 132 988.26 亿元，医药制造业营业收入达 29 582.96 亿元，计算机及办公室设备制造业营业收入达 27 359.14 亿元、医疗仪器设备营业收入达 13 846.10 亿元、仪器仪表制造业与信息化学品制造业营业收入最少，为 660.53 亿元。图 2-12，表 2-16。

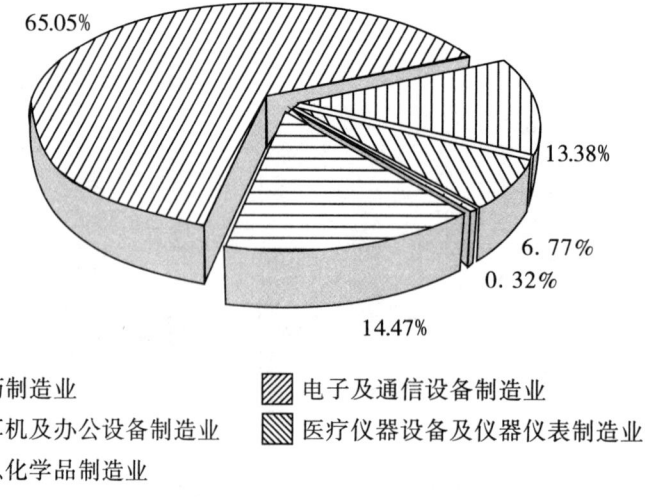

图 2-12 2021年中国高技术产业各领域营业收入分布情况（%）

表 2-16 2021 年中国高技术产业各领域营业收入

领域	营业收入(亿元)
医药制造业	29582.96
电子及通信设备制造业	132988.26
计算机及办公设备制造业	27359.14
医疗仪器设备及仪器仪表制造业	13846.10
信息化学品制造业	660.53

2021 年，中国高技术产业利润总额达到 18 183.95 亿元，其中：电子及通讯设备制造业利润总额最高，达 9045.87 亿元，医药制造业次之，利润总额达 6430.68 亿元，医疗仪器设备利润总额达 1804.15 亿元，计算机及办公室设备制造业利润总额达 828.07 亿元，仪器仪表制造业与信息化学品制造业利润总额最少，为 75.18 亿元。图 2-13，表 2-17。

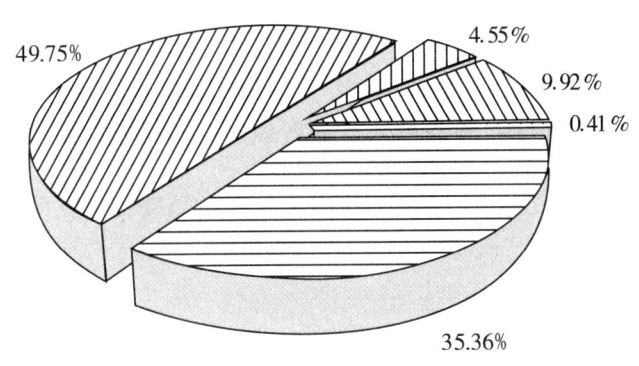

图 2-13 2021 年中国高技术产业各领域利润总额分布情况（%）

表 2-17 2021 年中国高技术产业各领域利润总额（亿元）

领域	利润总额(亿元)
医药制造业	6430.68
电子及通信设备制造业	9045.87
计算机及办公设备制造业	828.07
医疗仪器设备及仪器仪表制造业	1804.15
信息化学品制造业	75.18

2021年,中国高技术产业有效专利发明中,电子及通讯设备制造业有效专利发明数最高,达490 022件,医疗仪器设备有效专利发明数69 403件,医药制造业有效专利发明数64 511件,计算机及办公室设备制造业有效专利发明数39 903件、仪器仪表制造业与信息化学品制造业有效专利发明数最少,为1232件。图2-14,表2-18。

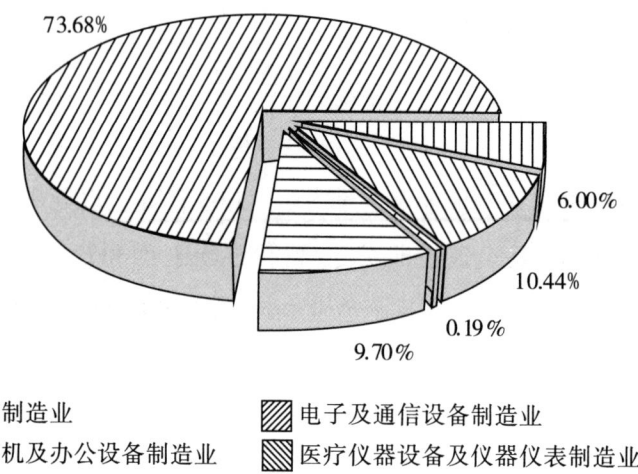

图2-14 2021年中国高技术产业各领域有效发明专利数分布情况(%)

表2-18 2021年中国高技术产业各领域有效发明专利数

领域	有效发明专利数(件)
医药制造业	64511
电子及通信设备制造业	490022
计算机及办公设备制造业	39903
医疗仪器设备及仪器仪表制造业	69403
信息化学品制造业	1232

3.高技术产业地区分布

2021年,广东高技术产业企业数以12 372家居全国首位,江苏以6893家居于全国第二位。甘肃省高技术产业企业数为140家,位居全国第25位,与全国各地区平均值(1472.45家)有较大差距。

2021年,中国高技术产业营业收入为209 895.50亿元,利润总额可达18 434.61亿元。广东以高技术产业营业收入53 914.93亿元居于全国首位,江苏以高技术产业营业收入32 196.18亿元处于全国第2位。甘肃2021年高技术产业营业收入为452.27亿元,全国排名第26位。广东以高技术产业利润总额4124.10亿元居于全国首位。北京以高技术产业利润总额2591.71亿元处于全国第2位。甘肃2021年高技术产业利润总额为91.271 36亿元,处于全国第23位。图2-15,表2-19。

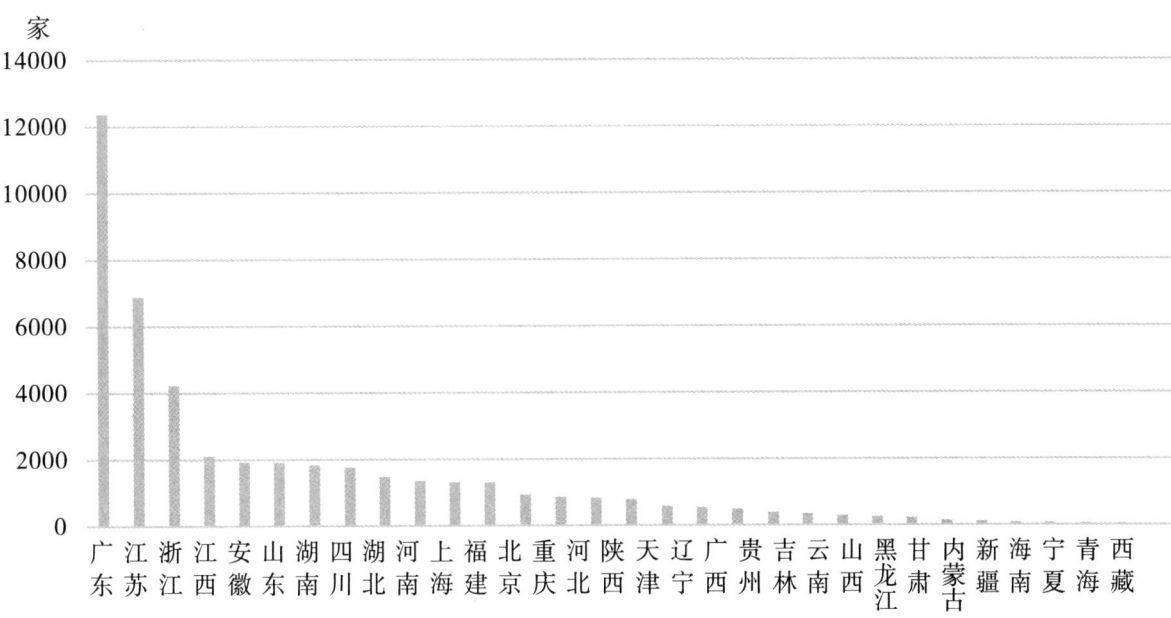

图 2-15　2021年中国高技术产业企业数

表 2-19　2021年中国高技术产业企业数

地区	企业数（家）	位次	地区	企业数（家）	位次
广东	12372	1	天津	585	17
江苏	6893	2	辽宁	549	18
浙江	4230	3	广西	501	19
江西	2111	4	贵州	387	20
安徽	1931	5	吉林	350	21
山东	1922	6	云南	286	22
湖南	1838	7	山西	255	23
四川	1766	8	黑龙江	227	24
湖北	1489	9	甘肃	140	25
河南	1369	10	内蒙古	111	26
上海	1323	11	新疆	82	27
福建	1314	12	海南	69	28
北京	937	13	宁夏	57	29
重庆	866	14	青海	42	30
河北	840	15	西藏	17	31
陕西	787	16			

(二)中国专利状况

1.专利申请量与授权量

中国专利申请量近年来快速增长。2021年,国家知识产权局受理的专利申请为506.03万件,其中发明专利申请142.78万件、实用新型284.53万件、外观设计78.71万件,2014~2021年全国专利申请量年均增长率为12.56%。

2021年,国家知识产权局统计专利授权量为446.72万件,其中发明专利58.60万件,实用新型311.27万件,外观设计76.84万件。截至2021年底,全国万人授权专利拥有量达到102.06件。2014~2021年全国专利授权量年均增长率20.52%。图2-16,表2-20。

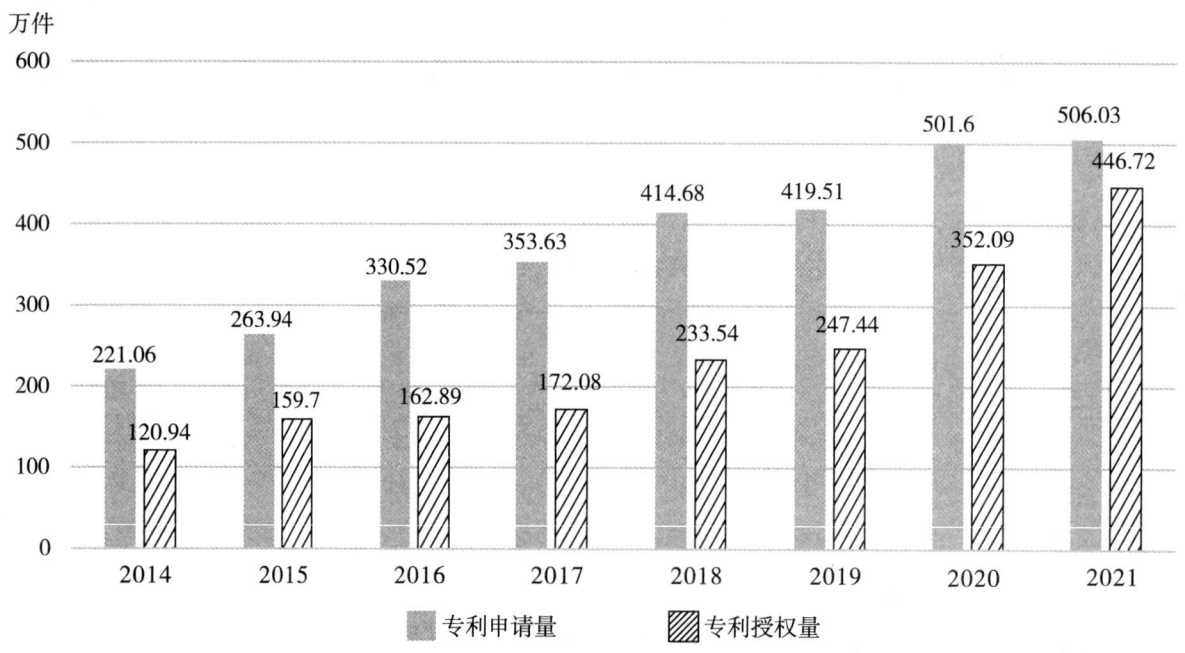

图2-16 2014~2021年中国专利申请量与专利授权量

表2-20 2014~2021年中国专利申请量与专利授权量

年度	专利申请量(万件)	专利授权量(万件)
2014	221.06	120.94
2015	263.94	159.70
2016	330.52	162.89
2017	353.63	172.08
2018	414.68	233.54
2019	419.51	247.44
2020	501.60	352.09
2021	506.03	446.72

2.专利申请量与授权量地区分布

专利申请量方面,2021年,广东以98.06万件专利申请量居于首位,其次是江苏专利申请量为69.66万件,甘肃省专利申请量为3.01万件,居于全国第25位。图2-17,表2-21。

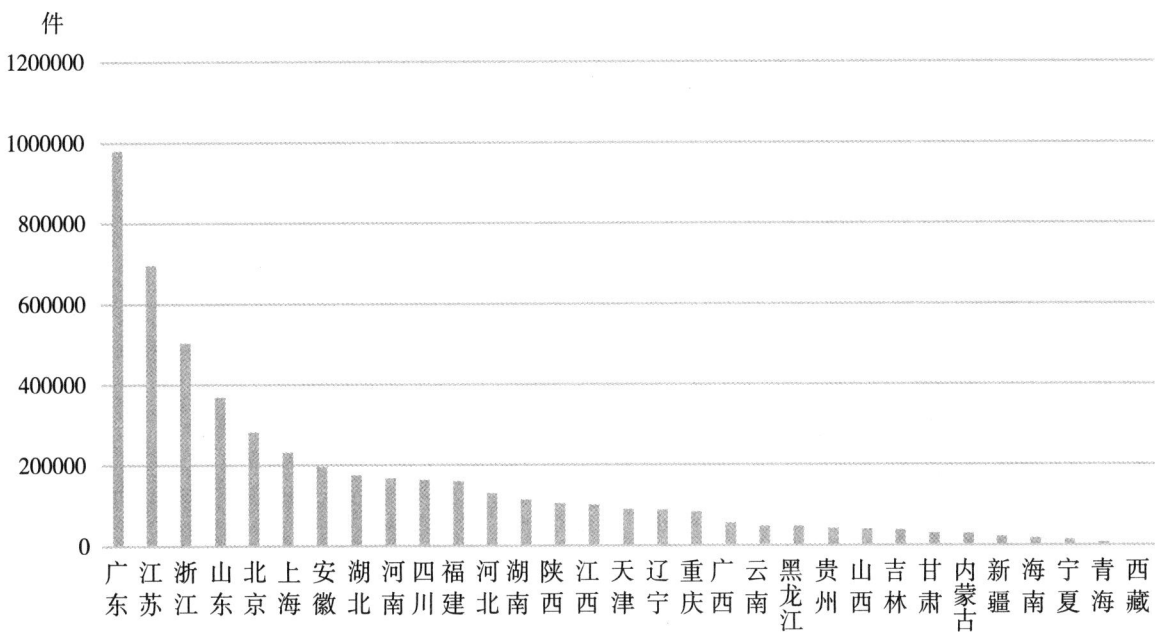

图2-17 2021年中国各地专利申请量

表2-21 2021年中国各地专利申请量

地区	专利申请量(件)	位次	地区	专利申请量(件)	位次
广东	980634	1	辽宁	88504	17
江苏	696693	2	重庆	83555	18
浙江	503197	3	广西	55987	19
山东	369470	4	云南	47997	20
北京	283134	5	黑龙江	47577	21
上海	232918	6	贵州	41733	22
安徽	196427	7	山西	40460	23
湖北	175312	8	吉林	38807	24
河南	167550	9	甘肃	30165	25
四川	163664	10	内蒙古	29462	26
福建	160703	11	新疆	22221	27
河北	130705	12	海南	17679	28
湖南	114167	13	宁夏	14579	29
陕西	105652	14	青海	7448	30
江西	100930	15	西藏	2644	31
天津	90471	16			

专利授权方面,2021年,北京以万人授权专利拥有量417.37件的绝对优势领先全国,上海以271.87件居于第二,甘肃省万人授权专利拥有量仅为28.23件,居全国第27位,虽然较2020年万人授权专利拥有量21.50件略有增长,但是与沿海省份相比,仍有较大差距。图2-18,表2-22。

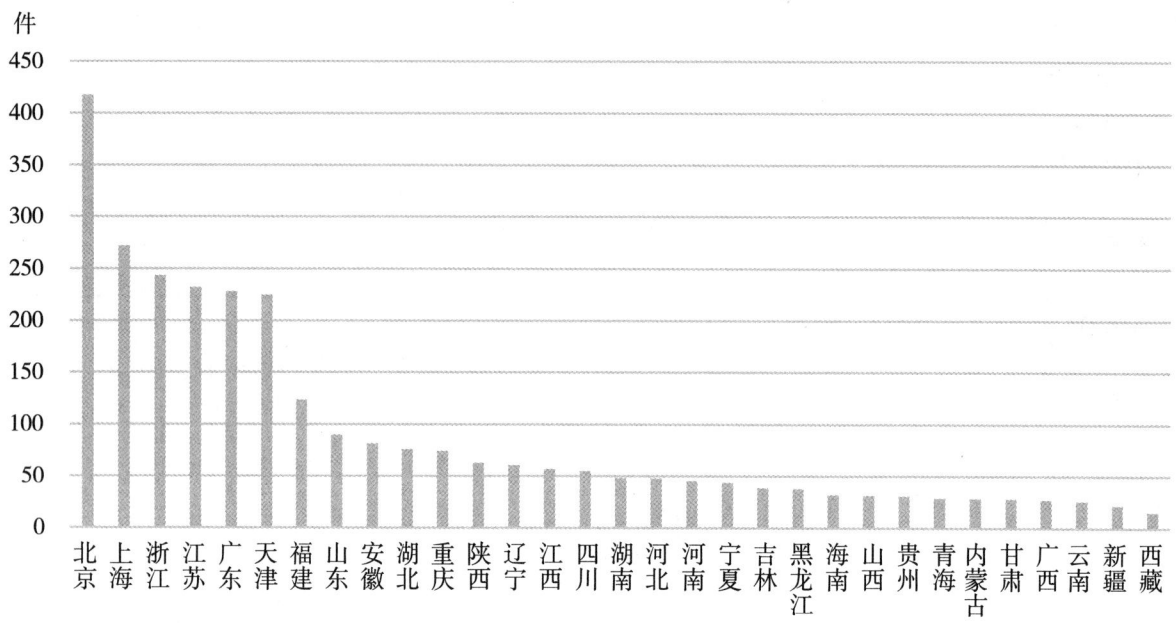

图 2-18 2021 年中国各地专利授权量

表 2-22 2021 年中国各地专利授权量

地区	万人专利授权量(件)	位次	地区	万人专利授权量(件)	位次
北京	417.37	1	河北	47.79	17
上海	271.88	2	河南	45.35	18
浙江	243.49	3	宁夏	43.91	19
江苏	231.99	4	吉林	38.70	20
广东	228.31	5	黑龙江	37.85	21
天津	224.52	6	海南	32.26	22
福建	123.61	7	山西	31.35	23
山东	89.75	8	贵州	30.73	24
安徽	81.50	9	青海	28.97	25
湖北	75.90	10	内蒙古	28.58	26
重庆	74.41	11	甘肃	28.23	27
陕西	62.85	12	广西	27.12	28
辽宁	60.75	13	云南	26.11	29
江西	56.95	14	新疆	21.73	30
四川	55.20	15	西藏	15.36	31
湖南	47.88	16			

3.专利有效量

中国专利有效量近年来快速增长。2021年,中国专利有效量为1441.743万件,其中,发明专利有效量为277.33万件,实用新型专利有效量为919.06万件,外观设计245.35万件。2011~2021年中国专利有效量年均增长率为20.13%。图2-19,表2-23。

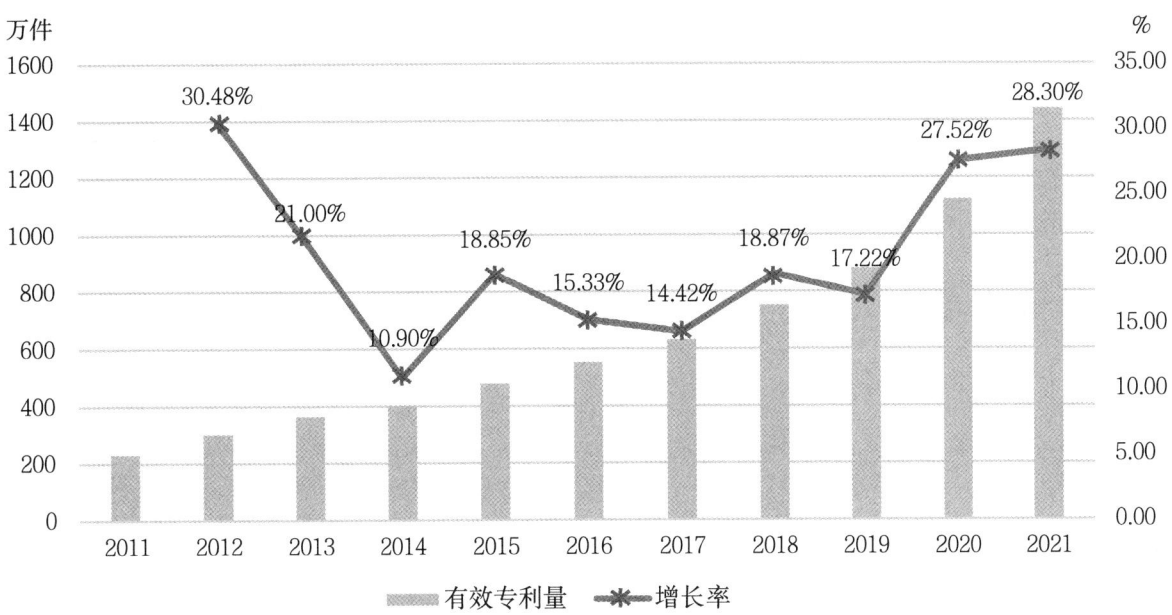

图 2-19　2011~2021年中国专利有效量与增长率

表 2-23　2011~2021年中国专利有效量与增长率

年度	有效专利量(万件)	增长率
2011	230.30	—
2012	300.50	30.48%
2013	363.59	21.00%
2014	403.24	10.90%
2015	479.24	18.85%
2016	552.72	15.33%
2017	632.42	14.42%
2018	751.78	18.87%
2019	881.21	17.22%
2020	1123.69	27.52%
2021	1441.74	28.30%

有效发明专利量方面,2011~2021年,中国有效发明专利量稳步增长,年均增长率达22.95%。2012年,有效发明专利量增长率最高,为34.70%,2019年,有效发明专利量增长率最低,为15.87%。图2-20,表20-24。

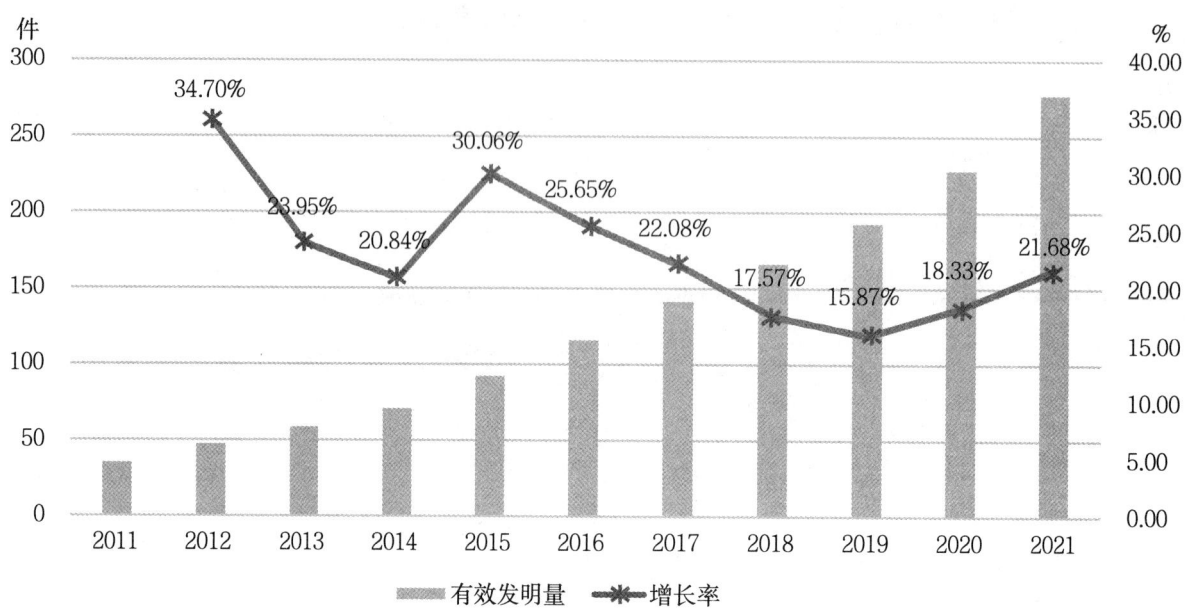

图2-20 2011~2021年中国专利有效发明量与增长率

表2-24 2011~2021年中国专利有效发明量与增长率

年度	有效发明量(件)	增长率
2011	35.13	–
2012	47.32	34.70%
2013	58.65	23.95%
2014	70.87	20.84%
2015	92.18	30.06%
2016	115.82	25.65%
2017	141.39	22.08%
2018	166.23	17.57%
2019	192.61	15.87%
2020	227.91	18.33%
2021	277.33	21.68%

4.专利有效量地区分布

2021年,广东以289.59万件专利有效量居于首位,其次是江苏,专利有效量为187.31万件。甘肃省2021年专利有效量为7.03万件,居于全国第25位。图2-21,表2-25。

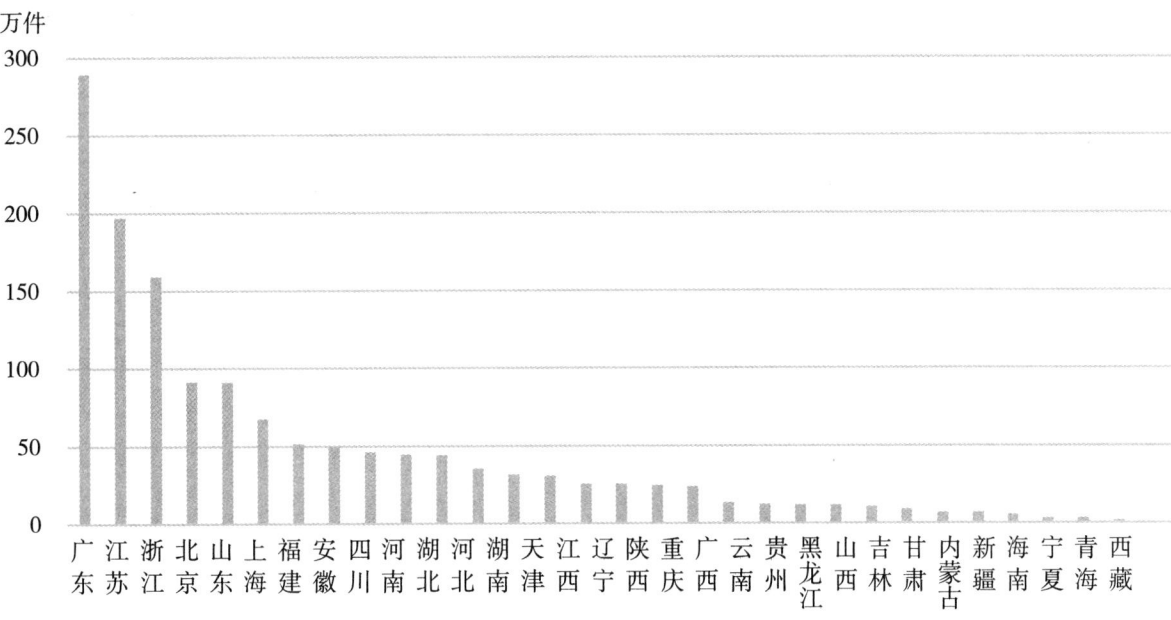

图 2-21 2021 年中国各地专利有效量

表 2-25 2021 年中国各地专利有效量

地区	有效专利量(件)	位次	地区	有效专利量(件)	位次
广东	2895945	1	陕西	248526	17
江苏	1973116	2	重庆	239004	18
浙江	1592452	3	广西	136587	19
北京	913616	4	云南	122471	20
山东	912727	5	贵州	118367	21
上海	676697	6	黑龙江	118272	22
福建	517568	7	山西	109091	23
安徽	498202	8	吉林	91913	24
四川	462124	9	甘肃	70295	25
河南	448242	10	内蒙古	68588	26
湖北	442481	11	新疆	56252	27
河北	355909	12	海南	32901	28
湖南	317087	13	宁夏	31836	29
天津	308263	14	青海	17207	30
江西	257228	15	西藏	5623	31
辽宁	256908	16			

2021年,中国有效发明专利量数量最高的省份依旧是广东,为43.96万件,其次是北京,有效发明专利量为40.50万件。甘肃省2021年有效发明专利量为1.012万件,居于全国第25位。图2-22,表2-26。

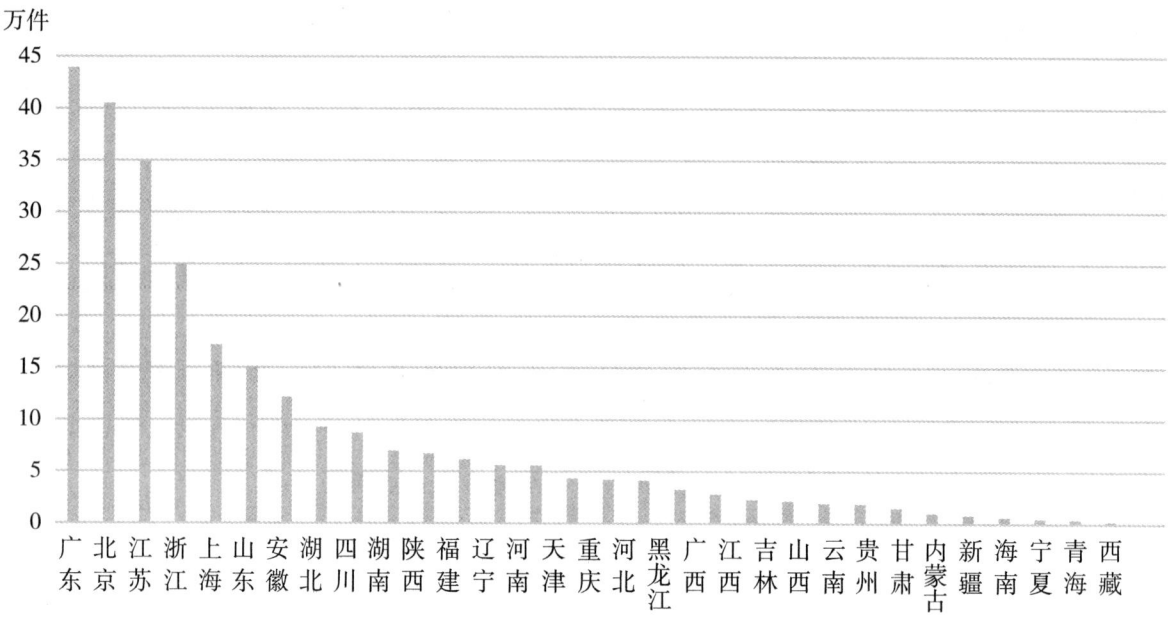

图 2-22 2021年中国各地有效发明专利量

表 2-26 2021年中国各地有效发明专利量

地区	有效发明专利量(件)	位次	地区	有效发明专利量(件)	位次
广东	439607	1	河北	41657	17
北京	405037	2	黑龙江	32754	18
江苏	349035	3	广西	28240	19
浙江	250383	4	江西	23086	20
上海	171972	5	吉林	21699	21
山东	150776	6	山西	19474	22
安徽	121732	7	云南	18872	23
湖北	92920	8	贵州	15147	24
四川	87186	9	甘肃	10164	25
湖南	70114	10	内蒙古	8215	26
陕西	67379	11	新疆	6388	27
福建	62156	12	海南	5005	28
辽宁	56146	13	宁夏	4310	29
河南	55749	14	青海	2225	30
天津	43409	15	西藏	916	31
重庆	42349	16			

5.高价值发明专利

高价值发明专利是为了引导各地向推动知识产权高质量发展转变,适应高质量发展的要求制定的专利指标。每万人口高价值发明专利拥有量是指每万人口本国居民拥有的经国家知识产权局授权的符合下列任一条件的有效发明专利数量:战略性新兴产业的发明专利;在海外有同族专利权的发明专利;维持年限超过10年的发明专利;实现较高质押融资金额的发明专利;获得国家科学技术奖、中国专利奖的发明专利。

2022年,中国每万人口高价值发明专利拥有量为9.4件,相较于2021年,每万人口高价值发明专利拥有量7.5件,增加1.9件。甘肃省2022年每万人口高价值发明专利拥有量为1.96件,与全国平均水平相比,差距较大。

(三)中国技术交易市场发展状况

技术市场合同成交额逐年稳定上升。2011年,全国技术市场合同成交额为4763亿元,2021年上涨至37 294亿元,10年增加了近6倍,年均增长率达到22.85%。图2-23,表2-27。

图2-23 2011~2021年中国技术市场合同成交额与增长率

表2-27 2011~2021年中国技术市场合同成交额与增长率

年度	技术市场合同成交额(亿元)	增长率	年度	技术市场合同成交额(亿元)	增长率
2011	4763.56		2017	13424.22	17.68%
2012	6437.07	35.13%	2018	17697.42	31.83%
2013	7469.13	16.03%	2019	22398.39	26.56%
2014	8577.18	14.84%	2020	28251.51	26.13%
2015	9835.79	14.67%	2021	37294.30	32.01%
2016	11406.98	15.97%			

2021年，北京以7005亿元的技术市场合同成交额居于全国首位，广东以4099亿元的技术市场合同成交额居于全国第2位，甘肃2021年技术市场合同成交额为280亿元，处于全国第20位。整体上看，全国各省份技术市场合同成交额分布极度不均衡，充分说明经济发展不平衡不均衡。图2-24，表2-28。

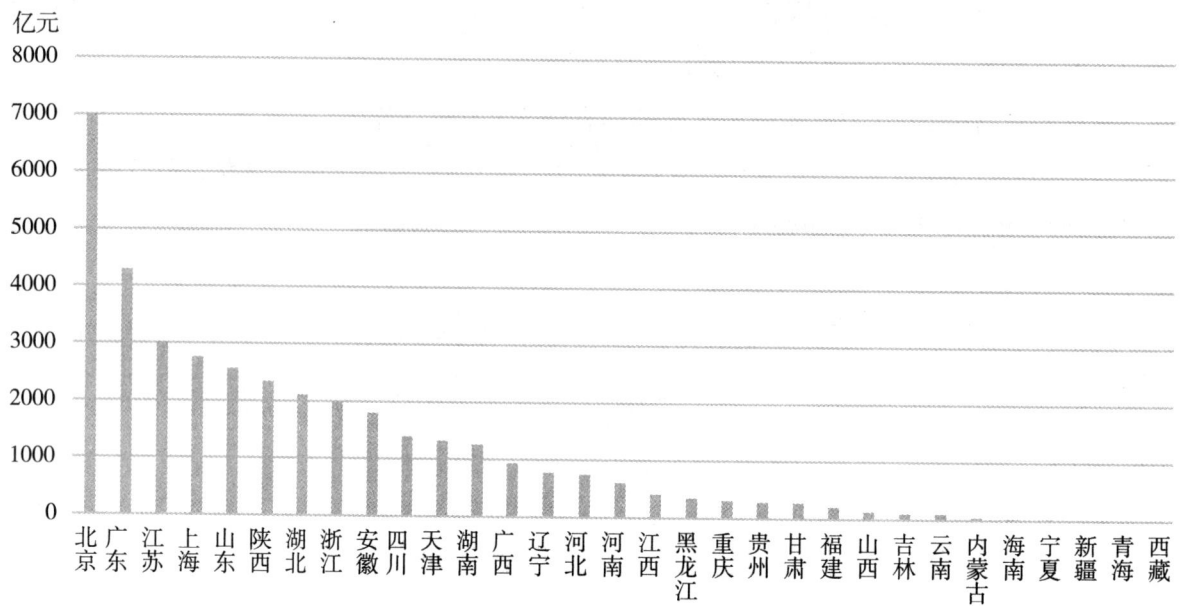

图2-24 2021年中国各地技术市场合同成交额

表2-28 2021年中国各地技术市场合同成交额

地区	技术市场合同成交额（亿元）	位次	地区	技术市场合同成交额（亿元）	位次
北京	7005.65	1	江西	413.99	17
广东	4292.73	2	黑龙江	352.86	18
江苏	3013.56	3	重庆	310.85	19
上海	2761.25	4	贵州	289.27	20
山东	2564.92	5	甘肃	280.44	21
陕西	2343.44	6	福建	214.40	22
湖北	2111.63	7	山西	134.47	23
浙江	1992.20	8	吉林	108.15	24
安徽	1800.33	9	云南	106.10	25
四川	1396.74	10	内蒙古	46.12	26
天津	1321.83	11	海南	28.51	27
湖南	1261.26	12	宁夏	25.16	28
广西	941.31	13	新疆	21.29	29
辽宁	778.56	14	青海	14.10	30
河北	752.03	15	西藏	2.25	31
河南	608.89	16			

从技术合同类别来看,可以分为:技术开发、技术转让、技术咨询和技术服务四个合同类别。2021年,全国技术市场合同成交额 21 422.65 亿元,占全国成交额总数的 57%。其中技术开发合同成交额 11 673.93 亿元,占全国成交额总数的 31%;技术转让与技术咨询合同成交额分别为 3246.563 亿元与 951.1586 亿元,分别占全国成交额总数的 9% 与 3%。图 2-25,表 2-29。

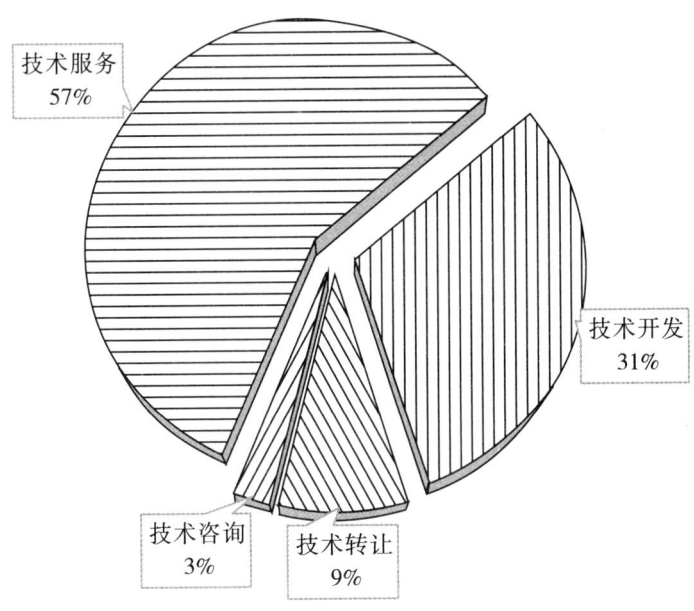

图 2-25 2021 年中国各类技术合同情况

表 2-29 2021 年中国各类技术合同情况

类别	合同成交额(亿元)
技术开发	11673.93
技术转让	3246.56
技术咨询	951.16
技术服务	21422.65

技术开发合同方面,2021 年,广东以 2137.97 亿元的技术市场技术开发合同成交额居于全国首位,北京以 1421.563 亿元居于全国第 2 位,甘肃技术市场技术开发合同成交额为 24.50 亿元,居于全国第 28 位。图 2-26,表 2-30。

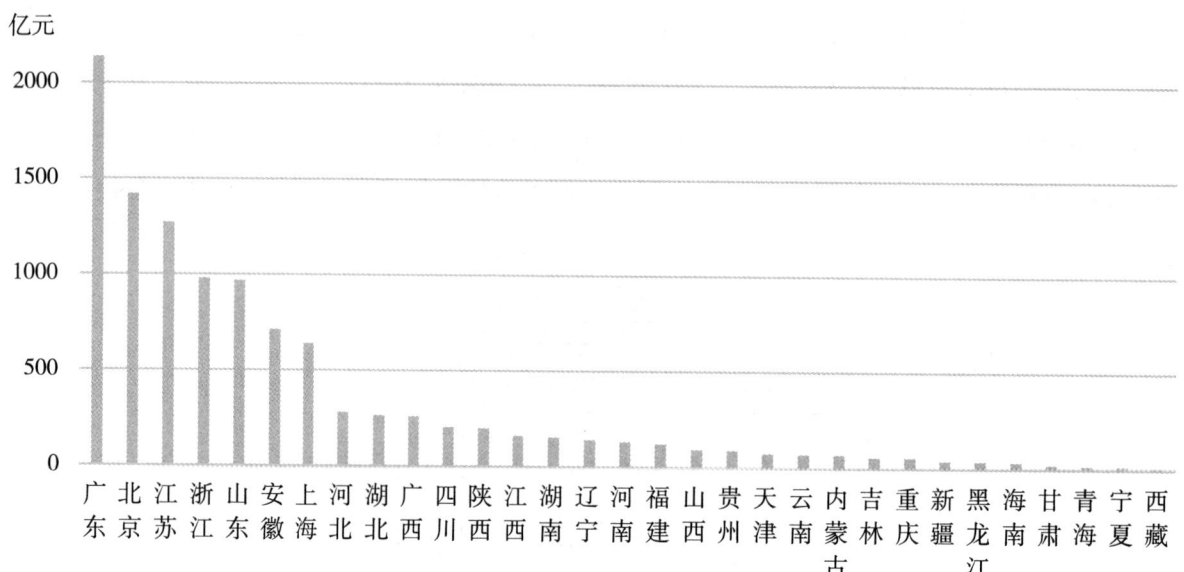

图 2-26 2021 年中国各地技术开发合同成交额

表 2-30 2021 年中国各地技术开发合同成交额

地区	技术开发合同成交额（亿元）	位次	地区	技术开发合同成交额（亿元）	位次
广东	2137.97	1	福建	121.95	17
北京	1421.56	2	山西	94.73	18
江苏	1271.48	3	贵州	89.97	19
浙江	977.36	4	天津	75.53	20
山东	968.26	5	云南	70.83	21
安徽	712.86	6	内蒙古	69.76	22
上海	640.22	7	吉林	56.99	23
河北	280.44	8	重庆	56.97	24
湖北	264.08	9	新疆	41.97	25
广西	260.30	10	黑龙江	39.36	26
四川	204.98	11	海南	35.55	27
陕西	199.70	12	甘肃	24.50	28
江西	160.80	13	青海	18.34	29
湖南	154.36	14	宁夏	16.82	30
辽宁	141.78	15	西藏	9.12	31
河南	133.37	16			

技术转让合同方面，2021 年，广东以 680.31 亿元的技术市场技术转让合同成交额居于全国首位，江苏以 515.07 亿元居于全国第 2 位，甘肃技术市场技术转让合同成交额为 8.29 亿元，居于全国第 25 位。图 2-27，表 2-31。

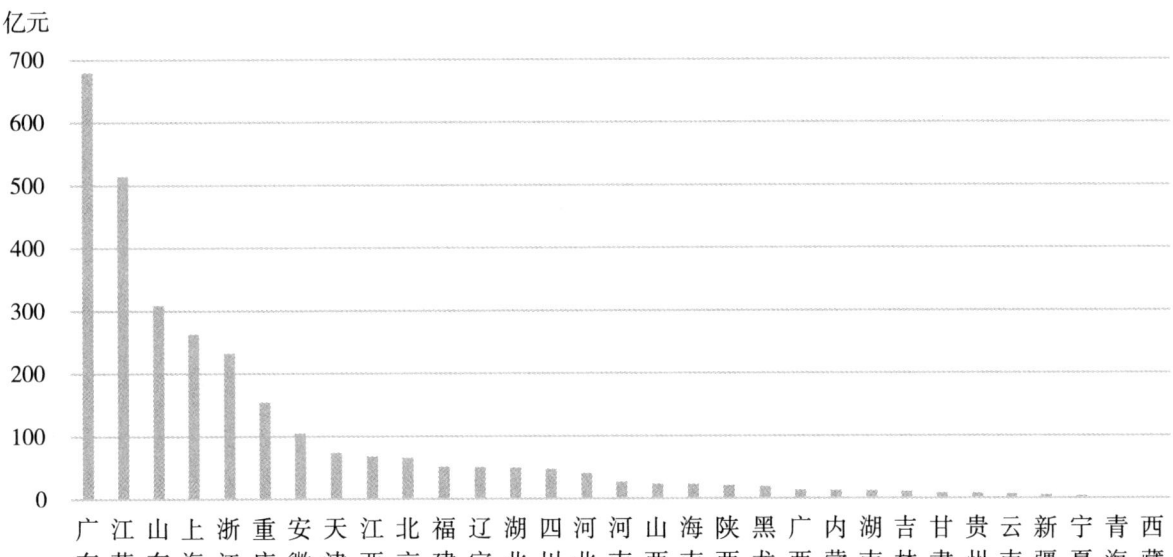

图 2-27 2021年中国各地技术转让合同成交额

表 2-31 2021年中国各地技术转让合同成交额

地区	技术转让合同成交额(亿元)	位次	地区	技术转让合同成交额(亿元)	位次
广东	680.31	1	山西	24.08	17
江苏	515.07	2	海南	23.35	18
山东	309.23	3	陕西	21.20	19
上海	263.72	4	黑龙江	19.55	20
浙江	232.85	5	广西	13.83	21
重庆	154.46	6	内蒙古	13.26	22
安徽	105.29	7	湖南	12.53	23
天津	74.36	8	吉林	10.90	24
江西	68.22	9	甘肃	8.29	25
北京	65.99	10	贵州	8.16	26
福建	51.55	11	云南	6.62	27
辽宁	51.18	12	新疆	5.28	28
湖北	49.94	13	宁夏	3.90	29
四川	47.97	14	青海	0.90	30
河北	41.01	15	西藏	0.82	31
河南	26.98	16			

技术咨询合同方面,2021年,山东以 118.36 亿元的技术市场技术咨询合同成交额居于全国首位,浙江以 95.45 亿元居于全国第 2 位,甘肃技术市场技术咨询合同成交额为 24.18 亿元,居于全国第 12 位。图 2-28,表 2-32。

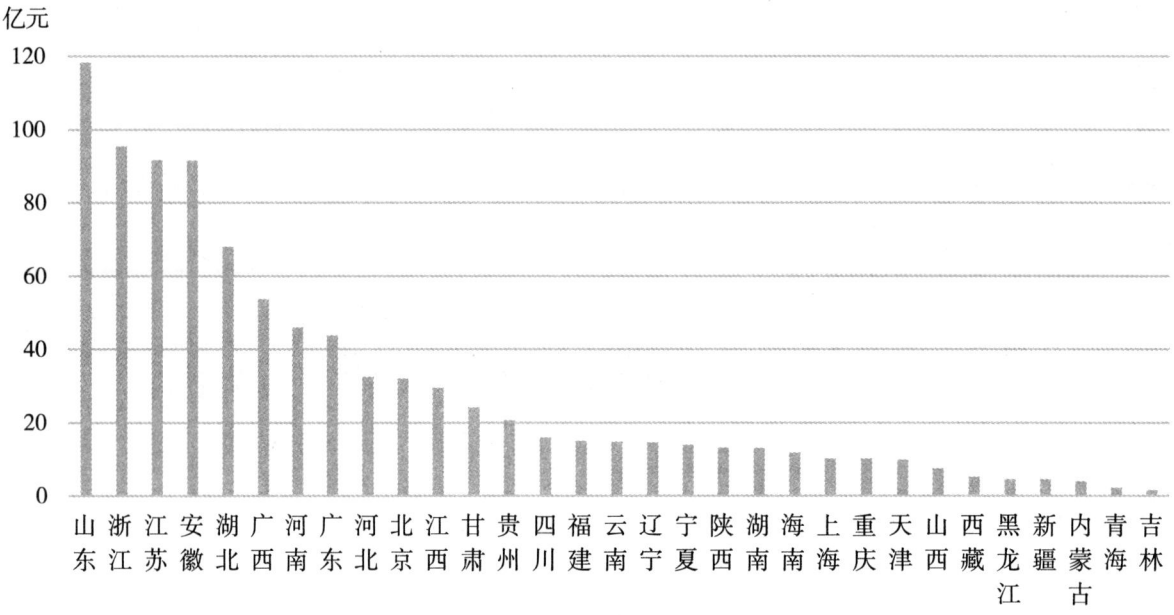

图 2-28 2021 年中国各地技术咨询合同成交额

表 2-32 2021 年中国各地技术咨询合同成交额

地区	技术咨询合同成交额(亿元)	位次	地区	技术咨询合同成交额(亿元)	位次
山东	118.36	1	辽宁	14.66	17
浙江	95.45	2	宁夏	13.95	18
江苏	91.70	3	陕西	13.27	19
安徽	91.62	4	湖南	13.15	20
湖北	68.08	5	海南	11.83	21
广西	53.75	6	上海	10.14	22
河南	46.02	7	重庆	10.11	23
广东	43.75	8	天津	9.90	24
河北	32.49	9	山西	7.53	25
北京	32.03	10	西藏	5.21	26
江西	29.53	11	黑龙江	4.60	27
甘肃	24.18	12	新疆	4.57	28
贵州	20.72	13	内蒙古	4.04	29
四川	16.04	14	青海	2.23	30
福建	15.07	15	吉林	1.63	31
云南	14.81	16			

技术服务合同方面,2021 年,广东以 2628.53 亿元的技术市场技术服务合同成交额居于全国首位,北京以 1919.47 亿元居于全国第 2 位,甘肃技术市场技术服务合同成交额为 314.81 亿元,居于全国第 21 位。图 2-29,表 2-33。

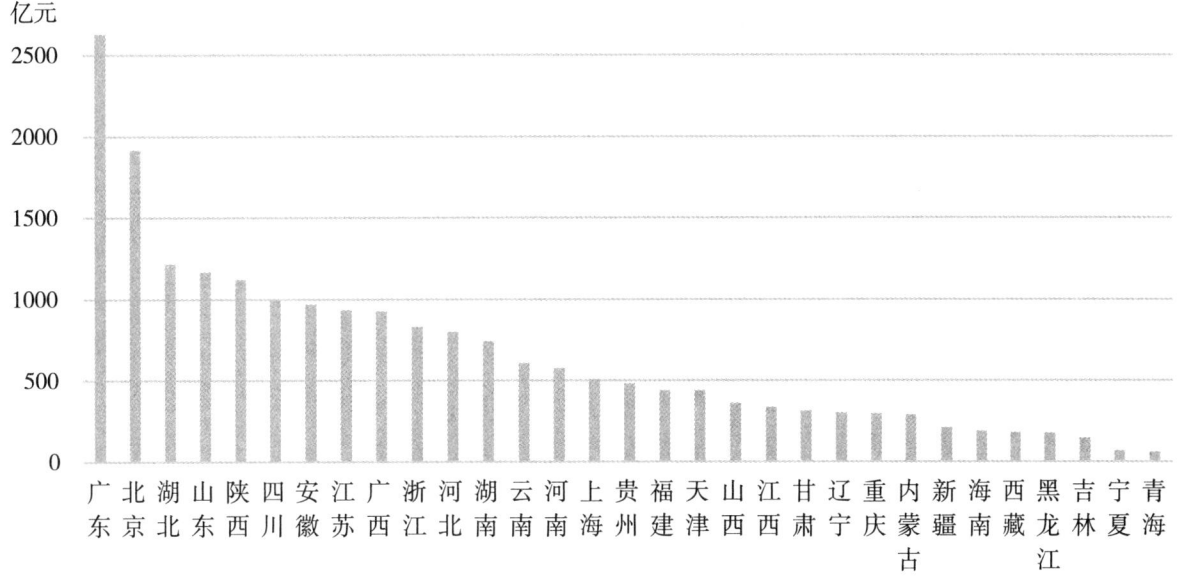

图 2-29 2021 年中国各地技术服务合同成交额

表 2-33 2021 年中国各地技术服务合同成交额

地区	技术服务合同成交额(亿元)	位次	地区	技术服务合同成交额(亿元)	位次
广东	2628.54	1	福建	441.45	17
北京	1919.47	2	天津	439.80	18
湖北	1218.76	3	山西	362.92	19
山东	1168.38	4	江西	337.57	20
陕西	1123.12	5	甘肃	314.81	21
四川	994.78	6	辽宁	303.37	22
安徽	971.83	7	重庆	296.51	23
江苏	933.78	8	内蒙古	289.80	24
广西	926.12	9	新疆	211.65	25
浙江	830.21	10	海南	190.27	26
河北	800.12	11	西藏	183.73	27
湖南	741.96	12	黑龙江	179.44	28
云南	608.08	13	吉林	148.84	29
河南	576.39	14	宁夏	69.49	30
上海	508.07	15	青海	61.71	31
贵州	481.02	16			

(四)中国科技论文发表及收录状况

2011~2020年期间,SCI、EI和CPCI—S三系统收录的中国科技论文数呈快速增长态势。2010年,三大系统中收录的全国科技论文数为303 246篇,到2020年增至876 183篇(其中SCI、EI和CPCI—S三系统收录论文数分别为501 576、340 715与33 892篇),年均增长率达12.51%。图2-30,表2-34。

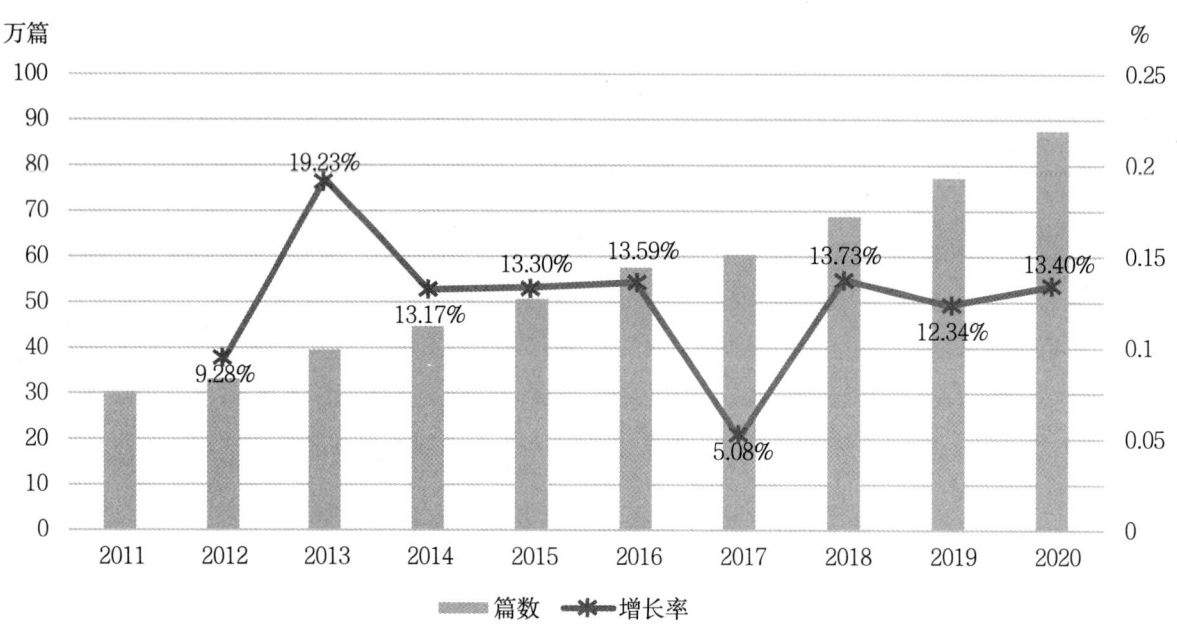

图2-30 2011~2020年中国科技论文收录情况与增长率

表2-34 2011~2020年中国科技论文收录情况与增长率

年度	论文数(篇)	增长率
2011	303246	—
2012	331395	9.28%
2013	395121	19.23%
2014	447162	13.17%
2015	506654	13.30%
2016	575494	13.59%
2017	604709	5.08%
2018	687764	13.73%
2019	772662	12.34%
2020	876183	13.40%

2020年北京以133 339篇三系统论文收录量居于全国首位,其次是江苏三系统论文收录量为89 470篇,甘肃以11 076篇三系统论文收录量排在全国第21位。图2-31,表2-35。

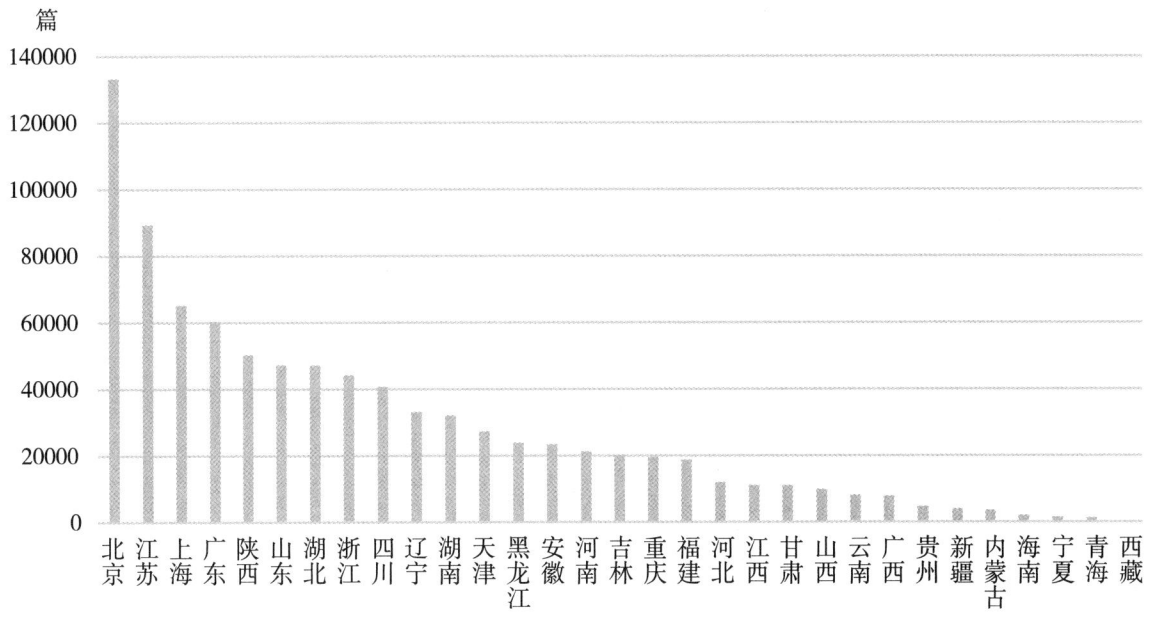

图2-31　2020年中国各地三系统论文收录量

表2-35　2020年中国各地三系统论文收录量

地区	三系统论文收录量(篇)	位次	地区	三系统论文收录量(篇)	位次
北京	133339	1	重庆	19608	17
江苏	89470	2	福建	18753	18
上海	65294	3	河北	12014	19
广东	60430	4	江西	11166	20
陕西	50391	5	甘肃	11076	21
山东	47411	6	山西	9901	22
湖北	47297	7	云南	8165	23
浙江	44165	8	广西	7944	24
四川	40755	9	贵州	4735	25
辽宁	33247	10	新疆	4078	26
湖南	32066	11	内蒙古	3695	27
天津	27378	12	海南	2085	28
黑龙江	23936	13	宁夏	1482	29
安徽	23444	14	青海	1255	30
河南	21333	15	西藏	103	31
吉林	20167	16			

2020年,北京以71 157篇SCI、54 936篇EI与7246篇CPCI—S,居于全国三系统首位。甘肃省以6496篇SCI居于全国SCI位次第21名,以4313篇EI居于全国EI位次第20名,以267篇CPCI—S居于全国CPCI—S位次第22名。图2-32~34,表2-36~38。

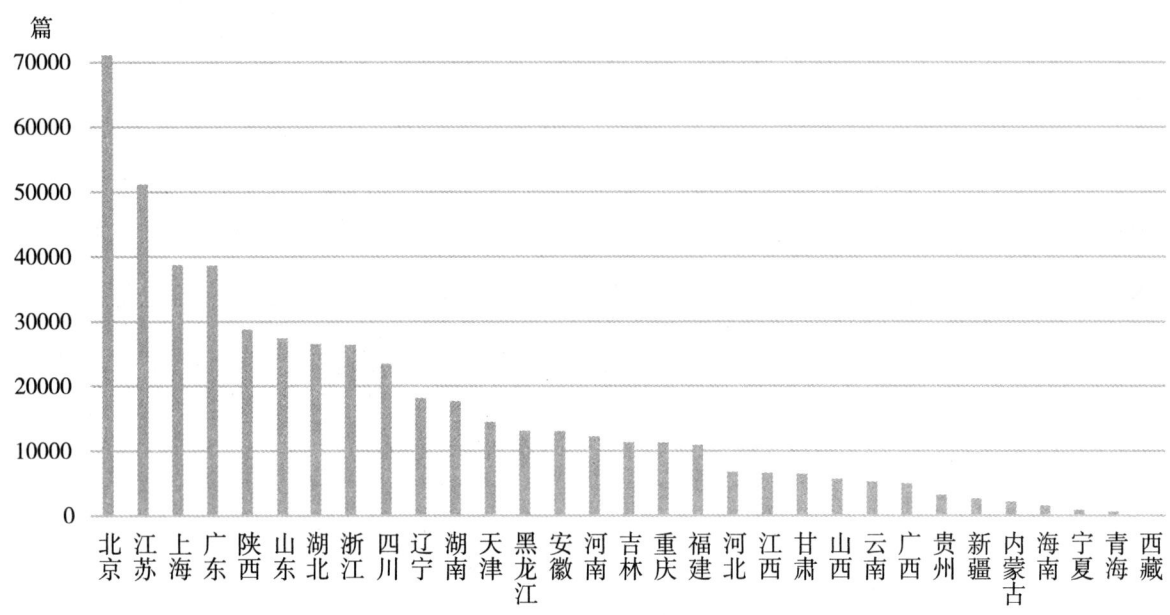

图 2-32　2021年中国各地 SCI 论文收录量

表 2-36　2021年中国各地 SCI 论文收录量

地区	论文数（篇）	位次	地区	论文数（篇）	位次
北京	71157	1	重庆	11287	17
江苏	51195	2	福建	10930	18
上海	38727	3	河北	6807	19
广东	38642	4	江西	6634	20
山东	28773	5	甘肃	6496	21
湖北	27416	6	山西	5699	22
陕西	26547	7	云南	5235	23
浙江	26384	8	广西	5004	24
四川	23424	9	贵州	3207	25
湖南	18174	10	新疆	2628	26
辽宁	17666	11	内蒙古	2163	27
天津	14452	12	海南	1545	28
安徽	13111	13	宁夏	890	29
河南	13063	14	青海	627	30
黑龙江	12230	15	西藏	90	31
吉林	11373	16			

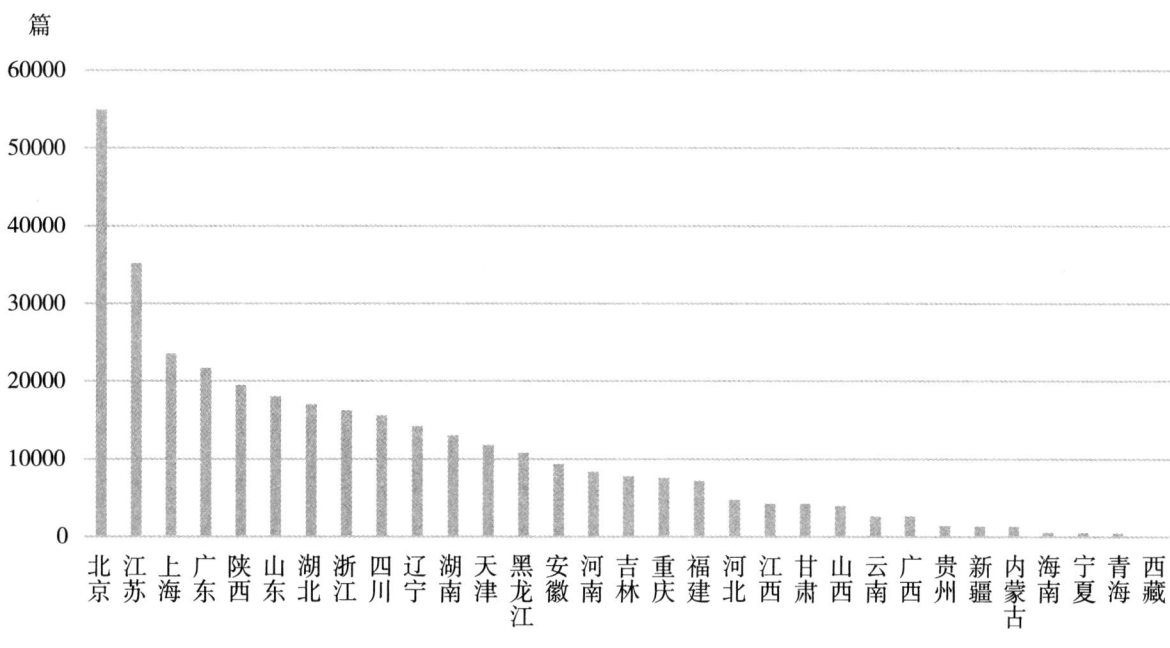

图 2-33　2021 年中国各地 EI 论文收录量

表 2-37　2021 年中国各地 EI 论文收录量

地区	论文数（篇）	位次	地区	论文数（篇）	位次
北京	54936	1	重庆	7623	17
江苏	35168	2	福建	7251	18
上海	23585	3	河北	4813	19
陕西	21740	4	甘肃	4313	20
广东	19493	5	江西	4288	21
湖北	18076	6	山西	3977	22
山东	17040	7	广西	2660	23
浙江	16275	8	云南	2642	24
四川	15592	9	贵州	1431	25
辽宁	14231	10	内蒙古	1373	26
湖南	13043	11	新疆	1370	27
天津	11806	12	青海	593	28
黑龙江	10803	13	宁夏	530	29
安徽	9387	14	海南	477	30
吉林	8377	15	西藏	9	31
河南	7813	16			

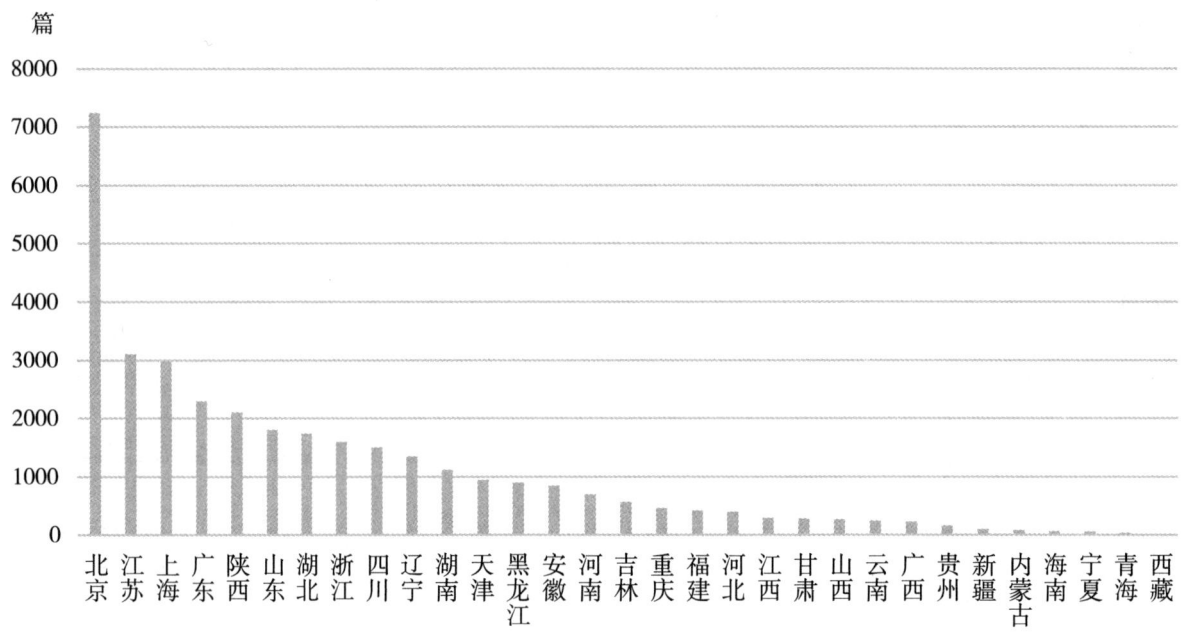

图 2-34　2021 年中国各地 CPCI—S 论文收录量

表 2-38　2021 年中国各地 CPCI—S 论文收录量

地区	论文数（篇）	位次	地区	论文数（篇）	位次
北京	7246	1	河南	457	17
江苏	3107	2	吉林	417	18
上海	2982	3	河北	394	19
广东	2295	4	云南	288	20
陕西	2104	5	广西	280	21
湖北	1805	6	甘肃	267	22
四川	1739	7	江西	244	23
山东	1598	8	山西	225	24
浙江	1506	9	内蒙古	159	25
辽宁	1350	10	贵州	97	26
天津	1120	11	新疆	80	27
安徽	946	12	海南	63	28
黑龙江	903	13	宁夏	62	29
湖南	849	14	青海	35	30
重庆	698	15	西藏	4	31
福建	572	16			

(五)中国新产品产出成果状况

2011~2021年,中国规模以上工业企业新产品销售收入呈现逐年上升趋势,增长幅度略有波动。2011年,中国规模以上工业企业新产品销售收入100 582.72亿元,2021年增至295 566.7亿元,几近增加两倍,年均增长率为11.38%。图2-35,表2-39。

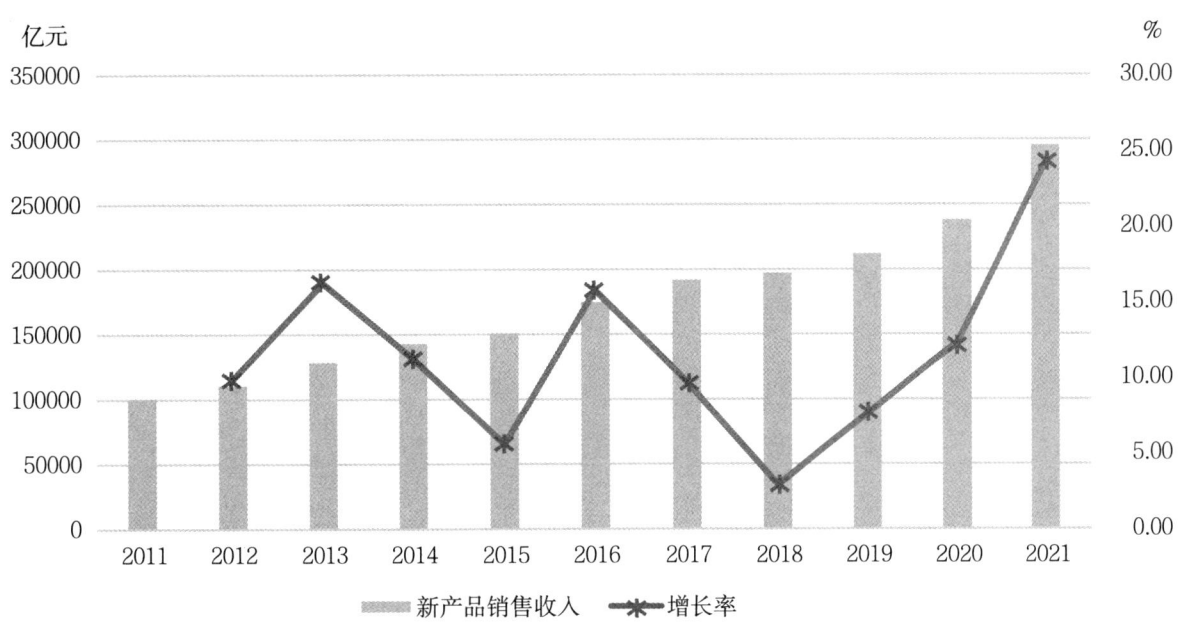

图2-35 2011~2021年中国规模以上工业企业新产品销售收入及增长率

表2-39 2011~2021年中国规模以上工业企业新产品销售收入及增长率

年度	新产品销售收入(亿元)	增长率
2011	100582.7	—
2012	110529.8	9.89%
2013	128460.7	16.22%
2014	142895.3	11.24%
2015	150856.5	5.57%
2016	174604.2	15.74%
2017	191568.7	9.72%
2018	197094.1	2.88%
2019	212060.3	7.59%
2020	238073.7	12.27%
2021	295566.7	24.15%

2021年,广东以规模以上工业企业新产品销售收入49 684.9亿元居于全国首位,江苏以规模以上工业企业新产品销售收入42 622.37亿元居于第2位,与广东差距较小。甘肃省规模以上工业企业新产品销售收入766.27亿元居于第26位,且距离第25位贵州相差较大。图2-36,表2-40。

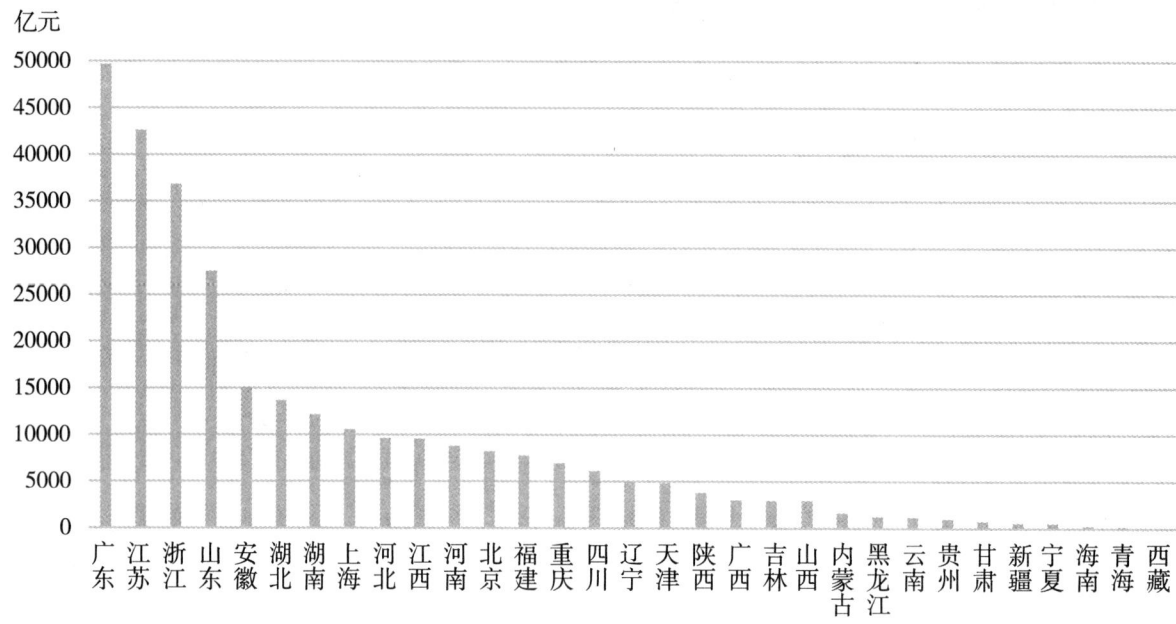

图2-36 2021年中国各地规模以上工业企业新产品销售收入

表2-40 2021年中国各地规模以上工业企业新产品销售收入

地区	新产品销售收入(亿元)	位次	地区	新产品销售收入(亿元)	位次
广东	49684.90	1	天津	4814.09	17
江苏	42622.37	2	陕西	3811.37	18
浙江	36890.12	3	广西	3033.50	19
山东	27540.30	4	吉林	2955.14	20
安徽	15101.73	5	山西	2940.60	21
湖北	13695.56	6	内蒙古	1655.49	22
湖南	12169.23	7	黑龙江	1252.24	23
上海	10574.88	8	云南	1205.58	24
河北	9668.26	9	贵州	1020.77	25
江西	9575.05	10	甘肃	766.27	26
河南	8825.81	11	新疆	582.09	27
北京	8252.96	12	宁夏	540.05	28
福建	7822.14	13	海南	244.50	29
重庆	6995.18	14	青海	171.46	30
四川	6138.75	15	西藏	5.43	31
辽宁	5010.87	16			

三、四个不同经济区域科技经费投入与科技产出对比分析

近年来,全国各地都在努力加大科技投入力度,以便为经济建设提供创新支持,但不同经济发展水平的地域,科技投入产出明显存在着差异。目前,中国的经济区域划分为东部、中部、西部和东北四大地区,其中:东部包括10个省、市,分别为北京、天津、河北、上海、江苏、浙江、福建、山东、广东和海南;中部包括6个省市,分别为山西、安徽、江西、河南、湖北和湖南;西部包括12个省、市、区,分别为内蒙古、广西、重庆、四川、贵州、云南、西藏、陕西、甘肃、青海、宁夏和新疆;东北包括3个省,分别为辽宁、吉林和黑龙江。在对中国科技投入产出总量分析的基础上,基于四大经济区域进行科技投入与产出的对比分析,以期反映不同经济区域在科技投入与产出方面的差异。

(一)科技经费投入对比分析

1.R&D经费投入

"十三五"期间,中国不同经济区域R&D经费投入总量差异较大,其中东部地区为84 674.16亿元、中部地区为21 651.58亿元、西部地区为16 384.87亿元、东北地区为4743.19亿元。在总量水平上,东部地区的R&D经费投入在四个经济区域中占有绝对的优势,占到全国总量的66.44%,其次是中部地区和西部地区,分别占到全国总量的16.99%和12.86%,东北地区R&D经费投入总量只占到全国总量的3.72%。图2-41,表2-37。

表2-41 "十三五"期间四个经济区域R&D经费投入总量

地区	R&D经费投入总量(亿元)
东部地区	84674.16
中部地区	21651.58
西部地区	16384.87
东北地区	4743.19

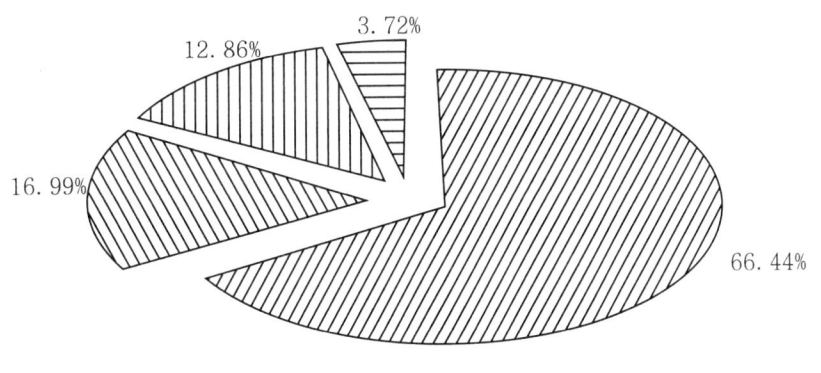

图2-37 "十三五"期间四个经济区域R&D经费投入总量比例

为了更直观地比较各地区 R&D 投入情况,分别计算得到四大经济区域"十三五"时期各地的平均 R&D 经费投入。可以看出,东部地区各地平均 R&D 经费投入明显高于其他地区,而东北和西部地区的 R&D 经费投入力度明显不足。表 2-42,图 2-38。

表 2-42 "十三五"期间四个经济区域各地平均 R&D 经费投入

年度	东部地区(亿元)	中部地区(亿元)	西部地区(亿元)	东北地区(亿元)
2016	1068.94	396.36	162.03	221.63
2017	1188.48	470.03	183.05	234.83
2018	1318.99	547.88	207.55	236.70
2019	1461.40	644.61	238.21	267.80
2020	1596.83	721.70	267.75	293.89
2021	1832.77	828.03	306.82	326.22

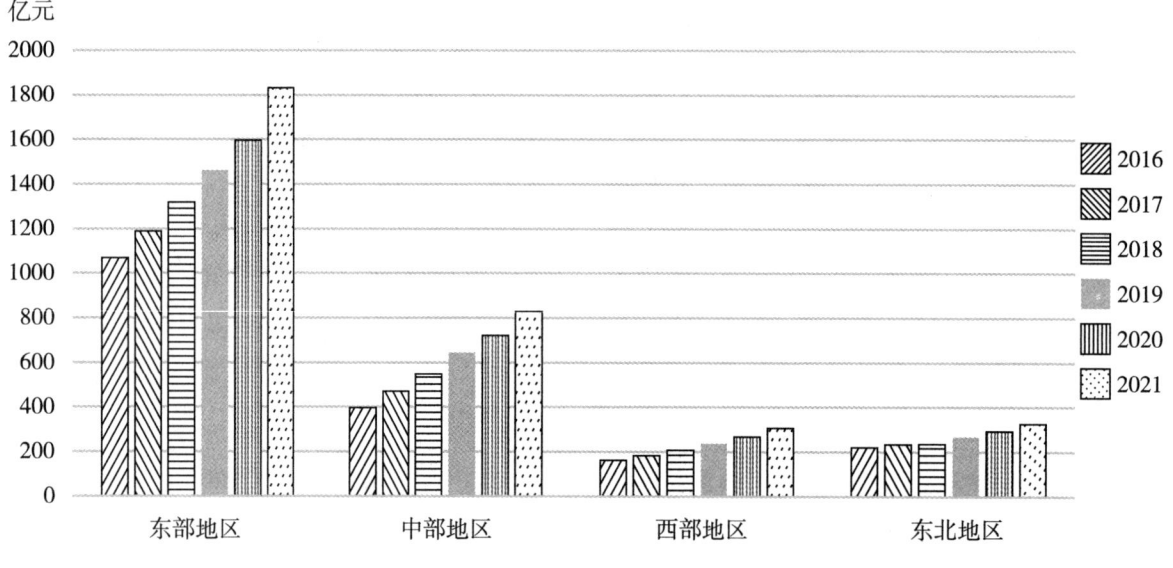

图 2-38 "十三五"期间四个经济区域各省平均 R&D 经费投入

从 R&D 经费增长速度看,东部地区和中部地区 R&D 经费增长较快,增长幅度较大,而西部地区和东北地区 R&D 经费投入增长趋势缓慢。东部地区相比其他三个地区更加重视 R&D 经费的投入,在投入力度上,均高于其他三个地区,在 R&D 经费投入增长速度上,也快于其他地区。图 2-39。

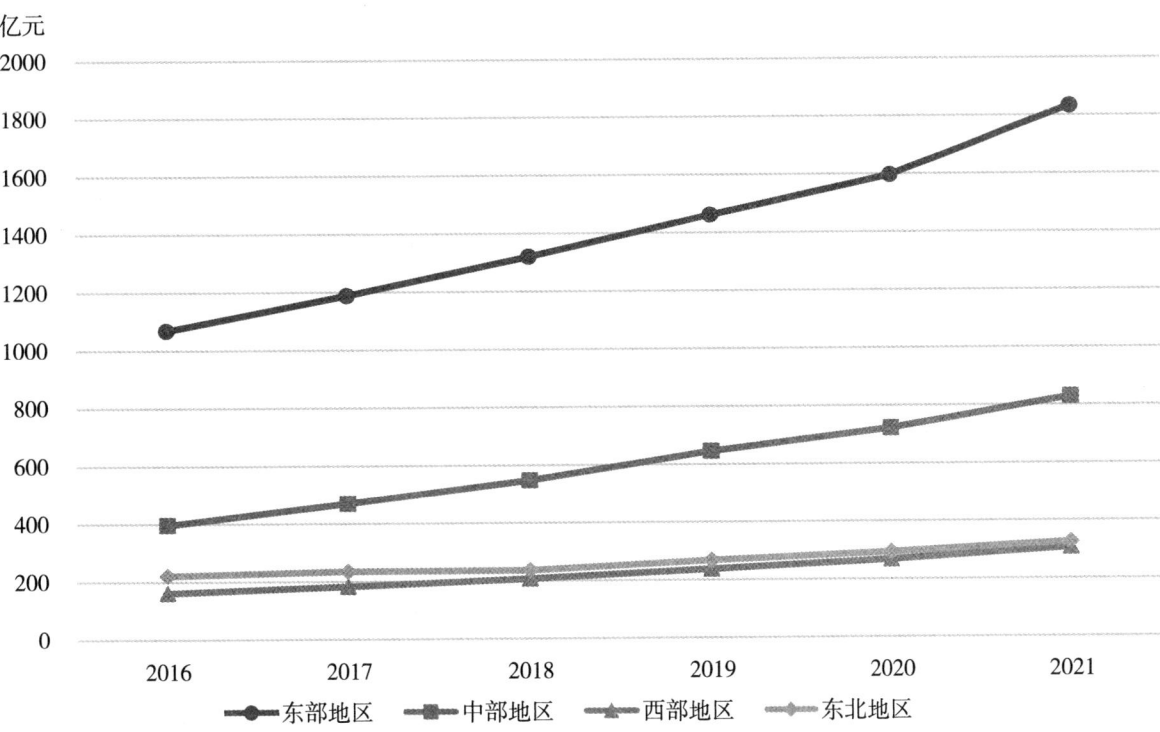

图 2-39 "十三五"期间四个经济区域各地平均 R&D 经费增长趋势

2.R&D 经费投入强度

在 R&D 经费投入强度上,东部地区仍然处于全国领先地位,根据联合国教科文组织把工业化发展的过程划分为四个阶段的方法,东部地区则处于工业化第二阶段。相比较而言,西部地区的 R&D 经费投入强度是最低的,在"十三五"期间均处于最低水平。表 2-43,图 2-40。

表 2-43 "十三五"期间四个经济区域各地平均 R&D 投入强度

年度	东部地区(%)	中部地区(%)	西部地区(%)	东北地区(%)
2016	2.72	1.43	1.04	1.48
2017	2.66	1.51	1.06	1.45
2018	2.72	1.58	1.08	1.34
2019	2.80	1.71	1.14	1.46
2020	2.96	1.88	1.20	1.58
2021	3.04	1.91	1.24	1.63

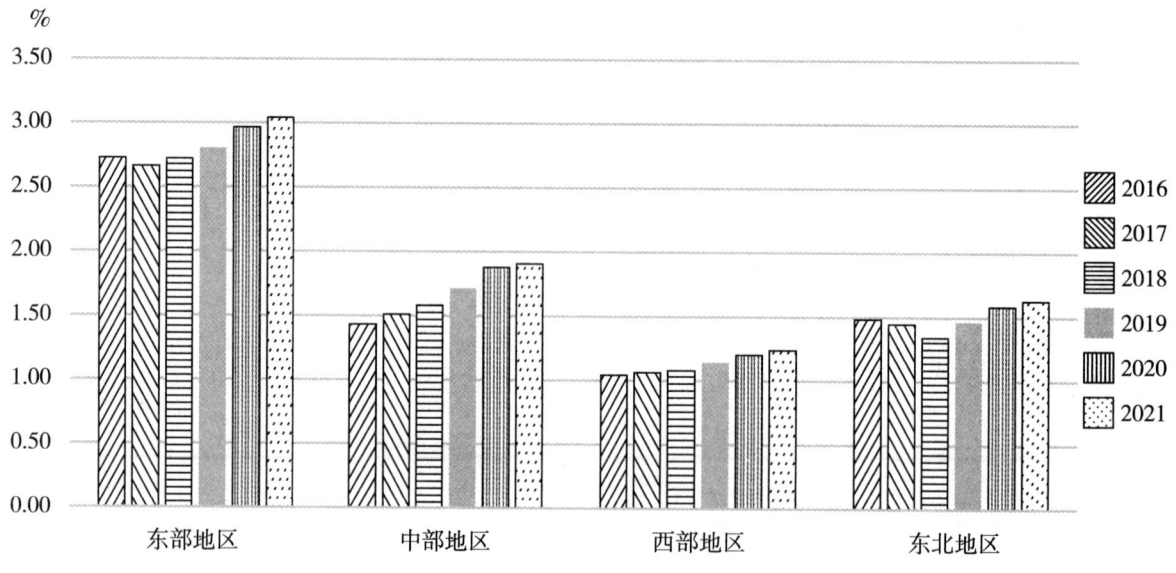

图 2-40 "十三五"期间四个经济区域各地平均 R&D 投入强度

"十三五"时期不同经济区域 R&D 强度都呈现增长趋势,中部地区和西部地区 R&D 经费投入强度一直呈现增长态势,而东部、东北两个经济区域出现下降趋势,东部地区在 2017 年有小幅下降趋势,东北地区在 2018 年呈现小幅下降趋势,其后均稳步提升。图 2-41。

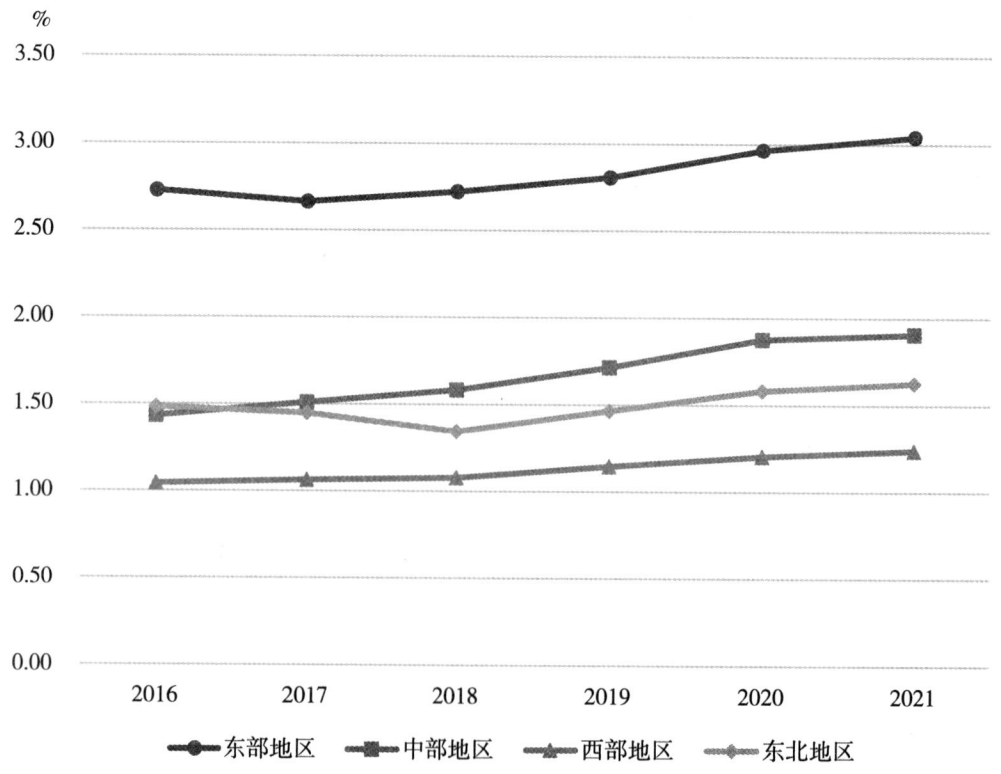

图 2-41 "十三五"期间四个经济区域各地平均 R&D 投入强度增长趋势

(二)科技产出对比分析

1.专利申请量

2014~2021年,中国四大经济区域专利申请量总体上呈现增长趋势,东部地区专利申请总量处于四大经济区域首位,为2083万件,年均增长率为12.78%;中部地区专利申请总量为541万件,年均增长率为0.48%;西部地区专利申请总量为274万件,年均增长率为1.28%;东北地区专利申请总量最少,为98万件,年均增长率为3.44%。图2-42,表2-44。

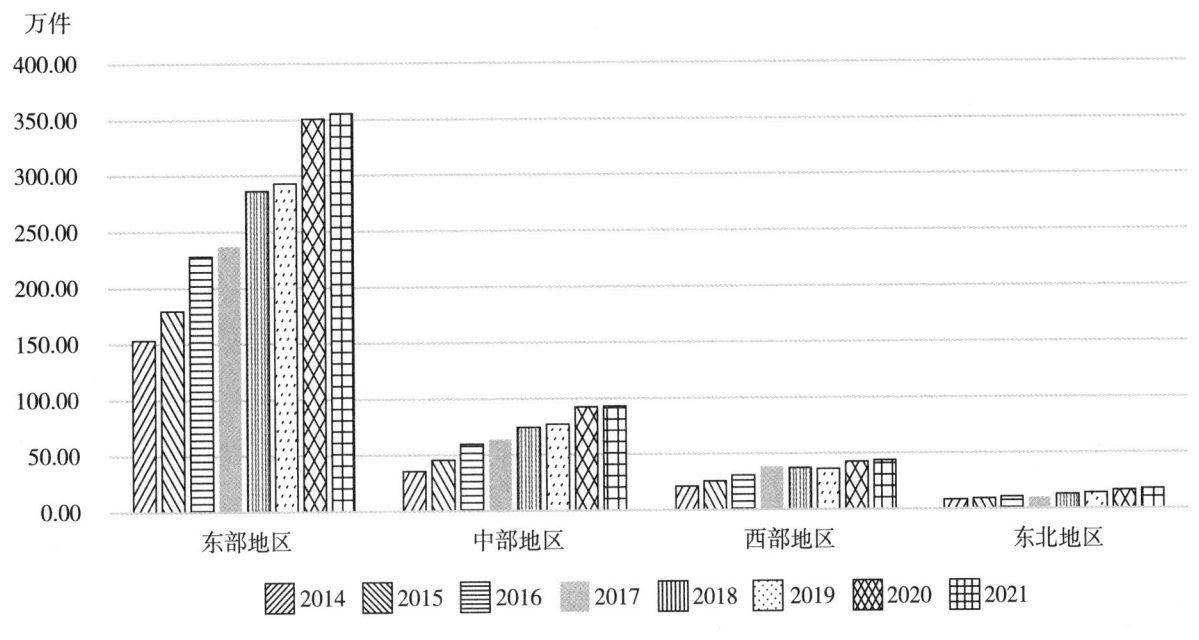

图2-42 2014~2021年中国四大经济区域专利申请量

表2-44 2014~2021年中国四大经济区域专利申请量(万件)

地区	2014	2015	2016	2017	2018	2019	2020	2021
东部地区	153.19	179.35	228.12	237.27	286.43	293.02	350.83	355.41
中部地区	35.61	45.44	59.50	63.67	74.56	77.01	92.58	92.98
西部地区	21.08	25.57	30.57	38.13	36.88	36.22	42.44	43.61
东北地区	8.16	9.16	10.68	10.13	12.73	13.81	16.42	17.49

2.专利授权量

2011~2021年,中国四大经济区域专利授权量总体上呈现增加趋势,与专利申请量的趋势一致。2021年,东部地区专利授权量为1043.61万件,2011~2021年,年均增长率为19.81%;中部地区专利授权量为239.53万件,年均增长率为23.99%;西部地区专利授权量为113.27万件,年均增长率为18.28%;东北地区专利授权量为46.7万件,年均增长率为16.79%。图2-43,表2-45。

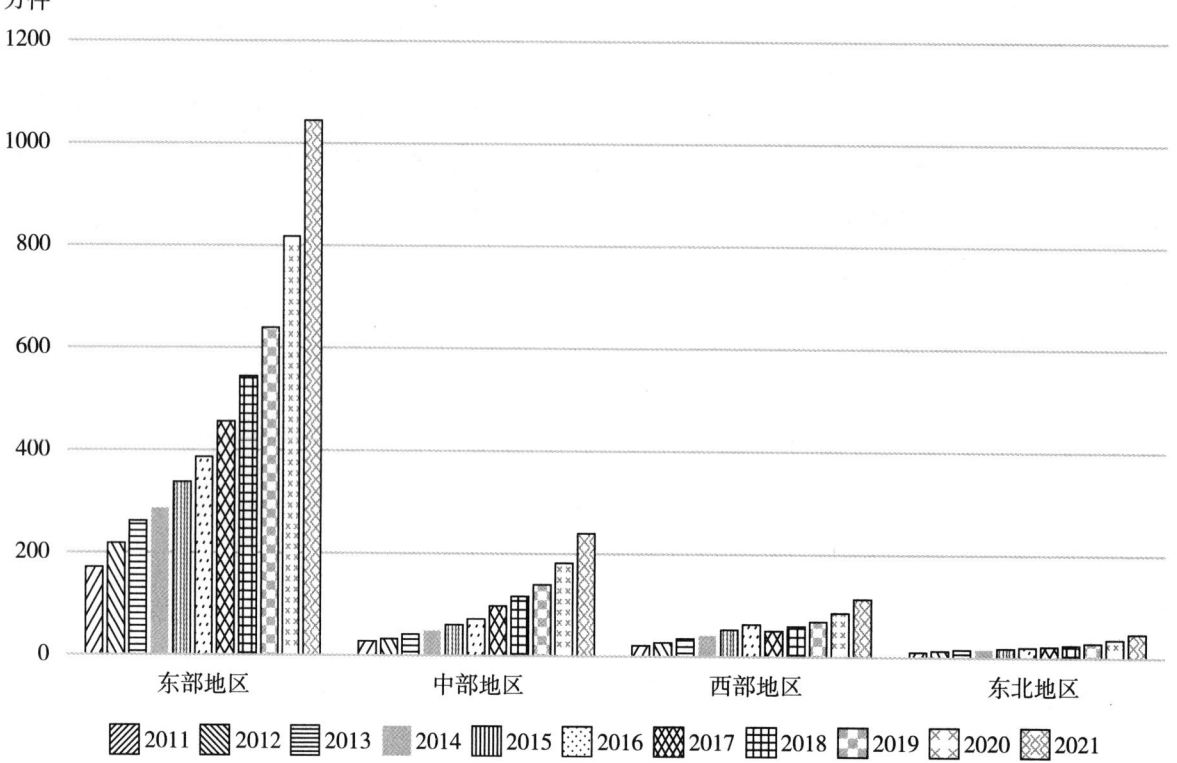

图 2-43　2011~2021 年中国四大经济区域专利授权量

表 2-45　2011~2021 年中国四大经济区域专利授权量（万件）

年度	东部地区	中部地区	西部地区	东北地区
2011	171.22	27.88	21.14	9.9
2012	217.89	31.95	27.33	12.74
2013	261.13	41.31	34.96	15.14
2014	286.21	48.44	41.06	16.12
2015	337.14	60.08	52.25	17.88
2016	386.4	71.59	62.96	19.7
2017	455.74	97.63	50.19	21.93
2018	544.15	116.69	59.46	24.49
2019	639.45	139.07	68.75	28.12
2020	817.61	181.71	86.35	35.69
2021	1043.61	239.54	113.27	46.71

3.专利有效量

2017~2021年,中国四大经济区域有效专利量总体上呈现增长趋势。2021年,东部地区专利有效量为91.36万件,年均增长率为16.56%;中部地区专利有效量30.83万件,年均增长率为1.83%;西部地区专利有效量为35.59万件,年均增长率为6.44%;东北地区专利有效量为424.23万件,年均增长率3.53%。图2-44,表2-46。

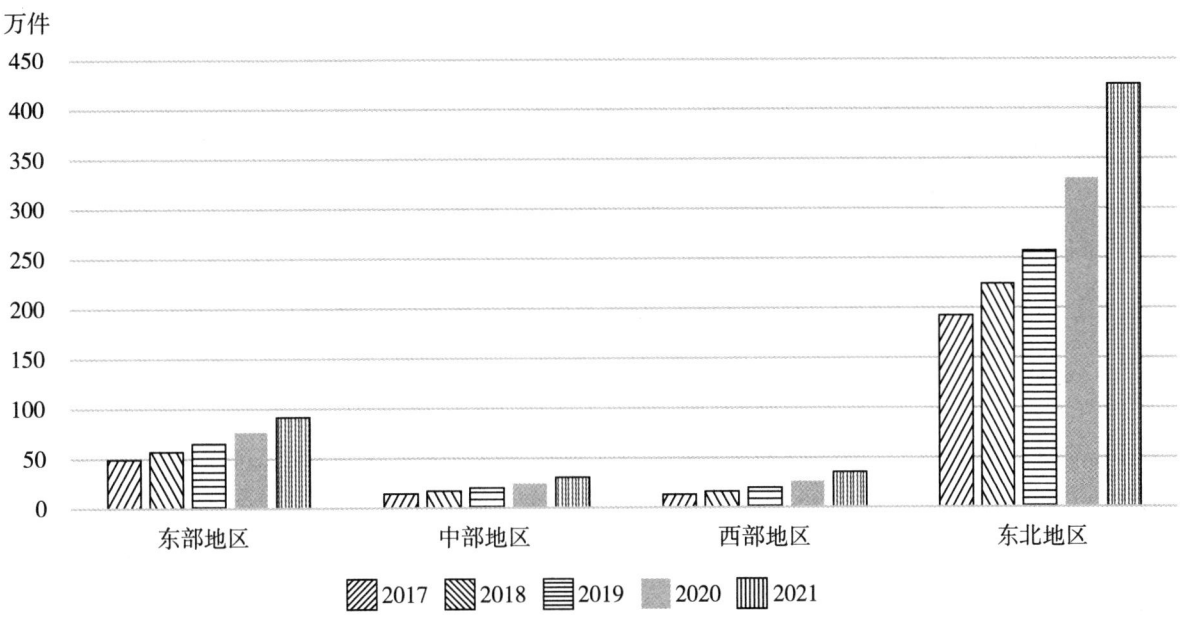

图2-44 2017~2021年中国四大经济区域专利有效量

表2-46 2017~2021年中国四大经济区域专利有效量(万件)

地区	2017	2018	2019	2020	2021
东部地区	49.49	56.99	65.31	76.81	91.36
中部地区	14.47	16.89	19.89	24.55	30.83
西部地区	12.83	16.00	19.54	26.60	35.59
东北地区	192.40	223.98	257.05	330.27	424.23

4.有效发明专利量

2011~2021年,中国四大经济区域有效发明专利量总体上呈现增长趋势。2021年,东部地区专利授权量为197.52万件,年均增长率为23.38%;中部地区专利授权量为45.99万件,年均增长率为26.74%;西部地区专利授权量为21.26万件,年均增长率为20.32%;东北地区专利授权量为11.06万件,年均增长率18.65%。图2-45,表2-47。

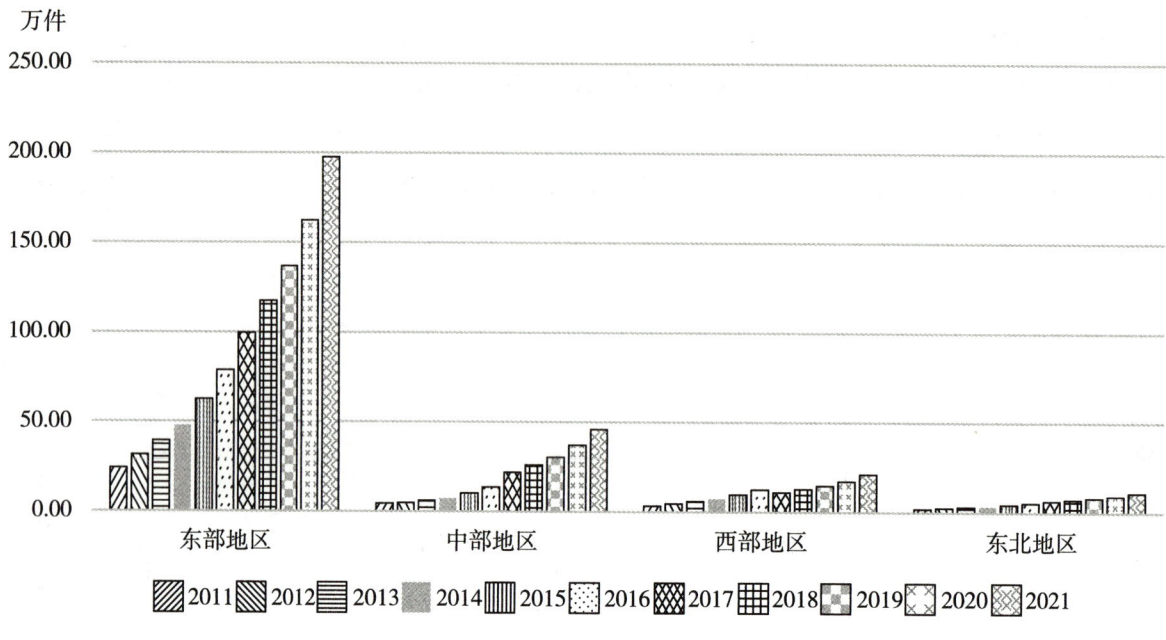

图 2-45 2011~2021 年中国四大经济区域有效发明专利量

表 2-47 2011~2021 年中国四大经济区域有效发明专利量（万件）

年度	东部地区	中部地区	西部地区	东北地区
2011	24.17	4.30	3.34	2.00
2012	31.64	4.68	4.64	2.56
2013	39.43	6.08	5.95	3.03
2014	47.90	7.56	7.43	3.45
2015	62.45	10.43	9.90	4.39
2016	78.51	13.79	12.69	5.33
2017	99.55	21.93	11.17	6.49
2018	117.38	26.11	13.04	7.28
2019	136.70	30.48	14.97	8.15
2020	162.25	37.19	17.35	9.24
2021	197.52	45.99	21.26	11.06

5.技术市场合同成交额

2021 年，东部地区技术市场合同成交额为 23 574.97 亿元，2011~2021 年，年均增长率为 20.77%。中部地区近几年增势迅猛，2021 年技术市场合同成交额为 7870.93 亿元，2011~2021 年，年均增长率为 33.87%。西部地区稳步增长，2021 年技术市场合同成交额为 4467.66 亿元，2011~2021 年，年均增长率为 27.73%。东北地区成交额总数最低，呈现波动增长状态，2021 年技术市场合同成交额为 1213.41 亿元，2011~2021 年，年均增长率为 17.21%。图 2-46，表 2-48。

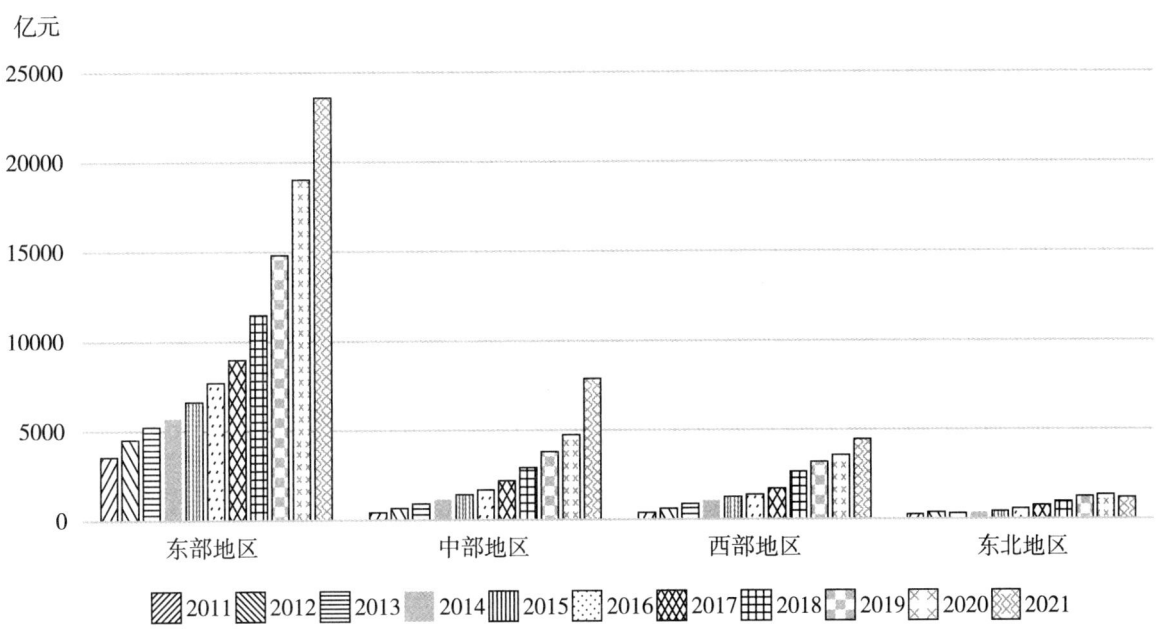

图 2-46 2021 年中国四大经济区域技术市场合同成交额

表 2-48 2021 年中国四大经济区域技术市场合同成交额（亿元）

年度	东部地区	中部地区	西部地区	东北地区
2011	3571.12	425.67	386.37	247.99
2012	4515.90	667.18	601.87	356.23
2013	5230.84	915.61	873.56	309.87
2014	5697.68	1151.26	1056.65	366.32
2015	6623.62	1416.89	1265.07	421.23
2016	7691.60	1695.68	1396.70	565.45
2017	8955.15	2190.78	1735.42	752.46
2018	11478.02	2938.70	2658.88	982.36
2019	14807.00	3816.51	3218.38	1264.61
2020	19022.73	4749.66	3578.79	1360.17
2021	23574.97	7870.94	4467.67	1213.41

6.三系统收录中国科技论文数量

2020 年，东部地区收录科技论文数量为 533 586，其中 SCI 收录论文 306 278 篇、EI 收录论文 205 075 篇、CPCI—S 收录论文 22 233 篇。总计占全国收录论文一半以上；中部地区收录科技论文数量为 191 630，其中 SCI 收录论文 108 611 篇、EI 收录论文 76 797 篇、CPCI—S 收录论文 6222 篇。其收录比例为 21%，居四大经济区域第二位，但是距离东部地区还有很大差距；西部地区收录科技论文数量为 122 040，其中 SCI 收录论文 69 144 篇、EI 收录论文 48 220 篇、CPCI—S 收录论文

4676篇。其收录比例为13%；东北地区收录科技论文数量为122 040，其中SCI收录论文69 144篇、EI收录论文48 220篇、CPCI—S收录论文4676篇，其收录比例为8%。图2-47，表2-49。

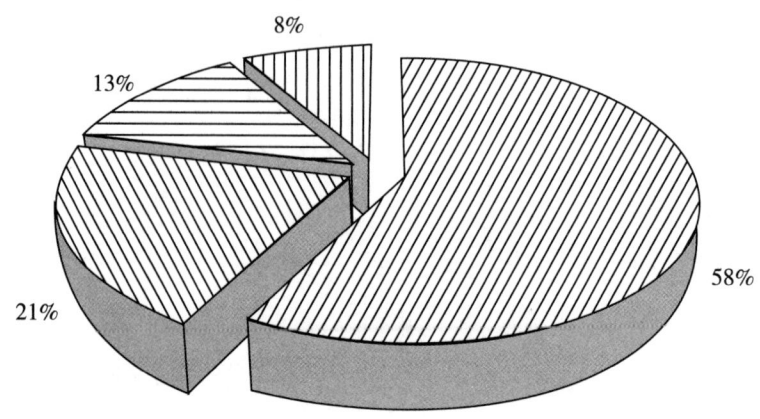

图2-47 2020年中国四大经济区域科技论文收录情况

表2-49 2020年中国四大经济区域科技论文收录情况（篇）

地区	SCI	EI	CPCI—S	合计
东部地区	306278	205075	22233	533586
中部地区	108611	76797	6222	191630
西部地区	69144	48220	4676	122040
东北地区	41269	33411	2670	77350

从整体上看，四大经济区域SCI、EI和CPCI—S三系统收录中国科技论文总量呈现逐年上升趋势。2011~2020年，东部地区年均增长率为12.22%，中部地区年均增长率为13.33%，西部地区年均增长率为13.70%，东北地区年均增长率为9.72%。四大经济区域年均增长率数值接近，因发展基数相差较大，各区域占总值比例不尽相同，差距较大。图2-48，表2-50。

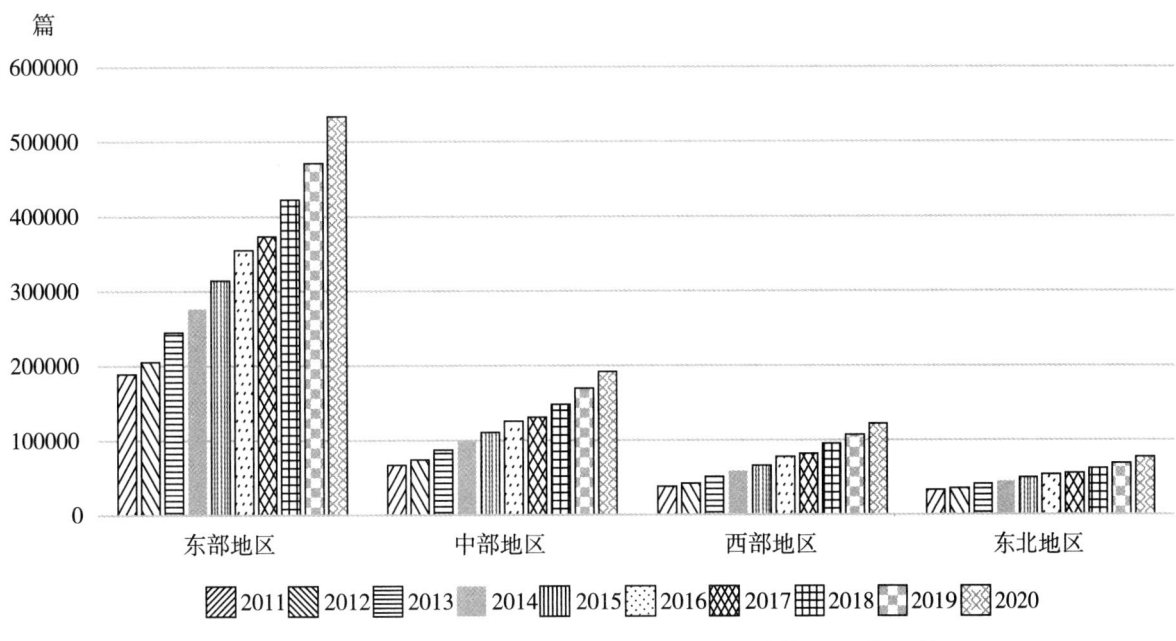

图 2-48 2011~2020 年中国四大经济区域科技论文收录情况

表 2-50 2011~2020 年中国四大经济区域科技论文收录情况（篇）

年度	东部地区	中部地区	西部地区	东北地区
2011	189123	67271	38423	33552
2012	205196	74294	42398	35796
2013	244959	87408	51479	41335
2014	276756	100080	58941	44959
2015	314386	110943	66232	50142
2016	354658	125694	78007	53917
2017	373097	131106	81933	55974
2018	422560	148306	95312	62313
2019	471302	169632	107116	68961
2020	533586	191630	122040	77350

6.新产品销售收入

2011年东部地区规模以上工业企业新产品销售收入73 649.99亿元，2021年东部地区规模以上工业企业新产品销售收入198 114.52亿元，年均增长率为10.40%。2011年中部地区规模以上工业企业新产品销售收入17 360.81亿元，2021年中部地区规模以上工业企业新产品销售收入62 307.97亿元，年均增长率为13.63%。2011年西部地区规模以上工业企业新产品销售收入9571.93亿元，2021年西部地区规模以上工业企业新产品销售收入25 925.94亿元，年均增长率为10.48%。2011年东北地区规模以上工业企业新产品销售收入5926.20亿元，2021年东北地区规模以上工业企业新产品销售收入9218.26亿元，年均增长率为4.52%。图2-49，表2-51。

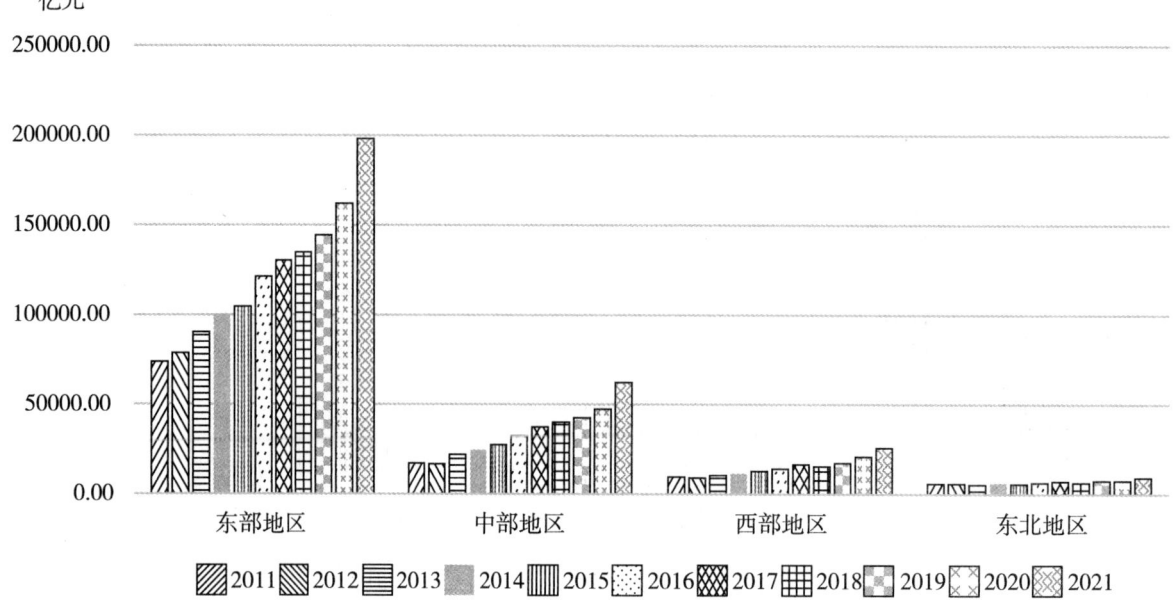

图 2-49 2011~2021 年中国四大经济区域规模以上工业企业新产品销售收入

表 2-51 2011~2021 年中国四大经济区域规模以上工业企业新产品销售收入（亿元）

年度	东部地区	中部地区	西部地区	东北地区
2011	73649.99	17360.81	9571.93	5926.20
2012	78506.34	16990.97	9115.55	5916.91
2013	90341.31	22259.84	10480.67	5378.87
2014	100271.00	24715.85	11684.21	6224.24
2015	104540.97	27590.31	13054.12	5671.15
2016	121330.88	32469.95	14285.85	6517.47
2017	130270.62	37448.82	16695.86	7153.38
2018	134779.85	40152.89	15695.70	6465.63
2019	144226.82	42617.34	17571.29	7644.81
2020	161958.88	47479.12	21133.95	7501.71
2021	198114.52	62307.97	25925.94	9218.26

四、中国科技经费投入与科技产出的关联性分析

（一）灰色关联分析

灰色关联分析的基本思路是首先将相关序列变量设为一个灰色系统，然后用灰色关联度来分析该灰色系统中各系统特征序列与相关因素序列间关系的密切程度，从而判定引起和主导该系统演化发展的主要因素和次要因素。其典型计算步骤如下：

1.确定参考序列和比较序列

选取系统特征序列 $X_0=(x_0(1),x_0(2),\cdots,x_0(n))$ 为参考序列,已知存在 m 个因素序列与 X_0 相关。设 $X_i(i=1,2,\cdots,m)$ 为系统因素,其观测数据为 $x_i(k),k=1,2,3,\cdots,n$,则称 $X_i=(x_i(1),x_i(2),\cdots,x_i(n))$ 为因素 X_i 的行为序列。可用矩阵 $X_{m\times n}$ 表示比较序列如下:

$$X=(x_{ij})_{m\times n}=\begin{bmatrix} x_{11} & x_{12} & \cdots & x_{1n} \\ x_{21} & x_{22} & \cdots & x_{2n} \\ \vdots & \vdots & & \vdots \\ x_{m1} & x_{m2} & \cdots & x_{mn} \end{bmatrix}$$

2.数据序列无量纲化

原始数据因其量纲不一定相同,需要运用一定的方法对原始数据作无量纲化处理,将其转化为可直接运用的数据序列。常用的方法是通过算子作用(初值化、均值化和区间值化),初始化原始数据,得到初值像分别为 $Y_0=(y_0(1),y_0(2),\cdots,y_0(n))$ 和 $Y_i=(y_i(1),y_i(2),\cdots,y_i(n)),(i=1,2,\cdots,m)$。考虑到有正、逆指标之分,采用区间值化算子对原始数据无量纲化,分别对正指标和逆指标作如下处理:

$$y_i(k)=\frac{x_i(k)-m_n^i kx_i(k)}{m_k^a xxi(k)-m_k^i nxi(k)}$$

$$y_i(k)=\frac{m_k^a xxi(k)-xi(k)}{m_k^a xxi(k)-m_k^i nxi(k)}$$

3.求灰色关联系数

灰色关联系数表征比较序列与参考序列在某一指标处的紧密程度,其范围为 $(0,1)$。比较序列 $Y_i(k)$ 与参考序列 $Y_0(k)$ 的灰色关联系数计算方法如下:

$$\gamma_{0i}(k)=\frac{m_k^i nm_k^i n|y_0(k)-y_i(k)|+\xi m_i^a xm_k^a x|y_0(k)-y_i(k)|}{|y_0(k)-y_i(k)|+\xi m_i^a xm_k^a x|y_0(k)-y_i(k)|}$$

其中,$\xi\in[0,1]$,称为分辨系数。ξ 越小,关联系数间差异越大,分辨能力越大。一般取 $\xi=0.5$。

4.求灰色关联度

比较序列 X_i 与参考序列 X_0 在各指标处的关联系数的平均值即为两序列的关联度:

$$\gamma_{0i}=\frac{1}{n}\sum_{k=1}^{n}=\gamma 0_i(k)$$

式中:$\gamma_{0i}\in(0,1)$,γ_{0i} 越大,表明 X_i 对 X_0 的作用越大,若 $\gamma_{0i}\geqslant\gamma_{0j},j=1,2,\cdots,m$,那么因素 X_i 优于因素 X_j。

(二)结果分析

根据相对关联分析的思路和要求,参考中国 2011~2021 年 R&D 活动的有关数据,分别选取了三系统论文数(Y_1)、专利申请量(Y_2)、专利授权量(Y_3)和技术市场交易量(Y_4)4项科技产出指标作为特征序列,以R&D经费支出指标为因素序列。利用以上数据,按照上文的步骤,取$\xi=0.5$得到2011~2021年中国科技产出4项指标与对应的R&D经费投入指标的灰色关联度。表2-52。

表2-52　2000~2010年中国R&D投入与产出指标的相关系数

投入指标	产出指数			
	三系统论文	专利申请数	专利授权数	技术市场交易额
R&D经费投入	0.986	0.998	0.984	0.997

可以发现:R&D投入因子(R&D经费支出)与R&D产出因子(三系统科技论文数、专利申请量、专利授权量及技术市场成交额)之间均存在较强相关关系(相关系数均在0.9以上),这说明R&D经费的投入对于提高中国在国际上的学术地位,提高技术竞争能力至关重要。而在产出指标中,与R&D经费投入关联度最高的是专利的申请量,这说明投入经费的刺激,会激发科技工作者对科技成果创新的最大追求。技术市场成交额反映了高质量成熟阶段科技成果的市场活跃程度。技术市场成交量与科技投入指标的关联度也达到了0.997的水平。从发展趋势看,科技活动经费依然是影响技术市场成交额的最主要因素。

第三章 中国企业研究经费投入产出分析

"十二五"以来,中国科技活动经费投入比率逐年加大,科研实力呈现持续稳定的发展趋势,其核心竞争能力显著增强,具有鲜明技术特色和竞争优势。《中国科技统计年鉴》提供了反映规模以上工业企业研究与发展活动状况的统计数据。本章以《中国科技统计年鉴》数据为基础,对中国规模以上企业的研究与发展活动进行分析。

一、企业的研发经费情况

(一)总体情况

2011年以来,中国企业R&D经费保持较快增长。2021年,中国企业R&D经费为21 504.06亿元,比上年增加2830.31亿元,增长15.2%。其中工业企业R&D经费为17 514.2亿元,非工业企业R&D经费为3989.86亿元,所占比重分别为81.91%和18.09%。

2021年,中国工业企业的R&D经费投入强度(R&D经费与营业收入的比值,下同)为1.33%。图3-1。

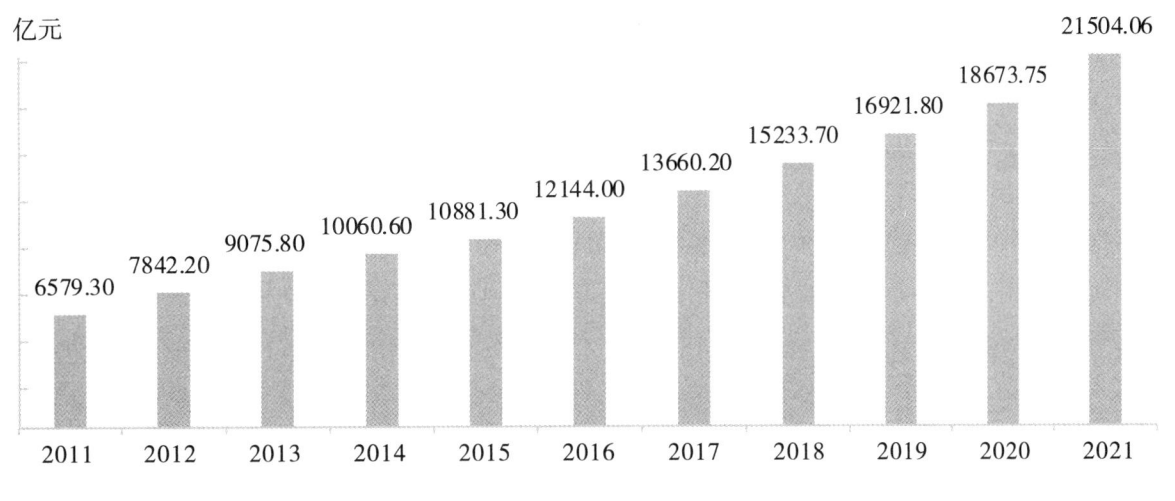

图3-1 2011~2021年企业R&D经费

(二)分行业企业的R&D活动

从分行业分布状况看,2021年制造业企业的R&D经费最高,为16 914.3亿元,占96.57%。企业R&D经费在1000亿元以上的行业有制造业中的通用设备制造业(1119.1亿元),专用设备制造业(1034.4亿元),计算机、通信和其他电子设备制造业(3755.8亿元),汽车制造业(1414.6亿元)及电气机械和器材制造业(1818.1亿元),这五个行业的R&D经费合计8965亿元,占全部企业R&D经费的51.19%。

从各行业的R&D经费投入强度看,2021年排名前三位的行业是铁路、船舶、航空航天和其他运输设备制造业(3.35%),专用设备制造业(2.77%),医药制造业(3.19%)。此外,印刷和记录媒介复制业、化学纤维制造业、橡胶和塑料制品业、金属制品业、汽车制造业、专用设备制造业、通用设备制造业、电气机械和器材制造业、计算机、通信和其他电子设备制造业、其他制造业和金属制品、机械和设备修理业的R&D经费投入强度也高于企业平均水平(1.24%)。图3-2。

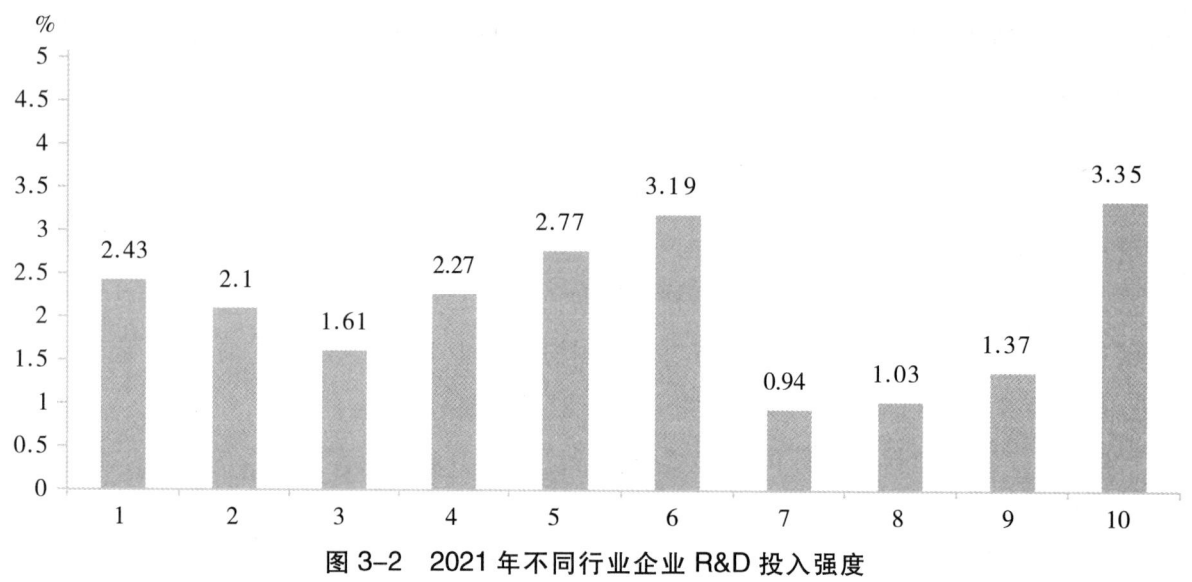

图3-2 2021年不同行业企业R&D投入强度

1.计算机、通信和其他电子设备制造业;2.电气机械和器材制造业;3.汽车制造业;4.通用设备制造业;5.专用设备制造业;6.医药制造业;7.黑色金属冶炼和压延加工业;8.化学原料和化学制品制造业;9.金属制品业;10.铁路、船舶、航空航天和其他运输设备制造业

(三)不同登记注册类型企业的R&D活动

从不同登记注册类型企业的R&D经费状况看,内资企业一直是R&D经费投入的主体。2021年,内资企业的R&D经费为14 136.8亿元,占65.74%;其次是外商投资企业,为1929.34亿元,占8.97%;港澳台商投资企业R&D经费规模最小,为1448.1亿元,占6.73%。其中企业资金是内资企业、港澳台商投资企业和外商投资企业R&D经费的最主要来源,企业资金在其中的占比分别为96.7%、98.3%和97.3%。

(四)企业R&D经费的区域分布

中国企业R&D经费主要集中在东部,东部地区R&D经费为14 109.25亿元,占全国企业R&D经费的65.61%。2021年,在企业R&D经费排名前十位的省、市、区之中,东部省、市、区有6个,其中,广东省企业R&D经费占全国企业R&D经费的16.1%,居全国之首。R&D经费占全国的份额超过5%的地区还有江苏(14.08%)、浙江(8.67%)、山东(8.17%)、上海(5.56%)和北京(5.27%)。福建等12个省(市、区)企业R&D经费占全国比重在1%~5%,山西等13个省(市、区)

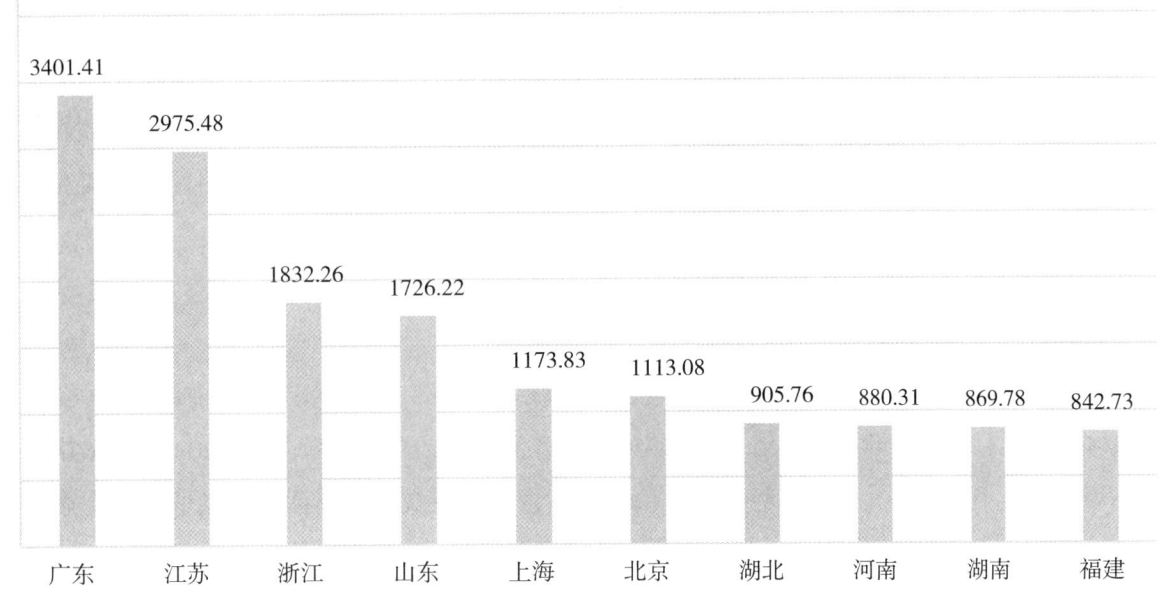

图 3-3 2021 年 R&D 经费排名前十位的地区

这一比重低于 1%。企业 R&D 经费排名前十位的省、市、区 R&D 经费总额占全国的比重为 74.4%。图 3-3。

(五)R&D 经费的来源结构

2021 年,企业的 R&D 经费中,来自政府的 R&D 资金为 623.1 亿元,占 2.9%;来自企业的 R&D 资金为 20 816.9 亿元,占 96.8%;来自境外的 R&D 资金为 47.5 亿元,占 0.2%;其他来源的资金 16.5 亿元,占 0.08%。中国企业的 R&D 经费主要来源于企业自身筹集,其次是政府部门、境外和其他来源资金,后三者占企业 R&D 经费的比重不到 5%。

对工业企业而言,企业资金仍然是 R&D 经费的最主要来源,2021 年在 R&D 经费中的比重为 96.88%;政府资金为第二大来源,比重为 3%,国外资金、其他来源资金所占比重分别为 0.13%和 0.07%。

分行业看,不同行业的 R&D 经费来源不尽相同。工业企业中的制造业、采矿业,电力、热力、燃气及水生产,供应业的企业 R&D 经费中,来自企业自筹的资金分别占 97%、87.8%和 99%,都在 85%以上,来自政府的资金分别占 2.99%、1.1%和 0.80%。其中,采矿业和电力、热力、燃气及水生产和供应业的 R&D 经费中都没有境外资金。制造业中境外资金比重较高的是计算机、通信和其他电子设备制造业,达到 20.7%。

从不同登记注册类型的企业来看,2021 年,内资、港澳台商和外商投资企业 R&D 经费中来自政府的资金分别为 452.7 亿元、20.2 亿元和 38.5 亿元,分别占这三类企业的 R&D 经费的 3.2%、1.4%和 2.0%,内资、港澳台商和外商投资企业 R&D 经费中来自境外的资金分别为 7.8 亿元、4.4 亿元和 10.58 亿元,分别占这三类企业 R&D 经费中的 0.06%、0.3%和 0.5%。

二、工业企业的研究与发展活动

工业企业是技术创新的主体,在提升中国技术创新能力、推进创新型国家建设方面发挥着不可替代的重要作用。从工业企业研究与发展经费的总量及结构、行业分布以及国际化背景下企业的研究与发展活动等方面,对中国规模以上工业企业的研究与发展活动的现状及其变化趋势进行分析。

(一)研究与发展经费的总量与结构

1. R&D经费的总量与强度

2011年以来,中国工业企业的R&D经费保持较快增长。2021年,工业企业的R&D经费为17 514.2亿元,是2016年的1.4倍、2011年的2.7倍。按可比价格计算,2011~2021年R&D经费实际增长率达到11.32%。R&D经费的较快增长为企业开展技术创新活动提供了有力支撑。

大中型工业企业一直是中国企业技术创新的骨干力量,且其地位越来越重要。从R&D经费支出看,2011年,大中型工业企业的R&D经费为5030.7亿元,占工业企业R&D经费的83.9%,到2021年,大中型工业企业R&D经费达到12 281.8亿元,占工业企业R&D经费的比重为70.1%,比2011年下降了13.8个百分点。图3-4。

从R&D经费投入强度的变化看,2011年,中国工业企业的R&D经费投入强度为0.75%,2015年占0.90%,到2019年这一比值达到1.31%,2021年进一步上升至1.33%,R&D经费投入强度的上升,说明中国工业企业的自主创新投入力度逐渐加大,企业对创新的重视程度不断提升。

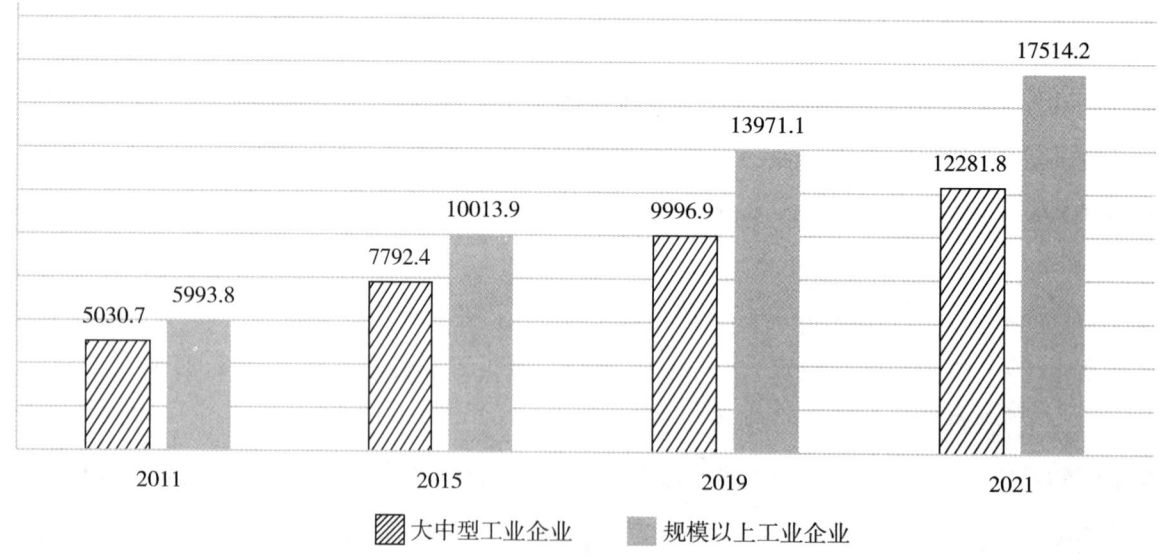

图3-4 2011年、2015年、2019年、2021年工业企业R&D经费的变化

大中型工业企业的R&D经费投入强度明显低于规模以上工业企业,且两者之间的差距有扩大的趋势。2021年,大中型工业企业R&D经费投入强度为0.93%,比规模以上工业企业低0.4个百分点,而2011年这一差距仅为0.11个百分点。图3-5。

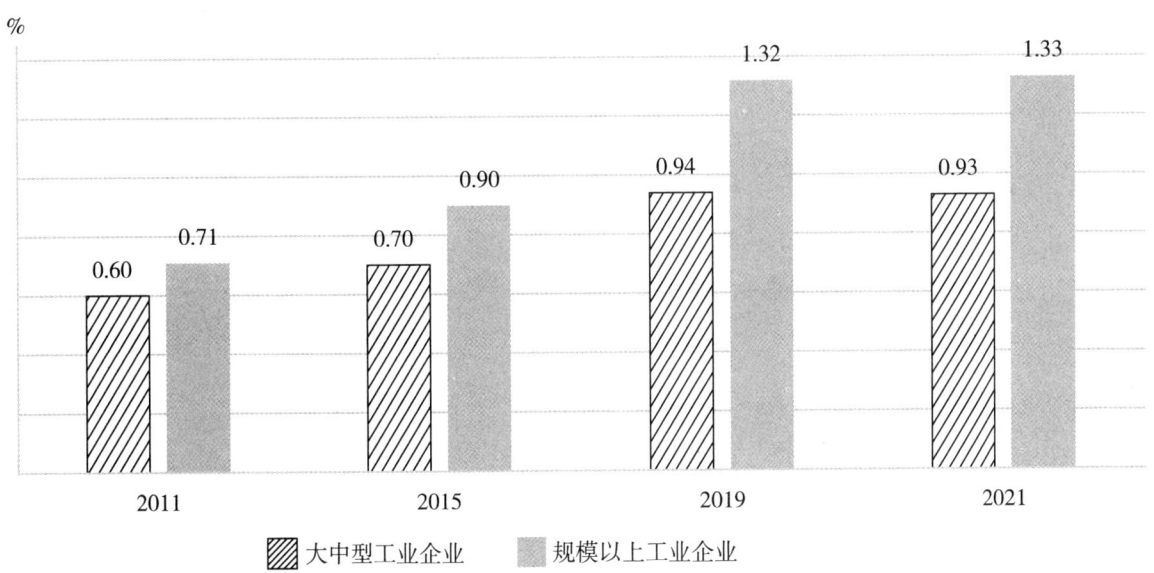

图 3-5 2011 年、2015 年、2019 年、2021 年工业企业 R&D 经费投入强度

2.R&D 经费的区域分布

从区域分布看，中国工业企业 R&D 经费主要集中于东部沿海地区。从各地区 2021 年工业企业 R&D 经费占全国的份额看，广东和江苏 2 省的比重均超过 10%，份额超过 8% 的省份有浙江和山东。这 4 个省的工业企业 R&D 经费合计占全国的 50.1%。表 3-1。

表 3-1 2011 年、2015 年、2019 年、2021 年工业企业 R&D 经费规模最大的 10 个地区

2011			2015			2019			2021		
地区	R&D 经费（亿元）	比重（%）	地区	R&D 经费（亿元）	比重（%）	地区	R&D 经费（亿元）	比重（%）	地区	R&D 经费（亿元）	比重（%）
江苏	899.9	15.01	广东	1520.5	15.18	广东	2314.9	16.57	广东	2902.2	16.6
广东	899.4	15.01	江苏	1506.5	15.04	江苏	2206.2	15.79	江苏	2716.6	15.5
山东	743.1	12.40	山东	1291.8	12.90	浙江	1274.2	9.12	浙江	1591.7	9.1
浙江	479.9	8.01	浙江	853.6	8.52	山东	1211.0	8.67	山东	1565.3	8.9
上海	343.8	5.74	上海	474.2	4.74	河南	608.7	4.36	福建	771.6	4.4
辽宁	274.7	4.58	湖北	407.3	4.07	福建	598.5	4.28	湖南	766.1	4.37
河南	213.7	3.57	天津	352.7	3.52	湖南	593.1	4.25	河南	764.0	4.36
天津	210.8	3.52	湖南	352.5	3.52	上海	590.7	4.23	安徽	739.1	4.2
湖北	210.8	3.52	福建	347.0	3.46	湖北	586.5	4.20	湖北	723.6	4.1
福建	194.4	3.24	安徽	322.1	3.22	安徽	576.5	4.13	上海	698.3	4

从动态变化看，一些工业企业 R&D 经费曾经较高的地区已被其他地区赶超。2011 年，工业企业 R&D 经费占全国份额排在第 5 位的上海，在 2015 年维持在第五位，2019 年下降到第 8

位,2021年则排在了第十位。2011年全国份额排在第6位的辽宁,到2021年排在了第15位。

分东、中、西部地区看,东部地区工业企业R&D经费占全国工业企业R&D经费的比重从2011年的73.00%下降到2015年的68.78%,再下降到2019年的65.44%,最后到2021年的65.10%。西部地区恰好与这一变化过程相反,所占比重从2011年的9.18%上升到2015年的10.10%,再上升到2019年的11.13%,最后上升到2021年的11.42%。中部地区的比重波动幅度不大,从2011年的17.82%下降到2015年的16.97%,2019年上涨到20.21%,2021年再上涨到20.42%。

3.R&D经费的活动类型

从活动类型看,2021年,中国工业企业R&D经费中基础研究、应用研究和试验发展三类活动的支出分别为112.47亿元、494.54亿元和16 907.24亿元,分别占0.64%、2.82%和96.53%。长期以来,中国工业企业的R&D活动一直以试验发展为主,在应用研究上投入不多,基础研究更少。中国工业企业R&D活动类型的结构与发达国家相比,存在差异。虽然发达国家企业的研究与发展活动也以试验发展为主,但是他们在基础研究和应用研究上的投入也有相当大的份额。表3-2。

表3-2 2011年、2016年、2021年部分工业企业R&D经费按活动类型分布

年度	基础研究（亿元）	比重(%)	应用研究（亿元）	比重(%)	试验发展（亿元）	比重(%)
2011	5.13	0.08	145.25	2.42	5843.42	97.49
2016	18.81	0.17	277.73	2.54	10648.11	97.29
2021	112.47	0.64	494.54	2.82	16907.24	96.53

(二)研究与发展经费的行业特征

1. R&D经费的行业分布

从各行业R&D经费的支出规模看,计算机、通信及其他电子设备制造业一直是R&D经费最高的行业,2021年,该行业R&D经费总额为3577.79亿元,占当年工业企业R&D经费的20.43%;R&D经费在1000亿元以上的行业还有电气机械及器材制造业、汽车制造业、通用设备制造业及专用设备制造业。2016年以来,通信设备、计算机及其他电子设备制造业,电气机械及器材制造业和汽车制造业这三个行业的R&D经费规模一直居前3位。2021年R&D经费规模较大的行业还有:医药制造业、黑色金属冶炼及压延加工业及化学原料和化学制品制造业,这几个行业的R&D经费规模均在800亿元以上,这些行业大多属于中、高技术行业,是中国工业部门技术创新的核心力量。

进一步考察不同年度R&D经费的行业集中度,可以更清楚地发现,中国工业企业R&D经费的行业分布较为集中。2011年R&D经费规模最大的前3个行业占工业企业R&D经费的比重为39.2%,尽管2016年这一比重有所下降,但也占到36.2%;2021年上升到38.9%。R&D经费规模最大的前5个行业占工业企业R&D经费的比重均在50%上下浮动。R&D经费规模最大的前10个行业占工业企业R&D经费的比重在2011年、2016年、2021年分别达到77.6%、72.5%和74.1%。表3-3。

表3-3 2011年、2016年、2021年工业企业R&D经费规模最大的10个行业

2011		2016		2021	
行业	R&D经费(亿元、%)	行业	R&D经费(亿元、%)	行业	R&D经费(亿元、%)
通信设备、计算机及其他电子设备制造业	941.05	通信设备、计算机及其他电子设备制造业	1810.96	通信设备、计算机及其他电子设备制造业	3577.79
交通运输设备制造业	785.25	电气机械及器材制造业	1102.38	电气机械及器材制造业	1818.14
电气机械及器材制造业	624.01	汽车制造业	1048.74	汽车制造业	1414.64
黑色金属冶炼及压延加工业	512.65	化学原料及化学制品制造业	840.75	通用设备制造业	1119.08
化学原料及化学制品制造业	469.92	通用设备制造业	665.73	专用设备制造业	1034.43
通用设备制造业	406.67	专用设备制造业	577.13	医药制造业	942.44
专用设备制造业	365.66	黑色金属冶炼及压延加工业	537.71	黑色金属冶炼及压延加工业	906.68
医药制造业	211.25	医药制造业	488.47	化学原料及化学制品制造业	857.14
有色金属冶炼及压延加工业	190.19	铁路、船舶、航空航天和其他运输设备制造业	459.63	金属制品业	683.04
煤炭开采和洗选业	145.13	有色金属冶炼及压延加工业	406.82	铁路、船舶、航空航天和其他运输设备制造业	620.21
前3个行业合计占全部行业的比重	39.21	前3个行业合计占全部行业的比重	36.20	前3个行业合计占全部行业的比重	38.89
前5个行业合计占全部行业的比重	55.61	前5个行业合计占全部行业的比重	49.97	前5个行业合计占全部行业的比重	51.18
前10个行业合计占全部行业的比重	77.61	前10个行业合计占全部行业的比重	72.53	前10个行业合计占全部行业的比重	74.07

行业的R&D经费投入强度在一定程度上反映了行业的技术密集程度。2021年,工业企业R&D经费投入强度超过1%的行业有18个,比2011年增加了11个。其中R&D经费投入强度最高的行业是铁路、船舶、航空航天和其他运输设备制造业;超过1.0%的其他行业分别是石油

和天然气开采业(1.02%)、开采专业及辅助性活动(1.85%)、家具制造业(1.23%)、印刷和记录媒介复制业(1.24%)、化学原料和化学制品制造业(1.03%)、橡胶和塑料制品业(1.71%)、化学纤维制造业（1.64%）、电气机械和器材制造业（2.1%）、汽车制造业（1.61%）、通用设备制造业(2.27%)、专用设备制造业(2.77%)、医药制造业(3.19%)、计算机、通信和其他电子设备制造业(2.43%)、金属制品业(1.37%)、其他制造业(2.34)及金属制品、机械和设备修理业(1.28)。

从 R&D 经费投入强度的变化看，在所考察的 36 个工业行业中，2021 年有 33 个行业的 R&D 经费投入强度高于 2011 年，其中交通运输设备制造业、其他制造业与医药制造业增长幅度最大，分别增加了 2.1、2 和 1.73 个百分点。但是，煤炭开采和洗选业、食品制造业和酒、饮料和精制茶制造业三个行业 2021 年的 R&D 经费投入强度比 2011 年有所下降。

(三)国际化背景下的研发活动

1. 内资企业和外商投资企业的 R&D 经费

市场竞争的加剧使技术创新成为企业保持竞争力的一种重要手段。因此，无论是内资企业，还是港澳台商投资企业和外商投资企业都加强了研发活动。

从 R&D 经费的总量看，2021 年外商投资企业的 R&D 经费达到 1929.34 亿元，占工业企业 R&D 经费的 11%，比 2011 年下降了 1.7 个百分点。此外，港澳台商投资企业的 R&D 经费从 2011 年的 560.42 亿元增加到 2021 年的 1448.09 亿元，占全部工业企业 R&D 经费的比重达到 8.3%，比 2011 年下降了 1 个百分点。表 3-4。

表 3-4 2011 年、2016 年、2021 年企业 R&D 经费按所有制类型分布的变化情况

企业类型	2011 总量(亿元)	占工业企业比重(%)	2016 总量(亿元)	占工业企业比重(%)	2021 总量(亿元)	占工业企业比重(%)	2011~2016 年年均增速(%)	2016~2021 年年均增速(%)
内资企业	4497.23	75	8525.37	77.9	14136.81	80.7	13.29	10.67
其中:港澳台商投资企业	560.42	9.3	1013.55	9.3	1448.09	8.3	12.67	7.54
外商投资企业	936.15	15.6	1405.73	12.8	1929.34	11	8.61	6.57
合计	5993.80	100	10944.65	100	17514.24	100	34.57	24.78

从 R&D 经费增长速度看，2011~2021 年外商投资企业 R&D 经费的年均增长速度达到 7.59%，低于内资企业和港澳台商投资企业的增长速度。内资企业 2011~2016 年 R&D 经费年均增长速度达到 13.29%，高于外商投资企业 8.61% 和港澳台商投资企业 12.67% 的年均增长速度。2016 年以后，内资企业 R&D 经费的增长速度放缓，2016~2021 年，年均增长速度为 10.67%，但仍旧高于外商投资企业 6.57% 和港澳台商投资企业 7.54% 的年均增长速度。

从 R&D 经费投入强度看,2011 年内资企业的 R&D 经费投入强度为 53.29%,而外商投资企业为 11.1%。到 2021 年,内资企业的 R&D 经费投入强度达到 107%,比 2011 年增加了 54 个百分点,外商投资企业达到了 14.65%,比 2011 年增加了 3.54 个百分点。图 3-6。

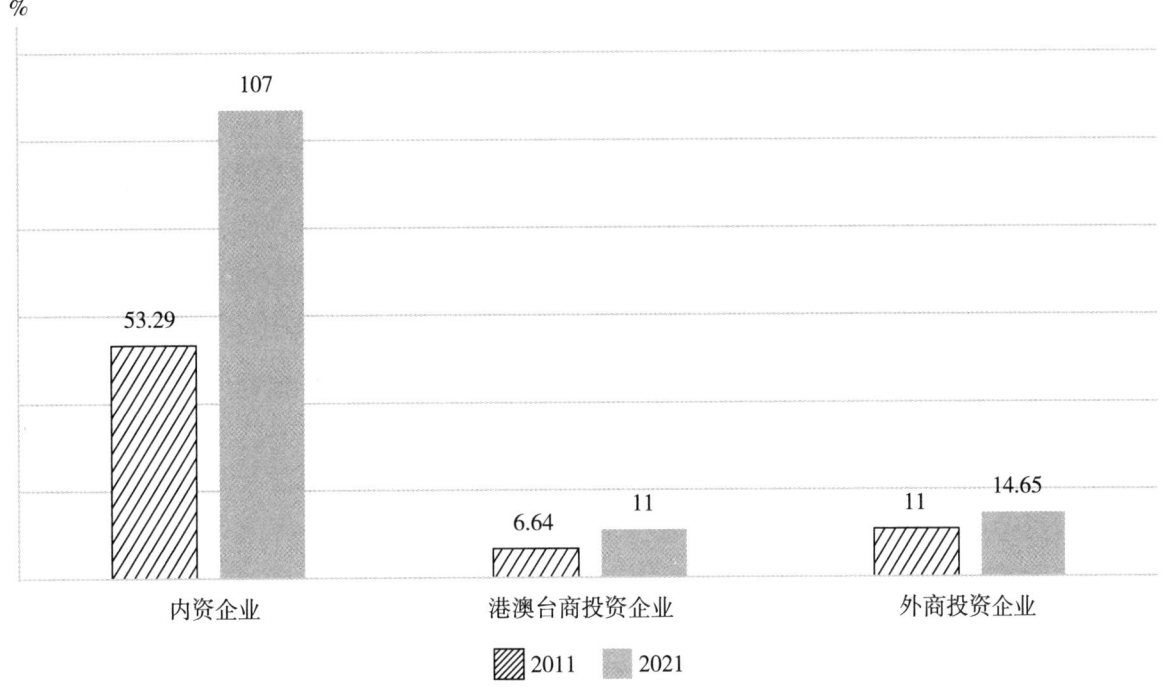

图 3-6 内资企业、港澳台商投资企业和外商投资企业的 R&D 经费投入强度

2.外商投资企业 R&D 活动的区域集聚性

外商投资企业的 R&D 活动具有明显的区域集聚性。这种集聚性主要表现为 R&D 经费向部分沿海地区集聚。从外商投资企业 R&D 经费的地区分布看,主要集中在沿海发达地区。在 2021 年的工业企业 R&D 经费中,广东占的份额最高,为 16.6%,其次是江苏(15.5%)、浙江(9.1%)、山东(8.9%)和福建(4.4%)。

3.外商投资企业 R&D 活动经费的来源结构

2021 年,在外商投资企业的 R&D 经费中,来自政府的 R&D 资金为 38.5 亿元,占 2%;来自企业的 R&D 资金为 1876.5 亿元,占 97.3%;来自境外的 R&D 资金为 3.8 亿元,占 0.5%;其他来源的资金 3.8 亿元,占 0.2%。可见,外商投资企业的 R&D 经费主要来源于企业自身筹集,其次是政府部门、境外和其他来源资金,后三者占企业 R&D 经费的比重不到 5%。

第四章　中国科技经费投入效率研究

一、科技经费投入效率的测算

科技经费投入的有效与否,可以直接从科技生产活动的成效中得到反映。同时,科技生产活动中投入产出的效率关系,又是衡量科技生产活动质量的重要标准,所以,可以借助投入产出的思想来测算科技经费投入的效率。在运用DEA方法测度效率时,要求决策单元具有相同的投入、产出指标,并且根据经验法则,要求决策单元数至少是投入、产出项数之和的两倍以上。在选取指标体系时遵守目标性原则、系统性原则、关键性原则和实用性原则,根据研究目的,建立如表4-1所示的投入产出指标体系。

表4-1　投入产出指标

投入指标	产出指标
I_1:科技经费支出额	O_1:三大系统收录科技论文数
I_2:R&D 经费	O_2:发明专利授权数
I_3:国家财政科技拨款	O_3:技术市场成交额
I_4:财政科技拨款占财政总支出的比重	O_4:高技术产业营业收入

——科技经费支出额

科技经费支出额是指科学研究与试验发展(R&D)活动、R&D 成果应用、科技服务活动单位在内部开展科技活动方面实际使用的经费。

——R&D 经费

R&D 经费,是指在统计年度内全社会实际用于基础研究、应用研究和试验发展的经费。包括实际用于研究与试验发展活动的人员劳务费、原材料费、固定资产购建费、管理费及其他费用支出。

——国家财政科技支出

国家财政科技支出是指政府按照国家目标对科技发展给予直接的资金支持。财政科技支出包含了各级政府对科学技术活动的投入,它不仅用于支持 R&D 活动,也用于地震、环保、科普等方面的公益性科技活动和推动科技成果产业化。

——财政科技支出占财政总支出的比重

财政科技支出占财政总支出的比重反映了相对于财政总支出而言的科技活动投入力度。

——三大系统收录科技论文数

《科学引文索引(SCI)》《工程索引(EI)》和《科学技术会议录索引(ISTP)》三大系统收录的中国的科技论文数标志着中国科学研究活动的规模及其知识产出能力。SCI主要反映基础科学研究情况,EI主要反映的是工程技术方面的科学研究情况,ISTP是对期刊文献的重要补充,收录了全世界出版的大部分科技会议文献。

——发明专利授权数

发明专利授权数直接体现了当年科技活动获得技术含量较高的知识产权现状,反映了中国的创新能力。

——技术市场成交额

技术市场成交额从很大程度上反映了一个国家技术产业的生产能力和国际竞争能力。

——高技术产业营业收入

高技术产业在推动产业结构升级、促进经济可持续发展过程中发挥着十分重要的作用,受到各国的高度重视。

投入指标和产出指标的数据来源为2011~2021年《中国统计年鉴》和《中国科技统计年鉴》。由于科技活动投入与产出有一定的时滞,设定其时滞为1年,运用DEAP进行数据包络分析,得出中国历年科技经费投入使用的相对效率如表4-2所示。

表4-2 2011~2021年中国科技经费投入相对效率

年度	总效率	纯技术效率	规模效率	规模收益
2011	1	1	1	不变
2012	0.992	1	0.992	递增
2013	0.948	0.968	0.98	递增
2014	0.961	1	0.961	递增
2015	1	1	1	不变
2016	1	1	1	不变
2017	1	1	1	不变
2018	1	1	1	不变
2019	1	1	1	不变
2020	1	1	1	不变
2021	1	1	1	不变
平均	0.991	0.997	0.994	

(一)总效率分析

总效率为1,表明科技经费投入产出是DEA有效的,即:除非增加经费投入,否则无法再增加任何现有的产出量;或者除非减少某些种类的产出,否则无法减少现有的经费投入额。从科技经费投入的总效率来看,2015年以来,中国科技经费投入是DEA有效的,2012年、2013年、2014年这三年的科技经费投入是非DEA有效的。对于非DEA有效的年度,在不减少投入的条件下,其产出都有进一步扩大的余地。

总体来看,2011~2021年这11年间,中国科技经费投入相对效率的平均值为0.991,相对效率最低的年度是2013年,为0.948。

(二)纯技术效率分析

纯技术效率衡量的是与规模因素无关,完全由于内部管理方面的纯技术因素导致的效率水平。纯技术效率值为1,说明这些年度的科技经费投入处于生产前沿面上;纯技术效率小于1的年度,说明其科技经费利用效率远离生产前沿面,技术效率没有达到最优。从科技经费投入的纯技术效率来看,只有2013年中国的科技经费投入是非DEA有效的,其他年度都是DEA有效的。这说明,虽然2012年和2014年的科技经费投入从总效率上看是无效的,但若剔除规模效率的因素,这两个年度也是DEA有效的,只是在规模上还需调整,以提高规模效率。

(三)规模有效性及规模收益分析

规模有效性是用来衡量科技活动资金投入与产出的增加状态,即如果增加科技资金投入,其产出发生变化的规律或趋势。规模有效也就是规模合理阶段,投入和产出会以同样的速度增加。规模无效的情况有两种,即规模效益递增和规模效益递减。其中,规模效益递增是指增加科技资金投入,其效益会以高于投入的速度增加;规模效益递减是指效益增加的速度低于投入的增长。

若处于规模报酬递增阶段,则应扩大生产规模,增加要素的投入。反之,若处于规模报酬递减阶段,则应缩小生产规模,减少要素的投入,以取得最大的收益。

通过分析中国2011~2021年科技经费投入的情况可以看出,有8个年度规模有效且规模收益不变,说明在此投入下,产出已达到最大规模点。2012年、2013年、2014年规模效率未达到有效且规模收益递增,说明这些年度的投入规模不足,经费投入的管理非有效。

(四)投入冗余及产出不足分析

投入冗余是指与最优的决策单元相比,投入变量可节省的投入额;产出不足是指与最优的决策单元相比,产出变量可增加的产出额。从投入冗余的角度来看,在纯技术效率非有效的2013年,科技经费支出额和国家财政科技拨款存在投入冗余的问题,也可以说是资金利用效率低下。其中科技经费支出额冗余值为56.83,国家财政科技拨款冗余值为34.603。从产出不足的角度来看,2013年科技论文、发明专利授权数、高技术产业增加值存在产出不足的状况。可以看出发明专利授权数产出不足情况最严重。表4-3。

表 4-3 2011~2021年中国科技活动投入冗余和产出不足表

年度	投入冗余额				产出不足额			
	I^-_1	I^-_2	I^-_3	I^-_4	O^+_1	O^+_2	O^+_3	O^+_4
2011	0	0	0	0	0	0	0	0
2012	0	0	0	0	0	0	0	0
2013	56.83	0	34.603	0	2.497	2367.126	0	13
2014	0	0	0	0	0	0	0	0
2015	0	0	0	0	0	0	0	0
2016	0	0	0	0	0	0	0	0
2017	0	0	0	0	0	0	0	0
2018	0	0	0	0	0	0	0	0
2019	0	0	0	0	0	0	0	0
2020	0	0	0	0	0	0	0	0
2021	0	0	0	0	0	0	0	0

二、科技经费投入的 Malmquist 指数分解

为了更为清晰地获取中国科技经费投入效率的信息，对中国 2011~2021 年的科技经费投入的全要素生产率指数（tfpch）、技术进步指数（tech）、技术效率变化指数（effch）、纯技术效率指数（pech）和规模效率变动指数（sech）进行了测算，结果如表 4-4 所示。

表 4-4 中国科技活动经费投入的 Malmquist 指数及其分解（2000~2010年）

年度	技术效率指数	技术进步指数	纯技术效率指数	规模效率指数	全要素生产率(%)
2011~2012	1	1.014	1	1	1.014
2012~2013	1	1.095	1	1	1.095
2013~2014	1	1.255	1	1	1.255
2014~2015	1	3.515	1	1	3.515
2015~2016	1	1.077	1	1	1.077
2016~2017	1	1.024	1	1	1.024
2017~2018	1	1.028	1	1	1.028
2018~2019	1	1.087	1	1	1.087
2019~2020	1	1.093	1	1	1.093
2020~2021	1	1.025	1	1	1.025
平均值	1	1.211	1	1	1.211

表4-4列出了2011~2021年中国科技经费投入的Malmquist指数及其分解结果。全要素生产率是科技进步和效率提高的综合体现,在本研究中,特指中国历年科技活动过程中的资源配置效率。

(一)技术效率指数

技术效率表示科技活动在最大产出下,最少的经费投入,即:生产活动由S到T时期的技术效率变动程度。技术效率指数衡量了生产活动是否更靠近当期的生产前沿面,当技术效率指数大于1时,表明当期的生产更靠近生产前沿面,技术效率有所提高;当技术效率指数小于1时,则表明当期实际的生产活动与最优的生产活动的差距在进一步加大,当期生产活动是技术无效率的。Koopmans(1951)提出技术无效率产生的原因,是由于管理层未能充分利用资源而造成投入要素浪费,未能产生技术效率,发挥应有的效益。由测算结果看出,2011年以来中国科技活动经费投入的技术效率指数值都是1,不存在技术无效率的问题。

(二)技术进步指数

技术进步指数衡量的是生产技术变动情况,表示生产活动由S到T期的生产技术变化程度,代表两个时期内生产前沿面的移动,被称为"前沿面移动效应"或"增长效应",这种效应表明了技术的进步或创新的程度。当技术进步指数大于1时,表示生产技术较前一期有所进步,直观地讲,就意味着生产前沿面"向上"移动;当技术进步指数小于1时,表示该时期内的生产技术有衰退的趋势。测算结果表明:历年的技术进步指数都大于1,说明中国科技活动的技术进步或创新程度是在逐年提升的,年均增长21.1%。

(三)纯技术效率指数

纯技术效率表示在同一规模的最大产出下,最小的要素投入成本。纯技术效率和规模效率共同组成技术效率,在此之前所求出的技术效率值实际上包含有规模效率的成分。纯技术效率值实际上是从技术效率中将规模因素抽离,以便分析在短期内不含规模因素的情况下,组织的效率如何。若纯技术效率指数值等于1,表示中国的科技活动在该期间内以较为有效的方式进行;若纯技术效率指数值小于1,则表示其未能以较为有效率的方式进行,称之为纯技术无效。纯技术效率更多反映的是科技活动的日常经营管理决策和水平,是在不考虑规模因素的条件下,衡量科技活动经费投入因管理层的决策失误、经营管理不佳而造成浪费的比例。从测算结果来看,2011~2021年间,中国科技经费投入的纯技术效率指数值均为1,这说明整体上看,中国科技活动的管理水平比较稳定。

(四)规模效率指数

规模效率等于技术效率值除以纯技术效率值,可以用来衡量科技活动是否处于最优生产规模。在经济学意义上,所谓最优规模是指生产活动处于平均成本曲线最低点时的生产状态,在规模效率下,生产活动能够实现经营绩效的最佳水平。规模效率值等于1时,表示具有规模效率;若规模效率值小于1,则表示其不具备规模效率。通过测算结果可以看出,在2011~2021年这十一年中,中国科技经费投入的规模效率指数均等于1,表明中国在科技经费支撑下的科技活动整体上处于最优生产规模状态。

(五)全要素生产率

全要素生产率指数表示从S到T期整体科技活动生产率的变化程度。如果全要素生产率大于1,表示该期间科技活动的生产率呈现上升趋势;若全要素生产率小于1,则表示该期间的生产率较参照期出现衰退。由测算结果看出,2000年以来,中国科技经费支撑下的科技活动的全要素生产率指数都大于1,说明中国科技活动的全要素生产率近年来都呈现上升趋势,2014~2015年期间的上升幅度最大。

第五章 中国科技经费投入与经济增长的关系研究

一、科技投入与经济增长的作用机制

科技投入与经济增长是一个系统中相互作用的两个方面。科学技术是第一生产力,科技进步是促进生产发展的源泉,科技经费投入的增长会促进技术进步,进而推动经济增长,而经济的快速发展反过来又为科技投入增加提供了良好的物质基础,增强了社会各方面加大科技投入的能力。

(一)科技投入有力地促进经济增长

1. 科技投入促进科技进步

在科技活动中,通过人力、财力、物力的合理投入,在三者有机结合的基础上,开展科技活动,能够带来一定的科技成果。科技成果进一步转化,应用于生产实践,通过提高人力资本和物质资本的效率来实现其对科技进步的促进作用,在保证物质资本使用价值的前提下从降低生产成本、提高物质资本的使用价值、既降低成本又提高物质资本的使用价值等三个方面增加物质资本的效率,进而促进科技进步。

2. 科技进步促进经济增长

经济学认为,生产力是"表明人们控制与征服自然能力及其在社会生产过程中的运动"。能力是一种潜在因素,它表现了一定时期,人们控制和征服自然所能达到的水平,它是由该时期的科技进步水平和经济发展水平共同决定的。这种能力在社会生产过程中逐步得到发挥与实现,社会生产力也随之得到发展。人类历史上生产力的发展变化过程,实质上就是科技研发成果与经济结合的过程,科技成果只有在社会生产过程中促进了经济的增长,产生了效益,才能谈得上转化为生产力。因此,创新和内生经济增长理论认为,持续不断的研发活动是经济增长的引擎。通过新建项目、技术改造、技术引进等形式,科技活动作用于社会生产过程,通过提高装备的技术水平、改革工艺、提高劳动者素质、提高管理决策水平等具体方式转化为生产力,显示出科技进步对经济增长的作用。科技投入促进经济增长的内在机制如图5-1所示。

在现代经济运行的过程中,科技活动不仅直接作用于经济系统本身,促进经济的发展,而且还通过其他方式间接地作用于经济系统。Rosenberg(1976)认为,R&D活动对技术创新的作用是通过技术不平衡表现出来的。这种不平衡常常发生在由若干密切相联的步骤构成的生产活动中,即在这些生产过程中常常有些"瓶颈","瓶颈"的存在将把R&D的努力集中在它的解决方法

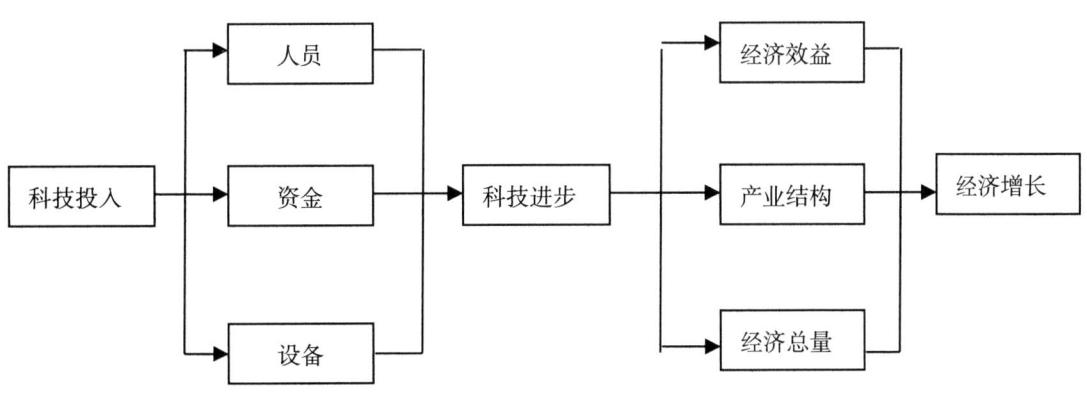

图 5-1　科技投入促进经济增长的内在机制

上,然而,方法的出现又将产生新的"瓶颈"和进一步的解决方法。也就是说,科技活动的直接结果是不断产生新的知识和在经济发展过程中产生新的不稳定性。产生新知识,可以不断消除技术创新中的"瓶颈"。产生新的不稳定性,则不仅可能带来新的"瓶颈",还可能带来创新过程中的飞跃性突破。引发创造性破坏契机的主要原因就是科技活动。通过科技投入的作用机制,影响技术创新,在不断地技术创新中促进经济不断地向前发展。

(二)经济增长为科技投入提供动力

在科技进步促进经济增长的同时,经济增长也拉动了科技进步。经济增长对科技进步的促进作用主要体现在它对科技发展所产生的需求拉动作用上,即经济增长带来了更大的市场空间,创造出了更多的产品需求,产品需求必然激励厂商去生产更多的合乎需求的新产品,获取更多的利润。新产品的生产有些可以使用现有的工艺和技术进行,有些则是现有技术无能为力的,只能借助全新的技术进行生产,所以许多厂商就必然要进行相应的科技投资,开展研发活动,从基础科学和应用科学两方面来研究问题,促进科学进步,促进技术创新和新发明、专利的产生,最终生产出了新产品。经济增长促进科技进步的内在机制如图 5-2 所示。

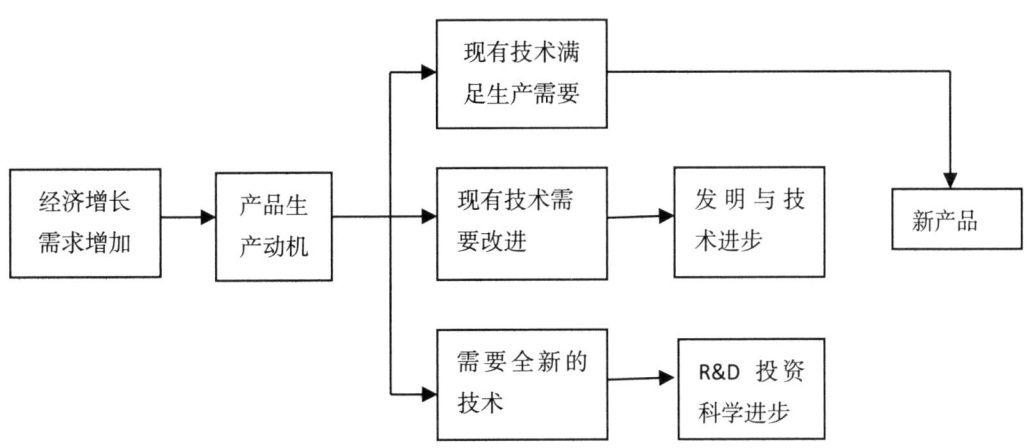

图 5-2　经济增长促进科技进步的内在机制

(三)科技投入与经济增长相互作用

目前,科技发展日新月异,在经济增长方式由"粗放型"向"集约型"转变的历史变革时期,科技进步与经济增长的关系变得越来越密切,它们之间是一种辩证统一的关系,相互促进,相互制约。技术进步是经济增长的引擎,它为经济增长提供了发展动力,并且已经成为决定经济增长速度和质量的最重要因素,由此形成的科技创新能力是国家间经济竞争的决定因素;反之,经济的发展不仅为技术进步提供了必要的经济基础和物质条件,还为技术进步提供了市场需求,使创新成为可能。从世界各国研究与发展情况来看,科技经费投入多少的地理分布,与世界经济实力强弱的地理分布是一致的。经济实力越强的发达国家在科技研发方面的投入就越多,反之亦然。经济增长和技术进步相互作用、共同发展,促进了整个社会的进步。

二、中国科技投入与经济增长关系的实证研究

(一)数据与变量的选取

1. 科技投入指标

中国在20世纪80年代后期才启用R&D这个概念,1987年才开始有关于R&D经费的公开统计数据,数据的完备性较差,这使得国内学者对R&D投入的研究起步较晚,在定量研究方面的成果较少。科技经费的投入不仅包含国家财政科技拨款,还包括企业投入、国外投资和其他机构的投入,而且随着各方面对科技投入重视程度的提高,这些部门的科技投入在全部研发经费中所占份额越来越大,特别是企业的科技投入。因此,本文在研究中国科技投入对经济增长的影响时,采用中国R&D支出,更接近中国科技研发经费投入的实际情况,能够更好地反映科技投入对经济的影响,具有更重要的现实意义。

2. 经济增长指标

经济增长变量用GDP表示,根据上面的指标选择依据及数据的可得性,本文最终选取了1987~2021年国内生产总值和R&D支出数据,其中,GDP数据来源于《中国统计年鉴》,科技投入数据来源于《中国科技统计年鉴》中R&D内部支出,记为STI。为了消除价格因素,运用GDP指数(1987=100)和物价指数(1987=100)分别对数据进行调整。对GDP、STI取自然对数$\ln(GDP)$、$\ln(STI)$,这样做既不会改变原有的协整关系,又能够使其趋势线性化,还可以消除经济时间序列数据存在的异方差。

(二)实证分析

1. 时间序列的ADF单整检验

由于许多经济变量的时间序列具有非平稳性,为了避免简单回归后出现伪回归,并保留变量之间的长期均衡关系,实证分析首先要对经济变量的时间序列做平稳性检验,而通常使用的是单位根检验,本文采用ADF(Augmented Dickey-Fuller)检验法对各变量进行单位根检验。检验结果如表5-1所示。

表 5-1 ADF 检验结果

变量	检验形式 (c,t,k)	ADF 检验统计量	1%临界值	5%临界值	10%临界值	结论
lnGDP	(c,t,0)	−3.167131	−4.667883	−3.733200	−3.310349	不平稳
△lnGDP	(c,0,1)	−2.745298	−4.004425	−3.098896	−2.690439	平稳
lnSTI	(c,t,0)	3.034028	−4.532598	−3.673616	−3.277364	不平稳
△lnSTI	(c,0,1)	−4.211404	−3.857386	−3.040391	−2.660551	平稳

注:检验形式((c,t,k)分别表示单位根检验方程包括常数项、时间趋势和滞后阶数,0 是指不包括 c 和 t,加入滞后项是为了使残差项为白噪声,滞后项阶数由 AIC 准则确定,△表示差分算子。

检验结果表明:两个变量的水平序列都是非平稳的,而分别在 10%或 1%的显著性水平下,拒绝原假设,它们的一阶差分序列都是平稳的,即 lnGDP−I(1),lnSTI−I(1),lnSTI 和 lnGDP 是一阶单整序列的,因此可以对时间序列数据进行协整分析。

2. 序列间的协整检验

虽然 lnGDP、lnSTI 两个序列都是非平稳序列,但他们都是一阶单整 I(1)的,可能存在某种平稳的线性组合,反映变量之间的协整关系。

两变量序列的协整关系检验通常采用 Engle-Granger 两步法。

第一步,用 OLS 估计模型,用广义差分法修正自相关后建立协整回归,如式 5-1 所示:

$$\hat{\ln DP}=7.821505+0.491011\ \ln STI \tag{5-1}$$

$t=(52.82260)\ 23.11993$

$R^2=0.997713 \qquad DW=2.399915 \qquad LW(1)=1.7348$

$LW(1)=1.8733 \qquad F=2035.822 \qquad n=20$

第二步,对残差序列进行单位根检验。

运用 ADF 检验法对残差序列 e_t 进行单位根检验,检验结果如表 5-2 所示。

表 5-2 残差序列 ADF 检验结果

ADF 检验统计量		t−Statistic	Prob.*
		−5.069640	0.0010
Test critical values:	1% level	−3.886751	
	5% level	−3.052169	
	10% level	−2.666593	

检验结果显示,在1%的显著性水平下拒绝原假设,即接受不存在单位根的结论,残差序列为平稳序列,即:$e_t \sim I(0)$。

上述结果表明,lnGDP、lnSTI之间存在协整关系,即为CI(1,1)的,协整向量为(1,7.82,0.49)。说明这些变量之间存在着共同的变化趋势,即科技投入与经济增长之间存在某种长期稳定的均衡关系。从长期来看,科技投入对GDP的弹性为0.4910,即R&D投入每增长1%,GDP将约增长0.4910%,表明了科技经费投入对GDP具有显著影响,但是拉动作用不明显。

3. 误差修正模型

运用OLS得到误差修正模型如下:

$$\triangle \hat{\ln Y_t} = 0.090464 + 0.021832\triangle \ln STI_t - 0.130781 ECM_{t-1}$$

即:

$$\triangle \hat{\ln Y_t} = 0.090464 + 0.021832\triangle \ln STI_t - 0.130781(\ln GDP_{t-1} - 7.821505 - 0.491011\ln STI_{t-1})$$

$t = (14.7616) \quad 4.1368 \quad (-5.0727)$

$R^2 = 0.6226 \quad \bar{R}^2 = 0.5754 \quad DW = 1.6456$

$F = 13.1967 \quad n = 20$

在上式的误差修正模型中,差分项反应了短期波动的影响。科技投入对GDP增长的短期波动可以分为两部分:一部分是短期R&D经费投入的影响,一部分是偏离长期均衡的影响。误差修正项系数的大小反映了对偏离长期均衡的调整力度。从系数估计值(-0.1308)来看,当短期波动偏离长期均衡时,以(-0.1308)的调整力度将非均衡状态拉到均衡状态,但调整的力度不大。

4. Granger因果关系检验

协整检验和误差修正模型只能表明科技经费投入与经济增长之间存在长期的均衡关系和短期的动态关系,但并不能确定两者是否具备统计意义上的因果关系,即是由科技经费投入的增加带来经济的增长、还是经济增长带来科技经费投入的增加。表5-3是科技投入与经济增长的Granger因果关系检验结果。

表5-3 Granger因果关系检验

原假设	lnSTI does not Granger Cause lnGDP		lnGDP does not Granger Cause lnSTI	
滞后阶	F-Statistic	Prob.	F-Statistic	Prob.
1	25.8269	0.0001	0.61151	0.4456
2	4.07299	0.0423	7.54905	0.0067
3	2.8809	0.0892	5.60435	0.0162
4	1.7779	0.2376	4.21675	0.0475

检验结果表明:在滞后1阶,2阶,3阶时,在1%、5%或10%的置信水平下能够拒绝原假设"lnSTI 不是 lnGSP 的 Grange 原因";另外,滞后2阶、3阶、4阶时,在1%或5%的置信水平下能够拒绝原假设"lnGDP 不是 lnSTI 的 Grange 原因"。因此格兰杰因果关系检验结果证实科技投入与经济增长间存在着双向互动的因果关系。

(三)实证结果分析

通过上述实证研究,得到以下几个结论:

1. GDP 和 R&D 投入虽然各自都是非平稳序列,但是二者特定的线性组合是平稳的,且二者之间存在某种长期稳定的均衡关系,刻画这种长期稳定关系的主要特征是科技投入对 GDP 的长期弹性为 0.4910,这表明在 1987~2021 年间,科技投入对中国的经济增长具有促进作用。

2. 描述科技投入与经济增长的短期波动关系的误差修正模型则表明:在短期内,GDP 的变动受到自身和科技经费投入的变动因素的影响。ECM 是误差修正项,该项系数反映了误差修正模型自身修正偏离均衡误差的作用机制。误差修正系数为 0.1307,这说明短期内科技投入对经济增长的影响作用不明显,其原因可能在于科技投入的效果无法在短时间内体现出来,它对经济增长的促进作用需要一个中间转化的过程,因此希望短期内通过增大科技投入总量来达到促进经济增长的政策可能不会产生预期显著的效果。

总的说来,科技投入对促进经济增长无论从长期还是从短期来看都有着一定的影响,但是科技投入对经济增长的短期作用远小于长期作用,也即短期的作用并不大。其原因在于科技投入的生产力作用主要是通过提高物质资本和人力资本的效率来实现的,而这两者的效率在短时间内无法迅速提高,科技投入效果的显现自然也就需要一定的过程;另一方面,科技投入对经济增长的长期影响比短期影响大,隐含的政策意义在于制定长远的科技投入战略而不是短期策略,这成为必然的政策选择。

目前中国 R&D 投入总量占 GDP 的比率还不高,现阶段的经济增长方式也仍属于外延式和粗放型,因此加大对科学研究的支持力度也就成为科教兴国战略的必然选择。科技投入增加能促进技术进步,而技术进步又能进一步促进经济增长,这种内生循环传导机制促使科技投入和经济增长两者之间的良性互动,调整科技投入的结构、优化配置科技资源,最大限度地提高科技投入在促进经济增长中的作用。

第六章 甘肃省科技投入产出分析

一、甘肃省科技投入情况

(一)科技人力投入

1.R&D人员

"十二五"时期,甘肃省R&D人员数量整体呈上升趋势,从2011年的3.18万人增加到2015年的4.08万人,年均增长率6.43%,其中在2014年R&D人员数量最多,到2015年略有下降。

"十三五"时期,甘肃省R&D人员数量整体波动上升,从2016年的3.98万人增加到2020年的4.31万人,年均增长率2.01%,年均增速慢于"十二五"时期。2021年R&D人员数量突破5万,同比增长27.84%。表6-1,图6-1。

表6-1 甘肃省R&D人员数量及学历结构(万人、%)

年度	R&D人员	博士毕业	比重	硕士毕业	比重	本科毕业	比重
2011	3.18	0.23	7.23	0.52	16.35	1.28	40.25
2012	3.68	0.28	7.61	0.63	17.12	1.47	39.95
2013	3.70	0.31	8.38	0.63	17.03	1.45	39.19
2014	4.11	0.34	8.27	0.71	17.27	1.43	34.79
2015	4.08	0.38	9.31	0.78	19.12	1.35	33.09
2016	3.98	0.41	10.30	0.82	20.60	1.83	45.98
2017	4.10	0.44	10.73	0.88	21.46	1.92	46.83
2018	3.87	0.51	13.18	0.90	23.26	1.57	40.57
2019	4.60	0.76	16.52	1.01	21.96	1.81	39.35
2020	4.31	0.79	18.33	1.02	23.67	1.71	39.68
2021	5.51	0.91	16.52	1.12	20.33	2.24	40.65

从学历来看,"十二五"时期,本科及以上学历的R&D人员占比达到60%以上,本科学历的人员居多,占比在40%左右,硕士研究生的占比不到20%,博士研究生占比不到10%。本科的比重从2011年的40.25%下降到2015年的33.09%,下降了7.19个百分点;硕士研究生的比重从2011年的16.35%增长到2015年的19.12%,提高了2.77个百分点;博士研究生的比重从2011

年的7.23%增长到2015年的9.31%,提升了2.08个百分点。

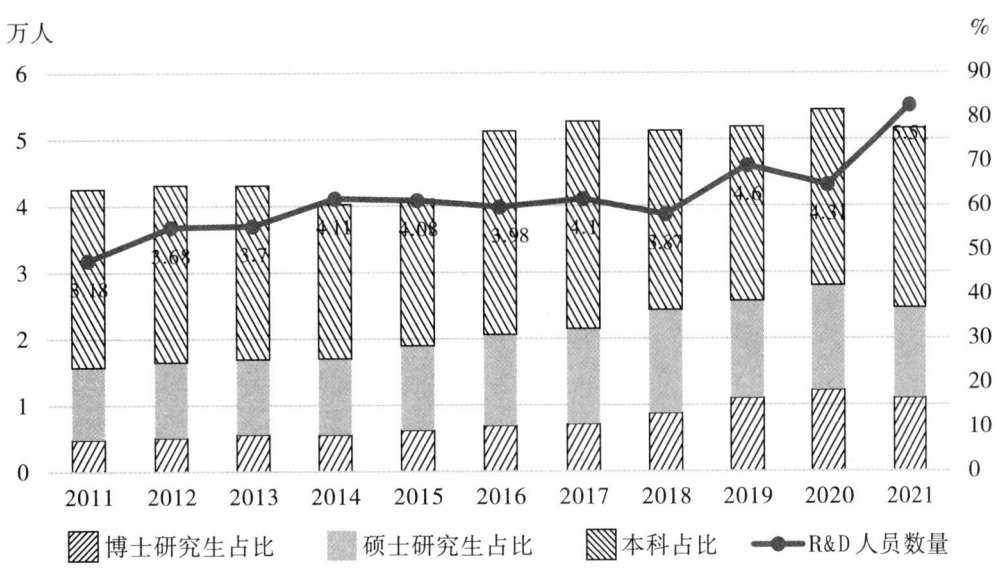

图6-1 2011~2021年甘肃省R&D人员数量及学历结构

"十三五"时期,本科学历及以上的R&D人员占比达到75%以上,且在2020年超过了80%。本科学历的人数占比在40%左右,硕士研究生的占比超过20%,博士研究生占比超过10%。本科的比重从2016年的45.98%下降到2020年的39.68%,下降了6.3个百分点;硕士研究生的比重从2016年的20.60%增长到2020年的23.67%,提高了3.07个百分点;博士研究生的比重从2016年的10.30%增长到2020年的18.33%,提升了8.03个百分点。可以看到,近10年甘肃省R&D人员的学历结构不断优化。

2.R&D人员全时当量

R&D人员全时当量指全时人员数加非全时人员按工作量折算为全时人员数的总和。"十二五"时期,R&D人员全时当量整体上升,由2011年的21 283人年增加到2015年的25 859人年,年均增速21.50%,其中2014年R&D人员全时当量最多,达到27 124人年,在2015年有所下降。"十三五"时期,R&D人员全时当量先降后升,从2016年的25 760人年下降到2018年的22 214人年,从2019年开始回升,2020年增长至26 814人年,相比2016年,年均增长率仅有1.01%。2021年R&D人员全时当量为33 255人年,同比增长24.02%。表6-2,图6-2。

从R&D活动类型看,"十二五"时期,试验发展领域R&D人员全时当量占全部R&D人员全时当量达到60%以上,应用研究占比在20%左右,基础研究占比超过了10%。试验发展R&D人员全时当量的比重先升后降,从2011年的63.21%增长到了2014年的65.78%,提升了2.57个百分点,随后2015年下降了3.98个百分点;应用研究R&D人员全时当量比重整体下降,从2011年的25.82%下降到2015年的21.54%,下降了4.28个百分点,2014年占比最低,在2015年有小幅的回升;基础研究R&D人员全时当量比重整体上升,从2011年的10.96%增长到2015

表6-2 甘肃省R&D人员全时当量按活动类型分布

年度	R&D人员全时当量（人年）	基础研究（人年）	比重(%)	应用研究（人年）	比重(%)	试验发展（人年）	比重(%)
2011	21283	2333	10.96	5496	25.82	13452	63.21
2012	24290	3004	12.37	6111	25.16	15174	62.47
2013	25049	3702	14.78	5175	20.66	16172	64.56
2014	27124	3926	14.47	5356	19.75	17842	65.78
2015	25859	4309	16.66	5570	21.54	15980	61.80
2016	25760	4420	17.16	5189	20.14	16151	62.70
2017	23738	4335	18.26	5145	21.67	14257	60.06
2018	22214	4537	20.42	6207	27.94	11469	51.63
2019	25956	6270	24.16	7008	27.00	12678	48.84
2020	26814	6652	24.81	7178	26.77	12983	48.42
2021	33255	7430	22.34	9053	27.22	16771	50.43

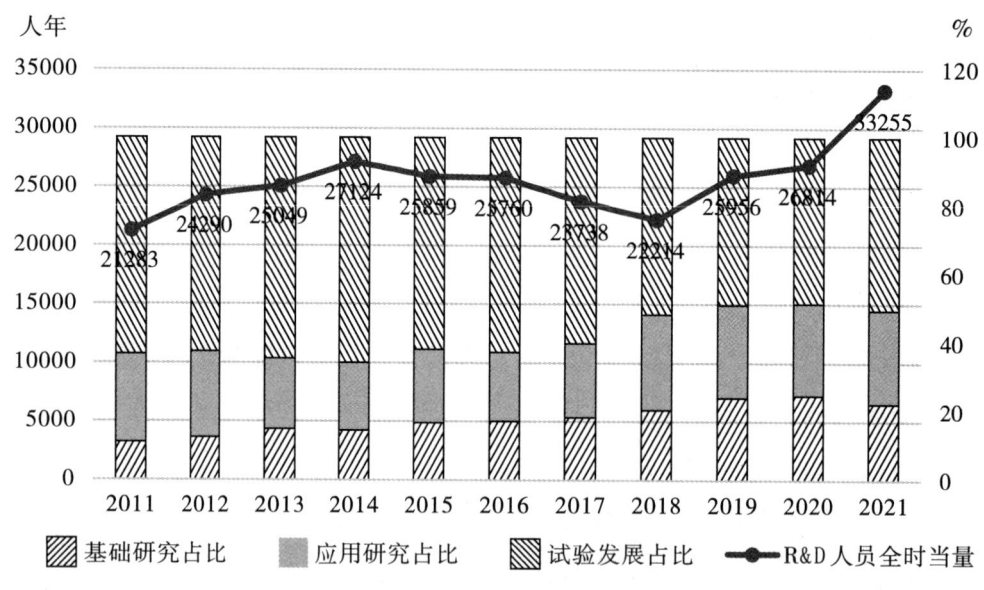

图6-2 2011~2021年甘肃省R&D人员全时当量按活动类型分布

年的16.66%，提升了5.7个百分点，其中2015年增长最快，增长了2.19个百分点。

"十三五"时期，试验发展领域R&D人员全时当量占全部R&D人员全时当量的比重仍然是最多的。试验发展R&D人员全时当量的比重逐年下降，从2016年的62.70%下降到2020年的48.42%，下降了14.28个百分点，其中2018年下降最快，下降了8.43个百分点；应用研究R&D人员全时当量比重整体上升，从2016年的20.14%上升到2020年的26.77%，上升了6.63个百分点，其中在2018年增速最快，增长了6.27个百分点，从2019年开始回落；基础研究R&D人员全时当量比重整体上升,从2016年的17.16%增长到2020年的24.81%,提升了7.65个百分点。可以看到,近十年甘肃省科技人力投入缓慢向基础研究和应用研究转移。

(二)R&D经费投入

1.R&D经费投入规模

"十二五"和"十三五"时期,甘肃省R&D经费投入持续增加。"十二五"时期R&D经费投入总量从2011的48.53亿元增加到2015年的82.72亿元,年均增速14.26%;"十三五"时期,R&D经费投入总量从2016年的86.99亿元增加到2020年的109.64亿元,年均增速5.96%,"十三五"时期的年均增速要慢于"十二五"时期。从2011年到2021年,甘肃省R&D经费投入从48.53亿元增加到129.47亿元,年均增长率为27.80%。表6-3,图6-3。

表6-3 甘肃省R&D经费投入与投入规模

年度	甘肃省			西部12地平均水平		全国平均水平	
	R&D经费(亿元)	R&D投入规模(%)	全国强度位次(位)	R&D经费(亿元)	R&D投入规模(%)	R&D经费(亿元)	R&D投入规模(%)
2011	48.53	0.97	19	86.76	1.04	280.23	1.84
2012	60.48	1.07	17	103.36	1.09	332.21	1.98
2013	66.92	1.07	19	118.38	1.12	382.15	2.08
2014	76.87	1.12	18	130.01	1.13	419.86	2.05
2015	82.72	1.22	16	144.31	1.19	457.09	2.07
2016	86.99	1.22	17	162.03	1.24	505.70	2.11
2017	88.41	1.19	19	183.05	1.30	567.94	2.13
2018	97.05	1.18	20	207.55	1.35	634.77	2.19
2019	110.24	1.26	21	238.21	1.39	714.31	2.23
2020	109.64	1.22	22	267.74	1.51	786.87	2.41
2021	129.47	1.26	22	306.82	1.54	901.82	2.44

注:R&D经费投入规模为R&D经费支出占地区生产总值的比值。

甘肃省R&D经费投入整体较低,低于西部平均水平,且差距逐年增大。2011年相差38.23亿元,2016年相差75.04亿元,到2017年甘肃省R&D经费投入已不足西部平均水平的一半,主要原因是陕西、四川、重庆R&D经费投入逐年大幅增加,陕西省每年的R&D经费投入约是甘肃省的5倍左右。甘肃省R&D经费投入远低于全国平均水平,差距同样逐年增大。"十二五"时期甘肃省每年的R&D经费投入不足全国平均水平的1/5,"十三五"时期不足全国水平的1/6。北京R&D经费投入稳居全国第一,在2021年约为甘肃省的20倍。

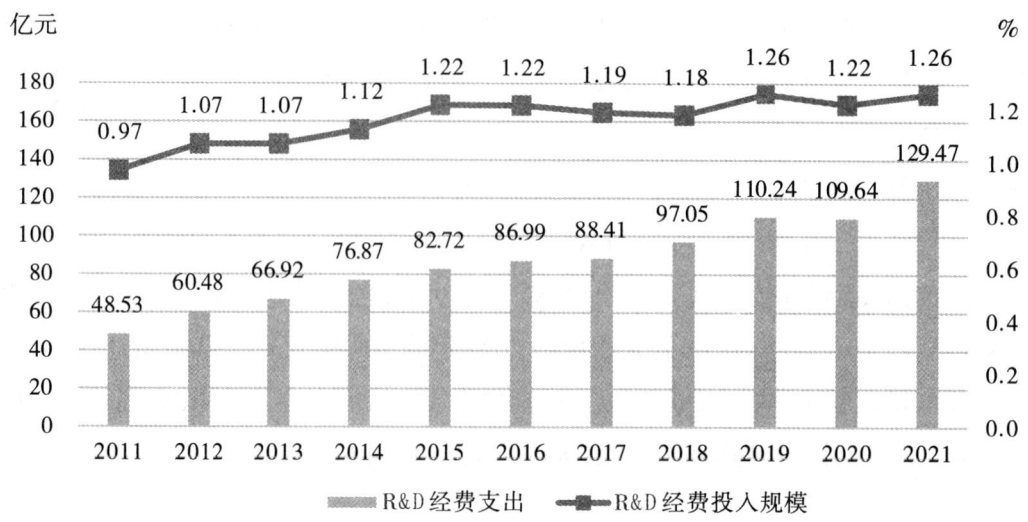

图 6-3　2011~2021 年甘肃省 R&D 经费投入及投入规模

2.R&D 经费投入强度

"十二五"和"十三五"时期，甘肃省 R&D 经费投入强度整体处于增长趋势。"十二五"时期，从 2011 年的 0.97%增长到 2015 年的 1.22%，提高了 0.25 个百分点；"十三五"时期，从 2016 年的 1.22%增长到 2019 年的 1.26%，提高了 0.04 个百分点，但在 2020 年回落了 0.04 个百分点。2021 年甘肃省 R&D 经费投入强度略有提升，提高了 0.04 个百分点。图 6-4。

甘肃省 R&D 经费投入强度在"十二五"期间整体接近于西部地区平均水平，在 2015 年甚至超过了西部地区的平均水平。但在"十三五"期间，西部地区的 R&D 经费投入强度缓慢与甘肃拉开了距离，2020 年高出甘肃省 0.29 个百分点。

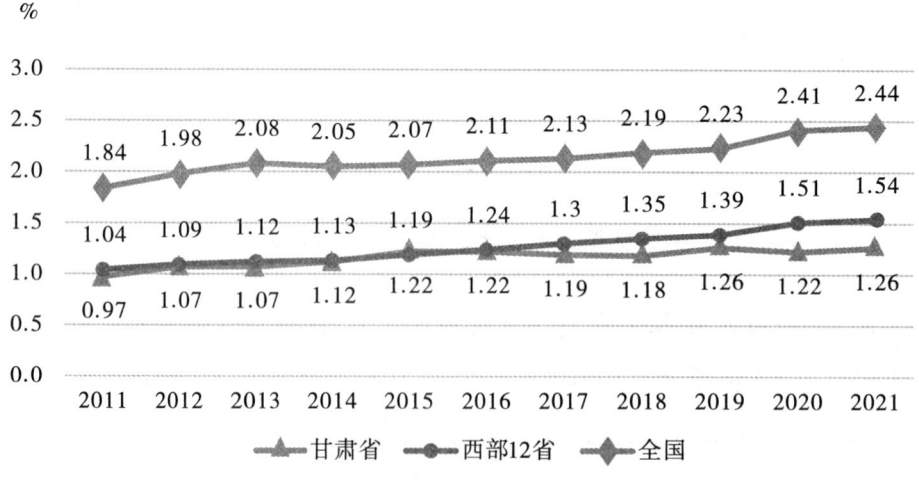

图 6-4　2011~2021 年 R&D 经费投入强度情况

甘肃省 R&D 经费投入强度在全国水平来看总体偏低，全国的 R&D 经费投入强度基本比甘肃省高 1 个百分点。从 R&D 经费投入强度位次来看，从 2011 年到 2021 年整体处于下降趋势，从19位下降到了22位。"十二五"期间甘肃省在全国的R&D投入强度位次比"十三五"期间要高,"十二五"期间位次整体上升,从2011年的19位上升到2015年的16位,"十三五"期间则处于下降趋势,从2016年的17位下降到2020年的22位。

3.R&D经费投入结构

"十二五"和"十三五"时期,从执行部门看,甘肃省R&D经费投入结构中,企业的R&D经费投入一直处于领先地位,大约占甘肃省的60%左右,其次是科研机构、高等院校、其他机构。表6-4,图6-5。

表6-4 甘肃省R&D经费投入按执行部门分类

年度	企业（亿元）	比重(%)	科研机构（亿元）	比重(%)	高等院校（亿元）	比重(%)	其他（亿元）	比重(%)
2011	26.41	54.42	13.54	27.90	6.86	14.14	1.72	3.54
2012	34.45	56.97	17.53	28.99	7.06	11.68	1.43	2.36
2013	40.95	61.20	18.88	28.22	5.88	8.79	1.20	1.79
2014	47.35	61.59	20.90	27.19	7.31	9.51	1.32	1.72
2015	49.38	59.70	24.82	30.00	6.96	8.41	1.56	1.89
2016	51.89	59.66	25.48	29.29	7.72	8.88	1.89	2.17
2017	49.14	55.58	27.68	31.31	9.03	10.21	2.56	2.90
2018	51.85	53.43	30.38	31.30	12.08	12.45	2.74	2.82
2019	55.86	50.67	36.15	32.79	14.35	13.02	3.89	3.53
2020	58.73	53.56	34.41	31.38	12.81	11.68	3.70	3.37
2021	72.99	56.38	39.66	30.63	13.15	10.16	3.67	2.83

注:其他指医院、中介推广机构、政府部门等。

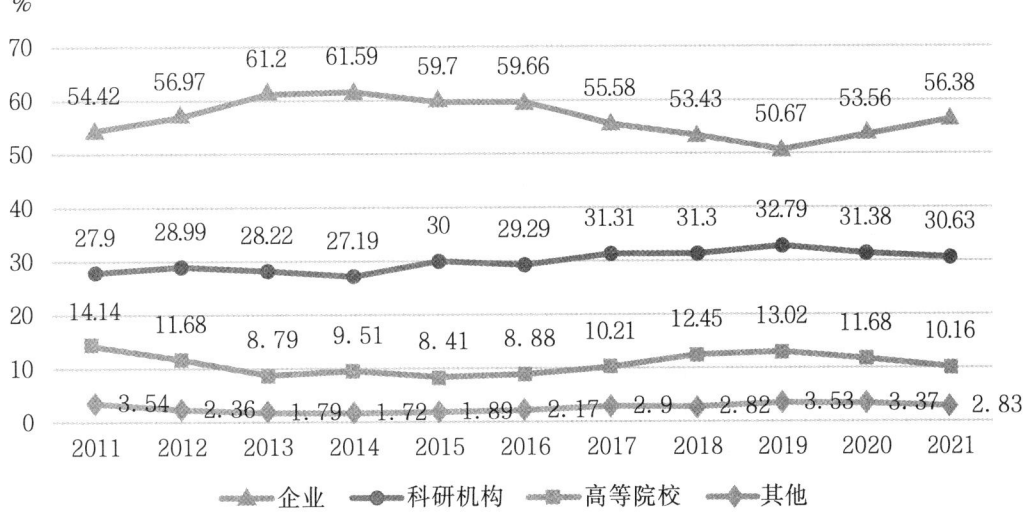

图6-5 2011~2021年甘肃省R&D经费投入按执行部门分类所占比重

"十二五"时期,甘肃省企业 R&D 经费投入的比重整体处于上升趋势,由 2011 年的 54.42%增长到 2015 年的 59.70%,提升了 5.28 个百分点,其中 2014 年占比最大,达到 61.59%;科研机构 R&D 经费投入的比重整体上保持稳定,在 28%附近波动,但在 2015 年上升至 30%,相比 2011 年提升了 2.1 个百分点;高等院校 R&D 经费投入的比重整体下降,从 2011 年 14.14%下降至 2015 年的 8.41%,减少了 5.73 个百分点;其他类 R&D 经费投入的比重整体也呈下降趋势。

"十三五"时期,企业 R&D 经费投入的比重整体处于下降趋势,由 2016 年的 59.66%下降到 2020 年的 53.56%,下降了 6.1 个百分点,其中在 2019 年比重仅为 50.67%,占比最小,但在 2021 年有所回升;科研机构 R&D 经费投入的比重整体上升,上升速度较为平缓;高等院校 R&D 经费投入的比重整体也呈上升趋势,从 2016 年 8.88%增长到 2020 年 11.68%,提升了 2.8 个百分点;其他类 R&D 经费投入的比重整体也略微上升。

"十二五"和"十三五"时期,从 R&D 经费活动类型看,甘肃省 R&D 经费投入较大部分用于试验发展,比重达到 60%~70%,用于基础研究和应用研究的差距不大,应用研究略高于基础研究。表 6-5,图 6-6。

表 6-5 甘肃省 R&D 经费按活动类型分布

年度	基础研究（亿元）	比重(%)	应用研究（亿元）	比重(%)	试验发展（亿元）	比重(%)
2011	6.84	14.09	9.19	18.94	32.50	66.97
2012	8.29	13.71	11.98	19.81	40.21	66.48
2013	8.97	13.40	10.01	14.96	47.94	71.64
2014	11.15	14.51	11.61	15.10	54.11	70.39
2015	12.78	15.45	12.90	15.59	57.04	68.96
2016	13.53	15.55	12.09	13.90	61.37	70.55
2017	13.45	15.21	14.25	16.12	60.71	68.67
2018	15.82	16.30	21.34	21.99	59.89	61.71
2019	18.56	16.84	23.96	21.73	67.72	61.43
2020	16.10	14.68	23.96	21.85	69.59	63.47
2021	17.07	13.19	26.18	20.22	86.21	66.59

注:基础研究指认识自然现象、揭示自然规律,获取新知识、新原理、新方法的研究活动,基础研究是提高原始性创新能力、积累智力资本的重要途径。应用研究是针对具体问题进行的创造研究,采取的新方法或新途径。试验发展指为产生新的产品、材料和装置,建立新的工艺、系统和服务,实质性改进系统工作。

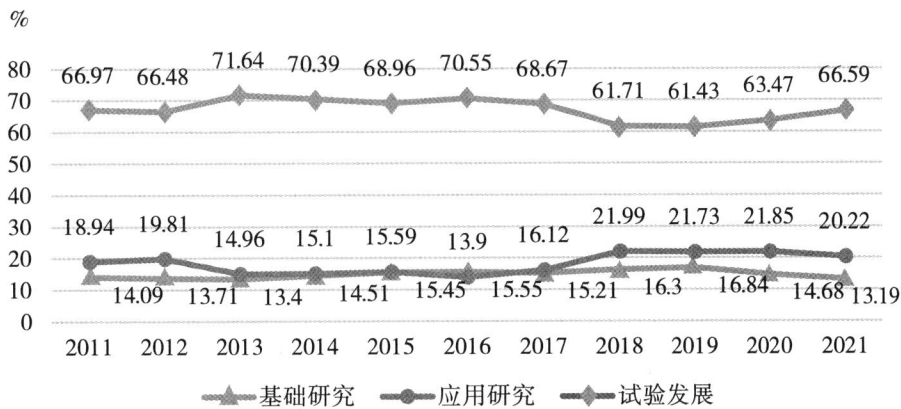

图 6-6 2011~2021 年甘肃省 R&D 经费投入按活动类型分布所占比重

"十二五"时期,试验发展的 R&D 经费比重先升后降,由 2011 年的 66.97%增长到 2013 年的 71.64%,提升了 4.67 个百分点,到 2015 年回落至 68.96%,相比 2011 年提升了 1.99 个百分点;基础研究的 R&D 经费比重先降后升,从 2011 年的 14.09%下降到 2013 年的 13.40%,随后开始回升,到 2015 年增长至 15.45%,相比 2011 年提升了 1.36 个百分点;应用研究的 R&D 经费比重整体处于下降趋势,从 2011 年的 18.94%下降至 2015 年的 15.59%,下降了 3.35 个百分点。

"十三五"时期,试验发展的 R&D 经费比重整体下降,由 2016 年的 70.55%下降到 2020 年的 63.47%,下降了 7.08 个百分点;基础研究的 R&D 经费比重先升后降,从 2016 年的 15.55%增长到 2019 的 16.84%,在 2020 年又下降到 14.68%。应用研究的 R&D 经费比重整体呈上升趋势,从 2016 年的 13.90%增长至 2020 年的 21.85%,提升了 7.95 个百分点。

二、甘肃省科技产出情况

(一)专利情况

1.专利申请量

"十二五"时期,甘肃省专利申请量大幅提升,由 2011 年的 5287 件增长到 2015 年的 14 584 件,增长了近 3 倍,年均增长 2324.25 件,年均增长率 28.87%。实用新型专利占专利申请总量的比重最高,发明专利次之,外观设计专利占比最低。"十三五"时期,甘肃省专利申请量呈现上升趋势,从 2016 年的 20 276 件增长到 2020 年的 30 732 件,年均增长 2614 件,年均增长率 10.96%,"十三五"时期甘肃省专利申请量增速放缓。2021 年甘肃省专利申请数 30 165 件,较上年减少 567 件,同比下降 1.84%,其中发明专利 6423 件,占专利申请总量的 21.29%,较上年增长 739 件,同比上升 13.00%。

"十二五"时期,实用新型占申请专利总量的比重整体比较稳定,2015 年仅比 2011 年提升了 0.63 个百分点,2013 年占比最高,2014 年下降最快,下降了 6.88 个百分点,2015 年又回升了 4 个百分点;发明专利的占比整体呈下降趋势,从 2011 年的 39.81%下降到 2015 年的 37.74%,

下降了 2.07 个百分点,其中,2014 年占比最高,达到 41.48%;外观设计所占比重呈现先升后降趋势,但整体还是增长趋势,从 2011 年的 14.02% 增长到 2015 年的 15.46%,提升了 1.44 个百分点,2011 年到 2013 年呈增长趋势,2014 年开始回落。表 6-6,图 6-7~9。

表 6-6 甘肃省专利申请情况

年度	申请量（件）	全国位次（位）	发明（件）	比重(%)	实用新型（件）	比重(%)	外观设计（件）	比重(%)
2011	5287	25	2105	39.81	2441	46.17	741	14.02
2012	8261	25	3265	39.52	3777	45.72	1219	14.76
2013	10976	24	3735	34.03	5453	49.68	1788	16.29
2014	12020	24	4986	41.48	5144	42.80	1890	15.72
2015	14584	25	5504	37.74	6825	46.80	2255	15.46
2016	20276	23	6114	30.15	10272	50.66	3890	19.19
2017	24448	23	5785	23.66	13691	56.00	4972	20.34
2018	27882	23	6035	21.64	17400	62.41	4447	15.95
2019	27637	25	6056	21.91	19226	69.57	2355	8.52
2020	30732	25	5684	18.50	22490	73.18	2558	8.32
2021	30165	25	6423	21.29	21626	71.69	2116	7.01

注：专利申请数排位不含港、澳、台。

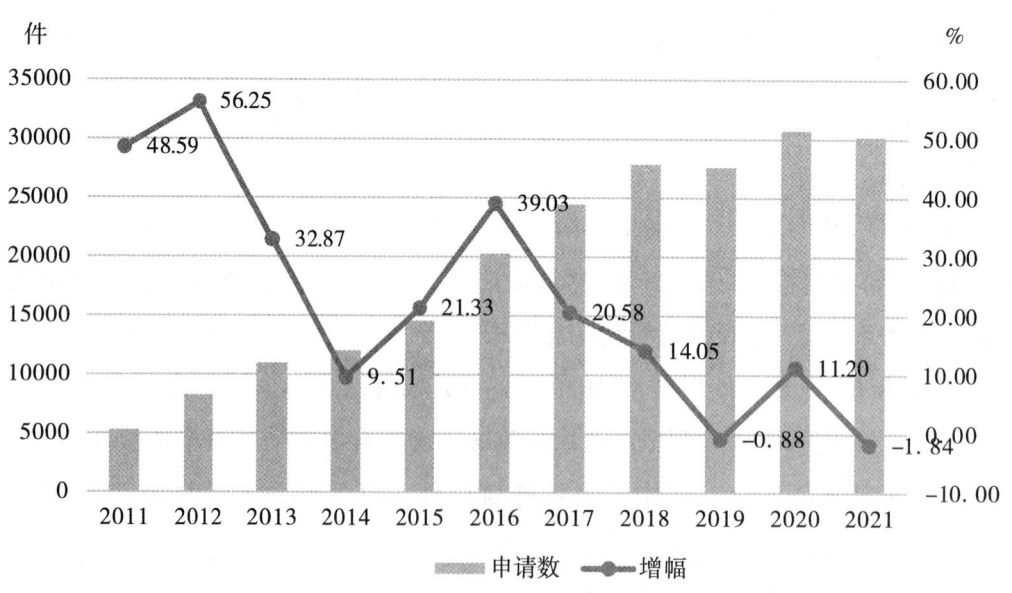

图 6-7 2011~2021 年甘肃省专利申请量趋势分布

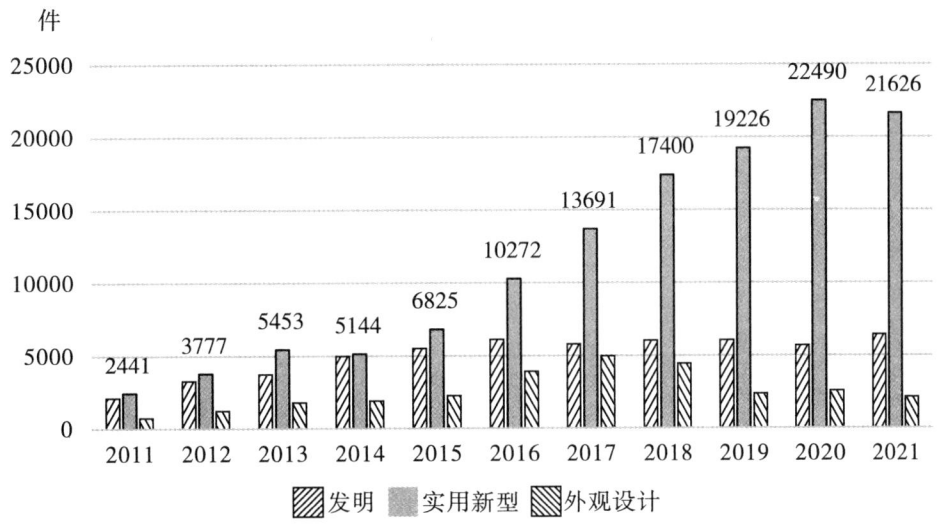

图 6-8 2011~2021 年甘肃省三种专利申请量趋势分布

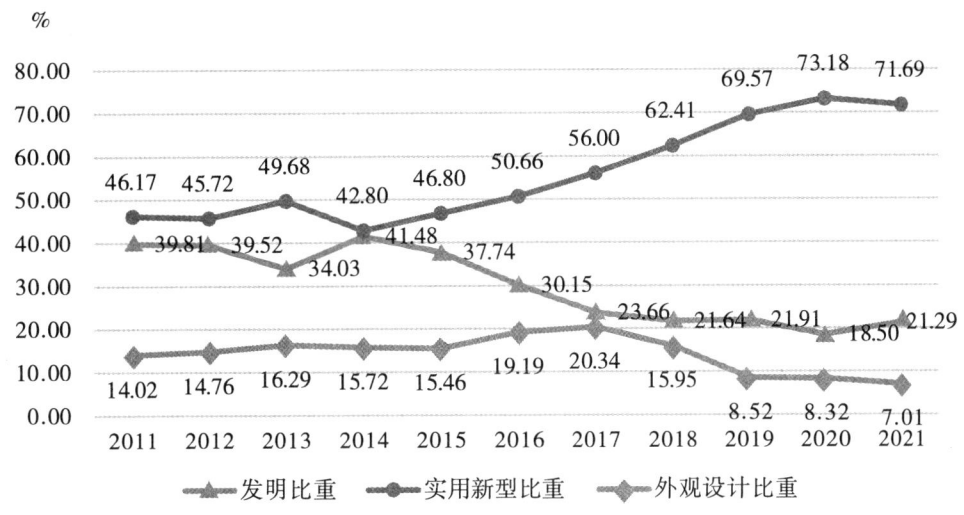

图 6-9 2011~2021 年甘肃省三种专利申请量比重变化

"十三五"时期,实用新型占申请专利总量的比重大幅上升,从 2016 年的 50.66%增长到 2020 年的 73.18%,提升了 22.52 个百分点,其中 2019 年增速最快,提升了 7.16 个百分点;发明专利的占比整体呈下降趋势,从 2016 年的 30.15%下降到 2020 年的 18.50%,下降了 11.65 个百分点,到 2021 年又回升了 2.79 个百分点;外观设计所占比重呈现下降趋势,从 2016 年的 19.19%下降到 2020 年的 8.32%,下降了 10.87 个百分点,2021 年继续下降了 1.31 个百分点。

2.专利授权量

"十二五"时期,甘肃省专利授权量同样逐年上升,由 2011 年的 2383 件增长到 2015 年的 6912 件,增长了近 3 倍,年均增长 1132.25 件,年均增长率 30.50%,实用新型专利占比最高,达 60%以上,发明专利所占比重略微高于外观设计专利,非常接近。"十三五"时期,甘肃省专利授权量呈现大幅上升趋势,从 2016 年的 7975 件增长到 2020 年的 20 991 件,年均增长 3254 件,年均增长率 27.37%。

2021年，专利授权量持续增长，比上年增长 5065 件，同比增长 24.13%；到 2022 年，甘肃省专利授权量 22 490 件，比上年减少 3566 件，同比下降 13.69%，其中发明专利授权 2472 件，占授权专利总量的 10.99%，较上年增长 219 件，同比上升 9.72%。表 6-7，图 6-10。

表 6-7 甘肃省专利授权情况

年度	授权数（件）	全国位次（位）	发明（件）	比重(%)	实用新型（件）	比重(%)	外观设计（件）	比重(%)
2011	2383	26	552	23.16	1536	64.46	295	12.38
2012	3662	25	704	19.22	2344	64.01	614	16.77
2013	4737	26	785	16.57	3205	67.66	747	15.77
2014	5097	26	812	15.93	3538	69.41	747	14.66
2015	6912	26	1238	17.91	4478	64.79	1196	17.30
2016	7975	25	1308	16.40	5075	63.64	1592	19.96
2017	9672	25	1340	13.85	6637	68.62	1695	17.52
2018	13958	24	1280	9.17	10696	76.63	1982	14.20
2019	14894	25	1154	7.75	11722	78.70	2018	13.55
2020	20991	25	1446	6.89	17503	83.38	2042	9.73
2021	26056	25	2253	8.65	21975	84.34	1828	7.02
2022	22490	-	2472	10.99	18234	81.12	1784	7.93

注：专利授权数排位不含港、澳、台。

图 6-10 2011~2022 年甘肃省专利授权量趋势分布

"十二五"时期,实用新型占专利授权总量的比重呈现先降后升再回落的趋势,2012年比重下降0.45个百分点,2013年开始上升,到2014年增长至69.41%,相比2011年,提升了4.95个百分点,2015又回落了4.62个百分点,较"十二五"初期提升0.33个百分点;发明专利的占比整体呈下降趋势,从2011年的23.16%下降到2015年的17.91%,下降了5.25个百分点,2015年较前一年回升了1.98个百分点;外观设计所占比重整体呈现上升趋势,从2011年的12.38%增长到2015年的17.30%,提升了4.92个百分点,2014年占比最低,2015年有所回升。表6-11,图6-12。

"十三五"时期,实用新型占授权量的比重大幅上升,到"十三五"末期,占比突破80%,从2016年的63.54%增长到2020年的83.88%,提升了19.75个百分点,到2021年比重持续上升;发明专利的占比整体呈下降趋势,从2016年的16.40%下降到2020年的6.89%,下降了9.51个

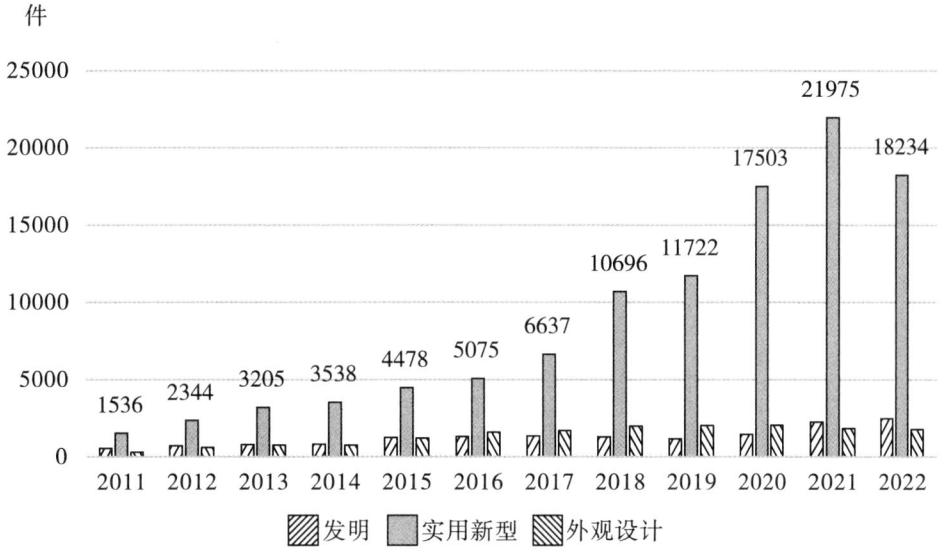

图6-11 2011~2022年甘肃省三种专利授权量趋势分布

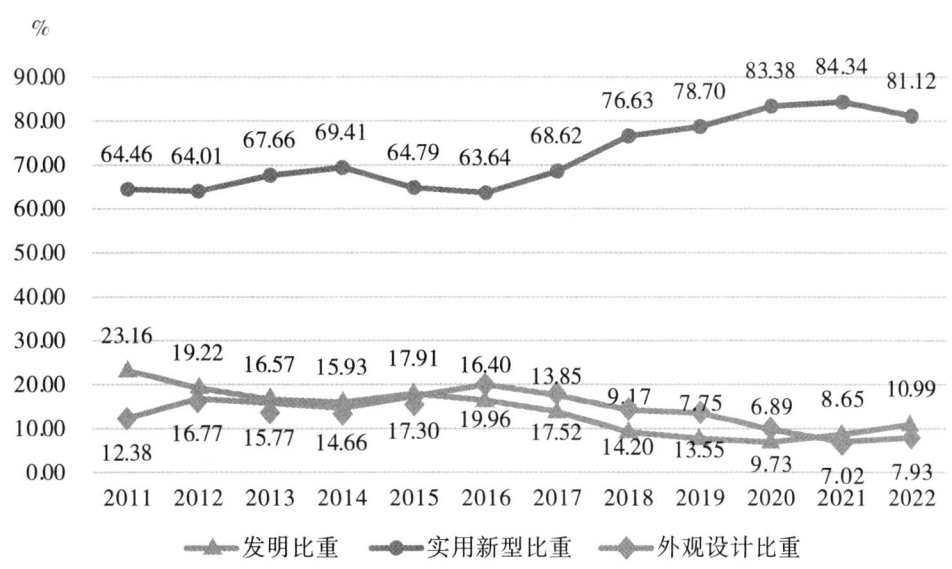

图6-12 2011~2022年甘肃省三种专利授权量比重变化

百分点;外观设计所占比重大幅下降,从 2016 年的 19.96%下降到 2020 年的 9.73%,下降了 10.23 个百分点,2021 年继续下降了 2.71 个百分点。

3.专利有效量

"十二五"时期,甘肃省有效专利数大幅上升,由 2011 年的 6728 件增长到 2015 年的 18 580 件,增长了 2 倍多,年均增长 2963 件,年均增长率 28.91%。实用新型专利占比同样达 60%以上,发明专利占比超 20%,高于外观设计专利。"十三五"时期,甘肃省有效专利数继续保持上升趋

表 6-8 甘肃省有效专利情况

年度	有效专利数(件)	全国位次(位)	发明(件)	比重(%)	实用新型(件)	比重(%)	外观设计(件)	比重(%)
2011	6728	27	1565	23.26	4187	62.23	976	14.51
2012	9260	26	2109	22.78	5785	62.47	1366	14.75
2013	12459	26	2714	21.78	7998	64.19	1747	14.02
2014	15077	26	3252	21.57	9888	65.58	1937	12.85
2015	18580	26	4093	22.03	12013	64.66	2474	13.32
2016	22593	26	5022	22.23	14398	63.73	3173	14.04
2017	28222	25	6045	21.42	18066	64.01	4111	14.57
2018	34903	25	6879	19.71	23770	68.10	4254	12.19
2019	40976	25	7432	18.14	29001	70.78	4543	11.09
2020	53774	25	8310	15.45	40094	74.56	5370	9.99
2021	70295	25	10164	14.46	54285	77.22	5846	8.32
2022	77975	-	12000	15.39	60115	77.10	5860	7.52

注:有效专利数排位不含港、澳、台。

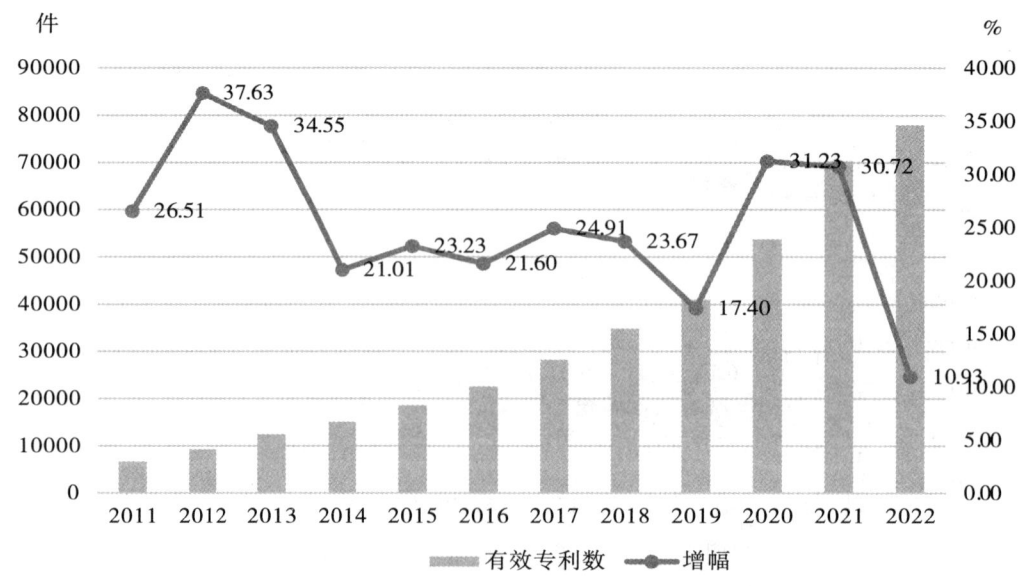

图 6-13　2011~2022 年甘肃省有效专利趋势分布

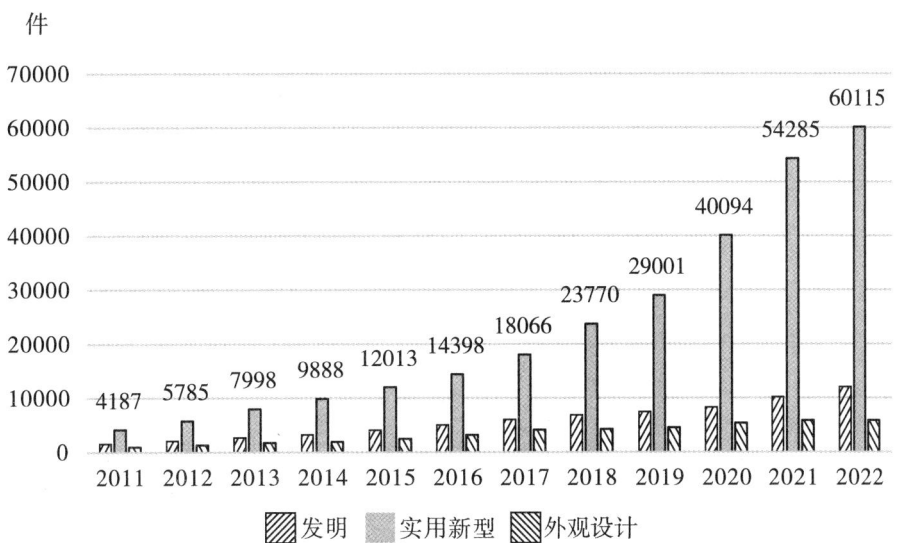

图 6-14 2011~2022 年甘肃省三种专利有效数趋势分布

势,从 2016 年的 22 593 件增长到 2020 年的 53 774 件,年均增长 7795.25 件,年均增长率 24.21%。2021 年有效专利数大幅增长,比上年增长 16 521 件,同比增长 30.72%;到 2022 年,甘肃省有效专利共 77 975 件,比上年增长 7680 件,同比增长 10.93%,其中有效发明专利 12 000 件,占授权专利总量的 15.39%,较上年增长 1836 件,同比上升 18.06%。图 6-13~15,表 6-8。

"十二五"时期,实用新型占有效专利数的比重整体呈现上升趋势,由 2011 年 62.23% 增长至 2015 年的 64.66%,提升了 2.42 个百分点,2014 年占比最高,2015 年有所回落;发明专利的占比整体呈下降趋势,从 2011 年的 23.26% 下降到 2015 年的 22.03%,下降了 1.23 个百分点,2015 年较前一年回升了 0.46 个百分点,但仍低于"十二五"初期占比;外观设计所占比重整体同样呈现下降趋势,从 2011 年的 14.51% 下降到 2015 年的 13.32%,下降了 1.19 个百分点。可见"十二

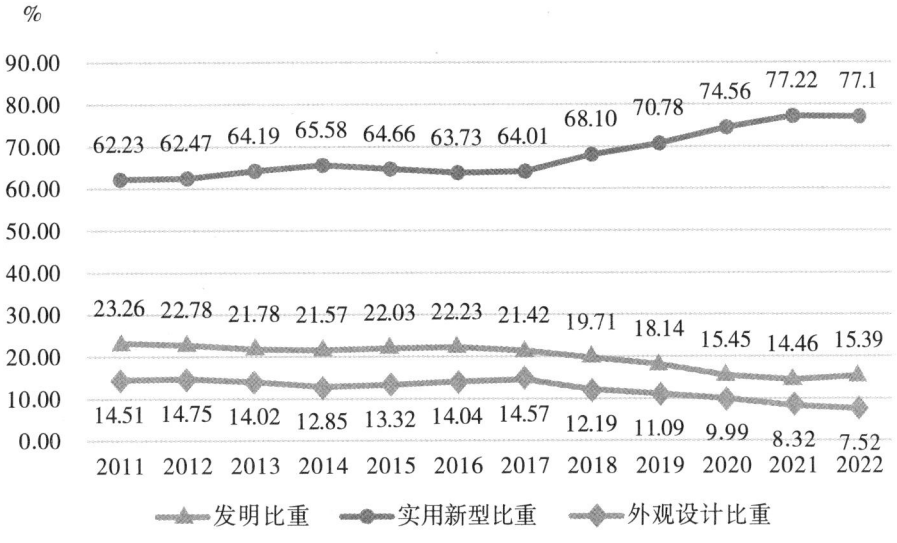

图 6-15 2011~2022 年甘肃省三种专利有效数比重变化

五"时期，三种专利有效数基本保持稳定，变化幅度较小。

"十三五"时期，实用新型占有效专利数的比重持续上升，从2016年的63.73%增长到2020年的74.56%，提升了10.83个百分点，到2021年比重持续上升；发明专利的占比整体呈下降趋势，从2016年的22.23%下降到2020年的15.45%，下降了6.77个百分点；外观设计所占比重也呈现下降趋势，从2016年的14.04%下降到2020年的9.99%，下降了4.05个百分点。

可见，"十二五"以来，甘肃省专利申请量、专利授权量和有效专利数越来越向实用新型专利偏移，而发明和外观设计专利占比逐渐降低。

4.专利位次

"十二五"以来，甘肃省专利申请数在全国范围内23~25位之间变动。专利授权数在24~26位之间变动，有效专利数在25~27之间变动，2011年排在全国第27位，2012年上升至26位并保持至2016年，2017年上升至25位并保持。可见"十二五"以来，虽然甘肃省专利数大幅提升，但在全国范围内来看，专利数相较于其他地区仍然较少，处于全国较为靠后的位置。图6-16。

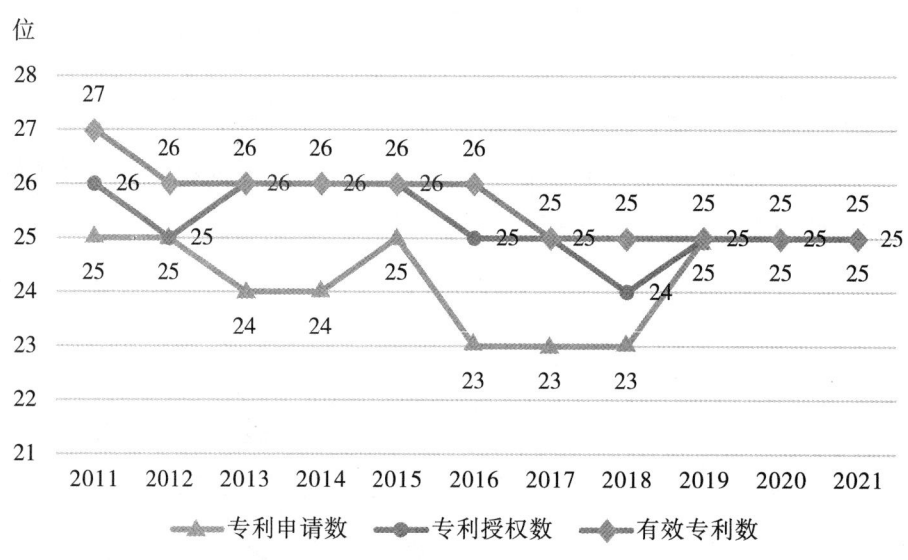

图6-16 2011~2021年甘肃省专利数在全国范围的位次

（二）科技论文

"十二五"以来，甘肃省科技论文发表数逐年持续增长，从2011年的4537篇增长到2020年的11 076篇，增长了2倍多，年均增长726.56篇，年均增长率25.00%，2013年增速最快，同比增长22.62%。表6-9，图6-17~21。

表 6-9 甘肃省科技论文发表情况（篇）

年度	发表总数（篇）	占全国比重（%）	SCI（篇）	位次	EI（篇）	位次	CPCI—S（篇）	位次
2011	4537	1.50	2440	19	1592	19	505	23
2012	4646	1.40	2619	19	1476	20	551	23
2013	5697	1.44	3006	19	2153	20	538	23
2014	6582	1.47	3695	19	2311	20	576	21
2015	6938	1.37	3836	19	2722	20	380	22
2016	7355	1.28	3945	19	2784	20	626	22
2017	7437	1.23	4205	19	2684	20	548	21
2018	8331	1.21	4782	19	3041	20	508	21
2019	9469	1.23	5785	20	3338	21	346	22
2020	11076	1.26	6496	19	4313	20	267	21
总计	72068	1.31	40809	—	26414	—	4845	—

截至2020年底，甘肃省近十年累计发表科技论文72 068篇，其中SCI论文40 809篇，占发表总量的56.63%；EI论文26 414篇，占发表总量的36.65%；CPCI—S论文4845篇，占发表总量的6.72%。

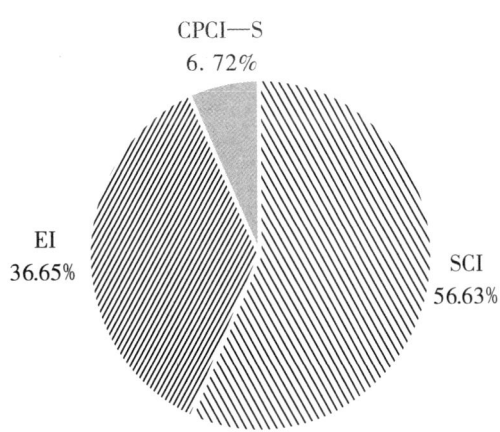

图 6-17　2011~2020年甘肃省三种科技论文累计发表占比

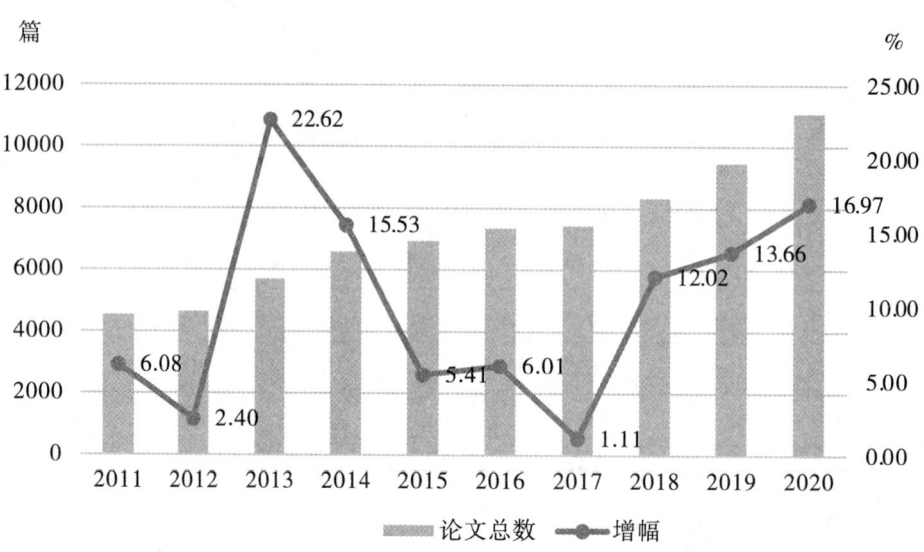

图 6-18　2011~2020 年甘肃省科技论文发表趋势分布

近十年甘肃省科技论文发表总数占全国发表论文总数的比重整体较低,不足1.5%。"十二五"以来,占比呈现下降趋势,从 2011 年 1.5%下降到 2020 年的 1.26%,下降了 0.24 个百分点。虽然甘肃省科技论文发表篇数在逐年增长,但是从全国水平来看,发表数量仍较少,处于一个较低水平。

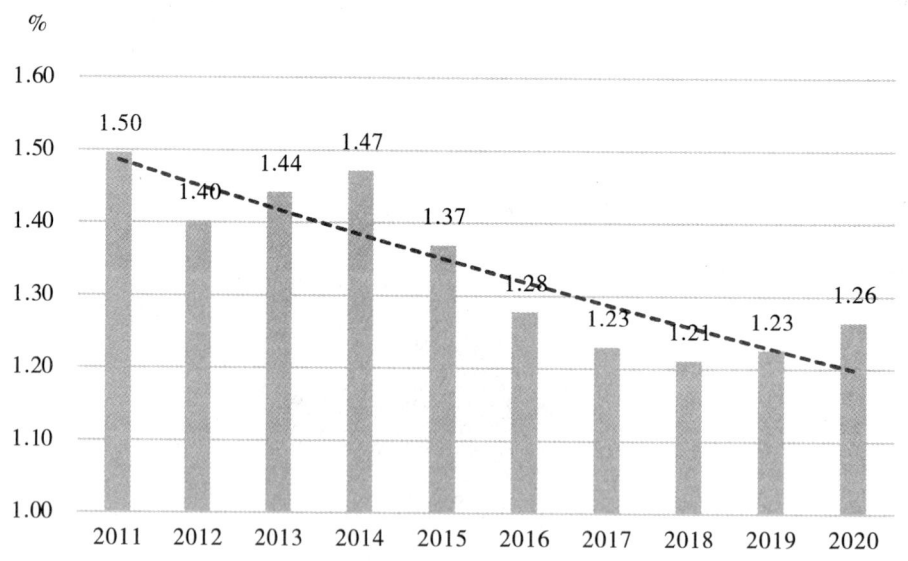

图 6-19　2011~2020 年甘肃省科技论文发表数占全国的比重变化

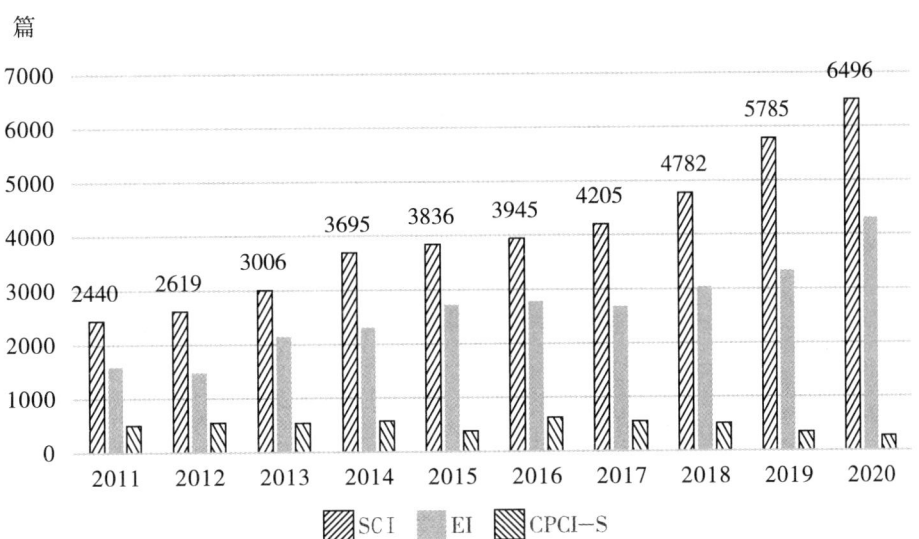

图 6-20 2011~2020 年甘肃省三种科技论文发表数趋势分布

SCI 论文从 2011 年的 2440 篇增长至 2020 年的 6496 篇,增长了 2 倍多,年均增长 450.67 篇,年均增长率 27.74%;EI 论文从 2011 年的 1592 篇增长至 2020 年的 4313 篇,年均增长 302.33 篇,年均增长率 28.29%;CPCI—S 论文整体呈现先升后降的趋势,从 2011 年的 505 篇波动上升到 2016 年的 626 篇,从 2017 年开始回落,到 2020 年发表篇数仅有 267 篇,较 2011 年下降了 238 篇。

从 2011 年到 2018 年,甘肃省 SCI 论文的位次一直处于全国第 19 位,2019 年下降了 1 位,2020 年又回升至 19 位;EI 论文 2011 年处于 19 位,2012 年下降到 20 位并保持至 2018 年,2019 年下降了 1 位,2020 年又回升至 20 位;从 2011 年到 2020 年,CPCI—S 论文在全国的位次波动上升了两位,从 2011 年的 23 位上升至 2020 年的 21 位。从全国水平看,甘肃的科技论文发表水平仍处于靠后位置。

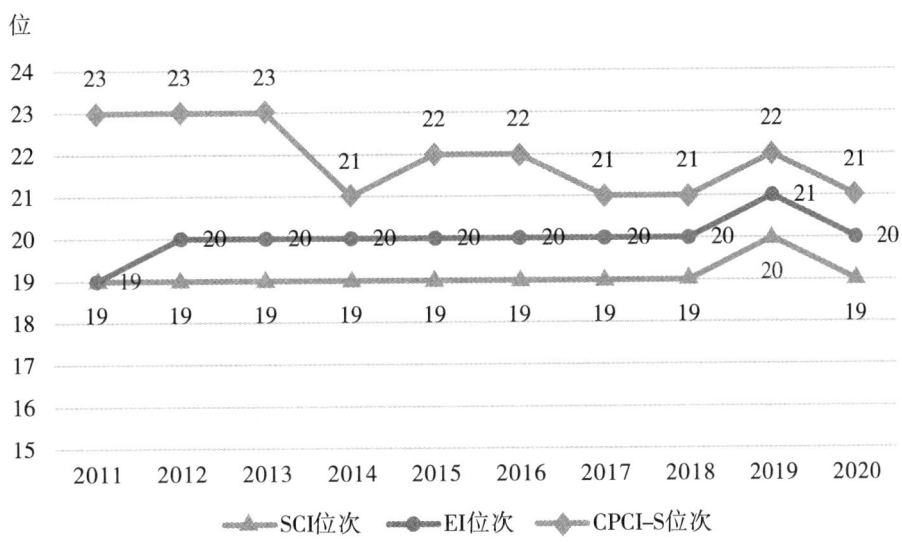

图 6-21 2011~2020 年甘肃省三种科技论文发表数在全国范围的位次

(三)科技成果及获奖情况

"十二五"以来,甘肃省科技成果登记数整体呈现先降后升的趋势,"十二五"时期波动下降,"十三五"时期波动上升,从2011年的1108项增长到2021年的1618项,年均增长率3.86%。2014年登记成果数最少,下降速度最快,同比下降50.22%;2015年增速最快,同比上升78.43%。2020年登记成果数最多,突破2000项。

表6-10 甘肃省科技登记成果按执行部门分

年度	登记成果总数(项)	独立科研机构(项)	比重(%)	大专院校(项)	比重(%)	企业(项)	比重(%)	医疗机构(项)	比重(%)	其他(项)	比重(%)
2011	1108	192	17.33	275	24.82	308	27.80	242	21.84	91	8.21
2012	1233	202	16.38	302	24.49	416	33.74	222	18.00	91	7.38
2013	922	146	15.84	227	24.62	266	28.85	199	21.58	84	9.11
2014	459	142	30.94	119	25.93	125	27.23	50	10.89	23	5.01
2015	819	188	22.95	200	24.42	336	41.03	61	7.45	34	4.15
2016	1276	308	24.14	370	29.00	461	36.13	79	6.19	58	4.55
2017	1070	177	16.54	459	42.90	291	27.20	89	8.32	54	5.05
2018	1176	221	18.79	350	29.76	375	31.89	145	12.33	85	7.23
2019	1479	269	18.19	466	31.51	367	24.81	256	17.31	121	8.18
2020	2140	333	15.56	599	27.99	635	29.67	387	18.08	186	8.69
2021	1618	270	16.69	376	23.24	531	32.82	270	16.69	171	10.57
总计	13300	2448	18.41	3743	28.14	4111	30.91	2000	15.04	998	7.50

1.按执行部门分

2011~2021年,甘肃省累计登记科技成果13 300项,其中独立科研机构登记2448项,占登记总数的18.41%;大专院校登记3743项,占登记总数的28.14%;企业登记4111项,占登记总数的30.91%;医疗机构登记2000项,占登记总数的15.04%;其他机构登记998项,占登记总数的7.5%。表6-10,图6-22~25。

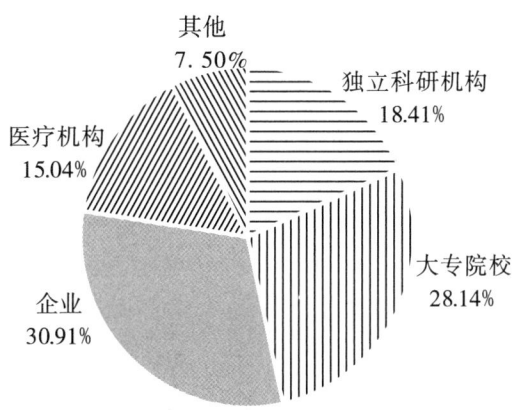

图 6-22　2011~2021 年甘肃省各执行部门累计科研成果登记占比

"十二五"以来，独立科研机构登记的科研成果从 2011 年的 192 项增长至 2021 年的 270 项，年均增长 7.8 项，年均增长率 3.47%；大专院校从 2011 年的 275 项增长至 2021 年的 376 项，年均增长 10.1 项，年均增长率 3.18%；企业从 2011 年的 308 项增长至 2021 年的 531 项，年均增长 22.3 项，年均增长率 5.60%；医疗机构从 2011 年的 242 项增长至 2021 年的 270 项，年均增长 2.8 项，年均增长率 1.10%。其他机构从 2011 年的 91 项增长至 2021 年的 171 项，年均增长 8 项，年均增长率 6.51%。

图 6-23　2011~2021 年甘肃省科技登记成果趋势分布

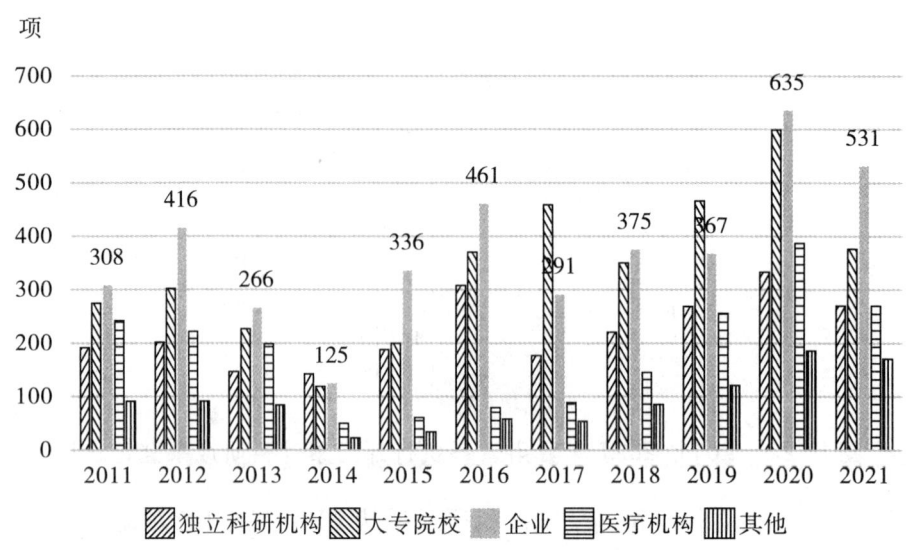

图 6-24 2011~2021 年甘肃省科研成果登记按执行部门分布情况

独立科研机构登记的科研成果占登记总数的比重从 2011 年的 17.33%下降至 2021 年的 16.69%，下降了 0.64 个百分点；大专院校登记的科研成果占登记总数的比重从 2011 年的 24.82%下降至 2021 年的 23.24%，下降了 1.58 个百分点；企业登记的科研成果占登记总数的比重从 2011 年的 27.80%增长至 2021 年的 32.82%，提升了 5.02 个百分点；医疗机构登记的科研成果占登记总数的比重从 2011 年的 21.84%下降至 2021 年的 16.69%，下降了 5.15 个百分点；其他机构登记的科研成果占登记总数的比重从 2011 年的 8.21%增长至 2021 年的 10.57%，提升了 2.36 个百分点。

可见，企业和大专院校贡献的科研成果较多，基本排在前两位；独立科研机构在 2014 年之前排在第四位，2014 年排在第一位，从 2015 年开始排在第三位且常年保持；医疗机构在 2014 年之前排在第三位，从 2014 年下降至第四位并保持至 2019 年，2020 年超越独立科研机构排在第三位，2021 年二者共同排在第三位。

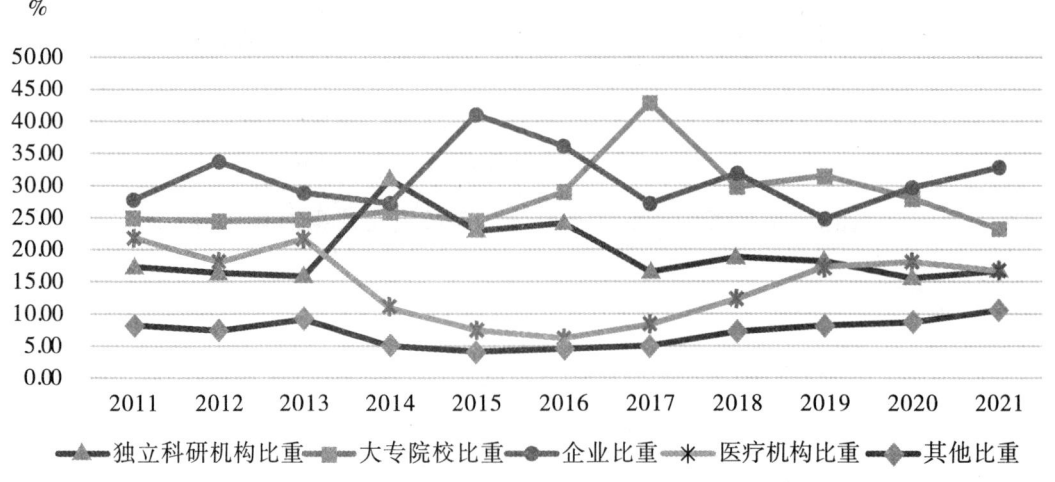

图 6-25 2011~2021 年甘肃省各执行部门科研成果登记比重变化

2.按活动类型分

"十二五"以来,应用技术成果从2011年的1048项增长至2021年的1140项,年均增长9.2项,年均增长率0.84%。基础理论成果从2011年的16项增长至2021年的456项,年均增长44项,年均增长率39.79%,且基础理论成果从2015年开始大幅上升;软科学成果从2011年的44项下降至2021年的22项,下降50%。表6-11,图6-26~28。

表6-11 甘肃省登记成果按活动类型分布情况

年度	登记成果总数(项)	应用技术成果(项)	比重(%)	基础理论成果(项)	比重(%)	软科学成果(项)	比重(%)
2011	1108	1048	94.58	16	1.44	44	3.97
2012	1233	1140	92.46	27	2.19	66	5.35
2013	922	876	95.01	15	1.63	31	3.36
2014	459	344	74.95	50	10.89	65	14.16
2015	819	655	79.98	138	16.85	26	3.17
2016	1276	899	70.45	354	27.74	23	1.80
2017	1070	653	61.03	371	34.67	46	4.30
2018	1176	844	71.77	297	25.26	35	2.98
2019	1479	922	62.34	504	34.08	53	3.58
2020	2140	1463	68.36	648	30.28	29	1.36
2021	1618	1140	70.46	456	28.18	22	1.36
总计	1330	9984	75.07	2876	21.62	440	3.31

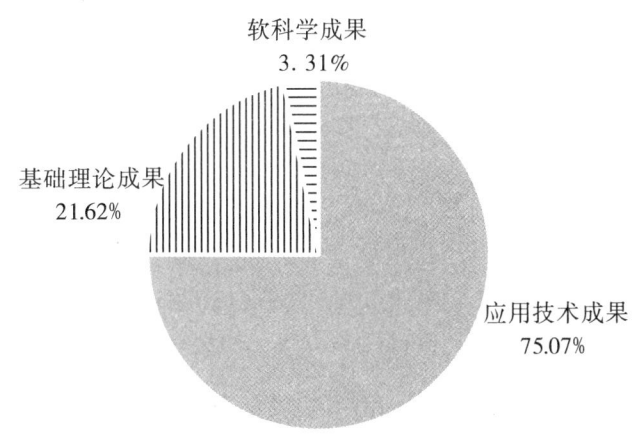

图6-26 2011~2021年甘肃省各活动类型累计科研成果登记占比

2011~2021年,累计登记应用技术成果9984项,占累计登记成果总数的75.07%;累计登记基础理论成果2876项,占累计登记成果总数的21.62%;累计登记软科学成果440项,占累计登记成果总数的3.31%。

应用技术成果占登记总数的比重从 2011 年的 94.58%下降至 2021 年的 70.46%,下降了 24.12 个百分点;基础理论成果占登记总数的比重从 2011 年的 1.44%增长至 2021 年的 28.18%,提升了 26.74 个百分点;软科学成果占登记总数的比重从 2011 年的 3.97%下降至 2021 年的 1.36%,下降了 2.61 个百分点。

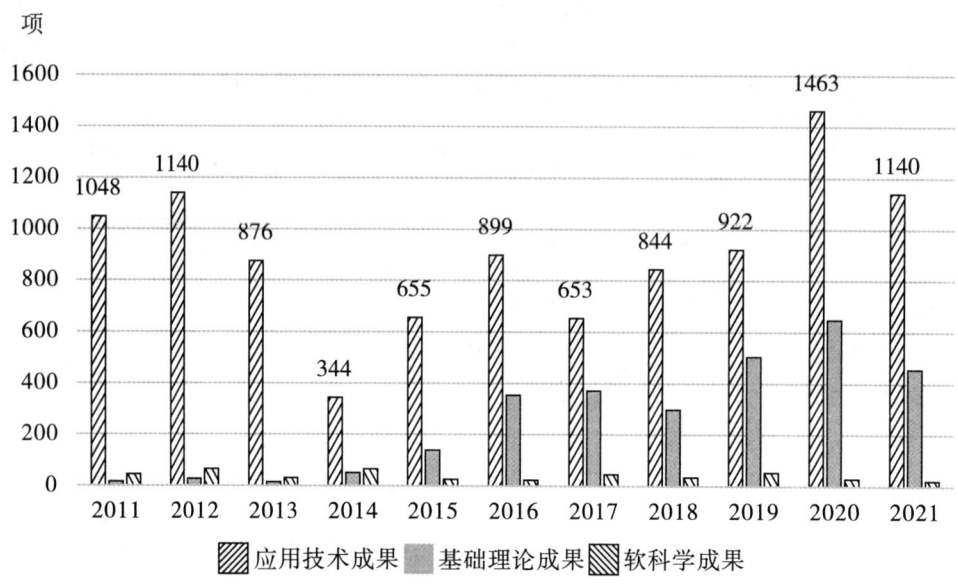

图 6-27 2011~2021 年甘肃省科研成果登记按活动类型分趋势分布

"十二五"以来,甘肃省应用技术成果占科技成果登记总数的比重处于领先地位,2014 年之前甚至达到 90%以上,从 2014 年开始有所下降,但也保持在 60%以上。基础理论成果比重从 2014 年开始上升,从 2016 年开始占比保持在 30%左右。软科学成果一直较少,占比基本不足 5%。

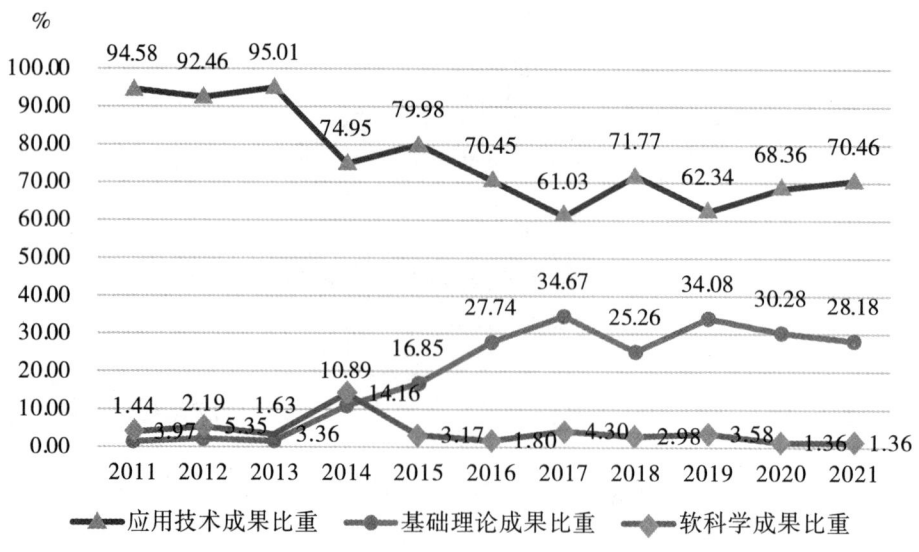

图 6-28 2011~2021 年甘肃省各活动类型科研成果登记比重变化

3.科技成果获奖情况

"十三五"以来,甘肃省获得的国家科学技术奖项较少,在2020年突破了10项,2017年最少仅为4项。截至2020年底,甘肃省近6年累计获得国家科学技术奖36项。

"十三五"时期,甘肃省科学技术奖项整体保持稳定,保持在150项附近,到2021年增长至201项,同比增长31.37%。截至2021年底,甘肃省近6年累计获得甘肃省科学技术奖961项。其中,科技进步奖居多,每年占比均达到了80%以上。表6-12,图6-29。

表6-12 甘肃省科技成果获奖情况

年度	2016	2017	2018	2019	2020	2021	总计
国家科学技术奖(项)	7	4	6	9	10	-	36
甘肃省科学技术奖(项)	152	151	152	152	153	201	961
其中:科技功臣奖(项)	1	1	-	1	1	2	6
特等奖(项)	-	-	-	-	1	1	2
自然科学奖(项)	8	10	12	11	12	20	73
技术发明奖(项)	6	7	11	8	5	6	43
科技进步奖(项)	135	131	127	130	133	170	826
企业技术创新示范奖(项)	1	1	1	1	1	1	6
优秀科技创新企业家奖(项)	1	1	1	1	-	1	5

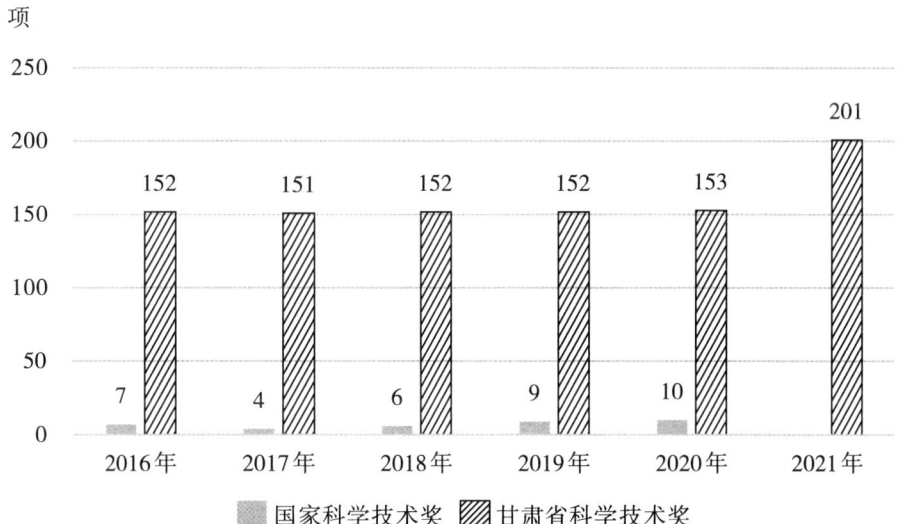

图6-29 2016~2021年甘肃省科技成果获奖情况趋势分布

(四)技术市场成交情况

1.技术合同成交数

"十二五"以来,甘肃省技术合同成交数整体呈现上升趋势,从2011年3754项增长至2021

年的 10 177 项,增长接近 3 倍,年均增长 642.3 项,年均增长率 10.49%。其中 2011 年增速最快,同比增长 49.98%,2012 年、2014 年和 2018 年出现了下降趋势,2012 年同比下降 23.20%,降幅最大。2021 年,甘肃省技术合同成交数突破 10 000 项。表 6-13,图 6-30~33。

表 6-13 甘肃省技术合同成交数情况

年度	合同数(项)	技术开发(项)	比重(%)	技术转让(项)	比重(%)	技术咨询(项)	比重(%)	技术服务(项)	比重(%)
2011	3754	459	12.23	127	3.38	950	25.31	2218	59.08
2012	2883	581	20.15	64	2.22	645	22.37	1593	55.25
2013	3781	392	10.37	62	1.64	1278	33.80	2049	54.19
2014	3367	362	10.75	57	1.69	479	14.23	2469	73.33
2015	4721	481	10.19	106	2.25	1747	37.00	2387	50.56
2016	5252	658	12.53	34	0.65	1090	20.75	3470	66.07
2017	5850	538	9.20	77	1.32	712	12.17	4523	77.32
2018	5072	813	16.03	64	1.26	430	8.48	3765	74.23
2019	5921	1501	25.35	117	1.98	497	8.39	3806	64.28
2020	7403	1473	19.90	176	2.38	950	12.83	4804	64.89
2021	10177	1561	15.34	283	2.78	1276	12.54	7057	69.34
总计	58181	8819	15.16	1167	2.01	10054	17.28	38141	65.56

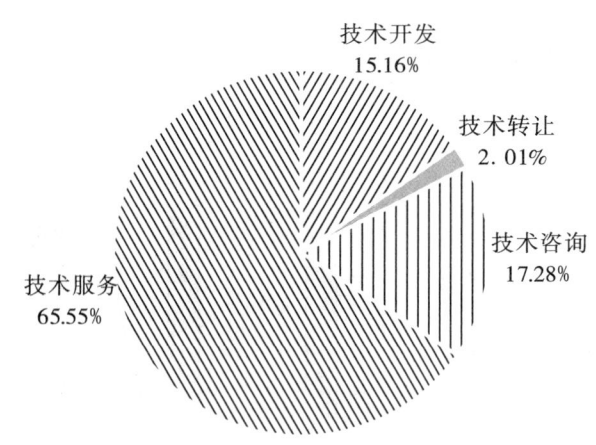

图 6-30 2011~2021 年甘肃省各类技术合同累计成交数占比

2011~2021 年,甘肃省累计技术合同成交数达 58 181 项,其中技术开发合同成交数 8819 项,占合同成交总数的 15.16%;技术转让合同成交数 1167 项,占合同成交总数的 2.01%;技术咨询合同成交数 10 054 项,占合同成交总数的 17.28%;技术服务合同成交数 38 141 项,占合同成交总数的 65.56%。

"十二五"以来,技术开发合同成交数从2011年的459项增长至2021年的1561项,年均增长110.2项,年均增长率13.02%;技术转让合同成交数从2011年的127项增长至2021年的283项,年均增长15.6项,年均增长率8.34%;技术咨询合同成交数从2011年的950项增长至2021年的1276项,年均增长32.6项,年均增长率2.99%;技术服务合同成交数从2011年的2218项增长至2021年的7057项,年均增长483.9项,年均增长率12.27%。

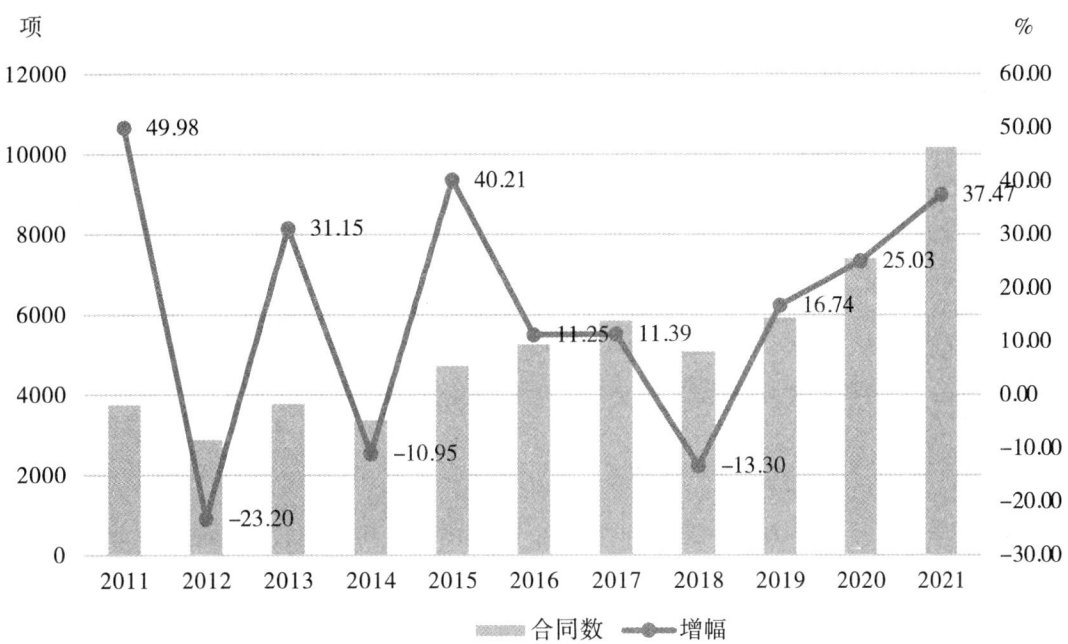

图6-31 2011~2021年甘肃省技术合同成交数趋势分布

从四类技术市场合同占比来看,技术开发合同成交数占合同成交总数的比重从2011年12.33%增长至2021年的15.34%,提升了3.11个百分点;技术转让合同成交数占合同成交总数

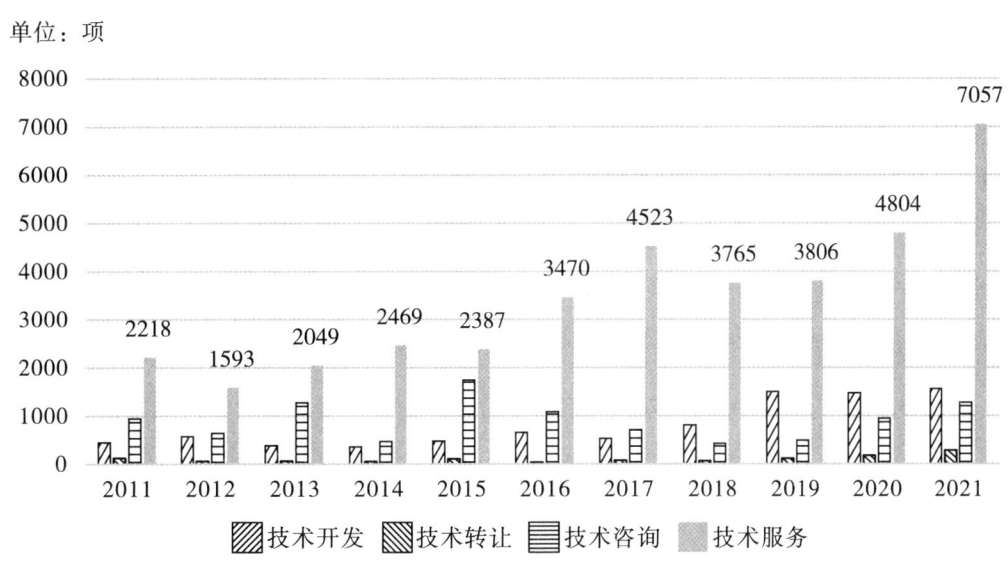

图6-32 2011~2021年甘肃省四种技术合同成交数趋势分布

的比重从2011年的3.38%下降到2021年的2.78%,下降了0.6个百分点;技术咨询合同成交数占合同成交总数的比重从2011年的25.31%下降到2021年的12.54%,下降了12.77个百分点;技术服务合同成交数占合同成交总数的比重从2011年的59.08%增长至2021年的69.34%,提升了10.26个百分点。

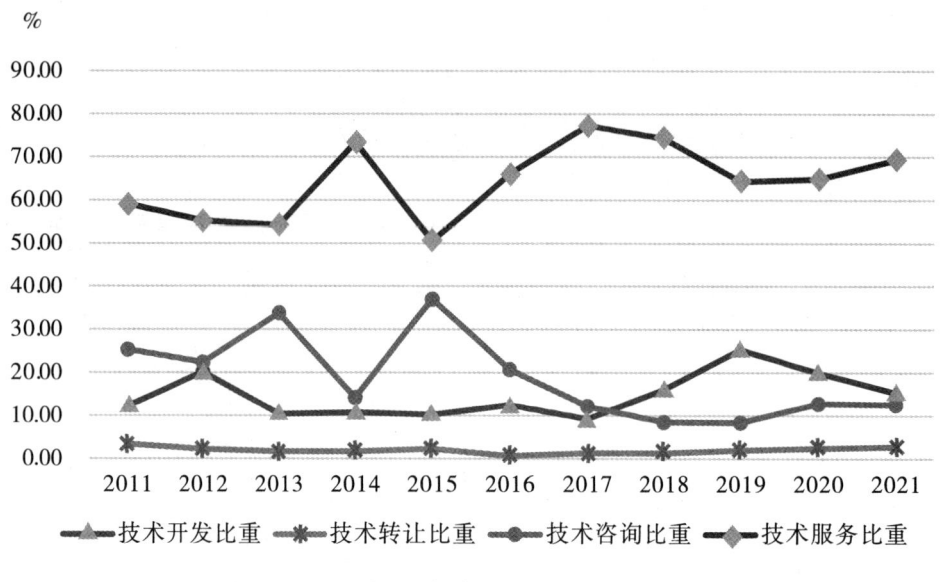

图6-33 2011~2021年甘肃省四种技术合同成交数比重变化

"十二五"以来,甘肃省成交的技术合同中,技术服务合同成交数量一直最多,占比均在50%以上,2016年开始保持在60%以上;2018年之前,技术咨询合同成交数排在第二位,技术开发合同成交数排在第三位,2018年技术开发合同成交数超越技术咨询合同数排在第二位;技术转让合同成交数较少,一直排在第四位,占合同成交总数的比重最高,但仅为2011年的3.38%。

2.技术合同成交额

"十二五"以来,甘肃省技术合同成交额呈现逐年上升趋势,从2011年52.64亿元增长至2021年的280.44亿元,增长超过5倍,年均增长22.78亿元,年均增长率18.21%,其中2012年增速最快,同比增长38.79%。2014年增速开始放缓,2020年增速又开始提升。

2011~2021年,甘肃省累计技术合同成交额达1676.05亿元,其中技术开发合同成交额175.69亿元,占合同成交总额的10.48%;技术转让合同成交额53.38亿元,占合同成交总额的3.18%;技术咨询合同成交额113.24亿元,占合同成交总额的6.76%;技术服务合同成交额1333.75亿元,占合同成交总额的79.58%。图6-34~37,表6-14。

表 6-14 甘肃省技术合同成交额情况

年度	成交额（亿元）	技术开发（亿元）	比重(%)	技术转让（亿元）	比重(%)	技术咨询（亿元）	比重(%)	技术服务（亿元）	比重(%)
2011	52.64	8.07	15.33	3.78	7.18	4.40	8.36	36.40	69.15
2012	73.06	12.27	16.79	3.22	4.41	4.84	6.62	52.73	72.17
2013	100.13	23.10	23.07	4.97	4.96	4.51	4.50	67.55	67.46
2014	115.23	11.40	9.89	6.39	5.55	2.58	2.24	94.86	82.32
2015	130.32	10.65	8.17	2.05	1.57	11.54	8.86	106.08	81.40
2016	150.81	20.46	13.57	4.28	2.84	9.36	6.21	116.71	77.39
2017	162.96	15.74	9.66	1.53	0.94	16.77	10.29	128.92	79.11
2018	180.88	20.92	11.57	2.87	1.59	9.87	5.46	147.23	81.40
2019	196.42	14.27	7.27	10.34	5.26	7.39	3.76	164.41	83.70
2020	233.16	16.78	7.20	4.06	1.74	30.69	13.16	181.63	77.90
2021	280.44	22.03	7.86	9.89	3.53	11.29	4.03	237.23	84.59
总计	1676.05	175.69	10.48	53.38	3.18	113.24	6.76	1333.75	79.58

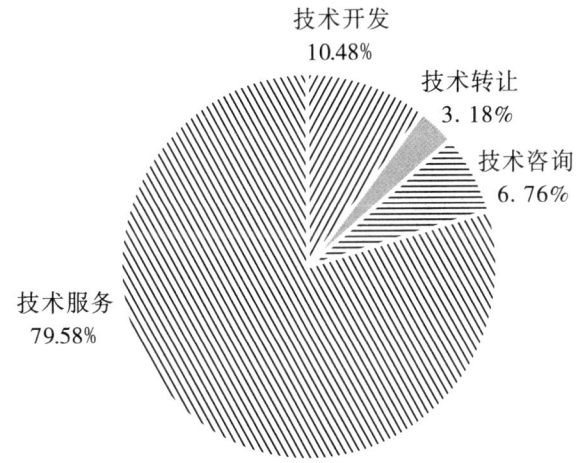

图 6-34 2011~2021 年甘肃省各类技术合同累计成交额占比

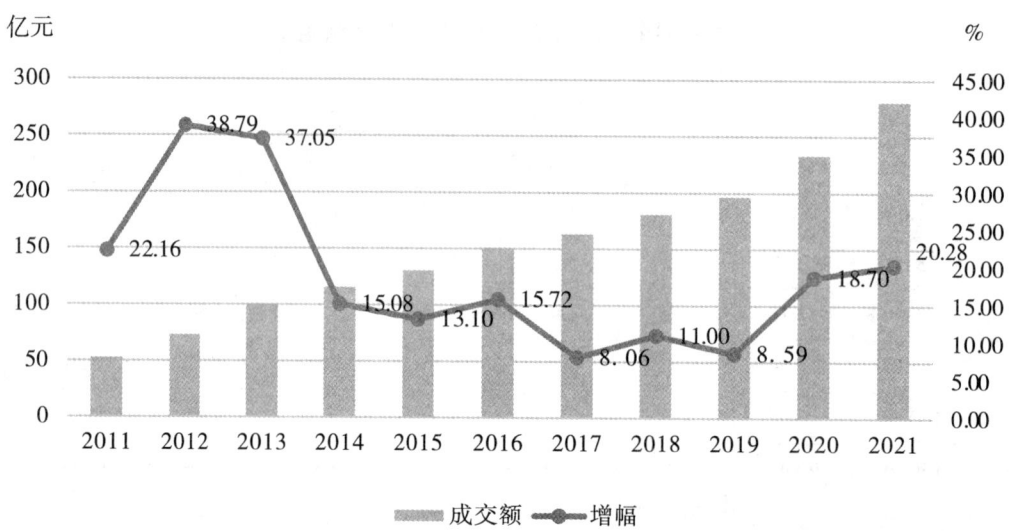

图 6-35　2011~2021 年甘肃省技术合同成交额趋势分布

"十二五"以来,技术开发合同成交额从 2011 年的 8.07 亿元增长至 2021 年的 22.03 亿元,年均增长 1.396 亿元,年均增长率 10.56%;技术转让合同成交额从 2011 年的 3.78 亿元增长至 2021 年的 9.89 亿元,年均增长 0.611 亿元,年均增长率 10.10%;技术咨询合同成交额从 2011 年的 4.40 亿元增长至 2021 年的 11.29 亿元,年均增长 0.689 亿元,年均增长率 9.88%;技术服务合同成交数从 2011 年的 36.40 亿元增长至 2021 年的 237.23 亿元,年均增长 20.083 亿元,年均增长率 20.62%。

技术开发合同成交额占合同成交总额的比重从 2011 年 15.33% 下降至 2021 年的 7.86%,下降了 7.47 个百分点;技术转让合同成交额占合同成交总额的比重从 2011 年的 7.18% 下降到 2021 年的 3.53%,下降了 3.65 个百分点;技术咨询合同成交额占合同成交总额的比重从 2011 年的 8.36% 下降到 2021 年的 4.03%,下降了 4.33 个百分点;技术服务合同成交额占合同成交总

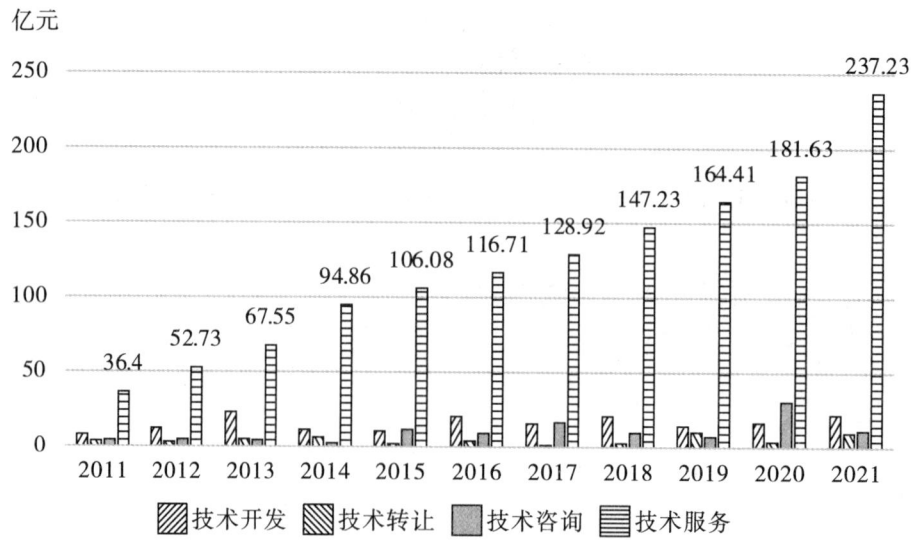

图 6-36　2011~2021 年甘肃省四种技术合同成交额趋势分布

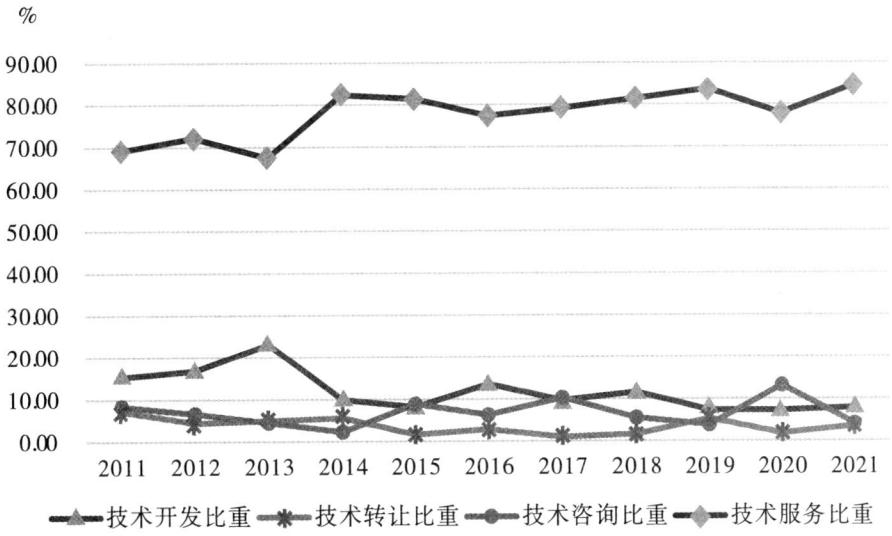

图 6-37　2011~2021 年甘肃省四种技术合同成交额比重变化

额的比重从 2011 年的 69.15% 增长至 2021 年的 84.59%，提升了 15.44 个百分点。

"十二五"以来，甘肃省技术合同成交额主要以技术服务合同成交额为主，2011~2013 年，技术服务合同成交额占成交总额的比重在 70% 左右，从 2014 年开始保持在 80% 左右。而技术开发合同成交额、技术转让合同成交额和技术咨询合同成交额占成交总额的比重均呈现下降趋势。

第七章　甘肃省企业研发经费投入产出分析

随着经济全球化的发展,知识经济逐步替代工业经济,成为全球经济发展的主导模式。知识经济是以知识运营为经济增长方式、知识产业成为龙头产业的经济形态。在知识经济中,科学技术是第一生产力,技术创新活动是经济发展和社会进步的最重要的驱动力。作为技术创新活动核心的研究与开发活动,则成为各国综合实力竞争的焦点,研究开发活动的投入规模从宏观角度理解,直接反映了一个国家或地区对技术创新活动的重视程度,间接反映了该国家或地区的科技发展水平;从微观角度理解,研究开发活动的投入反映了企业的技术水平和创新能力,而技术水平和创新能力恰恰是衡量企业竞争力和发展潜力的重要标志。

当今社会,企业之间的竞争是核心能力的竞争。核心能力包括多个方面,比如战略核心能力、营销核心能力、资源核心能力等,其中最重要的是技术核心能力。技术核心能力最具独特性和难模仿性,拥有了技术核心能力,企业就能在竞争激烈的市场上赢得消费者,赢得超额利润。企业技术核心能力的关键是技术研发创新能力,企业技术核心能力强的公司往往是那些重视技术开发活动、愿意为技术研发活动投入大量资源的企业。因此,全球百强企业无一不重视企业的研发活动。

企业研发投入是企业进行研发活动的前提,企业研发活动依赖于充分的研发投入,尤其是在人力与财力方面的投入。没有研发投入,研发活动就像涸泽之鱼寸步难行。和国外企业研发投入相比,中国企业研发投入少,创新积极性不高,这就从根本上制约了研发活动的进行,这也是导致企业研发、创新能力薄弱的重要原因。在国家越来越重视技术创新的利好形势下,中国企业必须从自身出发,找出影响企业研发投入的内部因素、影响机理以及这些因素对企业研发投入影响的大小程度。这些问题的解决对提高企业研发投入具有一定的借鉴作用。

一、甘肃省企业研发发展现状

在当前知识经济驱动高质量发展的时代,技术创新已经成为推动社会经济持续增长的重要动力。已有的大量研究从国家层面以及企业层面都证明了研发投入是推动知识进步、提高生产力及促进经济增长的重要因素。甘肃作为后发省份之一,虽然也意识到了科学技术的重要性,然而近几年的研发投入始终处于较低的水平。2021年,甘肃省R&D人员排全国第25位,R&D经费排全国第26位,仅占全国总量的0.46%。R&D经费强度也一直排名靠后,影响综合科技创新能力的提升。图7-1~2。

企业作为技术研发投入的主体,2021年甘肃省企业R&D经费支出占全社会R&D经费支

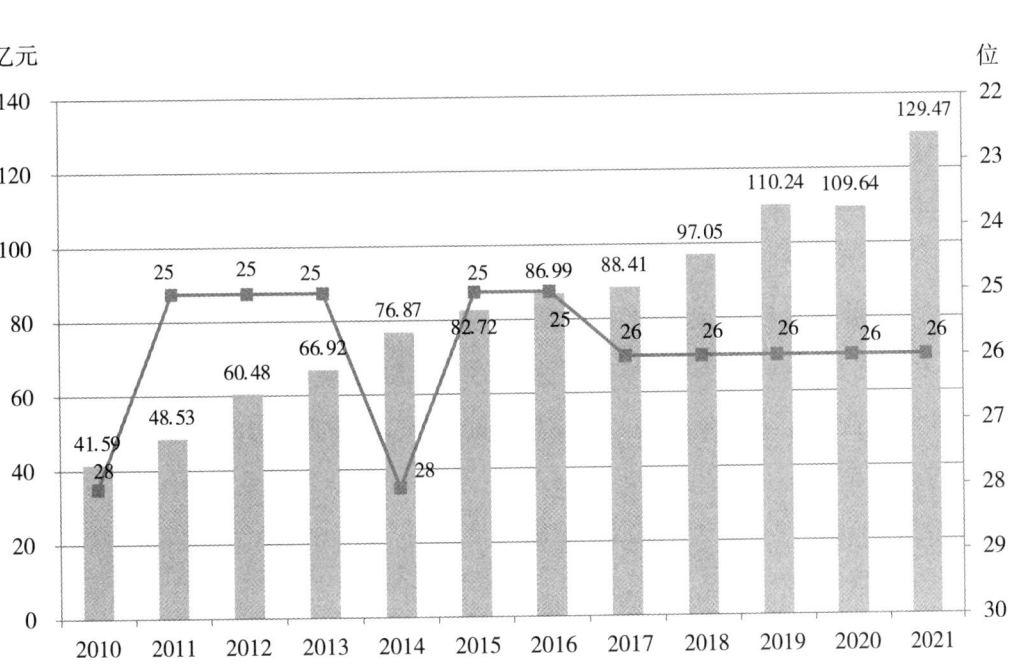

图 7-1　2010~2021 年甘肃省 R&D 经费投入及排名情况

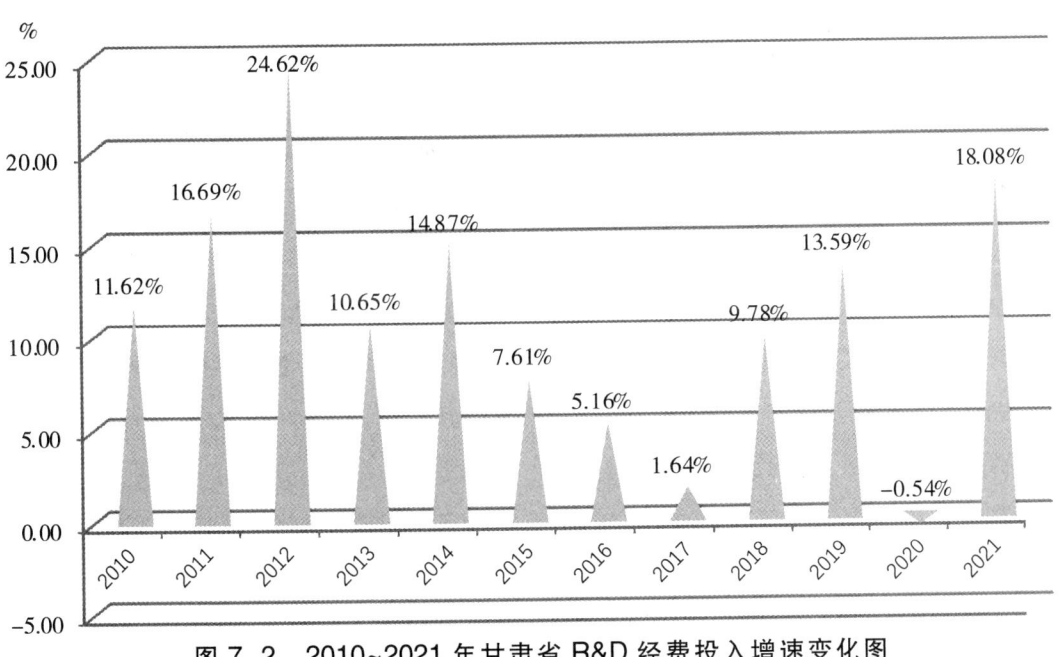

图 7-2　2010~2021 年甘肃省 R&D 经费投入增速变化图

出的 56.38%，而国家水平为 76.92%。企业 R&D 经费投入不足，面临着实体经济内需基础弱化、外需力度下降、生产成本上涨、投资收益率降低以及去产能等结构性调整问题。企业数量下降，"十三五"以来甘肃省规模以上工业企业净减少 283 家，有 R&D 活动的企业减少 37 家。企业在经济转向高质量发展阶段出现了转型困难问题，企业投资方向不明、投资意愿不强、投资动力不足。"十三五"以来，全省规模以上工业企业 R&D 经费投入占全社会 R&D 经费投入的比重从

58.54%降至45.86%。企业产品创新能力较差,2021年,甘肃省新产品销售收入占营业收入比重为7.63%,远远低于全国22.48%的平均水平。企业技术创新动力不足、研发经费投入不足已经严重阻碍了甘肃省科技创新的步伐,迫切需要找出一条解决问题的有效途径。

(一)企业研发投入产出情况

1.企业研发投入情况

2021年,甘肃省规模以上工业企业研发经费投入64.29亿元,占全社会研发经费的49.66%;研发人员21 018人,占全省研发人员的38.17%。规模以上工业企业办研发机构225个,其中在境外设立的研发机构6个。机构人员8294人,其中博士180人,硕士1127,博硕士合计占机构人员的15.76%。机构经费支出23.14亿元,占企业研发经费的31.70%。

甘肃省高企科技活动费用102.72亿元,科技活动人员39 031人。研发机构数604个,研发费用94.30亿元。研发机构研发人员13 203人,其中博士351人,硕士2041人,博硕士合计占比18.12%。

2.企业创新产出情况

2021年,甘肃省规模以上工业企业实现新产品销售收入766.27亿元,其中出口38.45亿元。专利所有权转让及许可235件,收入4.25亿元。发表科技论文1686篇,拥有注册商标2240件,形成国家或行业标准369项。

甘肃省高企实现新产品销售收入362.75亿元,其中出口53.08亿元。专利申请4926件,同比增长8.93%,拥有有效发明专利4514件。专利所有权转让及许可141件,收入0.86亿元。发表科技论文2398篇,拥有注册商标3217件,累计形成国家或行业标准1331项。

(二)企业研发机构建设情况

企业研发机构是依托企业设立的具有自主研发能力的技术创新载体,对企业自主创新能力提升和区域整体科技实力增强具有关键作用。它既是企业依靠科技创新赢得竞争优势的重要制度安排,也是区域创新体系的重要组成部分,在集聚创新资源,开发新技术、新产品,带动行业技术进步和产业转型升级方面具有重要作用。

企业研发机构主要包括依托企业建立的重点实验室(科技管理部门认定)、工程技术研究中心(科技管理部门认定)、企业技术中心(发改管理部门牵头认定)、工程研究中心(发改管理部门认定)、工程实验室(发改管理部门认定)、工程研究院(发改管理部门认定)、工业设计中心(工信管理部门认定),以及新型研发机构(科技管理部门认定)等。

1.总体情况

截至2021年底,甘肃省依托企业建立国家重点实验室2家,省级重点实验室30家;国家级工程技术研究中心3家,省级工程技术研究中心95家;省级技术创新中心5家,省级野外科学观测研究站1家,省级国际科技合作基地24家。

2021年,甘肃省规模以上工业企业2262个,其中有研发活动的企业470个,占比20.78%;

有研发机构的企业141家,占比6.23%。规模以上工业企业建立研发机构225个,其中企业在境外设立研发机构6个。

2021年,甘肃省高新技术企业认定总数1371家,入统高企1373家,其中有研发机构的高企410家,占全省高企数29.91%,共建立研发机构604个;未设立研发机构的高企961家,占全省高企数的70.09%。

2.企业研发机构分布情况

从企业登记注册类型看,有研发机构的规模以上工业企业141个,设立研发机构的企业全部集中在内资企业,港、澳、台商投资企业和外商投资企业未设立研发机构。内资企业中,有限责任公司和私营企业设立研发机构的比例最大,占有研发机构企业数的比例分别为41.13%和34.75%,其次为股份有限公司,占比21.27%,国有企业仅占2.84%。表7-1。

表7-1 2021年按登记注册类型分甘肃省规模以上工业企业研发机构基本情况

企业类型	单位数(个)	有R&D活动单位数(个)	有研发机构单位数(个)	占比(%)
内资企业	2217	463	141	2217
国有企业	103	16	4	103
集体企业	10	0	0	10
股份合作企业	3	1	0	3
联营企业	1	0	0	1
有限责任公司	890	183	58	890
股份有限公司	106	41	30	106
私营企业	1104	222	49	1104
港、澳、台商投资企业	20	3	0	20
外商投资企业	25	4	0	25

3.企业研发机构行业分布情况

从国民经济行业分布看,规模以上工业企业和高企设立的研发机构主要集中在制造业。其中,规模以上工业企业中制造业设立研发机构218个,占全省规模以上工业企业设立研发机构数量的96.89%;高企中制造业设立研发机构371个,占全省有研发机构高企数的61.42%,其他行业占比均较低。

4.企业研发机构区域分布情况

从区域分布看,规模以上工业企业设立研发机构的空间分布不平衡,主要分布于兰州市、酒泉市、张掖市和武威市,规模以上工业企业办研发机构分别为55个、30个、29个、27个;庆阳市、陇南市、平凉市和临夏州分布数量较少。表7-2,图7-3。

高新技术企业中,2021年甘肃省高企设立的研发机构主要分布在兰州市,有293个,占据

表 7-2　2021 年甘肃省企业分行业设立研发机构情况

行业分布	规模以上工业企业			高新技术企业		
	企业数(个)	设立研发机构数(个)	占比(%)	企业数(个)	设立研发机构数(个)	占比(%)
制造业	1655	218	96.89	644	371	61.42
采矿业	182	6	2.67	11	8	1.32
电力、热力、燃气及水生产和供应业	425	1	0.44	17	0	0.00
信息传输、软件和信息技术服务业	0	0	0	315	64	10.60
农、林、牧、渔业	0	0	0	161	48	7.95
其他	0	0	0	225	113	18.71
合计	2262	225	100	1373	604	100

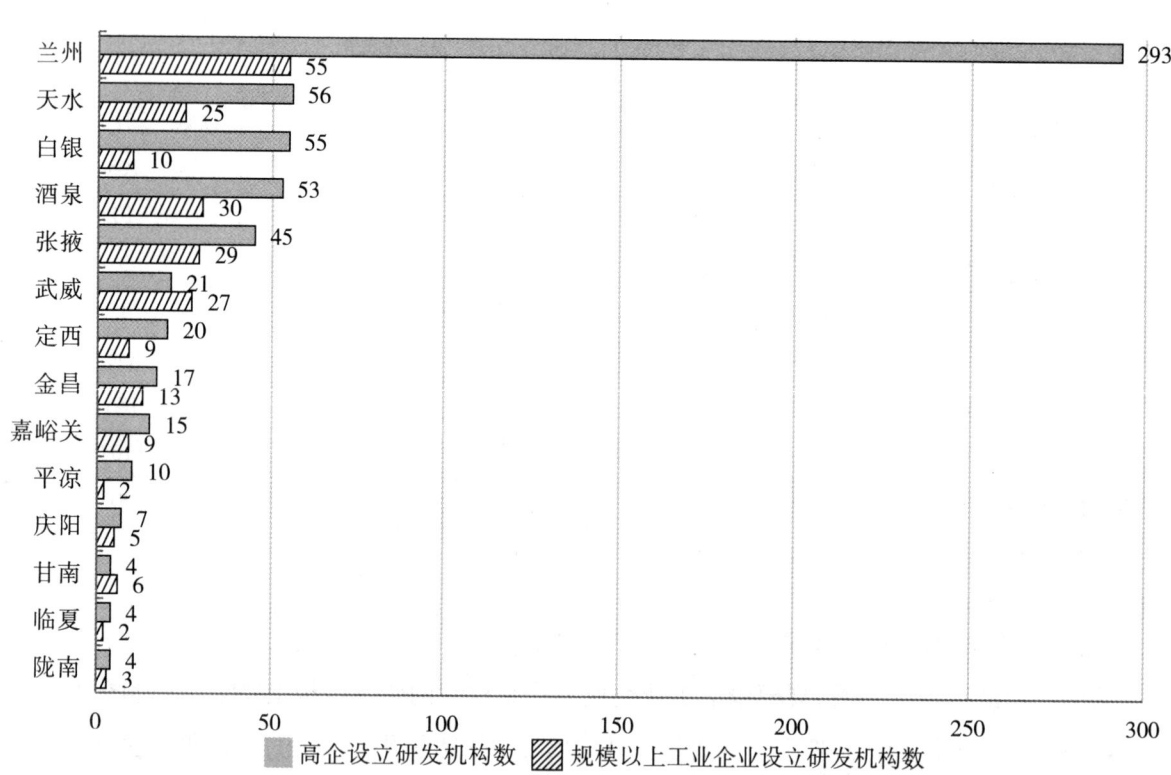

图 7-3　2021 年各市州高企与规模以上工业企业设立研发机构的数量

绝对优势;天水市、白银市、酒泉市高企设立研发机构的数量次之,分别为 56 个、55 个、53 个;庆阳市、甘南州、临夏州、陇南市分布较少。

5.新型研发机构情况

甘肃省委省政府从科技支撑产业高质量发展的战略出发,2018 年 10 月出台《关于建立科技成果转移转化直通机制的实施意见》,提出建立新型研发机构,构建政府、高校院所与企业之间的制度性通道,通过院地、校地合作建设新型研发机构,以实现创新供给的重新布局和释放。截至2021年年底,甘肃省已组织认定38个新型研发机构。其中,企业主办的25个,研究院所主办的11个,高校主办的2个。

已认定的新型研发机构聚焦科技创新需求,主要从事科学研究、技术创新、研发服务和科技成果转移转化,集成科研、孵化、融资等功能,在共享创新资源、加速成果转化方面成效显著。一是构建了政府、高校院所与企业之间的制度性通道。甘肃省发展新型研发机构的初衷是缓解技术供需矛盾,解决全省区域创新资源分布不均、高校院所科技供给能力不足、企业群体研发能力较弱等问题,即通过院地合作、校地合作建设新型研发机构,将高校院所的科技创新能力进行跨区域、跨组织边界的投射,以实现创新供给的重新布局和释放。在性质上,有事业单位、有企业;在主体上,有高校、科研院所、企业、投资机构;在功能上,更加多元化和集成化。二是具备了技术研发、科技孵化、引才聚才和成果转化四种能力。新型研发机构紧紧围绕全省十大生态产业,以科技成果转化为目的,以开展产业技术研发为核心功能,兼具应用基础研究、成果二次开发、技术转移转化、企业孵化育成、产业投融资、高端人才集聚培养等功能。三是形成了更加灵活的管理运行和用人机制。新型研发机构为创新要素整合提供了一个混合制度空间,支持科学家的创业行为,具有投资主体多元化、管理制度现代化、运行机制市场化、用人机制灵活等特点。四是明确了功能定位和业务发展主攻方向。新型研发机构突出体制机制创新,强化政策引导保障,注重激励约束并举,调动社会各方参与,进一步优化科研力量布局,强化产业技术供给,促进科技成果转移转化,推动科技创新和经济社会发展深度融合。

6.创新联合体情况

2021年,甘肃省提出支持领军企业牵头组建创新联合体,聚焦关键环节,发挥企业主体作用,合力突破"卡脖子"技术。在加快突破关键核心技术的同时,带动更多中小企业参与创新。首批创新联合体认定5家,分别为:由金川集团股份有限公司牵头,联合酒泉钢铁(集团)有限责任公司等组建的甘肃省镍钴资源高效利用及新产品开发创新联合体;由酒泉钢铁(集团)有限责任公司牵头,联合兰州大学等组建的甘肃省钢铁新材料研发及产业化应用创新联合体;由中农威特生物科技股份有限责任公司牵头组建的甘肃省动物用生物制品创新联合体;由兰州兰石集团有限公司牵头组建的甘肃省能源装备创新联合体;由甘肃省公路交通建设集团有限公司牵头组建的甘肃省绿色智慧公路交通创新联合体。

首批创新联合体结合了甘肃镍钴资源高效利用、钢铁新材料研发、动物用生物制品、能源装备、智慧交通等领域"卡脖子"技术和产业发展共性关键技术需求,探索实施创新联合体承担省级重大科技计划项目定向委托机制,开展关键核心技术攻关"补短板"和"筑长板"。依托创新联合体实施重大科技项目5项,安排经费7000万元,集聚创新资源组织实施镍钴高温合金及高镍单晶三元正极材料关键技术研究及工程化应用、光热电站熔盐储罐用和核电快堆用高品质不锈钢制造技术及产品开发、新型微通道换热器及大功率五缸泥浆泵能源装备研制及产业化、甘肃省绿色智慧公路关键技术研究和动物用生物制品创制与应用科研攻关,构筑以企业为主体的"延链补链"创新工程,形成从产品确定研发、从企业确定创新、从产业确定集群、从产业链确定创新链的科技供给倒逼机制。

甘肃省将进一步对创新联合体给予支持,包括科技项目倾斜支持、优先推荐国家科技计划项目、优先支持联合体创建国家和省级重点实验室、技术创新中心等,让联合体享受更多政策"福利"。

二、甘肃省企业研发投入影响因素

(一)外部因素

与其他兄弟省、市、区相比,为什么甘肃省研发投入水平较低?究其原因,主要问题在于:甘肃省企业的研发投入强度较小,企业的技术创新主体的地位尚未真正确立,自主创新意识尚未普遍被企业所接受,影响到全社会研发投入规模的增长。

1.企业研发机构产学研结合度不高

企业委托外单位进行R&D活动所支付的经费(简称R&D经费外部支出),其支出和构成反映产学研合作情况。2021年甘肃省规模以上工业企业R&D经费外部支出2.94亿元,仅占全部研发经费支出的2.68%;甘肃省设立研发机构的高企科技经费外部支出5.07亿元,仅占全省高企科技活动经费总数的4.93%,表明甘肃省企业产学研结合不紧密。2021年开展创新合作的规模以上企业有2433家,全国排名第26位,占甘肃省规模以上企业的比重为40%,全国排名第16位,创新合作活动在全国处于中下游水平。企业的研发活动仍然以独立研究为主,企业与科研机构、大学之间缺乏广泛的产学研合作,致使合作程度偏低、效益欠佳。

2.企业尚未真正成为研发的主体

长期以来,中国的技术创新事业发展一直是以国家投入为主体,在许多企业,尤其是国有企业的经营观念中,研发投入是一项纯公益性事业。然而国家财力有限,直接导致了研发投入的严重不足,使国民经济发展受到严重阻碍。传统的国有企业生产经营活动是根据政府的意志行动,不存在追求自身经济利益最大化的动机,没有内在的扩张能力,缺乏使用新技术和开发新产品的积极性和主导性。

一方面,企业研发机构的建有率偏低,甘肃企业基数少,大型企业更少,导致研发机构总量也少。有实力建研发机构的,一般都是规模以上企业,中小企业的目标都是以生存和发展为主,能够建立研发机构的寥寥无几。2021年,甘肃省规模以上工业企业办研发机构数为225个,较上年增长9.76%,增速低于全国(14.53%)的平均水平,研发机构数占全国规模以上工业企业研发机构数的比重为0.2%,居全国第24位。甘肃省规模以上工业企业有研发机构的企业数为141个,较上年增长6.02%,而全国同比增速为15.51%,居全国第26位;有研发机构企业占全省规模以上工业企业的比重为6.23%,远低于全国24.61%的平均水平。甘肃省规模以上工业企业有

R&D活动的企业数为470个，占全省规模以上工业企业比重为20.78%，低于全国38.30%的平均水平。全省有研发机构的高企数占甘肃省高企总数的29.86%。两个国家高新区内的高企总共才482个，占全省的三分之一多一点。为了推动我省经济社会发展，不断提高竞争力，迫切需要企业来作为研发投资主体。

另一方面，企业研发机构分布不平衡。首先是地域分布悬殊，受省会城市对高端人才与技术虹吸效应的影响，甘肃省企业研发机构空间分布不平衡。设立研发机构的企业空间分布差异明显，呈现出中强西高东低南弱的特征，主要集中于兰州市。其次是产业分布单一化，企业研发机构主要集中在制造业，占全省规模以上工业企业数73.17%的制造业企业，设立的研发机构数占全省企业研发机构总数的96.89%。占全省高企数46.90%的制造业高企，设立的研发机构数占全省高企研发机构总数的61.42%。

3.研发统计和加计扣除政策落实不到位

在研发统计方面，甘肃省内尚没有形成统一、规范的标准，科技、税务、统计、国资等部门认定的口径和标准不一致，不能互认，上报国家后，国家统计局最后认定的也不一样。在研发费用加计扣除方面，多数企业了解度和知晓度不高，存在企业错失和主动放弃申报享受优惠政策机会的情况。特别是高企，执行起来手续程序繁琐，绝大多数企业在税收减免上都以追求利益为主、程序简便为辅的原则，既不愿意也没有专人规范财务账，选择放弃申报，使得享受研发费用加计扣除主体的范围小。2021年，规模以上工业企业享受研究开发费用加计扣除的有243家，仅占全省规模以上工业企业数量的10.74%，高企中能把财务账做规范，申报加计扣除的大部分都是营业收入亿元以上的企业。众多中小企业为了生存，宁愿执行10%的中小企业税收优惠，也不愿意执行15%的加计扣除。

(二)内部因素

1.研发经费投入不足影响企业研发投入

创新经费投入大、产出效益周期长、风险大，影响企业研发投入的积极性和主动性。一方面，政府资金投入有限，拉动不足；另一方面，企业对"投不投"有顾虑，因为产品研发周期一般需要3~5年，推向市场后又有风险，国有企业缺乏决策容错机制，不敢试错，中小企业本来就缺资金，更不愿尝试。甘肃企业研发经费与全国平均水平和发达省、市、区差距较大。2021年，规模以上工业企业R&D经费占全社会R&D经费比重为49.66%，低于全国62.65%的平均水平。规模以上工业企业办研发机构225个，机构经费支出23.14亿元。企业研发机构经费投入严重不足，多数企业尚未形成稳定持续的资金投入保障机制，严重制约企业自主创新能力的提升。

2.人才缺乏影响企业研发投入的积极性

这里的人才包括两种，一是企业家队伍；二是技术人才。

企业家是创新的主体，企业自主创新的高风险特征决定了其投资与企业家敢冒风险的创新精神不可分。改革开放二十多年，虽然中国企业的企业制度不断完善，但在企业家阶层形成的过程中仍然存在许多问题。原来的厂长、经理大多为行政干部,其知识结构和履历与行政干部的职能是相称的,但要是用企业家的标准来衡量,这些厂长、经理还不能称之为企业家,不具备企业家所必须具有的创新精神,造成整个企业缺乏创新意识。正是由于符合现代企业制度要求的合格企业家阶层尚未出现,客观上造成了企业投入不足,以及投入资金使用的低效率。

在技术人才方面,科技人员的数量和素质是决定企业自主创新能力的关键因素。企业的自主创新能力与科技人员的数量和素质具有直接的线性关系。毫无疑问,一个企业拥有的技术研发人员的数量越多,实现技术研发突破的可能性就越大。一个企业拥有的技术研发人员的素质越高,知识结构越合理,研发能力也就越强。

研发人才特别是高层次人才,对于研发水平和自主创新能力有着明显的引领作用。但从甘肃实际情况来看,一是研发人员总体数量偏少,高层次人才缺乏。2021年,甘肃省规模以上工业企业有研发机构的企业R&D人员为8294人,仅占全省R&D人员的15.06%。规模以上工业企业研发机构博士、硕士分别占机构人员的2.17%、13.59%。高企研发机构博士、硕士分别占机构人员的2.66%、15.46%。二是央企、省属企业的高层次、技能型人才流失严重,且呈团队型、机构型整体流失趋势。510所2年时间流失博士90名,兰石研究院1年流失人员200名,兰州电机1年流失两名领军人才。三是人才待遇低、留人难。兰州电机人均工资5万元,很多企业刚进的研究生待遇三千多元,兰州大学近三年毕业的研究生无一留甘,同样是二级教授,在深圳退休和兰州退休的相差好几倍。四是政策与受众人才不对应,发放的人才卡待遇与人才实际需求不匹配,地域不通用。企业研发机构难以形成人才集聚效应,严重制约企业未来研发能力的产生。

3.企业技术创新能力对研发投入的影响

科技发展的历史表明,科学技术上的重大突破,总是会引起企业的技术创新活动,并形成高潮。新的科学技术成果对企业技术创新之所以具有较强的促进和刺激作用,其原因就在于,新科技成果在并入生产过程转化为产品后往往可以得到较高的带有垄断性质的利润,有利于企业获得商业上的成功,得到经济上的实惠和心理上的满足。这就会不断激励企业积极吸纳科技成果,进行技术创新。虽然这种创新有难度,风险大,成本高,但是因为它是全新的,从原理构想、开发研制、投入生产到最后产品占有市场都是前所未有的,所以它会以新产品甚至新产业给企业提供更大的机会,促使企业甘愿冒风险去进行技术创新。由此可见,科学技术进步对企业技术创新的直接推动作用是十分明显的。

三、企业研发投入对企业绩效影响的实证分析

甘肃作为西部地区重要辐射点,偏远地区的科技创新一直是地区和国家关注的重点,研发投入与企业创新绩效可以直观有效地反映出地区科技创新程度。长期以来,甘肃获得投资一直居于高位。研发投入是科技创新的首要资源,有利于企业减少成本,扩大收益,有利于产业优化。所以深入探讨研发投入与企业创新绩效对于探索欠发达地区依靠创新驱动实现发展的新模式

和新路径具有现实意义。

(一)研发投入

1.研发投入的定义与相关研究

"研发"即研究与开发,常用英文缩写R&D(Research and Development)表示,参考联合国教科文组织和经合组织给出的解释,是指在科学技术领域,为获取新知识(包含人类文化及社会知识),以及运用新知识去改进技术,创造新应用、新产品,而进行有明确目标的创造性系统活动。R&D活动应满足四个条件:首先应具备创造性,其次需要运用科学方法,再次产出要有新颖性,最终促进新知识的产生。

从研发投入要素的分类来看,朱苑秋等(2007)以长三角地区为研究对象,将研发投入分为直接研发投入和间接研发投入,前者是与研发创新直接相关的部分,包含人力、资金和技术等投入;后者是与研发创新间接相关的部分,包含宏观政策、基础设施和社会环境等要素。PellegrinoG、PivaM、VivarelliM(2012)通过研究发现R&D投入中的人员和资金投入对专利产出有显著的促进作用。周文杰等(2018)在考量科研创新活动中的关键投入要素时,认为R&D经费和R&D人员投入占据重要地位。研发活动的周期长且面临不确定性,因而创新型研发人才和资金缺乏,容易导致科技创新活动失败、创新绩效不高。

从研发活动的主体来看,一般包含政府部门、高校、企业和科研院所。Griliches(1986)收集了美国约一千个大型制造业企业1966~1977年间的研发数据,发现,研发创新活动能促进企业生产效率的提升,并且政府资金支持的研发不如企业自有资金支持的研发效率高。陈海波等(2003)发现江苏省政府投入的科研资金能拉动比其多数倍的企业资金和社会资金,这表明政府研发投入对企业和社会投入具有诱导作用。张海英等(2014)指出高校研发投入与经济发展之间具有稳定的均衡关系,应发挥大学在科技资源和人才方面的优势,为主导产业调整输送人才、方案和技术,进一步强化高校科技研发活动和产业结构优化之间的互动关系。且中国研发经费投入的90%以上来源于政府和企业,融资渠道过于单一。肖振红等(2020)通过研究发现,中国大多数省、市、区的产学研耦合协调度较低,需加强建设地区产学研联盟,建设产学研合作配套机制,提高科研院所、企业以及高校间研发资源开放共享的程度。贾萍萍(2021)发现政府R&D投入过多,会削弱企业R&D投入的意愿,对企业研发投入产生"挤出效应",进而影响区域研发投入绩效,因此需要厘清财政资金扶持的界限。

从研究方法来看,LucaBerchicci(2012)利用回归分析的方法研究发现,在某一阈值内,企业的研发投入可以促进技术水平进步、创新绩效提升;超过该阈值,加大研发投入则体现为负向的影响作用。Bronwynetal(2013)建立CDM模型,基于意大利制造业企业的数据,经过研究发现,通信技术投入与研发资金投入都能促进创新产出,且研发资金投入的促进作用更强。霍明等(2015)通过使用面板数据模型、误差修正模型指出,中国"省"域工业企业研发经费投入的产出绩效弹性不如研发人员投入的高,且中西部地区工业企业的研发人员投入严重不足。苏屹等

(2017)利用面板门限回归模型将知识产权保护强度作为门限变量,研究不同知识产权保护制度区间人力资本投入对研发创新绩效影响的差异,并指出 R&D 投入影响创新绩效存在滞后性。王淑英等(2018)运用空间计量经济学中的杜宾模型,将金融发展作为调节变量,发现研发投入能够显著促进地区科技创新能力的提升,且研发人才投入为负向的溢出效应,研发资金投入为正向溢出效应。

通过梳理国内外文献发现,对研发活动的关注程度以及投入状况是影响各个国家和地区科技创新水平的关键。

2.研发投入指标构建

在研究过程中,通常选择研发强度作为衡量研发投入的指标,研发强度计算方法如表 7-3 所示。

表 7-3 研发投入计算方法

指标	计算方法
研发投入	研发强度=R&D 经费支出/GDP

3.甘肃省研发投入

甘肃省研发投入自 2011 至 2015 年增长迅速,随后趋于稳定缓慢逐步上升期。面临国内外环境大变化,科技发展早已成为国家进步的重要基石,研发投入只是科技发展的第一步,也是科技发展的基础,若想长期持续发展科技,研发投入必须持续稳步提升。图 7-4。

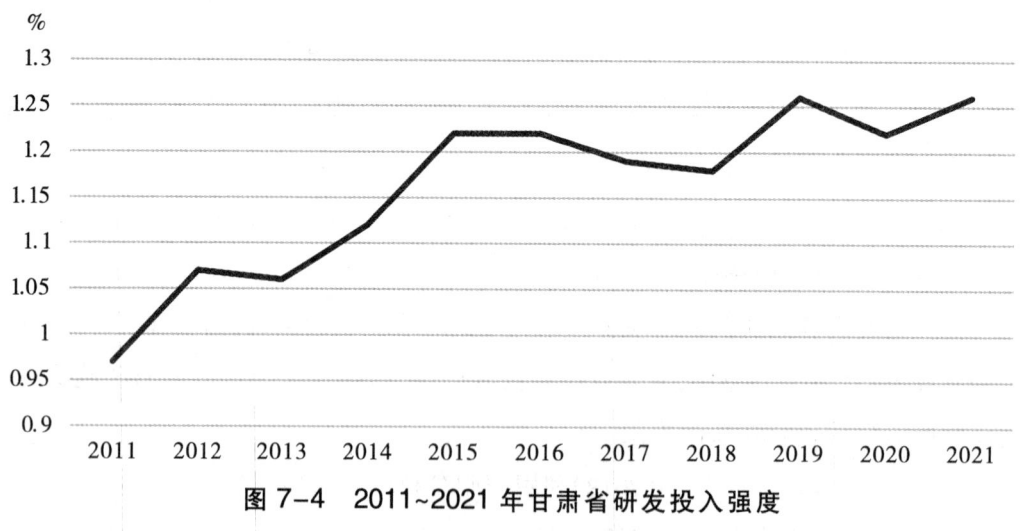

图 7-4 2011~2021 年甘肃省研发投入强度

2012 年、2014 年、2015 年、2019 年与 2021 年,甘肃省研发投入都处于增加状态,2012 年、2017 年、2018 年与 2020 年研发投入都处于减少状态。其中增加率最高的年度是 2012 年研发投入变化率为 10.31%。增加率年度最低的是 2020 年研发投入变化率为-3.17%,这可能是疫情突发事件的影响,造成 2020 年甘肃省研发投入大幅度减少。表 7-4。

表 7-4 2012~2021 年甘肃省研发投入变化率

年度	变化率	年度	变化率
2012	10.31%	2017	-2.46%
2013	-0.93%	2018	-0.84%
2014	5.66%	2019	6.78%
2015	8.93%	2020	-3.17%
2016	0.00%	2021	3.28%

(二)企业绩效创新指数评价

1.企业绩效创新的定义以及相关研究

在创新绩效的定义上,以前学者有着丰富的研究。Drucker(1993)指出,在开展研发创新活动时,创新绩效能够集中反映企业的创新成果;Mumford(2000)认为,在创新绩效的范畴中,能够使企业快速发展并激发活力的创新产品或技术不仅包含在内,而且研发人员在实现创新目标过程中的知识发现、创新流程和工作氛围等也是可能影响创新绩效的关键因素;Ahuja 等(2001)认为,创新绩效是企业向市场提供新产品或服务而获得的绩效提升。Curba(2001)和 Hagedoorn 等(2003)则从广义和狭义两个角度来定义创新绩效,其中广义上是指企业的新想法、新概念或新技术从产生、发展、转化到应用,并使企业的效率、技术等多方面的绩效提升;狭义上的创新绩效是指由于新产品或新服务的研发成功,企业在市场中获得的收益和评价上的提升。针对不同的创新对象,创新绩效在研究时可以被分为技术创新绩效和管理创新绩效两个维度。在技术创新绩效方面,Samson(1991)从产品、过程、管理和系统三个方面进行测量;Algre 和 Chivac(2009)提出,创新绩效可以包含产品创新、流程创新和效率创新三部分;中国学者陈劲和陈钰芬(2006)指出,新产品销售率、新产品数、重大改进产品数、科技论文数、研发部门与顾客交流频率等可以作为衡量要素。管理创新绩效方面,Cordero(1990)主张从技术、营销、财务三个方面来看待企业的创新活动;Kollmann 和 Stockmann(2014)提出从企业成长性、财务指标和非财务指标来测量企业创新绩效。JoseLuis 等(2014)认为,创新绩效在衡量时可以划分为产品创新、工艺创新和过程创新三个部分。其中,Vinit 和 Daniel(2015)提出,创新绩效由产品、过程、市场、战略和行为五个基本维度组成:开发个性的产品或服务有助于企业更好地满足客户需求,因而产品创新被广泛认为在创新绩效中占有重要地位;过程创新是指使用新方法或新途径有效开发企业的资源和能力;市场创新包括使用新的营销策略或活动来推广现有产品,以将产品引入新市场来增加销售;战略创新是指开发新的战略为企业创造价值;行为创新描述了个人、公司或管理层对新产品或新技术等的态度。

2.模型

(1) DEA—CCR 模型

Charnes(1978)等在单投入、单产出相关概念的基础上率先提出了 DEA—CCR 模型,该模型的适用范围扩大了,可对多投入、多产出的系统进行评价,是一个评价决策单元相对效率的有力工具。

将第 j_0 个决策单元的效率指数作为目标,将全部决策单元的效率指数作为约束,得到 CCR 模型,见式(7-1)(7-2)。

$$\max h_{j_0} = \frac{\sum_{r=1}^{s} u_r y_{r j_0}}{\sum_{i=1}^{m} v_i x_{i j_0}} \tag{7-1}$$

$$s.t. \begin{cases} \dfrac{\sum_{r=1}^{s} u_r y_{rj}}{\sum_{i=1}^{m} v_i x_{ij}} \leq 1, j=1,2\cdots n \\ u \geq 0, v \geq 0 \end{cases} \tag{7-2}$$

式中 x_{ij} 代表第 j 个决策单元的第 i 种资源投入量;y_{ij} 代表第 j 个决策单元的第 i 种成果产出效益值;v_i 代表第 i 种类型资源投入的权系数;u_r 代表第 r 种类型成果产出的权系数;h_{j_0} 代表第 j_0 个决策单元的相对效率值。

在式(7-1)(7-2)中,是将第 j_0 个决策单元的相对效率最大化,且范围处在 0 到 1 之间。为解决此分数线性规划,会有无穷多组解的情况,将对其进行 Charnes—Cooper 变换,令:

$$\begin{cases} t = \dfrac{1}{v^T x_0} \\ w = tv \\ \mu = tu \end{cases} \tag{7-3}$$

由(7-3)式变换得到,进而得到线性规划模型(7-4)、(7-5)。

$$\max h_{j_0} = \mu^T y_0 \tag{7-4}$$

$$s.t \begin{cases} w^T x_j - \mu^T y_j \geq 0, j=1,2,\cdots n \\ w^T x_j = 1 \\ w \geq 0, \mu \geq 0 \end{cases} \tag{7-5}$$

在式(7-4)(7-5)中加入资源投入加权总和为 1 的约束条件,最大化加权综合产出效益。由于变量数比约束条件数少,所以将其转化为对偶模型,使得包络形式唯一,对偶模型见式(7-6)。

$$s.t \begin{cases} \sum_{j=1}^{n} \lambda_j x_{ij} \leq \theta x_{ij_0}, j=1,2,\cdots m \\ \sum_{j=1}^{n} \lambda_j y_{rj} \geq y_{rj}, r=1,2,\cdots s \\ \lambda_j \geq 0, j=1,2,\cdots n \end{cases} \tag{7-6}$$

式(7-6)中，λ_j 是非负向量，可以由权数比重之和 $\sum_{j=1}^{n}\lambda_j$ 对每一个决策单元的规模报酬状态进行判断，具体判断如下：

$\sum_{j=1}^{n}\lambda_j>1$ 表示该决策单元为规模报酬递减，也就是说，在此运行背景下，增加资源投入，产出效益可能会相应增加，也可能不增加。如果增加，其产出比例也赶不上投入比例。

$\sum_{j=1}^{n}\lambda_j=1$ 表示该决策单元为规模报酬不变。

$\sum_{j=1}^{n}\lambda_j<1$ 表示该决策单元为规模报酬递增，也就是说，在此运行背景下，增加资源投入，产出效益会相应增加。

（2）Malmquist 指数分析法

Malmquist 生产率指数的概念最早是由学者 Malmquist 提出的。虽然此分析法在提出后一段时间内并未引起很大的反响，但到数十年后部分学者将此理论进行了演绎。如 Caves 等人提出的 Malmquist 生产率变化指数(CCD)已成为 DEA 分析法的重要组成部分；又如学者将这一理论中的非参数线性规范法与 DEA 理论相结合。至此 DEA—Malmquist 指数分析法开始流行，并在此后得到广泛应用。随着时间的推移，有越来越多的学者在此分析法上进行了研究。正因为有着众多学者的研究，如今关于 DEA—Malmquist 分析法的研究越来越受到欢迎，所以才能看到基于 DEA—Malmquist 指数分析法的大量研究。

Malmquist 生产率指数(Malmquist Productivity Index，MPI)是用于衡量生产率随时间变化的变化，此方法可通过类 DEA 非参数方法分解为效率和技术的变化。此方法需要在研究期间使用相同的时间段数据和技术时间变化，将生产率分解为技术变革和效率变化。此后利用 t 和 $t+1$ 时刻的观测，MPI 可以用距离函数表示，具体如公式(7-7)和公式(7-8)。

$$\mathrm{MPI}_I^t = \frac{E_I^t(x^{t+1}, y^{t+1})}{E_I^t(x^t, y^t)} \tag{7-7}$$

$$\mathrm{MPI}_I^{t+1} = \frac{E_I^{t+1}(x^{t+1}, y^{t+1})}{E_I^{t+1}(x^t, y^t)} \tag{7-8}$$

如将公式(7-7)和公式(7-8)进行调整，将两个公式中的两个 MPI 进行几何均值调整，那么我们可以得到公式(7-9)。

$$\mathrm{MPI}_I^G = (\mathrm{MPI}_I^t \mathrm{MPI}_I^{t+1})^{1/2} = \left[\frac{E_I^t(x^{t+1}, y^{t+1})}{E_I^t(x^t, y^t)} * \frac{E_I^{t+1}(x^{t+1}, y^{t+1})}{E_I^{t+1}(x^t, y^t)} \right]^{1/2} \tag{7-9}$$

利用技术进步变动(TECHCH)和技术效率变动(EFFCH)的概念，可以分解 MPI 的投入导向几何均值，如式(7-10)所示。第一项和第二项分别代表效率变动和技术变动，公式(7-9)和公式(7-10)给出的 MPI 可以用类似 DEA 的距离函数来定义。那么，也就是说，MPI 的分量可以从定义在前沿技术上的距离函数的估计推导出来。如果使用 DEA 前沿估计公式,如公式(7-11)所示,同时考虑 CRS 和 VRS 中相关的距离函数,可以将技术效率分解为规模效率和纯技术效率这两个部分。公式(7-11)给出了规模效率变动(SECH)的相关公式,公式(7-12)给出了纯技术效率变动(PECH)的相关公式。

$$\text{MPI}_I^G = (\text{EFFCH}_I \times \text{TECHCH}_I^G) = \frac{E_I^t(x^{t+1}, y^{t+1})}{E_I^t(x^t, y^t)} \times \left[\frac{E_I^t(x^t, y^t)}{E_I^{t+1}(x^t, y^t)} \times \frac{E_I^t(x^{t+1}, y^{t+1})}{E_I^{t+1}(x^{t+1}, y^{t+1})} \right]^{1/2} \quad (7\text{-}10)$$

$$\text{SECH} = \left[\frac{\dfrac{E_{vrs}^{t+1}(x^{t+1}, y^{t+1})}{E_{crs}^{t+1}(x^{t+1}, y^{t+1})}}{\dfrac{E_{vrs}^{t+1}(x^t, y^t)}{E_{vrs}^{t+1}(x^t, y^t)}} \times \frac{\dfrac{E_{vrs}^t(x^{t+1}, y^{t+1})}{E_{crs}^t(x^{t+1}, y^{t+1})}}{\dfrac{E_{vrs}^t(x^t, y^t)}{E_{crs}^t(x^t, y^t)}} \right]^{1/2} \quad (7\text{-}11)$$

$$\text{PHCH} = \frac{E_{vrs}^{t+1}(x^{t+1}, y^{t+1})}{E_{crs}^t(x^t, y^t)} \quad (7\text{-}12)$$

3.指标构建与数据描述性分析

(1)指标构建

科学准确选择评价指标对于构建绩效评价模型至关重要,在现有研究基础上,结合甘肃省发展背景,深入分析企业绩效创新的影响因素,构建甘肃省企业创新绩效评价指标体系。其中创新投入因素包括人力投入与资金投入,人力投入为 R&D 人员全时当量,资金投入为新产品投入。创新产出因素包括新知识产出与新产品产出,新知识产出为有效专利数,新产品产出为新产品销售收入。表 7-5。

表 7-5　甘肃省企业创新绩效评价指标体系

一级指标	二级指标	三级指标
创新投入	人力投入	R&D 人员全时当量
	资金投入	新产品投入
创新产出	新知识产出	有效专利数
	新产品产出	新产品销售收入

(2)描述性分析

本文所有数据皆来自历年《中国科技统计年鉴》,投入变量与产出变量的描述性分析如表 7-6 所示。

表 7-6 原始数据描述性分析

变量	平均值	方差	最小值	最大值
人力投入	25580.55	3126.884	21332	33255
资金投入	414462	71490.24	273986	540833
新知识产出	2384.364	1409.698	493	4842
新产品产出	5301316	1611088	2751331	7662666

(3) 企业绩效创新基于 CCR 模型的静态评价结果分析

甘肃省企业绩效创新的综合效率均值为 0.95，纯技术效率均值为 0.99，规模效率均值为 0.95，表明规模效率不高是导致甘肃省企业绩效创新综合效率无效的主要原因。

具体来看，2011年、2012年、2014年、2018年、2020年、2021年甘肃省企业绩效创新处于综合效率前沿面上，纯技术效率、规模效率均值均为1，规模配置能力与管理规划能力都较高。2013年、2015年、2016年甘肃省企业绩效创新规模效益递增，纯技术效率、规模效率都小于1，规模配置能力与管理规划能力都存在改进空间。2013年综合效率为0.97，纯技术效率为0.98，规模效率为0.99，纯技术效率与规模效率都未能达到有效状态。2015年综合效率为0.98，纯技术效率为0.99，规模效率为0.99，纯技术效率与规模效率在上年达到有效效率后略有下降，未能达到有效状态。2016年综合效率为0.66，纯技术效率为0.99，规模效率为0.71，此年度是甘肃近年来综合效率最低的一年，但是纯技术效率依旧处于0.9以上，说明2016年综合效率未能达到有效状态是因为规模效率减少造成的。2017年与2019年甘肃省企业绩效创新规模效益递增，

表 7-7 企业绩效创新基于 CCR 模型静态评价结果

地区	年度	综合效率	纯技术效率	规模效率	规模收益
甘肃	2011	1.00	1.00	1.00	—
甘肃	2012	1.00	1.00	1.00	—
甘肃	2013	0.97	0.98	0.99	irs
甘肃	2014	1.00	1.00	1.00	—
甘肃	2015	0.98	0.99	0.99	irs
甘肃	2016	0.66	0.93	0.71	irs
甘肃	2017	0.82	1.00	0.82	irs
甘肃	2018	1.00	1.00	1.00	—
甘肃	2019	0.99	1.00	0.99	irs
甘肃	2020	1.00	1.00	1.00	—
甘肃	2021	1.00	1.00	1.00	—
均值	—	0.95	0.99	0.95	—

纯技术效率为1，规模效率小于1，规模配置欠佳造成其综合效率无效。2017年综合效率为0.82，纯技术效率为1，规模效率为0.82，纯技术效率达到有效状态，规模效率未能达到有效状态，表明有12%的投入要素未能充分利用，此年度未有相应的成果产出。2019年综合效率为0.99，纯技术效率为1，规模效率为0.99，此年度成果产出略有不足。表7-7。

（4）企业绩效创新基于DEA—Malmquist指数的动态评价结果分析

甘肃省近年平均总效率为1.09，技术变化效率为1，技术进步效率为1.09，说明甘肃近年来技术效率没有发生变化。与西部地区相比，甘肃总效率与技术进步效率皆高于西部地区相应指标，说明在科技建设方面，甘肃省科技建设位于整个西部地区的平均值以上。表7-8。

表7-8 企业绩效创新基于DEA—Malmquist指数动态评价结果

地区	年度	总效率	效率变化	技术进步
甘肃	2011~2012	1.19	1.00	1.19
甘肃	2012~2013	1.03	1.00	1.03
甘肃	2013~2014	1.05	1.00	1.05
甘肃	2014~2015	1.23	1.00	1.23
甘肃	2015~2016	0.82	1.00	0.82
甘肃	2016~2017	1.24	1.00	1.24
甘肃	2017~2018	0.89	1.00	0.89
甘肃	2018~2019	1.35	1.00	1.35
甘肃	2019~2020	1.12	1.00	1.12
甘肃	2020~2021	1.02	1.00	1.02
均值	—	1.09	1.00	1.09
西部地区均值	—	1.07	1.00	1.07

具体来看，甘肃省10年总效率与技术进步呈曲折上升趋势，近年最低点为2015~2016年，总效率为0.82。最高点为2018~2019年，总效率为1.35。如图7-5所示，仅有2015~2016年、2017~2018年这两年总效率指数小于1，技术进步指数变化呈下降趋势，说明这两年总效率下降是由于技术进步不足导致。

（三）西部地区研发投入与企业创新绩效

1.研发投入与企业创新绩效的相关研究

关于企业研发投入对企业产出绩效的影响，国内外学者结论主要分为三个方面。结论一认为，企业的研发投入对企业科研活动没有积极作用。结论二认为，企业研发投入会提高企业对科研活动的重视，以激励企业绩效表现，但是不存在滞后期。结论三认为，企业的科研活动投入对企业的产出表现有一定鼓励作用，但是存在一定滞后年限。图7-5。

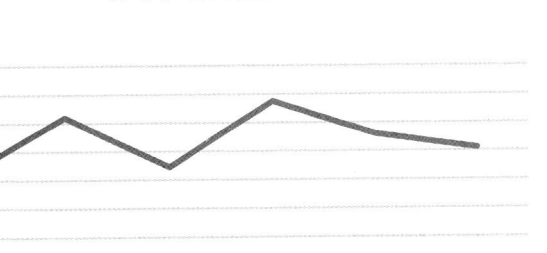

图 7-5 2011~2021 年甘肃省企业绩效创新总效率

多数学者研究表明,企业的研发投入会对企业的绩效表现产生正向作用。最早国外学者 Griliches(1980)通过实证研究表明,美国公司研发投入的强度增加可以改善公司的市场业绩。Ehie 和 Olive(2010)也研究发现企业重视自身研发活动,加强对研发活动投入会提高企业在市场的表现。Jaisinghani(2016)研究发现,企业在重视科研研发投入后,企业会拥有市场加成,有较好的业绩表现。Cin、Kim 和 Vonortas(2017)研究发现,企业提高对科技研发活动的重视,会促进企业的股票在股票市场有更好的表现,也就是说企业对科研活动的投入,会有良好的市场与业绩表现。国内学者郭黎、乐洋冰和张爱华(2016)研究表明,企业对研究发展活动的重视,会对企业市场表现有明显的促进作用。李平、刘利利(2017)以国内公司为研究样本,研究发现企业对科技研究发展活动的重视,不会像想象的一样有较大风险存在,一般会激励企业有创新成果产出,从而获得收益。

但是由于科技研究发展活动是一个长期性的过程,所以也有学者研究表明,企业的研发投入是会对企业业绩具有明显正相关关系,但是同时伴随明显滞后期。刘云、马志云和张孟亚(2020)研究发现,企业对科技研发活动的投入,会对企业的创新产出有正向影响,也会对企业的长期竞争力有正向作用,并且这种作用会不断加强。武威云(2019)对国内企业研究活动进行调查发现,企业对科研活动的投入与企业创新产出有正向作用,但是这种作用要长期显现。荣凤芝和钟旭娟(2020)选取 2016 年到 2018 年三年的创新型企业数据为样本,研究发现,企业对自身科研活动投入不能马上获得收益,在一定滞后期后,会对企业产生正向收益影响作用。Namara(2007)研究发现,不同阶段研发投入都会对企业绩效产生积极影响,但是对于不同的企业规模,这种积极影响存在差异,对于规模较大的企业来说,开发阶段和研究阶段研发投入均有价值,但是对于小规模企业来说,开发阶段研发投入相对于研究阶段投入会产生更明显的积极影响。Czarnitzki、Kraft 和 Thorwarth(2009)研究发现,研究阶段研发的投入对专利产生有正面作用,而开发阶段对专利产出作用不明显。陈德智(2011)构建知识生产函数模型,研究研发投入结构对企业专利产出的影响,研究发现,基础研究对企业产出十分重要,这些样本企业在研究阶段投资占比 80%时,研究阶段研发投入专利产出比开发阶段投入专利产出高一倍余。游春(2010)以深圳的企业为研究样本,研究结果发现,研发投入资金对企业的每股收益有显著正向表现,且这种表现没有滞后时间,这是因为企业研发资金的投入,会使企业在交易市场更加容易得到正向评价。孔新男、潘雄锋和张静(2020)研究不同研发阶段的研发投入与企业绩效关系,结果发现,各阶段均能提升企业绩效,同时发现开发阶段对企业短期绩效影响较大,而研究阶段研发投入对企业长期绩效影响较大,且这种积极影响持续时间较长。

由于研发活动存在周期长、投入巨大、风险高的特点,一旦研发活动收益不高,都会产生巨大的沉没成本,使得研发投入与企业实际产出绩效呈负相关。所以,也有学者认为,企业对研发活动的投入不仅不会对企业绩效有正向影响,还会对企业绩效表现存在负面影响。Aboody、Kasznik(2000)认为,企业管理者会为了谋取私利,利用企业内外信息不对称,导致研发投入与企业绩效呈负相关关系。Bottazzi、Giulio(2011)对世界前150家制药公司为样本进行研究,结果发现,由于研发活动投入所需求的资金数额巨大,往往不仅不会提升企业绩效,还会对企业运营产生明显消极影响。杜千卉、张玉臣(2017)将研发活动投入划分为资金投入与人员投入,研究表明,盲目增加任何一类投入都会对企业绩效产生消极影响。高兴、刘浩莉(2018)在研究研发活动投入与财务绩效的关系时,以国内新三板小微公司为研究对象,由于小微公司尚处在公司蓬勃发展初期,当研发难度过高、投入巨大时,使企业绩效不升反降,可见公司所处的阶段不同,研发投入对企业绩效作用也不同。贾相华、王向爱和朱慧明(2019)的研究则表明公司在短期研究活动投资巨大时会抑制公司的业绩表现。刘勇、徐选莲(2020)也是通过研究发现,在研发活动投入后的成果在当期无法实现,往往会导致研究投入对当期公司绩效产生消极影响。

随着学术研究的深入,部分专家认为研发投入和绩效并非单纯的线性关系。董明放、韩先锋(2018)研究发现,研发投入与企业绩效呈拱形关系,即企业绩效随研发活动绩效先升后降,并不是简单的线性关系。梁彦清、牛雪芝和王晓燕(2019)将研究对象分为高成长阶段公司和低成长阶段公司,并研究发现,研究项目的投入会对高增长公司业绩有显著的促进作用,同时会抑制低成长阶段企业的绩效表现。段天宇、胡毅和张希(2020)研究发现,企业研发投入强度低于5.26%时,研发投入对企业绩效正向影响,而当投入强度高于该数值时,对企业绩效提升不明显。牛雪芝、王晓光和张东生(2020)建立广义朗之万方程,研究发现,企业绩效与企业研发投入在一定时期内呈正相关影响与负相关影响交替出现的结果。王楠、张陆洋和赵毅(2021)通过建立固定效应门槛检验研究投资与企业绩效间关联,结果发现研究活动的投入强度与公司绩效表现为"倒V形"相关,研究投资在2%~4%之间时,对公司绩效促进作用最显著。

2.静态面板模型

静态面板一般模型为:

$$y_{it}=\alpha_{it}+\sum_{j}^{K}x_{it}^{(j)}\beta_{it}^{(j)}+\varepsilon_{it} \tag{7-13}$$

式(7-13)中 y_{it} 为解释变量,表示在横截面 i 和时刻 t 的数值大小,$x_{it}^{(j)}$ 为第 j 个解释变量,ε_{it} 是随机误差项,α_{it} 是随即常数项,代表异质性或个体效应,β_{it} 是斜率系数,其变动可以看成结构效应。

（1）混合回归模型

个体无差异，截面也无差异，即截距和斜率都相同。

$$y_{it}=\alpha+\sum_{j}^{K}\beta x_{it}^{(j)}+\varepsilon_{it} \tag{7-14}$$

（2）固定效应模型

截距不同，但斜率相同；个体效应与解释变量相关。

$$y_{it}=\alpha_{i}+\sum_{j}^{K}\beta x_{it}^{(j)}+\varepsilon_{it} \tag{7-15}$$

（3）随机效应模型

个体与解释变量无关，对误差项进行分解。

$$y_{it}=\alpha+\sum_{j}^{K}\beta x_{it}^{(j)}+\varepsilon_{it} \tag{7-16}$$

其中，误差项分解为截面随机误差项、时间随机误差项、个体时间随机误差项。

$$\varepsilon_{it}=u_i+v_t+w_{it} \tag{7-17}$$

3.西部地区研发投入与企业创新绩效结果分析

研发投入与企业绩效创新是衡量地区科技研发的重要指标，在研究两者关系时，将研发强度作为衡量研发投入的指标，运用CCR模型构建企业绩效创新，选择企业专利申请量作为控制变量，分析研发投入与企业绩效之间的关系，模型结果如表7-9：

表7-9 西部地区研发投入与企业创新绩效模型结果

变量	混合模型	固定模型	随机模型
研发投入	0.352*	0.390*	0.362*
	(4.89)	(5.08)	(5.00)
专利申请量	−0.001*	−0.001*	−0.001*
	(−4.09)	(−4.32)	(−4.21)
con	0.547*	0.541*	0.548***
	(5.84)	(5.86)	(5.25)

注：表中随机模型中括号中为z值，混合模型与固定模型括号中为t值，* 为显著度1%，** 为显著度5%，*** 为显著度10%。

混合模型、固定模型与随机模型的结果都表明，研发投入对企业创新绩效产生显著度为1%的正向影响，说明此结果具有稳健性。对于西部地区来说，若是想继续促进创新绩效发展，就需要继续增加研发投入，保证科研资金充裕，继续推动创新产出。

四、政策研究

(一)国家和其他省份支持企业研发政策梳理

1.促进企业创新发展

在2018年11月1日的民企座谈会上,习近平总书记指出,中国民营经济已经成为技术创新的重要主体。2019年政府工作报告中,李克强总理表示,强化企业技术创新主体地位,将提高研发费用加计扣除比例政策扩大至所有企业,支持企业加快技术改造和设备更新,将固定资产加速折旧优惠政策扩大至全部制造业领域。2020年10月14日国家发改委在《关于支持民营企业加快改革发展与转型升级的实施意见》(发改体改〔2020〕1566号)提出要鼓励民营企业参与国家产业创新中心、国家制造业创新中心、国家工程研究中心、国家技术创新中心等创新平台建设,加快推进对民营企业的国家企业技术中心认定工作,支持民营企业承担国家重大科技战略任务。科技部与国资委出台《关于进一步推进中央企业创新发展的意见》(国科发资〔2018〕19号),支持中央企业设立或联合组建研究院所、实验室、新型研发机构、技术创新联盟等各类研发机构和组织。吉林省出台《关于进一步支持民营经济(中小企业)发展若干政策措施的通知》(吉政发〔2021〕14号),从培育创新发展新动能、破解融资难题、减轻企业负担、提升服务质量和效率四方面,进一步支持民营经济(中小企业)发展。浙江省出台《关于推进全省国有企业创新发展的意见》(浙国资发〔2020〕4号),确定推进国有企业实施科研项目、建设创新平台、培育创新人才、促进科技金融结合、深化科技合作、加大研发投入、加快提升自主创新能力七项重点任务。

2.优化整合企业创新基地

国家逐步加强对在中央企业中建立各类创新基地和平台的统筹规划和系统布局,按照《国家科技创新基地优化整合方案》(国科发基〔2017〕250号)精神,支持中央企业承建更多的技术创新中心、重点实验室等国家科技创新基地。辽宁省制定《辽宁省科技创新基地优化整合方案》(辽科发〔2019〕23号)、重庆市制定《重庆市科技创新基地优化整合方案》(渝科委〔2018〕69号),对现有省级基地平台进行分类梳理,重新定位,归并整合为科学与工程研究类、技术创新与成果转化类、基础支撑与条件保障类布局建设。

3.推进高水平企业研发机构建设

各省、市、区为建设高水平企业研发机构,加强关键核心技术攻关,促进创新链、产业链、资金链紧密结合,加快构建具有全球影响力、全国一流水平和区域特色的全域创新体系,出台一系列文件。湖北省科技厅发布《关于加快建设高水平新型研发机构的若干意见》(鄂科技发重〔2020〕30号),鼓励高水平企业新型研发机构实行企业、高等学校、科研院所、政府、投资机构等多方资本共同参与的投入机制,探索理事会(董事会)决策、院所长(总经理)负责的现代化管理机制。浙江省出台《关于加快建设高水平新型研发机构的若干意见》(浙政办发〔2020〕34号),提出以重大科研项目为牵引,对全省研究方向相近、关联度较大、资源相对集中的研发机构进行优化整合,形成一批创新资源和科研优势叠加的新型研发机构,支持优势企业或科研机构牵头,整合相关领域的高校、科研机构和企业创新资源,联合建设新型研发机构,打造创新联合体。

4.促进新型研发机构建设

科技部印发《关于促进新型研发机构发展的指导意见》(国科发政〔2019〕313号),各地为推动新型研发机构健康有序发展,弥补高端创新资源供给不足,制定相应政策措施。广东省建立了飞行考察制度,采取飞行调研的形式对省新型研发机构日常建设进行抽查。江苏省制定《"企业研发机构高质量提升计划"实施方案》(苏企研联席发〔2019〕1号),支持企业培育高层次人才团队、研发标志性核心关键技术、建设高质量创新平台,打造具有影响力的研发机构。河南省出台《河南省扶持新型研发机构发展若干政策》(豫政〔2019〕25号),对经遴选被省政府认定为省重大新型研发机构的,给予最高不超过500万元的奖励;对综合性、高水平、支撑和引领作用突出的新型研发机构,经省政府同意可采取"一院一策""一事一议"的方式加大扶持力度。

5.对研发机构给予经费支持

各省、市、区对主攻方向明确且研发团队稳定的研发机构予以经费、奖补、项目等全方位的支持。福建省出台《福建省企业研发经费投入分段补助实施办法(试行)》(闽政〔2017〕8号),对经省科技部门评估命名的新型研发机构的研发经费投入进行分段补助,省和设区、市的财政对初创期新型研发机构每年度按非财政资金购入科研仪器、设备和软件购置经费25%的比例,给予最高不超过500万元的后补助;对初创期过后发展效益较好的研发机构按近5年非财政资金购入科研仪器、设备和软件购置经费25%的比例,一次性给予最高不超过1000万元的后补助。安徽省出台《安徽省新型研发机构认定管理与绩效评价办法》(皖科政〔2020〕22号),省科技厅视绩效评价择优给予经费后补助,通过股权出售、股权奖励、股票期权、项目收益分红、岗位分红等方式,激励科技人员开展科技成果转化;企业类新型研发机构可按照国家规定享受税前加计扣除政策,并可申请认定高新技术企业,享受相应税收优惠。

(二)甘肃省支持企业研发政策梳理

1.促进企业自建、联建研发机构

甘肃省出台《甘肃省促进科技成果转移转化行动方案》(甘政办发〔2016〕164号)、《甘肃省深化科技体制改革实施方案》(甘办发〔2017〕14号)、《科技创新支撑生态产业发展实施方案》(甘科政〔2019〕9号),以创新型企业、高新技术企业、科技型中小企业为重点,支持企业与高校、科研院所联合设立研发机构或技术转移机构,共同开展科研攻关、成果应用与推广、标准研究与制定;探索在战略性领域采取企业主导、院校协作、多元投资、军民融合、成果分享新模式,整合形成若干产业创新中心。促进企业与高校、科研院所合作,支持双方建立产业技术研究院。

2.布局建设企业省级重点实验室

甘肃省科技厅会同省发展改革委、省财政厅制定了《甘肃省科技创新基地优化整合实施方案》(甘科计〔2018〕3号),按照科学与工程研究、技术创新与成果转化、基础支撑与条件保障三类统筹布局科技创新基地建设,建设学科、企业、省市共建三种类型的省级重点实验室。

3.奖补企业研发机构

(1)中共甘肃省委办公厅、甘肃省人民政府办公厅印发《甘肃省支持科技创新若干措施》(甘办发〔2016〕50号)

对国外、省外高等学校、科研院所、科技创新服务机构及科技型企业以合作共建、独立建设等形式在省内设立的科研分支机构、联合实验室或技术转移机构给予50万元资金补助。对军民结合产学研协同创新平台建设给予一次性补助100万元。对新认定的国家级工程(技术)研究中心、国家级重点实验室、国家级工程实验室、国家级国际科技合作基地、国家级企业技术中心、国家制造业创新中心给予300万元补助;对新认定的省级工程(技术)研究中心、省级重点实验室、省级工程实验室、省级国际科技合作基地、省级企业技术中心、省级行业技术中心、省级制造业创新中心给予50万元补助。对新成立的产业技术创新战略联盟给予牵头单位30万元补助。已有上述各类平台并按规定考核评估优秀的,每次给予与新认定的补助标准相同的资金奖励。由各平台管理部门核实后,所需资金列入次年省级财政预算。

(2)甘肃省人民政府《关于进一步激发创新活力强化科技引领的意见》(甘政发〔2020〕46号)

对科技部新认定的国家重点实验室、国家技术创新中心,按照平台总投入、新增研发设备等实际投入15%比例给予资助,资助资金最高可达5000万元。世界企业500强、中国企业500强、民企500强、独角兽企业、国内外一流高等学校和科研院所等,到甘肃设立独立法人的研发分部(院所)、新型研发机构和创新载体,按其新增研发仪器设备的10%,给予最高可达2000万元资助建设经费。

4.鼓励建设新型研发机构

甘肃省《关于深化科技体制机制改革创新推动高质量发展的若干措施》(甘办发〔2021〕28号)提出,探索建立以政府投入为主,由多个市场化运行的轻资产研究型运营公司组成,集管理、研发、转化、生产为一体的新型研发机构。出台《甘肃省促进新型研发机构发展的指导办法(试行)》(甘科计规〔2020〕2号),对认定的新型研发机构在申报项目、人才引进、认定和评优等方面给予政策扶持。每年进行动态绩效评比,对前5名新型研发机构给予每家最高200万元的奖励。符合条件的新型研发机构,按照要求申报国家和省级科技重大专项、重点研发计划、自然科学基金等各类政府科技项目、科技创新基地和人才计划。

5.执行科技创新进口税收政策

《甘肃省"十四五"期间享受科技创新进口税收政策的研发机构名单核定实施办法》(甘科资规〔2021〕7号)

明确科技体制改革过程中转制为企业和进入企业的主要从事科学研究和技术开发工作的机构,以及企业国家重点实验室、国家产业创新中心、国家技术创新中心、国家制造业创新中心、国家工程研究中心、国家工程技术研究中心、国家企业技术中心、国家中小企业公共服务示范平台(技术类)、省级商务主管部门会同省级财政、税务部门和外资研发中心所在地直属海关核定的外资研发中心,享受进口税收政策,具体为:一是进口国内不能生产或性能不能满足需求的科学研究、科技开发和教学用品,免征进口关税和进口环节增值税、消费税;二是对出版物进口单位进口用于科研、教学的图书、资料等,免征进口环节增值税。

第八章　甘肃省市州科技经费投入产出分析

[1] 兰 州 篇

一、科技投入情况

（一）R&D 人员投入

2021 年兰州市 R&D 人员达到 31 347 人，与 2020 年相比增长了 17.37%，占全省 R&D 人员的 56.93%。2016~2021 年期间，兰州市 R&D 人员投入总体呈现增长趋势，从 2016 年的 21 559 人增长到 2021 年的 31 347 人，年均增速为 7.77%。其中，2019 年 R&D 人员为 27 832 人，较上年增长 26.3%，是"十三五"期间 R&D 人员增幅最高的一年。图 8-1-1，表 8-1-1。

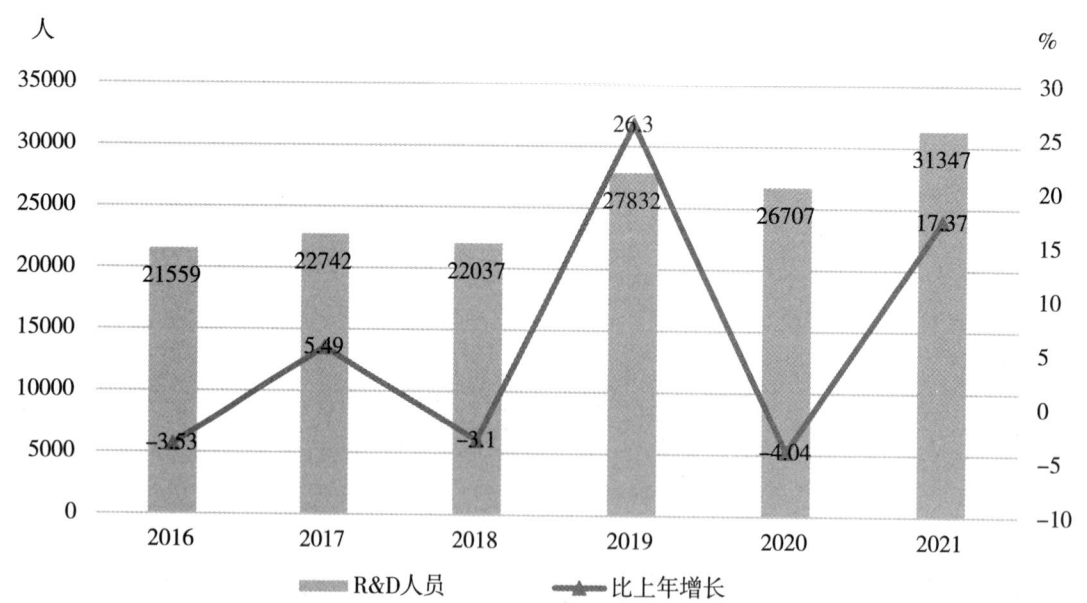

图 8-1-1　兰州市 R&D 人员投入情况

表 8-1-1　兰州市 R&D 人员投入表

年度	R&D 人员（人）	比上年增长（%）	占全省比例（%）
2016	21559	-3.53	54.17
2017	22742	5.49	55.50
2018	22037	-3.10	56.91
2019	27832	26.30	60.44
2020	26707	-4.04	61.99
2021	31347	17.37	56.93

(二)R&D 经费投入

1.总体情况

2016~2021 年，兰州市 R&D 经费持续增加，从 2016 年的 40.95 亿元，增长到 2021 年的 70.83 亿元，年均增速为 11.58%。其中，2016~2019 年间呈现连续增长趋势，2020 年有所下降，较上年下降 4.25%，2021 年继续回升，较上年增长 15.72%。2021 年 R&D 经费支出为 70.83 亿元，占全省 R&D 经费的 21.07%。图表-1-2，图 8-1-2。

表 8-1-2　兰州市 R&D 经费内部支出表

年度	R&D 经费内部支出（亿元）	比上年增长（%）
2016	40.95	0.98
2017	46.90	14.53
2018	52.37	11.67
2019	63.92	22.05
2020	61.21	-4.25
2021	70.83	15.72

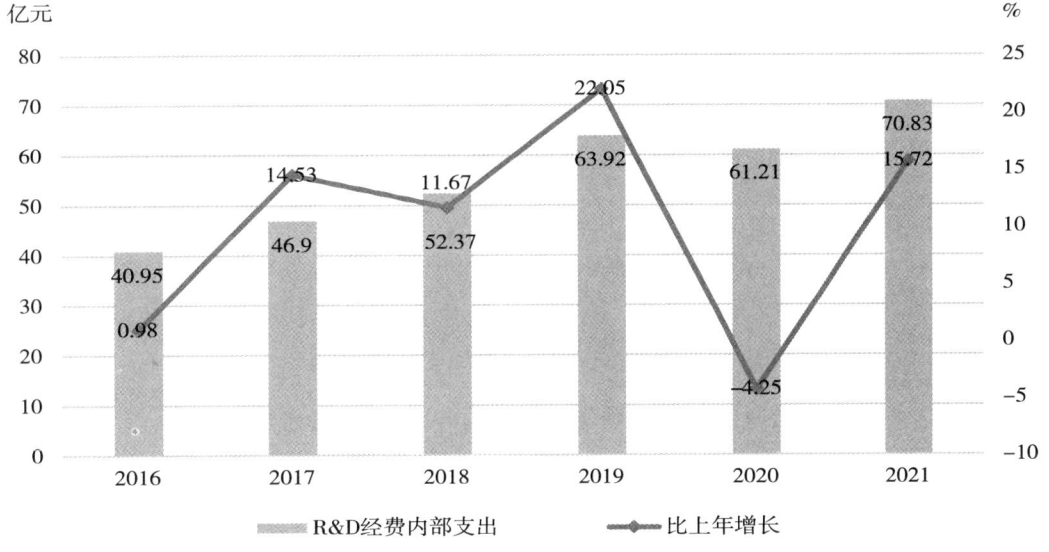

图 8-1-2　兰州市 R&D 经费内部支出及增长情况

2.结构分布

(1)按活动类型分布情况

2016~2021年,兰州市基础研究经费年均增速为4.02%,应用研究经费年均增速为15.83%,试验发展经费年均增速为13.47%,表明"十三五"以来兰州市用于应用研究的支出增长较快,2021年为20.83亿元。

从活动类型来看,2021年兰州市基础研究、应用研究、试验发展占R&D经费的比重分别为21.36%、29.41%、48.79%。基础研究占比高于全省平均水平,应用研究和试验发展占比低于全省平均水平。兰州市作为省会城市,集中了全省的优质科教资源,是全省基础研究的主要产出地,基础研究经费占全省的88.69%。表8-1-3,图8-1-3。

表8-1-3 按活动类型分组的R&D经费支出表

年度	R&D经费内部支出(亿元)	基础研究(亿元)	应用研究(亿元)	试验发展(亿元)
2016	40.95	12.43	9.99	18.53
2017	46.90	12.44	12.54	21.92
2018	52.37	14.29	15.10	22.98
2019	63.92	16.50	20.50	26.92
2020	61.21	14.04	20.75	26.42
2021	70.83	15.14	20.83	34.86

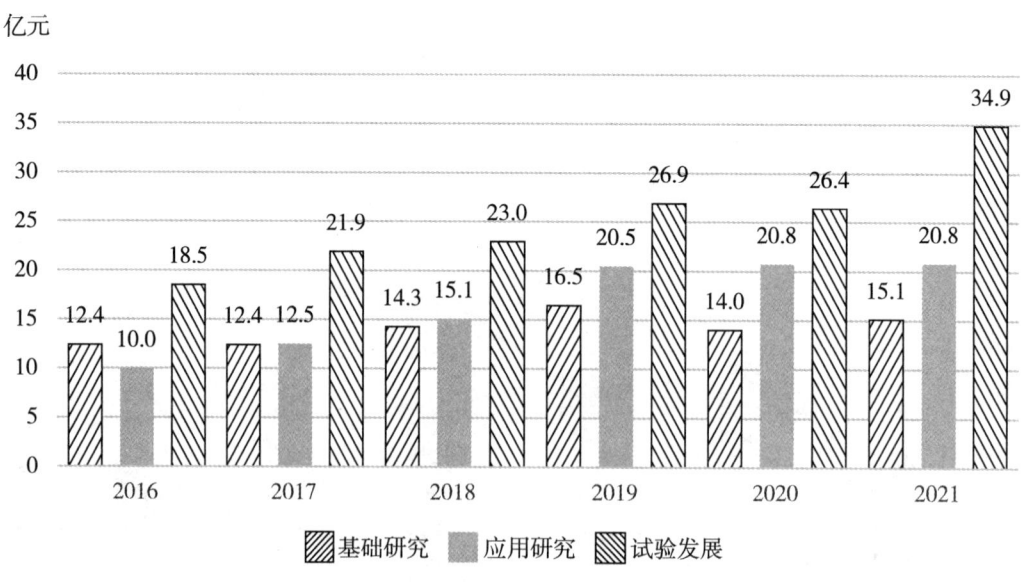

图8-1-3 按活动类型分组的R&D经费支出情况

(2)按支出用途分布情况

按支出用途来看,兰州市R&D经费日常性支出远远超过资产性支出,且日常性支出呈增长趋势,而 R&D 经费资产性支出呈"正态"变化。2021 年,兰州市日常性支出为 58.71 亿元,占兰州市 R&D 经费的 82.89%,2016~2021 年,年均增速为 12.47%。资产性支出为 12.12 亿元,占兰州市 R&D 经费的 17.11%,2016~2021 年,年均增速为 4.9%。表 8-1-4,图 8-1-4。

表 8-1-4　按支出用途分组的 R&D 经费内部支出表

年度	R&D 经费内部支出(亿元)	日常性支出(亿元)	资产性支出(亿元)
2016	40.95	32.62	8.33
2017	46.90	37.26	9.63
2018	52.37	40.49	11.88
2019	63.92	48.69	15.23
2020	61.21	50.65	10.58
2021	70.83	58.71	12.12

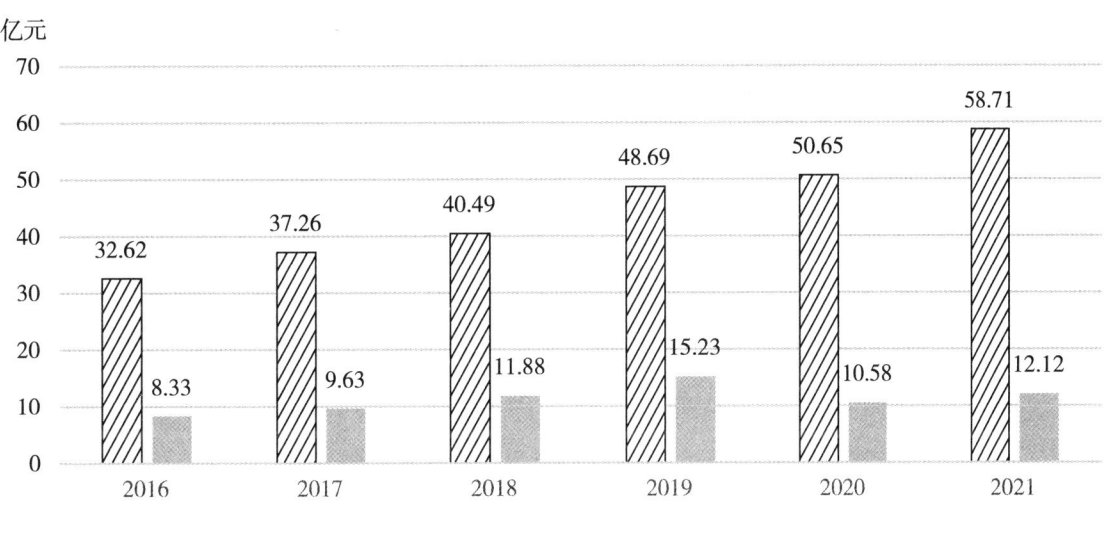

图 8-1-4　按支出用途分组的 R&D 经费内部支出情况

(三)R&D 经费投入强度

2016~2021 年,兰州市 R&D 经费投入强度稳步提升,已远远超出全省平均水平,从 2016 年的 1.81%增长到 2021 年的 2.19%,增加了 0.38 个百分点,2019 年最高达到 2.25%,后呈下降趋势,2021 年回升至 2.19%。表 8-1-5,图 8-1-5。

表 8-1-5 R&D 经费投入强度表

年度	R&D 经费内部支出(亿元)	R&D 经费投入强度(%)
2016	40.95	1.81
2017	46.91	1.88
2018	52.37	1.92
2019	63.92	2.25
2020	61.21	2.12
2021	70.83	2.19

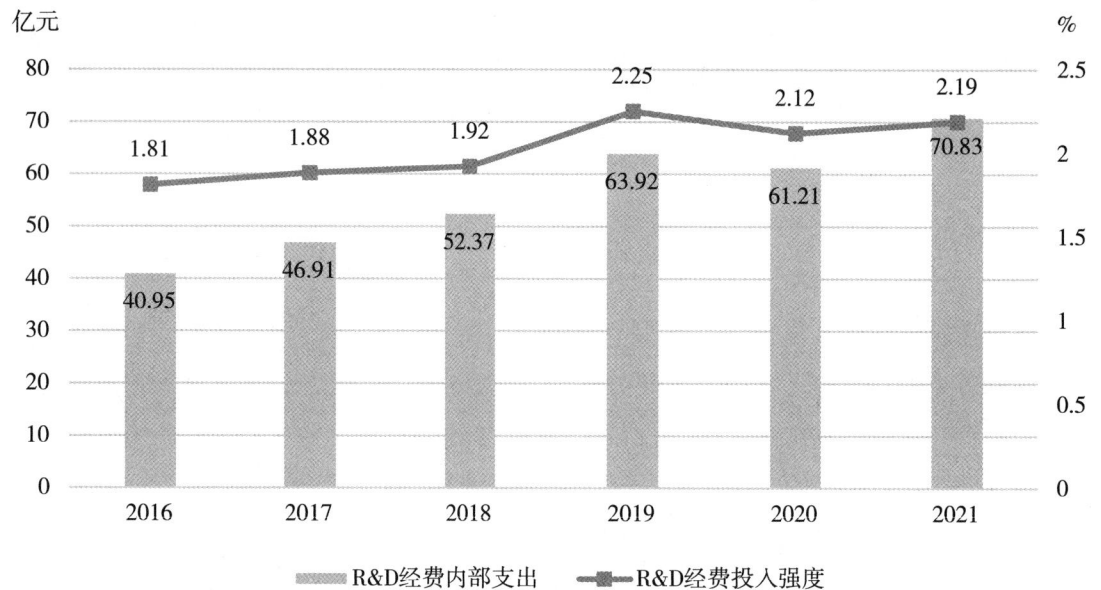

图 8-1-5 R&D 经费投入强度变化情况

(四)财政科技支出

1.总体情况

表 8-1-6 财政科技支出表

年度	一般公共预算收入(亿元)	一般公共预算支出(亿元)	财政科技支出(亿元)	财政科技支出占一般公共预算支出比重(%)
2016	215.48	424.16	4.52	1.06
2017	234.20	429.36	6.79	1.58
2018	253.32	465.64	6.06	1.30
2019	233.23	456.66	7.89	1.73
2020	247.13	486.24	7.61	1.56
2021	276.73	484.59	6.47	1.33

(1) 一般公共预算收入

2016~2021年，兰州市一般公共预算收入呈现总体增长趋势，年均增速为5.13%。其中，2016~2018年增长速度最快，从2016年的215.48亿元增长到2018年的253.32亿元，年均增速为8.43%；2019年下降到233.23亿元，较上年下降7.93%；2021年达到276.73亿元，较上年增长11.98%。总体来看，兰州市一般公共预算收入增长较为缓慢。表8-1-6，图8-1-6。

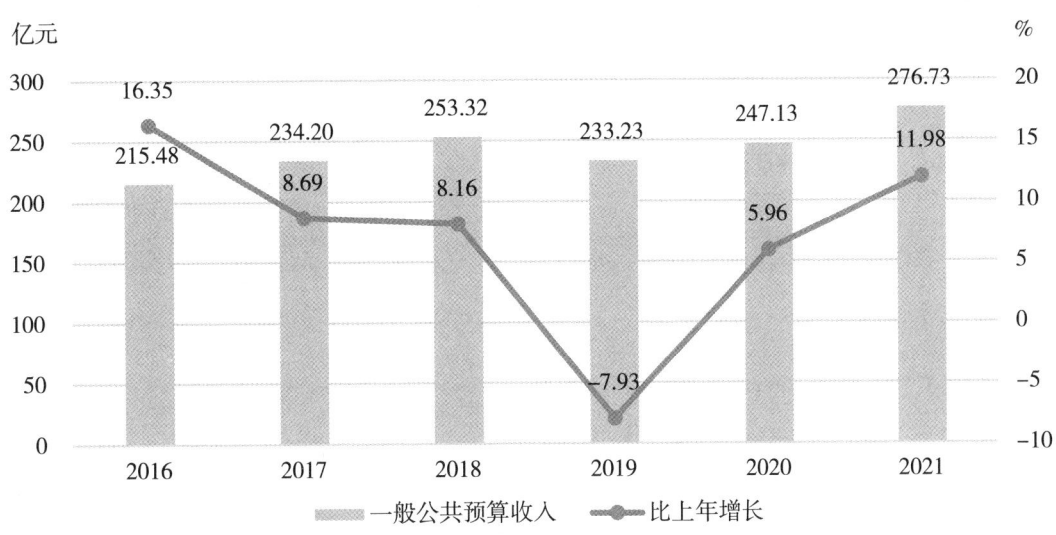

图8-1-6 一般公共预算收入及增长情况

(2) 一般公共预算支出

2016~2021年，兰州市一般公共预算支出呈现总体增长趋势，年均增速为2.7%。其中，2016~2018年增长速度最快，从2016年的424.16亿元增长到2018年的465.64亿元，年均增速为4.78%；2019年下降到456.66亿元，较上年下降1.93%；2020年达到486.24亿元，较上年增长

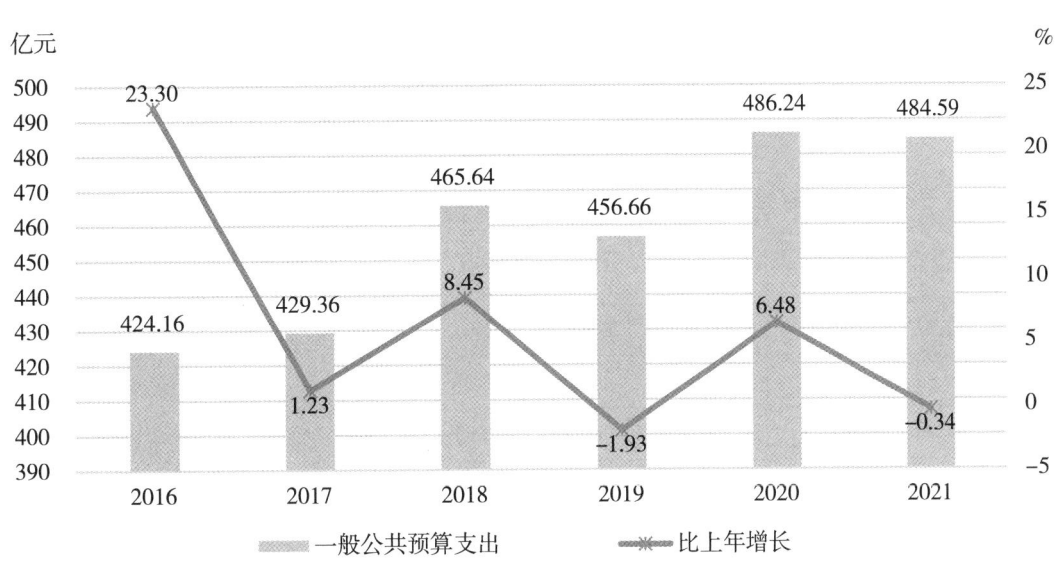

图8-1-7 一般公共预算支出及增长情况

6.48%;2021年达到484.59亿元,较上年减少0.34%。总体来看,兰州市一般公共预算支出增长较为缓慢。图8-1-7。

（3）财政科技支出

2016~2021年,兰州市财政科技支出呈现"正态"变化趋势,年均增速为7.44%。2019年达到了峰值,为7.89亿元,较上年增长30.2%,占一般公共预算支出比重的1.73%;2021年达到6.47亿元,较上年减少14.98%,占一般公共预算支出的比重为1.33%。图8-1-8。

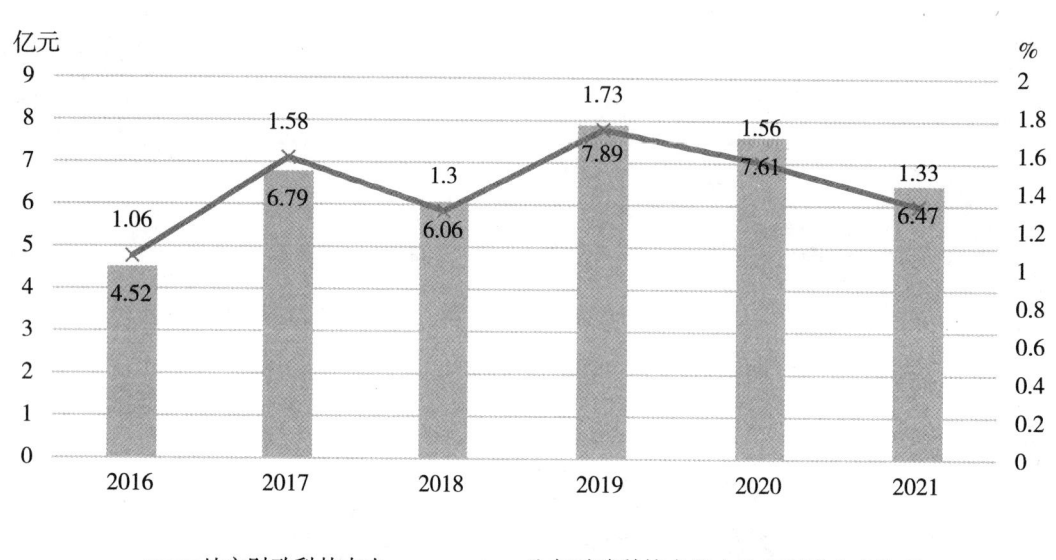

图8-1-8 地方财政科技支出及占比情况

2.地区分布情况

（1）各区县一般公共预算收入

2016~2021年,城关区一般公共预算收入较高,呈现"正态"变化趋势。其中,2016~2018年持续增长,从2016年的35.77亿元增长到2018年的44.06亿元,年均增速为10.98%,2018~2019年有所下滑,2021年提升至40.95亿元,较上年增长9.7%。七里河区仅次于城关区,2021年达到15.82亿元,占全市一般公共预算收入的8.97%。红古区和永登县总体一般公共预算收入较低,

表8-1-7 各区县一般公共预算收入表（亿元）

年度	城关区	七里河区	西固区	安宁区	红古区	永登县	皋兰县	榆中县	兰州新区
2016	35.77	17.97	13.22	12.82	2.62	4.52	3.91	5.93	—
2017	40.05	21.01	12.47	11.70	5.24	4.99	4.46	6.48	—
2018	44.06	22.73	10.80	11.72	8.93	4.96	6.25	7.42	—
2019	37.60	17.51	9.42	9.93	6.95	4.45	6.95	7.83	17.64
2020	37.33	15.95	9.84	10.50	5.46	4.67	7.52	8.04	19.75
2021	40.95	15.82	9.74	11.56	5.86	7.18	8.37	8.30	32.37

2021年一般公共预算收入分别占全市的2.12%和2.6%。西固区、安宁区、皋兰县和榆中县一般公共预算收入处于中间水平,2021年分别占全市一般公共预算收入的3.52%、4.18%、3.02%和2.99%。兰州新区一般公共预算收入增速较快,2019~2021年,年均增速为35.46%。表8-1-7,图8-1-9。

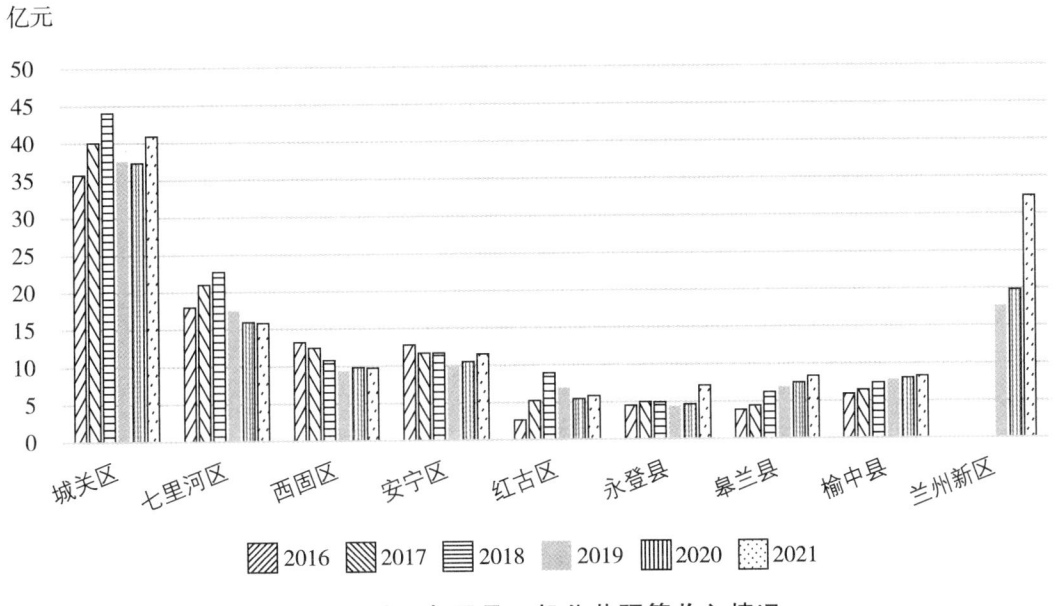

图 8-1-9 各区县一般公共预算收入情况

（2）各区县一般公共预算支出

2016~2021年,城关区一般公共预算支出较高,呈现"正态"变化趋势。其中,2016~2018年持续增长,从2016年的50.94亿元增长到2018年的59.03亿元,年均增速为7.65%;2018~2019年回落,2021年提升至57.54亿元,较上年增长4.2%。榆中县一般公共预算支出次于城关区,2021年达到30.88亿元,占全市一般公共预算支出的6.37%。红古区和皋兰县总体最高,支出不足20亿元,2021年一般公共预算支出分别占全市一般公共预算支出的3.53%和2.83%。七里河区、安宁区、西固区和永登县一般公共预算支出处于中间水平,2021年分别占全市一般公共预算支出的5.39%、3.42%、3.74%和5.63%。兰州新区一般公共预算支出增速较快,2019~2021年,年均增

表 8-1-8 各区县一般公共预算支出表（亿元）

年度	城关区	七里河区	西固区	安宁区	红古区	永登县	皋兰县	榆中县	兰州新区
2016	50.94	32.37	27.74	20.68	13.62	23.28	15.97	29.38	—
2017	55.16	32.71	26.95	17.63	13.41	24.19	14.89	37.76	—
2018	59.03	36.84	30.35	20.82	19.34	29.12	17.18	37.84	—
2019	55.38	31.85	21.53	16.58	19.34	27.77	18.89	34.11	43.06
2020	55.22	33.66	24.18	18.10	17.41	29.37	20.32	34.64	48.48
2021	57.54	26.11	18.12	16.59	15.61	27.28	19.52	30.88	71.51

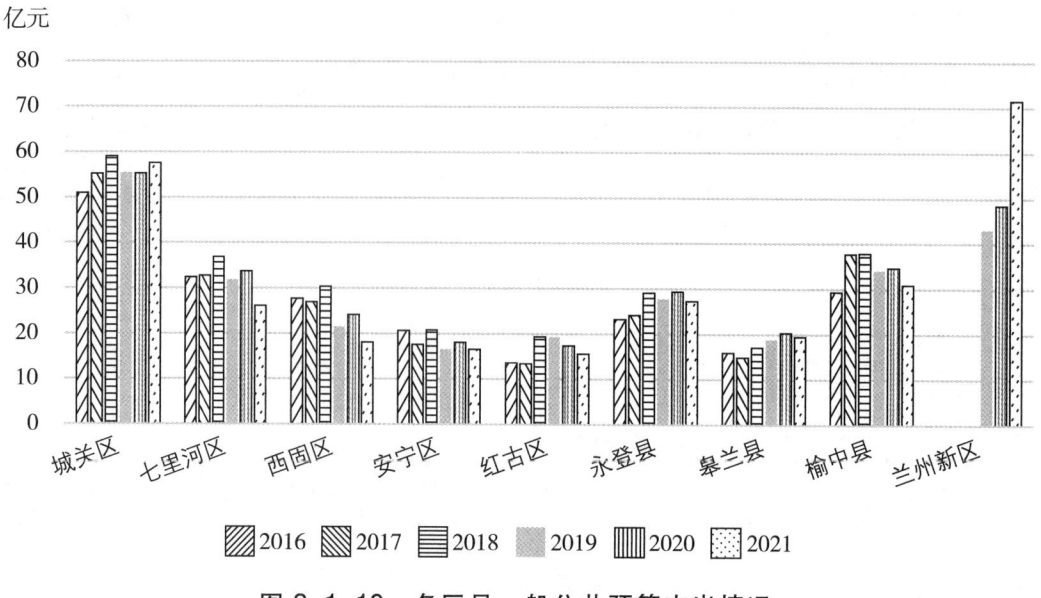

图 8-1-10　各区县一般公共预算支出情况

速为 28.87%，2021 年达到 71.51 亿元，占全市的 15.36%。表 8-1-8，图 8-1-10。

（3）各区县财政科技支出

2016~2021 年，城关区财政科技支出 2016~2018 年持续增长，从 2016 年的 4705 万元增长到 2018 年的 7208 万元，年均增速为 23.77%。2019~2020 年随着财政收支的缩减有所减少，2021 年提升至 6118 万元，较上年增长 12.79%。七里河区 2021 年财政科技支出 551 万元，占全市财政科技支出的 0.85%。红古区和永登县总体财政科技支出较低，2021 年财政科技支出分别占全市财政科技支出的 1.28% 和 0.46%。西固区、安宁区、皋兰县和榆中县财政科技支出处于中间水平，2021 年分别占全市财政科技支出的 0.69%、2.15%、1.97% 和 0.94%。兰州新区 2019~2021 年财政科技支出呈现下降趋势，2019 年达到最高，为 44 150 万元，占全市财政科技支出的 55.92%，2021 年 29 398 万元，较上年减少 29.14%，占全市的 45.46%。表 8-1-9，图 8-1-11。

表 8-1-9　各区县财政科技支出表（万元）

年度	城关区	七里河区	西固区	安宁区	红古区	永登县	皋兰县	榆中县	兰州新区
2016	4705	3129	1992	1567	704	401	809	904	-
2017	7036	2544	2703	2148	803	952	1307	1125	-
2018	7208	3832	3259	2050	861	978	1461	1111	-
2019	4096	3569	1674	2007	963	541	1295	1043	44150
2020	5424	2245	256	1483	925	394	1329	752	41488
2021	6118	551	447	1390	828	297	1276	608	29398

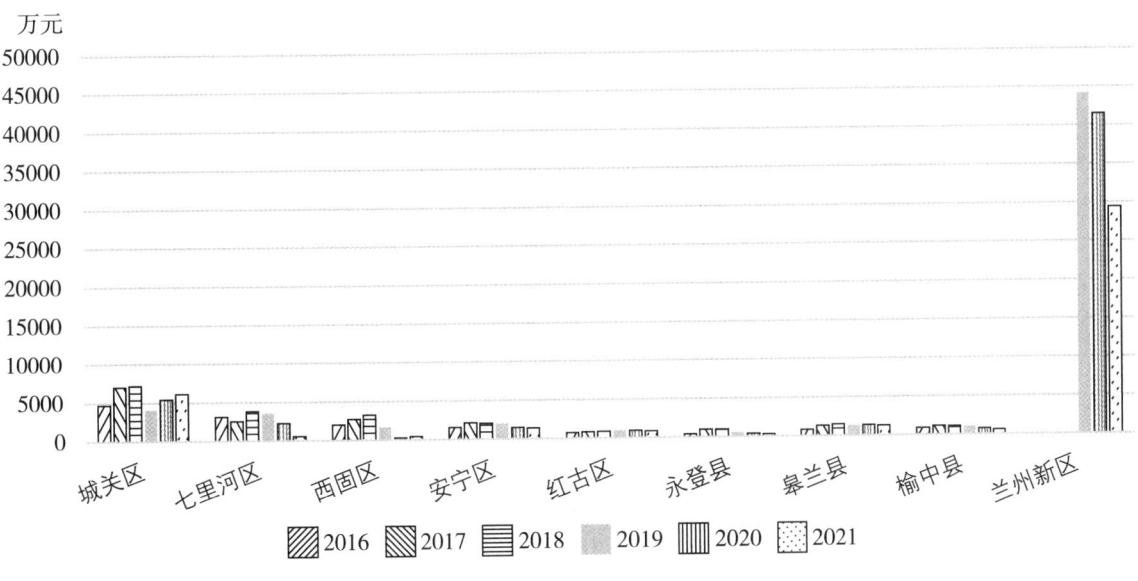

图 8-1-11　各区县财政科技支出情况

二、科技产出情况

(一)企业创新活动情况

1.企业总体情况

2016~2021年,兰州市规模(限额)以上企业数呈现波动增长态势,从2016年1574家增长至2021年的1925家,年均增长率为4.11%。企业数增长率最高的年度为2017年,达7.24%,增长率最低的年度为2018年,是-3.38%。2020~2021年增长率保持在6%左右,2021增长到1925家,较上年增长6.06%,占全省规模(限额)以上企业数的31.64%。图8-1-12,表8-1-10。

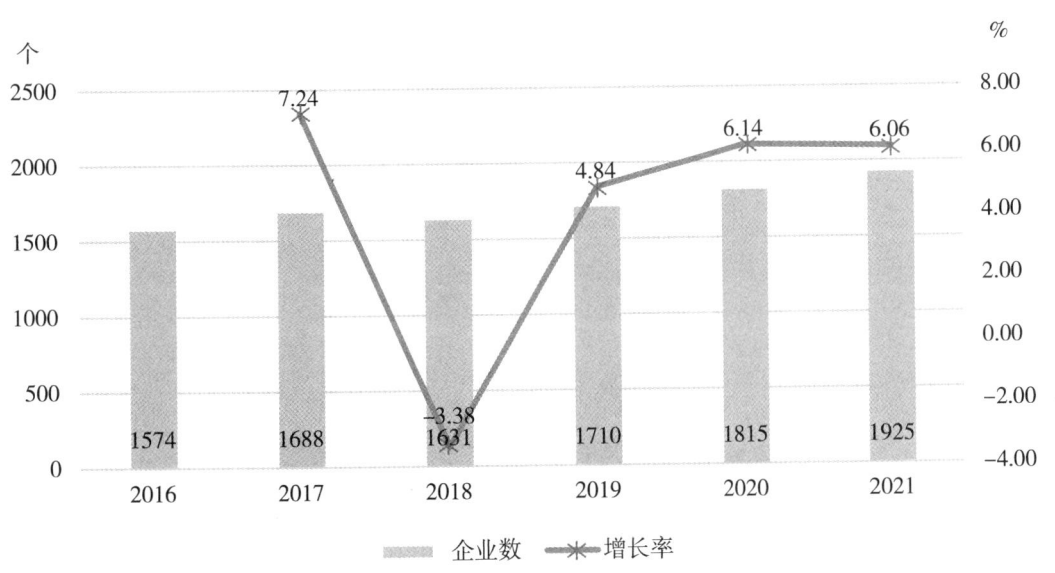

图 8-1-12　2016~2021年兰州市企业数与增长率

表 8-1-10　2016~2021 年兰州市企业数与增长率

年度	企业数(个)	增长率(%)	占全省比例(%)
2016	1574	-	30.01
2017	1688	7.24	32.70
2018	1631	-3.38	34.12
2019	1710	4.84	34.34
2020	1815	6.14	33.72
2021	1925	6.06	31.64

2.企业开展创新活动情况

2016~2021 年,兰州市规模(限额)以上企业中开展创新活动企业数波动增长,从 2016 年 493 家增长至 2021 年的 703 家,年均增长率为 7.35%。其中,2020 年增长率最低,是-10.48%。2021 年增长率最高,为 21%。2021 年开展创新活动,企业数较上年增加 122 家,占全省的 28.89%。表 8-1-11,图 8-1-13。

表 8-1-11　2016~2021 年兰州市开展创新企业数与增长率

年度	企业数(个)	增长率(%)	占全省比例(%)
2016	493	-	26.20
2017	573	16.23	30.37
2018	573	0.00	32.99
2019	649	13.26	34.25
2020	581	-10.48	29.64
2021	703	21.00	28.89

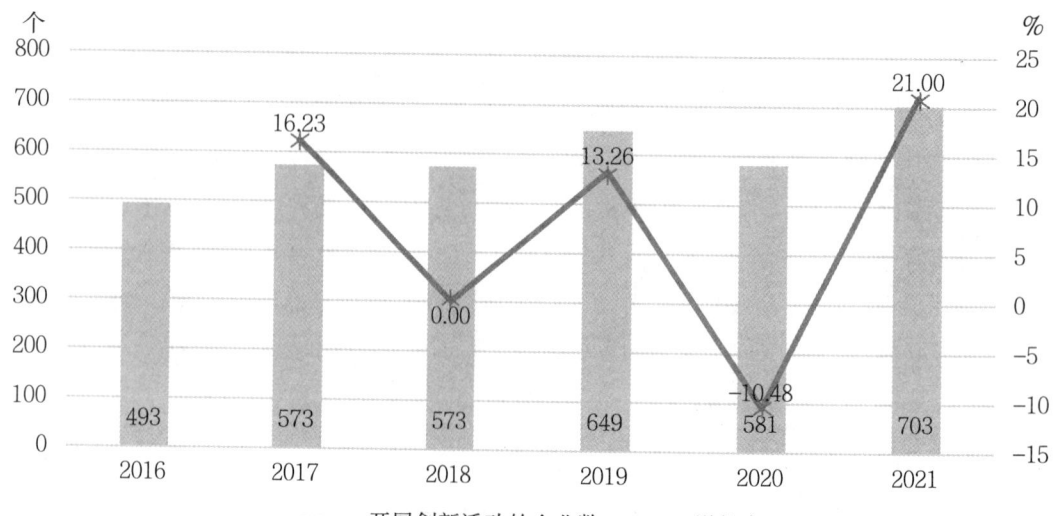

图 8-1-13　2016~2021 年兰州市开展创新企业数与增长率

2016~2021 年,兰州市规模(限额)以上企业中开展创新活动企业数占比波动变化,从 2016 年的 31.32%增长至 2021 年的 36.52%,增长了 5.2 个百分点。2020 年占比为 32.01%,2021 年相较上年增加了 4.51 个百分点。表 8-1-12,图 8-1-14。

表 8-1-12 2016~2021 年兰州市开展创新活动企业数占总企业数比重

年度	占比(%)
2016	31.32
2017	33.94
2018	35.13
2019	37.95
2020	32.01
2021	36.52

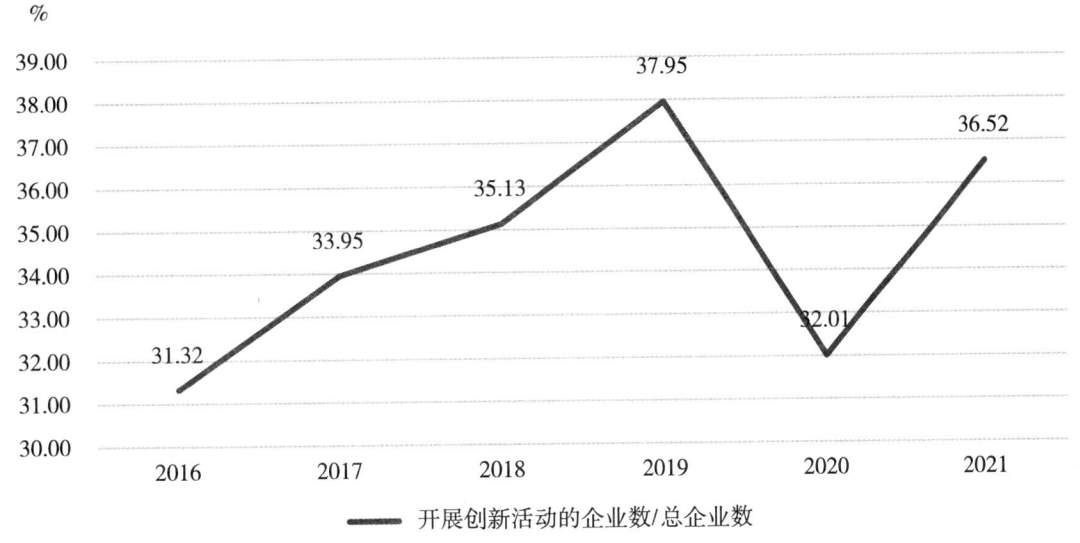

图 8-1-14 2016~2021 年兰州市开展创新活动企业数占总企业数比重

开展创新活动企业中,部分企业成功实现创新,2016~2021 年,企业实现创新完成率呈现稳定态势,成功创新企业占开展创新活动企业比例稳定在九成以上,2016 年企业实现创新完成率达 93.71%,至 2021 年企业实现创新完成率达 93.46%。2020 年成功创新完成率最高,所有开展

表 8-1-13 2016~2021 年兰州市实现创新完成企业占比

年度	实现创新完成率(%)	年度	实现创新完成率(%)
2016	93.71	2019	95.22
2017	96.34	2020	100.00
2018	94.76	2021	93.46

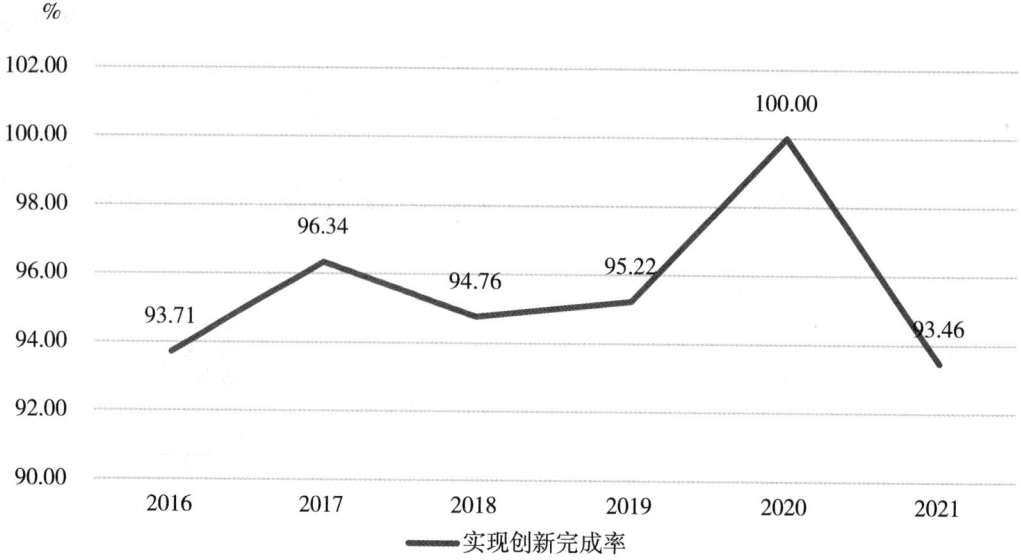

图 8-1-15 2016~2021年兰州市实现创新完成企业占比

创新活动的企业都成功实现了创新活动,完成率为100%。表8-1-13,图8-1-15。

3.创新活动类型情况

企业开展创新活动可分为产品创新活动、工艺创新活动、组织(管理)创新活动和营销创新活动。2021年,兰州市开展组织(管理)创新活动或营销创新活动的企业占开展创新活动企业数的84.21%,开展产品创新活动或工艺创新活动的企业占54.34%,同时开展4种创新活动的企业占8.96%。表8-1-14,图8-1-16。

表 8-1-14 2016~2021年兰州市企业创新活动开展情况

年度	开展产品或工艺创新活动企业数(个)	占比(%)	有组织(管理)创新或营销创新企业数(个)	占比(%)	同时实现四种创新企业数(个)	占比(%)
2016	304	61.66	420	85.19	79	16.02
2017	295	51.48	520	90.75	84	14.66
2018	304	53.05	506	88.31	75	13.09
2019	328	50.54	584	89.98	84	12.94
2020	316	54.39	513	88.30	86	14.80
2021	375	53.34	592	84.21	63	8.96

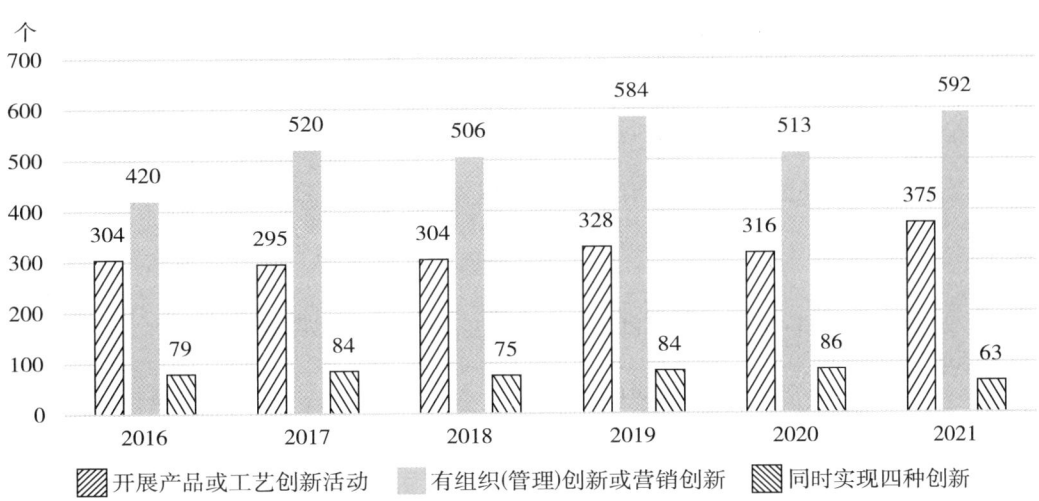

图 8-1-16　2016~2021 年兰州市企业创新活动开展情况

(二) 企业 R&D 活动情况

1. 开展 R&D 活动的企业情况

企业开展 R&D 活动可分为内部 R&D 活动与外部 R&D 活动。2016~2021 年，开展内部 R&D 活动企业数呈现波动增长态势，从 2016 年的 98 家增长至 2021 年的 156 家，年均增长率为

表 8-1-15　2016~2021 年兰州市内部 R&D 企业情况

年度	有内部 R&D 的企业数(个)	增长率(%)	有内部 R&D 的企业数占比(%)
2016	98	—	6.23
2017	97	−1.02	5.75
2018	90	−7.22	5.52
2019	129	43.33	7.54
2020	132	2.33	7.27
2021	156	18.18	8.10

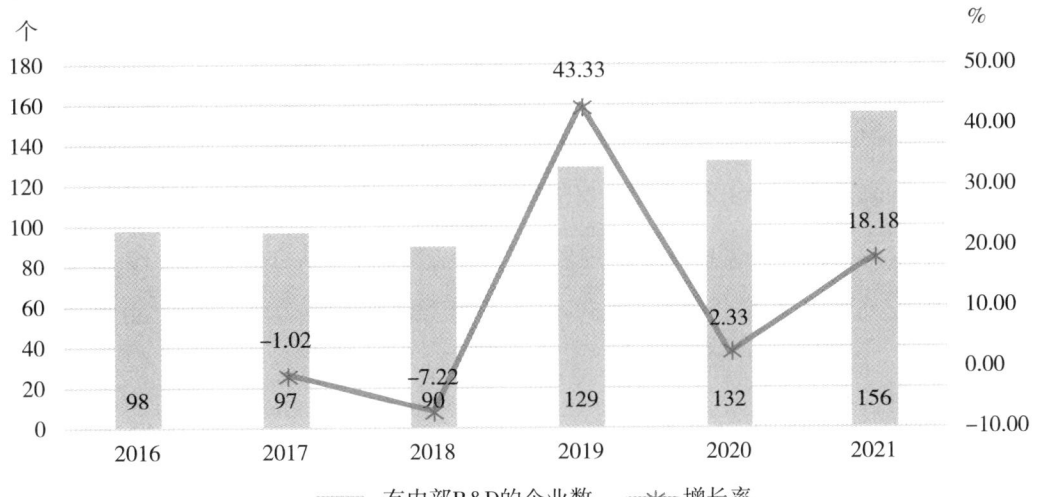

图 8-1-17　2016~2021 年兰州市内部 R&D 企业情况

9.74%。2021年兰州市开展内部R&D活动企业占规模(限额)以上企业比重为8.10%。表8-1-15,图8-1-17。

2016~2021年,开展外部R&D企业数呈现波动增长态势,从2016年的40家增长至2021年的63家,年均增长率为9.51%。2021年兰州市开展外部R&D活动企业占规模(限额)以上企业比重为3.27%。表8-1-16,图8-1-18。

表8-1-16　2016~2021年兰州市开展外部R&D企业情况

年度	有外部R&D的企业数(个)	增长率(%)	有外部R&D的企业数占比(%)
2016	40	–	2.54
2017	39	−2.50	2.31
2018	34	−12.82	2.08
2019	46	35.29	2.69
2020	51	10.87	2.81
2021	63	23.53	3.27

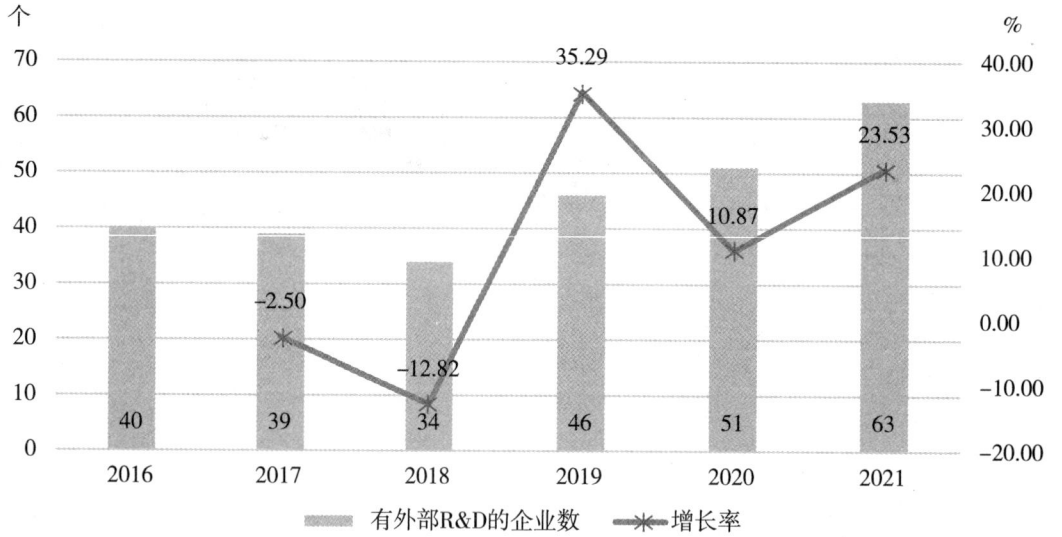

图8-1-18　2016~2021年兰州市开展外部R&D企业数情况

2.工业企业创新费用情况

2016~2021年,工业企业创新费用呈现较大波动增长态势,从2016年的17.10亿元增长至2021年的22.94亿元,年均增长率为6.05%。2020年增长率最高为62.98%,2017年、2018年、2021年为负增长。表8-1-17,图8-1-19。

表 8-1-17 2016~2021 年兰州市工业企业创新费用及其增长率

年度	工业企业创新费用(亿元)	增长率(%)
2016	17.10	—
2017	15.18	−11.24
2018	14.20	−6.46
2019	14.57	2.58
2020	23.74	62.98
2021	22.94	−3.37

图 8-1-19 2016~2021 年兰州市工业企业创新费用及其增长率

3.企业 R&D 经费情况

2016~2021 年,兰州市规模以上工业企业 R&D 经费从 2016 年的 8.87 亿元增长至 2021 年的 16.26 亿元,年均增长率为 12.88%。占规模以上工业企业营业收入的比重从 2016 年的 0.46%增长到 2021 年的 0.55%。其中 2018 年占比最低为 0.39%,2020 年占比最高为 0.67%。表 8-1-18,图 8-1-20。

表 8-1-18 2016~2021 年兰州市规模以上工业企业 R&D 经费情况

年度	规模以上工业企业 R&D 经费(亿元)	占规模以上工业企业营业收入(或主营业务收入)的比重(%)
2016	8.87	0.46
2017	10.11	0.47
2018	9.10	0.39
2019	12.17	0.49
2020	16.57	0.67
2021	16.26	0.55

注:因统计口径变化,2016~2018 年使用规模以上工业企业主营业务收入,2019~2021 年使用规模以上工业企业营业收入。

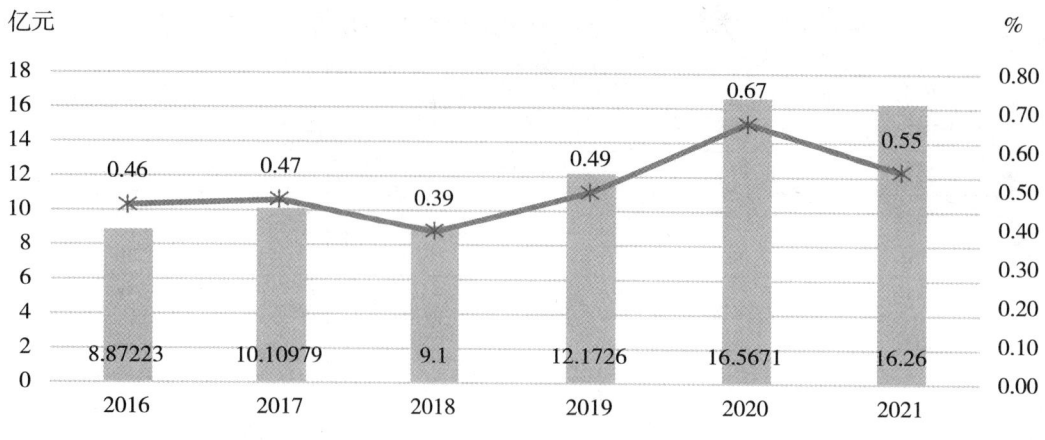

图 8-1-20　2016~2021 年兰州市规模以上工业企业 R&D 经费情况

(三) 知识产权情况

1. 专利授权情况

2016~2022 年,兰州市专利授权量波动增长,从 2016 年的 3501 件增长至 2022 年的 10 120 件,年均增长率为 19.35%,其中,2020 年增长率最高,为 46.10%,2022 年增长率最低,为 -11.43%。2022 年也是近年来唯一一年增长率呈现负数的年度。表 8-1-19,图 8-1-21。

表 8-1-19　2016~2022 年兰州市专利授权量及其增长率

年度	专利授权量(件)	增长率(%)	年度	专利授权量(件)	增长率(%)
2016	3501	-	2020	9289	46.10
2017	4240	21.11	2021	11426	23.01
2018	5206	22.78	2022	10120	-11.43
2019	6358	22.13			

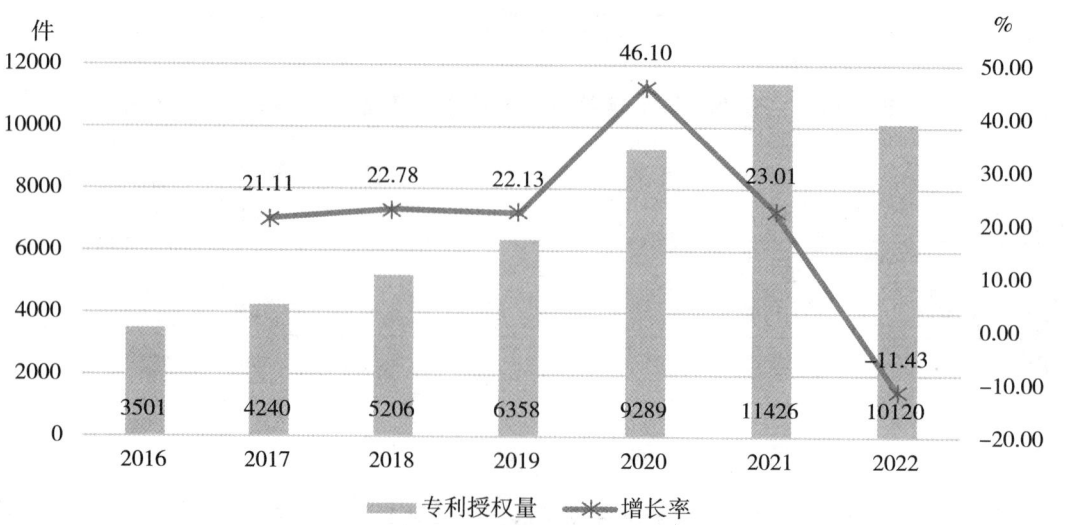

图 8-1-21　2016~2022 年兰州市专利授权量及其增长率

2.发明专利拥有量

2016~2022年，兰州市发明专利拥有量稳定增长，从2016年的3420件增长至2022年的8522件，年均增长率为16.44%。万人发明专利拥有量从2016年的9.33件增长至2022年的19.44件，年均增长率为13.01%。其中，2019年专利发明专利拥有量增长率最低，为8.17%。2021年发明专利拥有量增长率最高，为26.06%。表8-1-20，图8-1-22。

表8-1-20 2016~2022年兰州市发明专利拥有量情况

年度	发明专利拥有量（件）	每万人口发明专利拥有量（件）
2016	3420	9.33
2017	4012	10.82
2018	4527	12.14
2019	4897	13.05
2020	5618	14.82
2021	7082	16.25
2022	8522	19.44

图8-1-22 2016~2022年兰州市发明专利拥有量情况

3.高价值专利拥有量

（1）总体情况

2022年，兰州市高价值发明专利拥有量2901件，相比于2021年，增加510件，增长率为16.46%。表8-1-21，图8-1-23。

表 8-1-21　2021~2022年兰州市高价值发明专利拥有量

年度	高价值发明专利拥有量（件）
2021	2491
2022	2901

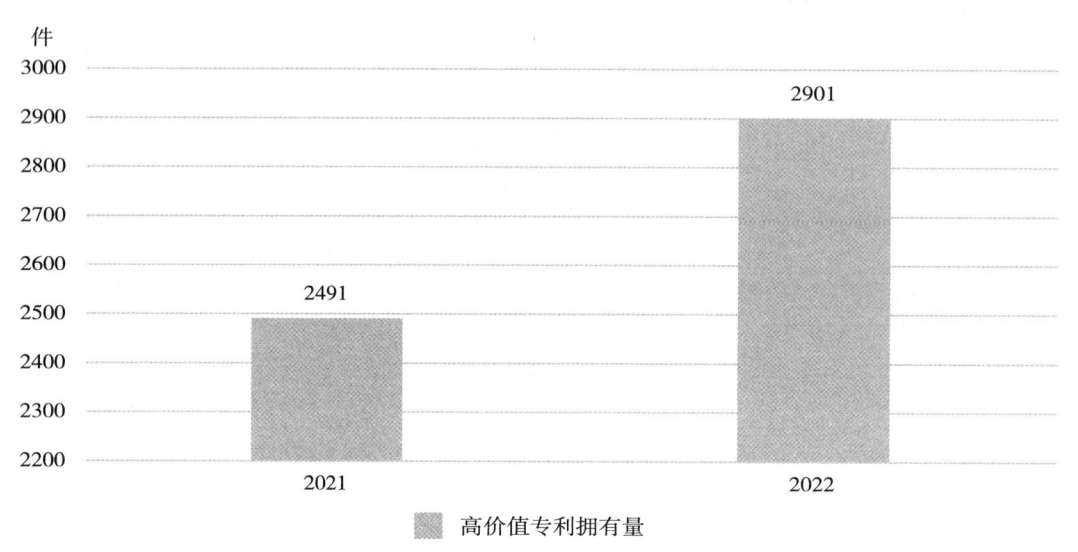

图 8-1-23　2021~2022年兰州市高价值发明专利拥有量

（2）五个维度分布情况

高价值发明专利根据维度可以分为战略性新兴产业的有效发明专利、维持年限超10年的有效发明专利、在海外有同族专利权的有效发明专利、获得较高质押融资金额的有效发明专利、获得国家科技奖或中国专利奖的有效发明专利。2022年兰州高价值专利拥有量中，战略性新兴产业的有效发明专利量为2001件，占比最高，为60%。维持年限超10年的有效发明专利量为1143件，占比为34%。获得较高质押融资金额的有效发明专利量为92件，占比为3%。获得国家科技奖或中国专利奖的有效发明专利量为67件，占比为2%。在海外有同族专利权的有效发明专利量46件，占比为1%。表 8-1-22，图 8-1-24。

表 8-1-22　2022年兰州市高价值发明专利拥有量维度分布情况

分类	高价值发明专利拥有量（件）
战略性新兴产业的有效发明专利	2001
维持年限超10年的有效发明专利	1143
在海外有同族专利权的有效发明专利	46
获得较高质押融资金额的有效发明专利	92
获得国家科技奖或中国专利奖的有效发明专利	67

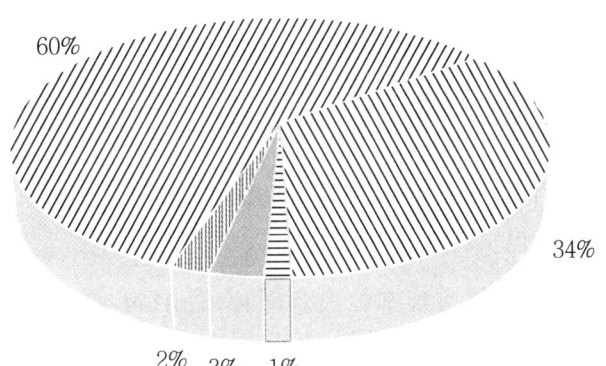

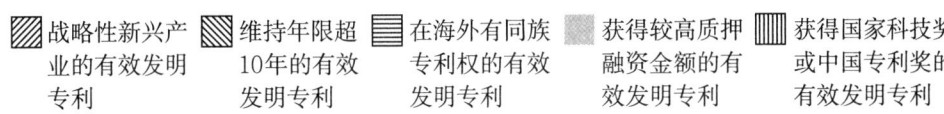

图 8-1-24 2022 年兰州市高价值发明专利拥有量维度分布情况

(四)技术市场交易情况

1.总体情况

2016~2022 年,兰州累计登记技术合同 38 330 项,成交额共计 519.21 亿元,成交额年均增长率 11.44%,其中,2022 年兰州登记技术合同 7639 项,技术合同成交额 100.52 亿元,首次超过了 100 亿元,比 2016 年增长 91.58%。表 8-1-23,图 8-1-25。

表 8-1-23 2016~2022 年兰州市技术市场合同统计表

年度	2016	2017	2018	2019	2020	2021	2022
合同数(项)	4413	4881	4011	4653	5477	7256	7639
成交额(亿元)	52.47	56.14	62.86	67.18	81.44	98.61	100.52

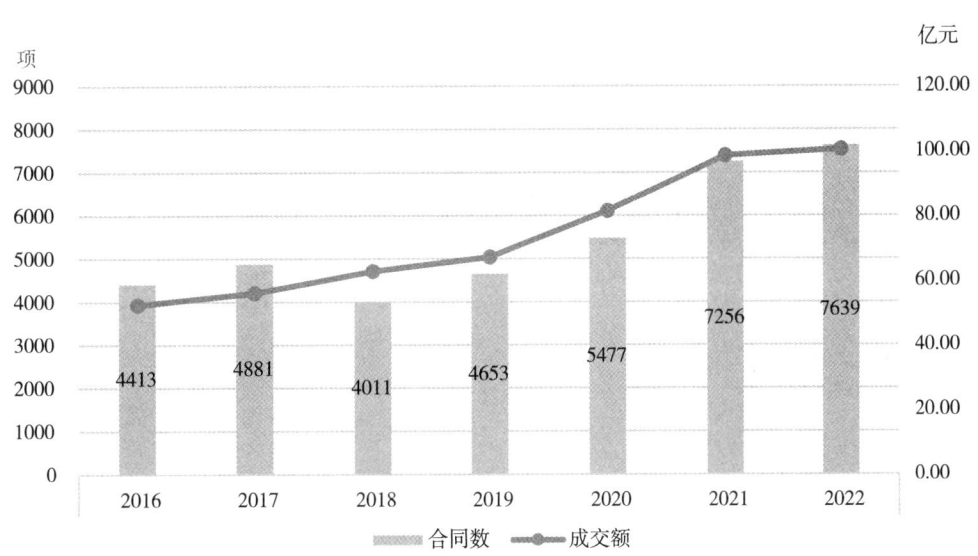

图 8-1-25 2016~2022 年兰州市技术市场合同数和成交额情况

2.不同类型分布情况

（1）按合同类别分布情况

2016~2022年,兰州市绝大部分技术交易合同为技术服务合同,共登记25 518项,成交额365.51亿元,占兰州市技术交易额的比重为70.4%;技术开发合同7418项,成交额97.71亿元,占18.82%;技术咨询合同4326项,成交额31.23亿元,占6.01%;技术转让合同1032项,成交额23.51亿元,占4.53%;2022年新增技术许可合同,共登记36项,成交额1.26亿元。表8-1-24,图8-1-26。

表8-1-24 2016~2022年兰州市技术合同按合同类别统计表

	年度	2016	2017	2018	2019	2020	2021	2022	总计
总计	合同数（项）	4413	4881	4011	4653	5477	7256	7639	38330
	成交额（亿元）	52.47	56.14	62.86	67.18	81.44	98.61	100.52	519.21
技术开发	合同数（项）	627	514	806	1453	1372	1452	1194	7418
	成交额（亿元）	7.59	8.79	17.78	8.42	13.95	19.09	22.08	97.7081
技术转让	合同数（项）	30	76	39	100	114	248	425	1032
	成交额（亿元）	2.92	1.52	2.39	0.80	1.13	6.84	7.91	23.51
技术咨询	合同数（项）	940	554	295	422	764	835	516	4326
	成交额（亿元）	2.44	3.44	1.34	2.59	17.51	2.51	1.39	31.23
技术服务	合同数（项）	2816	3737	2871	2678	3227	4721	5468	25518
	成交额（亿元）	39.52	42.39	41.35	55.37	48.85	70.17	67.87	365.51
技术许可	合同数（项）	-	-	-	-	-	-	36	36
	成交额（亿元）	-	-	-	-	-	-	1.26	1.26

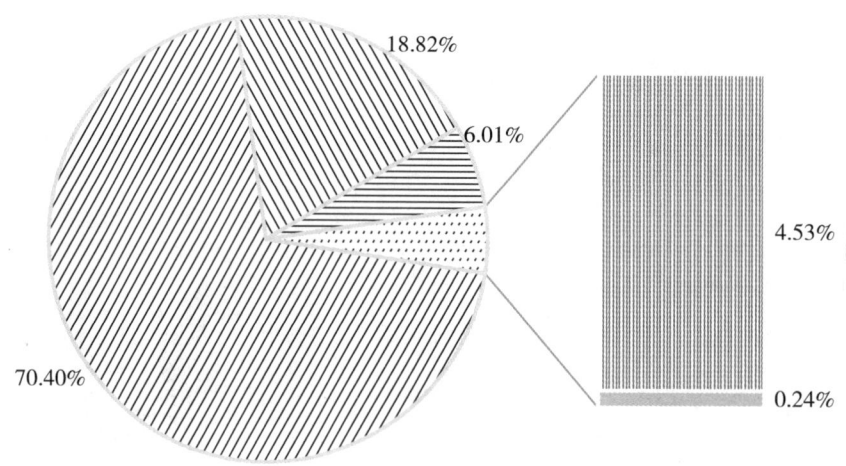

图8-1-26 2016~2022年兰州市技术交易总金额按合同类别占比

（2）按卖方类别分布情况

2016~2022年，兰州市技术交易主体主要是企业法人与事业法人，企业法人与事业法人输出技术合同总成交额占比接近百分之百，其中，企业法人共输出技术合同14 813项，成交额307.3亿元，占兰州市技术交易额的59.6%；事业法人共输出技术合同22 814项，成交额207.14亿元，占兰州市技术交易额的40.18%；机关法人、自然人、其他组织和社团法人共输出技术合同703项，成交额仅1.14亿元，占兰州市技术交易额的0.22%。表8-1-25，图8-1-27。

表8-1-25 2016~2022年兰州市技术合同按卖方类别统计表

年度		2016	2017	2018	2019	2020	2021	2022	总计
总计	合同数（项）	4413	4881	4011	4653	5477	7256	7639	38330
	成交额（亿元）	48.83	56.14	62.86	67.18	81.44	98.61	100.52	515.58
机关法人	合同数（项）	0	0	1	0	80	222	4	307
	成交额（亿元）	0.00	0.00	0.01	0.00	0.13	0.57	0.01	0.73
事业法人	合同数（项）	3642	2926	1826	2358	3002	4645	4415	22814
	成交额（亿元）	28.49	32.15	35.28	41.65	36.02	21.77	11.78	207.14
社团法人	合同数（项）	0	0	0	0	0	0	2	2
	成交额（亿元）	0.00	0.00	0.00	0.00	0.00	0.00	0.00	0.00
企业法人	合同数（项）	771	1955	2182	2264	2358	2307	2976	14813
	成交额（亿元）	20.35	23.99	27.50	25.46	45.24	76.17	88.59	307.30
自然人	合同数（项）	0	0	0	0	2	32	237	271
	成交额（亿元）	0.00	0.00	0.00	0.00	0.00	0.01	0.12	0.12
其他组织	合同数（项）	0	0	2	31	35	50	5	123
	成交额（亿元）	0.00	0.00	0.08	0.07	0.05	0.09	0.01	0.29

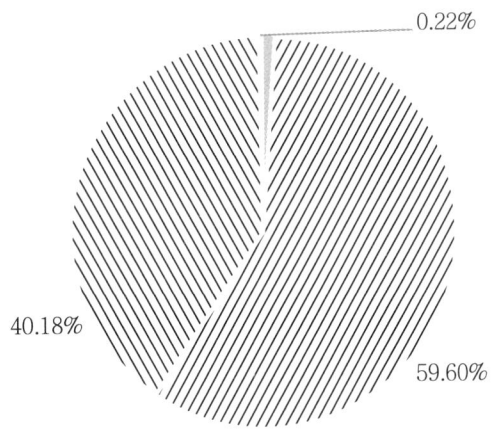

图8-1-27 2016~2022年兰州市技术交易总金额按卖方类别占比

(五)科技论文

2016~2020年,甘肃省14个市州共发表国内论文39 630篇,其中兰州市发表的论文数占了绝大多数,共发表科技论文35 564篇,占全省国内论文比重的89.74%。2016~2020年期间,兰州市发表的论文数量先降后升,占全省国内论文比重先升后降。表8-1-26,图8-1-28。

表8-1-26　2016~2020年兰州市国内论文数

年度	2016	2017	2018	2019	2020
论文数(篇)	7106	6898	6902	7167	7491
占甘肃省国内论文比重(%)	87.51	89.64	90.23	90.86	90.49

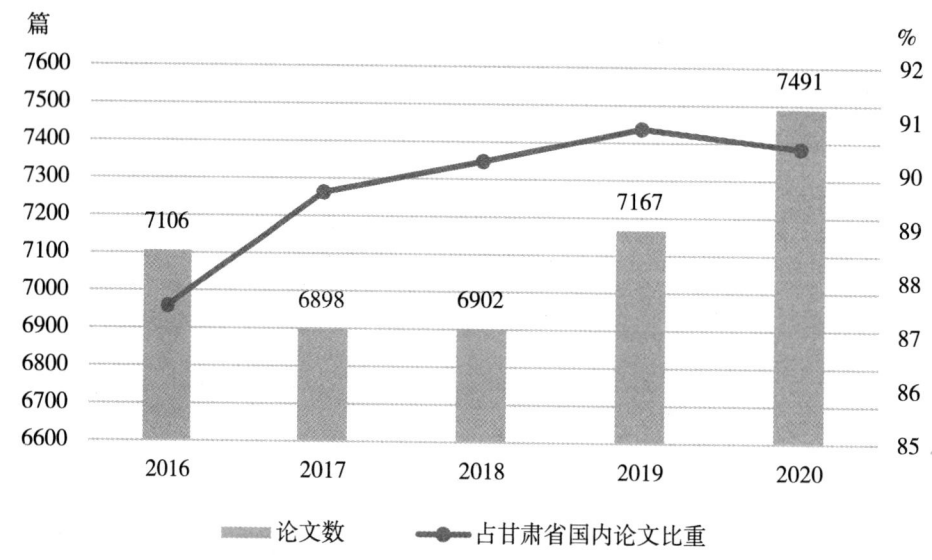

图8-1-28　2016~2020年兰州市国内论文发表情况

[2] 嘉峪关篇

一、科技投入情况

(一) R&D 人员投入

2021 年嘉峪关市 R&D 人员达到 1670 人,较上年增长 120.61%,占全省 R&D 人员的 3.03%。2016~2021 年期间,嘉峪关市 R&D 人员投入波动较大,其中,2016~2018 年呈现下降趋势,2018 年 R&D 人员为 605 人,较上年减少 49.83%;2019 年 R&D 人员为 1996 人,较上年增长 229.92%,是"十三五"期间 R&D 人员增幅最高的一年。表 8-2-1,图 8-2-1。

表 8-2-1　嘉峪关市 R&D 人员投入表

年度	R&D 人员(人)	比上年增长(%)	占全省比例(%)
2016	1398	-3.05	3.51
2017	1206	-13.73	2.94
2018	605	-49.83	1.56
2019	1996	229.92	4.33
2020	757	-62.07	1.76
2021	1670	120.61	3.03

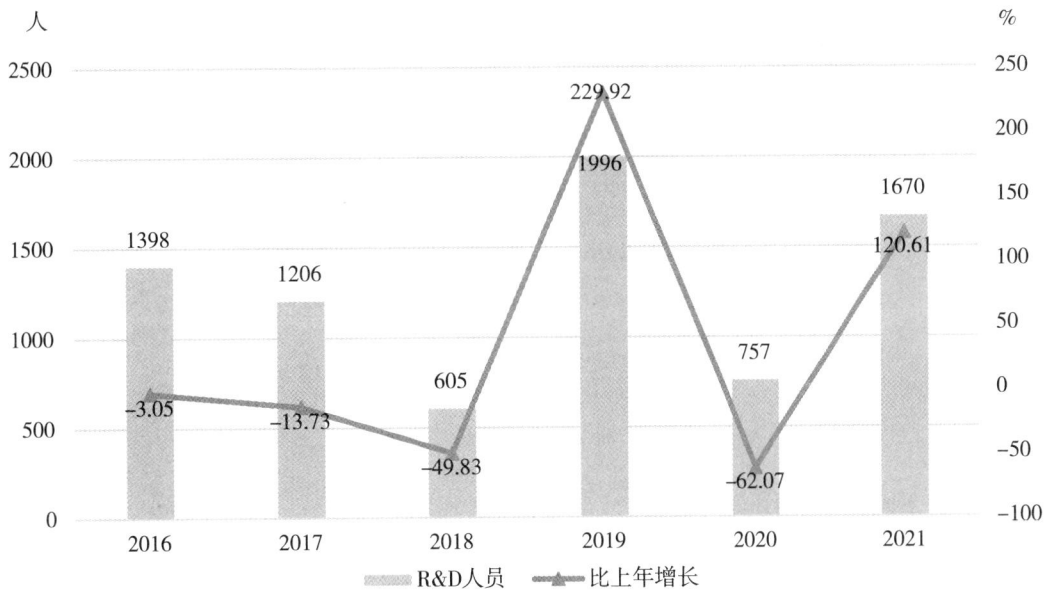

图 8-2-1　嘉峪关市 R&D 人员投入情况

(二)R&D 经费投入

1.总体情况

2016~2021 年,嘉峪关市 R&D 经费呈现小幅下降趋势,从 2016 年的 10.67 亿元,下降到 2021 年的 8.85 亿元。其中,2016~2018 年间呈现连续下降趋势,2019 年有所回升,较上年增加 4.04%,2021 年继续下降,较上年减少 2.14%。2021 年 R&D 经费支出为 8.85 亿元,占全省 R&D 经费的 8.07%。表 8-2-2,图 8-2-2。

表 8-2-2　嘉峪关市 R&D 经费内部支出表

年度	R&D 经费内部支出(亿元)	比上年增长(%)
2016	10.67	31.68
2017	10.43	-2.29
2018	9.54	-8.57
2019	9.92	4.04
2020	9.04	-8.88
2021	8.85	

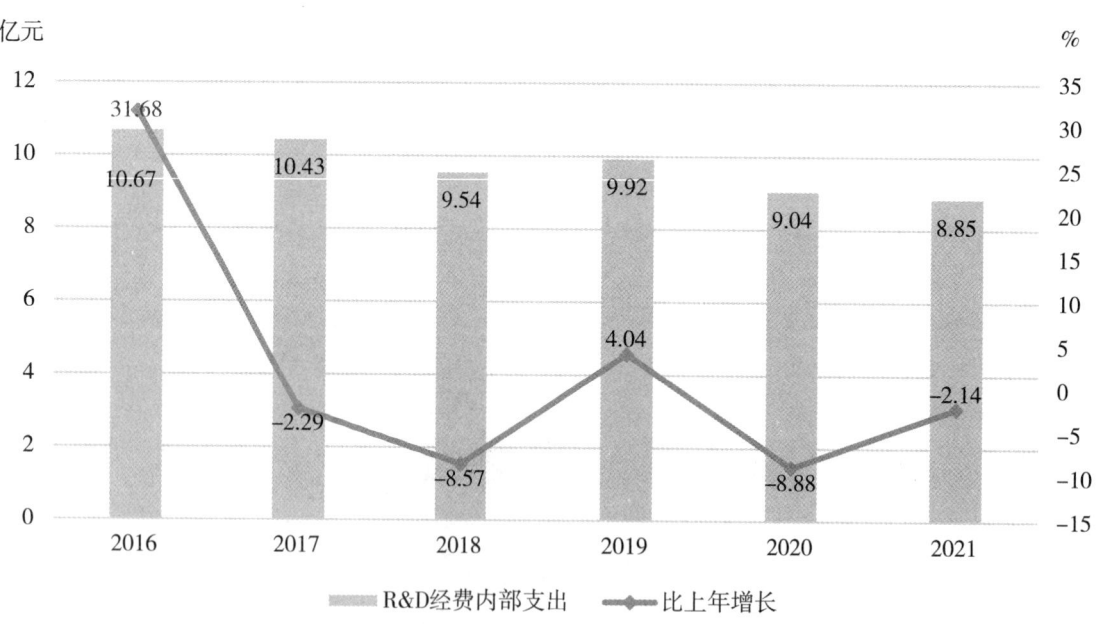

图 8-2-2　嘉峪关市 R&D 经费内部支出及增长情况

2.结构分布

(1)按活动类型分布情况

2016~2021 年,嘉峪关市基础研究经费呈现上升趋势,年均增速为 78.96%;应用研究经费波动幅度较大,从 2016 的 2188 万元下降到 2018 年的 525 万元,下降速度为 51.02%,2019 年又大幅回升,为 9171 万元,较上年增加 1646.86%;试验发展经费呈现下降趋势,下降速度为 4.11%,表明"十三五"以来嘉峪关市用于基础研究的支出增加较快。

从活动类型来看,2021 年嘉峪关市基础研究、应用研究、试验发展占 R&D 经费的比重分别为 0.1%、3.24%、95.76%。试验发展占比高于全省平均水平,占全省的 9.83%,基础研究和应用研究占比低于全省平均水平。表 8-2-3,图 8-2-3。

表 8-2-3 按活动类型分组的 R&D 经费支出表

年度	基础研究(万元)	应用研究(万元)	试验发展(万元)
2016	48	2188	104503
2017	60	1824	102416
2018	-	525	94833
2019	62	9171	89978
2020	-	74	90325
2021	881	2870	84710

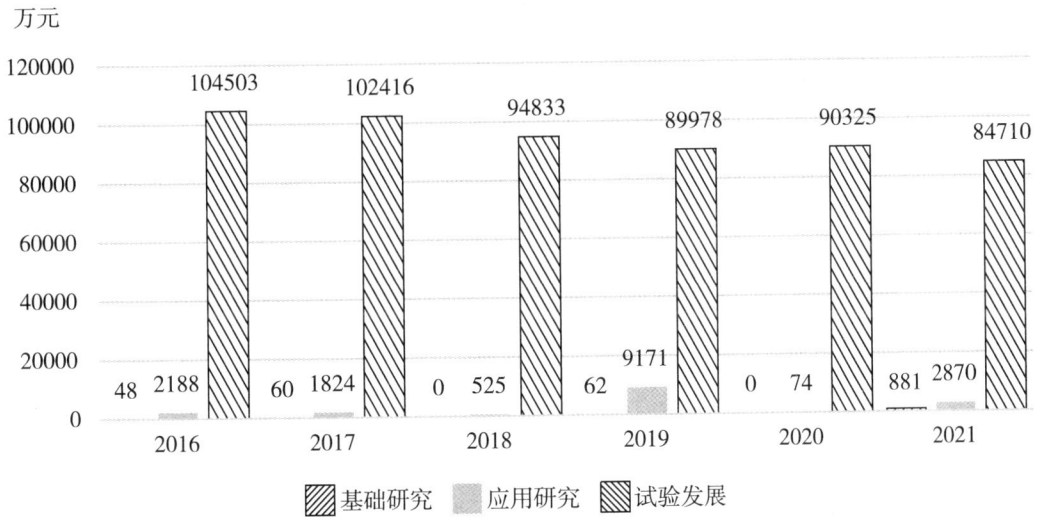

图 8-2-3 按活动类型分组的 R&D 经费支出情况

(2)按支出用途分布情况

从支出用途来看,嘉峪关市 R&D 经费日常性支出远远超过资产性支出,日常性支出呈下降趋势,而资产性支出呈上升趋势。2021 年,嘉峪关市日常性支出为 7.72 亿元,占嘉峪关市 R&D 经费的 87.23%。资产性支出为 1.13 亿元,占嘉峪关市 R&D 经费的 12.77%。表 8-2-4,图 8-2-4。

表 8-2-4　按支出用途分组的 R&D 经费内部支出表

年度	日常性支出(亿元)	资产性支出(亿元)
2016	10.50	0.17
2017	10.23	0.20
2018	9.37	0.16
2019	9.45	0.48
2020	8.55	0.49
2021	7.72	1.13

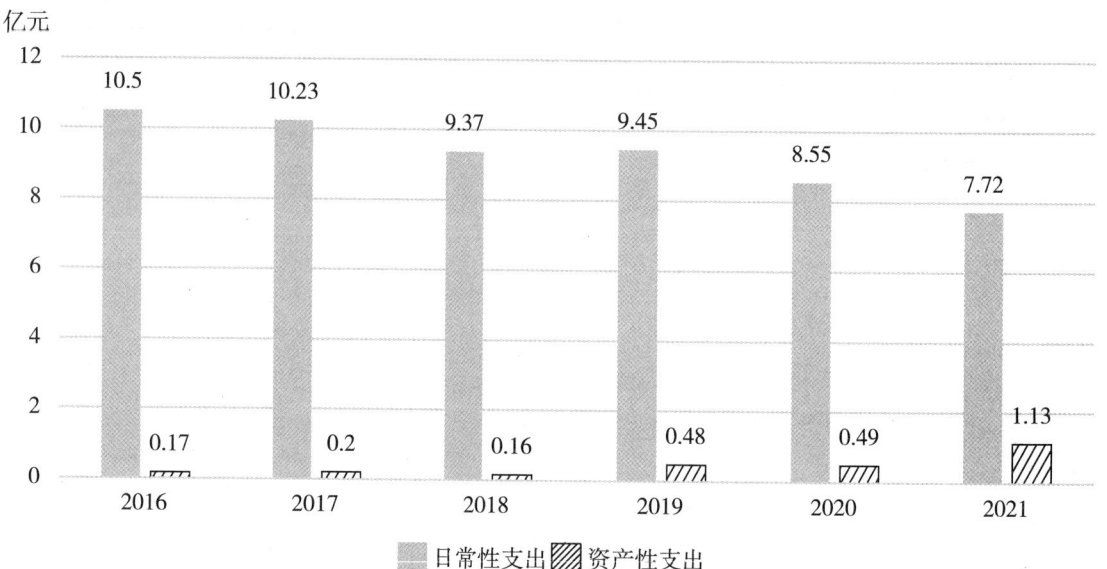

图 8-2-4　按支出用途分组的 R&D 经费内部支出情况

(三)R&D 经费投入强度

2016~2021 年,嘉峪关市 R&D 经费投入强度总体呈现下降趋势,从 2016 年的 6.96%下降到 2021 年的 2.71%,减少 4.25 个百分点,2019 年回升至 3.50%,较上年增加 0.32 个百分点,后呈下降趋势,2021 年下降至 2.71%。表 8-2-5,图 8-2-5。

表 8-2-5　R&D 经费投入强度表

年度	R&D 经费内部支出(亿元)	R&D 经费投入强度(%)
2016	10.67	6.96
2017	10.43	4.97
2018	9.54	3.18
2019	9.92	3.50
2020	9.04	3.21
2021	8.85	2.71

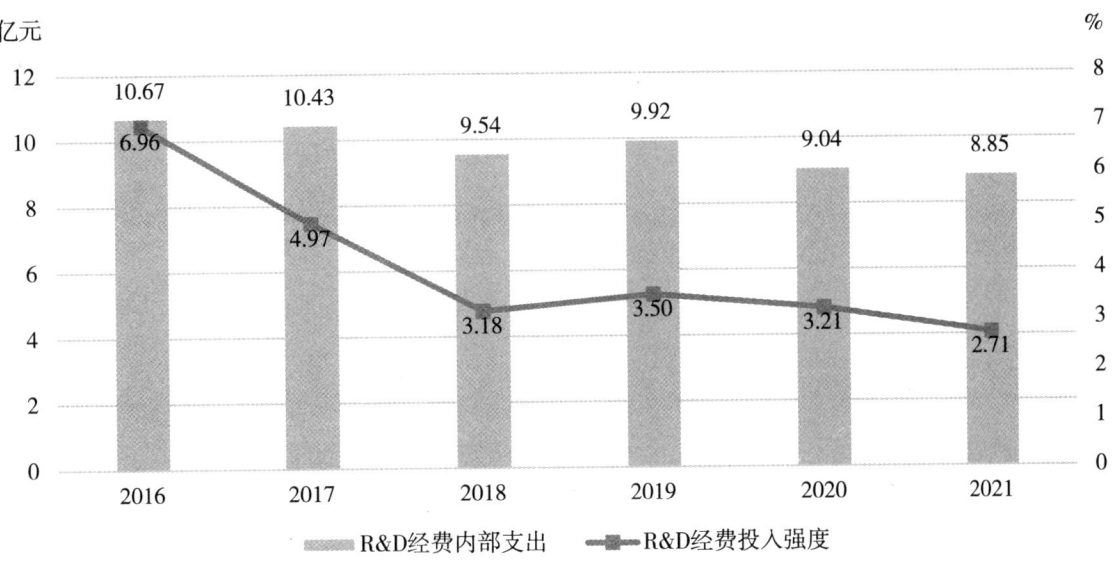

图 8-2-5　R&D 经费投入强度变化情况

(四)财政科技支出

(1)一般公共预算收入

2016~2021年,嘉峪关市一般公共预算收入呈现总体增长趋势。其中,2016~2018年增长速度最快,从2016年的17.09亿元增长到2018年的19.68亿元,年均增速为8.43%;2019~2020年呈现下降趋势,2021年回升至23.59亿元,较上年增长29.76%。总体来看,嘉峪关市一般公共预算收入增长较为缓慢。表8-2-6,图8-2-6。

表 8-2-6　财政科技支出表

年度	一般公共预算收入（亿元）	一般公共预算支出（亿元）	财政科技支出（亿元）	财政科技支出占一般公共预算支出比重(%)
2016	17.09	24.27	0.08	0.32
2017	18.37	27.73	0.10	0.35
2018	19.68	32.55	0.12	0.38
2019	19.49	31.86	0.23	0.73
2020	18.18	28.93	0.46	1.60
2021	23.59	26.81	0.45	1.68

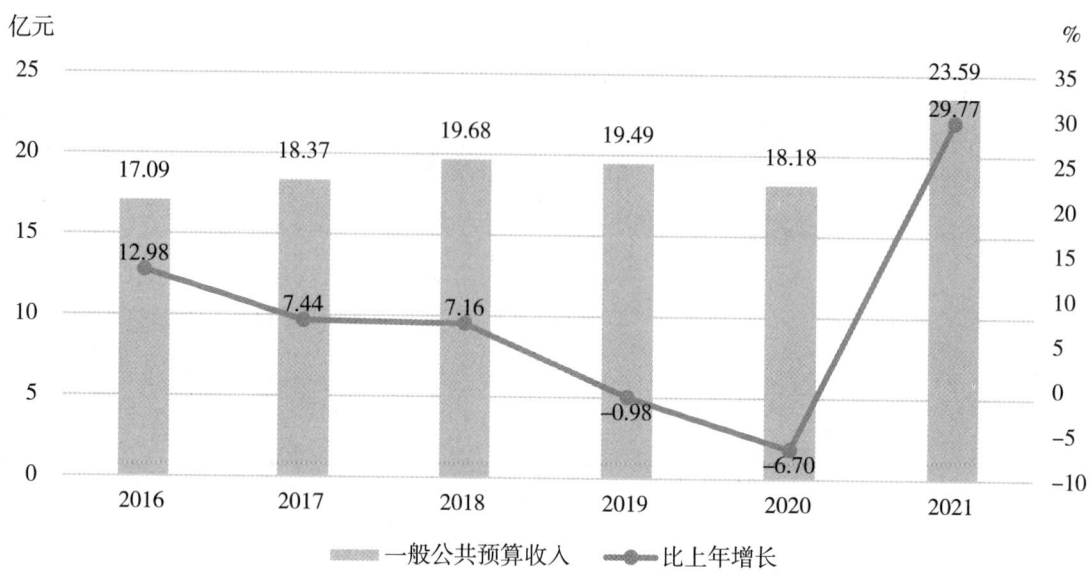

图 8-2-6 一般公共预算收入及增长情况

（2）一般公共预算支出

2016~2021年，嘉峪关市一般公共预算支出呈现"正态"变化趋势。其中，2016~2018年呈现上升趋势，从2016年的24.27亿元增长到2018年的32.55亿元，年均增速为15.81%；2019~2021年出现下降趋势，2021年下降至26.81亿元，较上年减少7.33%。图8-2-7。

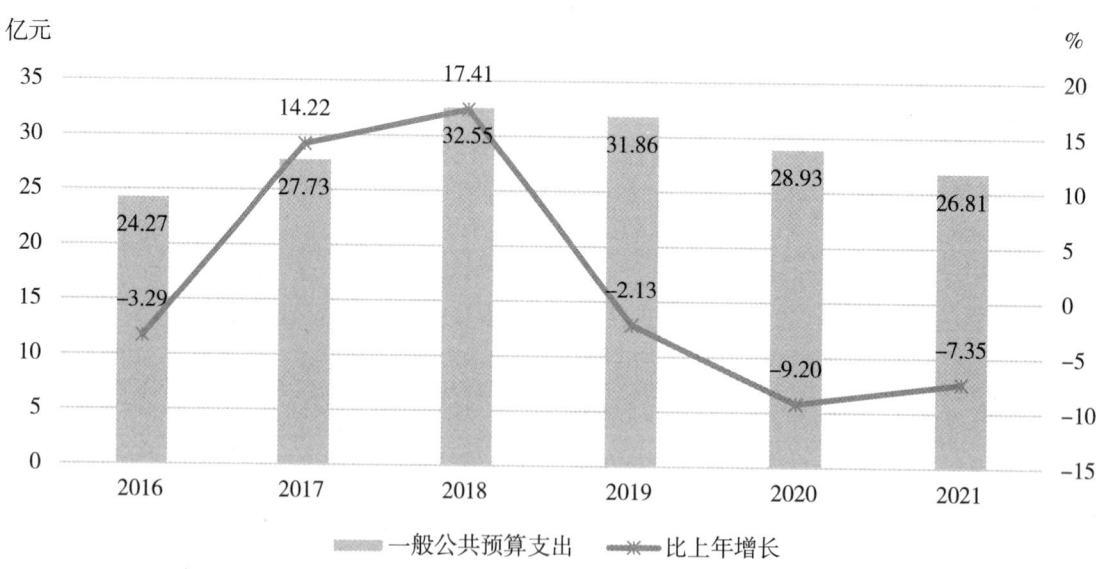

图 8-2-7 一般公共预算支出及增长情况

（3）财政科技支出

2016~2021年，嘉峪关市财政科技支出呈现增长趋势，年均增速为41.26%。2020年达到峰值，为0.46亿元，较上年增长100%，占一般公共预算支出比重为1.60%；2021年达到0.45亿元，较上年减少2.17%，占一般公共预算支出的比重为1.68%。图8-2-8。

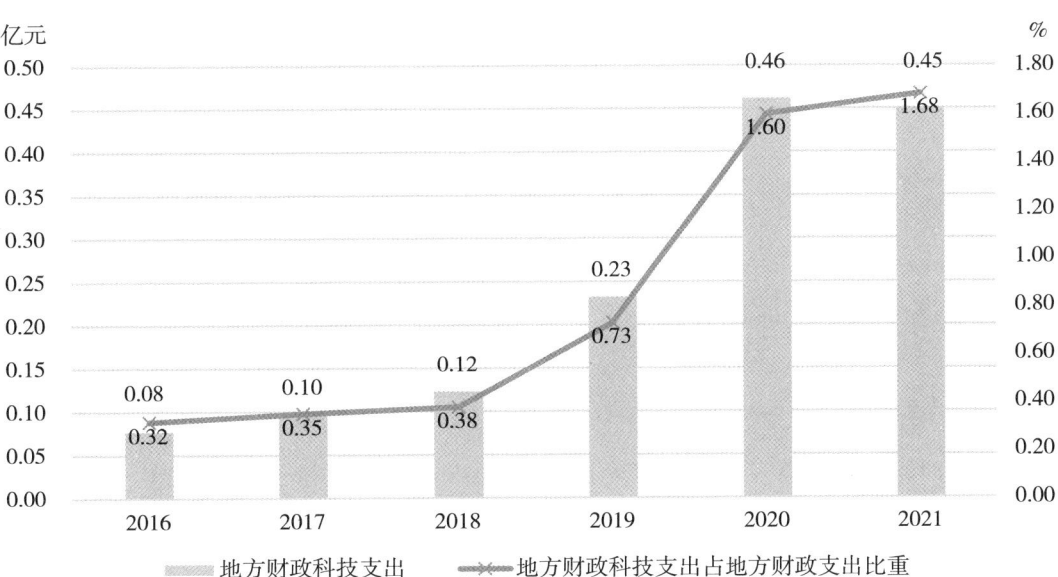

图 8-2-8 地方财政科技支出及占比情况

二、科技产出情况

(一)企业创新活动情况

1.企业总体情况

2016~2021 年,嘉峪关市规模(限额)以上企业数呈现波动变化态势,从 2016 年 160 家增长至 2021 年的 167 家,年均增长率为 0.86%。企业数增长率最高的年度为 2021 年,达 12.08%,2018 年增长率最低,是-7.55%。2021 年较上年增加 18 家,占全省规模(限额)以上企业数的 2.74%。表 8-2-7,图 8-2-9。

表 8-2-7 2016~2021 年嘉峪关市企业数与增长率

年度	企业数(个)	增长率(%)	占全省比例(%)
2016	160	–	3.05
2017	159	-0.63	3.08
2018	147	-7.55	3.08
2019	145	-1.36	2.91
2020	149	2.76	2.77
2021	167	12.08	2.74

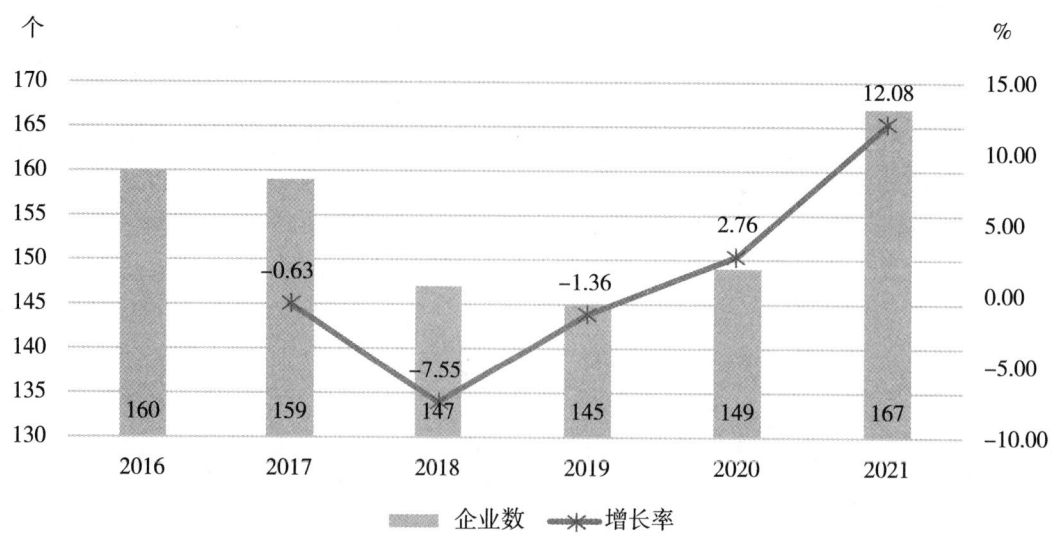

图 8-2-9　2016~2021 年嘉峪关市企业数与增长率

2.企业开展创新活动情况

2016~2021 年,嘉峪关市规模(限额)以上企业中开展创新活动企业数稳定变化,从 2016 年 58 家增长至 2021 年的 74 家,年均增长率为 4.99%。2017 年、2019 年呈现下降态势,2021 年有所提升,开展创新活动企业数达 74 家,相较于 2020 年增加 12 家,增长率达到 19.35%,占全省的 3.04%。图 8-2-10,表 8-2-8。

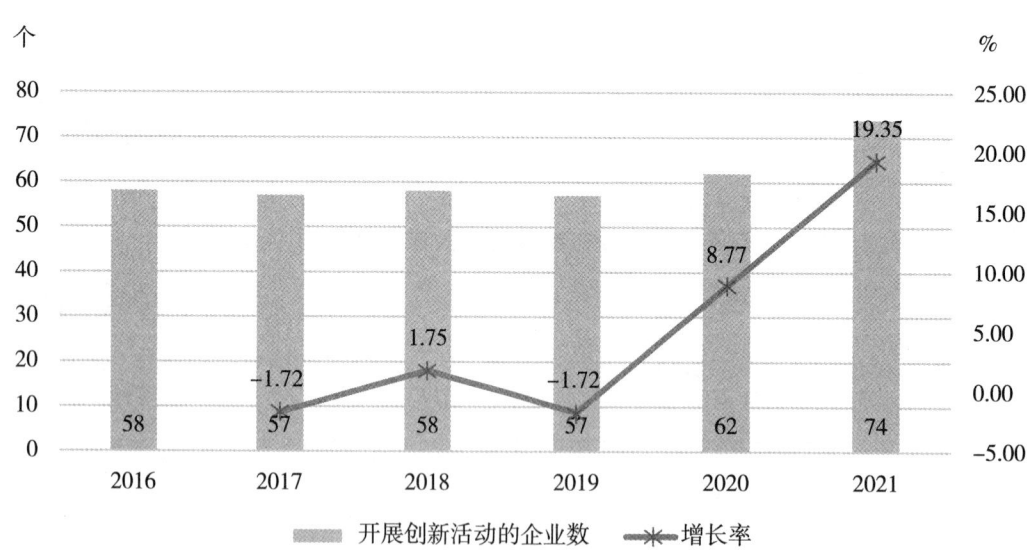

图 8-2-10　2016~2021 年嘉峪关市开展创新企业数与增长率

表 8-2-8　2016~2021年嘉峪关市开展创新企业数与增长率

年度	企业数(个)	增长率(%)	占全省比例(%)
2016	58	—	3.08
2017	57	−1.72	3.02
2018	58	1.75	3.34
2019	57	−1.72	3.01
2020	62	8.77	3.16
2021	74	19.35	3.04

2016~2021年,嘉峪关市规模(限额)以上企业中开展创新活动企业数占比呈现增长态势,从2016年的36.25%增长至2021年的44.31%,增长了8.06个百分点。2020年占比为41.61%,2021年相较于上年增加了2.7个百分点。表8-2-9,图8-2-11。

表 8-2-9　2016~2021年嘉峪关市开展创新活动企业数占总企业数比重

年度	占比(%)
2016	36.25
2017	35.85
2018	39.46
2019	39.31
2020	41.61
2021	44.31

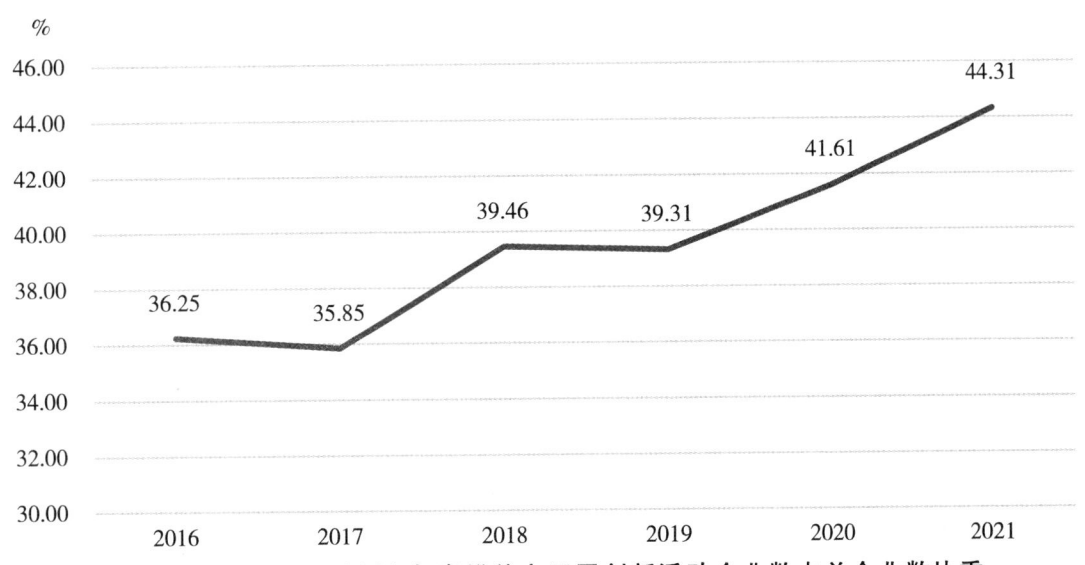

图 8-2-11　2016~2021年嘉峪关市开展创新活动企业数占总企业数比重

开展创新活动企业中,部分企业成功实现创新,2016~2021年,成功创新企业占开展创新活动企业比例虽然稳定在九成以上,但企业实现创新完成率呈现下降态势。2018年成功创新完成率最高,所有开展创新活动的企业都成功实现了创新活动,完成率为100%。2021年企业实现创新完成率达90.54%。表8-2-10,图8-2-12。

表 8-2-10　2016~2021 年嘉峪关市实现创新完成企业占比

年度	实现创新完成率(%)
2016	98.28
2017	98.25
2018	100.00
2019	98.25
2020	93.55
2021	90.54

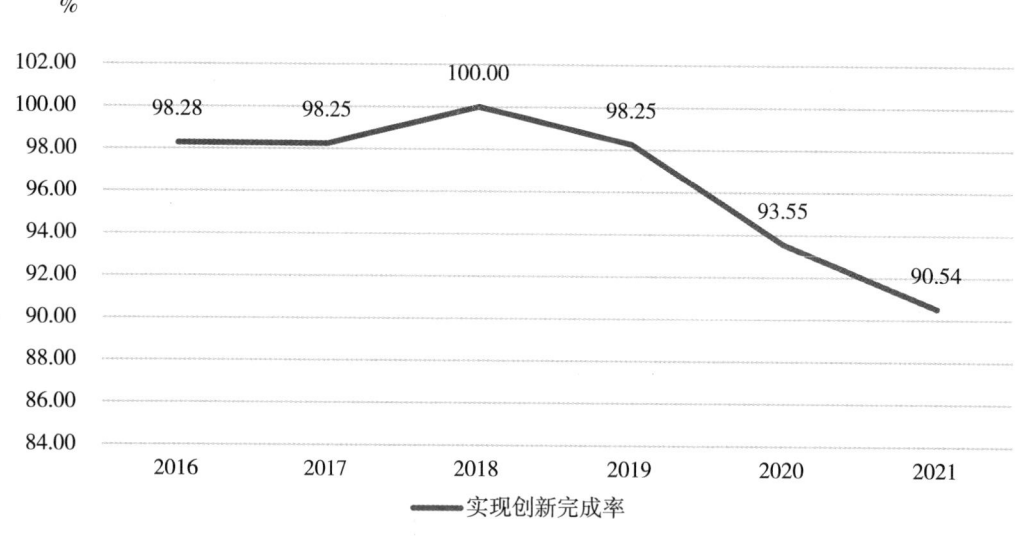

图 8-2-12　2016~2021 年嘉峪关市实现创新完成企业占比

3.创新活动类型情况

2021年,嘉峪关市开展组织(管理)创新活动或营销创新活动的企业占开展创新活动企业数的85.14%,开展产品创新活动或工艺创新活动的企业占81.03%,同时开展4种创新活动的企业占12.16%。表8-2-11,图8-2-13。

表 8-2-11 2016~2021 年嘉峪关市企业创新活动开展情况

年度	开展产品或工艺创新活动企业数(个)	占比(%)	有组织(管理)创新或营销创新企业数(个)	占比(%)	同时实现四种创新企业数(个)	占比(%)
2016	25	43.10	53	91.38	11	18.97
2017	29	50.00	53	92.98	14	24.56
2018	31	53.45	53	91.38	7	12.07
2019	27	46.55	50	87.72	10	17.54
2020	40	68.97	55	88.71	8	12.90
2021	47	81.03	63	85.14	9	12.16

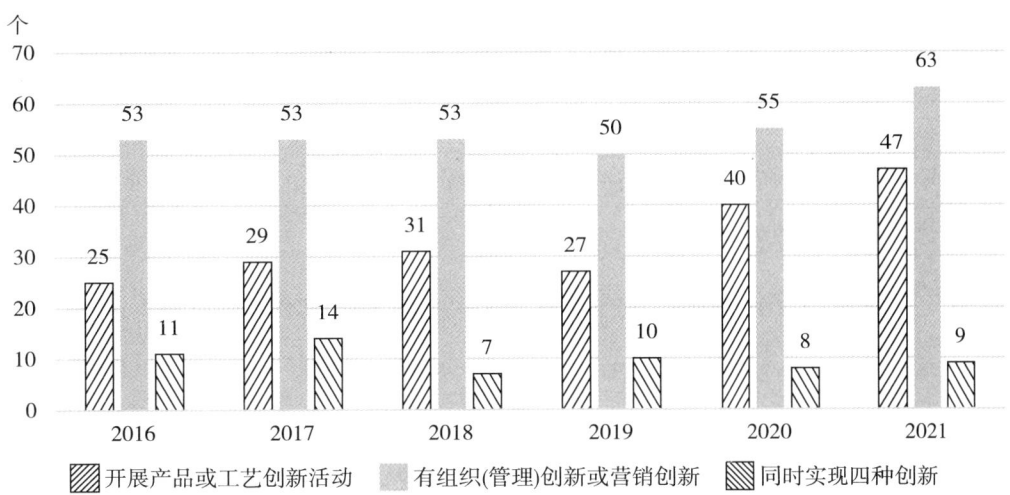

图 8-2-13 2016~2021 年嘉峪关市企业创新活动开展情况

(二)企业 R&D 活动情况

1.开展 R&D 活动的企业情况

2016~2021 年,开展内部 R&D 活动企业数呈现波动态势,从 2016 年的 9 家增长至 2021 年的 26 家,年均增长率为 23.64%。2021 年嘉峪关市开展内部 R&D 活动企业占规模(限额)以上企业的比重为 15.57%。表 8-2-12,图 8-2-14。

表 8-2-12 2016~2021 年嘉峪关市内部 R&D 企业情况

年度	有内部 R&D 的企业数(个)	增长率(%)	有内部 R&D 的企业数占比(%)
2016	9	–	5.63
2017	14	55.56	8.81
2018	5	−64.29	3.40
2019	12	140.00	8.28
2020	15	25.00	10.07
2021	26	73.33	15.57

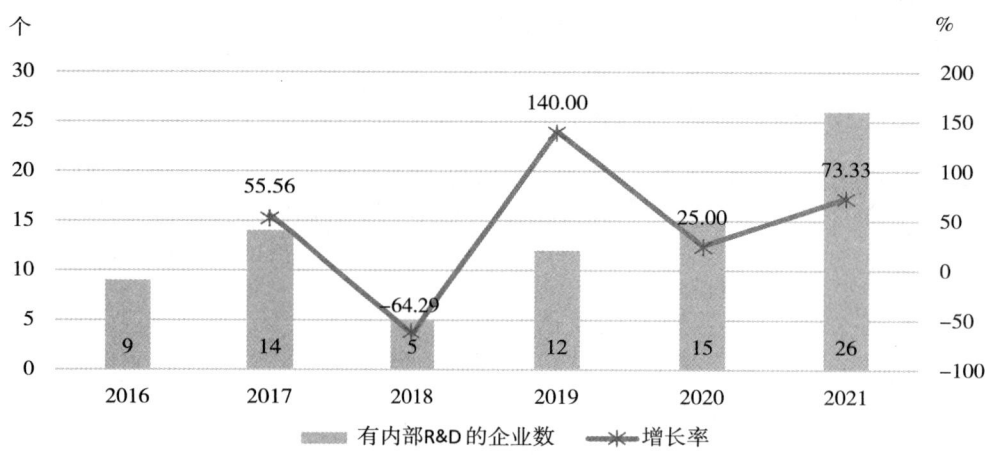

图 8-2-14　2016~2021 年嘉峪关市内部 R&D 企业情况

2016~2021 年,开展外部 R&D 企业数呈现波动态势,从 2016 年的 4 家增长至 2021 年的 8 家,年均增长率为 14.87%。2021 年嘉峪关市开展外部 R&D 活动企业占规模(限额)以上企业比重为 4.79%。表 8-2-13,图 8-2-15。

表 8-2-13　2016~2021 年嘉峪关市开展外部 R&D 企业情况

年度	有外部 R&D 的企业数(个)	增长率(%)	有外部 R&D 的企业数占比(%)
2016	4	—	2.50
2017	8	100.00	5.03
2018	3	−62.50	2.04
2019	4	33.33	2.76
2020	5	25.00	3.36
2021	8	60.00	4.79

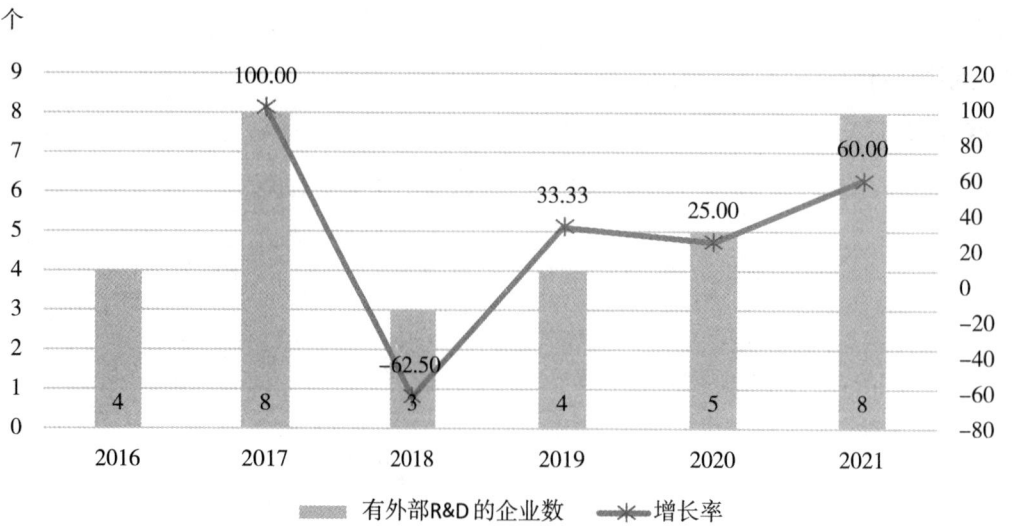

图 8-2-15　2016~2021 年嘉峪关市开展外部 R&D 企业数情况

2.工业企业创新费用情况

2016~2021年,工业企业创新费用变化幅度较大,从2016年的17.75亿元增长至2021年的30.48亿元,年均增长率为11.42%。2019年增长率最高,为126.72%,2017年为增长率最低,是-3505%。表8-2-14,图8-2-16。

表8-2-14 2016~2021年嘉峪关市工业企业创新费用及其增长率

年度	工业企业创新费用(亿元)	增长率(%)
2016	17.75	—
2017	11.53	−35.05
2018	14.00	21.44
2019	31.74	126.72
2020	27.07	−14.72
2021	30.48	12.60

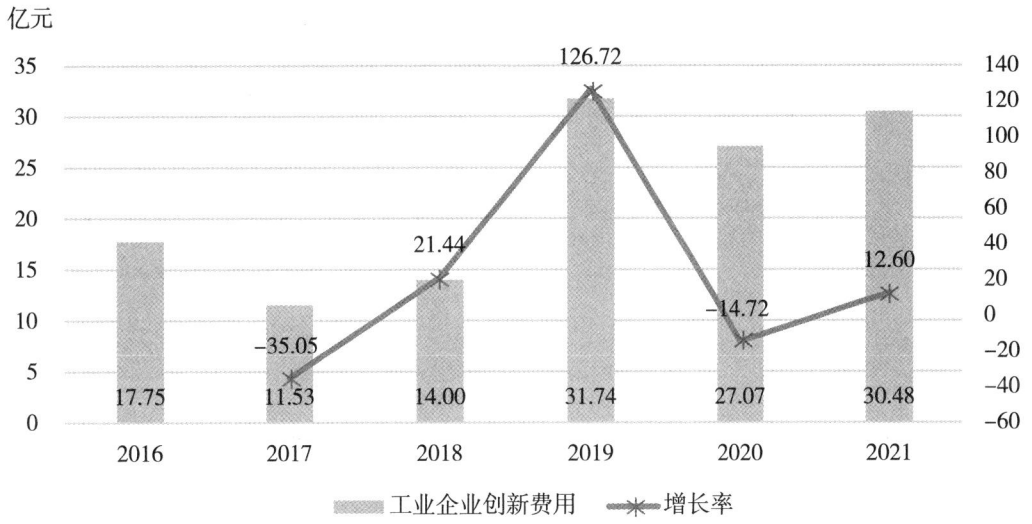

图8-2-16 2016~2021年嘉峪关市工业企业创新费用及其增长率

3.企业R&D经费情况

2016~2021年,嘉峪关市规模以上工业企业R&D经费呈现下降状态,从2016年的10.66亿元下降至2021年的8.75亿元,年均增长率为-3.88%。占规模以上工业企业营业收入的比重从2016年的0.95%下降至2021年的0.83%。其中2019年占比最低,为0.68%,2020年占比最高,为1.08%。表8-2-15,图8-2-17。

表 8-2-15 2016~2021年嘉峪关市规模以上工业企业R&D经费情况

年度	规模以上工业企业R&D经费(亿元)	占规模以上工业企业营业收入(或主营业务收入)的比重(%)
2016	10.66	0.95
2017	10.41	0.84
2018	9.40	0.68
2019	9.86	0.67
2020	9.00	1.08
2021	8.75	0.83

注：因统计口径变化，2016~2018年使用规模以上工业企业主营业务收入，2019~2021年使用规模以上工业企业营业收入。

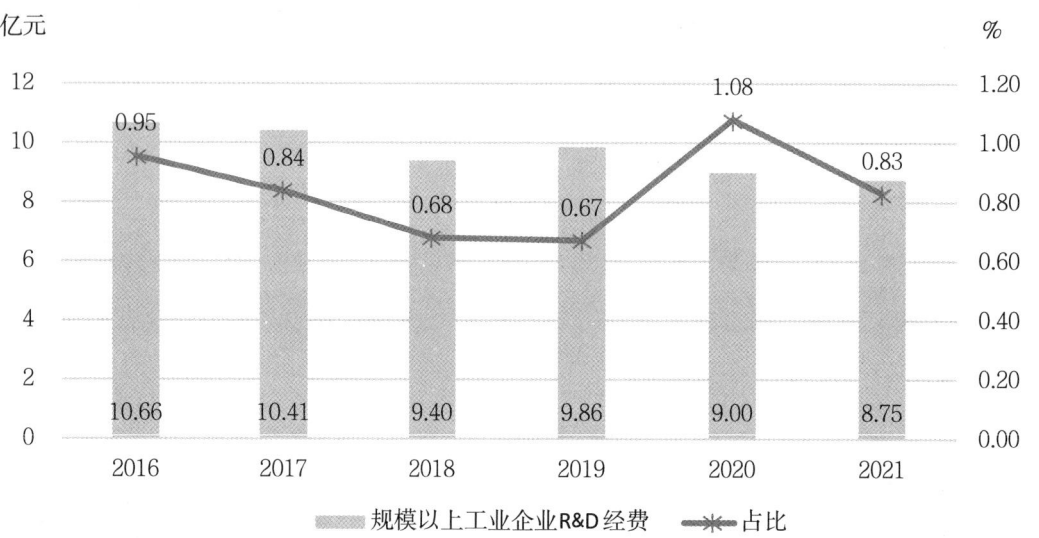

图 8-2-17 2016~2021年嘉峪关市规模以上工业企业R&D经费情况

(三)知识产权情况

1.专利授权情况

2016~2022年，嘉峪关市专利授权量快速增长，从2016年的218件增加至2022年的882件，年均增长率为26.23%，其中，2021年增长率最高，为84.03%，2019年、2022年增长率为负数，其中2022年增长率最低，是-4.34%。表8-2-16，图8-2-18。

表 8-2-16　2016~2022 年嘉峪关市专利授权量及其增长率

年度	专利授权量（件）	增长率（%）
2016	218	—
2017	279	27.98
2018	450	61.29
2019	432	-4.00
2020	501	15.97
2021	922	84.03
2022	882	-4.34

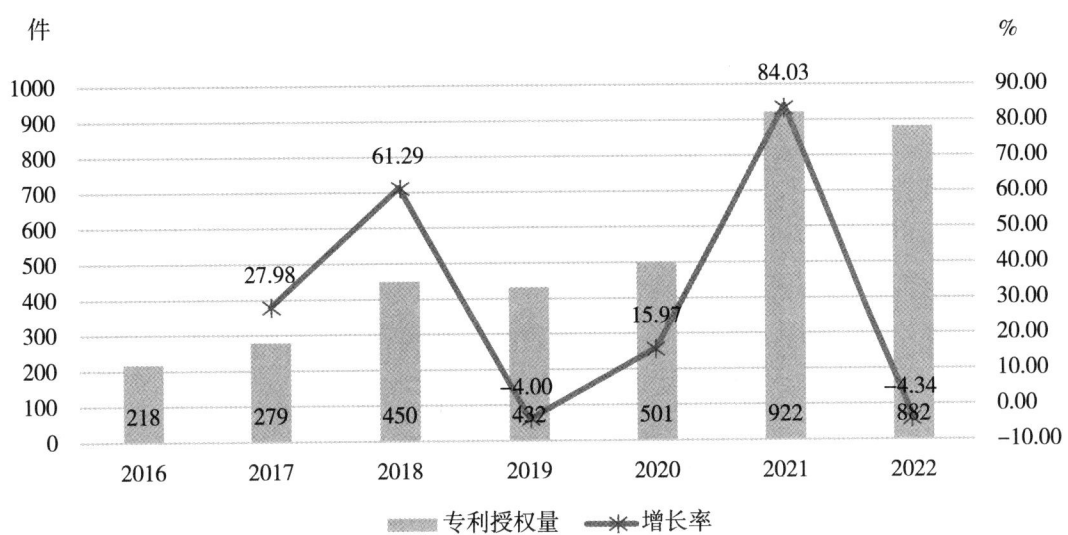

图 8-2-18　2016~2022 年嘉峪关市专利授权量及其增长率

2.发明专利拥有量

2016~2022 年，嘉峪关市发明专利拥有量稳定增长，从 2016 年的 107 件增长至 2022 年的 346 件，年均增长量为 21.60%。万人发明专利拥有量从 2016 年的 4.43 件增长至 2022 年的 10.97 件，年均增长量为 16.31%。其中，2020 年专利发明专利拥有量增长率最低，为 10.09%。

表 8-2-17　2016~2022 年嘉峪关市发明专利拥有量情况

年度	发明专利拥有量（件）	每万人口发明专利拥有量（件）
2016	107	4.43
2017	151	6.14
2018	182	7.29
2019	228	9.05
2020	251	9.92
2021	303	9.69
2022	346	10.97

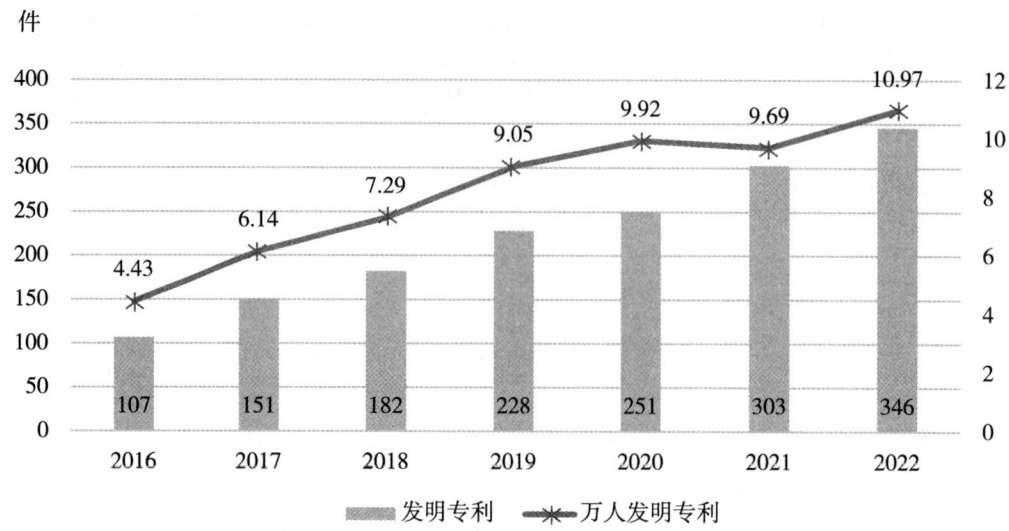

图 8-2-19　2016~2022 年嘉峪关市发明专利拥有量情况率

2017 年发明专利拥有量增长率最高,为 41.12%。表 8-2-17,图 8-2-19。

3.高价值专利拥有量

(1)总体情况

2022 年,嘉峪关市高价值发明专利拥有量 58 件,相比于 2021 年增加 27 件,增长率为 46.55%。表 8-2-18,图 8-2-20。

表 8-2-18　2021~2022 年嘉峪关市高价值发明专利拥有量

年度	高价值发明专利拥有量(件)
2021	58
2022	85

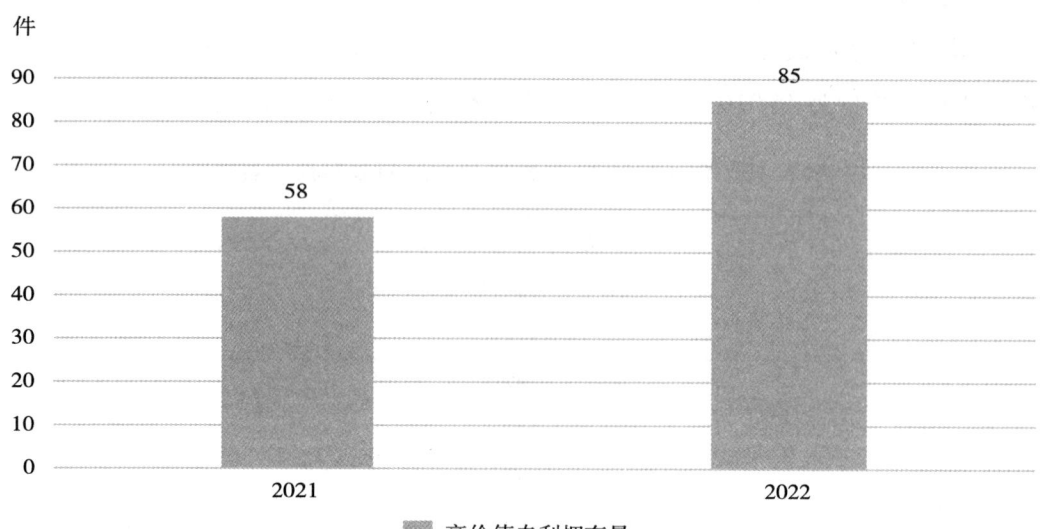

图 8-2-20　2021~2022 年嘉峪关市高价值发明专利拥有量

(2) 五个维度分布情况

2022年嘉峪关高价值专利拥有量中,战略性新兴产业的有效发明专利量为60件,占比最高,为67%。维持年限超10年的有效发明专利量为27件,占比为30%。获得较高质押融资金额的有效发明专利量为3件,占比为3%。表8-2-19,图8-2-21。

表8-2-19 2022年嘉峪关市高价值发明专利拥有量维度分布情况

分类	高价值发明专利拥有量(件)
战略性新兴产业的有效发明专利	60
维持年限超10年的有效发明专利	27
在海外有同族专利权的有效发明专利	0
获得较高质押融资金额的有效发明专利	3
获得国家科技奖或中国专利奖的有效发明专利	0

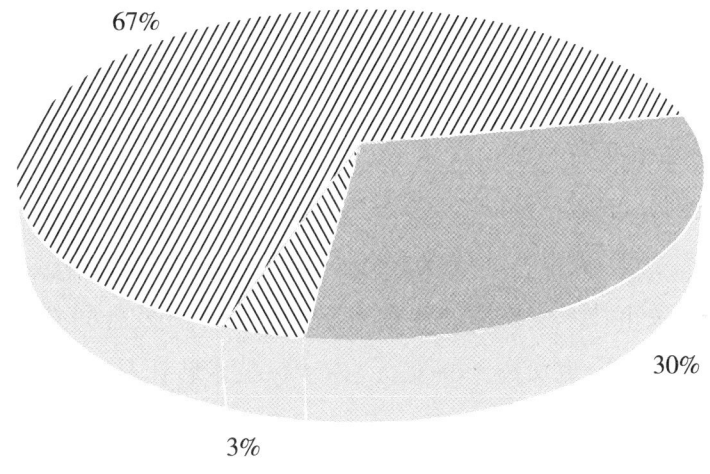

图8-2-21 2022年嘉峪关市高价值发明专利拥有量维度分布情况

(四)技术市场交易情况

1.总体情况

2016~2022年,嘉峪关累计登记技术合同361项,成交额共计42.05亿元,成交额年均增长率28.76%,其中,2022年嘉峪关登记技术合同160项,技术合同成交额15.54亿元,比2016年增长了355.79%。表8-2-20,图8-2-22。

表 8-2-20　2016~2022年嘉峪关市技术市场合同统计表

年度	2016	2017	2018	2019	2020	2021	2022
合同数（项）	5	3	7	2	90	94	160
成交额（亿元）	3.41	5.20	0.26	0.41	7.30	9.93	15.54

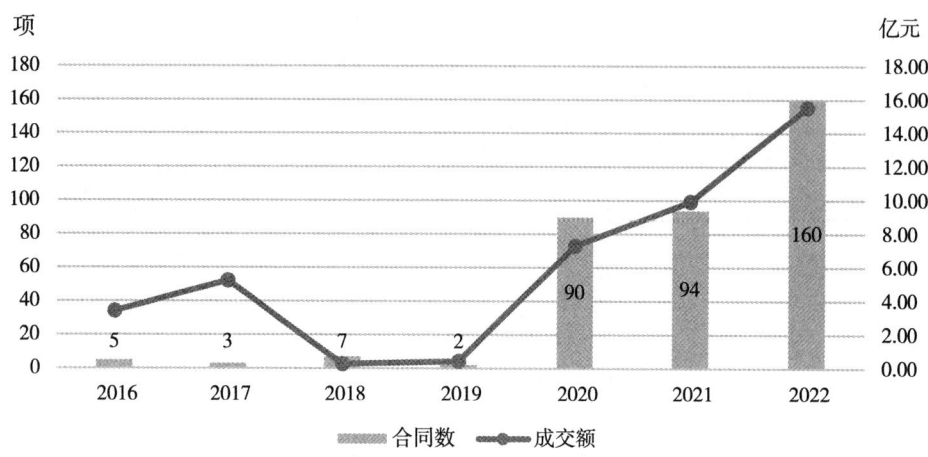

图 8-2-22　2016~2022年嘉峪关市技术市场合同数和成交额情况

2.不同类型分布情况

（1）按合同类别分布情况

2016~2022年，嘉峪关市大部分技术交易合同为技术服务合同，共登记340项，成交额36.79亿元，占嘉峪关市技术交易额的比重为87.5%；技术开发合同9项，成交额2.65亿元，占6.3%；技术咨询合同1项，成交额1.68亿元，占4%；技术转让合同11项，成交额0.93亿元，占2.2%。表8-2-21，图8-2-23。

表 8-2-21　2016~2022年嘉峪关市技术合同按合同类别统计表

	年度	2016	2017	2018	2019	2020	2021	2022	总计
总计	合同数（项）	5	3	7	2	90	94	160	361
	成交额（亿元）	3.41	5.20	0.26	0.41	7.30	9.93	15.54	42.05
技术开发	合同数（项）	1	1	0	0	3	2	2	9
	成交额（亿元）	0.00	2.50	0.00	0.00	0.08	0.02	0.05	2.65
技术转让	合同数（项）	0	0	6	2	3	0		11
	成交额（亿元）	0.00	0.00	0.26	0.41	0.26	0.00	0.00	0.93
技术咨询	合同数（项）	0	0	0	0	1	0		1
	成交额（亿元）	1.68	0.00	0.00	0.00	0.00	0.00	0.00	1.68
技术服务	合同数（项）	4	2	1	0	83	92	158	340
	成交额（亿元）	1.73	2.70	0.01	0.00	6.96	9.91	15.49	36.79

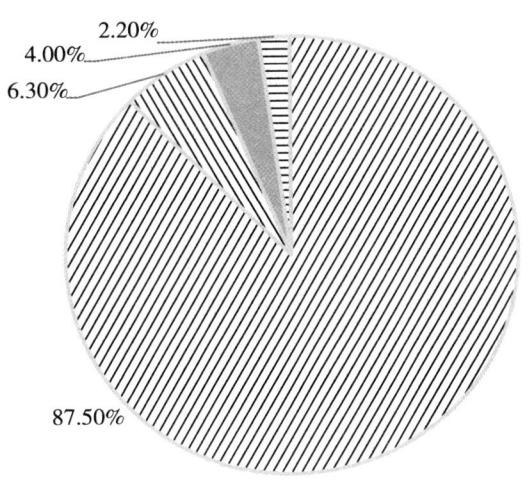

技术服务 技术开发 技术咨询 技术转让

图 8-2-23　2016~2022 年嘉峪关市技术交易总金额按合同类别占比

(2) 按卖方类别分布情况

2016~2022 年,嘉峪关市技术交易主体有企业法人、自然人与事业法人,其中,企业法人共输出技术合同 343 项,成交额 42.42 亿元,占嘉峪关市技术交易额的 97.8%;自然人共输出技术合同 11 项,成交额 0.93 亿元,占嘉峪关市技术交易额的 2.14%;事业法人共输出技术合同 7 项,成交额 0.03 亿元,占嘉峪关市技术交易额的 0.06%。表 8-2-22,图 8-2-24。

表 8-2-22　2016~2022 年嘉峪关市技术合同按卖方类别统计表

	年度	2016	2017	2018	2019	2020	2021	2022	总计
总计	合同数(项)	5	3	7	2	90	94	160	361
	成交额(亿元)	4.73	5.20	0.26	0.41	7.30	9.93	15.54	43.37
机关法人	合同数(项)	0	0	0	0	0	0	0	0
	成交额(亿元)	0.00	0.00	0.00	0.00	0.00	0.00	0.00	0.00
事业法人	合同数(项)	0	0	0	0	6	0	1	7
	成交额(亿元)	0.00	0.00	0.00	0.00	0.02	0.00	0.00	0.03
社团法人	合同数(项)	0	0	0	0	0	0	0	0
	成交额(亿元)	0.00	0.00	0.00	0.00	0.00	0.00	0.00	0.00
企业法人	合同数(项)	5	3	1	0	81	94	159	343
	成交额(亿元)	4.73	5.20	0.01	0.00	7.01	9.93	15.54	42.42
自然人	合同数(项)	0	0	6	2	3	0	0	11
	成交额(亿元)	0.00	0.00	0.26	0.41	0.26	0.00	0.00	0.93
其他组织	合同数(项)	0	0	0	0	0	0	0	0
	成交额(亿元)	0.00	0.00	0.00	0.00	0.00	0.00	0.00	0.00

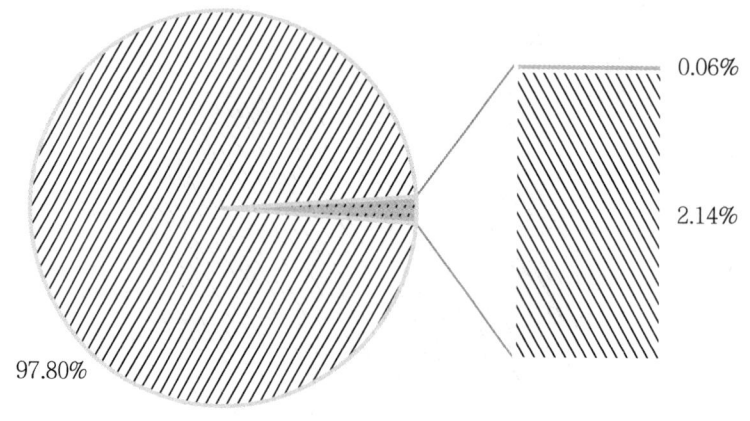

图 8-2-24　2016~2022 年嘉峪关市技术交易总金额按卖方类别占比

(五)科技论文

2016~2020 年,嘉峪关市共发表科技论文 198 篇,占全省国内论文比重为 0.5%。2016~2020 年期间,嘉峪关市发表的论文数量波动较大,整体呈下降趋势,2018 年发表数量最多,发表了 46 篇,2020 年仅发表了 29 篇。表 8-2-23,图 8-2-25。

表 8-2-23　2016~2020 年嘉峪关市国内论文数

年度	2016	2017	2018	2019	2020
论文数(篇)	44	39	46	40	29
占甘肃省国内论文比重(%)	0.54	0.51	0.6	0.51	0.35

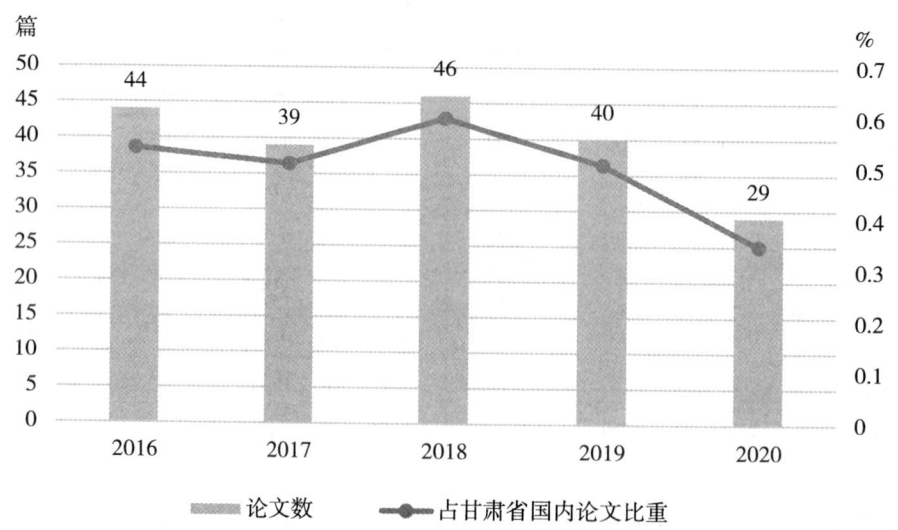

图 8-2-25　2016~2020 年嘉峪关市国内论文发表情况

[3] 金昌篇

一、科技投入情况

(一)R&D 人员投入

2021 年金昌市 R&D 人员达到 2807 人,与 2020 年相比增长 221.97%,占全省 R&D 人员的 5.10%。2016~2021 年期间,金昌市 R&D 人员投入总体呈现先减后增趋势,从 2017 年的 2305 人下降到 2020 年的 872 人。其中,2019 年 R&D 人员为 1562 万人,较上年增长 8.62%,占全省 R&D 人员的 3.39%。表 8-3-1,图 8-3-1。

图 8-3-1 金昌市 R&D 人员投入情况

年度	R&D 人员(人)	比上年增长(%)	占全省比例(%)
2016	2125	-9.61	5.34
2017	2305	8.47	5.62
2018	1438	-37.61	3.71
2019	1562	8.62	3.39
2020	872	-44.19	2.02
2021	2807	221.97	5.10

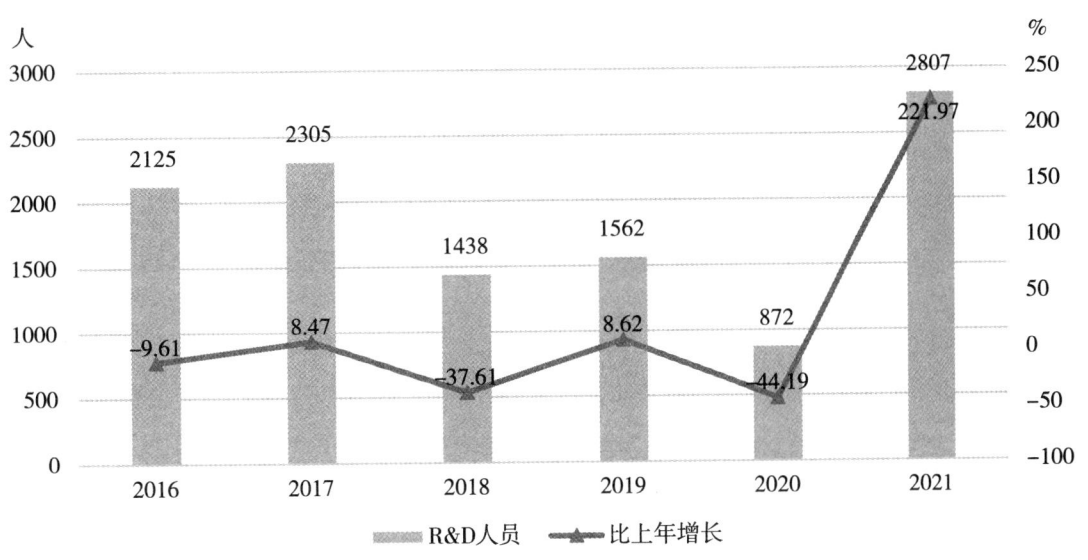

表 8-3-1 金昌市 R&D 人员投入情况

(二)R&D 经费投入

1.总体情况

2016~2021 年,金昌市 R&D 经费呈现"先降后升"趋势,从 2016 年的 10.28 亿元下降到 2021 年的 4.17 亿元。其中,2018~2020 年间呈连续增长趋势,年均增速为 18.56%;2021 年 R&D 经费支出有所下降,为 4.17 亿元,较上年下降 34.26%,占全省 R&D 经费的 3.22%。表 8-3-2,图 8-3-2。

表 8-3-2　金昌市 R&D 经费内部支出表

年度	R&D 经费内部支出(亿元)	比上年增长(%)
2016	10.28	−6.99
2017	9.58	−6.73
2018	4.51	−52.95
2019	4.52	0.28
2020	6.34	40.25
2021	4.17	−34.26

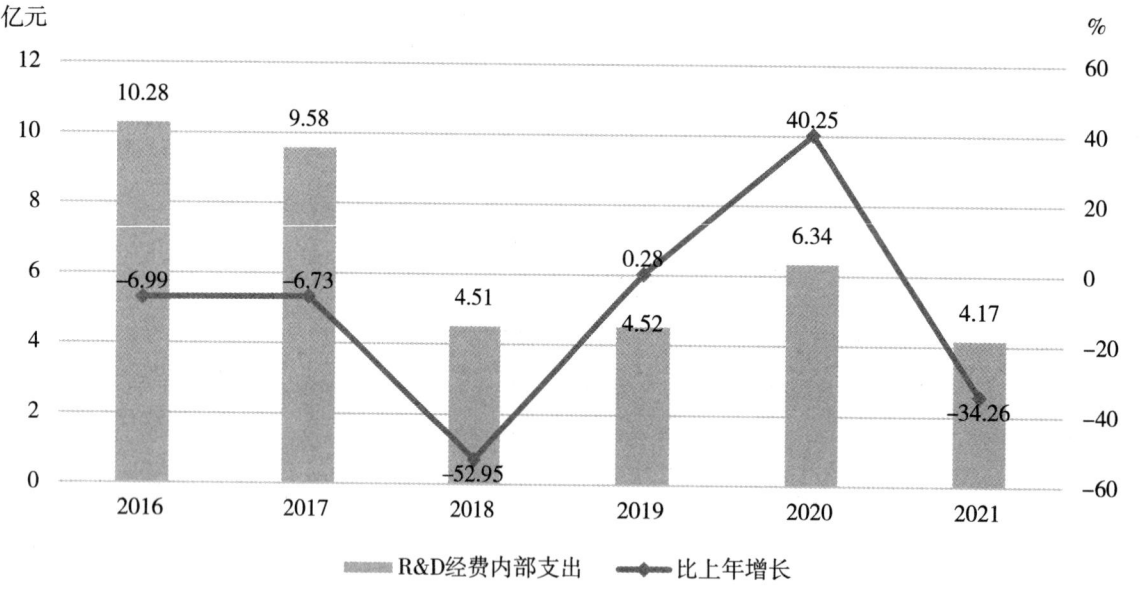

图 8-3-2　金昌市 R&D 经费内部支出及增长情况

2.结构分布

(1)按活动类型分布情况

2016~2021 年金昌市 R&D 经费主要用于应用研究和试验发展活动中,其中应用研究经费呈增长趋势,年均增速为 76.23%,试验发展经费呈下降趋势,表明"十三五"以来金昌市用于应用研究的支出增加较快。

从活动类型来看,2021 年金昌市应用研究和试验发展占 R&D 经费的比重分别为 4.18% 和

95.82%,试验发展经费占比高于全省平均水平,占全省的4.63%,应用研究经费占比低于全省平均水平。表8-3-3,图8-3-3。

表8-3-3 按活动类型分组的R&D经费支出表

年度	基础研究(亿元)	应用研究(亿元)	试验发展(亿元)
2016	-	0.01	1.03
2017	-	0.01	9.58
2018	-	0.01	4.50
2019	-	0.17	4.35
2020	0.47	0.13	5.74
2021	-	0.17	3.99

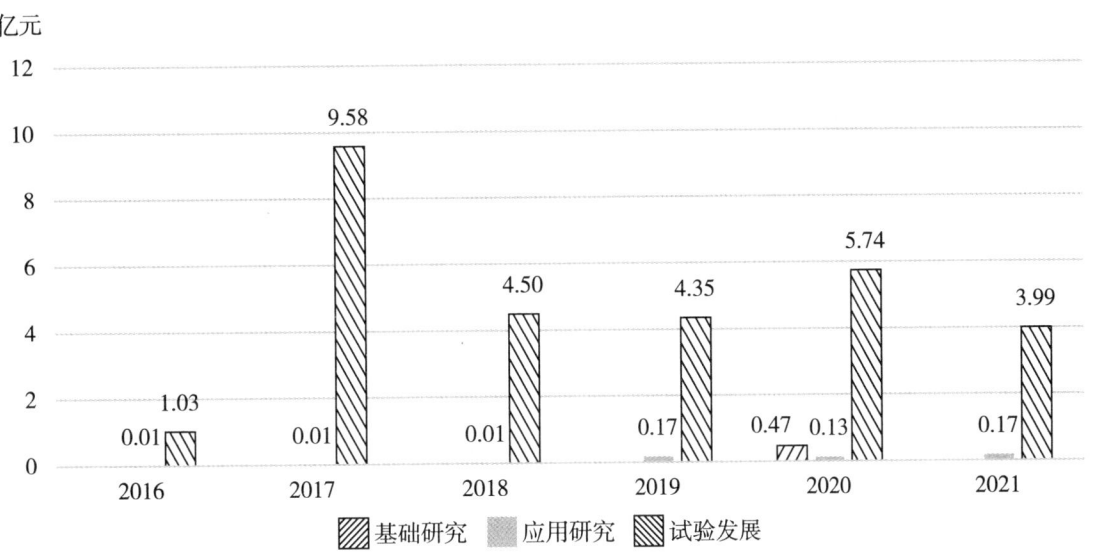

图8-3-3 按活动类型分组的R&D经费支出情况

(2)按支出用途分布情况

按支出用途来看,金昌市R&D经费日常性支出远远超过资产性支出,其中日常性支出呈现先降后升趋势,2016~2018年逐年下降,2018~2020年开始回升,年均增速为60.78%。资产性支出呈"正态"变化,2016~2018年持续上升,年均增速为57.06%。2018~2021年开始逐年下降。2021年,金昌市日常性支出为3.98亿元,占金昌市R&D经费的95.44%;资产性支出为0.19亿元,占金昌市R&D经费的4.56%。表8-3-4,图8-3-4。

表 8-3-4 按支出用途分组的 R&D 经费内部支出表

年度	日常性支出(亿元)	资产性支出(亿元)
2016	9.38	0.90
2017	8.49	1.09
2018	2.29	2.22
2019	3.92	0.60
2020	5.92	0.43
2021	3.98	0.19

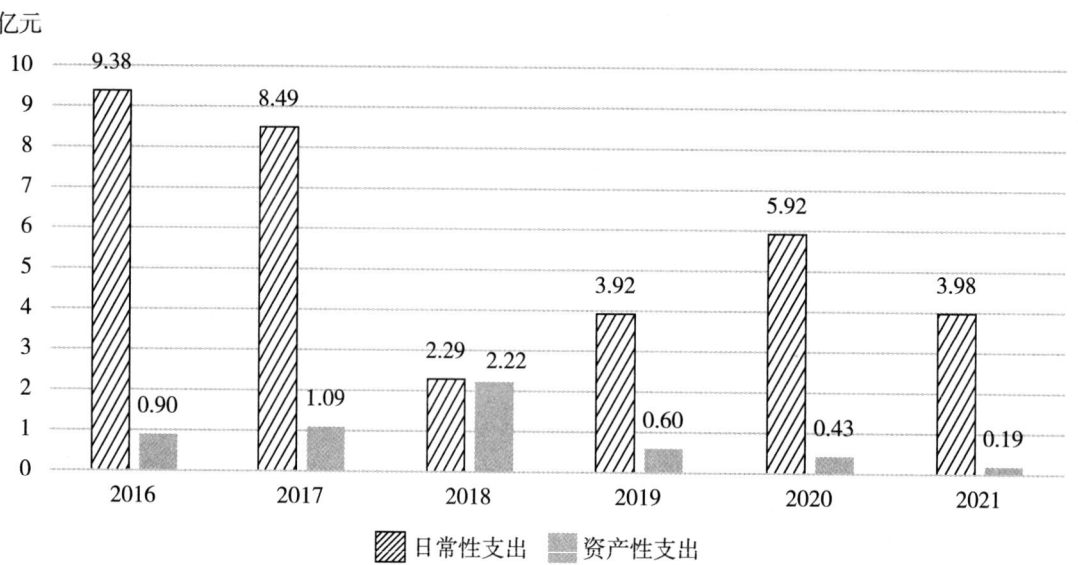

图 8-3-4 按支出用途分组的 R&D 经费内部支出情况

(三)R&D 经费投入强度

2016~2021 年,金昌市 R&D 经费投入强度总体呈下降趋势。其中,2016~2019 年逐年下降,从 2016 年的 4.95%下降到 2019 年的 1.33%,下降 3.62 个百分点;2020 年回升至 1.77%,2021 年又开始回落,较上年下降 0.8 个百分点。表 8-3-5,图 8-3-5。

表 8-3-5 R&D 经费投入强度表

年度	R&D 经费内部支出(亿元)	R&D 经费投入强度(%)
2016	10.28	4.95
2017	9.58	4.33
2018	4.51	1.71
2019	4.52	1.33
2020	6.34	1.77
2021	4.17	0.97

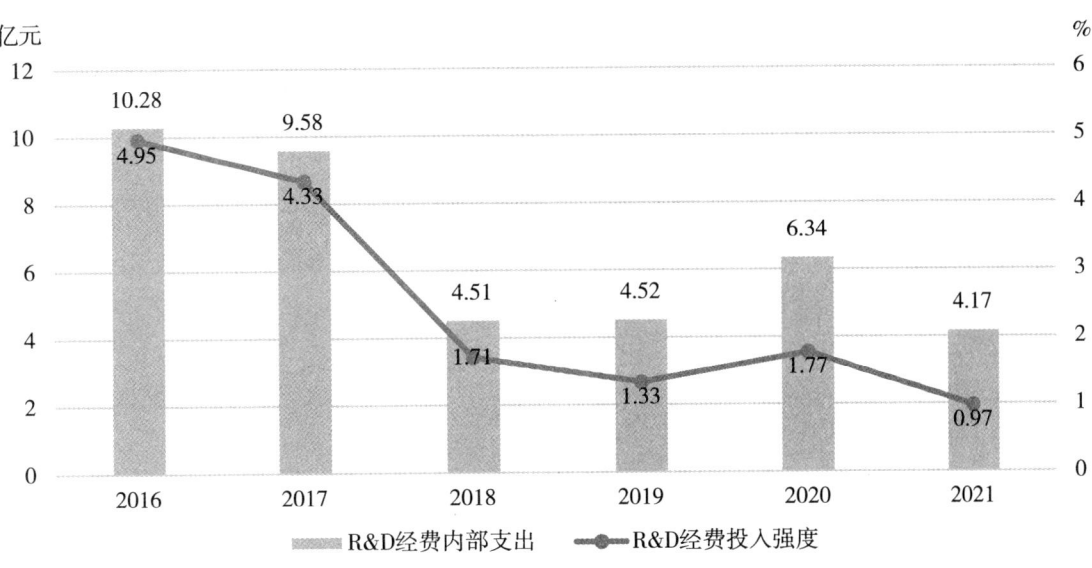

图 8-3-5　R&D 经费投入强度变化情况

(四)财政科技支出

1.总体情况

(1)一般公共预算收入

2016~2021 年,金昌市一般公共预算收入呈现总体增长趋势。其中,2016~2018 年持续增长,从 2016 年的 20.75 亿元增长到 2018 年的 23.08 亿元,年均增速为 5.47%;2019 年下降到 20.83 亿元,较上年下降 9.76%;2021 年回升至 26.98 亿元,较上年增长 20.11%。总体来看,金昌市一般公共预算收入增长较为缓慢。表 8-3-6,图 8-3-6。

表 8-3-6　财政科技支出表

年度	一般公共预算收入（亿元）	一般公共预算支出（亿元）	财政科技支出（亿元）	财政科技支出占一般公共预算支出比重(%)
2016	20.75	57.47	0.15	0.26
2017	22.22	59.70	0.18	0.30
2018	23.08	62.76	0.27	0.43
2019	20.83	66.31	0.32	0.48
2020	22.47	61.02	0.70	1.15
2021	26.98	57.30	0.86	1.49

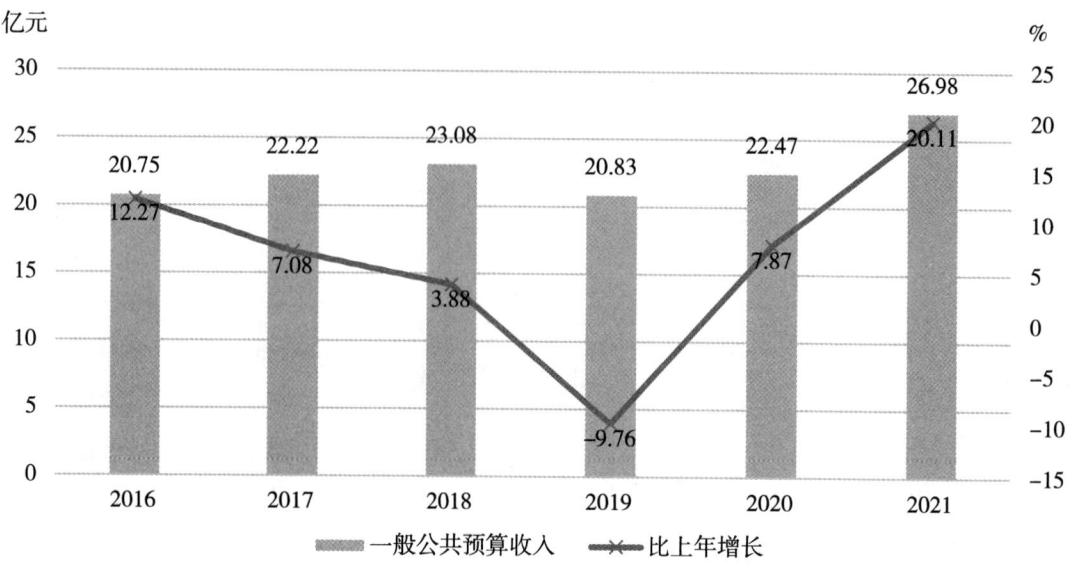

图 8-3-6 一般公共预算收入及增长情况

（2）一般公共预算支出

2016~2021年，金昌市一般公共预算支出呈现"正态"变化趋势。其中，2016~2019年呈增长趋势，从2016年的57.47亿元增长到2019年的66.31亿元，年均增速为4.88%；2020年下降61.02亿元，较上年下降7.98%；2021年为57.30亿元，较上年减少6.10%。图8-3-7。

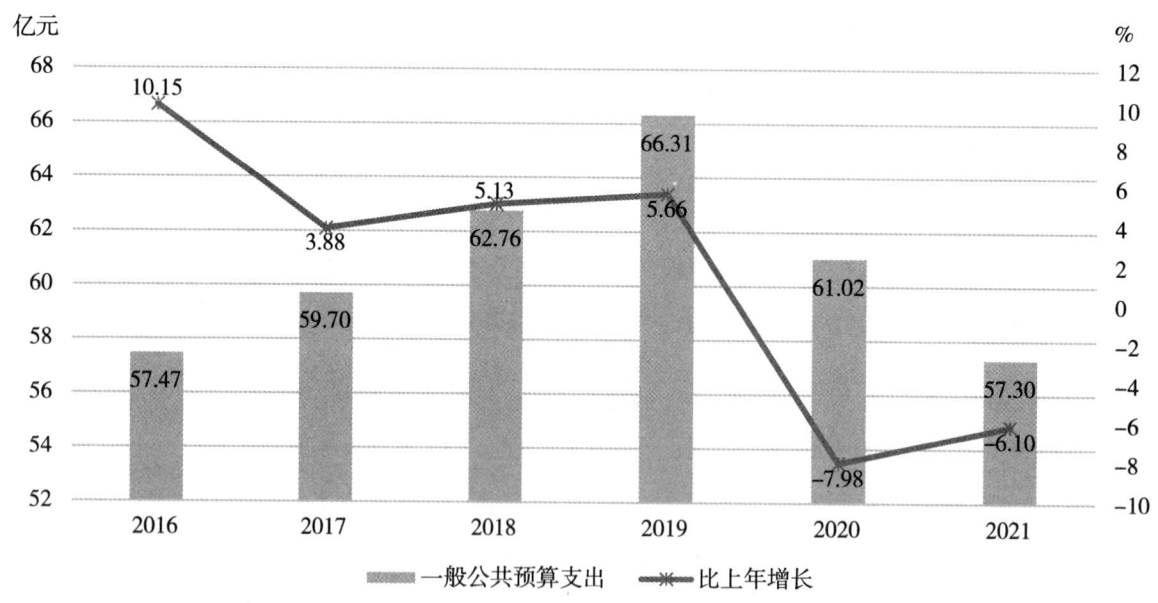

图 8-3-7 一般公共预算支出及增长情况

（3）财政科技支出

2016~2021年，金昌市财政科技支出呈现总体增长趋势，年均增速为41.80%。2021年达到0.86亿元，较上年增长22.86%，占一般公共预算支出的比重为1.49%。图8-3-8。

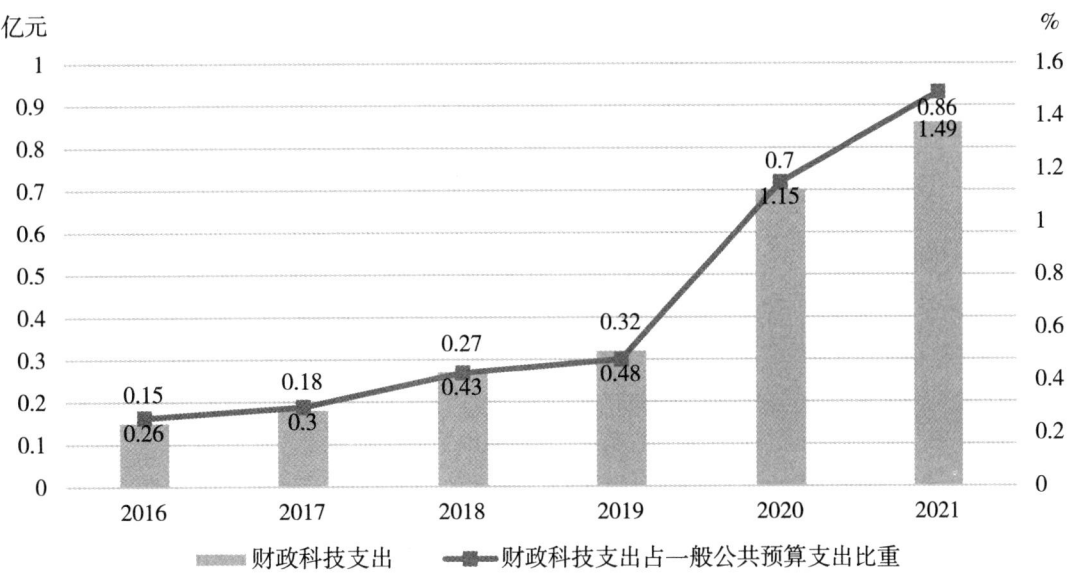

图 8-3-8 地方财政科技支出及占比情况

2.地区分布情况

(1)各区县一般公共预算收入

2016~2021年,金川区一般公共预算收入较高,呈现"正态"变化趋势,年均增速为4.51%。其中,2016~2018年持续增长,从2016年的3.89亿元增长到2018年的4.98亿元,年均增速为13.15%,2019~2020年有所下滑,2021年提升至4.85亿元,较上年增长21.55%。永昌县一般公共预算收入呈现先降后升的趋势,从2016~2020年逐年下降,2021年回升至3.41亿元,较上年增加24.91%,占全市一般公共预算收入的12.63%。表8-3-7,图8-3-9。

表 8-3-7 各区县一般公共预算收入表(亿元)

年度	金川区	永昌县
2016	3.89	3.50
2017	4.51	3.08
2018	4.98	3.00
2019	4.31	2.70
2020	3.99	2.73
2021	4.85	3.41

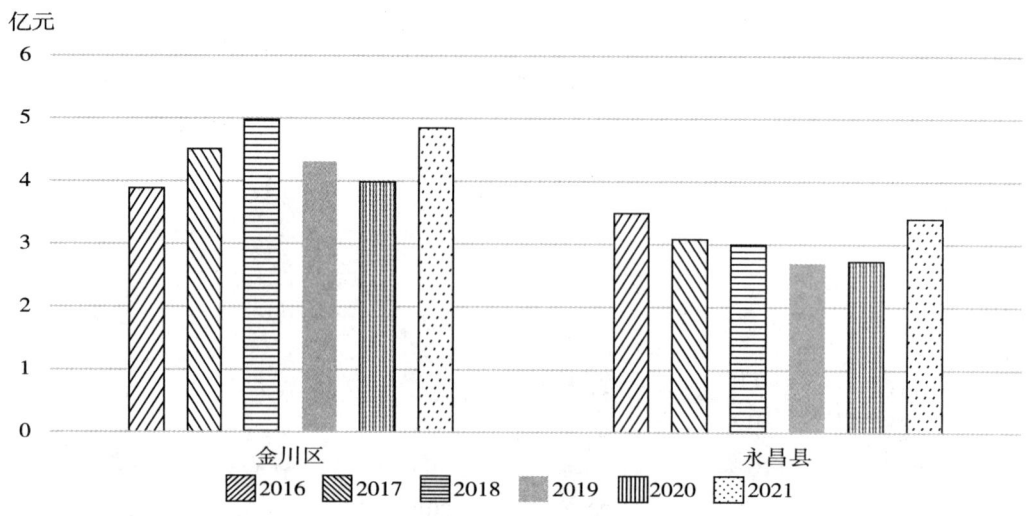

图 8-3-9 各区县一般公共预算收入情况

（2）各区县一般公共预算支出

2016~2021 年，永昌县一般公共预算支出较高，呈现"正态"变化趋势。其中，2017 年达到峰值，为 25.03 亿元，较上年增长 8.59%；2018~2021 年回落，2021 年下降至 21.56 亿元。金川区一

表 8-3-8 各区县一般公共预算支出表（亿元）

年度	金川区	永昌县
2016	10.20	23.05
2017	9.75	25.03
2018	11.23	25.02
2019	14.68	24.79
2020	12.33	23.13
2021	14.93	21.56

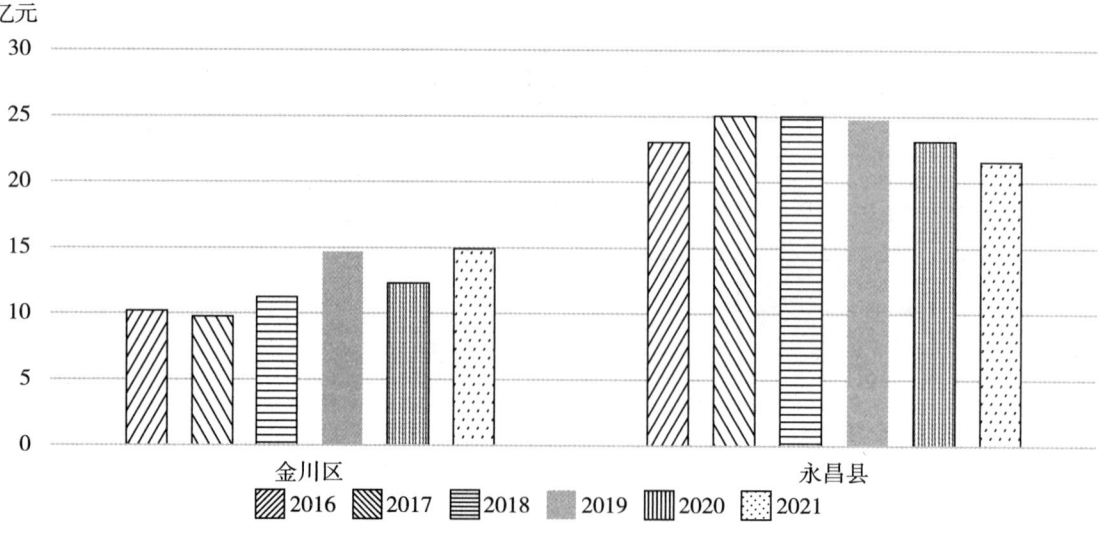

图 8-3-10 各区县一般公共预算支出情况

般公共预算支出呈现总体增长趋势,年均增速为 7.92%,2021 年达到 14.93 亿元,较上年增长 21.09%,占全市一般公共预算支出的 26.06%。表 8-3-8,图 8-3-10。

(3)各区县财政科技支出

2016~2021 年,永昌县财政科技支出呈现总体增长趋势,年均增速为 39.68%。其中,2016~2018 年持续增长,从 2016 年的 236 万元增长到 2018 年的 913 万元,年均增速为 96.69%。2019~2020 年随着财政收支的缩减有所减少,2021 年提升至 1255 万元,较上年增长 45.76%,占全市财政科技支出的 0.58%。金川区财政科技支出也呈现总体增长趋势,年均增速为 28.13%,2016~2019 年持续增长,从 2016 年的 150 万元到 2019 年的 401 万元,年均增速为 38.79%,2020 年有所回落,2021 年又回升至 518 万元,较上年增长 35.6%,占全市财政科技支出的 0.35%。表 8-3-9,图 8-3-11。

表 8-3-9 各区县财政科技支出表(万元)

年度	金川区	永昌县
2016	150	236
2017	149	407
2018	227	913
2019	401	797
2020	382	861
2021	518	1255

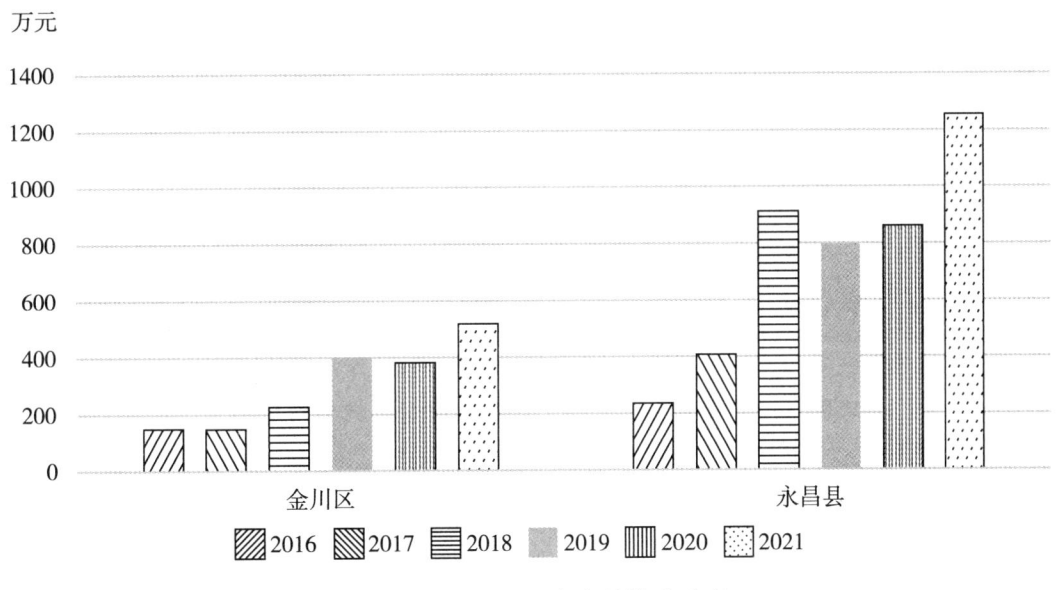

图 8-3-11 各区县财政科技支出情况

二、科技产出情况

（一）企业创新活动情况

1.企业总体情况

2016~2021年,金昌市规模(限额)以上企业数呈现波动变化态势,从2016年的185家增长至2021年的218家,年均增长率为3.34%。企业数增长率最高的年度为2021年,达15.96%,增长率最低的年度为2018年,为-7.11%。2021年较上年增长30家,占全省规模(限额)以上企业数的3.58%。表8-3-10,图8-3-12。

表 8-3-10 2016~2021 年金昌市企业数与增长率

年度	企业数(个)	增长率(%)	占全省比例(%)
2016	185	-	3.53
2017	197	6.49	3.82
2018	183	-7.11	3.83
2019	178	-2.73	3.58
2020	188	5.62	3.49
2021	218	15.96	3.58

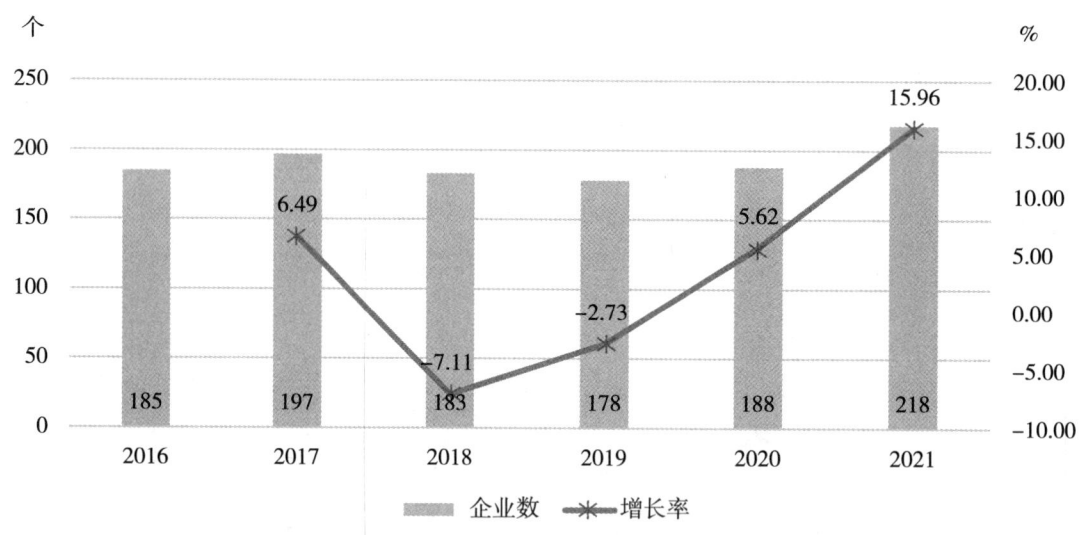

图 8-3-12 2016~2021 年金昌市企业数与增长率

2.企业开展创新活动情况

2016~2021年,金昌市规模(限额)以上企业中开展创新活动企业数稳定变化,从2016年的77家增长至2021年的101家,年均增长率为5.58%。2017年、2018年增长率为负,呈现下降态势。2020年企业数维持上年数量,2021年开展创新活动企业数达101家,相较于2020年增加27家,增长率达到36.49%,占全省的4.22%。表8-3-11,图8-3-13。

表 8-3-11　2016~2021 年金昌市开展创新企业数与增长率

年度	企业数(个)	增长率(%)	占全省比例(%)
2016	77	–	4.45
2017	71	−7.79	3.98
2018	59	−16.90	3.50
2019	74	25.42	3.90
2020	74	0.00	3.89
2021	101	36.49	4.22

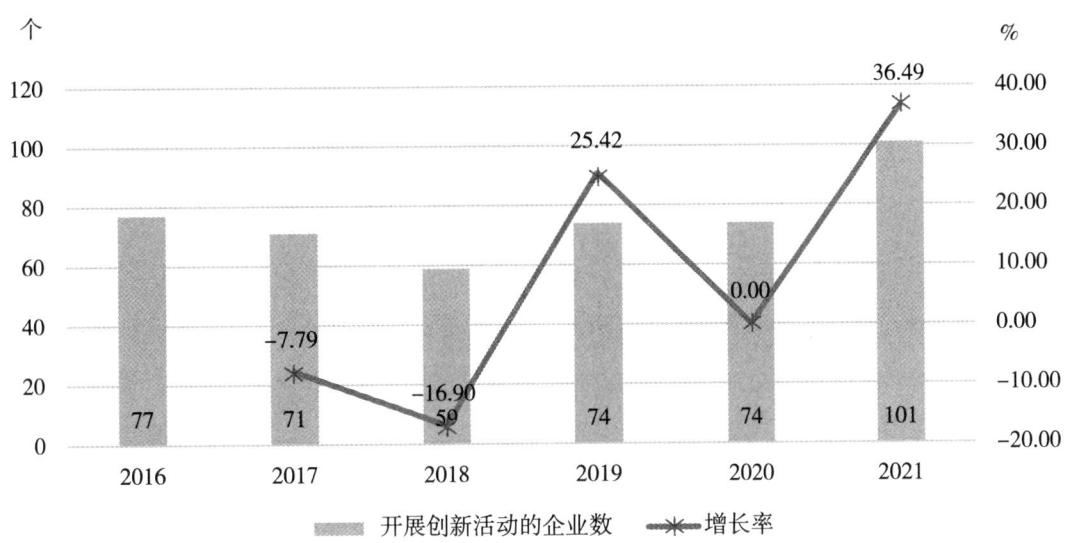

图 8-3-13　2016~2021 年金昌市开展创新企业数与增长率

2016~2021 年,金昌市规模(限额)以上企业中开展创新活动企业数占比波动增长,从 2016 年的 41.62% 增长至 2021 年的 46.33%,增长了 4.73 个百分点。2020 年占比为 39.36%,2021 年持续提升,增加了 6.97 个百分点。表 8-3-12,图 8-3-14。

表 8-3-12　2016~2021 年金昌市开展创新活动企业数占总企业数比重

年度	占比(%)
2016	41.62
2017	36.04
2018	32.24
2019	41.57
2020	39.36
2021	46.33

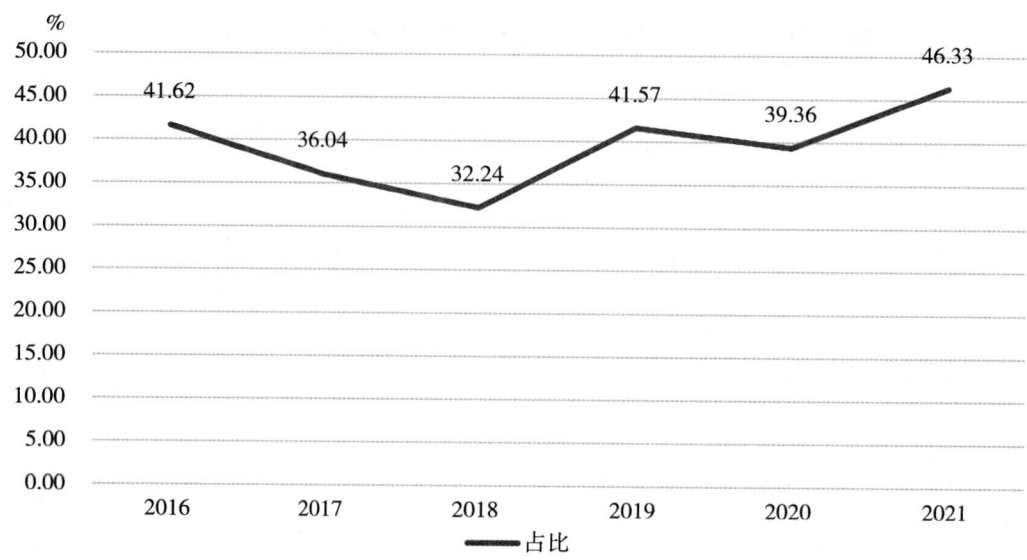

图 8-3-14　2016~2021 年金昌市开展创新活动企业数占总企业数比重

开展创新活动企业中,部分企业成功实现创新,2016~2021 年,成功创新企业占开展创新活动企业比例基本保持稳定,完成率皆保持在 93% 以上。2016 年、2017 年、2020 年企业实现创新完成率达 100%,2021 年企业实现创新完成率达 94.06%。表 8-3-13,图 8-3-15。

表 8-3-13　2016~2021 年金昌市实现创新完成企业占比

年度	实现创新完成率(%)	年度	实现创新完成率(%)
2016	100.00	2019	93.24
2017	100.00	2020	100.00
2018	96.61	2021	94.06

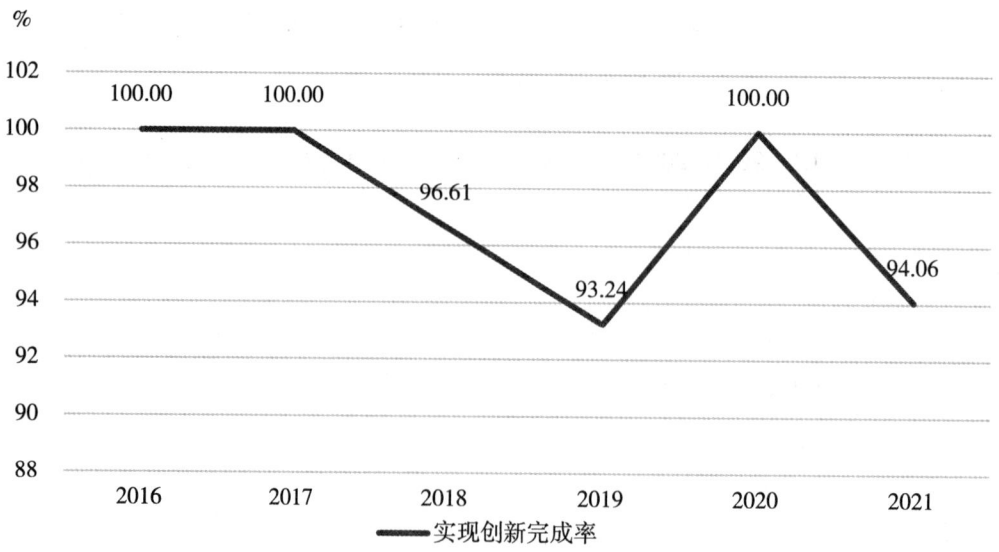

图 8-3-15　2016~2021 年金昌市实现创新完成企业占比

3.创新活动类型情况

2021年,金昌市开展组织(管理)创新活动或营销创新活动的企业占开展创新活动企业数的85.15%,开展产品创新活动或工艺创新活动的企业占57.43%,同时开展4种创新活动的企业占15.84%。表8-3-14,图8-3-16。

表8-3-14 2016~2021年金昌市企业创新活动开展情况

年度	开展产品或工艺创新活动企业数(个)	占比(%)	有组织(管理)创新或营销创新企业数(个)	占比(%)	同时实现四种创新企业数(个)	占比(%)
2016	39	50.65	73	94.81	11	14.29
2017	27	38.03	68	95.77	11	15.49
2018	28	47.46	53	89.83	9	15.25
2019	45	60.81	64	86.49	11	14.86
2020	53	71.62	66	89.19	16	21.62
2021	58	57.43	86	85.15	16	15.84

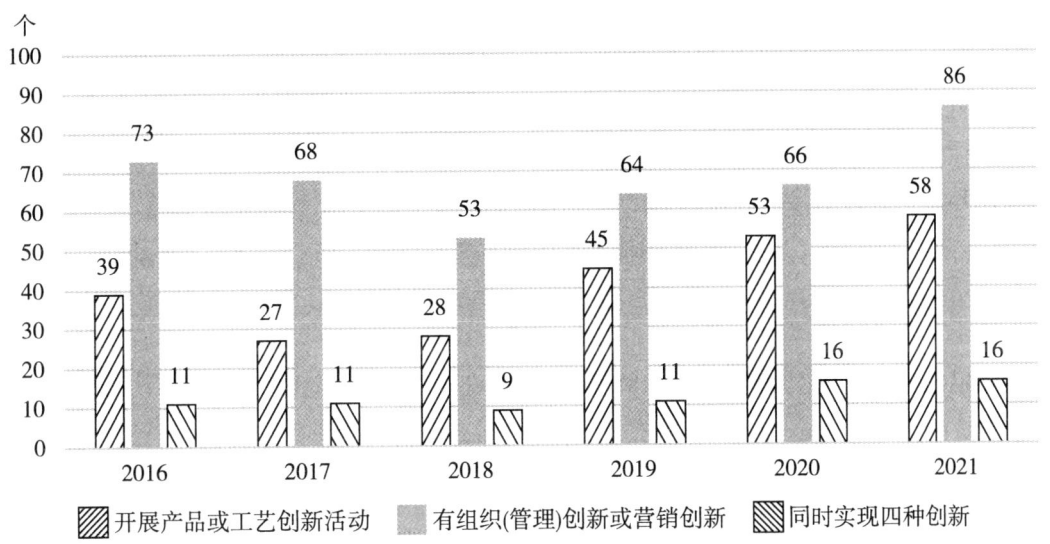

图8-3-16 2016~2021年金昌市企业创新活动开展情况

(二)企业R&D活动情况

1.开展R&D活动的企业情况

2016~2021年,开展内部R&D活动企业数呈现波动变化态势,从2016年的8家增长至2021年的32家,年均增长率为31.95%。2021年金昌市开展内部R&D活动企业占规模(限额)以上企业比重为14.68%。表8-3-15,图8-3-17。

表 8-3-15 2016~2021 年金昌市内部 R&D 企业情况

年度	有内部 R&D 的企业数(个)	增长率(%)	有内部 R&D 的企业数占比(%)
2016	8		4.32
2017	8	0.00	4.06
2018	7	-12.50	3.83
2019	14	100.00	7.87
2020	13	-7.14	6.91
2021	32	146.15	14.68

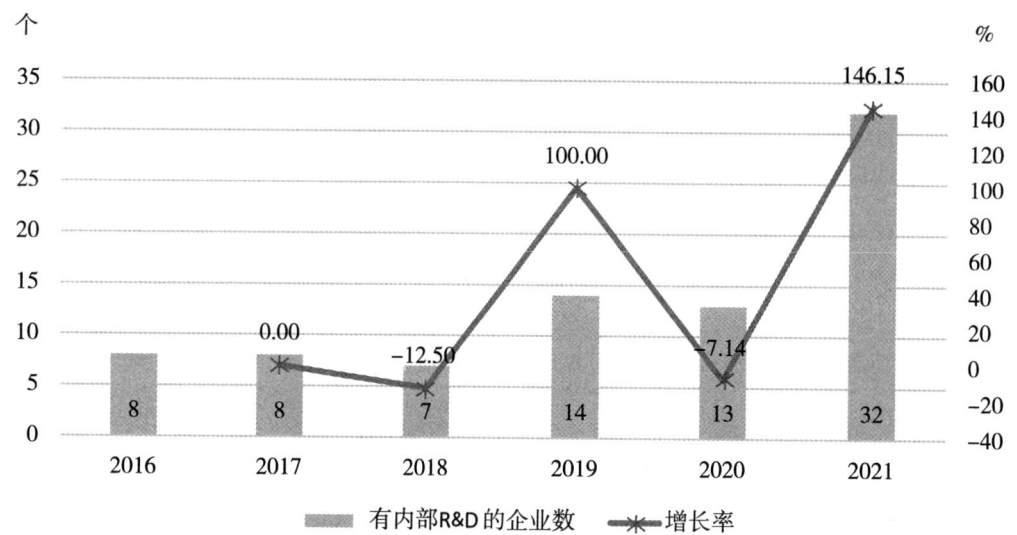

图 8-3-17 2016~2021 年金昌市内部 R&D 企业情况

2016~2021 年，开展外部 R&D 企业数呈现变化态势，从 2016 年的 3 家增长至 2021 年的 7 家，年均增长率为 18.47%。2021 年金昌市开展外部 R&D 活动企业占规模(限额)以上企业比重为 3.21%。表 8-3-16，图 8-3-18。

表 8-3-16 2016~2021 年金昌市开展外部 R&D 企业情况

年度	有外部 R&D 的企业数(个)	增长率(%)	有外部 R&D 的企业数占比(%)
2016	3	—	1.62
2017	4	33.33	2.03
2018	5	25.00	2.73
2019	3	-40.00	1.69
2020	4	33.33	2.13
2021	7	75.00	3.21

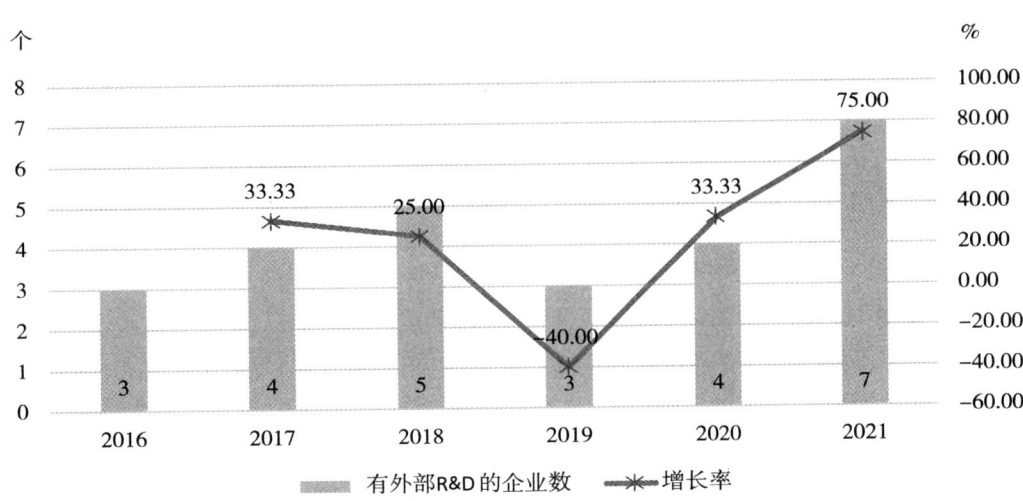

图 8-3-18　2016~2021 年金昌市开展外部 R&D 企业数情况

2. 工业企业创新费用情况

2016~2021 年,工业企业创新费用变化呈波动状态,从 2016 年的 37.95 亿元减少至 2021 年的 37.72 亿元,年均增长率为-0.12%。2018 年增长率最低,为-23.7%,2021 年增长率最高,为 11.5%。表 8-3-17,图 8-3-19。

表 8-3-17　2016~2021 年金昌市工业企业创新费用及其增长率

年度	工业企业创新费用(亿元)	增长率(%)
2016	37.95	—
2017	41.54	9.46
2018	31.70	-23.70
2019	33.40	5.37
2020	33.83	1.28
2021	37.72	11.50

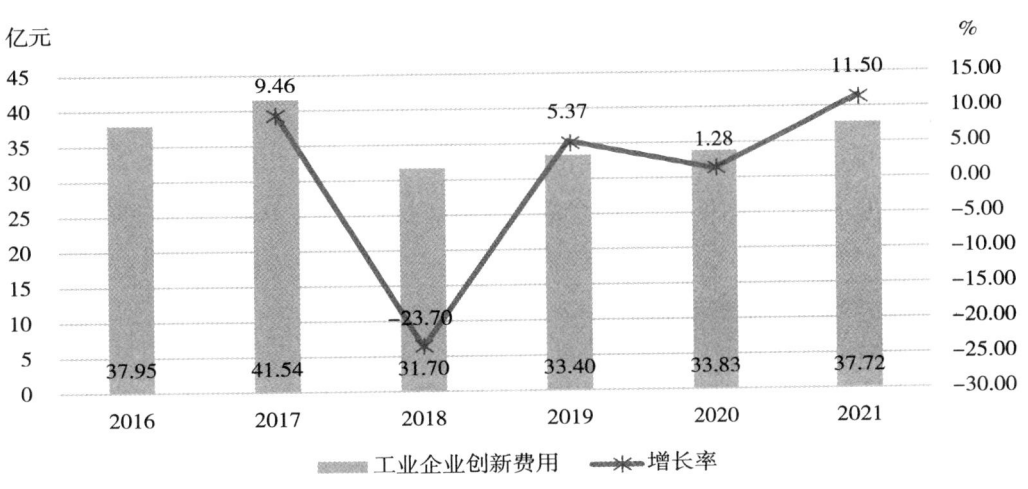

图 8-3-19　2016~2021 年金昌市工业企业创新费用及其增长率

3.企业 R&D 经费情况

2016~2021 年,金昌市规模以上工业企业 R&D 经费呈现下降状态,从 2016 年的 10.27 亿元下降至 2021 年的 3.24 亿元,年均增长率为-20.60%。占规模以上工业企业营业收入的比重从 2016 年的 0.48%变化到 2021 年的 0.13%。其中 2021 年占比最低,2016 年占比最高。表 8-3-18,图 8-3-20。

表 8-3-18　2016~2021 年金昌市规模以上工业企业 R&D 经费情况

年度	规模以上工业企业 R&D 经费(亿元)	占规模以上工业企业营业收入(或主营业务收入)的比重(%)
2016	10.27	0.48
2017	9.44	0.40
2018	4.10	0.17
2019	3.92	0.35
2020	6.24	0.39
2021	3.24	0.13

注:因统计口径变化,2016~2018 年使用规模以上工业企业主营业务收入,2019~2021 年使用规模以上工业企业营业收入。

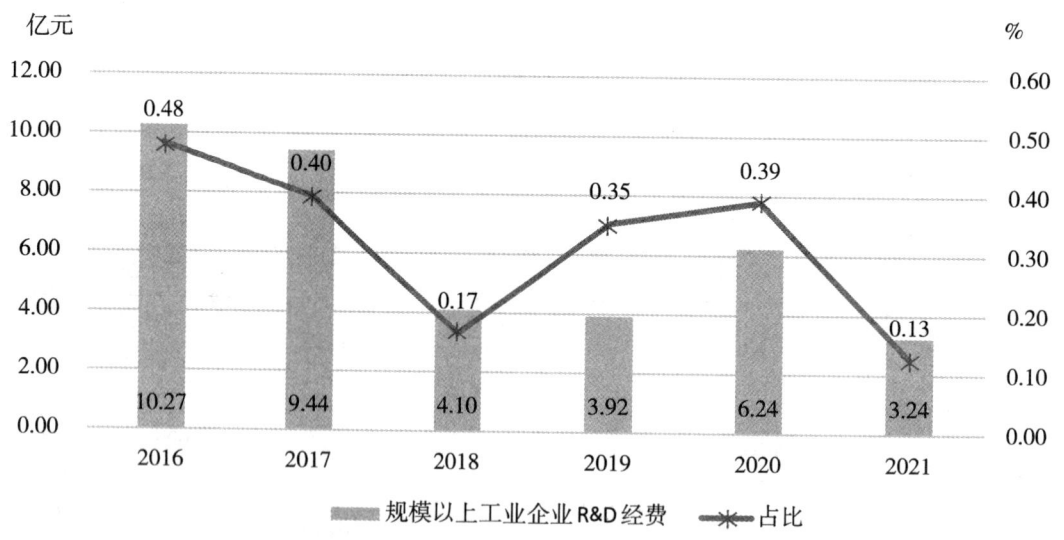

图 8-3-20　2016~2021 年金昌市规模以上工业企业 R&D 经费情况

(三)知识产权情况

1.专利授权情况

2016~2022 年,金昌市专利授权量快速增长,从 2016 年的 451 件增长至 2022 年的 1131 件,年均增长率为 16.56%,其中,2018 年增长率最高,为 53.19%,2019 年增长率最低,为-10.88%。表 8-3-19,图 8-3-21。

表 8-3-19 2016~2022年金昌市专利授权量及其增长率

年度	专利授权量（件）	增长率（%）
2016	451	—
2017	408	-9.53
2018	625	53.19
2019	557	-10.88
2020	815	46.32
2021	967	18.65
2022	1131	16.96

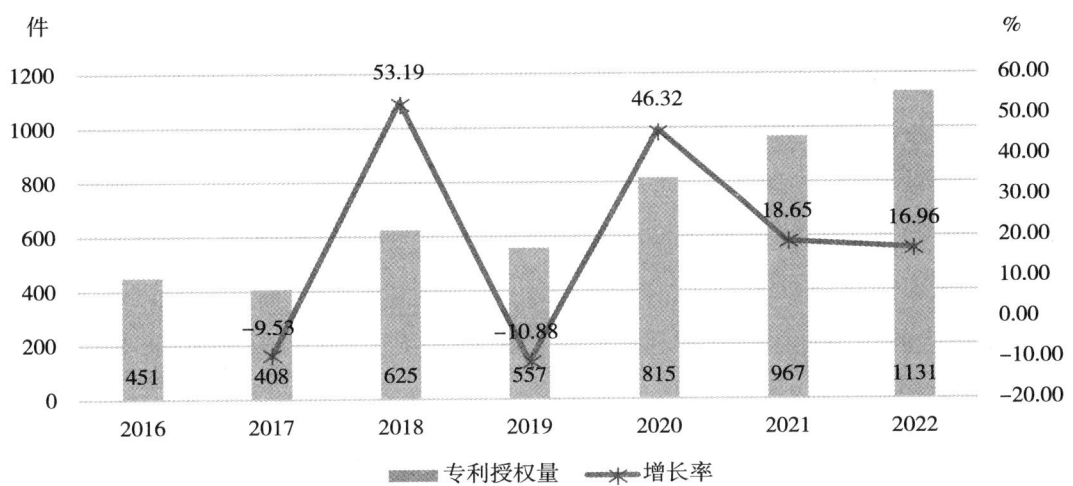

图 8-3-21 2016~2022年金昌市专利授权量及其增长率

2.发明专利拥有量

2016~2022年，金昌市发明专利拥有量稳定增长，从2016年的224件增长至2022年的484件，年均增长量为13.7%。万人发明专利拥有量从2016年的4.77件增长至2022年的11.12件，年均增长量为15.15%。其中，2021年专利发明专利拥有量增长率最低，为8.19%。2017年发明

表 8-3-20 2016~2022年金昌市发明专利拥有量情况

年度	发明专利拥有量（件）	每万人口发明专利拥有量（件）
2016	224	4.77
2017	283	6.02
2018	340	7.25
2019	370	7.90
2020	403	8.80
2021	436	9.95
2022	484	11.12

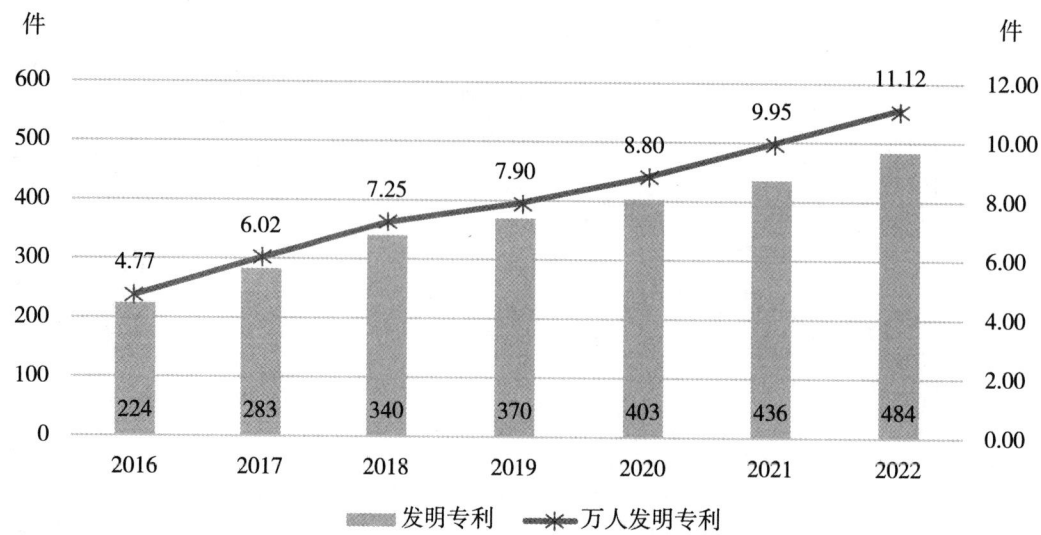

图 8-3-22 2016~2022 年金昌市发明专利拥有量情况率

专利拥有量增长率最高,为 26.21%。表 8-3-20,图 8-3-22。

3.高价值专利拥有量

(1)总体情况

2022 年,金昌市高价值发明专利拥有量 155 件,相比于 2021 年增加 28 件,增长率为 22.05%。表 8-3-21,图 8-3-23。

表 8-3-21　2021~2022 年金昌市高价值发明专利拥有量

年度	高价值发明专利拥有量(件)
2021	127
2022	155

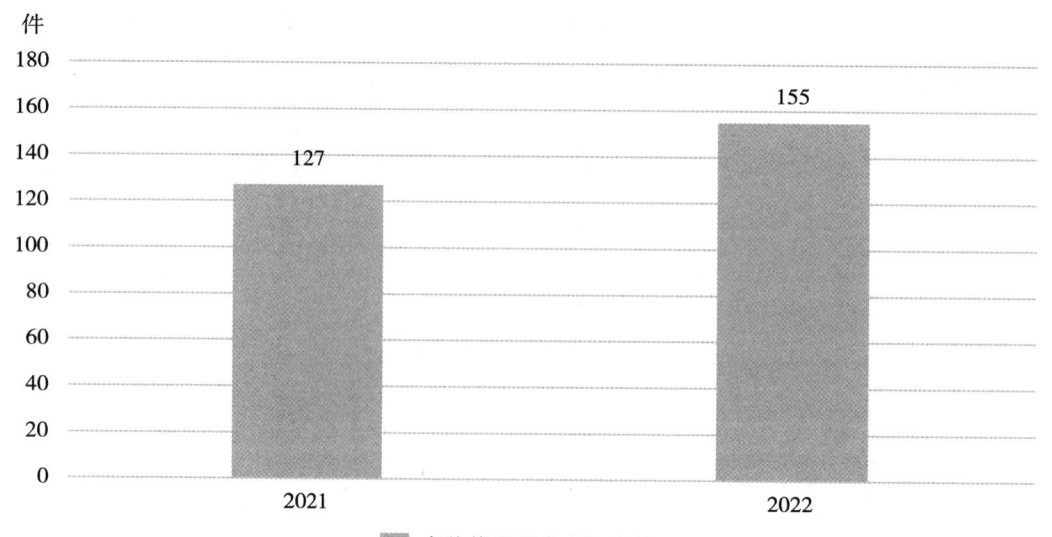

图 8-3-23　2021~2022 年金昌市高价值发明专利拥有量

（2）五个维度分布情况

2022年金昌高价值专利拥有量中，维持年限超10年的有效发明专利量为97件，占比最高，为57%。战略性新兴产业的有效发明专利量为62件，占比为36%。获得国家科技奖或中国专利奖的有效发明专利为11件，占比为6%。在海外有同族专利权的有效发明专利为1件，占比为1%。表8-3-22，图8-3-24。

表8-3-22 2022年金昌市高价值发明专利拥有量维度分布情况

分类	高价值发明专利拥有量（件）
战略性新兴产业的有效发明专利	62
维持年限超10年的有效发明专利	97
在海外有同族专利权的有效发明专利	1
获得较高质押融资金额的有效发明专利	0
获得国家科技奖或中国专利奖的有效发明专利	11

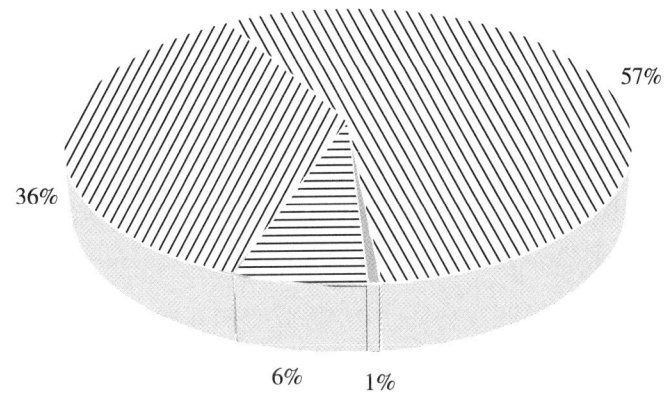

图8-3-24 2022年金昌市高价值发明专利拥有量维度分布情况

(四)技术市场交易情况

1.总体情况

2016~2022年，金昌累计登记技术合同750项，成交额共计37.57亿元，成交额年均增长率14.06%，其中，2022年金昌登记技术合同139项，技术合同成交额7.5亿元，是2016~2022年期间成交金额最高的一年，比2016年增长120.51%。表8-3-23，图8-3-25。

表 8-3-23　2016~2022 年金昌市技术市场合同统计表

年度	2016	2017	2018	2019	2020	2021	2022
合同数(项)	49	59	67	77	117	242	139
成交额(亿元)	3.41	3.64	4.28	5.52	6.79	6.42	7.50

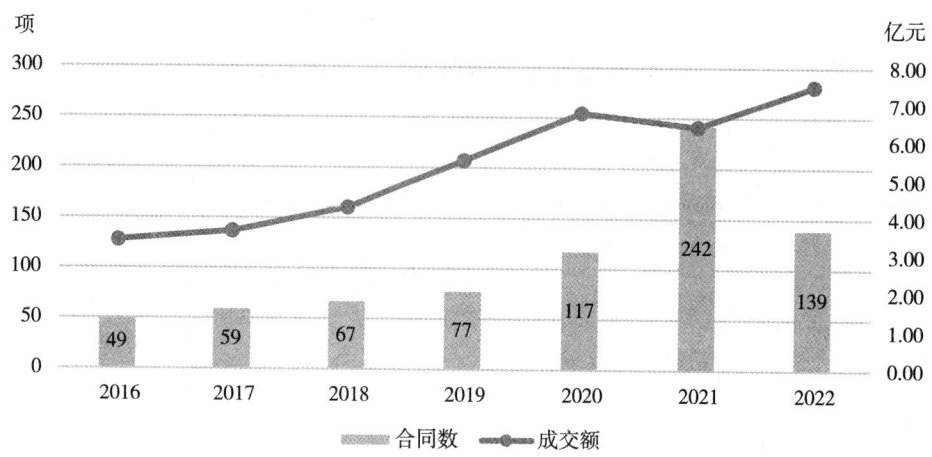

图 8-3-25　2016~2022 年金昌市技术市场合同数和成交额情况

2.不同类型分布情况

（1）按合同类别分布情况

2016~2022 年，金昌市大部分技术交易合同为技术咨询和技术服务合同，共登记技术咨询合同 392 项，成交额 17 亿元，占金昌市技术交易额的比重为 45.25%；技术服务合同 252 项，成交额 15.57 亿元，占 41.44%；技术开发合同 101 项，成交额 4.79 亿元，占 12.75%；技术转让合同 5 项，成交额 0.21 亿元，占 0.56%。表 8-3-24，图 8-3-26。

表 8-3-24　2016~2022 年金昌市技术合同按合同类别统计表

	年度	2016	2017	2018	2019	2020	2021	2022	总计
总计	合同数(项)	49	59	67	77	117	242	139	750
	成交额(亿元)	3.41	3.64	4.28	5.52	6.79	6.42	7.50	37.57
技术开发	合同数(项)	0	0	0	13	0	0	88	101
	成交额(亿元)	0.00	0.00	0.00	1.09	0.00	0.00	3.71	4.79
技术转让	合同数(项)	0	0	1	2	0	0	2	5
	成交额(亿元)	0.00	0.00	0.08	0.09	0.00	0.00	0.05	0.21
技术咨询	合同数(项)	26	16	22	14	88	224	2	392
	成交额(亿元)	1.68	1.02	1.66	1.10	5.42	6.05	0.08	17.00
技术服务	合同数(项)	23	43	44	48	29	18	47	252
	成交额(亿元)	1.73	2.63	2.54	3.25	1.37	0.38	3.67	15.57

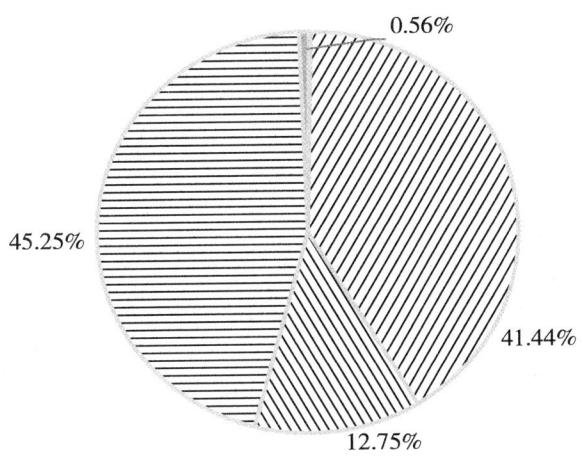

图 8-3-26　2016~2022 年金昌市技术交易总金额按合同类别占比

（2）按卖方类别分布情况

2016~2022 年，金昌市技术交易主体主要是企业法人，企业法人输出技术合同总成交额占比超过 95%，企业法人共输出技术合同 733 项，成交额 36.62 亿元，占金昌市技术交易额的 96.69%；事业法人共输出技术合同 15 项，成交额 0.95 亿元，占金昌市技术交易额的 2.54%；自然人共输出技术合同 2 项，成交额仅 0.29 亿元，占金昌市技术交易额的 0.77%。表 8-3-25，图 8-3-27。

表 8-3-25　2016~2022 年金昌市技术合同按卖方类别统计表

	年度	2016	2017	2018	2019	2020	2021	2022	总计
总计	合同数(项)	49	59	67	77	117	242	139	750
	成交额(亿元)	3.41	3.64	4.28	5.52	6.79	6.42	7.50	37.57
机关法人	合同数(项)	0	0	0	0	0	0	0	0
	成交额(亿元)	0.00	0.00	0.00	0.00	0.00	0.00	0.00	0.00
事业法人	合同数(项)	4	4	6	0	1	0	0	15
	成交额(亿元)	0.29	0.23	0.42	0.00	0.01	0.00	0.00	0.95
社团法人	合同数(项)	0	0	0	0	0	0	0	0
	成交额(亿元)	0.00	0.00	0.00	0.00	0.00	0.00	0.00	0.00
企业法人	合同数(项)	45	55	61	77	116	242	137	733
	成交额(亿元)	3.12	3.42	3.86	5.52	6.78	6.42	7.21	36.32
自然人	合同数(项)	0	0	0	0	0	0	2	2
	成交额(亿元)	0.00	0.00	0.00	0.00	0.00	0.00	0.29	0.29
其他组织	合同数(项)	0	0	0	0	0	0	0	0
	成交额(亿元)	0.00	0.00	0.00	0.00	0.00	0.00	0.00	0.00

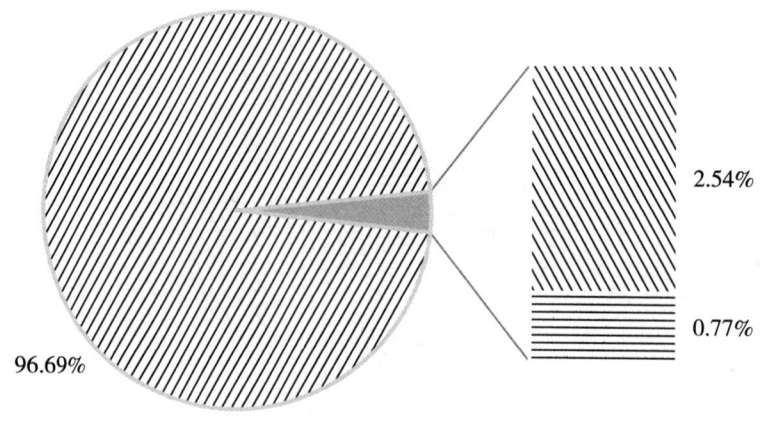

企业法人　事业法人　自然人

图 8-3-27　2016~2022 年金昌市技术交易总金额按卖方类别占比

(五)科技论文

2016~2020 年,金昌市发表的论文数量先升后降,共发表科技论文 138 篇,占全省国内论文比重为 0.35%。表 8-3-26,图 8-3-28。

表 8-3-26　2016~2020 年金昌市国内论文发表

年度	2016	2017	2018	2019	2020
论文数(篇)	20	26	30	31	31
占甘肃省国内论文比重(%)	0.25	0.34	0.39	0.39	0.37

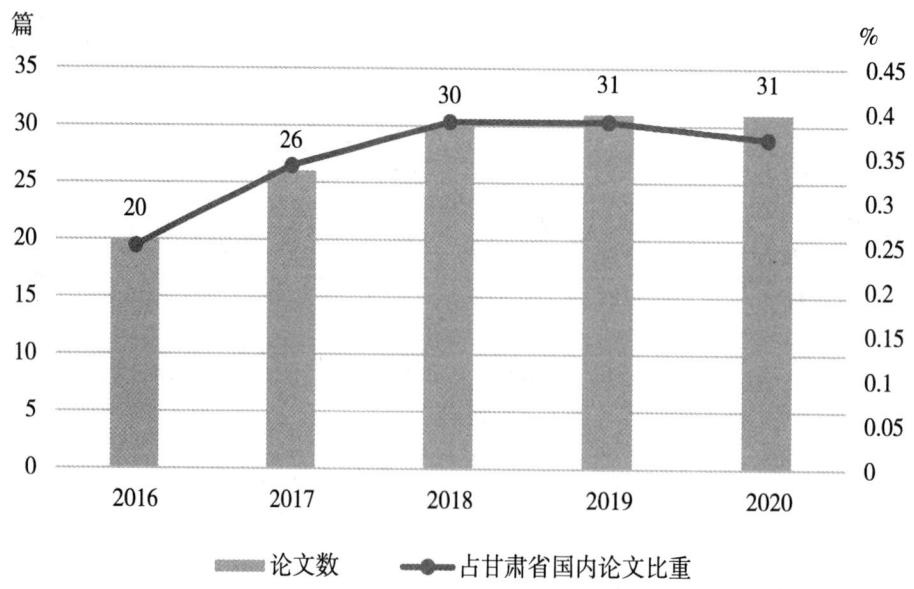

图 8-3-28　2016~2020 年金昌市国内论文数

[4] 白银篇

一、科技投入情况

（一）R&D 人员投入

2021年白银市R&D人员达到2052人，与2020年相比增长79.53%，占全省R&D人员的3.73%。2016~2021年期间，白银市R&D人员投入总体变化波动较大，从2016年的1877人减少到2018年的1601人，2019年开始回升至2286人，较上年增长42.79%，占全省R&D人员的4.96%，是"十三五"期间R&D人员最高的一年。表8-4-1，图8-4-1。

表 8-4-1　白银市 R&D 人员投入表

年度	R&D 人员（人）	比上年增长（%）	占全省比例（%）
2016	1877	−0.11	4.72
2017	1655	−11.83	4.04
2018	1601	−3.26	4.13
2019	2286	42.79	4.96
2020	1143	−50.00	2.65
2021	2052	79.53	3.73

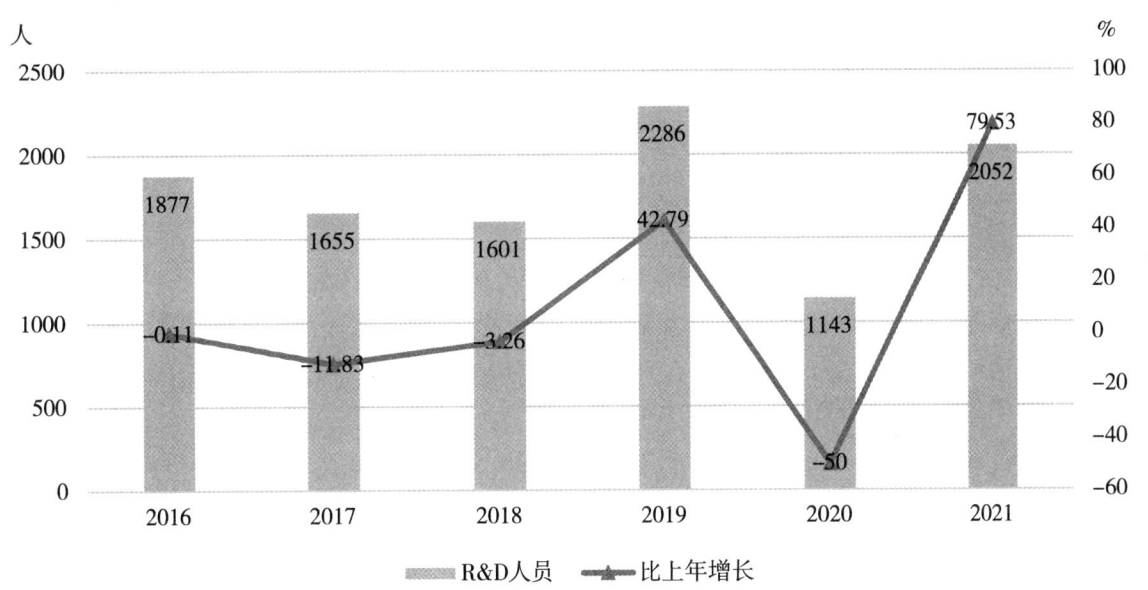

图 8-4-1　白银市 R&D 人员投入情况

（二）R&D 经费投入

1.总体情况

2016~2021 年,白银市 R&D 经费呈现先升后降的趋势。其中,2016~2019 年间呈现连续增长趋势,从 2016 年的 4.23 亿元增长到 2019 年的 6.59 亿元,年均增速为 15.93%。2020 年有所下降,较上年减少 42.87%;2021 年回升至 4.48 亿元,较上年增长 15.72%,占全省 R&D 经费的 3.46%。表 8-4-2,图 8-4-2。

表 8-4-2 白银市 R&D 经费内部支出表

年度	R&D 经费内部支出（亿元）	比上年增长（%）
2016	4.23	6.19
2017	4.35	2.68
2018	5.27	21.25
2019	6.59	25.04
2020	3.77	-42.87
2021	4.48	18.97

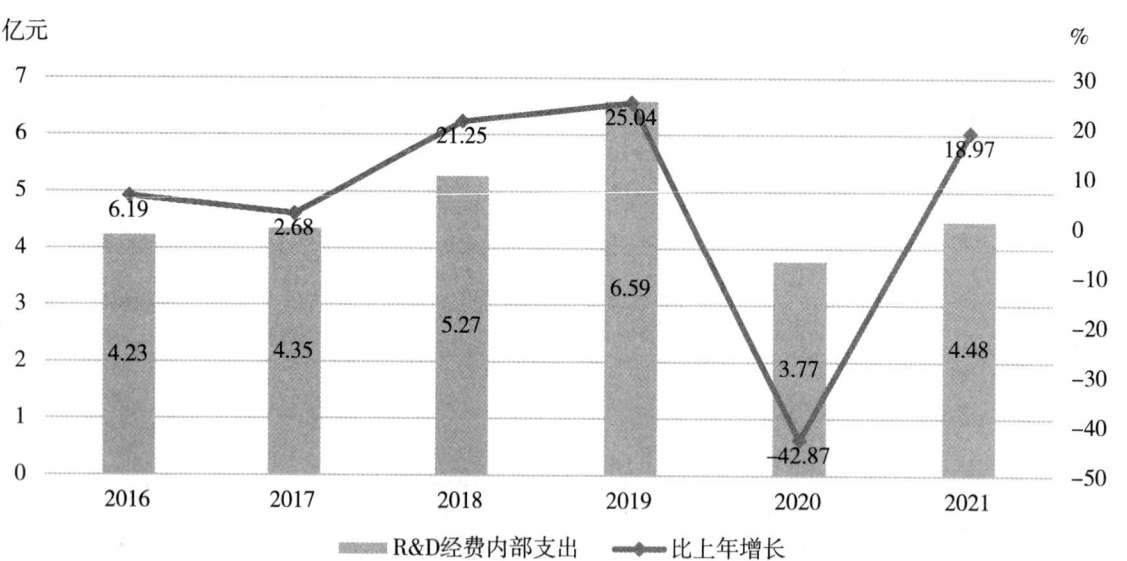

图 8-4-2 白银市 R&D 经费内部支出及增长情况

2.结构分布

（1）按活动类型分布情况

2016~2021 年白银市 R&D 经费主要用于应用研究和试验发展活动。其中应用研究经费呈"正态"变化趋势,2016~2018 年持续增长,2019 年回落至 0.32 亿元,较上年减少 54.29%,2020 年又开始回升至 0.46 亿元,较上年增长 43.75%。试验发展经费同样呈现"正态"趋势,2016~2019 年持续增长,年均增速为 14.78%,2020 年开始下降,2021 年回升至 4.36 亿元,较上年增长

32.12%。表8-4-3,图8-4-3。

从活动类型来看,2021年白银市应用研究和试验发展占R&D经费的比重分别为2.50%和97.24%,试验发展经费占比高于全省平均水平,占全省的5.05%,应用研究经费占比低于全省平均水平。

表8-4-3 按活动类型分组的R&D经费支出表(亿元)

年度	基础研究	应用研究	试验发展
2016	-	0.13	4.10
2017	-	0.19	4.16
2018	-	0.70	4.58
2019	0.08	0.32	6.20
2020	0.01	0.46	3.30
2021	0.01	0.11	4.36

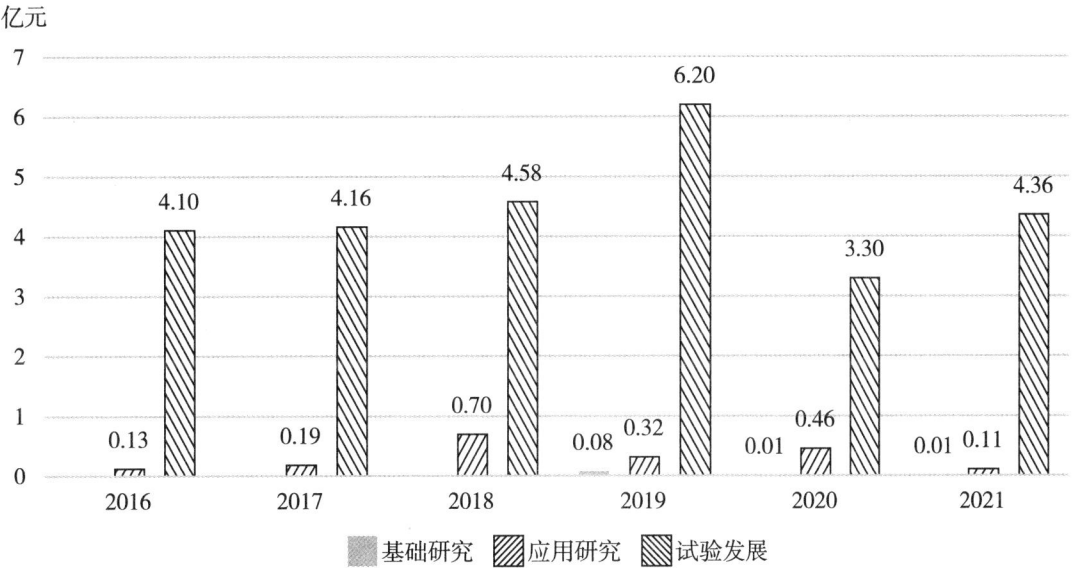

图8-4-3 按活动类型分组的R&D经费支出情况

(2)按支出用途分布情况

按支出用途来看,白银市R&D经费日常性支出远远超过资产性支出,其中日常性支出和资产性支出都呈现先升后降的变化趋势。2021年,白银市日常性支出为4.22亿元,较上年增长32.29%,占白银市R&D经费的94.20%;2016~2019年持续增长,年均增速为21.05%。资产性支出为0.26亿元,较上年减少54.39%,占白银市R&D经费的5.80%。表8-4-4,图8-4-4。

表 8-4-4 按支出用途分组的 R&D 经费内部支出表

年度	日常性支出（亿元）	资产性支出（亿元）
2016	2.52	1.71
2017	2.89	1.46
2018	3.54	1.73
2019	4.47	2.12
2020	3.19	0.57
2021	4.22	0.26

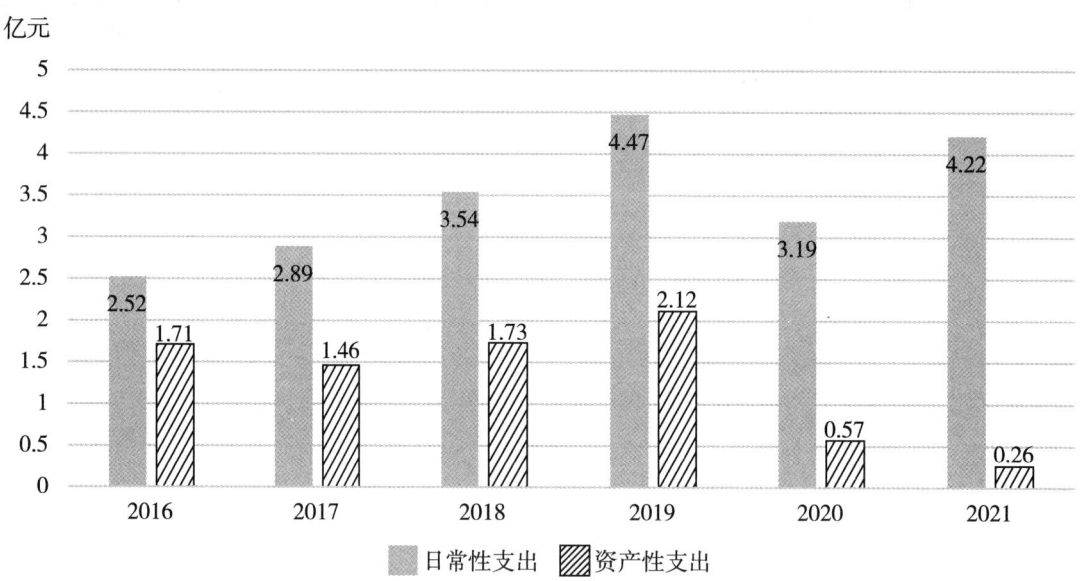

图 8-4-4 按支出用途分组的 R&D 经费内部支出情况

（三）R&D 经费投入强度

2016~2021 年，白银市 R&D 经费投入强度呈先升后降趋势。其中 2016~2019 年持续增长，从 2016 年的 0.96% 增长到 2019 年的 1.36%，增长 0.4 个百分点；2020 年开始回落，2021 年回升

表 8-4-5 R&D 经费投入强度表

年度	R&D 经费内部支出（亿元）	R&D 经费投入强度（%）
2016	4.23	0.96
2017	4.35	0.97
2018	5.27	1.03
2019	6.59	1.36
2020	3.77	0.76
2021	4.48	0.78

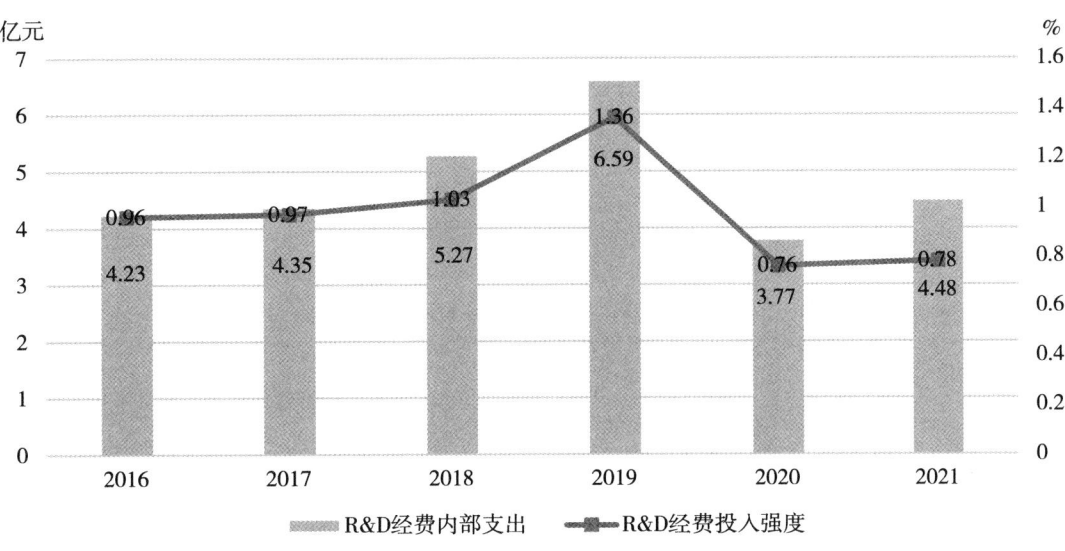

图 8-4-5　R&D 经费投入强度变化情况

至 0.78,较上年增长 0.02 个百分点。表 8-4-5,图 8-4-5。

(四)财政科技支出

1.总体情况

(1)一般公共预算收入

2016~2021 年,白银市一般公共预算收入呈现总体增长趋势,年均增速为 5.86%。其中,2019 年一般公共预算收入为 31.12 亿元,较上年增长 0.16%;2021 年达到 38.18 亿元,较上年增长 14.38%,是增速最快的一年。总体来看,白银市一般公共预算收入增长较为缓慢。表 8-4-6,图 8-4-6。

表 8-4-6　财政科技支出表

年度	一般公共预算收入（亿元）	一般公共预算支出（亿元）	财政科技支出（亿元）	财政科技支出占一般公共预算支出比重(%)
2016	28.72	160.75	0.87	0.54
2017	29.94	160.17	0.77	0.48
2018	31.07	162.26	0.62	0.38
2019	31.12	190.22	0.71	0.37
2020	33.38	201.78	1.11	0.55
2021	38.18	207.58	0.99	0.48

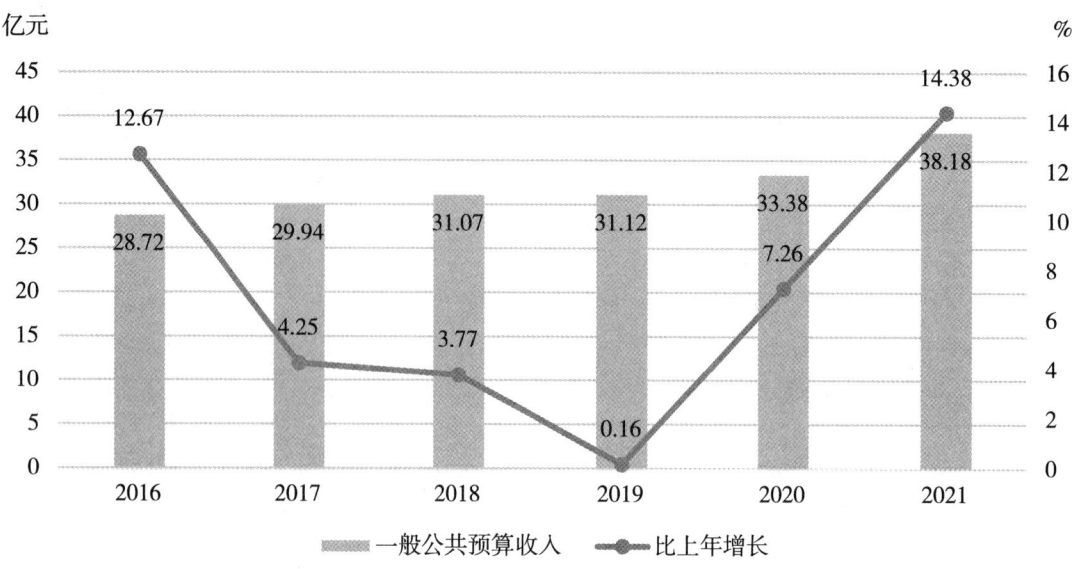

图 8-4-6 一般公共预算收入及增长情况

(2) 一般公共预算支出

2016~2021年,白银市一般公共预算支出呈现总体增长趋势,年均增速为5.25%。其中,2019年一般公共预算支出为190.22亿元,较上年增长17.23%,是增速最快的一年;2021年达到207.58亿元,较上年增长2.87%。总体来看,白银市一般公共预算支出增长较为缓慢。图8-4-7。

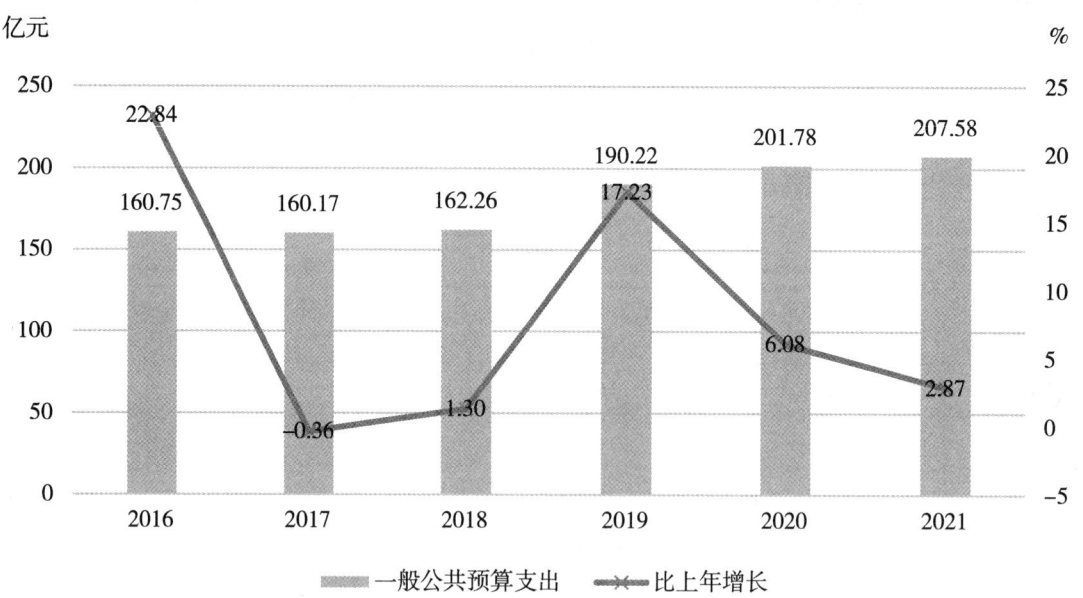

图 8-4-7 一般公共预算支出及增长情况

(3) 财政科技支出

2016~2021年,白银市财政科技支出呈现先降后升变化趋势。2016~2018年逐年下降,2019~2020年持续回升,2020年达到最高,为1.11亿元,较上年增长56.34%,占一般公共预算支出的比重为0.55%;2021年回落至0.99亿元,较上年减少10.81%,占一般公共预算支出的比重为

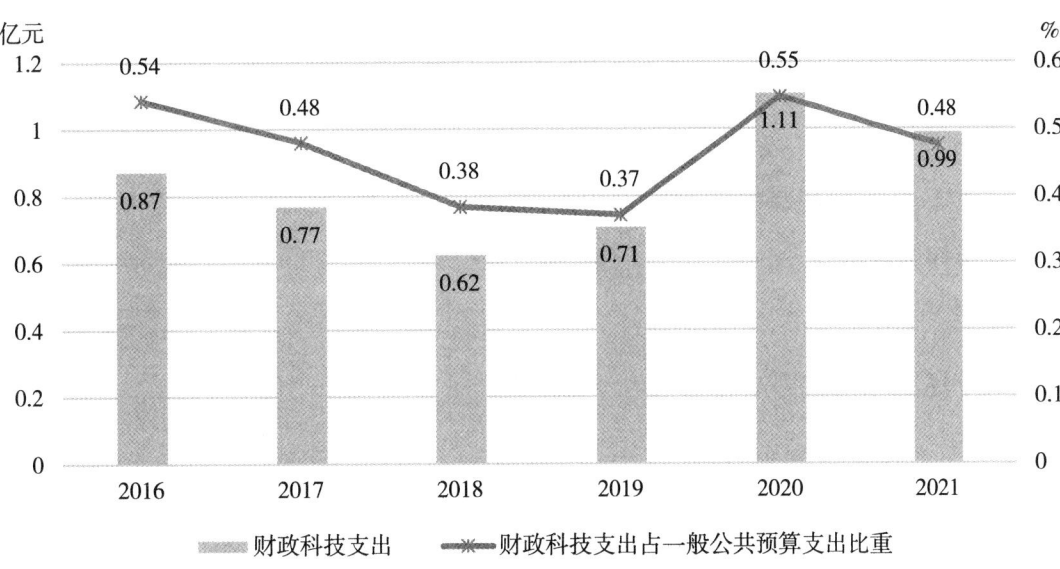

图 8-4-8 地方财政科技支出及占比情况

0.48%。图 8-4-8。

2.地区分布情况

(1)各区县一般公共预算收入

2016~2021 年,白银区一般公共预算收入较高,呈现总体增长趋势,年均增速为 4.02%。其中,2018~2021 年持续增长,年均增速为 5.51%;2021 年一般公共预算收入为 8.95 亿元,较上年增长 2.76%。会宁县和景泰县总体一般公共预算收入较低,2021 年一般公共预算收入分别占全市的 9.53% 和 11.17%。平川区和靖远县一般公共预算收入处于中间水平,2021 年分别占全市一般公共预算收入的 11.63% 和 13.23%。表 8-4-7,图 8-4-9。

表 8-4-7 各区县一般公共预算收入表(亿元)

年度	白银区	平川区	靖远县	会宁县	景泰县
2016	7.35	2.87	3.22	2.61	2.16
2017	8.14	3.49	3.16	2.65	2.24
2018	7.62	3.97	3.77	2.70	2.40
2019	7.80	3.31	4.35	2.85	3.21
2020	8.71	3.81	4.46	3.29	3.74
2021	8.95	4.44	5.05	3.64	4.26

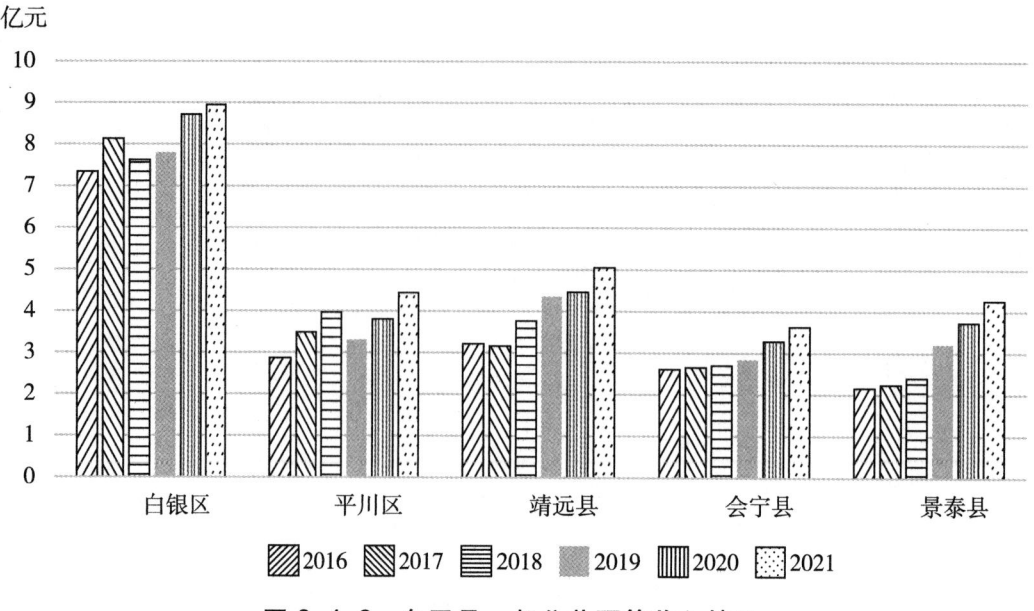

图 8-4-9　各区县一般公共预算收入情况

（2）各区县一般公共预算支出

2016~2021年，会宁县一般公共预算支出较高，呈现总体增长趋势，年均增速为6.26%。2021年一般公共预算支出为50.97亿元，较上年增长9.85%。平川区一般公共预算支出总体较低，2021年一般公共预算支出占全市一般公共预算支出的8.95%。白银区、靖远县和景泰县一般公共预算支出处于中间水平，2021年分别占全市一般公共预算支出的13.65%、20.02%和13.97%。表8-4-8，图8-4-10。

表 8-4-8　各区县一般公共预算支出表（亿元）

年度	白银区	平川区	靖远县	会宁县	景泰县
2016	20.60	14.13	30.58	37.63	20.01
2017	20.93	14.20	31.24	39.51	21.95
2018	20.45	15.22	34.06	40.62	20.39
2019	24.54	18.08	42.55	47.43	22.99
2020	27.34	22.91	42.26	46.40	24.69
2021	28.33	18.58	41.56	50.97	29.01

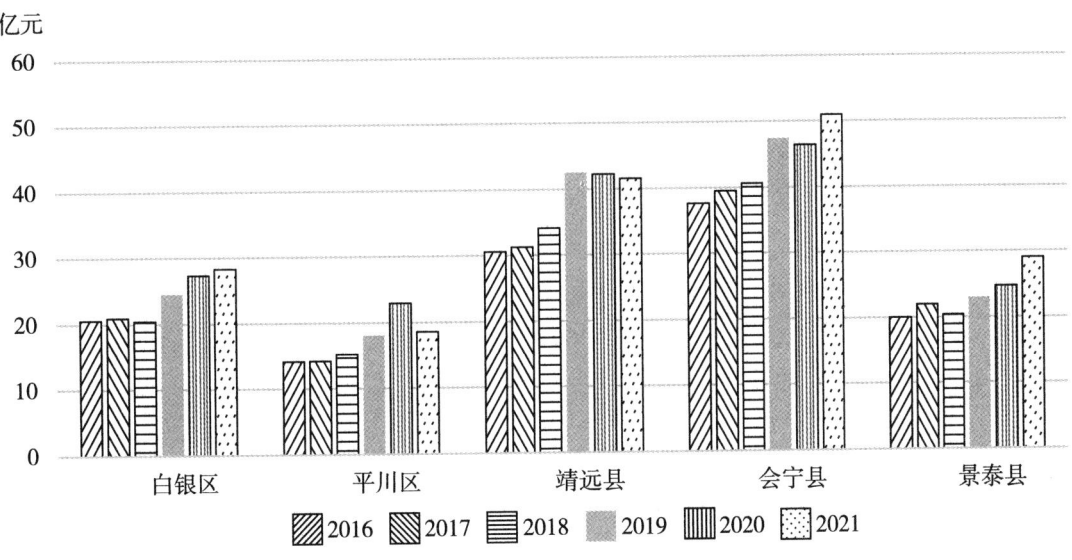

图 8-4-10 各区县一般公共预算支出情况

(3) 各区县财政科技支出

2016~2021 年，靖远县财政科技支出相比较高。2020 年达到 4585 万元，较上年增长 635.96%，是"十三五"增速最快的一年；2021 年回落至 1061 万元，较上年减少 76.86%。会宁县和景泰县总体财政科技支出较低，2021 年财政科技支出分别占全市财政科技支出的 4.54% 和 10.48%。白银区和平川区财政科技支出处于中间水平，2021 年分别占全市财政科技支出的 21.73% 和 11.17%。表 8-4-9，图 8-4-11。

表 8-4-9 各区县财政科技支出表（万元）

年度	白银区	平川区	靖远县	会宁县	景泰县
2016	1067	557	578	263	330
2017	739	762	734	340	497
2018	492	367	546	491	586
2019	835	906	623	321	595
2020	398	1032	4585	462	617
2021	2149	1105	1061	449	1036

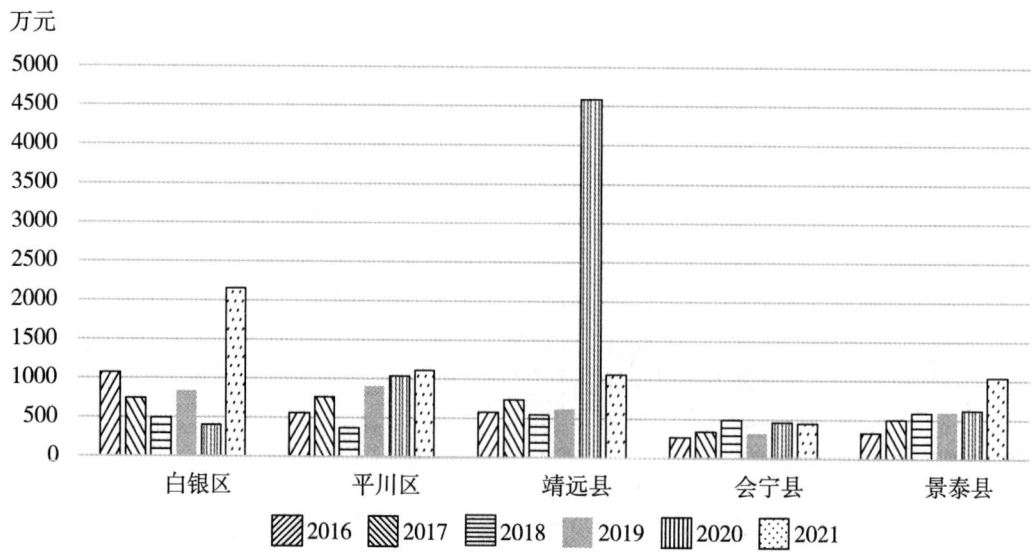

图 8-4-11 各区县财政科技支出情况

二、科技产出情况

(一)企业创新活动情况

1.企业总体情况

2016~2021 年,白银市规模(限额)以上企业数呈现波动增长态势,从 2016 年 332 家增长至 2021 年的 386 家,年均增长率为 3.06%。企业数增长率最高的年度为 2019 年,达 19.71%,增长率最低的年度为 2017 年,为-11.75%。2021 年较上年增长 13.2%,占全省规模(限额)以上企业数的 6.34%。表 8-4-10,图 8-4-12。

表 8-4-10　2016~2021 年白银市企业数与增长率

年度	企业数(个)	增长率(%)	占全省比例(%)
2016	332	-	6.33
2017	293	-11.75	5.68
2018	274	-6.48	5.73
2019	328	19.71	6.59
2020	341	3.96	6.33
2021	386	13.20	6.34

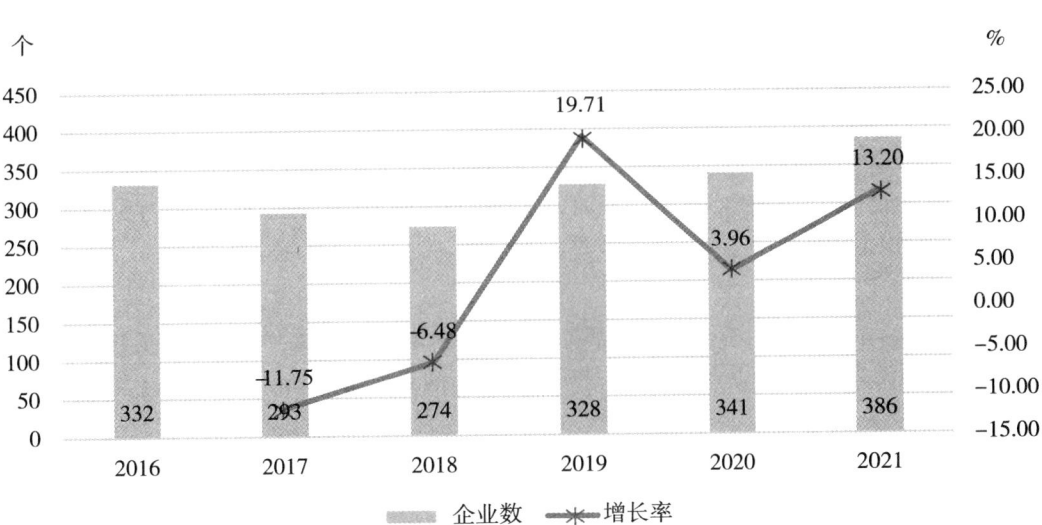

图 8-4-12 2016~2021 年白银市企业数与增长率

2.企业开展创新活动情况

2016~2021 年,白银市规模(限额)以上企业中开展创新活动企业数稳定增长,从 2016 年 110 家增长至 2021 年的 168 家,年均增长率为 8.84%。2017 年、2018 年增长率为负,呈现下降态

表 8-4-11 2016~2021 年白银市开展创新企业数与增长率

年度	企业数(个)	增长率(%)	占全省比例(%)
2016	110	—	5.84
2017	103	−6.36	5.46
2018	99	−3.88	5.70
2019	125	26.26	6.60
2020	127	1.60	6.48
2021	168	32.28	6.91

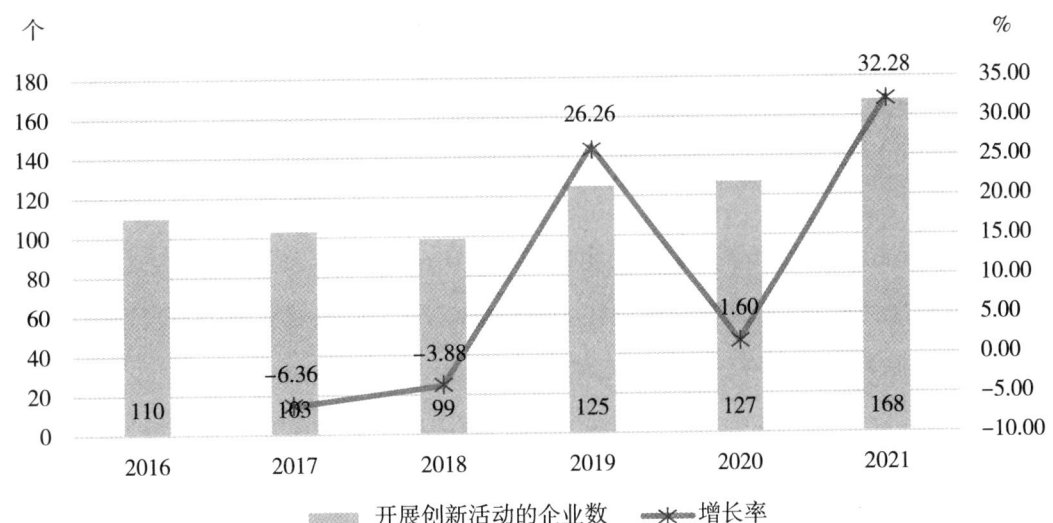

图 8-4-13 2016~2021 年白银市开展创新企业数与增长率

势。2021年增长率最高,为32.28%。2021年开展创新活动企业数达168家,相较于2020年增加41家,占全省的6.91%。表8-4-11,图8-4-13。

2016~2021年,白银市规模(限额)以上企业中开展创新活动企业数占比稳定增长,从2016年的33.13%增长至2021年的43.52%,增加了10.39个百分点。2020年占比为37.24%,2021年相较于上年增加了6.28个百分点。表8-4-12,图8-4-14。

表8-4-12 2016~2021年白银市开展创新活动企业数占总企业数比重

年度	占比(%)
2016	33.13
2017	35.15
2018	36.13
2019	38.11
2020	37.24
2021	43.52

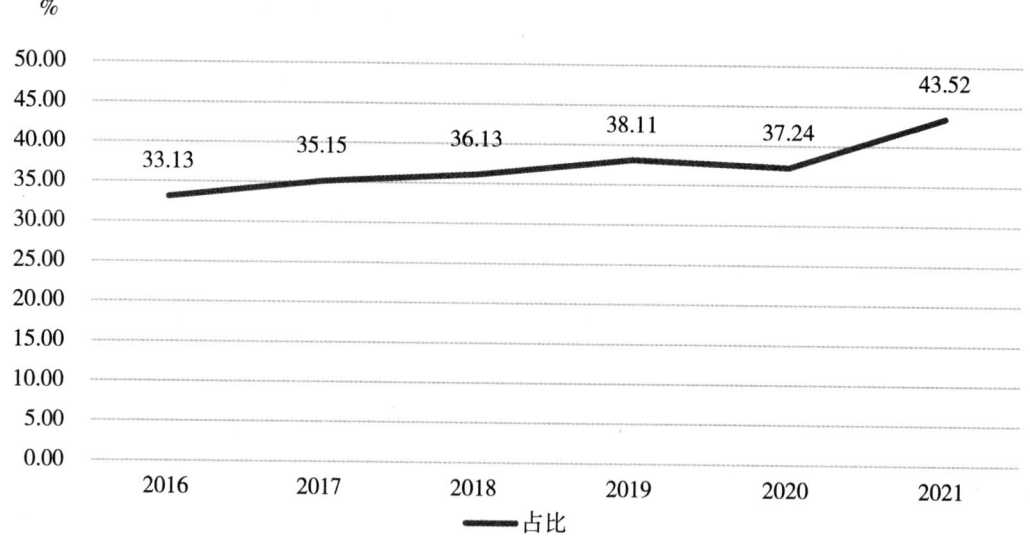

图8-4-14 2016~2021年白银市开展创新活动企业数占总企业数比重

开展创新活动企业中,部分企业成功实现创新,2016~2021年,成功创新企业占开展创新活动企业比例基本保持稳定,完成率皆保持在89%以上。2021年企业实现创新完成率达89.88%。表8-4-13,图8-4-15。

表 8-4-13 2016~2021 年白银市实现创新完成企业占比

年度	实现创新完成率(%)
2016	91.82
2017	91.26
2018	89.90
2019	93.60
2020	92.13
2021	89.88

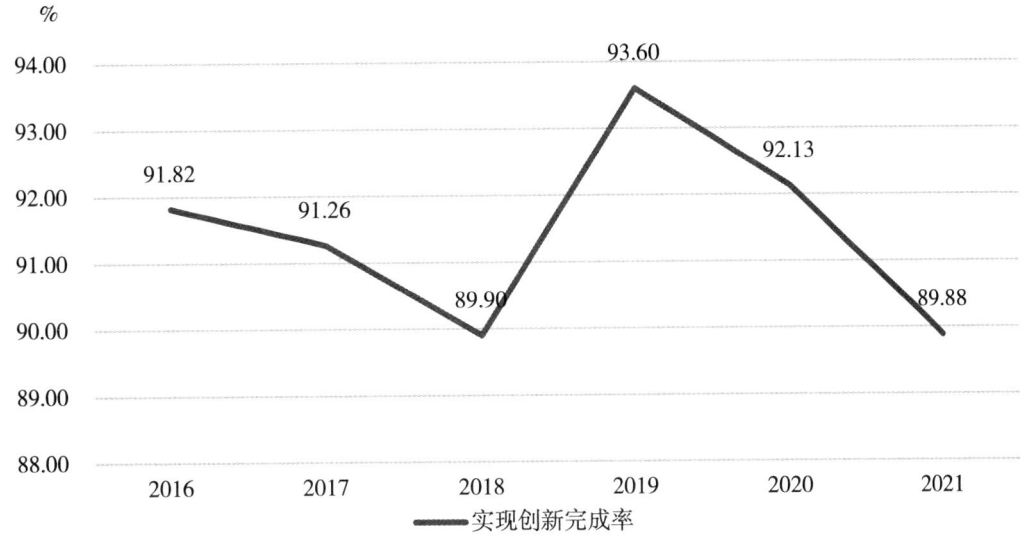

图 8-4-15 2016~2021 年白银市实现创新完成企业占比

3.创新活动类型情况

2021 年,白银市开展组织(管理)创新活动或营销创新活动的企业占开展创新活动企业数的 80.95%,开展产品创新活动或工艺创新活动的企业占 57.14%,同时开展 4 种创新活动的企

表 8-4-14 2016~2021 年白银市企业创新活动开展情况

年度	开展产品或工艺创新活动企业数(个)	占比(%)	有组织(管理)创新或营销创新企业数(个)	占比(%)	同时实现四种创新企业数(个)	占比(%)
2016	66	60.00	94	85.45	18	16.36
2017	51	49.51	89	86.41	16	15.53
2018	65	65.66	78	78.79	13	13.13
2019	69	55.20	103	82.40	27	21.60
2020	83	65.35	104	81.89	21	16.54
2021	96	57.14	136	80.95	15	8.93

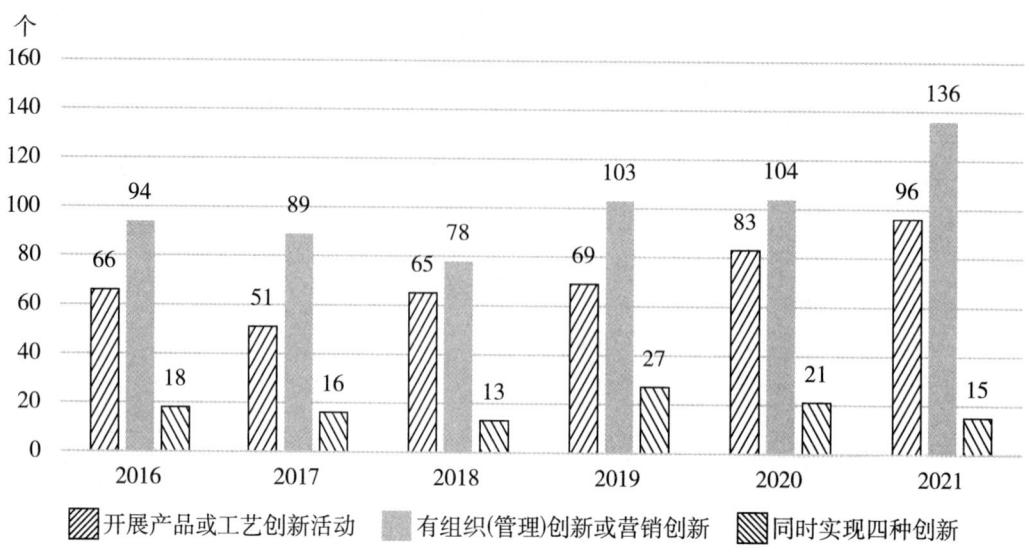

图 8-4-16　2016~2021 年白银市企业创新活动开展情况

业占 8.93%。表 8-4-14，图 8-4-16。

（二）企业 R&D 活动情况

1.开展 R&D 活动的企业情况

2016~2021 年，开展内部 R&D 活动企业数呈现波动变化态势，从 2016 年的 32 家增长至 2021 年的 33 家，年均增长率为 0.62%。其中，2017 年增长率最低，为-34.38%。2020 年增长率最高，为 32.26%。2021 年白银市开展内部 R&D 活动企业占规模（限额）以上企业比重为 8.55%。表 8-4-15，图 8-4-17。

表 8-4-15　2016~2021 年白银市内部 R&D 企业情况

年度	有内部 R&D 的企业数（个）	增长率（%）	有内部 R&D 的企业数占比（%）
2016	32	-	9.64
2017	21	-34.38	7.17
2018	26	23.81	9.49
2019	31	19.23	9.45
2020	41	32.26	12.02
2021	33	-19.51	8.55

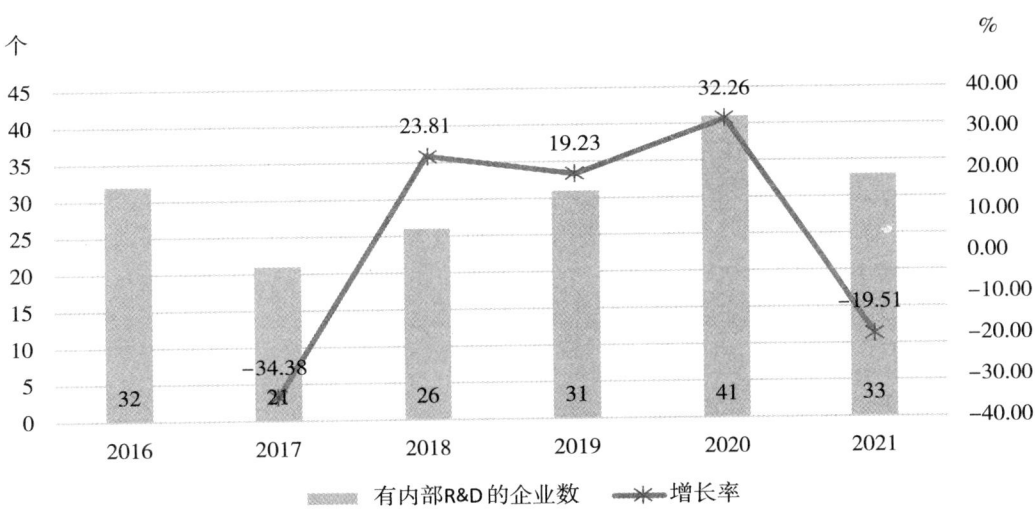

图 8-4-17　2016~2021 年白银市内部 R&D 企业情况

2016~2021 年，开展外部 R&D 企业数呈现波动变化态势，从 2016 年的 12 家增长至 2021 年的 16 家，年均增长率为 5.92%。其中，2017 年增长率最低，为-25%。2021 年增长率最高，为 60%。2021 年白银市开展外部 R&D 活动企业占规模（限额）以上企业比重为 4.15%。表 8-4-16，图 8-4-18。

表 8-4-16　2016~2021 年白银市开展外部 R&D 企业情况

年度	有外部 R&D 的企业数（个）	增长率（%）	有外部 R&D 的企业数占比（%）
2016	12	—	3.61
2017	9	-25.00	3.07
2018	10	11.11	3.65
2019	11	10.00	3.35
2020	10	-9.09	2.93
2021	16	60.00	4.15

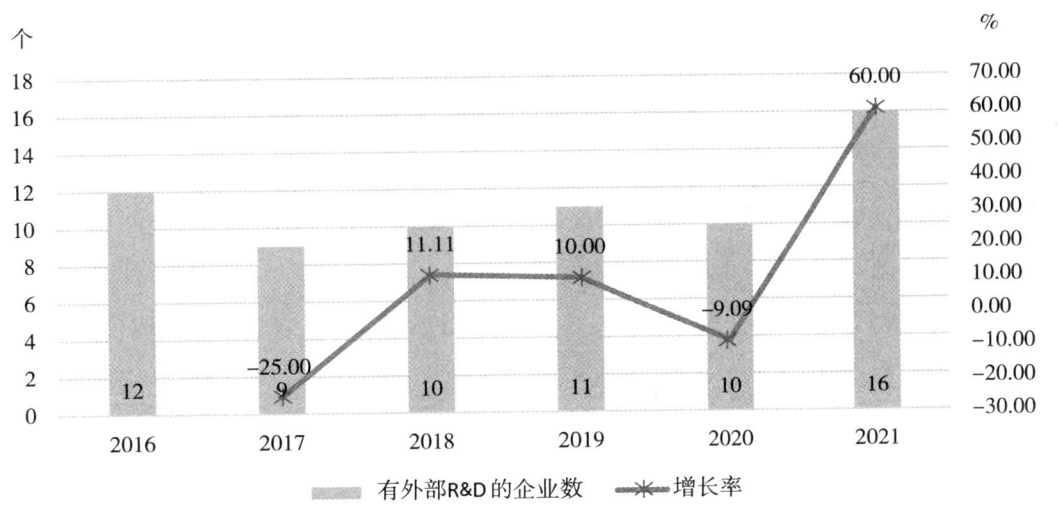

图 8-4-18　2016~2021 年白银市开展外部 R&D 企业数情况

2.工业企业创新费用情况

2016~2021年,工业企业创新费用变化呈现震荡变化,从2016年的13.98亿元变化至2021年的15.84亿元,年均增长率为2.53%。2017年、2019年、2020年增长率为负数,其中,2020年增长率最低,为-15.79%,2021年增长率最高,为24.33%。表8-4-17,图8-4-19。

表8-4-17　2016~2021年白银市工业企业创新费用及其增长率

年度	工业企业创新费用(亿元)	增长率(%)
2016	13.98	—
2017	13.04	-6.68
2018	15.60	19.59
2019	15.13	-3.02
2020	12.74	-15.79
2021	15.84	24.33

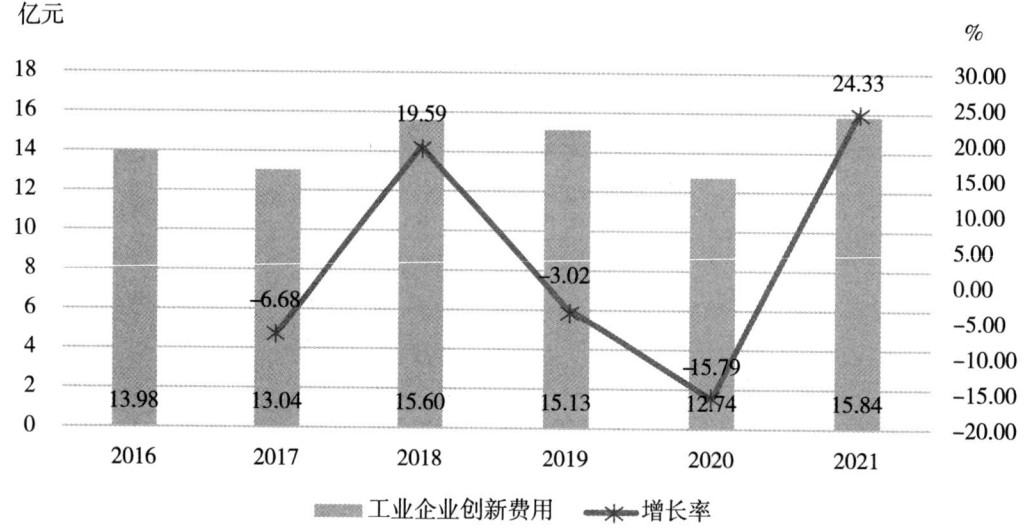

图8-4-19　2016~2021年白银市工业企业创新费用及其增长率

3.企业R&D经费情况

2016~2021年,白银市规模以上工业企业R&D经费呈现波动下降态势,从2016年的4.17亿元下降至2021年的4.37亿元,年均增长率为0.95%。占规模以上工业企业营业收入的比重从2016年的0.53%变化到2021年的0.67%。其中2017年占比最低,为0.5%,2019年占比最高,为1.54%。表8-4-18,图8-4-20。

表 8-4-18 2016~2021 年白银市规模以上工业企业 R&D 经费情况

年度	规模以上工业企业 R&D 经费（亿元）	占规模以上工业企业营业收入（或主营业务收入）的比重（%）
2016	4.17	0.53
2017	4.26	0.50
2018	5.20	0.65
2019	6.43	1.54
2020	3.60	0.76
2021	4.37	0.67

注：因统计口径变化，2016~2018 年使用规模以上工业企业主营业务收入，2019~2021 年使用规模以上工业企业营业收入。

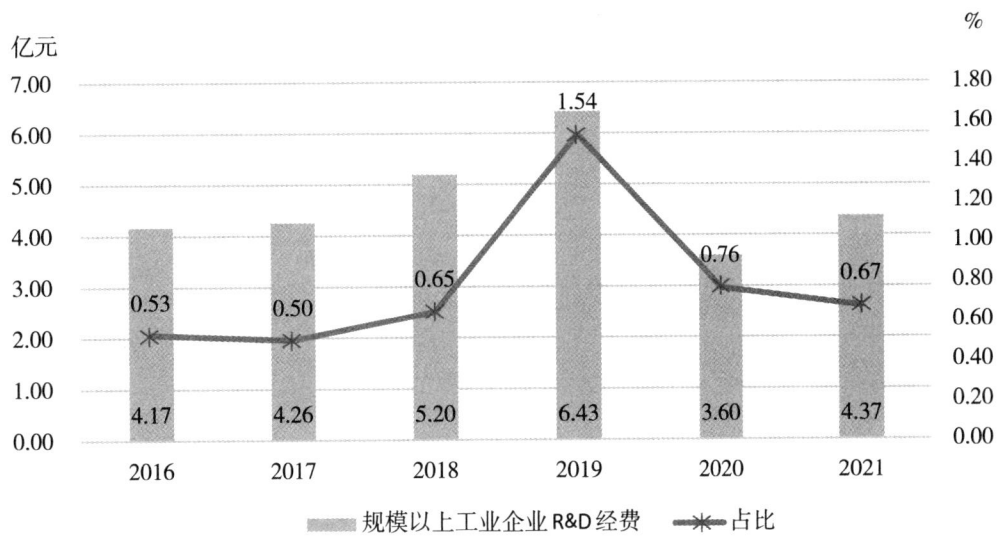

图 8-4-20 2016~2021 年白银市规模以上工业企业 R&D 经费情况

(三)知识产权情况

1.专利授权情况

2016~2022 年，白银市专利授权量波动增长，从 2016 年的 663 件增长至 2022 年的 1208 件，年均增长率为 10.52%，其中，2018 年增长率最高，为 101%。2017 年增长率最低，为-39.82%。表 8-4-19，图 8-4-21。

表 8-4-19 2016~2022年白银市专利授权量及其增长率

年度	专利授权量（件）	增长率（%）
2016	663	—
2017	399	−39.82
2018	802	101.00
2019	651	−18.83
2020	944	45.01
2021	1283	35.91
2022	1208	−5.85

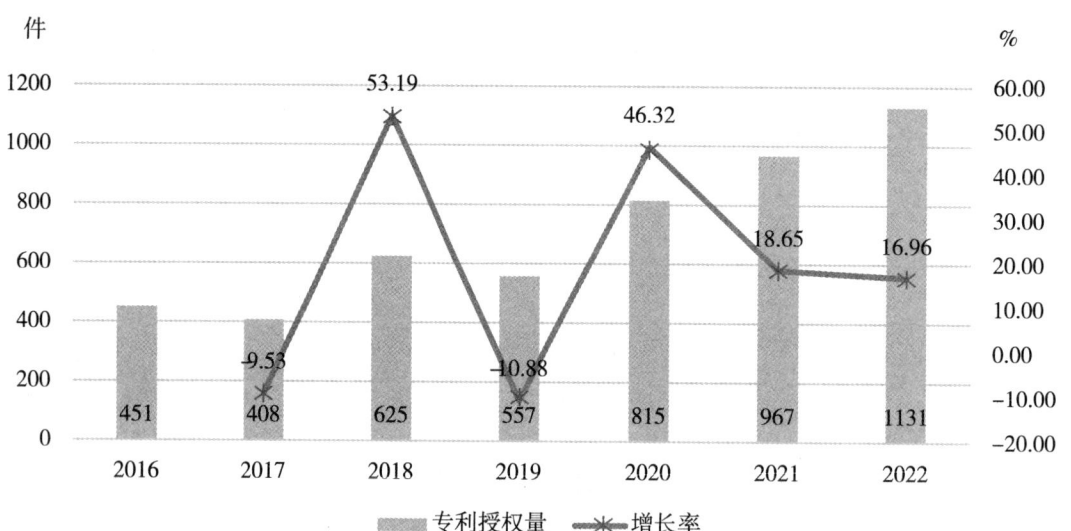

图 8-4-21 2016~2022年白银市专利授权量及其增长率

2.发明专利拥有量

2016~2022年，白银市发明专利拥有量稳定增长，从2016年的279件增长至2022年的558件，年均增长量为12.25%。万人发明专利拥有量从2016年的1.63件增长至2022年的3.71件，年均增长量为14.69%。其中，2019年专利发明专利拥有量增长率最低，为7.63%。2021年发明专利拥有量增长率最高，为16.67%。表8-4-20，图8-4-22。

表 8-4-20 2016~2022年白银市发明专利拥有量情况

年度	发明专利拥有量（件）	每万人口发明专利拥有量（件）
2016	279	1.63
2017	321	1.87
2018	354	2.05
2019	381	2.20
2020	420	2.41
2021	490	3.24
2022	558	3.71

图 8-4-22 2016~2022年白银市发明专利拥有量情况率

3.高价值专利拥有量

（1）总体情况

2022年，白银市高价值发明专利拥有量192件，相比于2021年增加32件，增长率为20%。表8-4-21，图8-4-23。

表 8-4-21 2021~2022年白银市高价值发明专利拥有量

年度	高价值发明专利拥有量（件）
2021	160
2022	192

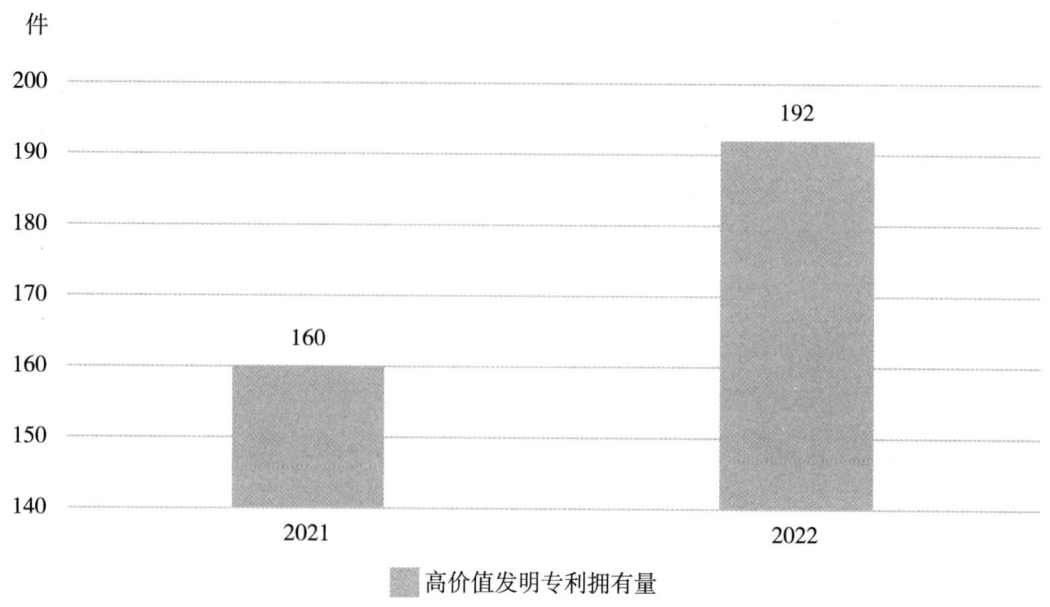

图 8-4-23　2021~2022 年白银市高价值发明专利拥有量

（2）五个维度分布情况

2022年白银高价值专利拥有量中，维持年限超10年的有效发明专利量为101件，占比最高，为45.5%。战略性新兴产业的有效发明专利量为99件，占比为44.59%。获得较高质押融资金额的有效发明专利为18件，占比为8.11%。获得国家科技奖或中国专利奖的有效发明专利为2件，占比为0.9%。在海外有同族专利权的有效发明专利为2件，占比为0.9%。图8-4-24，表8-4-22。

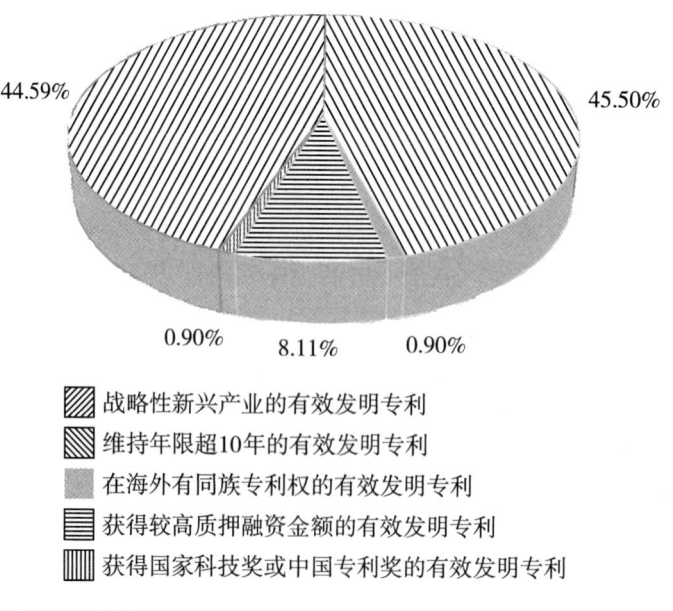

图 8-4-24　2022 年白银市高价值发明专利拥有量维度分布情况

表 8-4-22 2022年白银市高价值发明专利拥有量维度分布情况

分类	高价值发明专利拥有量（件）
战略性新兴产业的有效发明专利	99
维持年限超10年的有效发明专利	101
在海外有同族专利权的有效发明专利	2
获得较高质押融资金额的有效发明专利	18
获得国家科技奖或中国专利奖的有效发明专利	2

（四）技术市场交易情况

1.总体情况

2016~2022年，白银市累计登记技术合同834项，成交额共计42.83亿元，成交额年均增长率17.86%，其中，2022年白银市登记技术合同309项，技术合同成交额9.21亿元，比2016年增长168.08%。表8-4-23，图8-4-25。

表 8-4-23 2016~2022年白银市技术市场合同统计表

年度	2016	2017	2018	2019	2020	2021	2022
合同数（项）	22	45	59	71	92	236	309
成交额（亿元）	3.44	3.95	5.50	6.23	7.12	7.38	9.21

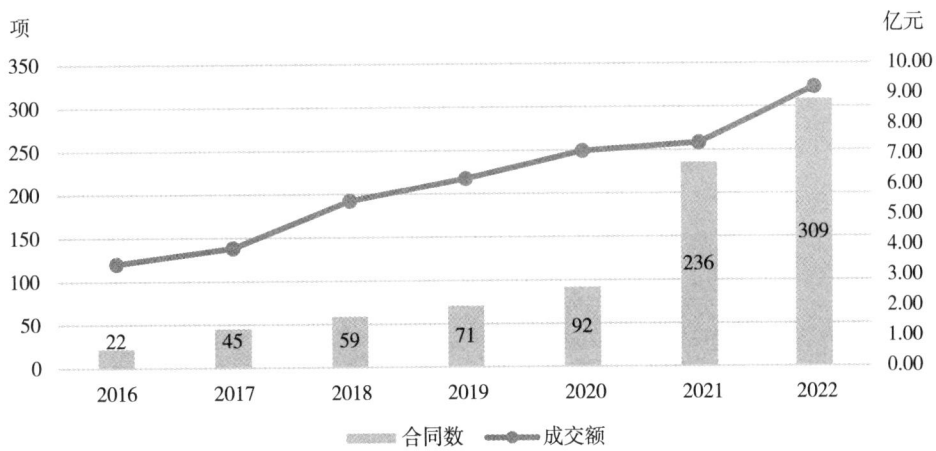

图 8-4-25 2016~2022年白银市技术市场合同数和成交额情况

2.不同类型分布情况

(1)按合同类别分布情况

2016~2022年,白银市大部分技术交易合同为技术服务合同,共登记技术服务合同605项,成交额41.3亿元,占白银市技术交易额的比重为96.43%;技术咨询合同217项,成交额1.15亿元,占2.67%;技术开发合同12项,成交额0.38亿元,占0.89%。表8-4-24,图8-4-26。

表8-4-24 2016~2022年白银市技术合同按合同类别统计表

	年度	2016	2017	2018	2019	2020	2021	2022	总计
总计	合同数(项)	22	45	59	71	92	236	309	834
	成交额(亿元)	3.44	3.95	5.50	6.23	7.12	7.38	9.21	42.83
技术开发	合同数(项)	0	0	0	1	6	4	1	12
	成交额(亿元)	0.00	0.00	0.00	0.04	0.31	0.03	0.00	0.38
技术转让	合同数(项)	0	0	0	0	0	0	0	0
	成交额(亿元)	0.00	0.00	0.00	0.00	0.00	0.00	0.00	0.00
技术咨询	合同数(项)	0	7	16	37	33	78	46	217
	成交额(亿元)	0.00	0.08	0.09	0.41	0.09	0.39	0.07	1.15
技术服务	合同数(项)	22	38	43	33	53	154	262	605
	成交额(亿元)	3.44	3.87	5.40	5.78	6.72	6.96	9.14	41.30

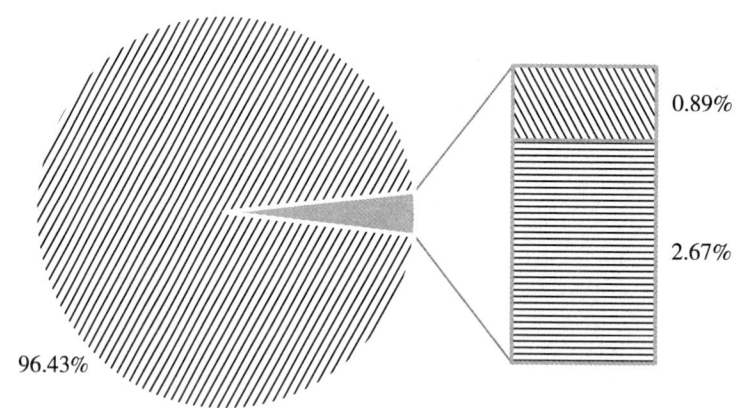

图8-4-26 2016~2022年白银市技术交易总金额按合同类别占比

(2)按卖方类别分布情况

2016~2022年,白银市主要技术交易主体是企业法人,企业法人输出技术合同总成交额占比超过75%,企业法人共输出技术合同500项,成交额33.67亿元,占白银市技术交易额的

78.63%；事业法人共输出技术合同 314 项，成交额 4.35 亿元，占白银市技术交易额的 10.16%；其他组织共输出技术合同 5 项，成交额 3.13 亿元，占白银市技术交易额的 7.3%；自然人共输出技术合同 15 项，成交额仅 1.67 亿元，占白银市技术交易额的 3.91%。表 8-4-25，图 8-4-27。

表 8-4-25　2016~2022 年白银市技术合同按卖方类别统计表

年度		2016	2017	2018	2019	2020	2021	2022	总计
总计	合同数（项）	22	45	59	71	92	236	309	834
	成交额（亿元）	3.44	3.95	5.50	6.23	7.12	7.38	9.21	42.83
机关法人	合同数（项）	0	0	0	0	0	0	0	0
	成交额（亿元）	0.00	0.00	0.00	0.00	0.00	0.00	0.00	0.00
事业法人	合同数（项）	5	22	36	47	58	124	22	314
	成交额（亿元）	0.16	0.63	0.40	0.50	1.50	0.86	0.29	4.35
社团法人	合同数（项）	0	0	0	0	0	0	0	0
	成交额（亿元）	0.00	0.00	0.00	0.00	0.00	0.00	0.00	0.00
企业法人	合同数（项）	17	21	22	22	33	112	273	500
	成交额（亿元）	3.27	2.79	4.51	4.61	4.72	6.52	7.26	33.67
自然人	合同数（项）	0	1	0	0	0	0	14	15
	成交额（亿元）	0.00	0.01	0.00	0.00	0.00	0.00	1.67	1.67
其他组织	合同数（项）	0	1	1	2	1	0	0	5
	成交额（亿元）	0.00	0.52	0.59	1.13	0.90	0.00	0.00	3.13

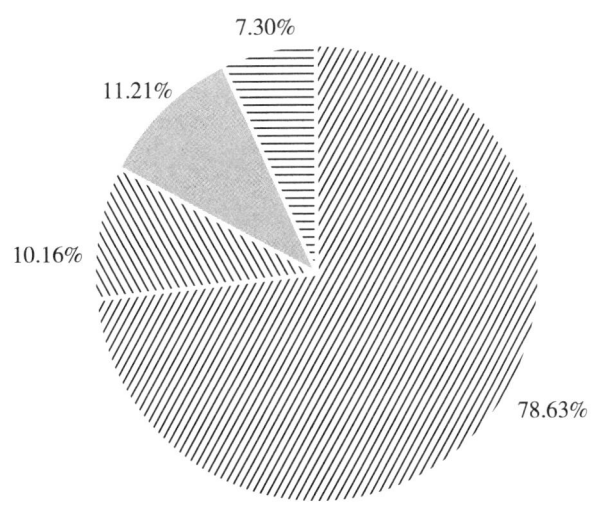

图 8-4-27　2016~2022 年白银市技术交易总金额按卖方类别占比

(五)科技论文

2016~2020年,白银市共发表科技论文333篇,占全省国内论文比重为0.84%。表8-4-26,图8-4-28。

表 8-4-26 2016~2020 年白银市国内论文数

年度	2016	2017	2018	2019	2020
论文数(篇)	93	56	76	58	50
占甘肃省国内论文比重(%)	1.15	0.73	0.99	0.74	0.6

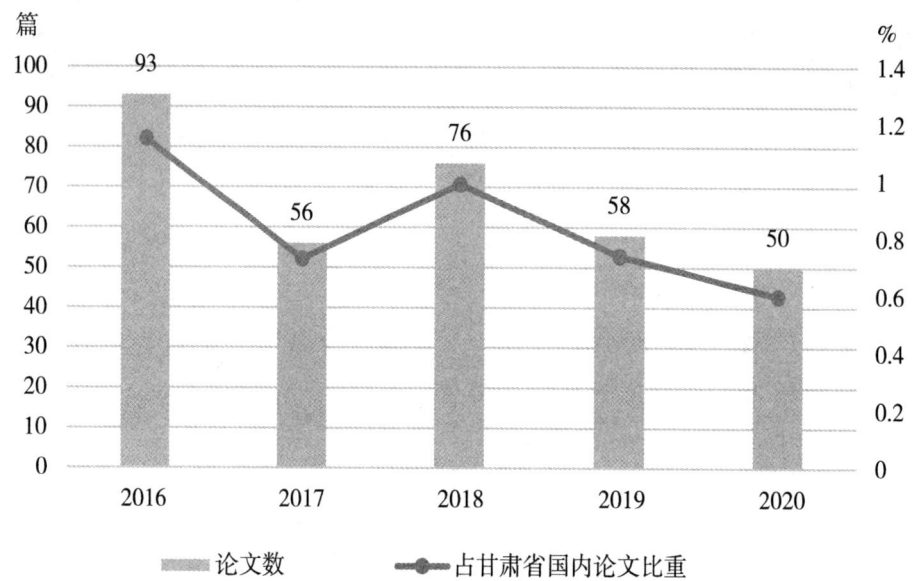

图 8-4-28 2016~2020 年白银市国内论文发表

[5] 天水篇

一、科技投入情况

(一) R&D 人员投入

2021 年天水市 R&D 人员达到 3727 人,与 2020 年相比增长 22.1%,占全省 R&D 人员的 6.77%,是"十三五" R&D 人员增速较快的一年。2016~2021 年期间,白银市 R&D 人员投入呈现"先减后增"趋势,2016~2019 年逐年下降,2020 年回升至 3053 人,较上年增长 20.3%,占全省 R&D 人员的 7.09%。表 8-5-1,图 8-5-1。

表 8-5-1 天水市 R&D 人员投入表

年度	R&D 人员(人)	比上年增长(%)	占全省比例(%)
2016	3380	22.24	8.49
2017	3622	7.16	8.84
2018	3251	-10.24	8.40
2019	2539	-21.90	5.51
2020	3054	20.30	7.09
2021	3729	22.10	6.77

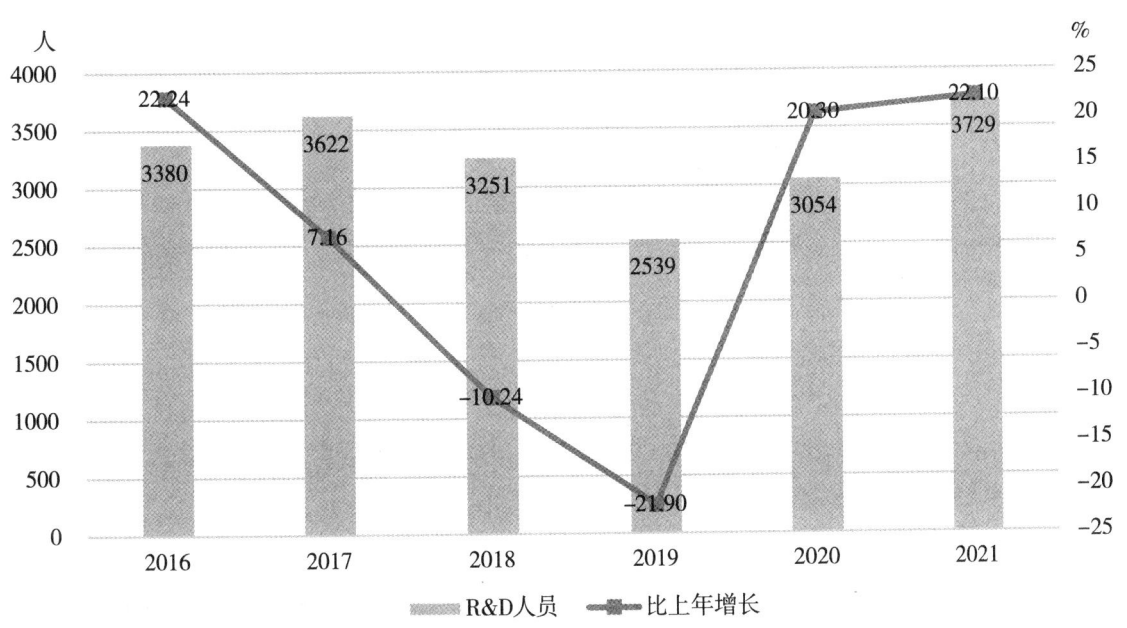

图 8-5-1 天水市 R&D 人员投入情况

(二) R&D 经费投入

1.总体情况

2016~2021 年,天水市 R&D 经费呈现总体增长趋势。其中,2016~2018 年间呈现连续增长趋势,2019 年有所下降,为 7.67 亿元,较上年下降 5.83%;2020 年开始回升,2021 年 R&D 经费支出回升至 9.64 亿元,较上年增长 13.98%,占全省 R&D 经费的 7.45%。表 8-5-2,图 8-5-2。

表 8-5-2 天水市 R&D 经费内部支出表

年度	R&D 经费内部支出(亿元)	比上年增长(%)
2016	3.46	9.29
2017	4.30	24.21
2018	8.14	89.23
2019	7.67	-5.83
2020	8.46	10.35
2021	9.64	13.98

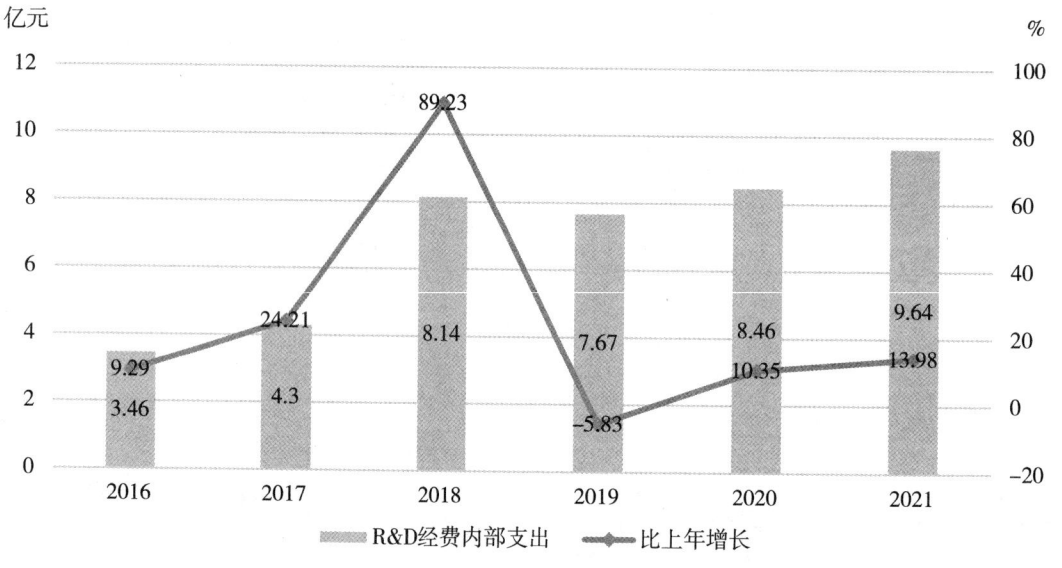

图 8-5-2 天水市 R&D 经费内部支出及增长情况

2.结构分布

(1)按活动类型分布情况

2016~2021 年,天水市 R&D 经费主要用于试验发展活动,基础研究和应用研究经费支出较低。其中试验发展经费支出呈增长趋势,2016~2018 年持续增长,2019 年回落至 6.66 亿元,较上年减少 7.37%,2021 年回升至 8.92 亿元,较上年增长 14.51%。表 8-5-3,图 8-5-3。

从活动类型来看,2021 年天水市基础研究、应用研究、试验发展占 R&D 经费的比重分别为 5.91%、1.66%、92.53%。试验发展占比高于全省平均水平,占全省的 10.35%,基础研究和应用研究占比低于全省平均水平。

表 8-5-3　按活动类型分组的 R&D 经费支出表

年度	基础研究（亿元）	应用研究（亿元）	试验发展（亿元）
2016	0.40	0.33	2.74
2017	0.57	0.20	3.53
2018	0.76	0.19	7.19
2019	0.77	0.24	6.66
2020	0.50	0.17	7.79
2021	0.57	0.16	8.92

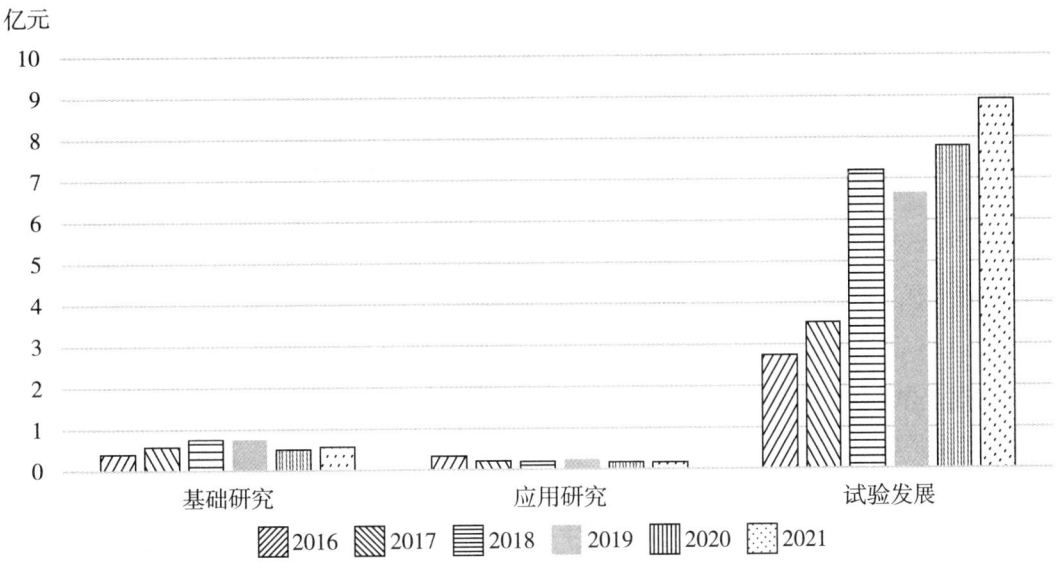

图 8-5-3　按活动类型分组的 R&D 经费支出情况

（2）按支出用途分布情况

按支出用途来看，天水市 R&D 经费日常性支出远远超过资产性支出，且日常性支出呈增长趋势，从 2016 年的 3.15 亿元增长到 2021 年的 8.56 亿元，年均增速为 22.13%。而 R&D 经费资产性支出呈"正态"变化，2016~2018 年持续增长，2019~2021 年开始回落。2021 年，天水市日常

表 8-5-4　按支出用途分组的 R&D 经费内部支出表

年度	日常性支出（亿元）	资产性支出（亿元）
2016	3.15	0.32
2017	3.70	0.60
2018	6.45	1.70
2019	4.92	2.75
2020	6.73	1.73
2021	8.56	1.08

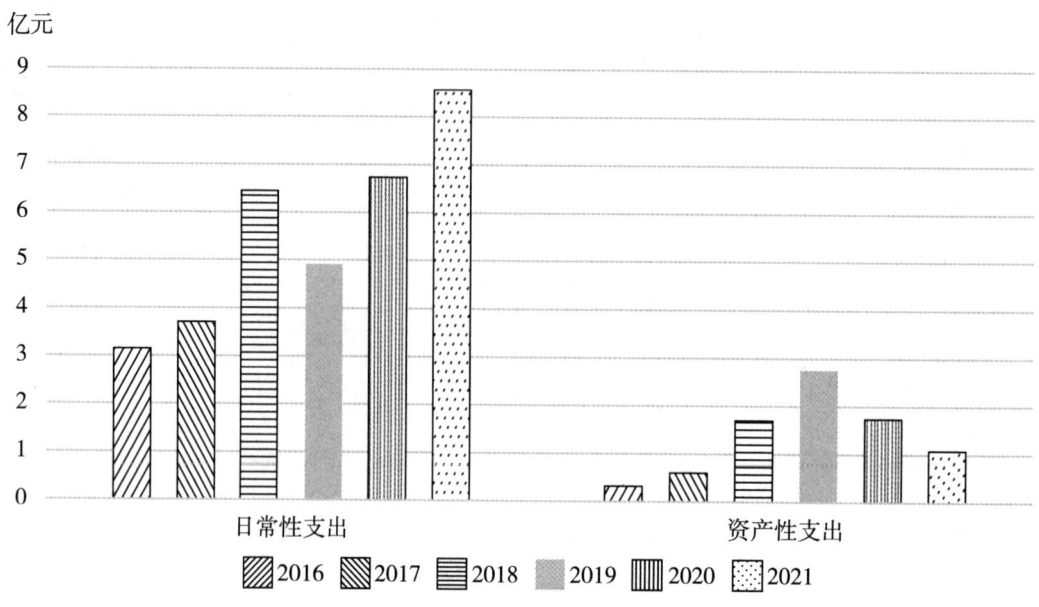

图 8-5-4 按支出用途分组的 R&D 经费内部支出情况

性支出为 8.56 亿元,占天水市 R&D 经费的 88.80%;资产性支出为 1.08 亿元,占天水市 R&D 经费的 11.20%。表 8-5-4,图 8-5-4。

(三)R&D 经费投入强度

2016~2021 年,天水市 R&D 经费投入强度总体上呈现增长趋势。其中 2016~2018 年持续增长,从 2016 年的 0.59%增长到 2018 年的 1.25%,增加 0.66 个百分点;2019 年有所回落,2020 年继续回升,2021 年回升至 1.29%,较上年增长 0.02 个百分点。表 8-5-5,图 8-5-5。

表 8-5-5 R&D 经费投入强度表

年度	R&D 经费内部支出(亿元)	R&D 经费投入强度(%)
2016	3.46	0.59
2017	4.3	0.72
2018	8.14	1.25
2019	7.67	1.21
2020	8.46	1.27
2021	9.64	1.29

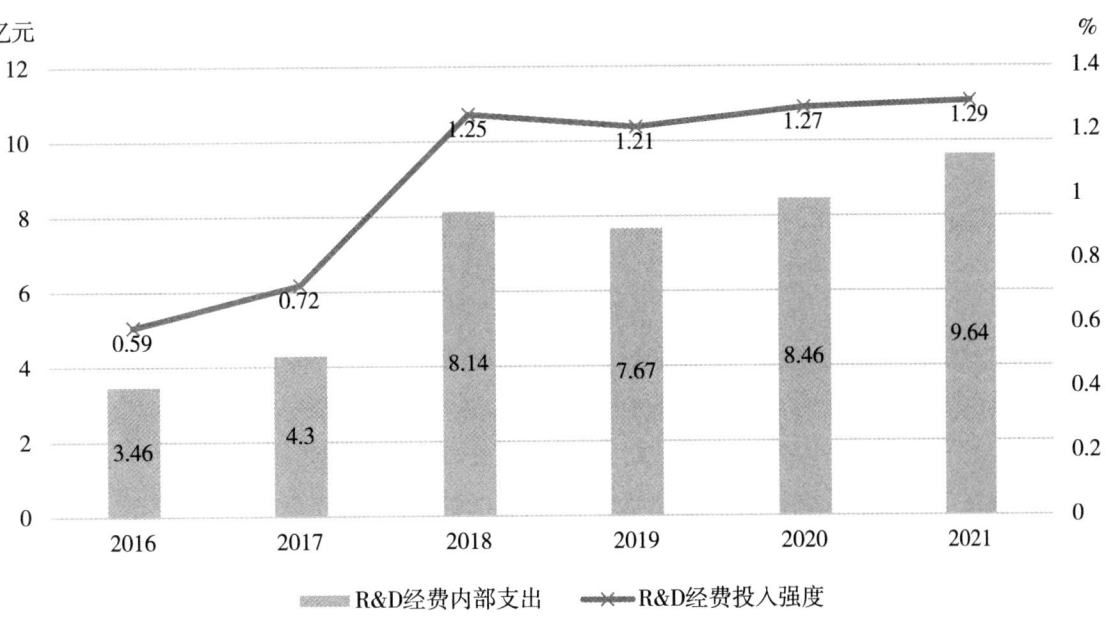

图 8-5-5　R&D 经费投入强度变化情况

(四)财政科技支出

1.总体情况

(1)一般公共预算收入

2016~2021 年,天水市一般公共预算收入呈现总体增长趋势,年均增速为 6.51%。2021 年达到 57.88 亿元,较上年增长 7.36%。总体来看,天水市一般公共预算收入增长较为缓慢。表 8-5-6,图 8-5-6。

表 8-5-6　财政科技支出表

年度	一般公共预算收入（亿元）	一般公共预算支出（亿元）	财政科技支出（亿元）	财政科技支出占一般公共预算支出比重(%)
2016	42.22	251.54	1.08	0.43
2017	44.67	278.97	1.20	0.43
2018	46.63	291.34	1.10	0.38
2019	50.36	311.41	1.16	0.37
2020	53.91	351.93	1.40	0.40
2021	57.88	336.03	1.39	0.41

图 8-5-6 一般公共预算收入及增长情况

(2)一般公共预算支出

2016~2021年,天水市一般公共预算支出呈现总体增长趋势,年均增速为5.96%。其中,2016~2020年持续增长,从2016年的251.46亿元增长到2020年的351.93亿元,年均增速为8.76%;2021年回落至336.03亿元,较上年减少4.51%。总体来看,天水市一般公共预算支出增长较为缓慢。图8-5-7。

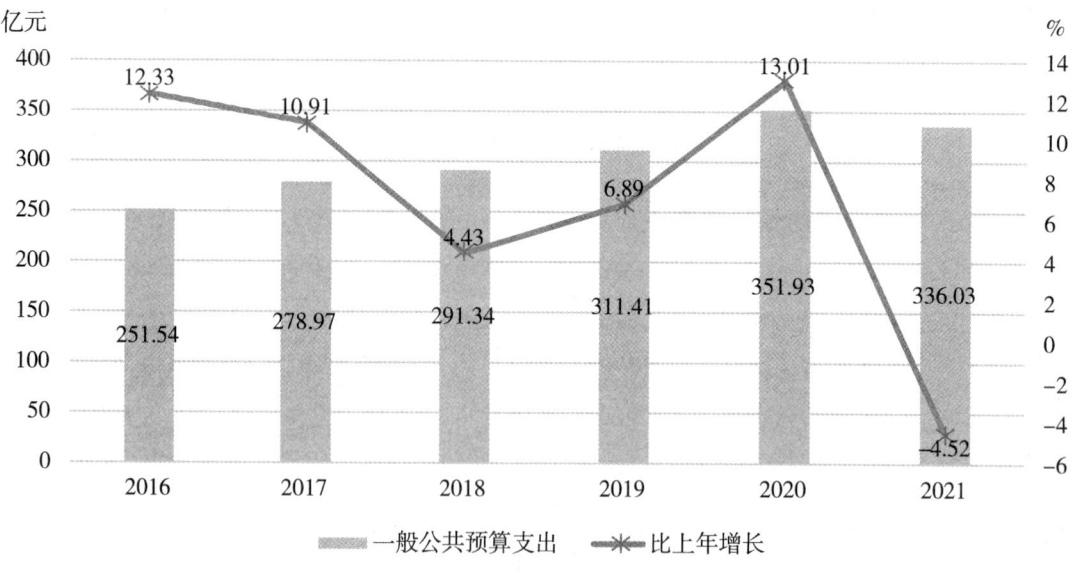

图 8-5-7 一般公共预算支出及增长情况

(3)财政科技支出

2016~2021年,天水市财政科技支出呈现总体增长趋势,年均增速为5.18%。2020年增长至1.4亿元,较上年增长20.70%,占一般公共预算支出比重为0.40%;2021年回落至1.39亿元,较

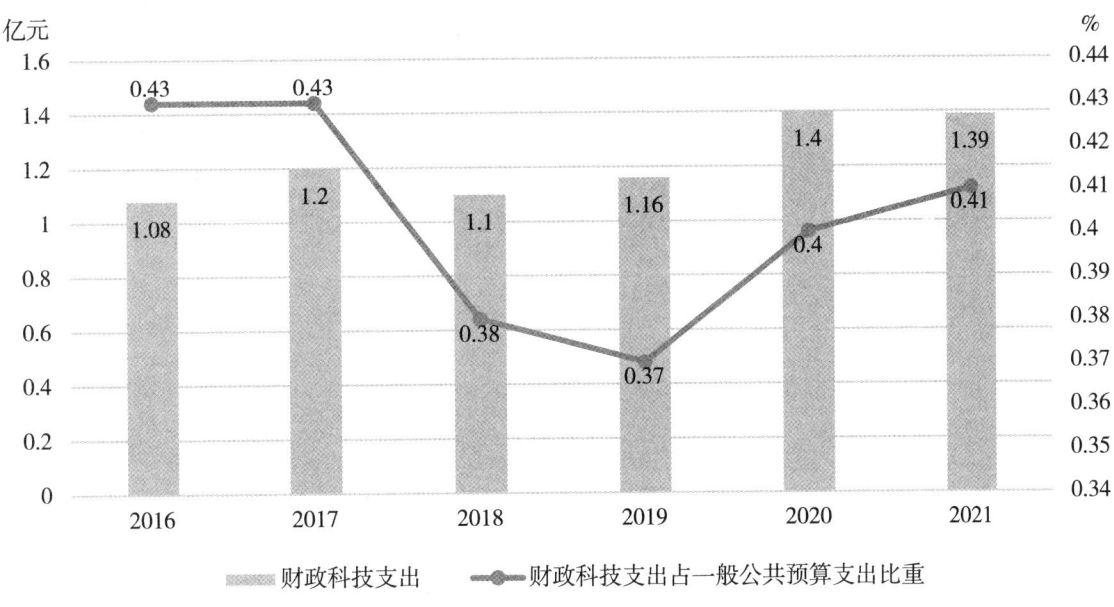

图 8-5-8 地方财政科技支出及占比情况

上年减少 0.71%,占一般公共预算支出的比重为 0.41%。图 8-5-8。

2.地区分布情况

(1)各区县一般公共预算收入

2016~2021 年,秦州区一般公共预算收入较高,呈现持续增长趋势,年均增速为 7.11%。2021 年增长至 12.22 亿元,较上年增长 10.19%。麦积区仅次于秦州区,2021 年达到 7.62 亿元,占全市一般公共预算收入的 13.16%。张家川回族自治县总体一般公共预算收入较低,2021 年一般公共预算收入占全市的 2.23%。清水县、秦安县、甘谷县和武山县一般公共预算收入处于中间水平,2021 年分别占全市一般公共预算收入的 4.19%、5.37%、7.45% 和 4.86%。表 8-5-7,图 8-5-9。

表 8-5-7 各区县一般公共预算收入表(亿元)

年度	秦州区	麦积区	清水县	秦安县	甘谷县	武山县	张家川回族自治县
2016	8.67	5.00	1.66	2.25	3.98	1.81	1.47
2017	8.72	5.40	1.72	2.37	4.11	2.02	0.94
2018	9.46	5.79	1.78	2.37	3.26	2.18	1.00
2019	10.27	6.21	1.97	2.60	3.52	2.34	1.08
2020	11.09	6.68	2.13	2.76	3.78	2.48	1.15
2021	12.22	7.62	2.42	3.11	4.31	2.81	1.29

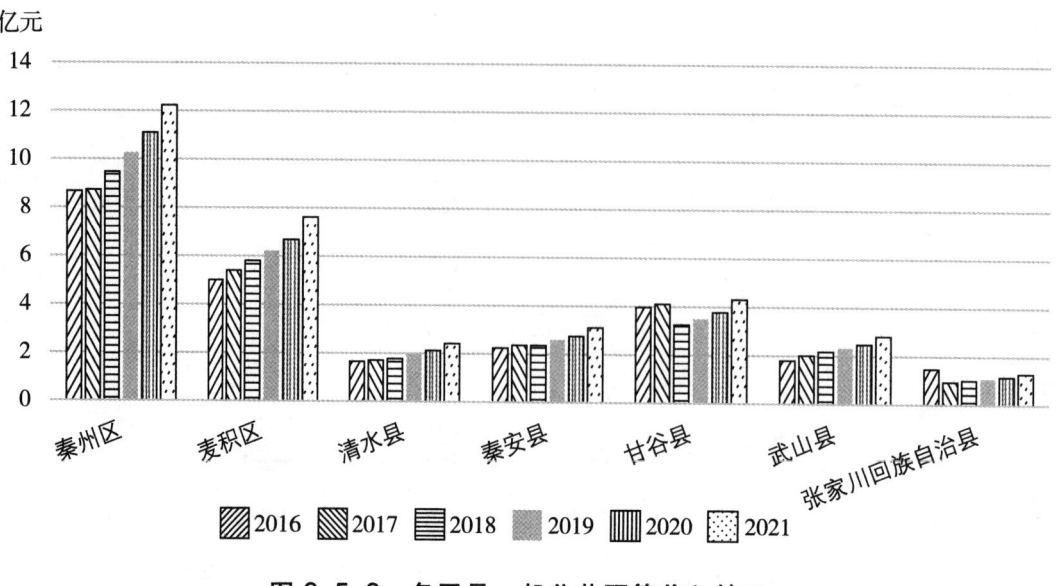

图 8-5-9　各区县一般公共预算收入情况

(2)各区县一般公共预算支出

2016~2021年,秦州区一般公共预算支出较高,其中,2016~2020年持续增长,从2016年的42.01亿元增长到2020年的52.21亿元,年均增速为5.58%;2021年回落至45.27亿元,较上年下降13.29%。麦积区一般公共预算支出次于秦州区,2021年达到41.33亿元,占全市一般公共预算支出的12.30%。清水县总体支出较低,2021年一般公共预算支出为24.90亿元,占全市一般公共预算支出的7.41%。秦安县、甘谷县、武山县和张家川回族自治县一般公共预算支出处于中间水平,2021年分别占全市一般公共预算支出的12.08%、11.88%、9.91%和9.28%。表8-5-8,图8-5-10。

表 8-5-8　各区县一般公共预算支出表(亿元)

年度	秦州区	麦积区	清水县	秦安县	甘谷县	武山县	张家川回族自治县
2016	42.01	33.75	19.75	29.70	30.02	23.74	21.25
2017	41.73	38.22	23.65	33.97	32.95	26.17	23.80
2018	42.06	39.86	25.43	37.27	34.70	29.27	28.98
2019	46.90	47.18	25.50	39.56	35.82	28.87	31.39
2020	52.21	48.86	25.53	40.89	37.93	31.41	32.69
2021	45.27	41.33	24.90	40.60	39.93	33.31	31.17

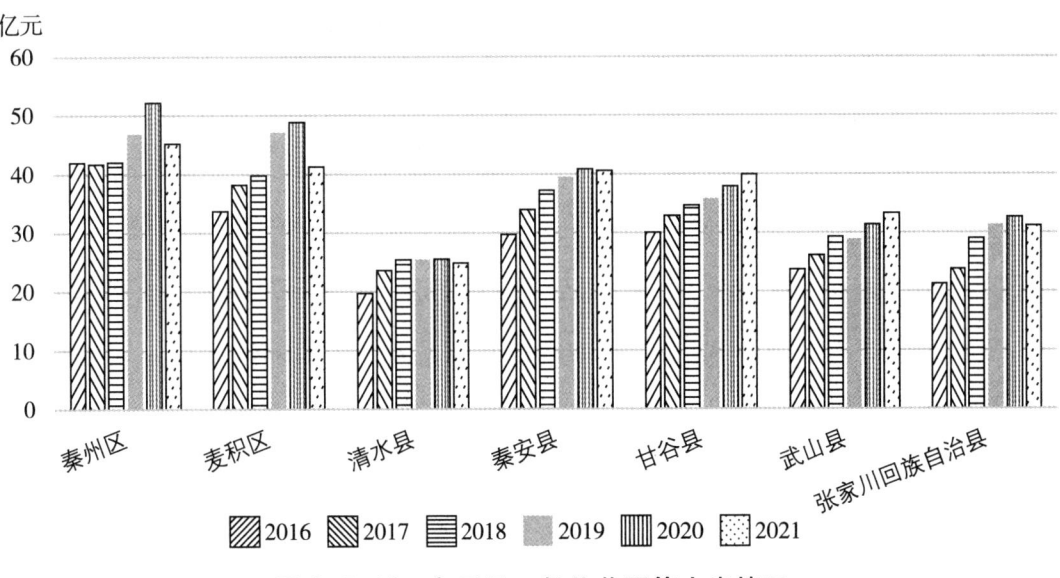

图 8-5-10 各区县一般公共预算支出情况

(3) 各区县财政科技支出

2016~2021年，秦州区财政科技支出总体最高，2016~2020年持续增长，从2016年的2656万元增长到2020年的4622万元，年均增速为14.86%。2021年回落至3390万元，较上年减少26.66%。麦积区2021年财政科技支出362万元，占全市财政科技支出的3.60%。清水县、秦安县、甘谷县、武山县和张家川回族自治县总体财政科技支出较低，2021年财政科技支出分别占全市财政科技支出的2.13%、6.08%、3.53%、3.40%和14.73%。图8-5-11，表8-5-9。

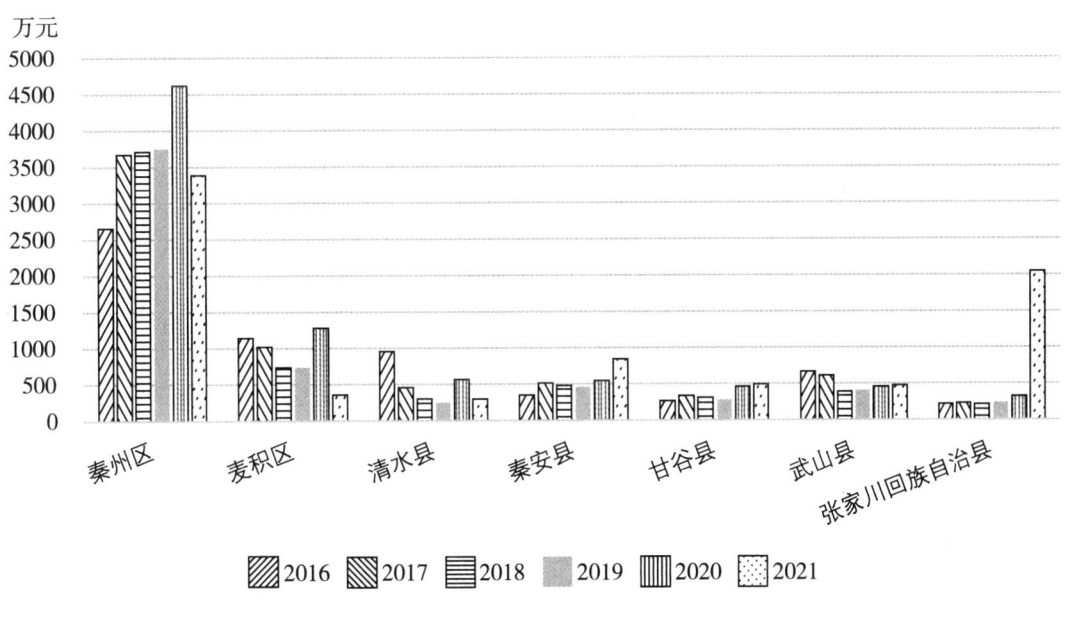

图 8-5-11 各区县财政科技支出情况

-233-

表 8-5-9 各区县财政科技支出表(万元)

年度	秦州区	麦积区	清水县	秦安县	甘谷县	武山县	张家川回族自治县
2016	2656	1140	954	350	269	666	216
2017	3672	1018	458	517	338	614	233
2018	3715	736	304	479	313	390	214
2019	3752	737	255	460	280	409	240
2020	4622	1282	568	547	464	458	323
2021	3390	362	296	842	491	473	2047

二、科技产出情况

（一）企业创新活动情况

1.企业总体情况

2016~2021年，天水市规模(限额)以上企业数稳定增长，从2016年407家增长至2021年的530家，年均增长率为5.42%。企业数增长率最高的年度为2020年，达23.57%，增长率最低的年度为2018年，是-8.04%。2021年较上年增长6.43%，占全省规模(限额)以上企业数的8.71%。图8-5-12，表8-5-10。

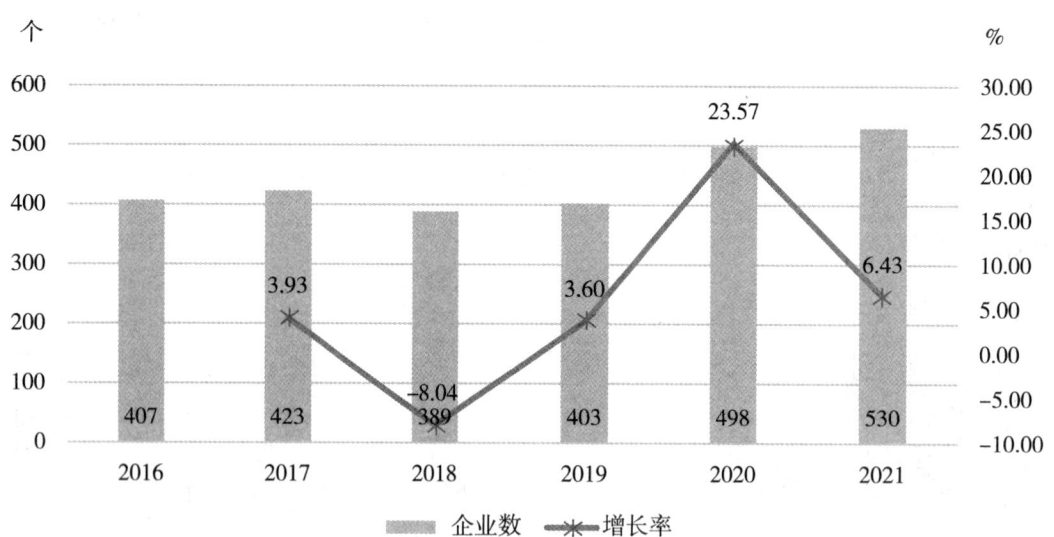

图 8-5-12 2016~2021年天水市企业数与增长率

表 8-5-10　2016~2021 年天水市企业数与增长率

年度	企业数（个）	增长率（%）	占全省比例（%）
2016	407	-	7.76
2017	423	3.93	8.19
2018	389	-8.04	8.14
2019	403	3.60	8.09
2020	498	23.57	9.25
2021	530	6.43	8.71

2.企业开展创新活动情况

2016~2021 年，天水市规模（限额）以上企业中开展创新活动企业数稳定增长，从 2016 年的 149 家增加至 2021 年的 238 家，年均增长率为 9.82%。2018 年增长率为负，呈现下降态势。2019 年增长率最高，为 21.09%，2021 年开展创新活动企业数达 238 家，相较于 2020 年增加 30 家，增长率达到 14.42%，占全省的 9.78%。表 8-5-11，图 8-5-13。

表 8-5-11　2016~2021 年天水市开展创新企业数与增长率

年度	企业数（个）	增长率（%）	占全省比例（%）
2016	149	-	7.92
2017	157	5.37	8.32
2018	147	-6.37	8.46
2019	178	21.09	9.39
2020	208	16.85	10.61
2021	238	14.42	9.78

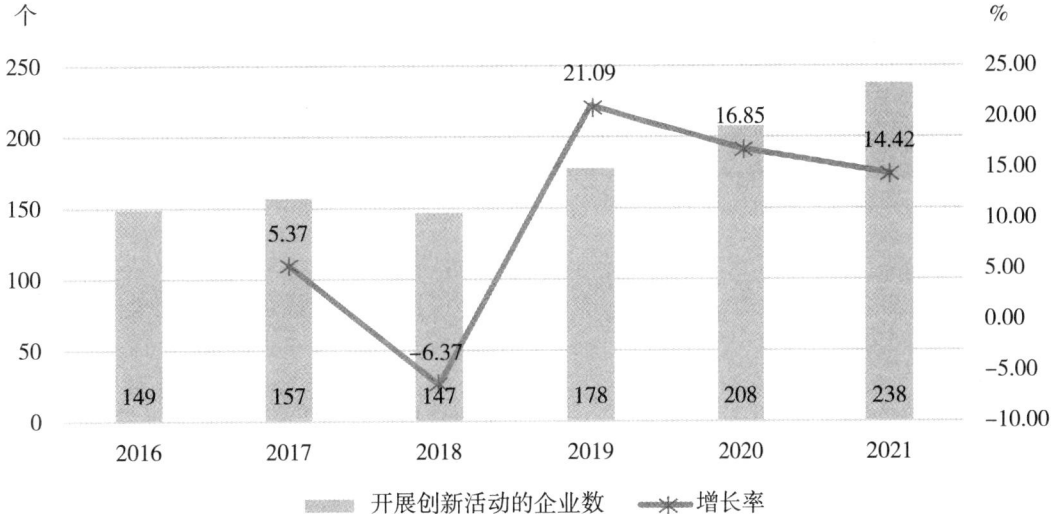

图 8-5-13　2016~2021 年天水市开展创新企业数与增长率

2016~2021年,天水市规模(限额)以上企业中开展创新活动企业数占比波动变化,从2016年的36.61%增加至2021年的44.91%,增加了8.3个百分点。2020年占比为41.77%,2021年略有提升,增长至44.91%。表8-5-12,图8-5-14。

表8-5-12 2016~2021年天水市开展创新活动企业数占总企业数比重

年度	占比(%)
2016	38.80
2017	43.40
2018	43.86
2019	42.77
2020	36.68
2021	43.26

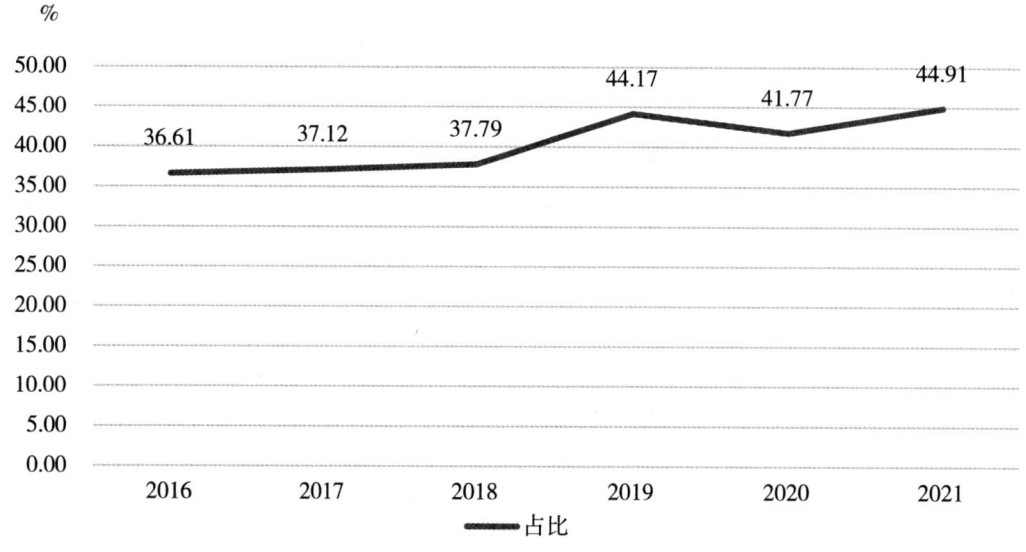

图8-5-14 2016~2021年天水市开展创新活动企业数占总企业数比重

开展创新活动企业中,部分企业成功实现创新,2016~2021年,成功创新企业占开展创新活动企业比例波动变化,完成率皆保持在93%以上。2021年企业实现创新完成率达95.38%。表8-5-13,图8-5-15。

表 8-5-13　2016~2021年天水市实现创新完成企业占比

年度	实现创新完成率(%)
2016	98.66
2017	98.09
2018	93.88
2019	98.31
2020	96.15
2021	95.38

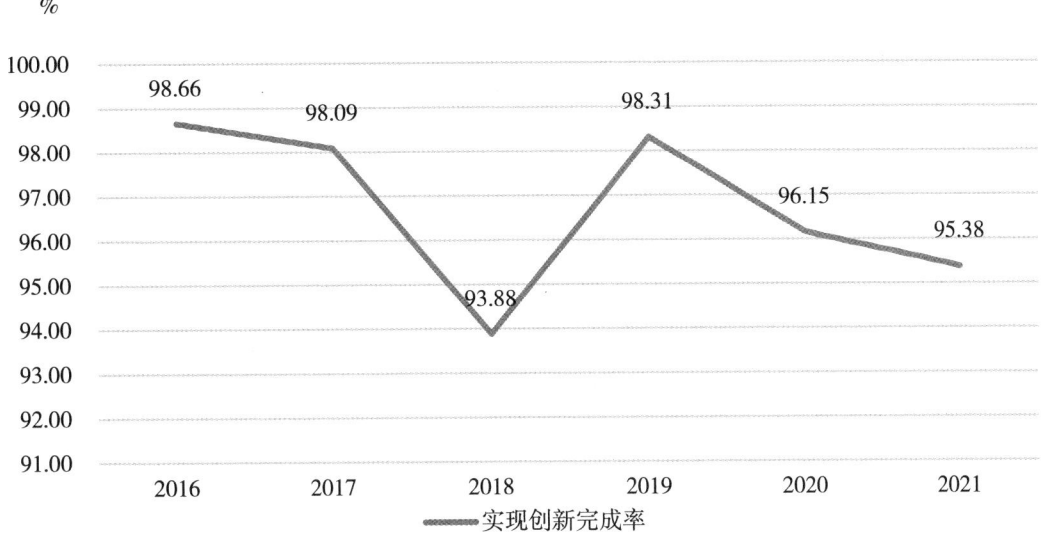

图 8-5-15　2016~2021年天水市实现创新完成企业占比

3.创新活动类型情况

2021年,天水市开展组织(管理)创新活动或营销创新活动的企业占开展创新活动企业数的87.39%,开展产品创新活动或工艺创新活动的企业占51.68%,同时开展4种创新活动的企

表 8-5-14　2016~2021年天水市企业创新活动开展情况

年度	开展产品或工艺创新活动企业数(个)	占比(%)	有组织(管理)创新或营销创新企业数(个)	占比(%)	同时实现四种创新企业数(个)	占比(%)
2016	79	53.02	143	95.97	35	23.49
2017	77	49.04	150	95.54	32	20.38
2018	78	53.06	131	89.12	26	17.69
2019	80	44.94	172	96.63	36	20.22
2020	121	58.17	187	89.90	33	15.87
2021	123	51.68	208	87.39	21	8.82

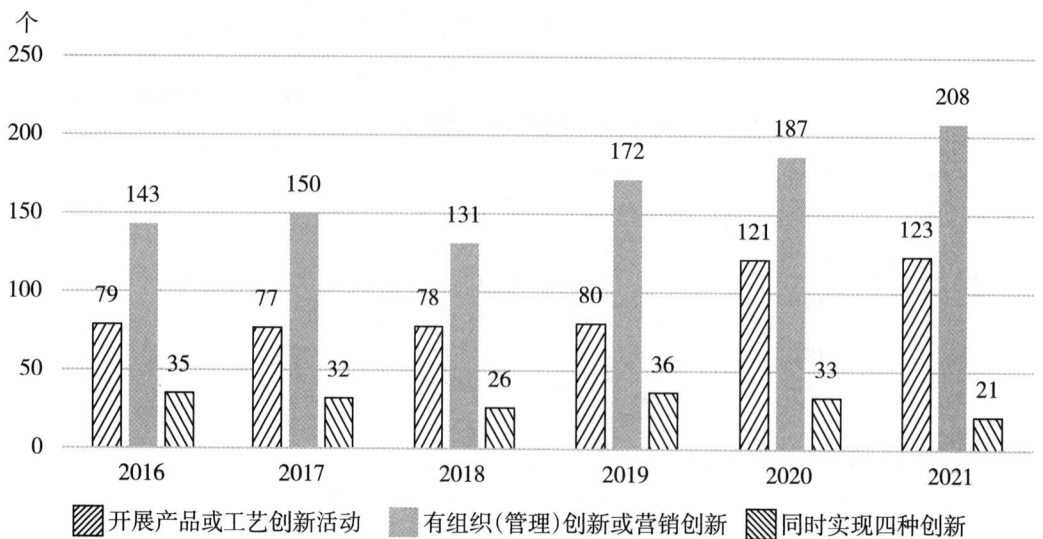

图 8-5-16　2016~2021 年天水市企业创新活动开展情况

业占 8.82%。表 8-5-14,图 8-5-16。

(二)企业 R&D 活动情况

1.开展 R&D 活动的企业情况

2016~2021 年,开展内部 R&D 活动企业数从 2016 年的 27 家下降至 2021 年的 26 家,年均增长率为-0.75%。2021 年天水市开展内部 R&D 活动企业占规模(限额)以上企业比重为 4.91%。表 8-5-15,图 8-5-17。

表 8-5-15　2016~2021 年天水市内部 R&D 企业情况

年度	有内部 R&D 的企业数(个)	增长率(%)	有内部 R&D 的企业数占比(%)
2016	27	-	6.63
2017	25	-7.41	5.91
2018	18	-28.00	4.63
2019	16	-11.11	3.97
2020	40	150.00	8.03
2021	26	-35.00	4.91

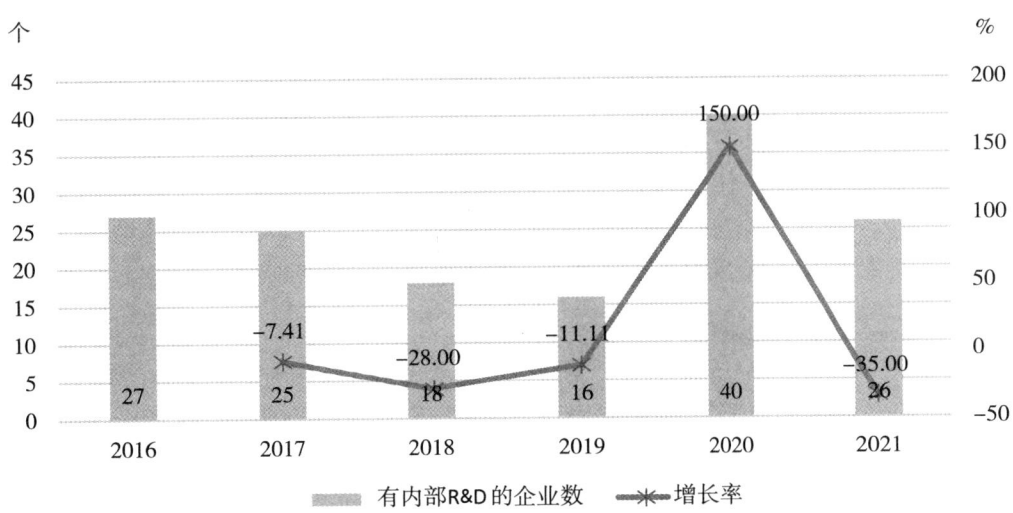

图 8-5-17　2016~2021 年天水市内部 R&D 企业情况

2016~2021 年,开展外部 R&D 企业数呈现波动变化态势。2016~2021 年,开展外部 R&D 活动企业数从 2016 年的 7 家变化至 2021 年的 9 家,年均增长率为 5.15%。2021 年天水市开展外部 R&D 活动企业占规模(限额)以上企业比重为 1.70%。表 8-5-16,图 8-5-18。

表 8-5-16　2016~2021 年天水市开展外部 R&D 企业情况

年度	有外部 R&D 的企业数(个)	增长率(%)	有外部 R&D 的企业数占比(%)
2016	7	—	1.72
2017	6	−14.29	1.42
2018	8	33.33	2.06
2019	5	−37.50	1.24
2020	10	100.00	2.01
2021	9	−10.00	1.70

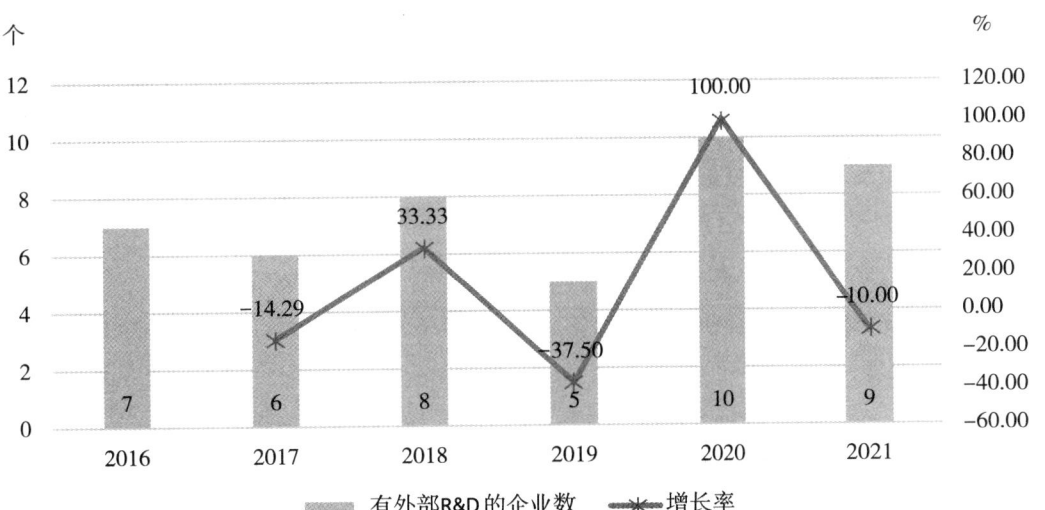

图 8-5-18　2016~2021 年天水市开展外部 R&D 企业数情况

2.工业企业创新费用情况

2016~2021年,工业企业创新费用变化呈波动变化态势,从2016年的4.64亿元增加至2021年的10.08亿元,年均增长率为16.78%。2017年增长率最低,为-8.39%,2018年增长率最高,为78.77%。表8-5-17,图8-5-19。

表8-5-17　2016~2021年天水市工业企业创新费用及其增长率

年度	工业企业创新费用(亿元)	增长率(%)
2016	4.64	—
2017	4.25	-8.39
2018	7.60	78.77
2019	8.87	16.76
2020	8.88	0.02
2021	10.08	13.57

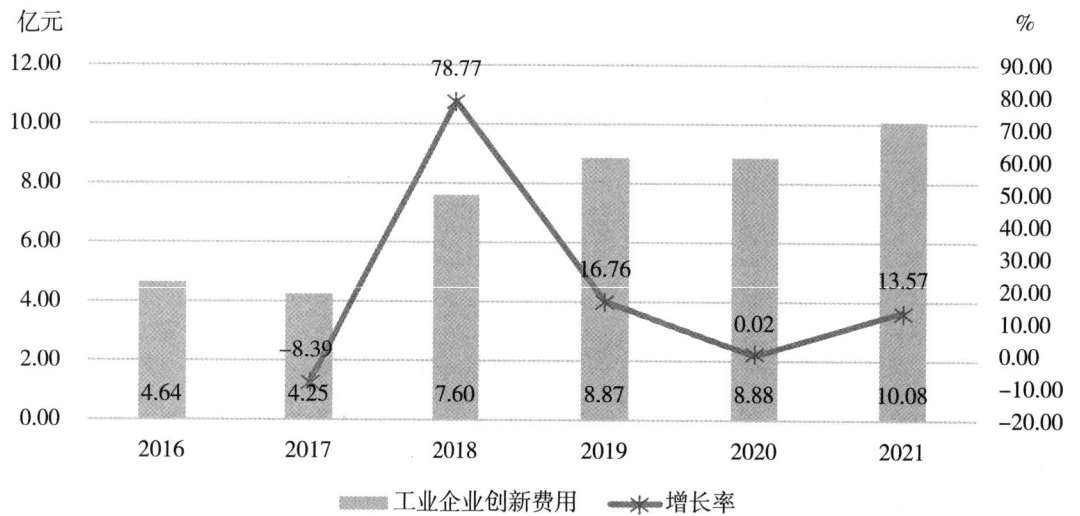

图8-5-19　2016~2021年天水市工业企业创新费用及其增长率

3.企业R&D经费情况

2016~2021年,天水市规模以上工业企业R&D经费呈现波动变化态势,从2016年的2.58亿元增加至2021年的8.34亿元,年均增长率为26.45%。占规模以上工业企业营业收入的比重从2016年的1.26%增加到2021年的2.71%。其中2016年占比最低,为1.26%,2018年占比最高,为3.10%。表8-5-18,图8-5-20。

表 8-5-18　2016~2021年天水市规模以上工业企业R&D经费情况

年度	规模以上工业企业R&D经费(亿元)	占规模以上工业企业营业收入(或主营业务收入)的比重(%)
2016	2.58	1.26
2017	2.69	1.30
2018	6.40	3.10
2019	5.97	2.48
2020	6.96	2.90
2021	8.34	2.71

注：因统计口径变化，2016~2018年使用规模以上工业企业主营业务收入，2019~2021年使用规模以上工业企业营业收入。

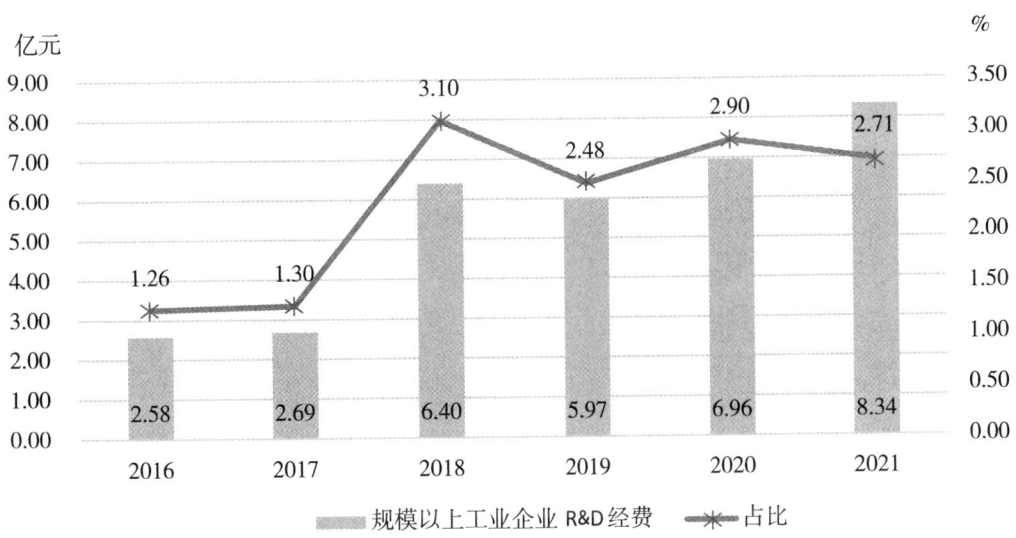

图 8-5-20　2016~2021年天水市规模以上工业企业R&D经费情况

(三)知识产权情况

1.专利授权情况

2016~2022年，天水市专利授权量呈现波动增长态势，从2016年的354件增长至2022年的1136件，年均增长率为21.45%，其中，2019年增长率最高，为86.64%，2022年增长率最低，为-35.16%。表8-5-19，图8-5-21。

表 8-5-19　2016~2022 年天水市专利授权量及其增长率

年度	专利授权量(件)	增长率(%)
2016	354	—
2017	502	41.81
2018	606	20.72
2019	1125	85.64
2020	1461	29.87
2021	1752	19.92
2022	1136	-35.16

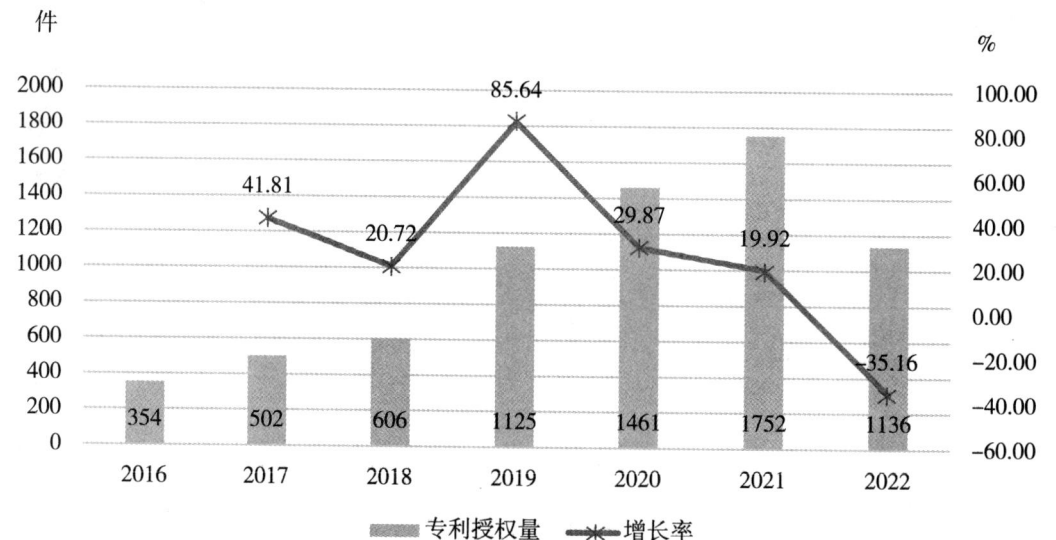

图 8-5-21　2016~2022 年天水市专利授权量及其增长率

2.发明专利拥有量

2016~2022 年，天水市发明专利拥有量稳定增长，从 2016 年的 140 件增长至 2022 年的 386 件，年均增长率为 18.42%。万人发明专利拥有量从 2016 年的 1.26 件增长至 2022 年的 1.31 件，年均增长率为 0.65%。其中，2019 年专利发明专利拥有量增长率最低，增长率为 5.03%。2020 年发明专利拥有量增长率最高，为 33.97%。表 8-5-20，图 8-5-22。

表 8-5-20　2016~2022 年天水市发明专利拥有量情况

年度	发明专利拥有量(件)	每万人口发明专利拥有量(件)
2016	140	1.26
2017	182	1.63
2018	199	1.77
2019	209	0.82
2020	280	0.83
2021	322	1.08
2022	386	1.31

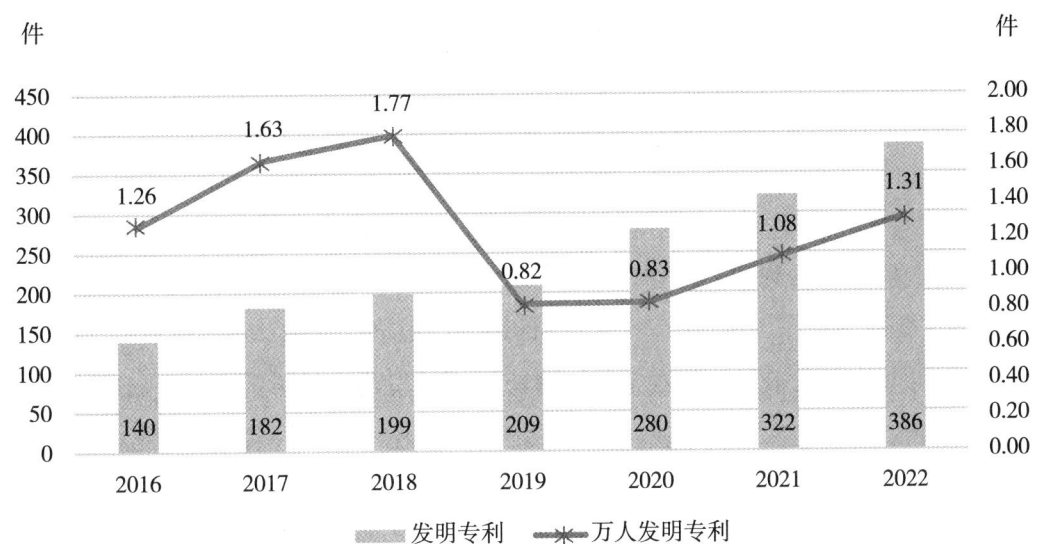

图 8-5-22　2016~2022 年天水市发明专利拥有量情况率

3.高价值专利拥有量

(1)总体情况

2022 年,天水市高价值发明专利拥有量 181 件,相比于 2021 年增加 30 件,增长率为 19.87%。表 8-5-21,图 8-5-23。

表 8-5-21　2021~2022 年天水市高价值发明专利拥有量

年度	高价值发明专利拥有量(件)
2021	151
2022	181

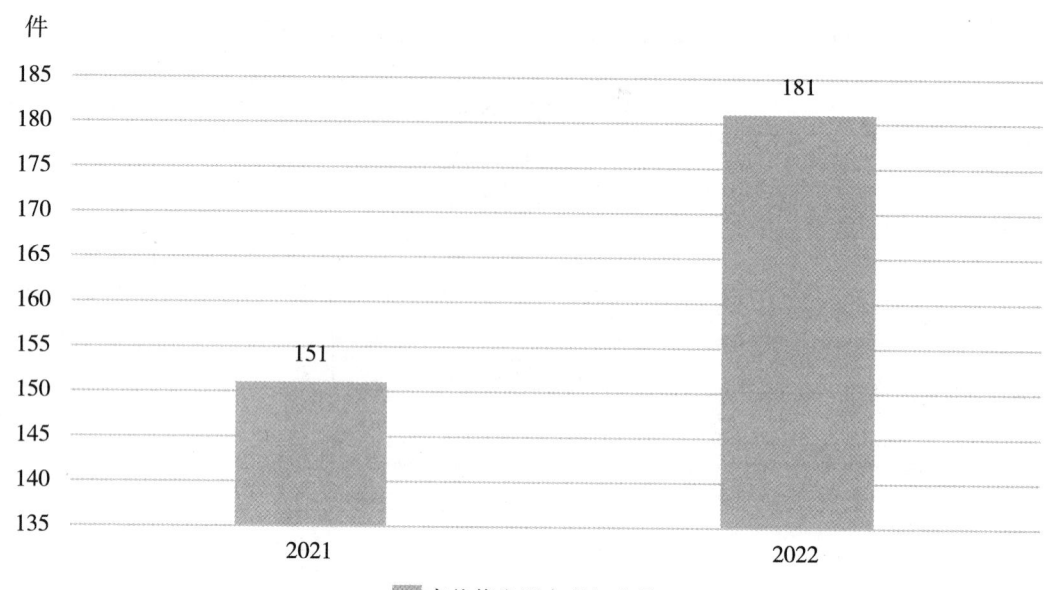

图 8-5-23　2021~2022 年天水市高价值发明专利拥有量

(2)五个维度分布情况

2022年天水高价值专利拥有量中,战略性新兴产业的有效发明专利量为126件,占比最高,为52.72%。维持年限超10年的有效发明专利量为101件,为42.26%。在海外有同族专利权的有效发明专利与获得国家科技奖或中国专利奖的有效发明专利皆为5件,占比为2.09%。获得较高质押融资金额的有效发明专利为2件,占比为0.84%。表8-5-22,图8-5-24。

表 8-5-22　2022 年天水市高价值发明专利拥有量维度分布情况

分类	高价值发明专利拥有量(件)
战略性新兴产业的有效发明专利	126
维持年限超10年的有效发明专利	101
在海外有同族专利权的有效发明专利	5
获得较高质押融资金额的有效发明专利	2
获得国家科技奖或中国专利奖的有效发明专利	5

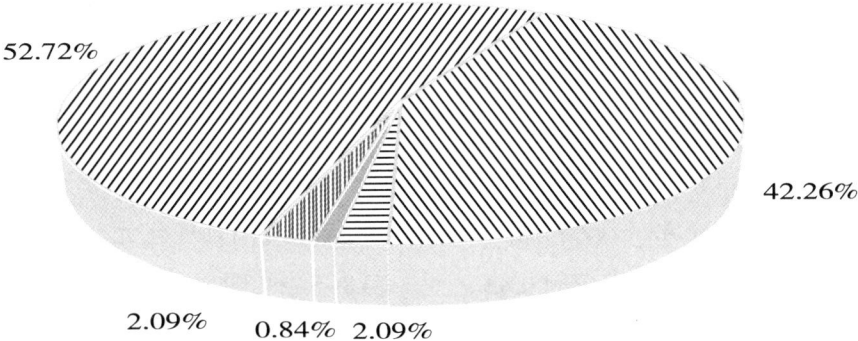

- ▨ 战略性新兴产业的有效发明专利
- ▧ 维持年限超10年的有效发明专利
- ▤ 在海外有同族专利权的有效发明专利
- ▦ 获得较高质押融资金额的有效发明专利
- ▥ 获得国家科技奖或中国专利奖的有效发明专利

图 8-5-24　2022 年天水市高价值发明专利拥有量维度分布情况

(四)技术市场交易情况

1.总体情况

2016~2022 年,天水市累计登记技术合同 2909 项,成交额共计 199.02 亿元,成交额稳定增长,年均增长率为 11.95%,其中,2022 年天水市登记技术合同 1377 项,技术合同成交额 40.09 亿元,比 2016 年增长 96.81%。表 8-5-23,图 8-5-25。

表 8-5-23　2016~2022 年天水市技术市场合同统计表

年度	2016	2017	2018	2019	2020	2021	2022
合同数(项)	198	204	185	117	223	605	1377
成交额(亿元)	20.37	22.46	25.01	27.56	29.27	34.26	40.09

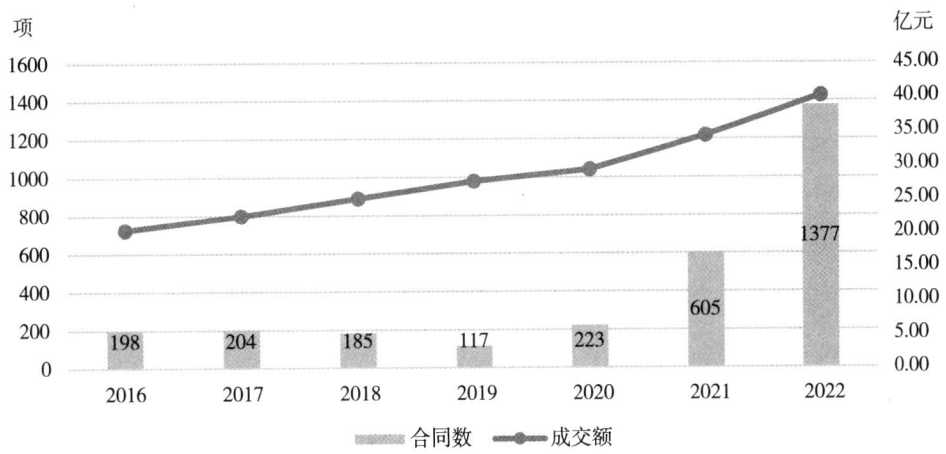

图 8-5-25　2016~2022 年天水市技术市场合同数和成交额情况

2.不同类型分布情况

(1)按合同类别分布情况

2016~2022年,天水市共登记技术服务合同2315项,成交额137.88亿元,占天水市技术交易额的比重为69.28%;技术咨询合同475项,成交额32.4亿元,占16.28%;技术开发合同84项,成交额16.76亿元,占8.42%;技术转让合同19项,成交额11.95亿元,占6.01%;2022年新增技术许可合同,共登记16项,成交额0.03亿元。表8-5-24,图8-5-26。

表8-5-24　2016~2022年天水市技术合同按合同类别统计表

	年度	2016	2017	2018	2019	2020	2021	2022	总计
总计	合同数(项)	198	204	185	117	223	605	1377	2909
	成交额(亿元)	20.37	22.46	25.01	27.56	29.27	34.26	40.09	199.02
技术开发	合同数(项)	24	13	3	0	0	0	44	84
	成交额(亿元)	10.56	3.76	0.94	0.00	0.00	0.00	1.50	16.76
技术转让	合同数(项)	3	1	0	7	1	7		19
	成交额(亿元)	1.32	0.01	0.00	8.77	0.38	1.47	0.00	11.95
技术咨询	合同数(项)	116	131	89	15	46	23	55	475
	成交额(亿元)	3.67	12.12	6.05	2.35	5.92	0.16	2.13	32.40
技术服务	合同数(项)	55	59	93	95	176	575	1262	2315
	成交额(亿元)	4.81	6.58	18.02	16.44	22.97	32.63	36.43	137.88
技术许可	合同数(项)	-	-	-	-	-	-	16	16
	成交额(亿元)	-	-	-	-	-	-	0.03	0.03

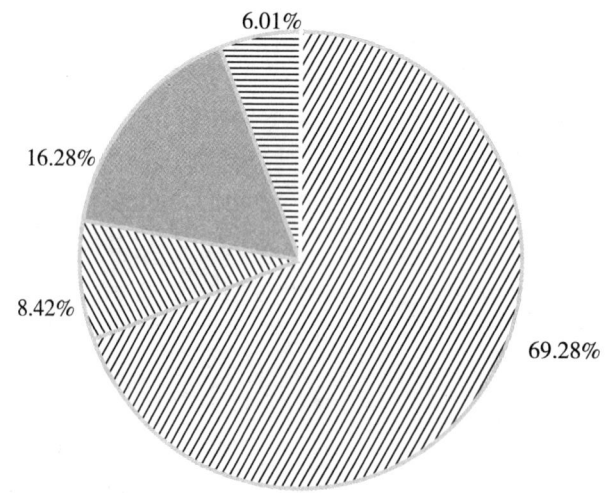

图8-5-26　2016~2022年天水市技术交易总金额按合同类别占比

(2)按卖方类别分布情况

2016~2022年，天水市技术交易主体主要是企业法人，企业法人输出技术合同总成交额占比超过99%，企业法人共输出技术合同2402项，成交额197.47亿元，占天水市技术交易额的99.22%；事业法人、社团法人、其他组织共输出技术合同507项，成交额1.55亿元，占天水市技术交易额的0.78%。表8-5-25，图8-5-27。

表8-5-25　2016~2022年天水市技术合同按卖方类别统计表

年度		2016	2017	2018	2019	2020	2021	2022	总计
总计	合同数（项）	198	204	185	117	223	605	1377	2909
	成交额（亿元）	20.37	22.46	25.01	27.56	29.27	34.26	40.09	199.02
机关法人	合同数（项）	0	0	0	0	0	0	0	0
	成交额（亿元）	0.00	0.00	0.00	0.00	0.00	0.00	0.00	0.00
事业法人	合同数（项）	0	0	0	0	1	0	494	495
	成交额（亿元）	0.00	0.00	0.00	0.00	0.10	0.00	0.45	0.55
社团法人	合同数（项）	0	0	0	0	0	1	0	1
	成交额（亿元）	0.00	0.00	0.00	0.00	0.00	0.04	0.00	0.04
企业法人	合同数（项）	198	204	185	117	222	604	872	2402
	成交额（亿元）	20.37	22.46	25.01	27.56	29.16	34.22	38.68	197.47
自然人	合同数（项）	0	0	0	0	0	0	0	0
	成交额（亿元）	0.00	0.00	0.00	0.00	0.00	0.00	0.00	0.00
其他组织	合同数（项）	0	0	0	0	0	0	11	11
	成交额（亿元）	0.00	0.00	0.00	0.00	0.00	0.00	0.96	0.96

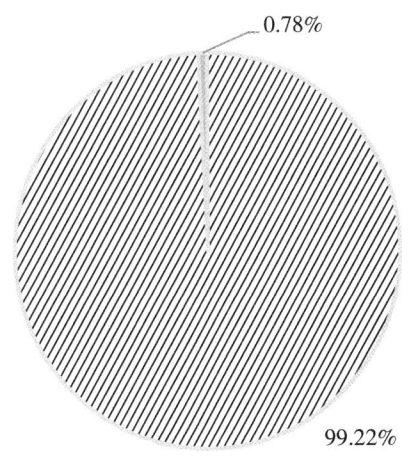

图8-5-27　2016~2022年天水市技术交易总金额按卖方类别占比

(五)科技论文

2016~2020年,天水市发表的论文数量持续下降,共发表科技论文494篇,占全省国内论文的比重为1.25%。表8-5-26,图8-5-28。

表 8-5-26 2016~2020年天水市国内论文数

年度	2016	2017	2018	2019	2020
论文数(篇)	138	103	89	82	82
占甘肃省国内论文比重(%)	1.7	1.34	1.16	1.04	0.99

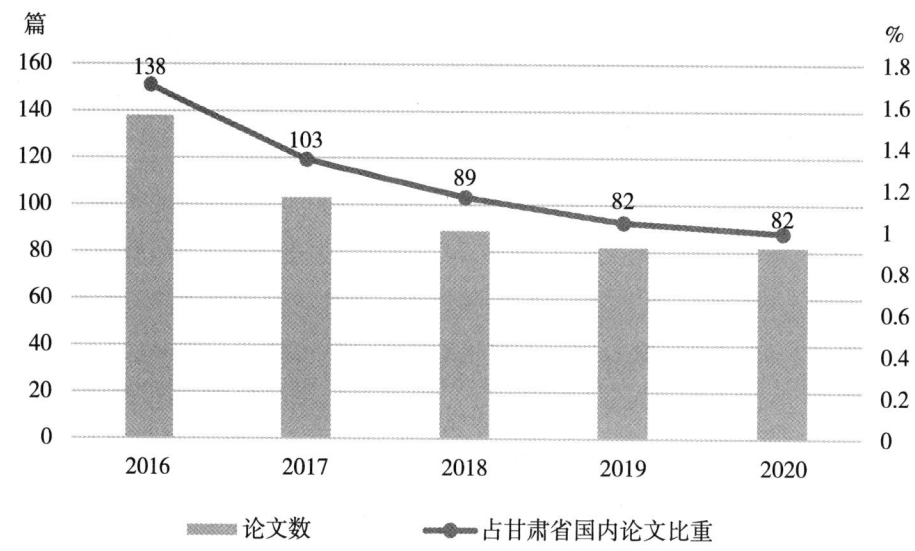

图 8-5-28 2016~2020年天水市国内论文发表

[6] 武 威 篇

一、科技投入情况

（一）R&D 人员投入

2021 年武威市 R&D 人员达到 1860 人，与 2020 年相比增长 1.86%，占全省 R&D 人员的 3.38%。2016~2021 年期间，武威市 R&D 人员投入总体波动幅度较小，2016~2019 年呈增长趋势，2019 年 R&D 人员为 2211 人，较上年增长 9.13%，是"十三五"期间 R&D 人员增幅最高的一年；2020 年开始出现小幅回落，为 1826 人，较上年减少 17.41%；2021 年又回升至 1860 人，较上年增长 1.86%。表 8-6-1，图 8-6-1。

表 8-6-1 武威市 R&D 人员投入表

年度	R&D 人员（人）	比上年增长（%）	占全省比例（%）
2016	1857	-16.24	4.67
2017	2075	11.74	5.06
2018	2026	-2.36	5.23
2019	2211	9.13	4.80
2020	1826	-17.41	4.24
2021	1860	1.86	3.38

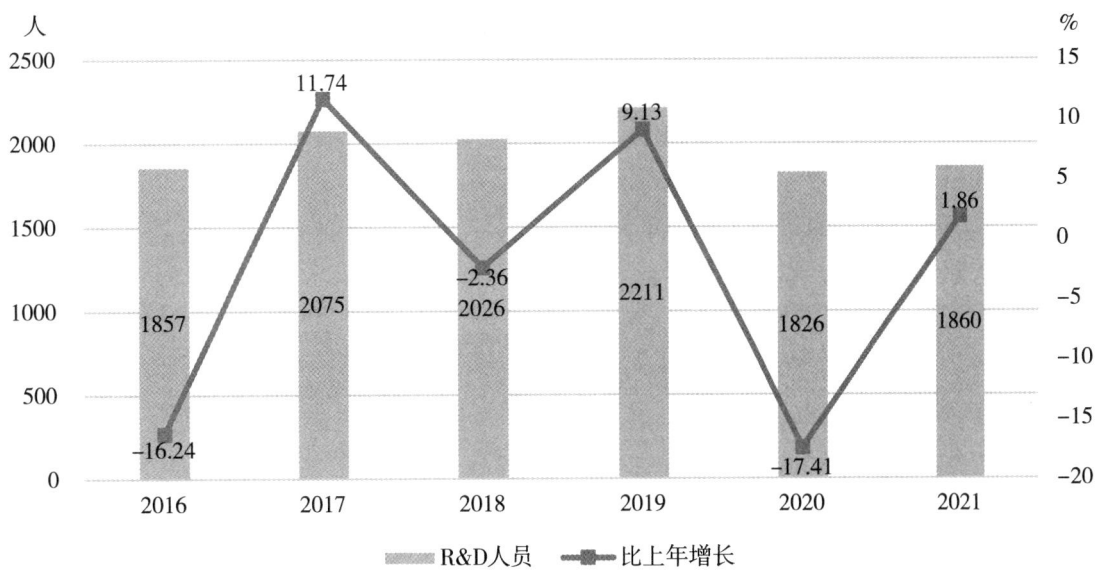

图 8-6-1 武威市 R&D 人员投入情况

（二）R&D 经费投入

1.总体情况

2016~2021 年,武威市 R&D 经费总体呈现先降后升趋势,2016~2018 年逐年下降,2019 年回升至 3.49 亿元,较上年增长 58.66%,2020 年有所下降,较上年下降 6.10%,2021 年继续回升,较上年增长 6.75%。2021 年 R&D 经费支出为 3.5 亿元,占全省 R&D 经费的 2.70%。表 8-6-2,图 8-6-2。

表 8-6-2 武威市 R&D 经费内部支出表

年度	R&D 经费内部支出(亿元)	比上年增长(%)
2016	2.58	4.58
2017	2.23	−13.55
2018	2.20	−1.42
2019	3.49	58.66
2020	3.28	−6.10
2021	3.50	6.75

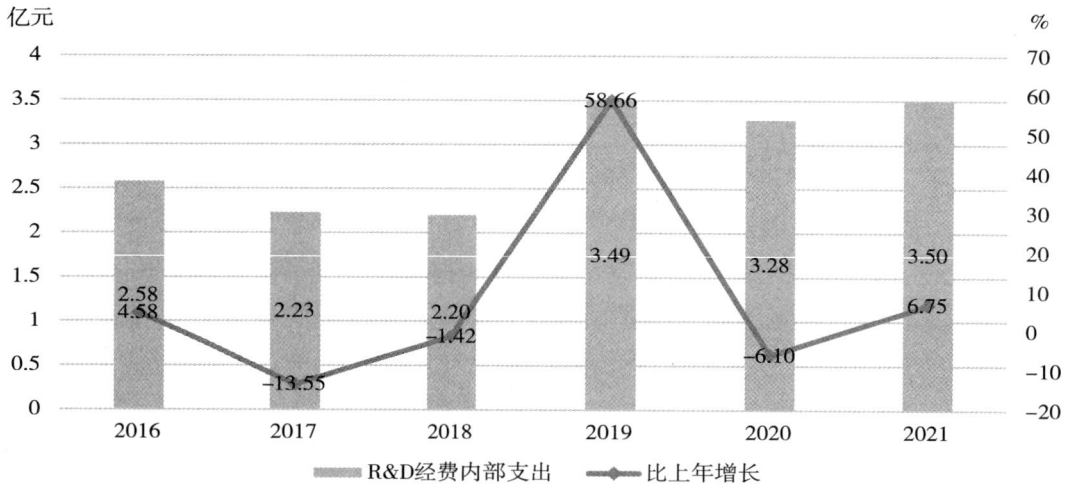

图 8-6-2 武威市 R&D 经费内部支出及增长情况

2.结构分布

(1)按活动类型分布情况

2016~2021 年武威市 R&D 经费主要用于应用研究和试验发展活动,其中应用研究经费呈"正态"变化趋势,2017~2019 年持续增长,2020 年回落至 1277 万元,较上年减少 74.66%,2021 年回升至 2491 万元,较上年增长 95.07%。试验发展经费呈现先降后升趋势,2016~2018 年持续下降,2019~2021 年持续上升,2021 年回升至 32 238 万元,较上年增长 4.46%。表 8-6-3,图 8-6-3。

从活动类型来看,2021 年武威市应用研究和试验发展占 R&D 经费的比重分别为 7.12% 和 92.17%,试验发展经费占比高于全省平均水平,占全省的 3.74%,应用研究经费占比低于全省平均水平。

表 8-6-3　按活动类型分组的 R&D 经费支出表

年度	基础研究（万元）	应用研究（万元）	试验发展（万元）
2016	—	4195	21613
2017	246	2574	19491
2018	34	4421	17540
2019	330	5093	29473
2020	628	1277	30862
2021	250	2491	32238

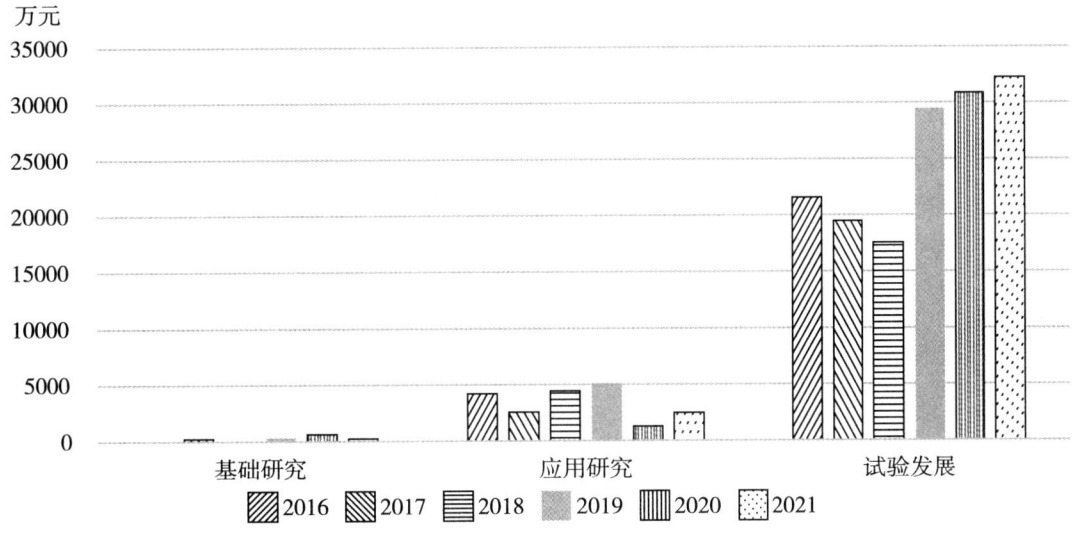

图 8-6-3　按活动类型分组的 R&D 经费支出情况

（2）按支出用途分布情况

按支出用途来看，武威市 R&D 经费日常性支出远远超过资产性支出，且日常性支出呈增长趋势，而 R&D 经费资产性支出总体呈现下降趋势。2021 年，武威市日常性支出为 32 718 万元，占武威市 R&D 经费的 93.54%，2016~2021 年，年均增速为 11.62%。资产性支出为 2261 万元，占武威市 R&D 经费的 6.46%。表 8-6-4，图 8-6-4。

表 8-6-4　按支出用途分组的 R&D 经费内部支出表

年度	日常性支出（万元）	资产性支出（万元）
2016	18881	6928
2017	16967	5344
2018	18818	3177
2019	29369	5526
2020	30190	2587
2021	32718	2261

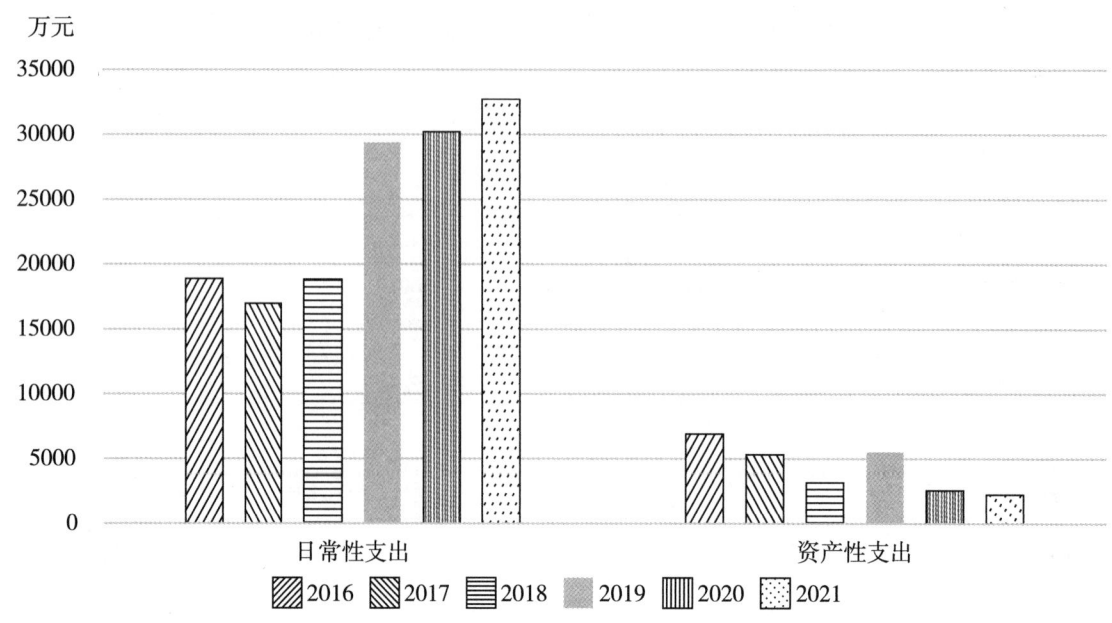

图 8-6-4 按支出用途分组的 R&D 经费内部支出情况

(三) R&D 经费投入强度

2016~2021年，武威市 R&D 经费投入强度稳步提升，已远远超出全省平均水平，从2016年的1.81%增长到2021年的2.19%，增加了0.38个百分点，2019年最高达到2.25%，后呈现下降趋势，2021年回升至2.19%。表8-6-5，图8-6-5。

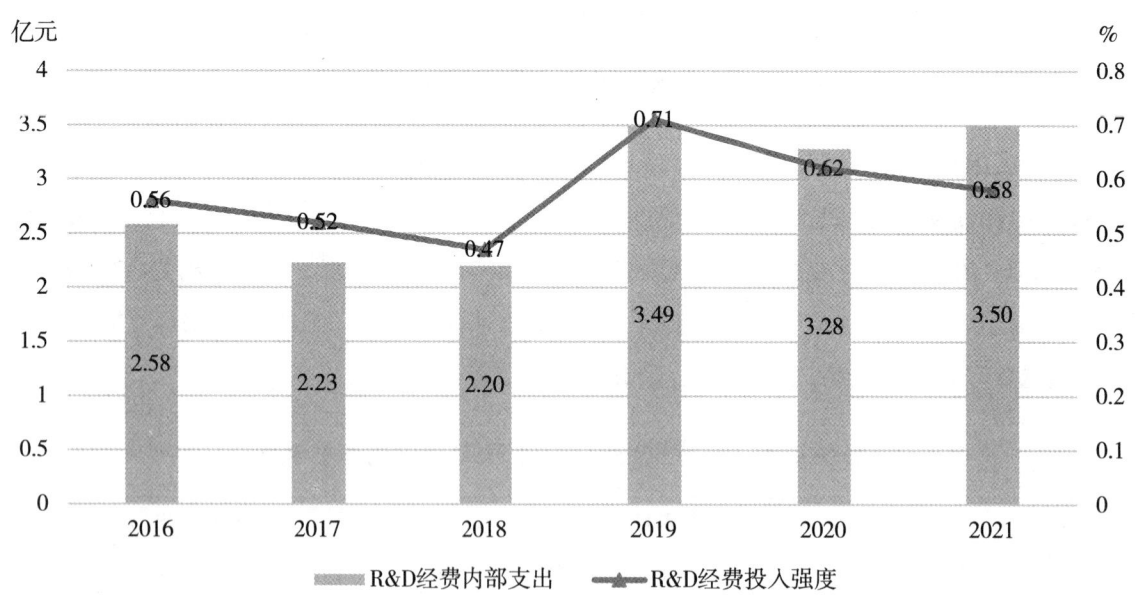

图 8-6-5 R&D 经费投入强度变化情况

表 8-6-5　R&D 经费投入强度表

年度	R&D 经费内部支出（亿元）	R&D 经费投入强度（%）
2016	2.58	0.56
2017	2.23	0.52
2018	2.2	0.47
2019	3.49	0.71
2020	3.28	0.62
2021	3.50	0.58

（四）财政科技支出

1.总体情况

（1）一般公共预算收入

2016~2021 年，武威市一般公共预算收入呈现先降后升趋势。其中，2016~2019 年变化幅度较大，2019~2021 年持续增长，2021 年达到 32.32 亿元，年均增速为 6.73%，较上年增长 1%。表 8-6-6，图 8-6-6。

表 8-6-6　财政科技支出表

年度	一般公共预算收入（亿元）	一般公共预算支出（亿元）	财政科技支出（亿元）	财政科技支出占一般公共预算支出比重（%）
2016	31.10	175.93	0.65	0.37
2017	28.62	202.16	0.75	0.37
2018	30.45	201.10	0.72	0.36
2019	28.37	204.60	0.80	0.39
2020	32.00	217.05	1.12	0.52
2021	32.32	204.00	0.67	0.33

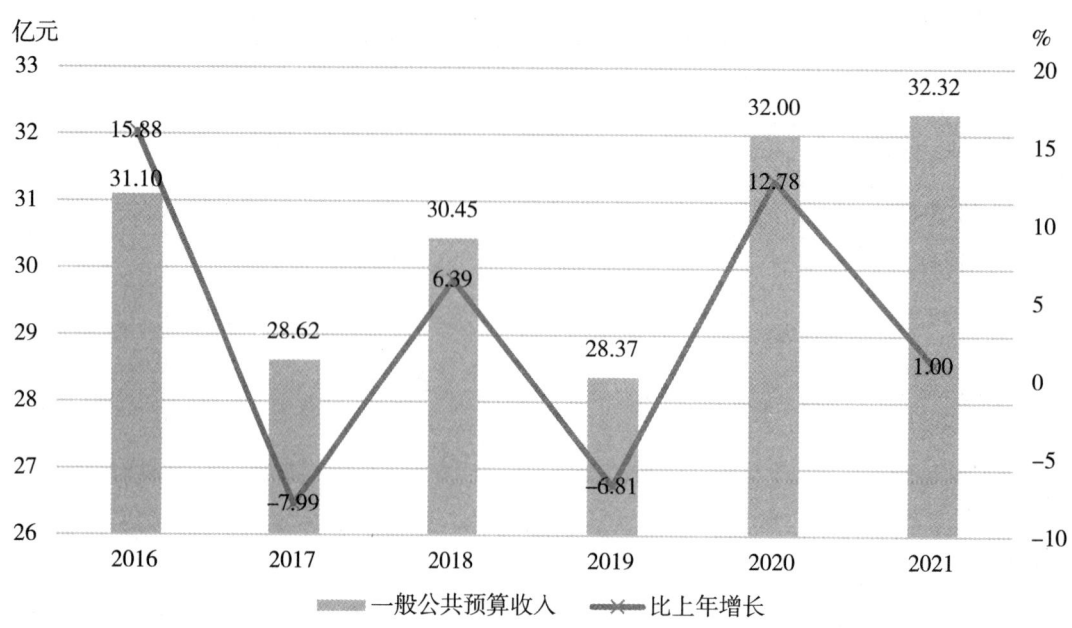

图 8-6-6 一般公共预算收入及增长情况

(2) 一般公共预算支出

2016~2021年,武威市一般公共预算支出呈现总体增长趋势,年均增速为3.0%。其中,2016~2017年增长速度最快,2017年增长至202.16亿元,较上年增长14.90%;2018年下降到201.10亿元,较上年下降0.52%;2020年回升至217.05亿元,较上年增长6.09%,2021年又回落至204.00亿元,较上年减少6.01%。总体来看,武威市一般公共预算支出增长较为缓慢。图8-6-7。

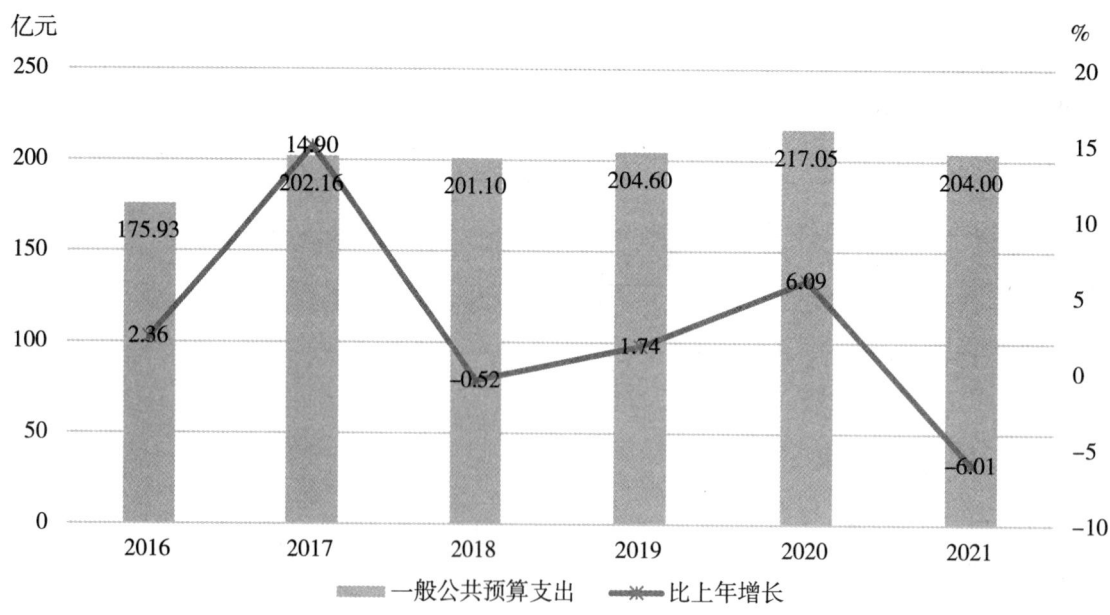

图 8-6-7 一般公共预算支出及增长情况

(3)财政科技支出

2016~2021年,武威市财政科技支出呈现先增后降的变化趋势。2016~2020年呈现增长趋势,从2016年的0.65亿元增长到2020年的1.12亿元,年均增速为14.57%,2020年达到峰值,为1.12亿元,较上年增长40%,占一般公共预算支出的比重为0.52%;2021年达到0.67亿元,较上年减少40.18%,占一般公共预算支出的比重为0.33%。图8-6-8。

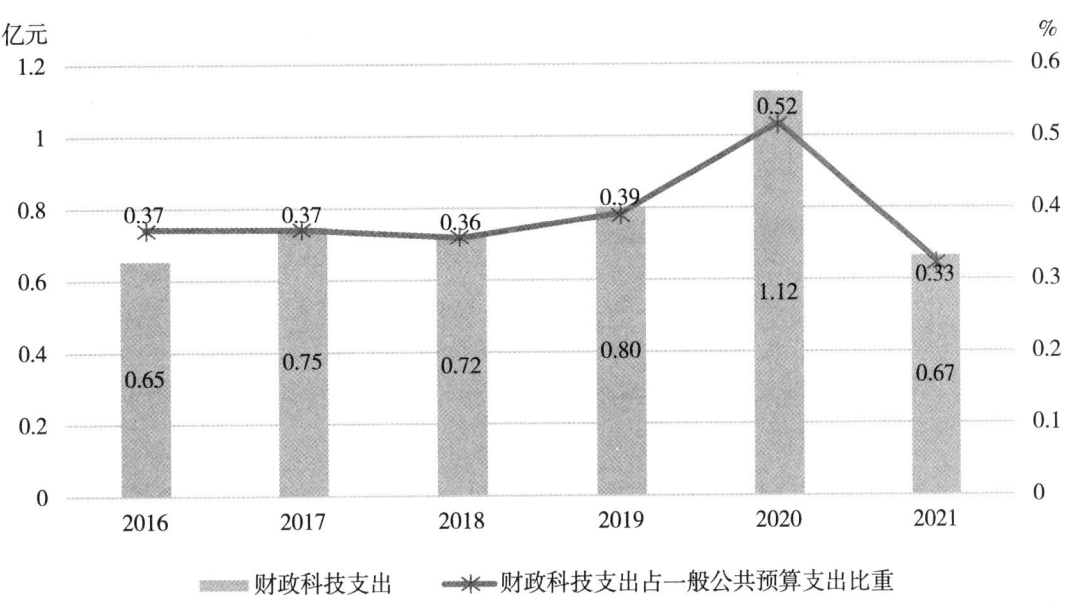

图8-6-8 地方财政科技支出及占比情况

2.地区分布情况

(1)各区县一般公共预算收入

2016~2021年,凉州区一般公共预算收入较高,总体呈现增长趋势,年均增速为2.67%。其中,2016~2018年持续增长,从2016年的12.2亿元增长到2018年的13.78亿元,年均增速为6.28%;2019年有所下滑,2020年提升至14亿元,较上年增长9.9%。古浪县一般公共预算收入较低,2021年一般公共预算收入占全市的8.25%。民勤县和天祝藏族自治县一般公共预算收入

表8-6-7 各区县一般公共预算收入表(亿元)

年度	凉州区	民勤县	古浪县	天祝藏族自治县
2016	12.20	4.05	2.69	4.56
2017	12.33	3.54	2.93	2.68
2018	13.78	3.76	3.53	3.21
2019	12.74	3.86	1.98	3.83
2020	14.00	3.96	2.13	3.36
2021	13.92	3.31	2.66	3.73

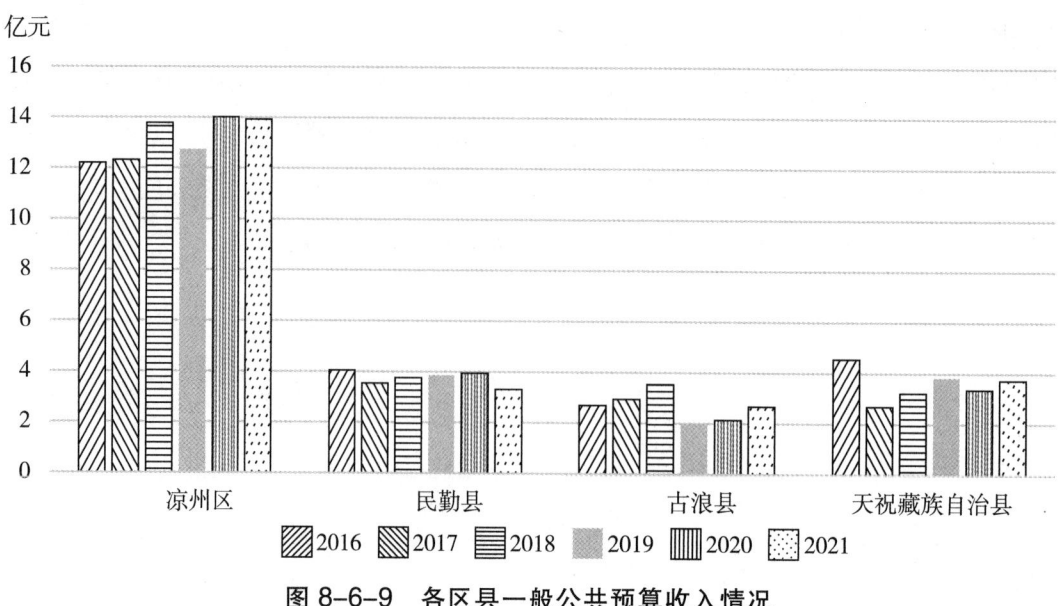

图 8-6-9 各区县一般公共预算收入情况

处于中间水平,2021年分别占全市一般公共预算收入的10.24%和11.53%。表8-6-7,图8-6-9。

(2)各区县一般公共预算支出

2016~2021年,凉州区一般公共预算支出较高,呈现"正态"变化趋势。其中,2016~2018年持续增长,从2016年的59.13亿元增长到2018年的64.68亿元,年均增速为4.59%;2019~2021年开始小幅下降。民勤县总体最高支出不足35亿元,2021年一般公共预算支出占全市一般公共预算支出的14.29%。古浪县和天祝藏族自治县一般公共预算支出处于中间水平,2021年分别占全市一般公共预算支出的20.91%和20.15%。表8-6-8,图8-6-10。

表8-6-8 各区县一般公共预算支出表(亿元)

年度	凉州区	民勤县	古浪县	天祝藏族自治县
2016	59.13	29.38	31.84	35.22
2017	63.68	31.91	37.47	37.68
2018	64.68	32.39	39.58	46.25
2019	60.88	29.08	42.78	45.28
2020	60.03	28.54	48.27	48.75
2021	59.98	29.15	42.67	41.10

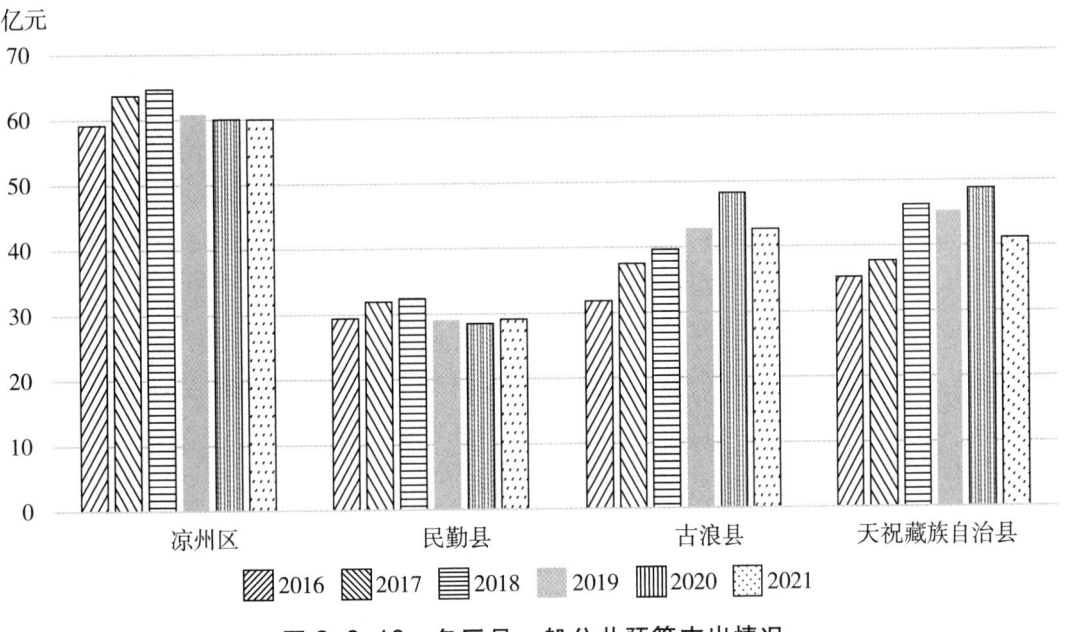

图 8-6-10　各区县一般公共预算支出情况

(3)各区县财政科技支出

2016~2021年,民勤县财政科技支出相对较高,2017~2020年持续增长,从2017年的3013万元增长到2020年的3876万元,年均增速为8.76%;2021年回落至3106万元,较上年下降19.87%。古浪县和天祝藏族自治县总体财政科技支出较低,2021年财政科技支出均占全市财政科技支出的5.86%。凉州区财政科技支出处于中间水平,2021年占全市财政科技支出的15.63%。表8-6-9,图8-6-11。

表 8-6-9　各区县财政科技支出表(万元)

年度	凉州区	民勤县	古浪县	天祝藏族自治县
2016	842	3091	256	364
2017	859	3013	569	341
2018	1227	3543	435	539
2019	1298	3592	442	234
2020	1659	3876	673	2667
2021	1040	3106	390	390

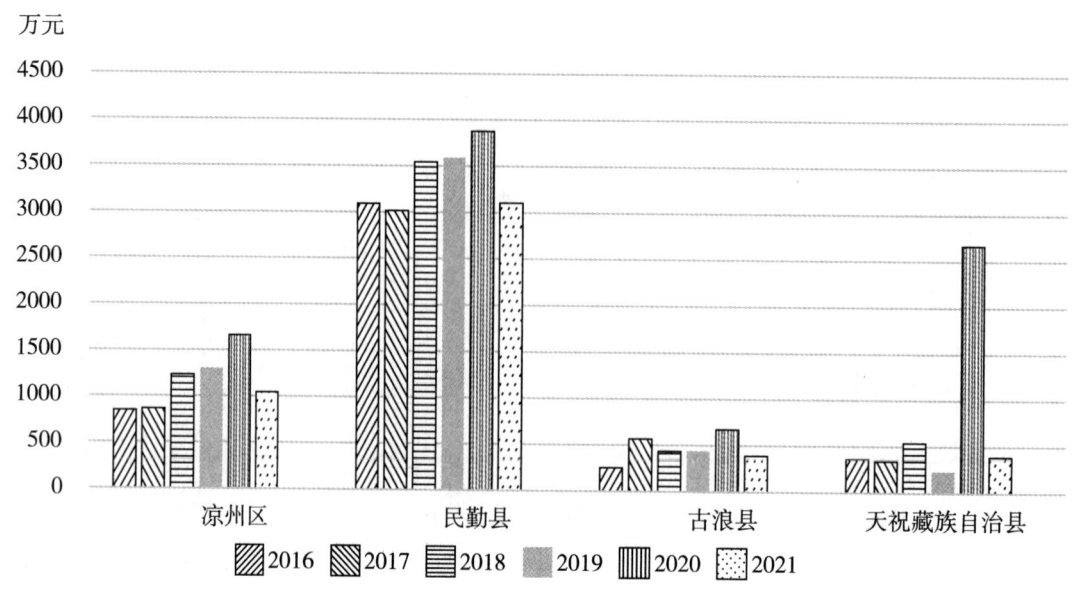

图 8-6-11 各区县财政科技支出情况

二、科技产出情况

(一)企业创新活动情况

1.企业总体情况

2016~2021 年,武威市规模(限额)以上企业数呈现波动态势,从 2016 年 415 家增长至 2021 年的 423 家,年均增长率为 0.38%。企业数增长率最高的年度为 2021 年,达 21.20%,增长率最低的年度为 2017 年,为-10.6%。2021 年占全省规模(限额)以上企业数的 6.95%。表 8-6-10,图 8-6-12。

表 8-6-10　2016~2021 年武威市企业数与增长率

年度	企业数(个)	增长率(%)	占全省比例(%)
2016	415	-	7.91
2017	371	-10.60	7.19
2018	342	-7.82	7.15
2019	332	-2.92	6.67
2020	349	5.12	6.48
2021	423	21.20	6.95

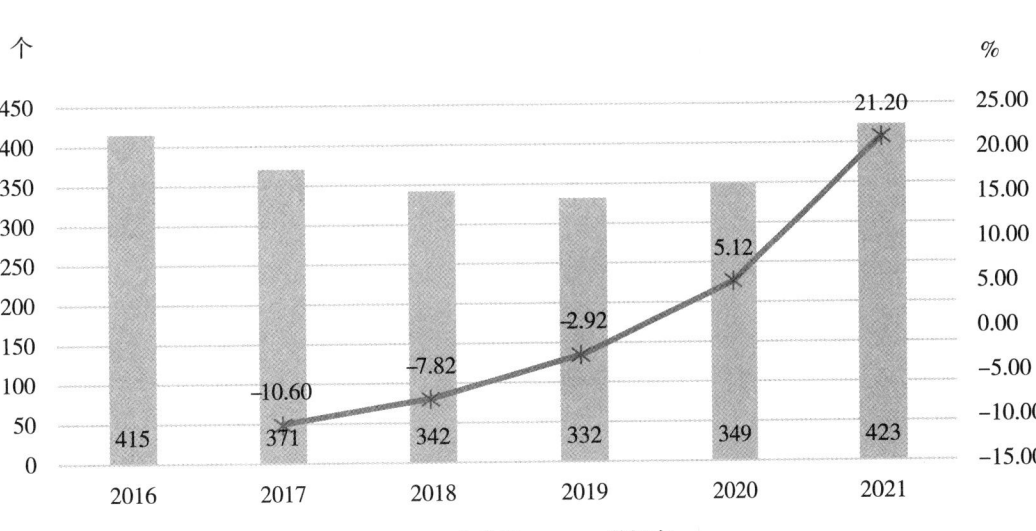

图 8-6-12 2016~2021 年武威市企业数与增长率

2.企业开展创新活动情况

2016~2021 年,武威市规模(限额)以上企业中开展创新活动企业数波动增长,从 2016 年的 161 家增加至 2021 年的 183 家,年均增长率为 2.59%。2018 年、2019 年、2020 年增长率为负,呈现下降态势。2021 年增长率最高,为 42.97%,2021 年开展创新活动企业数达 183 家,相较于 2020 年增加 55 家,占全省的 7.52%。表 8-6-11,图 8-6-13。

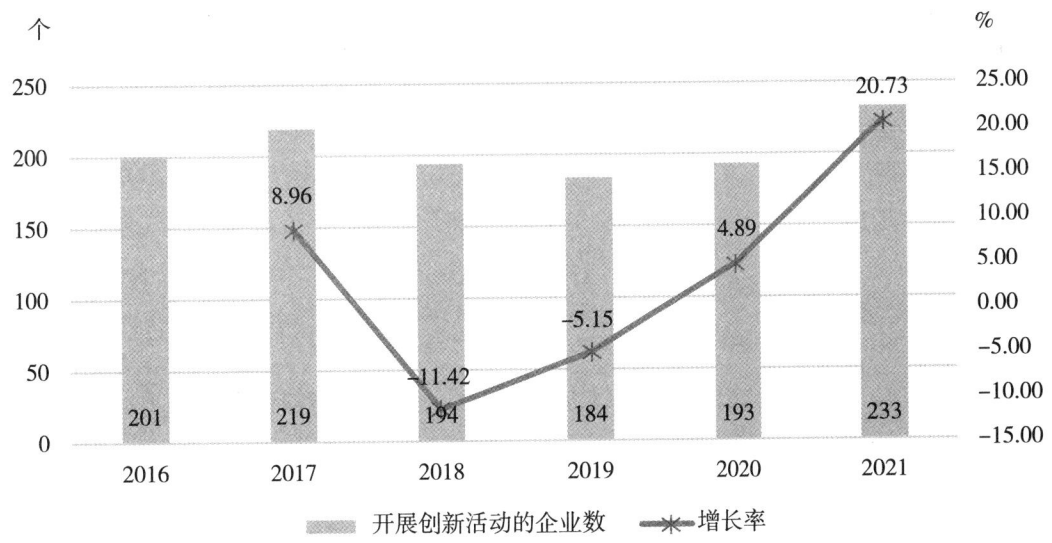

图 8-6-13 2016~2021 年武威市开展创新企业数与增长率

表 8-6-11　2016~2021 年武威市开展创新企业数与增长率

年度	企业数(个)	增长率(%)	占全省比例(%)
2016	161	-	8.55
2017	161	0.00	8.53
2018	150	-6.83	8.64
2019	142	-5.33	7.49
2020	128	-9.86	6.53
2021	183	42.97	7.52

2016~2021 年,武威市规模(限额)以上企业中开展创新活动企业数占比波动变化,从 2016 年的 38.8%增加至 2021 年的 43.26%,增加了 4.47 个百分点。2020 年占比为 36.68%,2021 年略有提升,增长至 43.26%。表 8-6-12,图 8-6-14。

表 8-6-12　2016~2021 年武威市开展创新活动企业数占总企业数比重

年度	占比(%)
2016	38.80
2017	43.40
2018	43.86
2019	42.77
2020	36.68
2021	43.26

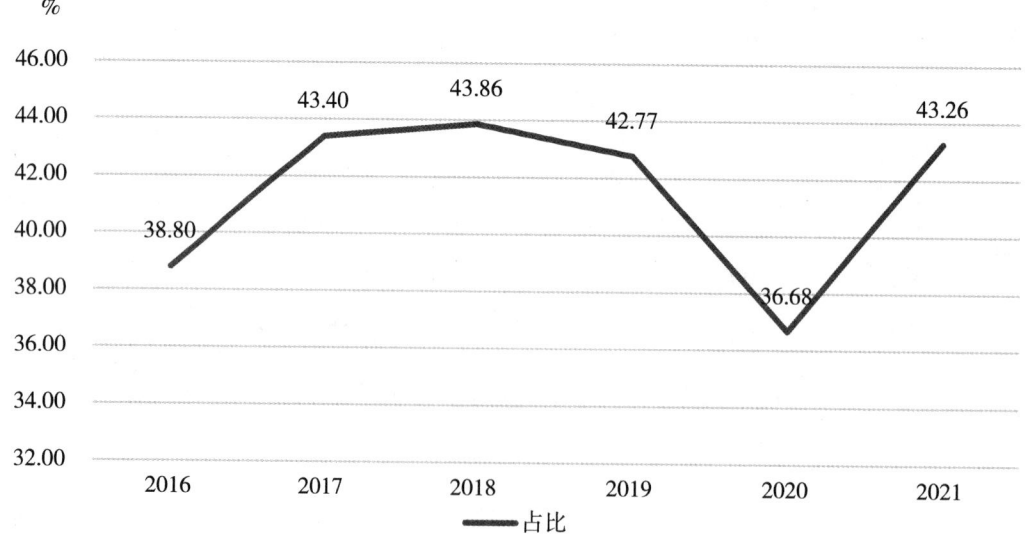

图 8-6-14　2016~2021 年武威市开展创新活动企业数占总企业数比重

开展创新活动企业中,部分企业成功实现创新,2016~2021年,成功创新企业占开展创新活动企业比例基本波动增长,完成率皆保持在76%以上。2020年企业实现创新完成率为100%,2021年企业实现创新完成率达94.54%。表8-6-13,图8-6-15。

表8-6-13 2016~2021年武威市实现创新完成企业占比

年度	实现创新完成率(%)
2016	76.40
2017	91.93
2018	92.67
2019	82.39
2020	100.00
2021	94.54

图8-6-15 2016~2021年武威市实现创新完成企业占比

3.创新活动类型情况

2021年,武威市开展组织(管理)创新活动或营销创新活动的企业占开展创新活动企业数的83.61%,开展产品创新活动或工艺创新活动的企业占65.57%,同时开展4种创新活动的企业占12.02%。表8-6-14,图8-6-16。

表 8-6-14 2016~2021 年武威市企业创新活动开展情况

年度	开展产品或工艺创新活动企业数(个)	占比(%)	有组织(管理)创新或营销创新企业数(个)	占比(%)	同时实现四种创新企业数(个)	占比(%)
2016	134	83.23	108	67.08	34	21.12
2017	107	66.46	136	84.47	35	21.74
2018	99	66.00	127	84.67	26	17.33
2019	128	90.14	99	69.72	30	21.13
2020	93	72.66	102	79.69	30	23.44
2021	120	65.57	153	83.61	22	12.02

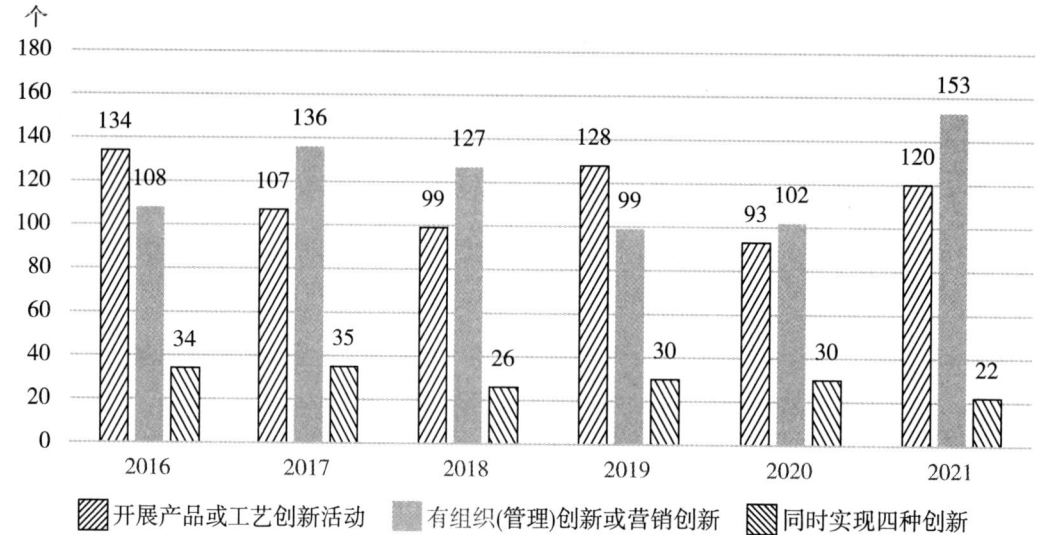

图 8-6-16 2016~2021 年武威市企业创新活动开展情况

(二) 企业 R&D 活动情况

1. 开展 R&D 活动的企业情况

企业开展 R&D 活动可分为内部 R&D 活动与外部 R&D 活动。2016~2021 年,开展内部 R&D 活动企业数从 2016 年的 101 家下降至 2021 年的 78 家,年均增长率为 -5.04%。2021 年武威市

表 8-6-15 2016~2021 年武威市内部 R&D 企业情况

年度	有内部 R&D 的企业数(个)	增长率(%)	有内部 R&D 的企业数占比(%)
2016	101	—	24.34
2017	85	-15.84	22.91
2018	70	-17.65	20.47
2019	79	12.86	23.80
2020	72	-8.86	20.63
2021	78	8.33	18.44

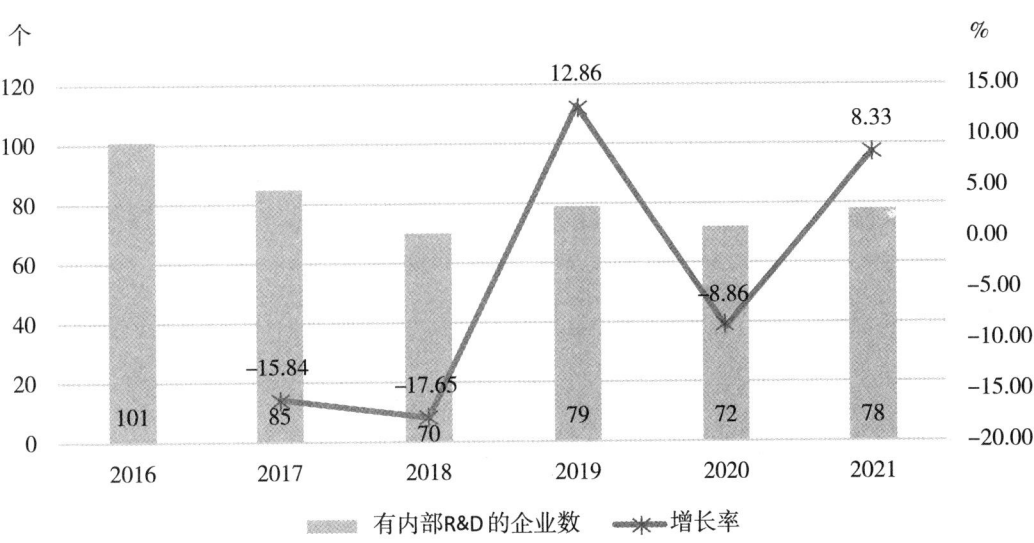

图 8-6-17 2016~2021 年武威市内部 R&D 企业情况

开展内部 R&D 活动企业占规模(限额)以上企业比重为 18.44%。表 8-6-15,图 8-6-17。

2016~2021 年,开展外部 R&D 企业数呈现波动变化态势。2016~2021 年,开展外部 R&D 活动企业数从 2016 年的 12 家变化至 2021 年的 15 家,年均增长率为 4.56%。2021 年武威市开展外部 R&D 活动企业占规模(限额)以上企业比重为 3.55%。表 8-6-16,图 8-6-18。

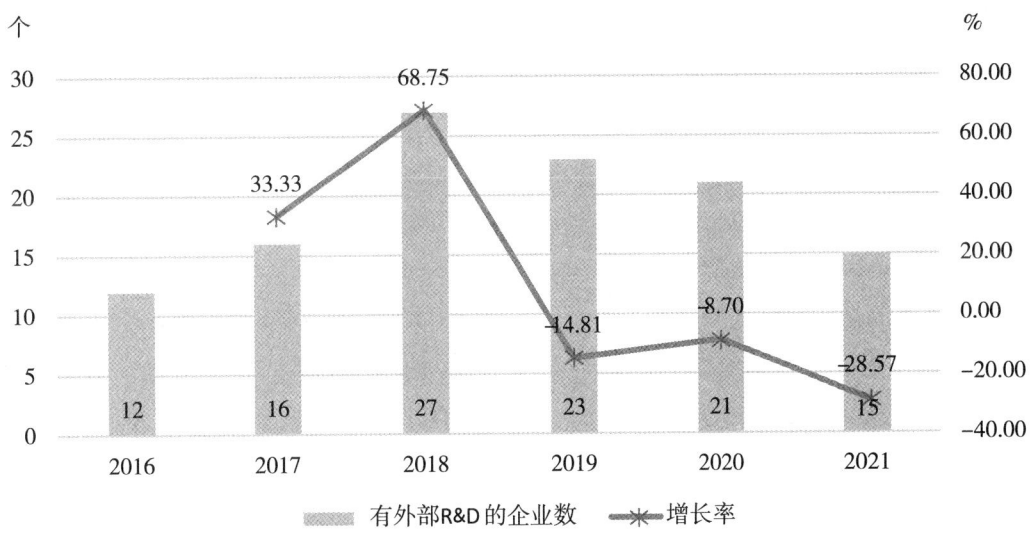

图 8-6-18 2016~2021 年武威市开展外部 R&D 企业数情况

表 8-6-16　2016~2021 年武威市开展外部 R&D 企业情况

年度	有外部 R&D 的企业数(个)	增长率(%)	有外部 R&D 的企业数占比(%)
2016	12	—	2.89
2017	16	33.33	4.31
2018	27	68.75	7.89
2019	23	−14.81	6.93
2020	21	−8.70	6.02
2021	15	−28.57	3.55

2.工业企业创新费用情况

2016~2021 年,工业企业创新费用变化呈下降态势,从 2016 年的 2.77 亿元减少至 2021 年的 2.47 亿元,年均增长率为-2.25%。2017 年增长率最低,为-17.92%,2021 年增长率最高,为 21.5%。表 8-6-17,图 8-6-19。

表 8-6-17　2016~2021 年武威市工业企业创新费用及其增长率

年度	工业企业创新费用(亿元)	增长率(%)
2016	2.77	—
2017	2.27	−17.92
2018	2.10	−7.55
2019	2.45	16.71
2020	2.03	−17.05
2021	2.47	21.50

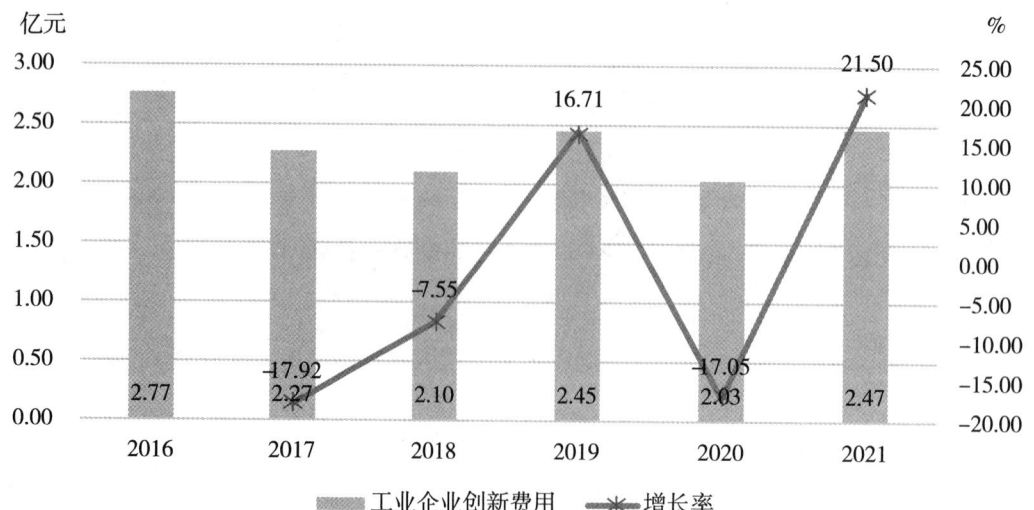

图 8-6-19　2016~2021 年武威市工业企业创新费用及其增长率

3.企业 R&D 经费情况

2016~2021 年,武威市规模以上工业企业 R&D 经费呈现波动变化态势,从 2016 年的 2.21 亿元增加至 2021 年的 2.22 亿元,年均增长率为 0.13%。占规模以上工业企业营业收入的比重从 2016 年的 0.77% 增加到 2021 年的 0.81%。其中 2016 年占比最低,为 0.77%,2019 年占比最高,为 1.16%。表 8-6-18,图 8-6-20。

表 8-6-18 2016~2021 年武威市规模以上工业企业 R&D 经费情况

年度	规模以上工业企业 R&D 经费(亿元)	占规模以上工业企业营业收入(或主营业务收入)的比重(%)
2016	2.21	0.77
2017	1.70	0.98
2018	1.70	1.00
2019	2.20	1.16
2020	1.90	0.86
2021	2.22	0.81

注:因统计口径变化,2016~2018 年使用规模以上工业企业主营业务收入,2019~2021 年使用规模以上工业企业营业收入。

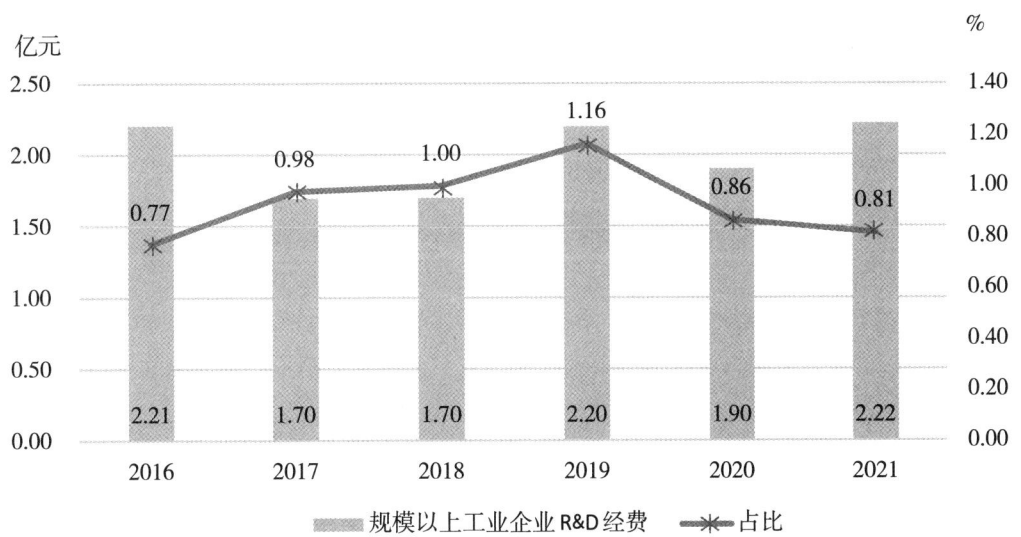

图 8-6-20 2016~2021 年武威市规模以上工业企业 R&D 经费情况

(三)知识产权情况

1.专利授权情况

2016~2022 年,武威市专利授权量呈现波动增长态势,从 2016 年的 544 件增长至 2022 年的 1522 件,年均增长率为 18.71%,其中,2019 年增长率最高,为 86.93%,2022 年增长率最低,为 -32.48%。表 8-6-19,图 8-6-21。

表 8-6-19 2016~2022 年武威市专利授权量及其增长率

年度	专利授权量（件）	增长率（%）
2016	544	—
2017	887	63.05
2018	1033	16.46
2019	1931	86.93
2020	2192	13.52
2021	2254	2.83
2022	1522	-32.48

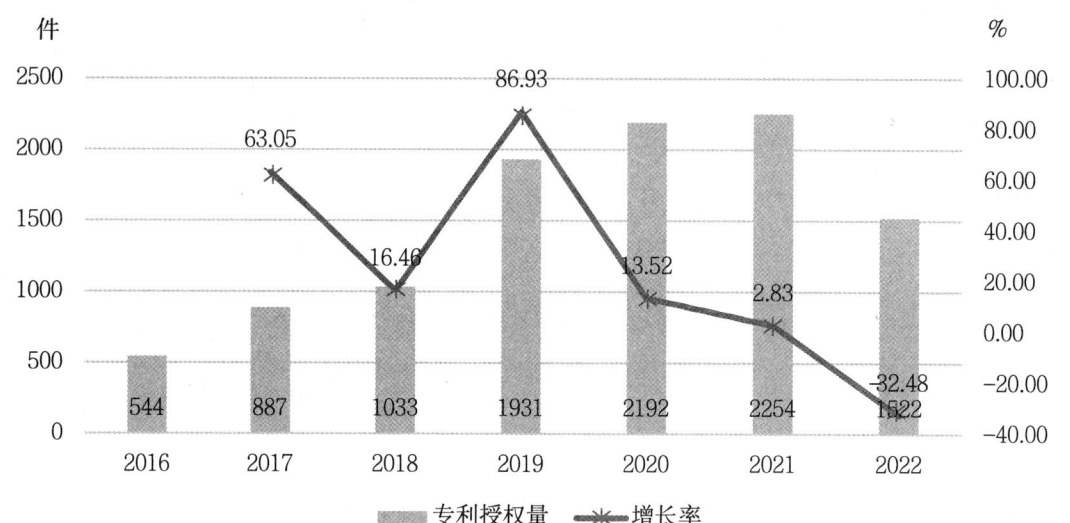

8-6-21 2016~2022 年武威市专利授权量及其增长率

2.发明专利拥有量

2016~2022 年，武威市发明专利拥有量稳定增长，从 2016 年的 207 件增长至 2022 年的 307 件，年均增长率为 6.79%。万人发明专利拥有量从 2016 年的 0.63 件增长至 2022 年的 2.13 件，

表 8-6-20 2016~2022 年武威市发明专利拥有情况

年度	发明专利拥有量（件）	每万人口发明专利拥有量（件）
2016	207	0.63
2017	247	0.74
2018	267	0.8
2019	276	1.32
2020	260	1.42
2021	278	1.9
2022	307	2.13

年均增长率为22.51%。其中,2020年专利发明专利拥有量增长率最低,增长率为-5.80%。2017年发明专利拥有量增长率最高,为19.32%。表8-6-20,图8-6-22。

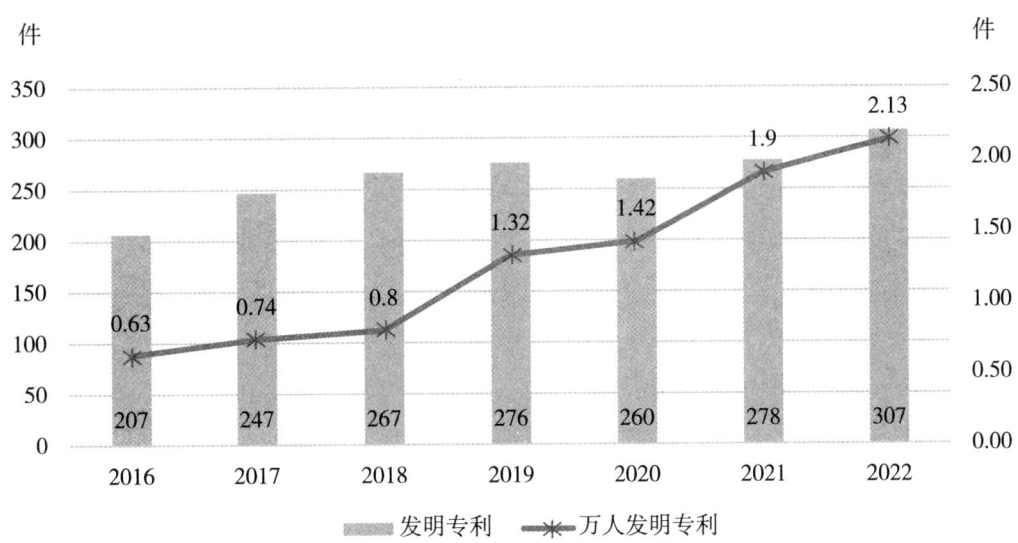

图 8-6-22 2016~2022 年武威市发明专利拥有量情况

3.高价值专利拥有量

（1）总体情况

2022年,武威市高价值发明专利拥有量82件,相比于2021年减少3件,增长率为-3.53%。

表 8-6-21 2021~2022 年武威市高价值发明专利拥有量

年度	高价值发明专利拥有量(件)
2021	85
2022	82

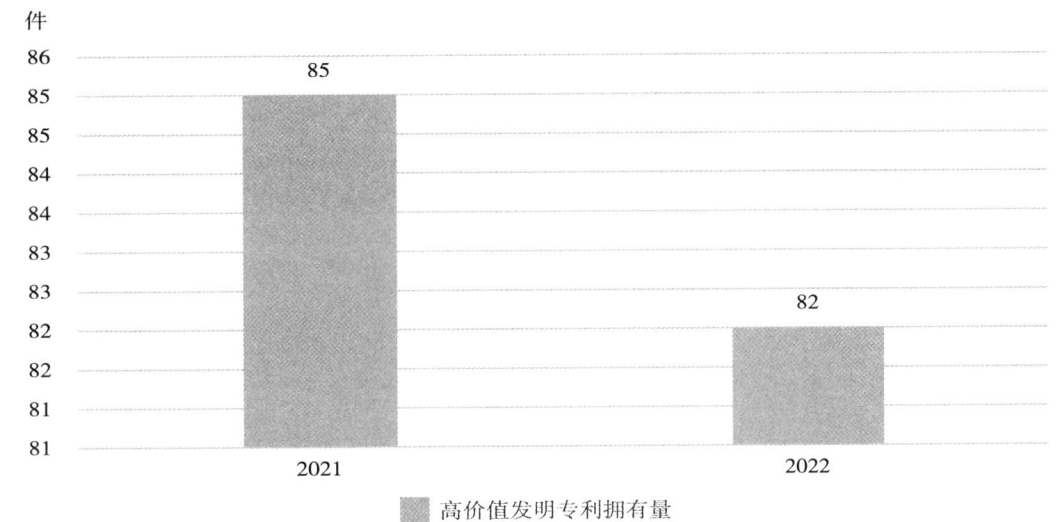

图 8-6-23 2021~2022 年武威市高价值发明专利拥有量

（2）五个维度分布情况

2022年武威高价值专利拥有量中，战略性新兴产业的有效发明专利量为43件，占比最高，为47.78%。维持年限超10年的有效发明专利量为38件，为42.22%。获得较高质押融资金额的有效发明专利为9件，占比为10%。表8-6-22，图8-6-24。

表8-6-22　2022年武威市高价值发明专利拥有量维度分布情况

分类	高价值发明专利拥有量（件）
战略性新兴产业的有效发明专利	43
维持年限超10年的有效发明专利	38
在海外有同族专利权的有效发明专利	0
获得较高质押融资金额的有效发明专利	9
获得国家科技奖或中国专利奖的有效发明专利	0

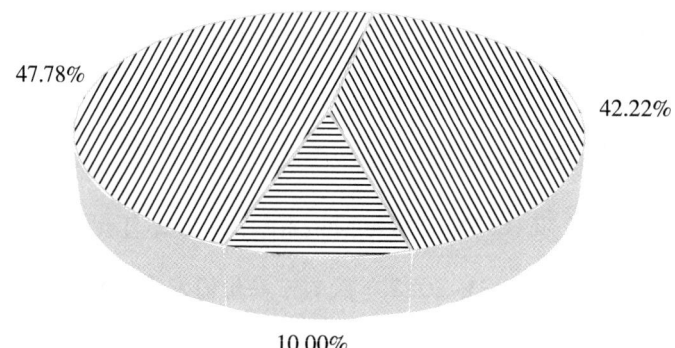

图8-6-24　2022年武威市高价值发明专利拥有量维度分布情况

（四）技术市场交易情况

1.总体情况

2016~2022年，武威累计登记技术合同1836项，成交额共计94.91亿元，成交额稳定增长，年均增长率15.03%，其中，2022年武威登记技术合同742项，技术合同成交额21.1亿元，比2016年增长131.69%。表8-6-23，图8-6-25。

表 8-6-23 2016~2022年武威市技术市场合同统计表

年度	2016	2017	2018	2019	2020	2021	2022
合同数（项）	85	96	191	211	317	194	742
成交额（亿元）	9.11	10.21	11.27	13.12	14.14	15.97	21.10

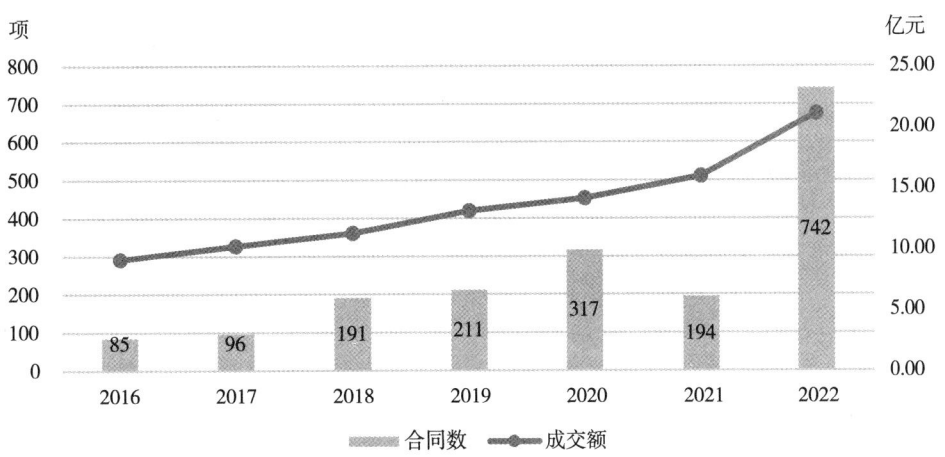

图 8-6-25 2016~2022年武威市技术市场合同数和成交额情况

2.不同类型分布情况

（1）按合同类别分布情况

2016~2022年，武威市共登记技术服务合同1649项，成交额89.33亿元，占武威市技术交易额的比重为94.12%；技术咨询合同87项，成交额2.19亿元，占2.3%；技术开发合同41项，成交

表 8-6-24 2016~2022年武威市技术合同按合同类别统计表

	年度	2016	2017	2018	2019	2020	2021	2022	总计
总计	合同数（项）	85	96	191	211	317	194	742	1836
	成交额（亿元）	9.11	10.21	11.27	13.12	14.14	15.97	21.10	94.91
技术开发	合同数（项）	0	0	0	0	17	20	4	41
	成交额（亿元）	0.00	0.00	0.00	0.00	0.35	1.19	0.45	1.98
技术转让	合同数（项）	0	0	0	1	9	6	37	53
	成交额（亿元）	0.00	0.00	0.00	0.00	0.20	0.49	0.07	0.76
技术咨询	合同数（项）	0	1	3	0	12	12	59	87
	成交额（亿元）	0.00	0.01	0.51	0.00	0.91	0.61	0.14	2.19
技术服务	合同数（项）	85	95	188	210	279	156	636	1649
	成交额（亿元）	9.11	10.20	10.76	13.12	12.68	13.68	19.79	89.33
技术许可	合同数（项）	–	–	–	–	–	–	6	6
	成交额（亿元）	–	–	–	–	–	–	0.65	0.65

额1.98亿元,占2.09%;技术转让合同53项,成交额0.76亿元,占0.8%;2022年新增技术许可合同,共登记6项,成交额0.65亿元。表8-6-24,图8-6-26。

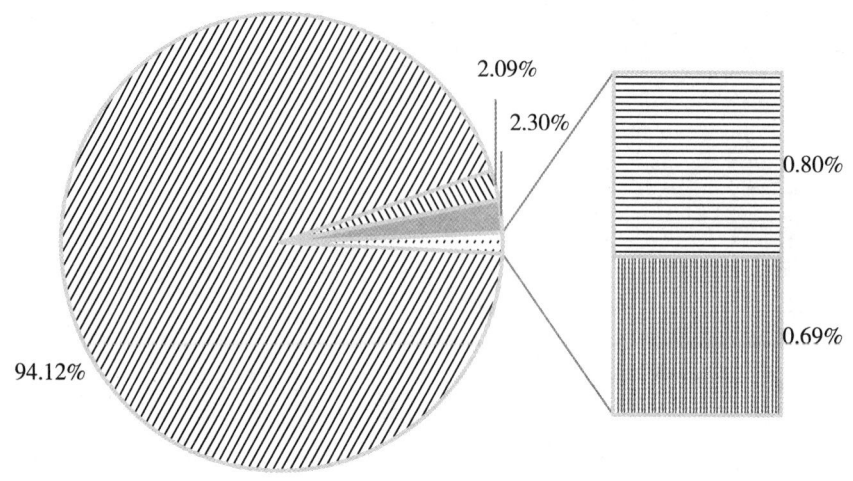

图8-6-26　2016~2022年武威市技术交易总金额按合同类别占比

(2)按卖方类别分布情况

2016~2022年,武威市技术交易主体主要是企业法人,企业法人输出技术合同总成交额占比超过90%,企业法人共输出技术合同1627项,成交额88.71亿元,占武威市技术交易额的93.46%;事业法人共输出技术合同86项,成交额3.72亿元,占武威市技术交易额的3.92%;机关法人、自然人、其他组织和社团法人共输出技术合同123项,成交额仅2.48亿元,占武威市技术交易额的2.62%。表8-6-25,图8-6-27。

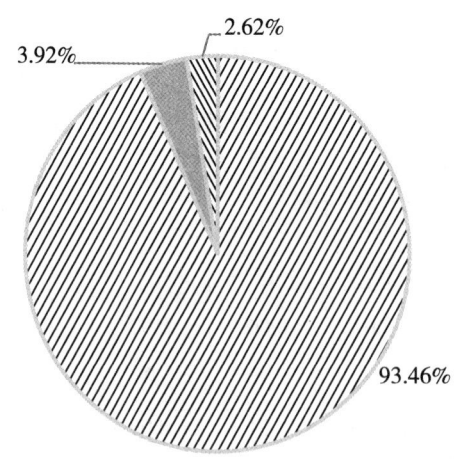

图8-6-27　2016~2022年武威市技术交易总金额按卖方类别占比

表 8-6-25 2016~2022 年武威市技术合同按卖方类别统计表

年度		2016	2017	2018	2019	2020	2021	2022	总计
总计	合同数(项)	85	96	191	211	317	194	742	1836
	成交额(亿元)	9.11	10.21	11.27	13.12	14.14	15.97	21.10	94.91
机关法人	合同数(项)	6	1	1	0	0	0	0	8
	成交额(亿元)	1.27	0.09	0.18	0.00	0.00	0.00	0.00	1.55
事业法人	合同数(项)	15	14	18	1	3	5	30	86
	成交额(亿元)	1.13	0.88	1.45	0.03	0.05	0.05	0.12	3.72
社团法人	合同数(项)	1	1	0	0	0	0	1	3
	成交额(亿元)	0.06	0.10	0.00	0.00	0.00	0.00	0.00	0.15
企业法人	合同数(项)	53	80	113	210	311	183	677	1627
	成交额(亿元)	6.31	9.15	9.32	13.09	14.08	15.79	20.97	88.71
自然人	合同数(项)	0	0	0	0	3	0	34	37
	成交额(亿元)	0.00	0.00	0.00	0.00	0.01	0.00	0.00	0.01
其他组织	合同数(项)	10	0	59	0	0	6	0	75
	成交额(亿元)	0.33	0.00	0.31	0.00	0.00	0.13	0.00	0.77

(五)科技论文

2016~2020 年,武威市发表的论文数量基本保持下降的趋势,共发表科技论文 418 篇,占全省国内论文比重为 1.05%。表 8-6-26,图 8-6-28。

表 8-6-26 2016~2020 年武威市国内论文数

年度	2016	2017	2018	2019	2020
论文数(篇)	115	91	66	80	66
占甘肃省国内论文比重(%)	1.42	1.18	0.86	1.01	0.8

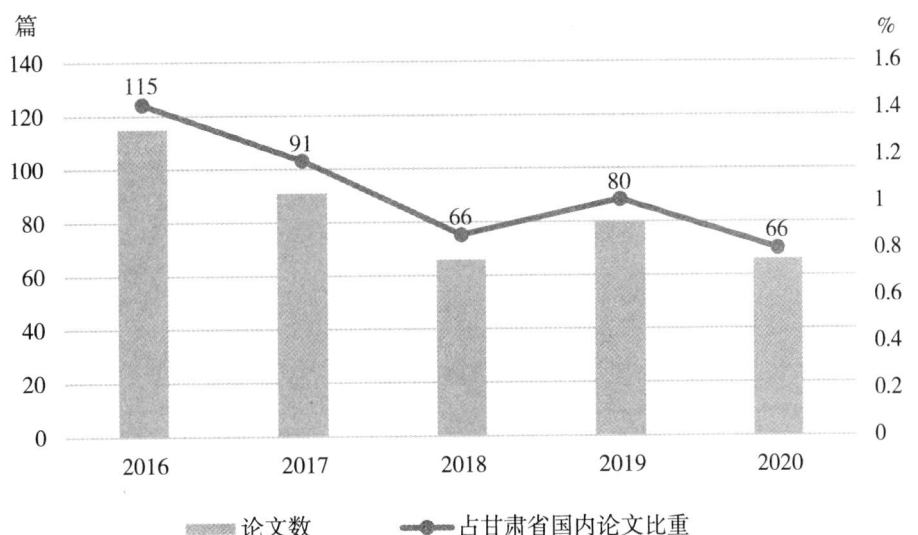

图 8-6-28 2016~2020 年武威市国内论文发表

[7] 张掖篇

一、科技投入情况

(一) R&D 人员投入

2021年张掖市R&D人员达到2122人，占全省R&D人员的3.85%。2016~2021年期间，张掖市R&D人员投入总体波动幅度较小。其中，2017~2020年呈增长趋势，2018年R&D人员为2275人，较上年增长10.49%，是"十三五"期间R&D人员增幅最高的一年；2020年R&D人员为2565人，较上年增长5.95%；2021年下降至2122人，占全省R&D人员的3.85%。表8-7-1，图8-7-1。

表 8-7-1 张掖市 R&D 人员投入表

年度	R&D 人员(人)	比上年增长(%)	占全省比例(%)
2016	2096	4.28	5.27
2017	2059	-1.77	5.02
2018	2275	10.49	5.88
2019	2341	2.90	5.08
2020	2565	9.57	5.95
2021	2122	-17.27	3.85

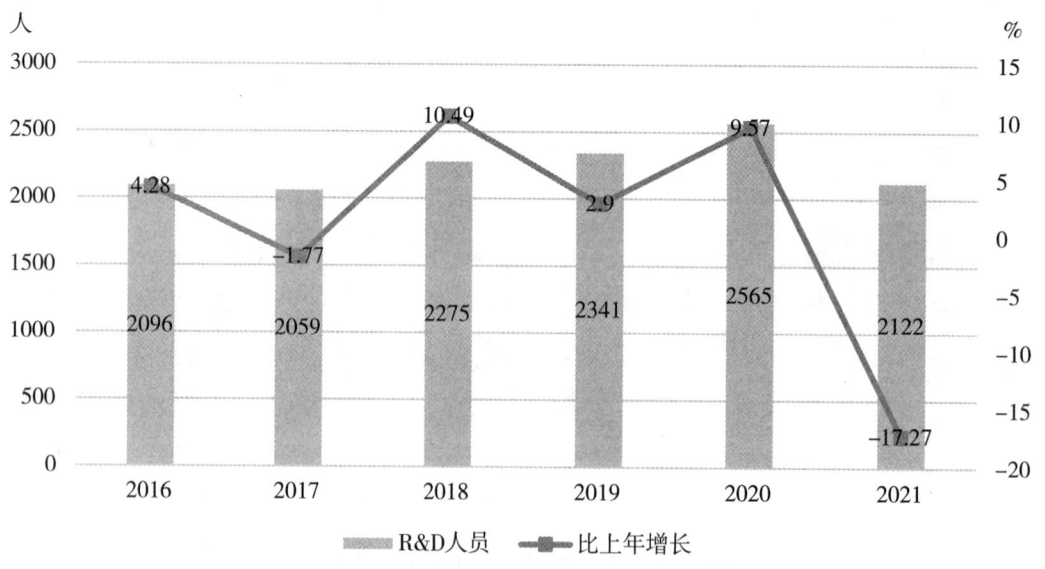

图 8-7-1 张掖市 R&D 人员投入情况

(二) R&D 经费投入

1.总体情况

2016~2021 年,张掖市 R&D 经费总体呈现先升后降趋势。2017~2020 年逐年上升,2020 年上升至 5.88 亿元,较上年增长 1.02%,2021 年开始回落,为 4.47 亿元,较上年下降 23.93%,占全省 R&D 经费的 3.45%。表 8-7-2,图 8-7-2。

表 8-7-2 张掖市 R&D 经费内部支出表

年度	R&D 经费内部支出(亿元)	比上年增长(%)
2016	5.10	15.64
2017	4.93	−3.46
2018	5.15	4.48
2019	5.82	13.13
2020	5.88	1.02
2021	4.47	−23.93

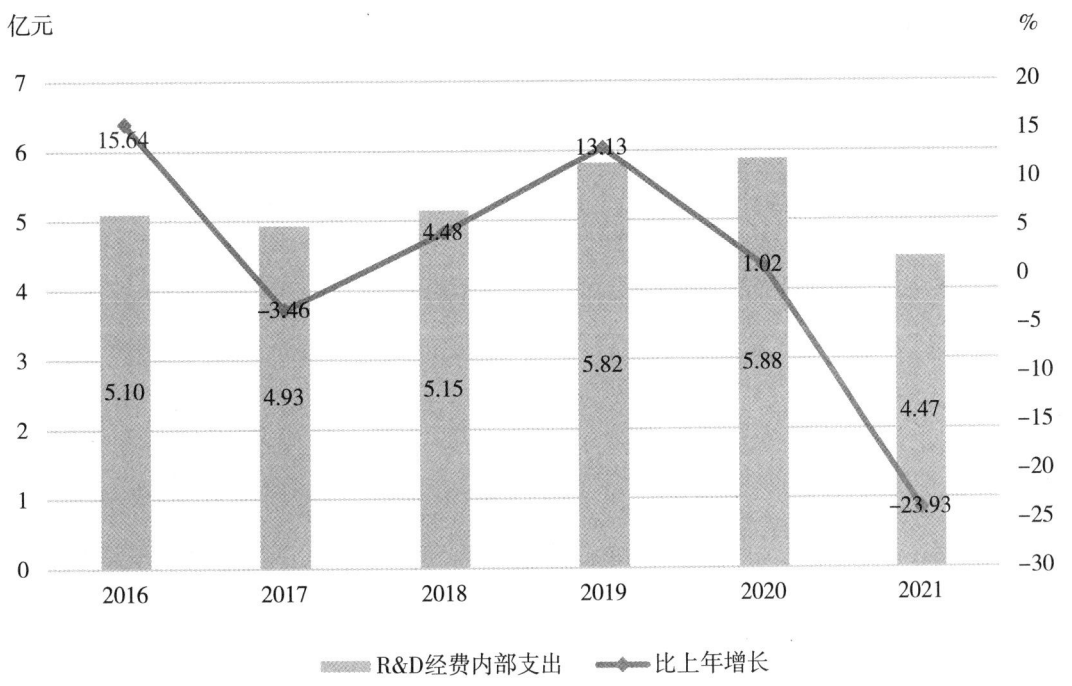

图 8-7-2 张掖市 R&D 经费内部支出及增长情况

2.结构分布

(1)按活动类型分布情况

2016~2021 年张掖市 R&D 经费主要用于试验发展活动。其中,基础研究经费呈增长趋势,年均增速为 30.75%,2016~2020 年持续增长,2021 年有小幅下降,为 3218 万元,较上年减少

4.23%；应用研究也呈现增长趋势,年均增速为26.86%,2021年应用研究经费为6519万元,较上年增长0.65%；试验发展经费总体波动较小,2016~2018年持续下降,2019年回升至52 076万元,较上年增长13.08%,2020年开始下降,2021年下降至35 003万元,较上年减少28.53%。表8-7-3,图8-7-3。

从活动类型来看,2021年张掖市基础研究、应用研究和试验发展占R&D经费的比重分别为7.19%、14.57%和78.24%,其中试验发展经费占比高于全省平均水平,占全省的4.06%。

表8-7-3 按活动类型分组的R&D经费支出表

年度	基础研究(万元)	应用研究(万元)	试验发展(万元)
2016	842	1984	48196
2017	557	2404	46295
2018	945	4466	46051
2019	1826	4317	52076
2020	3360	6477	48974
2021	3218	6519	35003

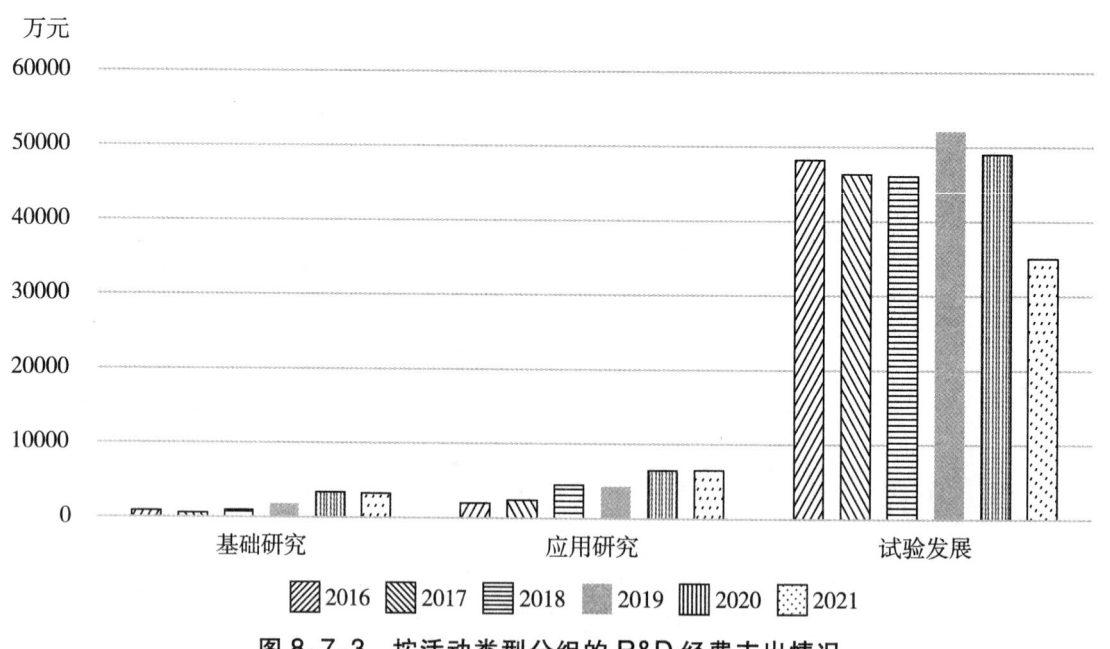

图8-7-3 按活动类型分组的R&D经费支出情况

(2)按支出用途分布情况

按支出用途来看,张掖市R&D经费日常性支出远远超过资产性支出,且日常性支出呈"正态"变化趋势,而R&D经费资产性支出总体呈现下降趋势。2021年,张掖市日常性支出为41 268万元,占张掖市R&D经费的92.24%；资产性支出为3468万元,占张掖市R&D经费的7.75%。表8-7-4,图8-7-4。

表 8-7-4 按支出用途分组的 R&D 经费内部支出表

年度	日常性支出(万元)	资产性支出(万元)
2016	43893	7127
2017	39462	9791
2018	44354	7103
2019	51838	6381
2020	50153	8613
2021	41268	3468

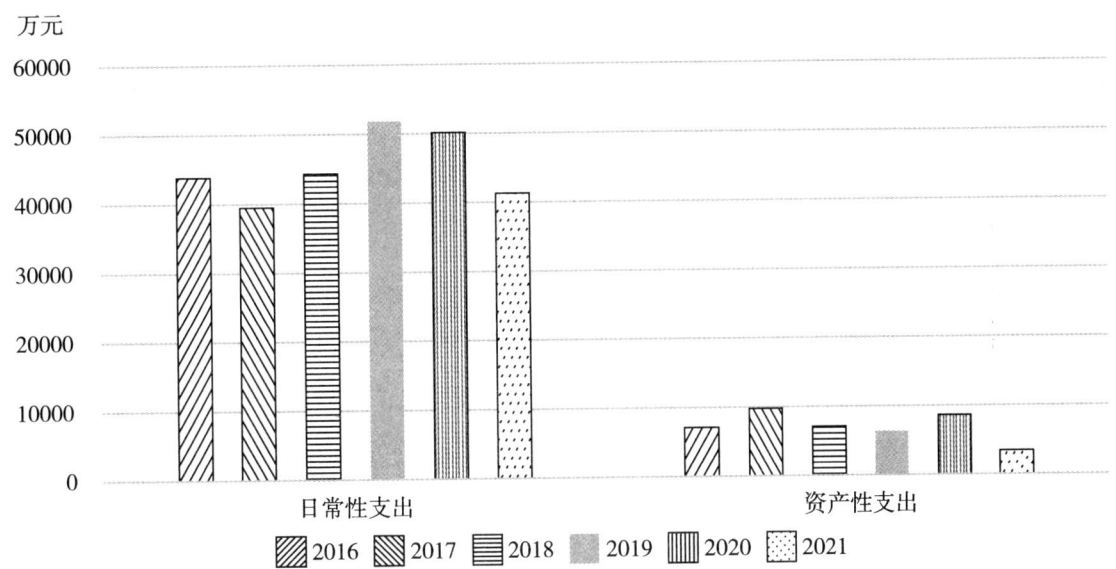

图 8-7-4 按支出用途分组的 R&D 经费内部支出情况

(三)R&D 经费投入强度

2016~2021 年,张掖市 R&D 经费投入强度总体变化较为平稳,从 2016 年的 1.28% 增长到 2019 年的 1.30%,增加了 0.02 个百分点;2020 年开始呈现下降趋势,2021 年下降至 0.85%。表 8-7-5,图 8-7-5。

表 8-7-5 R&D 经费投入强度表

年度	R&D 经费内部支出(亿元)	R&D 经费投入强度(%)
2016	5.10	1.28
2017	4.93	1.31
2018	5.15	1.26
2019	5.82	1.30
2020	5.88	1.26
2021	4.47	0.85

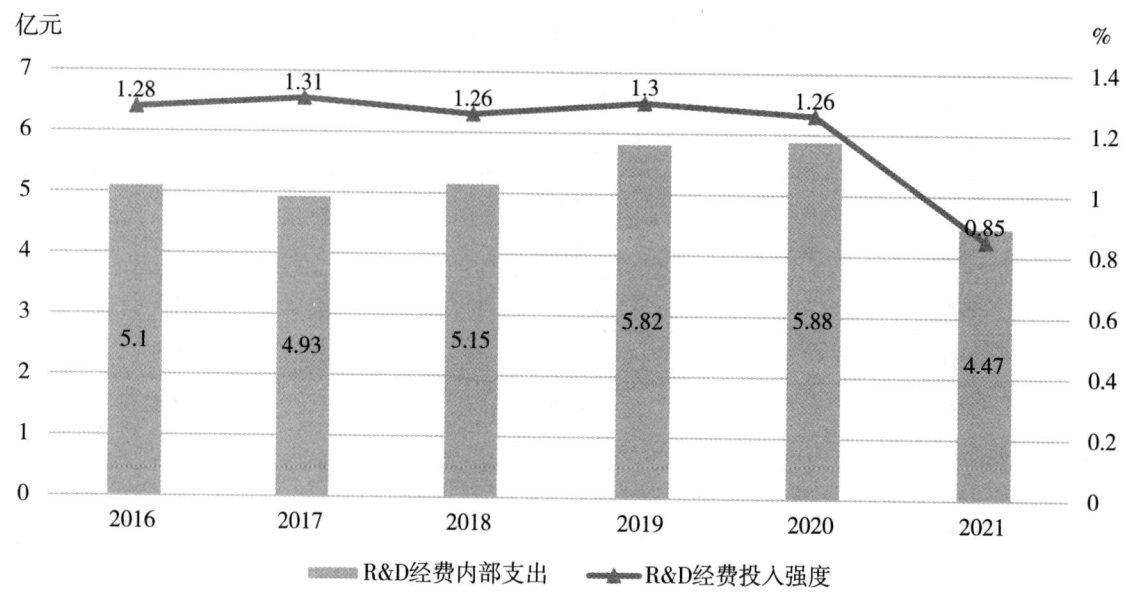

图 8-7-5　R&D 经费投入强度变化情况

(四)财政科技支出

1.总体情况

(1)一般公共预算收入

2016~2021 年,张掖市一般公共预算收入波动幅度较大。其中,2016~2017 年呈现下降趋势,2019~2021 年持续增长,2021 年达到 28.26 亿元,年均增速为 2.46%,较上年增长 4.64%。表 8-7-6,图 8-7-6。

表 8-7-6　财政科技支出表

年度	一般公共预算收入（亿元）	一般公共预算支出（亿元）	财政科技支出（亿元）	财政科技支出占一般公共预算支出比重(%)
2016	27.10	145.49	0.85	0.59
2017	26.33	164.50	0.68	0.41
2018	27.84	161.00	0.73	0.45
2019	26.92	153.66	0.88	0.57
2020	26.95	179.58	1.20	0.67
2021	28.26	157.11	1.16	0.74

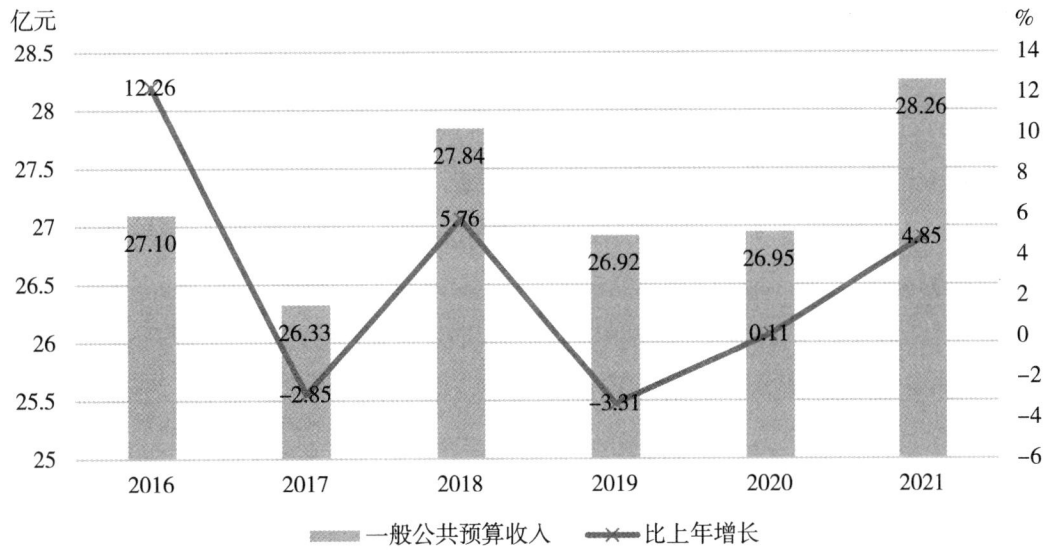

图 8-7-6 一般公共预算收入及增长情况

(2) 一般公共预算支出

2016~2021 年，张掖市一般公共预算支出呈现总体增长趋势，年均增速为 1.55%。其中，2019~2020 年增长速度最快，2020 年增长至 179.58 亿元，较上年增长 16.87%；2021 年又回落至 157.11 亿元，较上年减少 12.52%。图 8-7-7。

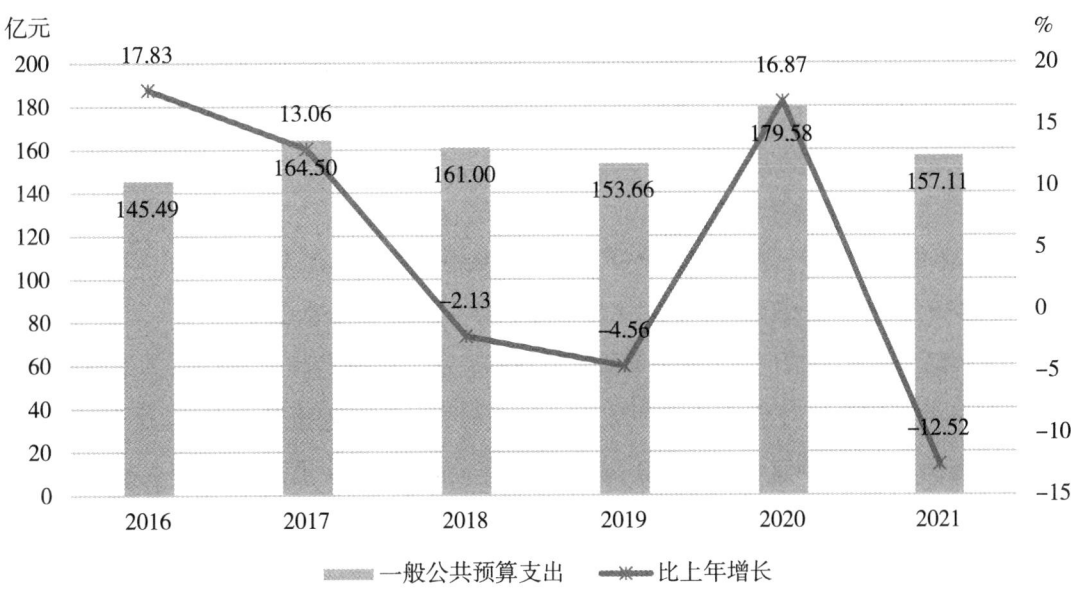

图 8-7-7 一般公共预算支出及增长情况

(3)财政科技支出

2016~2021年,张掖市财政科技支出呈现先降后升的变化趋势。2016~2017年呈现下降趋势,从2016年的0.85亿元下降到2017年的0.68亿元;2017~2020年持续上升,年均增速为20.84%,2020年达到峰值,为1.20亿元,较上年增长36.36%,占一般公共预算支出的比重为0.67%;2021年开始回落至1.16亿元,较上年减少3.33%,占一般公共预算支出的比重为0.74%。图8-7-8。

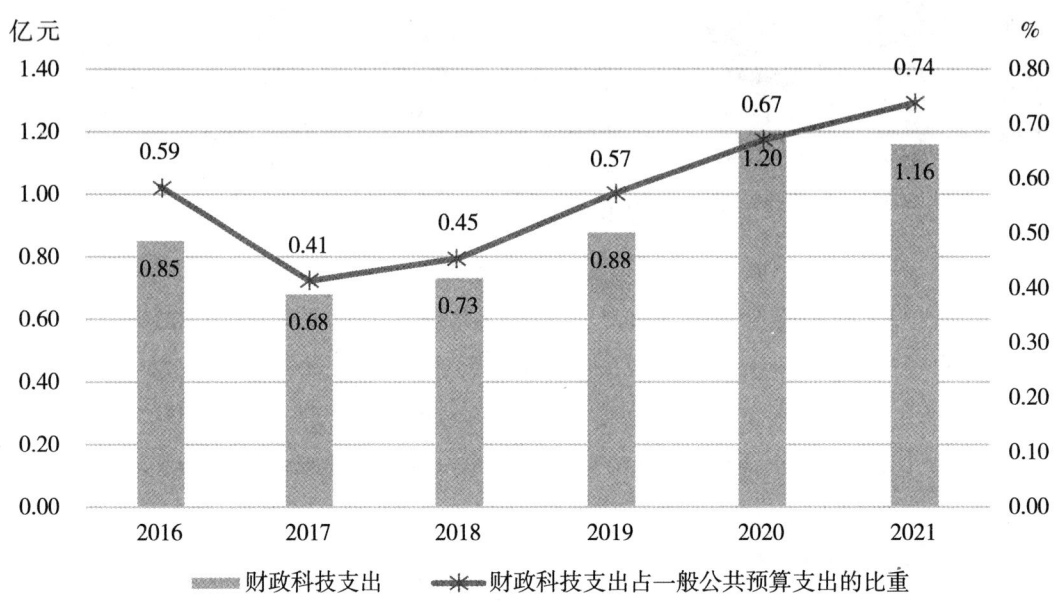

图8-7-8 地方财政科技支出及占比情况

2.地区分布情况

(1)各区县一般公共预算收入

2016~2021年,甘州区一般公共预算收入较高,总体呈现"正态"趋势。其中,2016~2018年持续增长,从2016年的8.42亿元增长到2018年的9.45亿元,年均增速为5.94%;2019~2020年有所下滑,2021年回升至9.08亿元,较上年增长5.09%。临泽县和高台县一般公共预算收入较低,2021年一般公共预算收入分别占全市的6.96%和8.71%。肃南裕固族自治县、民乐县和山丹县一般公共预算收入处于中间水平,2021年分别占全市一般公共预算收入的9.68%、11.10%和12.91%。表8-7-7,图8-7-9。

表 8-7-7 各区县一般公共预算收入表(亿元)

年度	甘州区	肃南裕固族自治县	民乐县	临泽县	高台县	山丹县
2016	8.42	2.33	2.64	2.74	2.76	3.48
2017	8.84	2.37	2.92	2.38	2.10	2.54
2018	9.45	2.53	3.14	2.15	2.25	2.78
2019	8.78	2.53	2.88	2.09	2.24	3.00
2020	8.64	2.56	2.99	1.88	2.30	3.20
2021	9.08	2.73	3.14	1.97	2.46	3.65

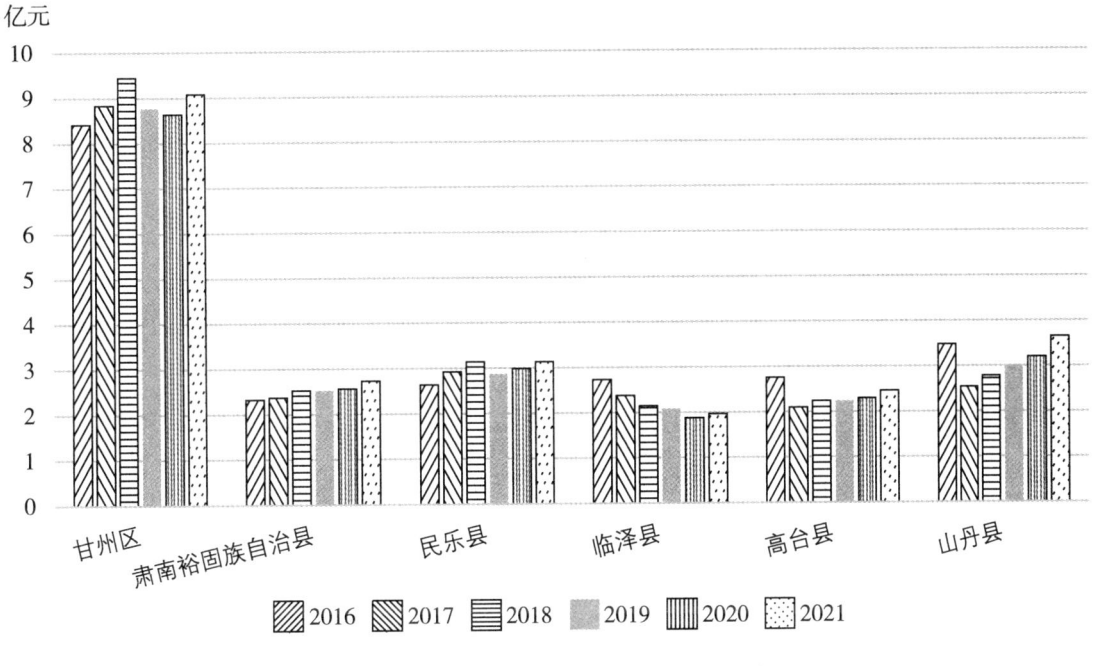

图 8-7-9 各区县一般公共预算收入情况

(2)各区县一般公共预算支出

2016~2021 年,甘州区一般公共预算支出较高,呈现"正态"变化趋势。其中,2016~2017 年持续增长,从 2016 年的 39.36 亿元增长到 2017 年的 43.55 亿元;2018~2020 年开始小幅下降,2021 年回升至 40.25 亿元,较上年增长 4.52%。临泽县和高台县总体最高支出不足 20 亿元,2021 年一般公共预算支出分别占全市一般公共预算支出的 10.31% 和 10.8%。肃南裕固族自治县、民乐县和山丹县一般公共预算支出处于中间水平,2021 年分别占全市一般公共预算支出的 8.74%、14.49% 和 11.69%。表 8-7-8,图 8-7-10。

表 8-7-8　各区县一般公共预算支出表（亿元）

年度	甘州区	肃南裕固族自治县	民乐县	临泽县	高台县	山丹县
2016	39.36	12.72	19.46	17.96	16.48	18.39
2017	43.55	17.32	22.93	18.09	16.91	21.08
2018	43.26	20.45	25.59	16.40	17.41	22.15
2019	40.92	14.48	23.78	16.00	17.43	19.96
2020	38.51	21.78	25.52	17.50	17.45	20.98
2021	40.25	13.74	22.77	16.19	16.97	18.36

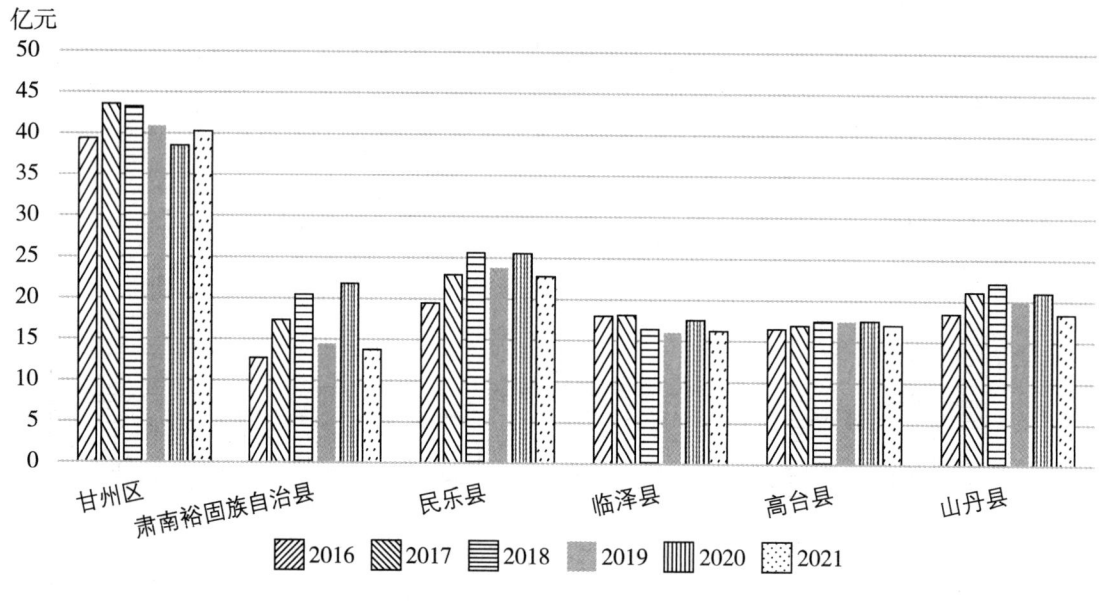

图 8-7-10　各区县一般公共预算支出情况

（3）各区县财政科技支出

2016~2021 年，甘州区财政科技支出相对较高，呈现持续增长趋势，从 2016 年的 317 万元增长到 2021 年的 4044 万元，年均增速为 66.40%；2021 年增长至 4044 万元，较上年增长 124.29%。肃南裕固族自治县和民乐县总体财政科技支出较低，2021 年财政科技支出分别占全

表 8-7-9　各区县财政科技支出表（万元）

年度	甘州区	肃南裕固族自治县	民乐县	临泽县	高台县	山丹县
2016	317	211	256	1086	2337	597
2017	512	329	396	759	395	518
2018	635	551	441	614	1155	612
2019	1128	280	607	2014	1170	546
2020	1803	291	523	3361	1259	1278
2021	4044	471	421	671	1227	1291

市财政科技支出的4.06%和3.63%。临泽县、高台县和山丹县财政科技支出处于中间水平,2021年分别占全市财政科技支出的5.78%、10.58%和11.13%。表8-7-9,图8-7-11。

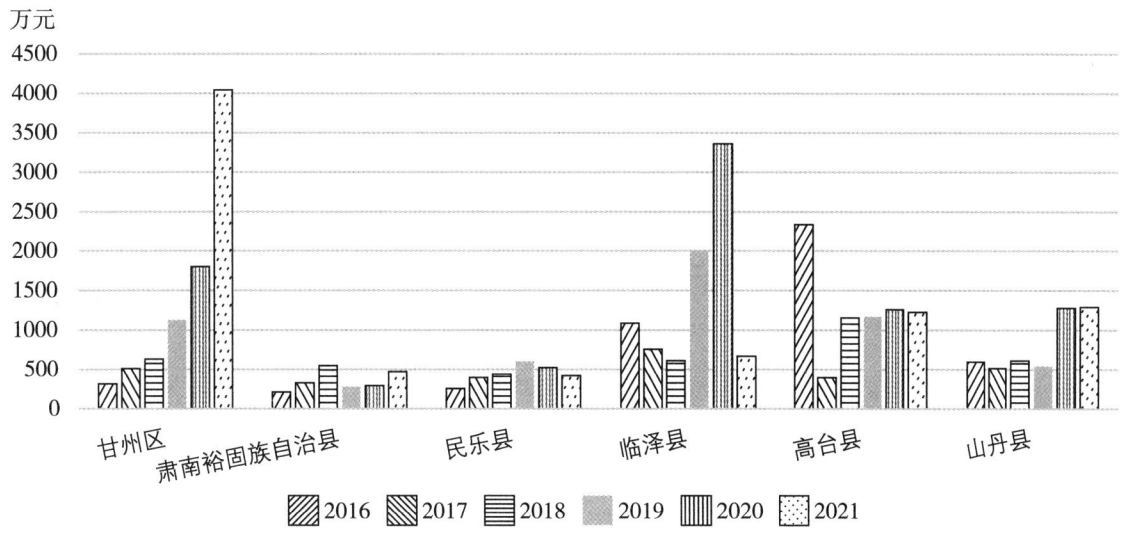

图 8-7-11　各区县财政科技支出情况

二、科技产出情况

(一)企业创新活动情况

1.企业总体情况

2016~2021年,张掖市规模(限额)以上企业数呈现震荡波动态势,从2016年437家增长至2021年的462家,年均增长率为1.12%。企业数增长率最高的年度为2021年,达8.45%,增长率最低的年度为2018年,是-9.05%。2021年较上年增长8.45%,占全省规模(限额)以上企业数的7.59%。表8-7-10,图8-7-12。

表 8-7-10　2016~2021年张掖市企业数与增长率

年度	企业数(个)	增长率(%)	占全省比例(%)
2016	437	-	8.33
2017	453	3.66	8.78
2018	412	-9.05	8.62
2019	411	-0.24	8.25
2020	426	3.65	7.91
2021	462	8.45	7.59

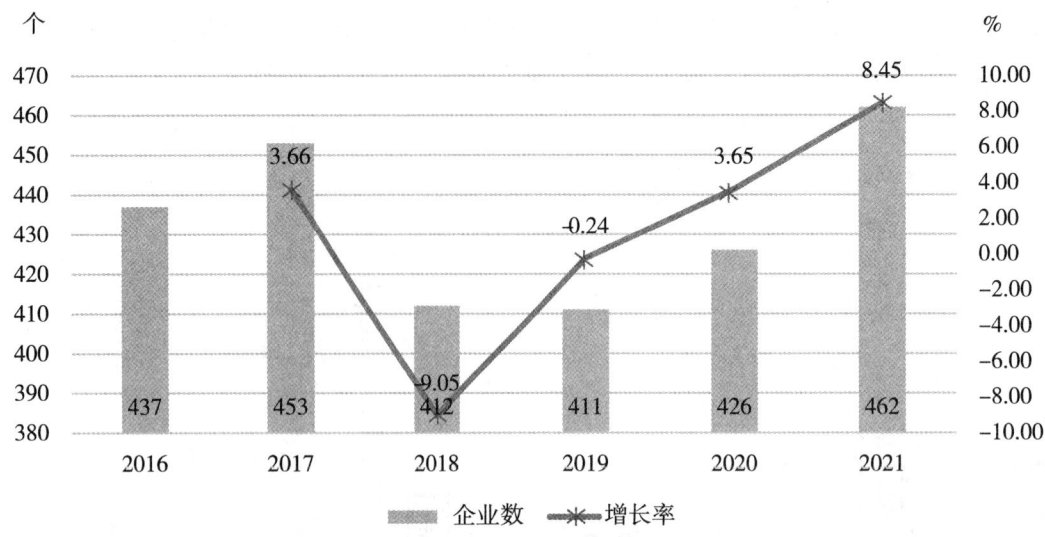

图 8-7-12 2016~2021 年张掖市企业数与增长率

2.企业开展创新活动情况

2016~2021年,张掖市规模(限额)以上企业中开展创新活动企业数稳定增长,从2016年的201家增加至2021年的233家,年均增长率为3%。2018年、2019年增长率为负,呈现下降态势。2021年增长率最高,为20.73%,2021年开展创新活动企业数达233家,相较于2020年增加40家,增长率达到20.73%,占全省的9.58%。图8-7-13,表8-7-11。

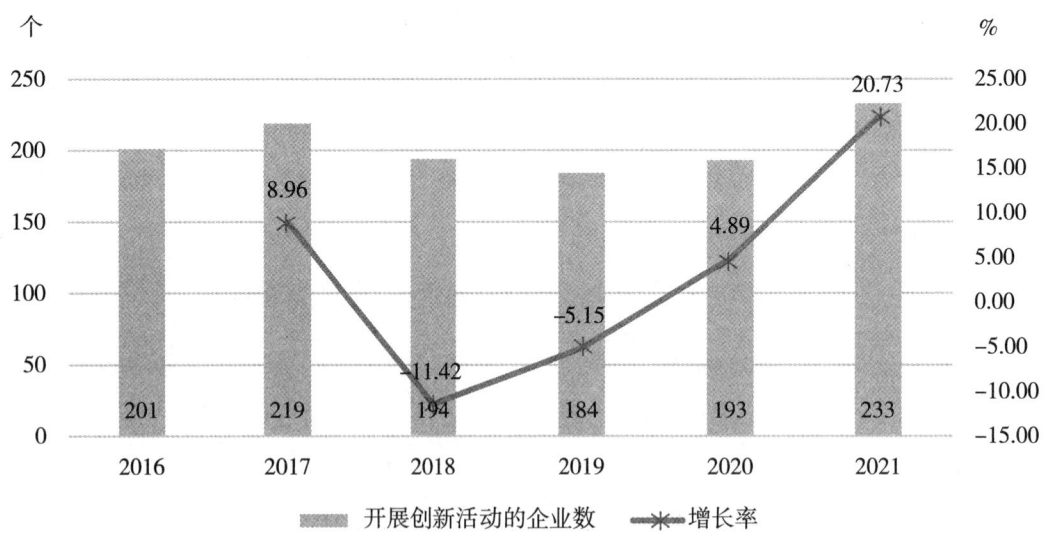

图 8-7-13 2016~2021 年张掖市开展创新企业数与增长率

表 8-7-11 2016~2021 年张掖市开展创新企业数与增长率

年度	企业数(个)	增长率(%)	占全省比例(%)
2016	201	—	10.68
2017	219	8.96	11.61
2018	194	-11.42	11.17
2019	184	-5.15	9.71
2020	193	4.89	9.85
2021	233	20.73	9.58

2016~2021年,张掖市规模(限额)以上企业中开展创新活动企业数占比波动变化,从2016年的46%增加至2021年的50.43%,增加了4.43个百分点。2020年占比为45.31%,2021年略有提升,增加了5.12个百分点。表8-7-12,图8-7-14。

表 8-7-12 2016~2021 年张掖市开展创新活动企业数占总企业数比重

年度	占比(%)
2016	46.00
2017	48.34
2018	47.09
2019	44.77
2020	45.31
2021	50.43

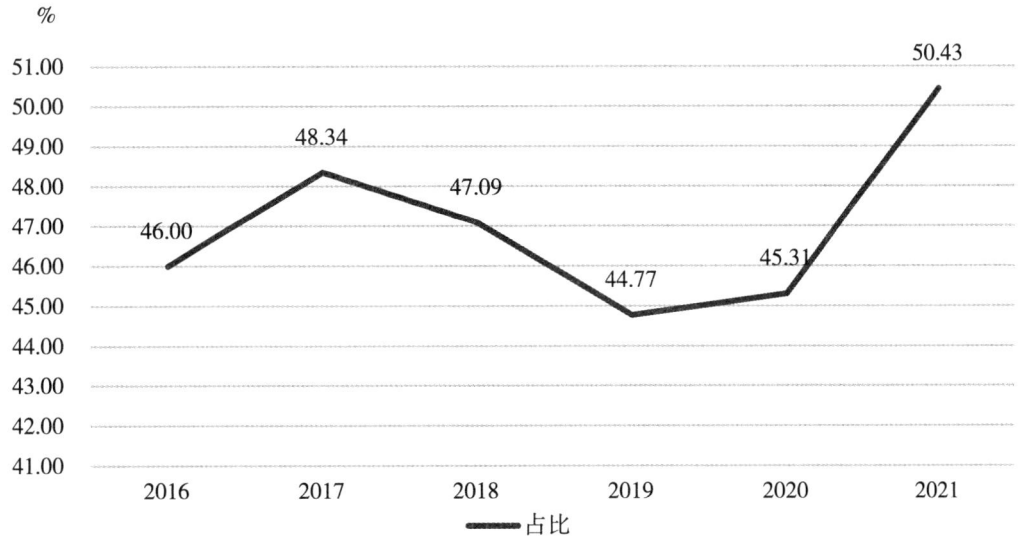

图 8-7-14 2016~2021 年张掖市开展创新活动企业数占总企业数比重

开展创新活动企业中,部分企业成功实现创新,2016~2021 年,成功创新企业占开展创新活动企业比例基本保持稳定,完成率皆保持在84%以上。2021 年企业实现创新完成率达 85.84%。表 8-7-13,图 8-7-15。

表 8-7-13 2016~2021 年张掖市实现创新完成企业占比

年度	实现创新完成率(%)
2016	87.56
2017	84.93
2018	85.57
2019	88.04
2020	92.75
2021	85.84

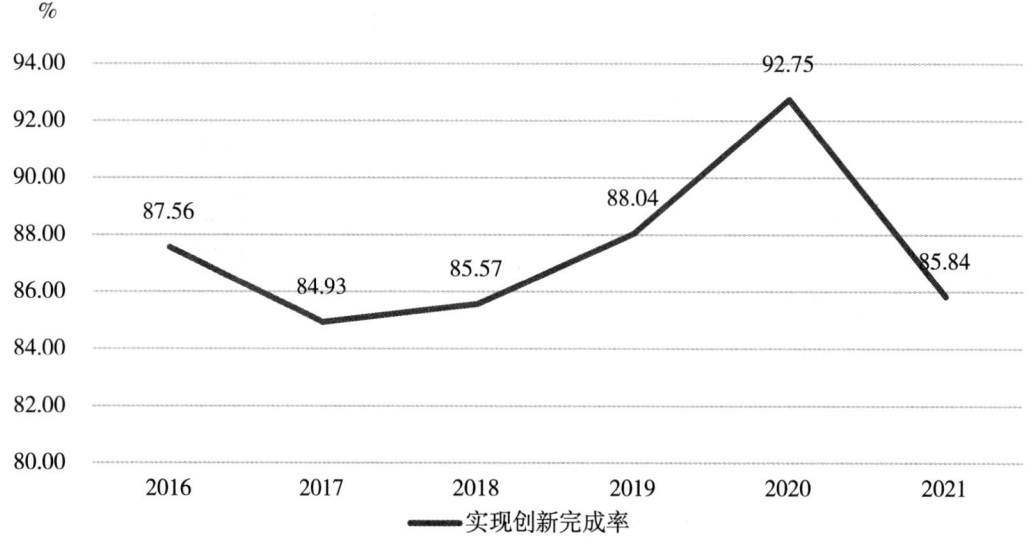

图 8-7-15 2016~2021 年张掖市实现创新完成企业占比

3.创新活动类型情况

2021 年,张掖市开展组织(管理)创新活动或营销创新活动的企业占开展创新活动企业数的 40.34%,开展产品创新活动或工艺创新活动的企业占 19.74%,同时开展 4 种创新活动的企业占 3.43%。表 8-7-14,图 8-7-16。

表 8-7-14 2016~2021 年张掖市企业创新活动开展情况

年度	开展产品或工艺创新活动企业数(个)	占比(%)	有组织(管理)创新或营销创新企业数(个)	占比(%)	同时实现四种创新企业数(个)	占比(%)
2016	72	35.82	111	55.22	17	8.46
2017	44	20.09	97	44.29	11	5.02
2018	19	9.79	67	34.54	5	2.58
2019	32	17.39	88	47.83	5	2.72
2020	29	15.03	77	39.90	3	1.55
2021	46	19.74	94	40.34	8	3.43

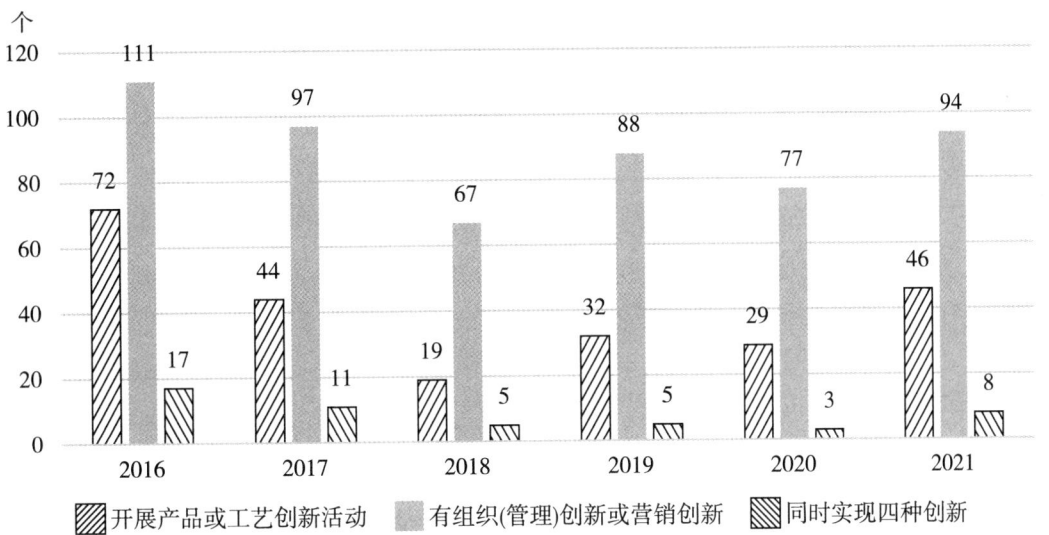

图 8-7-16 2016~2021 年张掖市企业创新活动开展情况

(二)企业 R&D 活动情况

1.开展 R&D 活动的企业情况

2016~2021 年,开展内部 R&D 活动企业数从 2016 年的 87 家增加至 2021 年的 91 家,年均增长率为 0.9%。2021 年张掖市开展内部 R&D 活动企业占规模(限额)以上企业比重为 19.7%。

表 8-7-15 2016~2021 年张掖市内部 R&D 企业情况

年度	有内部 R&D 的企业数(个)	增长率(%)	有内部 R&D 的企业数占比(%)
2016	87	-	19.91
2017	99	13.79	21.85
2018	90	-9.09	21.84
2019	101	12.22	24.57
2020	113	11.88	26.53
2021	91	-19.47	19.70

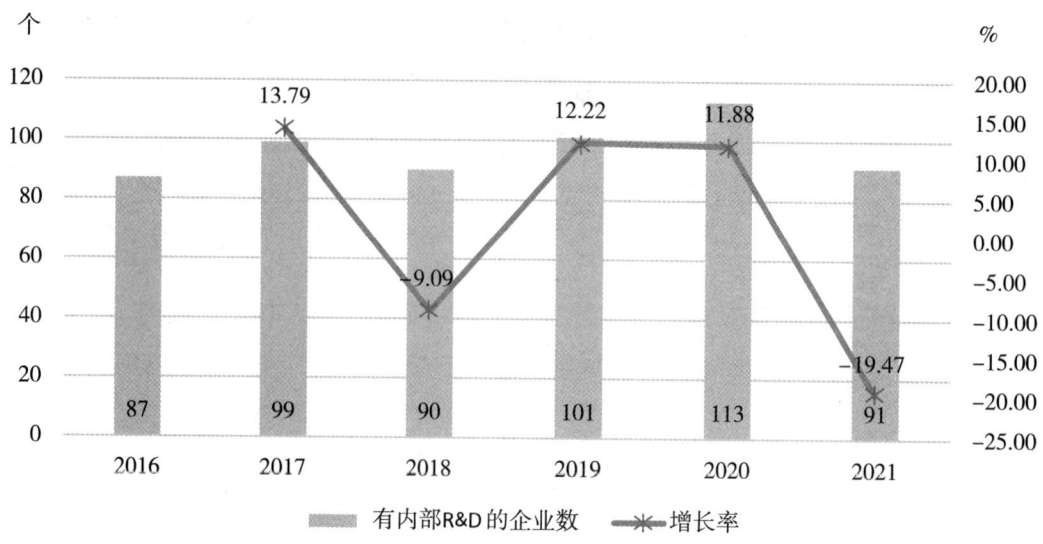

图 8-7-17　2016~2021 年张掖市内部 R&D 企业情况

表 8-7-15，图 8-7-17。

2016~2021 年，开展外部 R&D 企业数呈现波动变化态势。2016~2021 年，开展外部 R&D 活动企业数从 2016 年的 12 家变化至 2021 年的 15 家，年均增长率为 4.56%。2021 年张掖市开展外部 R&D 活动企业占规模（限额）以上企业比重为 3.25%。表 8-7-16，图 8-7-18。

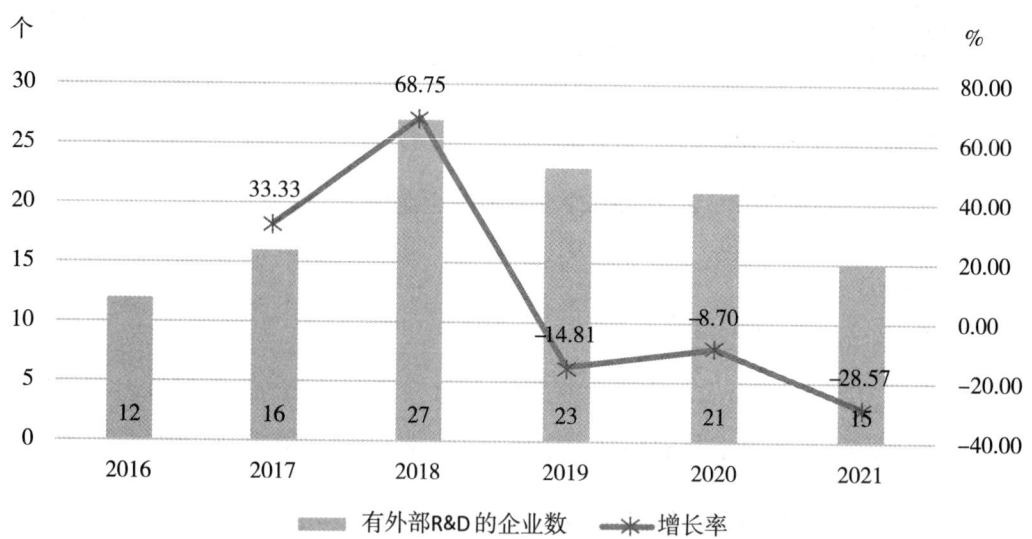

图 8-7-18　2016~2021 年张掖市开展外部 R&D 企业数情况

表 8-7-16 2016~2021 年张掖市开展外部 R&D 企业情况

年度	有外部 R&D 的企业数（个）	增长率（%）	有外部 R&D 的企业数占比（%）
2016	12	—	2.75
2017	16	33.33	3.53
2018	27	68.75	6.55
2019	23	−14.81	5.60
2020	21	−8.70	4.93
2021	15	−28.57	3.25

2.工业企业创新费用情况

2016~2021 年，工业企业创新费用变化呈波动状态，从 2016 年的 5.73 亿元变化至 2021 年的 6 亿元，年均增长率为 0.92%。2018 年增长率最低，为−16.35%，2021 年增长率最高，为 9.69%。表 8-7-17，图 8-7-19。

表 8-7-17 2016~2021 年张掖市工业企业创新费用及其增长率

年度	工业企业创新费用（亿元）	增长率（%）
2016	5.73	—
2017	5.98	4.27
2018	5.00	−16.35
2019	5.39	7.80
2020	5.47	1.49
2021	6.00	9.69

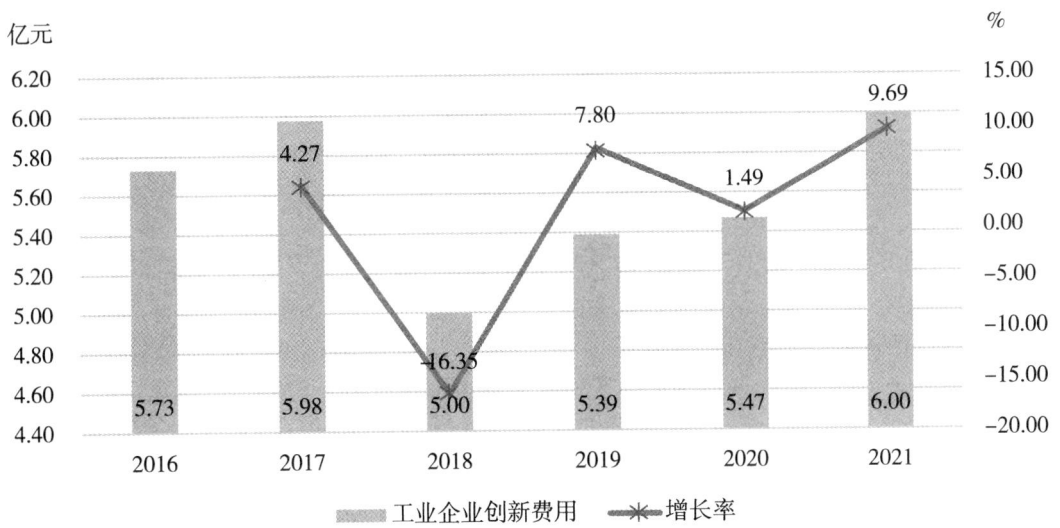

图 8-7-19 2016~2021 年张掖市工业企业创新费用及其增长率

3.企业R&D经费情况

2016~2021年,张掖市规模以上工业企业R&D经费呈现下降状态,从2016年的4.74亿元下降至2021年的2.99亿元,年均增长率为-8.79%。占规模以上工业企业营业收入的比重从2016年的2.34%减少到2021年的1.56%。其中,2021年占比最低,2018年占比最高。表8-7-18,图8-7-20。

表8-7-18 2016~2021年张掖市规模以上工业企业R&D经费情况

年度	规模以上工业企业R&D经费(亿元)	占规模以上工业企业营业收入(或主营业务收入)的比重(%)
2016	4.74	2.34
2017	4.48	2.58
2018	4.30	2.77
2019	4.56	2.74
2020	4.69	2.78
2021	2.99	1.56

注:因统计口径变化,2016~2018年使用规模以上工业企业主营业务收入,2019~2021年使用规模以上工业企业营业收入。

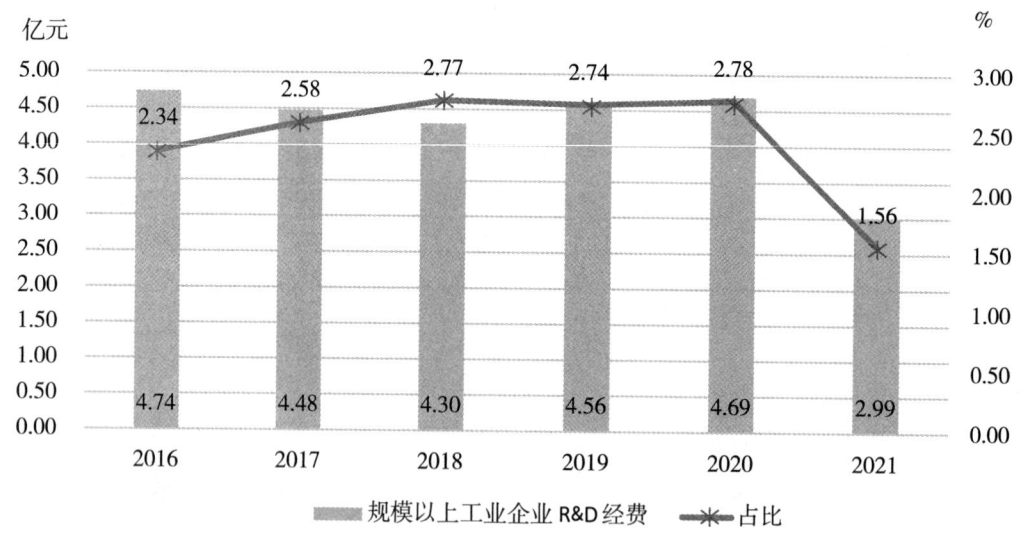

图8-7-20 2016~2021年张掖市规模以上工业企业R&D经费情况

(三)知识产权情况

1.专利授权情况

2016~2022年,张掖市专利授权量呈现波动增长态势,从2016年的681件增长至2022年的1277件,年均增长率为11.05%,其中,2018年增长率最高,为116.45%,2019年增长率最低,为-44.65%。表8-7-19,图8-7-21。

表 8-7-19　2016~2022 年张掖市专利授权量及其增长率

年度	专利授权量（件）	增长率（%）
2016	681	—
2017	833	22.32
2018	1803	116.45
2019	998	−44.65
2020	1493	49.60
2021	1370	−8.24
2022	1277	−6.79

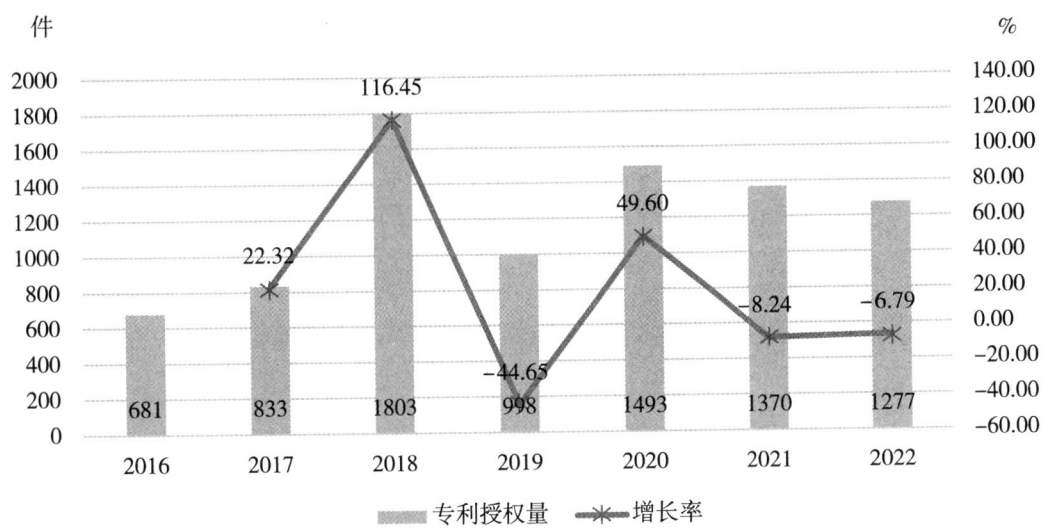

图 8-7-21　2016~2022 年张掖市专利授权量及其增长率

2.发明专利拥有量

2016~2022 年，张掖市发明专利拥有量稳定增长，从 2016 年的 105 件增长至 2022 年的 394 件，年均增长率为 24.66%。万人发明专利拥有量从 2016 年的 0.58 件增长至 2022 年的 3.51 件，年均增长率为 34.99%。其中，2019 年专利发明专利拥有量增长率最低，为 6.14%，2017 年发明专

表 8-7-20　2016~2022 年张掖市发明专利拥有量情况

年度	发明专利拥有量（件）	每万人口发明专利拥有量（件）
2016	105	0.58
2017	176	0.97
2018	228	1.25
2019	242	2.29
2020	298	2.41
2021	370	3.27
2022	394	3.51

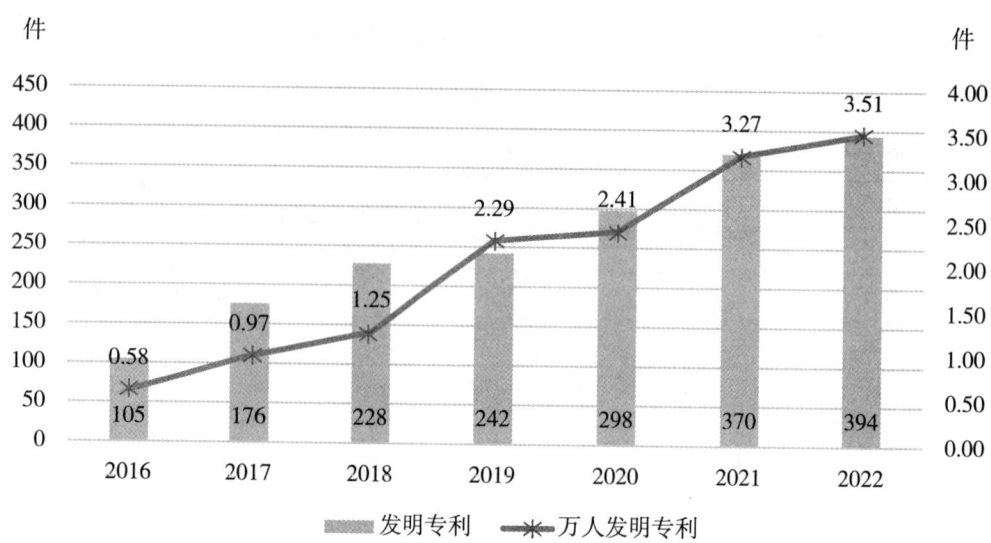

图 8-7-22　2016~2022 年张掖市发明专利拥有量情况

利拥有量增长率最高,为 67.62%。表 8-7-20,图 8-7-22。

3.高价值专利拥有量

(1)总体情况

2022 年,张掖市高价值发明专利拥有量 99 件,相比于 2021 年增加 9 件,增长率为 10%。表 8-7-21,图 8-7-23。

表 8-7-21　2021~2022 年张掖市高价值发明专利拥有量

年度	高价值发明专利拥有量(件)
2021	90
2022	99

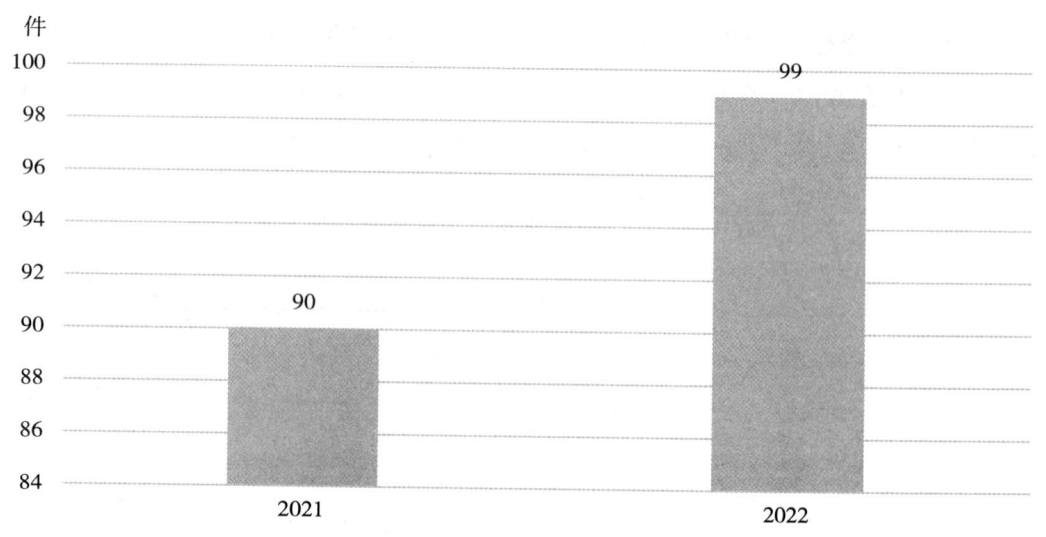

图 8-7-23　2021~2022 年张掖市高价值发明专利拥有量

（2）五个维度分布情况

2022年张掖高价值专利拥有量中，维持年限超10年的有效发明专利量为51件，占比最高，为47.66%。战略性新兴产业的有效发明专利量为47件，占比为43.93%。获得较高质押融资金额的有效发明专利为7件，占比为6.54%。获得国家科技奖或中国专利奖的有效发明专利为2件，占比为1.87%。表8-7-22，图8-7-24。

表8-7-22　2022年张掖市高价值发明专利拥有量维度分布情况

分类	高价值发明专利拥有量（件）
战略性新兴产业的有效发明专利	47
维持年限超10年的有效发明专利	51
在海外有同族专利权的有效发明专利	2
获得较高质押融资金额的有效发明专利	7
获得国家科技奖或中国专利奖的有效发明专利	0

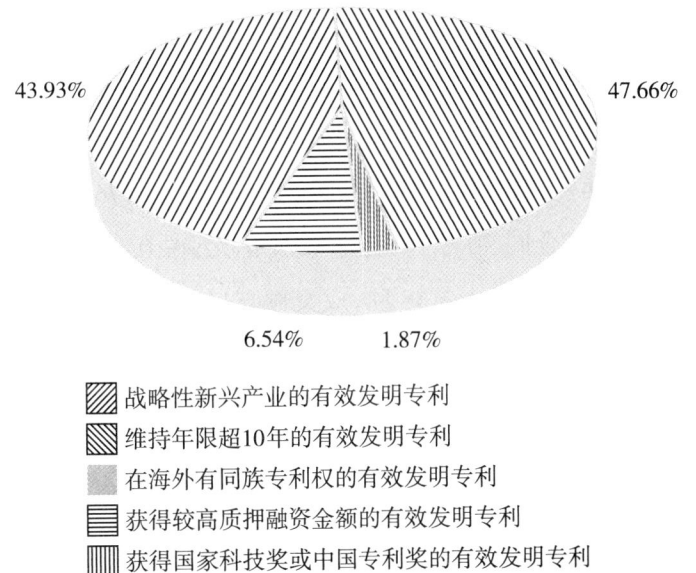

图8-7-24　2022年张掖市高价值发明专利拥有量维度分布情况

(四)技术市场交易情况

1.总体情况

2016~2022年，张掖累计登记技术合同2002项，成交额共计181.65亿元，年均增长率15.7%，其中，2022年张掖登记技术合同439项，技术合同成交额38.54亿元，比2016年增长139.93%。表8-7-23，图8-7-25。

表 8-7-23 2016~2022年张掖市技术市场合同统计表

年度	2016	2017	2018	2019	2020	2021	2022
合同数(项)	89	143	174	220	399	538	439
成交额(亿元)	16.06	20.21	22.67	25.56	24.51	34.09	38.54

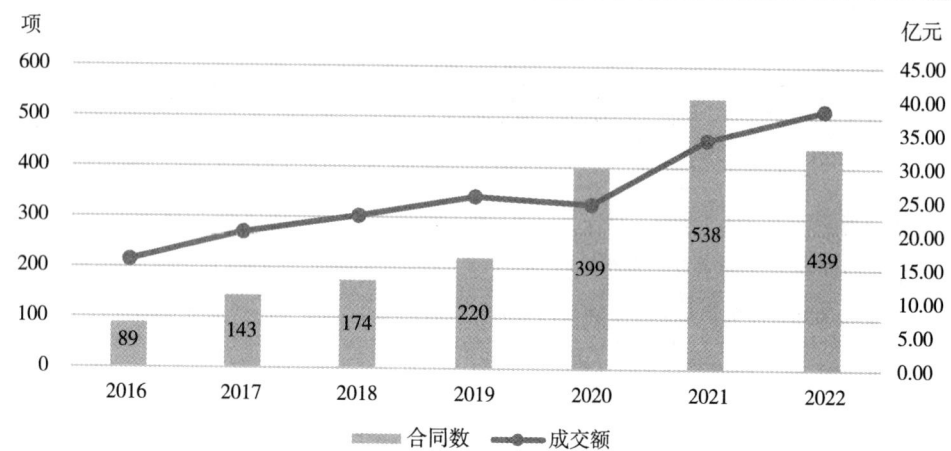

图 8-7-25 2016~2022年张掖市技术市场合同数和成交额情况

2.不同类型分布情况

(1)按合同类别分布情况

2016~2022年，张掖市共登记技术服务合同1687项，成交额176.4亿元，占张掖市技术交易额的比重为97.11%；技术咨询合同90项，成交额0.74亿元，占0.41%；技术开发合同113项，成交额3.68亿元，占2.02%；技术转让合同58项，成交额0.14亿元，占0.07%；2022年新增技术许可合同，共登记54项，成交额0.69亿元。表8-7-24，图8-7-26。

表 8-7-24 2016~2022年张掖市技术合同按合同类别统计表

年度		2016	2017	2018	2019	2020	2021	2022	总计
总计	合同数(项)	89	143	174	220	399	538	439	2002
	成交额(亿元)	16.06	20.21	22.67	25.56	24.51	34.09	38.54	181.65
技术开发	合同数(项)	0	0	2	0	62	39	10	113
	成交额(亿元)	0.00	0.00	1.92	0.00	0.42	0.22	1.13	3.68
技术转让	合同数(项)	0	0	1	1	5	1	50	58
	成交额(亿元)	0.00	0.00	0.02	0.00	0.01	0.00	0.10	0.14
技术咨询	合同数(项)	0	0	0	5	1	75	9	90
	成交额(亿元)	0.00	0.00	0.00	0.48	0.04	0.21	0.01	0.74
技术服务	合同数(项)	89	143	171	214	331	423	316	1687
	成交额(亿元)	16.06	20.21	20.73	25.08	24.05	33.66	36.62	176.40
技术许可	合同数(项)	-	-	-	-	-	-	54	54
	成交额(亿元)	-	-	-	-	-	-	0.69	0.69

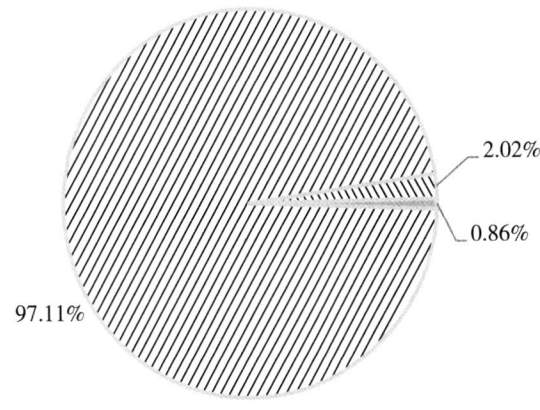

图 8-7-26　2016~2022 年张掖市技术交易总金额按合同类别占比

（2）按卖方类别分布情况

2016~2022 年，张掖市技术交易主体主要是企业法人，事业法人和自然人输出少量技术合同。企业法人共输出技术合同 1951 项，成交额 181.45 亿元，占张掖市技术交易额的 99.89%；事业法人共输出技术合同 14 项，成交额 0.08 亿元，占张掖市技术交易额的 0.05%；自然人共输出技术合同 37 项，成交额仅 0.12 亿元，占张掖市技术交易额的 0.06%。表 8-7-25，图 8-7-27。

表 8-7-25　2016~2022 年武威市技术合同按卖方类别统计表

	年度	2016	2017	2018	2019	2020	2021	2022	总计
总计	合同数（项）	89	143	174	220	399	538	439	2002
	成交额（亿元）	16.06	20.21	22.67	25.56	24.51	34.09	38.54	181.65
机关法人	合同数（项）	0	0	0	0	0	0	0	0
	成交额（亿元）	0.00	0.00	0.00	0.00	0.00	0.00	0.00	0.00
事业法人	合同数（项）	1	0	0	0	0	0	13	14
	成交额（亿元）	0.08	0.00	0.00	0.00	0.00	0.00	0.00	0.08
社团法人	合同数（项）	0	0	0	0	0	0	0	0
	成交额（亿元）	0.00	0.00	0.00	0.00	0.00	0.00	0.00	0.00
企业法人	合同数（项）	88	143	174	220	398	538	390	1951
	成交额（亿元）	15.98	20.21	22.67	25.56	24.41	34.09	38.52	181.45
自然人	合同数（项）	0	0	0	0	1	0	36	37
	成交额（亿元）	0.00	0.00	0.00	0.00	0.10	0.00	0.02	0.12
其他组织	合同数（项）	0	0	0	0	0	0	0	0
	成交额（亿元）	0.00	0.00	0.00	0.00	0.00	0.00	0.00	0.00

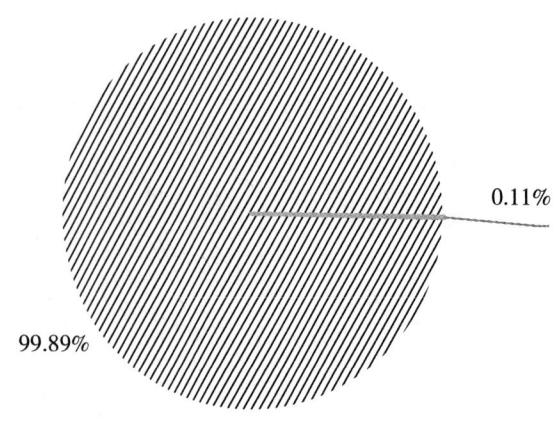

图 8-7-27　2016~2022 年张掖市技术交易总金额按卖方类别占比

(五)科技论文

2016~2020 年,张掖市共发表科技论文 586 篇,占全省国内论文比重为 1.48%。表 8-7-26,图 8-7-28。

表 8-7-26　2016~2020 年张掖市国内论文数

年度	2016	2017	2018	2019	2020
论文数(篇)	156	125	93	92	120
占甘肃省国内论文比重(%)	1.92	1.62	1.22	1.17	1.45

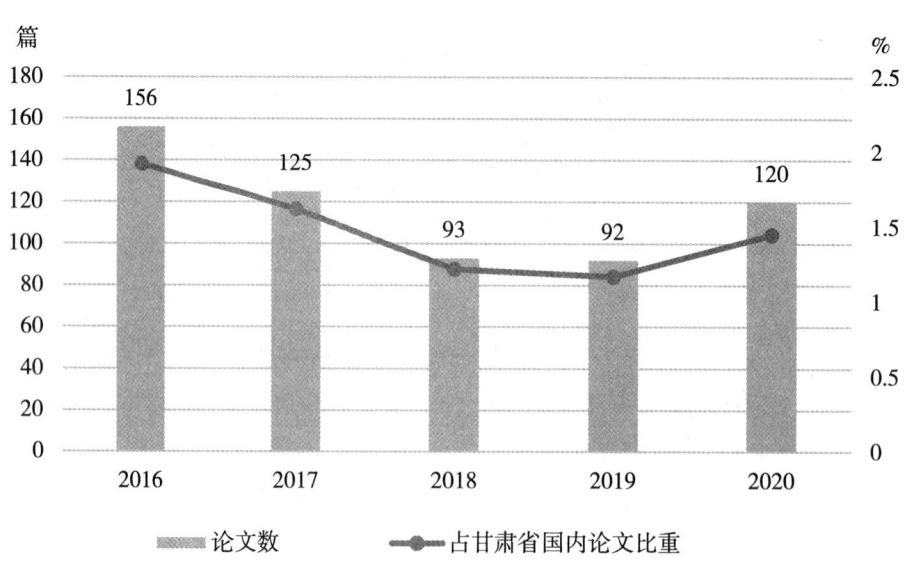

图 8-7-28　2016~2020 年张掖市国内论文发表

[8] 平凉篇

一、科技投入情况

(一) R&D 人员投入

2021年平凉市 R&D 人员达到932人,占全省 R&D 人员的1.69%。2016~2021年期间,平凉市 R&D 人员投入总体呈现增长态势。其中,2020年 R&D 人员为789人,较上年增长39.15%,是"十三五"期间 R&D 人员增幅最高的一年;2021年增长至932人,较上年增长18.12%,占全省 R&D 人员的1.69%。表8-8-1,图8-8-1。

表8-8-1 平凉市 R&D 人员投入表

年度	R&D 人员(人)	比上年增长(%)	占全省比例(%)
2016	422	-18.06	1.06
2017	481	13.98	1.17
2018	498	3.53	1.29
2019	567	13.86	1.23
2020	789	39.15	1.83
2021	932	18.12	1.69

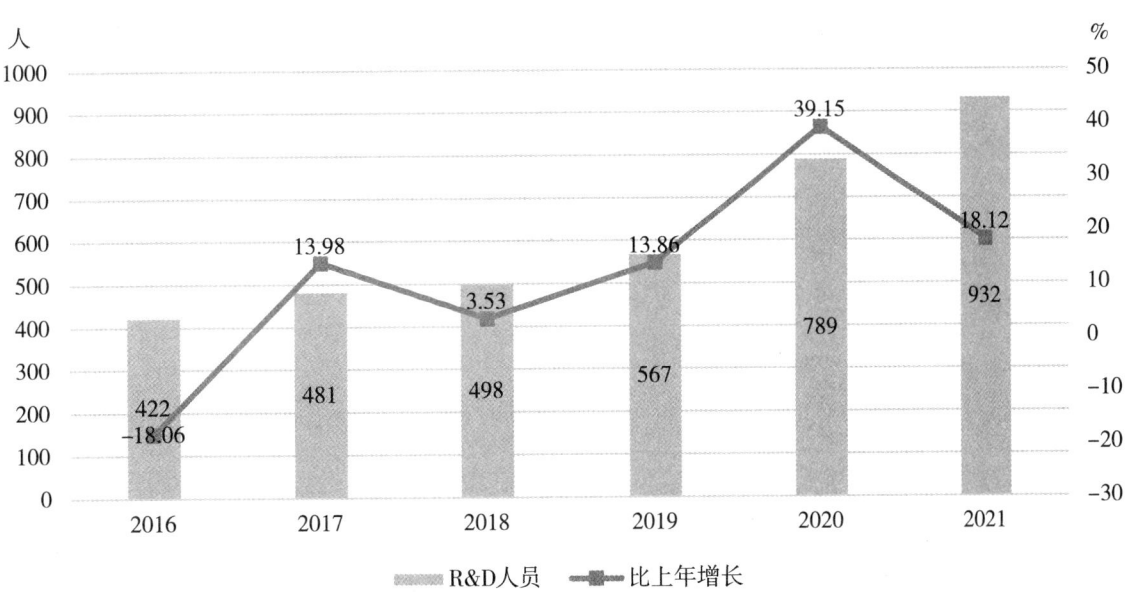

图8-8-1 平凉市 R&D 人员投入情况

(二)R&D 经费投入

1.总体情况

2016~2021 年,平凉市 R&D 经费总体呈现增长趋势。2017~2020 年逐年上升,年均增速为 38.51%。2020 年上升至 0.93 亿元,较上年增长 8.20%,2021 年开始回落至 0.88 亿元,较上年下降 4.96%,占全省 R&D 经费的 0.68%。表 8-8-2,图 8-8-2。

表 8-8-2 平凉市 R&D 经费内部支出表

年度	R&D 经费内部支出(亿元)	比上年增长(%)
2016	0.45	-18.08
2017	0.35	-22.45
2018	0.79	126.98
2019	0.86	8.15
2020	0.93	8.20
2021	0.88	-4.96

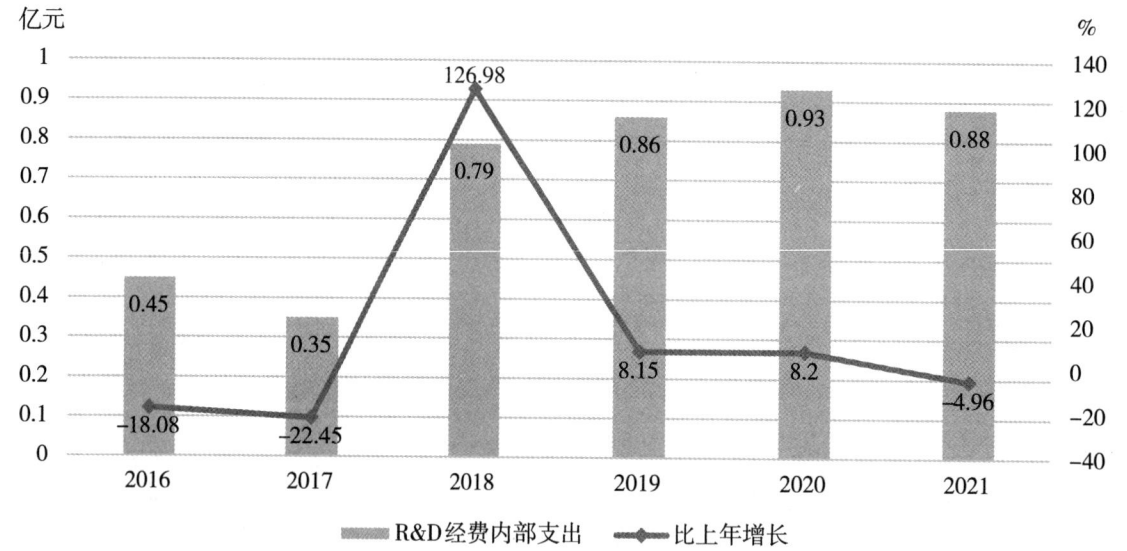

图 8-8-2 平凉市 R&D 经费内部支出及增长情况

2.结构分布

(1)按活动类型分布情况

2016~2021 年平凉市 R&D 经费主要用于应用研究和试验发展活动。其中,应用研究呈现先降后升的趋势,2016~2018 年逐年下降,2019~2021 年开始持续增长,2021 年达到 2778 万元,较上年增长 11.71%;试验发展经费总体呈现先增后降的趋势,2016~2017 年持续增长,2018~2021 年逐年小幅下降,2021 年下降至 5541 万元,较上年减少 17.72%。表 8-8-3,图 8-8-3。

从活动类型来看,2021 年平凉市基础研究、应用研究和试验发展占 R&D 经费的比重分别

表 8-8-3 按活动类型分组的 R&D 经费支出表

年度	基础研究(万元)	应用研究(万元)	试验发展(万元)
2016	106	2192	2212
2017	19	598	2880
2018	33	177	7727
2019	206	1058	7320
2020	193	2360	6734
2021	508	2778	5541

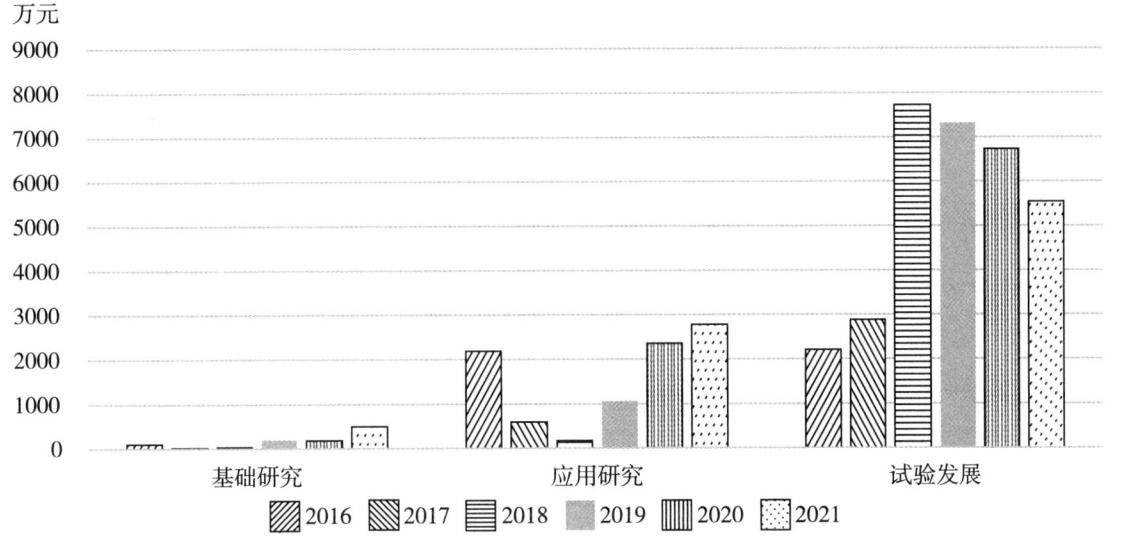

图 8-8-3 按活动类型分组的 R&D 经费支出情况

为 5.76%、31.47% 和 62.77%，其中应用研究经费占比高于全省平均水平，占全省的 1.06%。

（2）按支出用途分布情况

按支出用途来看，平凉市 R&D 经费日常性支出远远超过资产性支出，且日常性支出呈"正态"变化趋势，而 R&D 经费资产性支出总体呈现上升趋势。2021 年，平凉市日常性支出为 7194

表 8-8-4 按支出用途分组的 R&D 经费内部支出表

年度	日常性支出(万元)	资产性支出(万元)
2016	4222	287
2017	3141	355
2018	7618	319
2019	8175	409
2020	7581	1697
2021	7194	1633

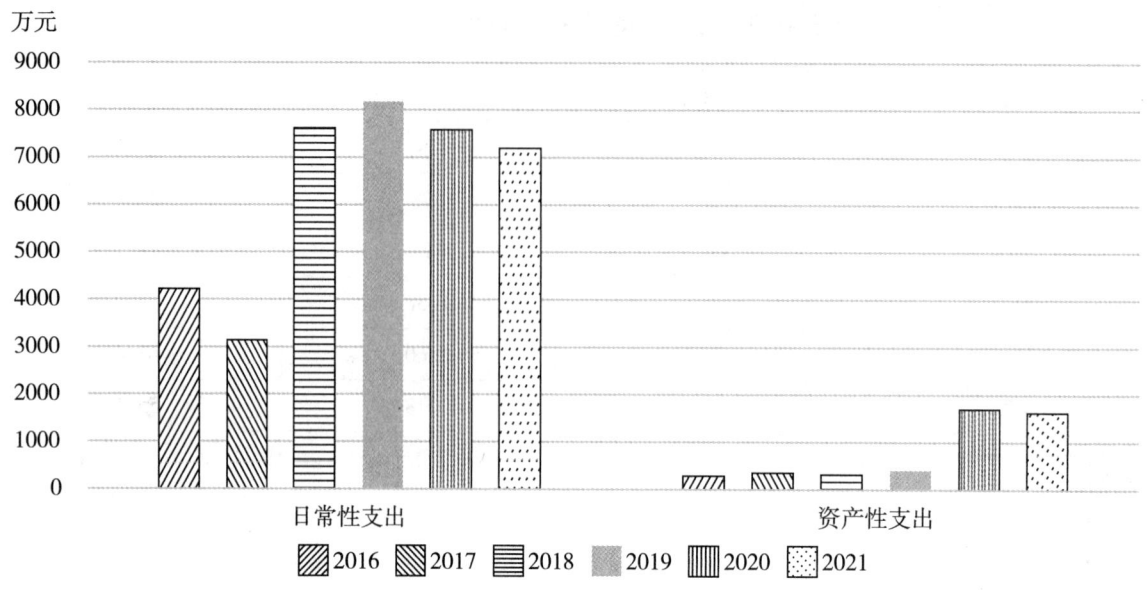

图 8-8-4 按支出用途分组的 R&D 经费内部支出情况

万元,占平凉市 R&D 经费的 81.50%;资产性支出为 1633 万元,占平凉市 R&D 经费的 18.50%。表 8-8-4,图 8-8-4。

(三)R&D 经费投入强度

2016~2021 年,平凉市 R&D 经费投入强度总体呈增长态势,从 2017 年的 0.1% 增长到 2018 年的 0.2%,增加了 0.1 个百分点;2020 年开始呈现下降趋势,2021 年下降至 0.16%,较上年减少 0.04 个百分点。表 8-8-5,图 8-8-5。

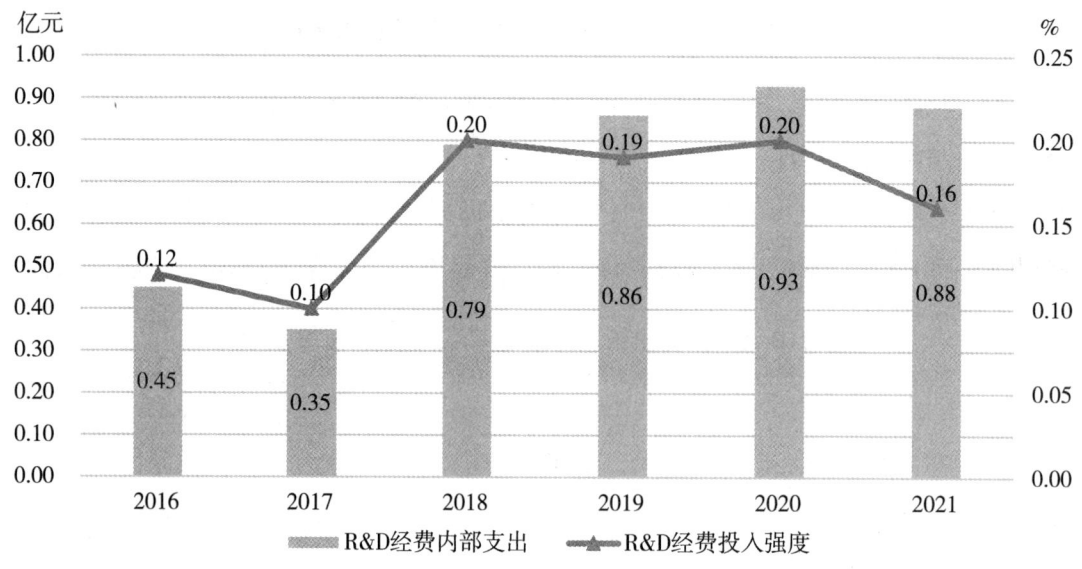

图 8-8-5 R&D 经费投入强度变化情况

表 8-8-5　R&D 经费投入强度表

年度	R&D 经费内部支出（亿元）	R&D 经费投入强度（%）
2016	0.45	0.12
2017	0.35	0.10
2018	0.79	0.20
2019	0.86	0.19
2020	0.93	0.20
2021	0.88	0.16

(四)财政科技支出

1.总体情况

（1）一般公共预算收入

2016~2021 年,平凉市一般公共预算收入呈现增长趋势,年均增速为 7.54%。其中,2017~2018 年变化幅度较大,2019~2021 年持续增长,2021 年达到 38.18 亿元,较上年增长 16.30%。表 8-8-6,图 8-8-6。

表 8-8-6　财政科技支出表

年度	一般公共预算收入（亿元）	一般公共预算支出（亿元）	财政科技支出（亿元）	财政科技支出占一般公共预算支出比重（%）
2016	26.55	172.38	0.49	0.28
2017	27.59	191.96	0.54	0.28
2018	30.47	212.75	0.38	0.18
2019	32.54	241.80	0.45	0.19
2020	32.83	242.55	0.90	0.37
2021	38.18	229.23	1.66	0.73

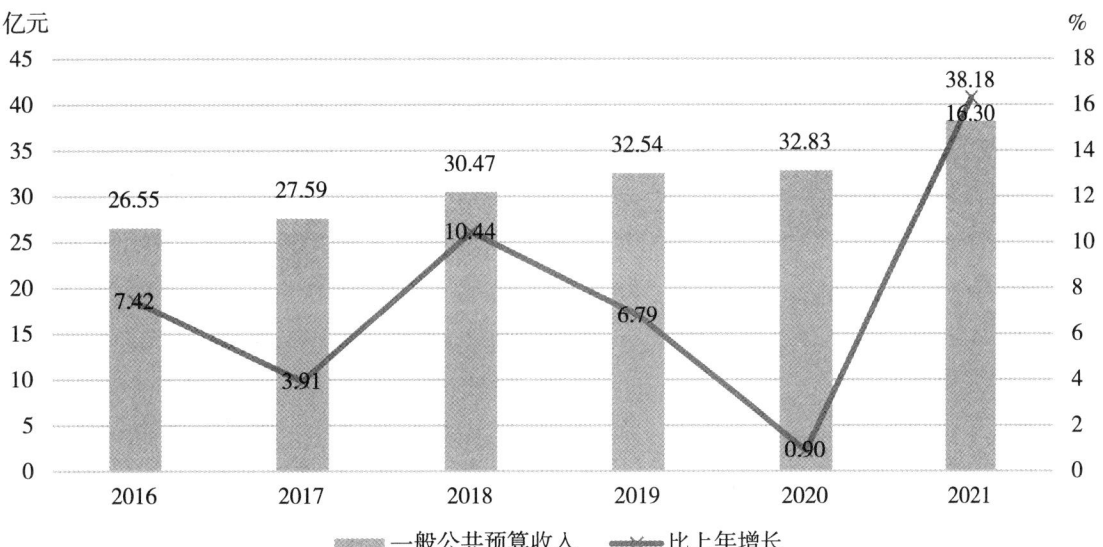

图 8-8-6　一般公共预算收入及增长情况

(2)一般公共预算支出

2016~2021年,平凉市一般公共预算支出呈现总体增长趋势,年均增速为8.91%。其中,2016~2020年持续增长,2020年增长至242.55亿元,较上年增长0.31%;2021年回落至220.23亿元,较上年减少5.49%。图8-8-7。

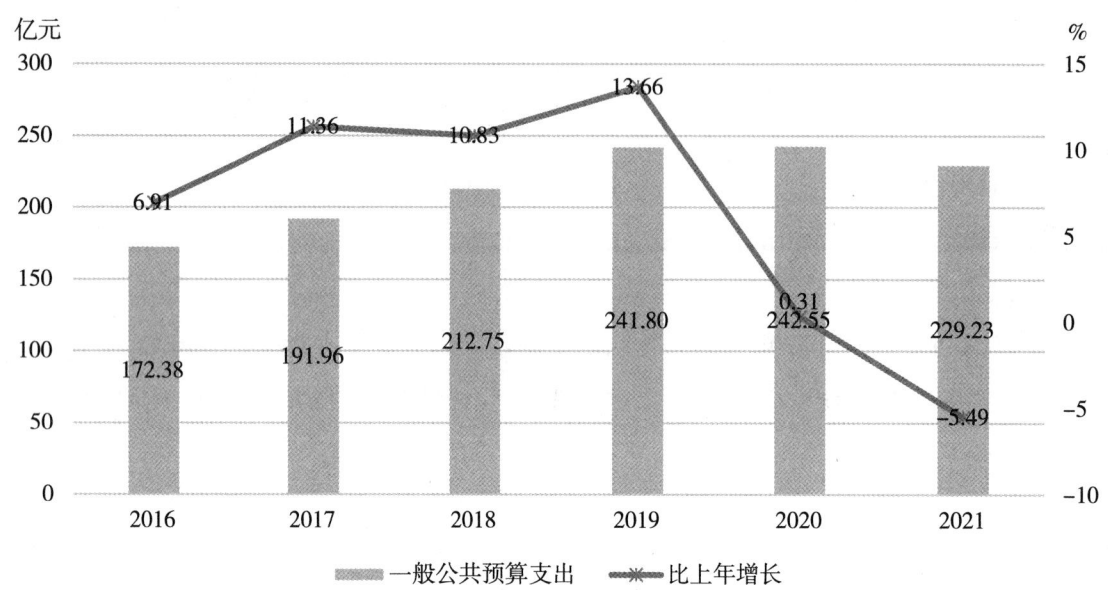

图8-8-7 一般公共预算支出及增长情况

(3)财政科技支出

2016~2021年,平凉市财政科技支出总体呈现增长趋势。其中,2018~2021年持续上升,从2018年的0.38亿元上升到2021年的1.66亿元,年均增速为63.47%;2021年上升至1.66亿元,较上年增长84.44%,占一般公共预算支出的比重为0.73%。图8-8-8。

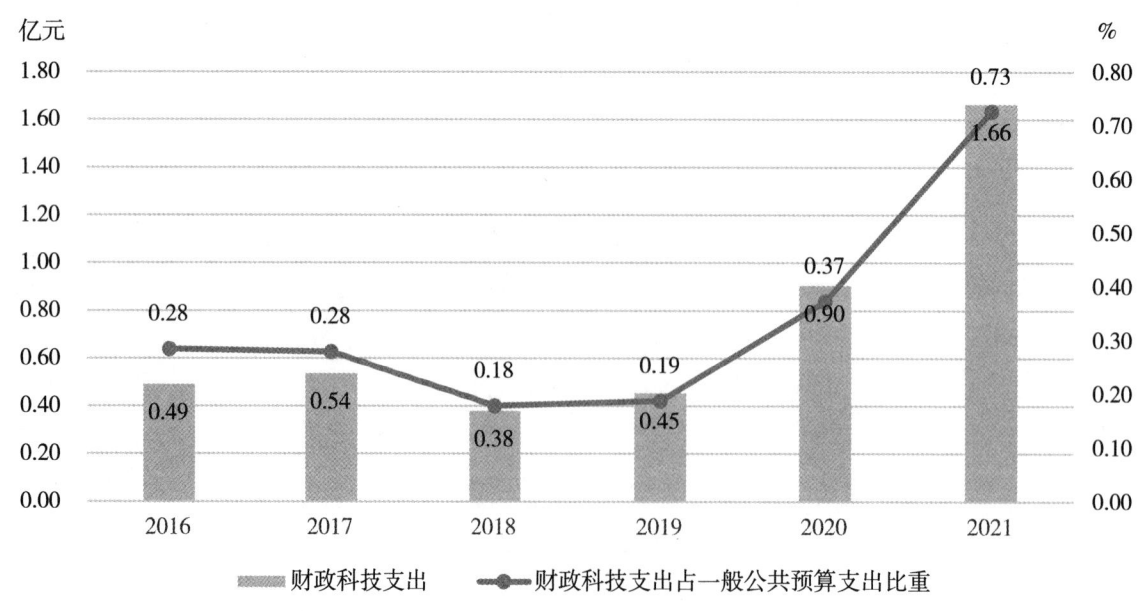

图8-8-8 地方财政科技支出及占比情况

2.地区分布情况

（1）各区县一般公共预算收入

2016~2021年，崆峒区一般公共预算收入较高，总体呈现增长趋势。其中，2017~2021年持续增长，从2017年的5.31亿元增长到2021年的8.21亿元，年均增速为11.51%。华亭市仅次于崆峒区，2018年达到7.37亿元，较上年增长4.54%，2019年开始持续下降，2021年又回升至7.15亿元。泾川县和灵台县一般公共预算收入较低，2021年一般公共预算收入分别占全市的6.45%和4.43%。崇信县、庄浪县和静宁县一般公共预算收入处于中间水平，2021年分别占全市一般公共预算收入的8.87%、9.40%和12.12%。表8-8-7，图8-8-9。

表8-8-7 各区县一般公共预算收入表（亿元）

年度	崆峒区	泾川县	灵台县	崇信县	华亭市	庄浪县	静宁县
2016	5.92	1.81	0.83	2.56	5.14	1.75	2.36
2017	5.31	1.85	0.75	2.93	7.05	1.90	2.29
2018	6.30	2.16	1.04	3.16	7.37	2.32	2.63
2019	7.14	2.18	1.08	2.86	6.65	2.92	3.90
2020	8.12	2.16	1.14	2.79	5.68	2.83	3.69
2021	8.21	2.46	1.69	3.39	7.15	3.59	4.63

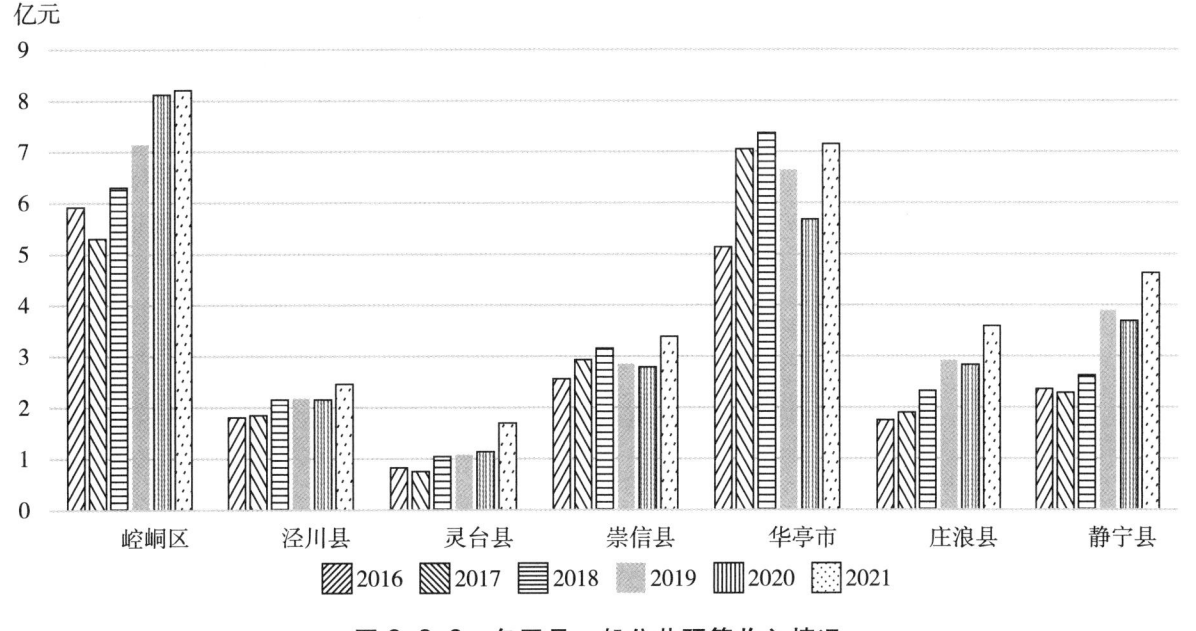

图8-8-9 各区县一般公共预算收入情况

（2）各区县一般公共预算支出

2016~2021年，静宁县一般公共预算支出较高，呈现"正态"变化趋势。其中，2016~2020年持续增长，从2016年的31.63亿元增长到2020年的48.29亿元，年均增速为11.16%；2021年回落至 41.59 亿元,较上年减少 13.87%。崇信县总体最高支出不足 15 亿元,2021 年一般公共预算支出占全市一般公共预算支出的 6.52%。崆峒区、泾川县、灵台县、华亭市和庄浪县一般公共预算支出处于中间水平,2021 年分别占全市一般公共预算支出的 16.70%、10.14%、8.52%、8.62% 和 17.30%。表 8-8-8,图 8-8-10。

表 8-8-8 各区县一般公共预算支出表(亿元)

年度	崆峒区	泾川县	灵台县	崇信县	华亭市	庄浪县	静宁县
2016	30.60	20.20	15.90	10.16	15.42	28.11	31.63
2017	33.50	22.17	18.26	11.96	16.76	32.05	33.79
2018	36.13	22.58	18.75	11.84	18.61	34.61	37.88
2019	40.87	25.14	21.64	11.94	19.88	45.55	43.62
2020	36.19	26.59	21.24	12.94	20.01	44.13	48.29
2021	38.29	23.23	19.52	14.95	19.76	39.68	41.59

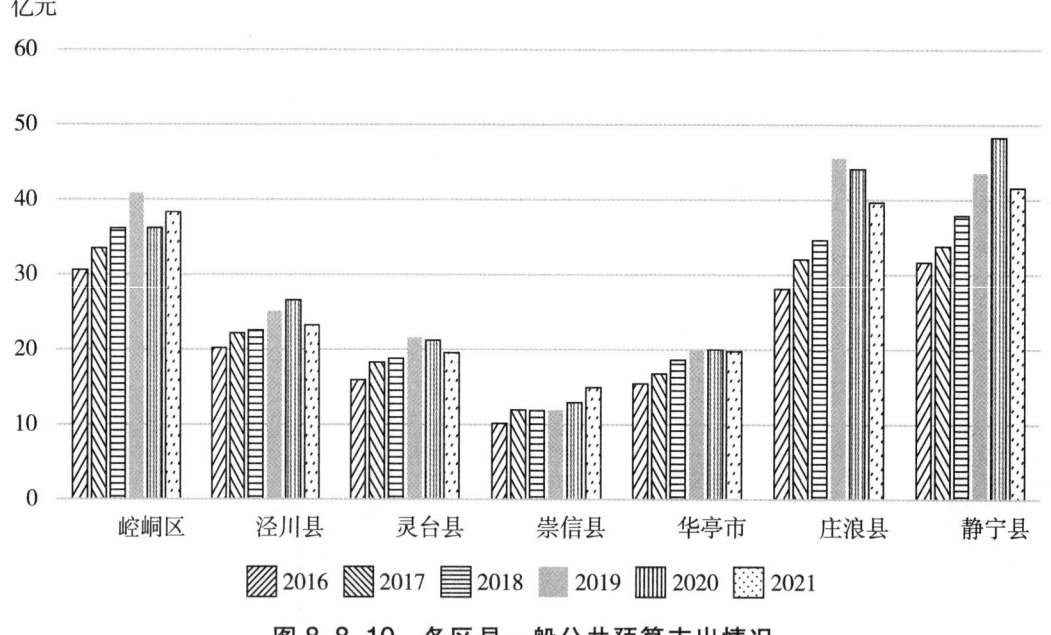

图 8-8-10 各区县一般公共预算支出情况

(3)各区县财政科技支出

2016~2021 年,崆峒区财政科技支出相对较高,2018~2020 年持续增长,从 2018 年的 274 万元增长到 2020 年的 2646 万元,2021 年小幅下降至 2468 万元,较上年减少 6.73%。崇信县总体财政科技支出较低,2021 年财政科技支出占全市财政科技支出的 1.65%。泾川县、灵台县、华亭市、庄浪县和静宁县财政科技支出处于中间水平,2021 年分别占全市财政科技支出的 7.87%、4.84%、6.04%、13.02% 和 13.80%。表 8-8-9,图 8-8-11。

表 8-8-9 各区县财政科技支出表（万元）

年度	崆峒区	泾川县	灵台县	崇信县	华亭市	庄浪县	静宁县
2016	319	557	329	187	369	301	344
2017	708	698	346	196	342	310	568
2018	274	342	282	106	193	181	419
2019	574	425	345	94	231	271	263
2020	2646	646	1323	246	477	462	572
2021	2468	1310	806	274	1005	2168	2297

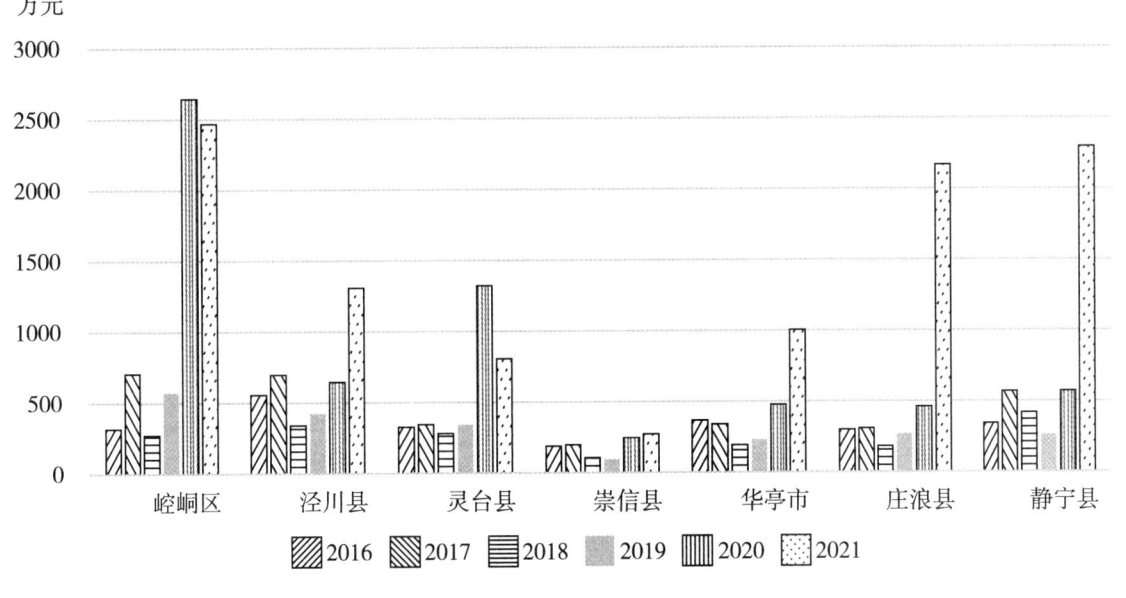

图 8-8-11 各区县财政科技支出情况

二、科技产出情况

(一)企业创新活动情况

1.企业总体情况

2016~2021年，平凉市规模(限额)以上企业数呈现波动变化，从2016年261家逐渐下降至2018年的150家，从2019年开始逐渐增长到2021年的261家。企业数增长率最高的年度为2019年，达31.33%，增长率最低的年度为2018年，是-24.24%。2021年较上年增长20.28%，占全省规模(限额)以上企业数的4.29%。表8-8-10，图8-8-12。

表 8-8-10　2016~2021 年平凉市企业数与增长率

年度	企业数(个)	增长率(%)	占全省比例(%)
2016	261	-	4.98
2017	198	-24.14	3.84
2018	150	-24.24	3.14
2019	197	31.33	3.96
2020	217	10.15	4.03
2021	261	20.28	4.29

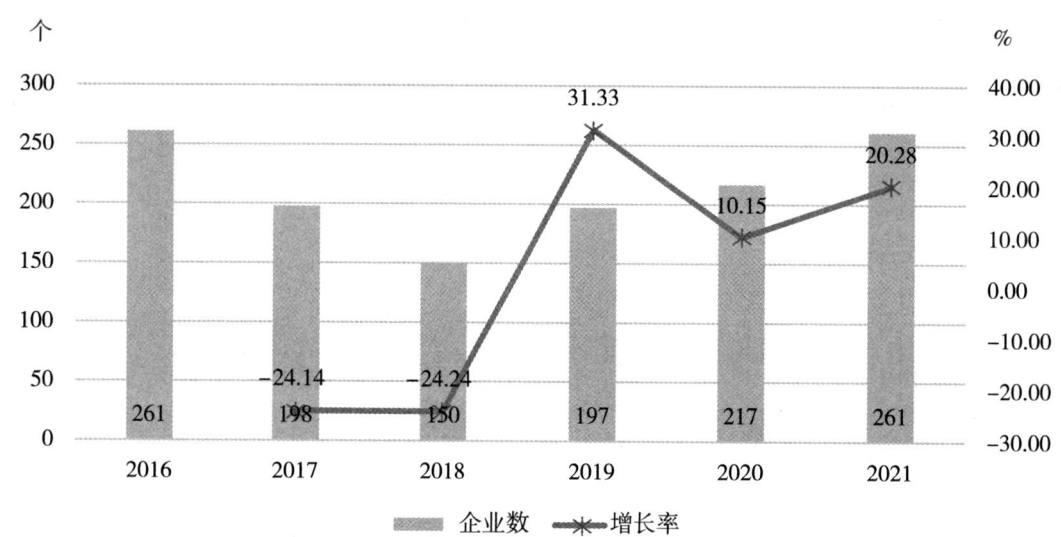

图 8-8-12　2016~2021 年平凉市企业数与增长率

2.企业开展创新活动情况

2016~2021 年,平凉市规模(限额)以上企业中开展创新活动企业数呈现波动变化,从 2016 年 96 家下降至 2021 年的 83 家,年均增长率为-2.87%。2017 年、2018 年增长率为负,呈现下降态势。2019 年增长率最高,为 35.56%,2021 年开展创新活动企业数达 83 家,相较于 2020 年增

表 8-8-11　2016~2021 年平凉市开展创新企业数与增长率

年度	企业数(个)	增长率(%)	占全省比例(%)
2016	96	-	5.10
2017	53	-44.79	2.81
2018	45	-15.09	2.59
2019	61	35.56	3.22
2020	78	27.87	3.98
2021	83	6.41	3.41

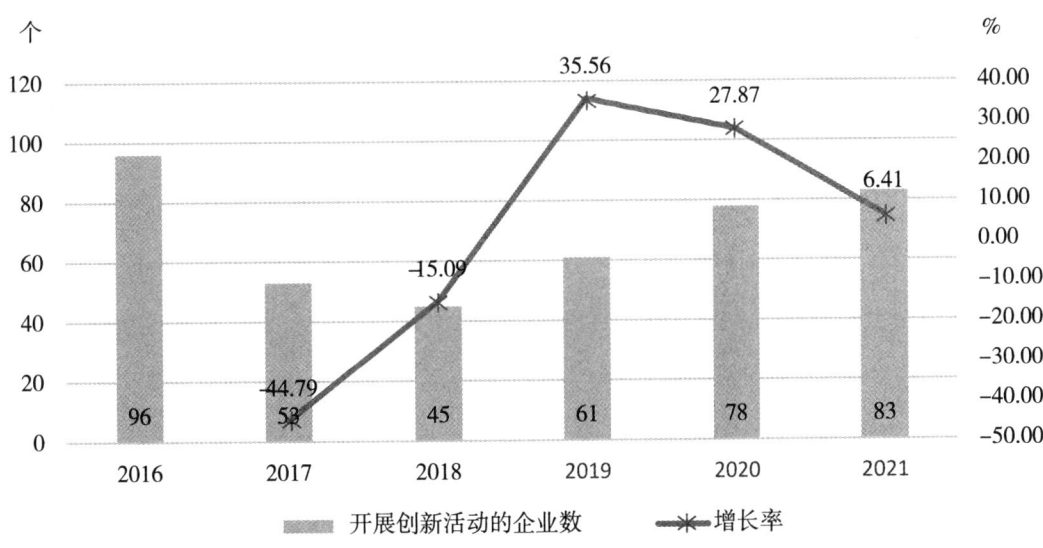

图 8-8-13 2016~2021 年平凉市开展创新企业数与增长率

加 5 家,增长率达到 6.41%,占全省的 3.41%。表 8-8-11,图 8-8-13。

2016~2021 年,平凉市规模(限额)以上企业中开展创新活动企业数占比波动变化,从 2016 年的 36.78% 下降至 2021 年的 31.80%,减少了 4.98 个百分点。2020 年占比为 35.94%,2021 年略有下降,减少了 4.14 个百分点。表 8-8-12,图 8-8-14。

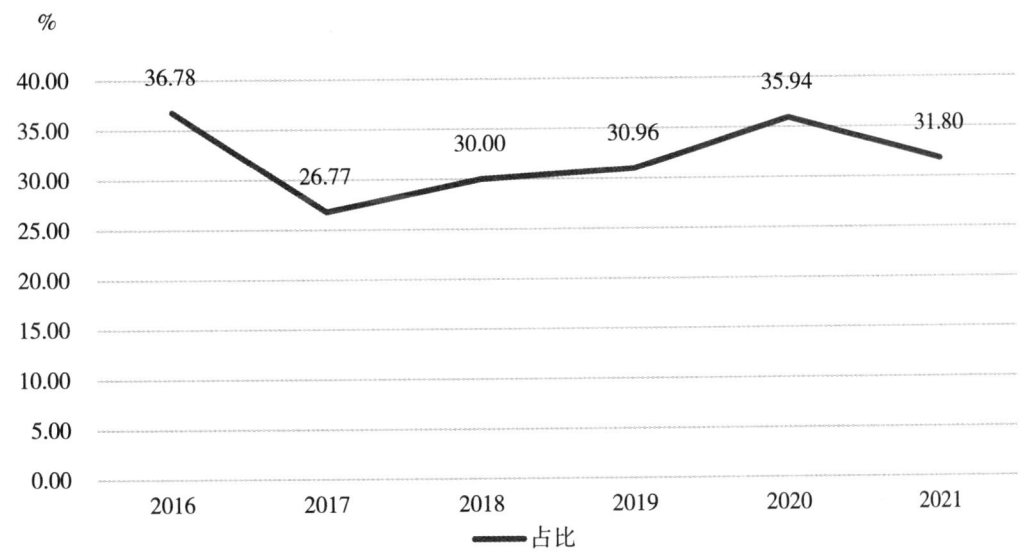

图 8-8-14 2016~2021 年平凉市开展创新活动企业数占总企业数比重

表 8-8-12　2016~2021 年平凉市开展创新活动企业数占总企业数比重

年度	占比(%)
2016	36.78
2017	26.77
2018	30.00
2019	30.96
2020	35.94
2021	31.80

开展创新活动企业中,部分企业成功实现创新,2016~2021 年,成功创新企业占开展创新活动企业比例呈现下降趋势,完成率保持在 92% 以上。2021 年企业实现创新完成率达 92.77%。表 8-8-13,图 8-8-15。

表 8-8-13　2016~2021 年平凉市实现创新完成企业占比

年度	实现创新完成率(%)
2016	95.83
2017	96.23
2018	97.78
2019	96.72
2020	93.59
2021	92.77

图 8-8-15　2016~2021 年平凉市实现创新完成企业占比

3.创新活动类型情况

2021年,平凉市开展组织(管理)创新活动或营销创新活动的企业占开展创新活动企业数的86.75%,开展产品创新活动或工艺创新活动的企业占60.24%,同时开展4种创新活动的企业占10.84%。表8-8-14,图8-8-16。

表8-8-14 2016~2021年平凉市企业创新活动开展情况

年度	开展产品或工艺创新活动企业数(个)	占比(%)	有组织(管理)创新或营销创新企业数(个)	占比(%)	同时实现四种创新企业数(个)	占比(%)
2016	43	44.79	90	93.75	13	13.54
2017	22	41.51	50	94.34	8	15.09
2018	17	37.78	38	84.44	1	2.22
2019	28	45.90	51	83.61	3	4.92
2020	30	38.46	67	85.90	4	5.13
2021	50	60.24	72	86.75	9	10.84

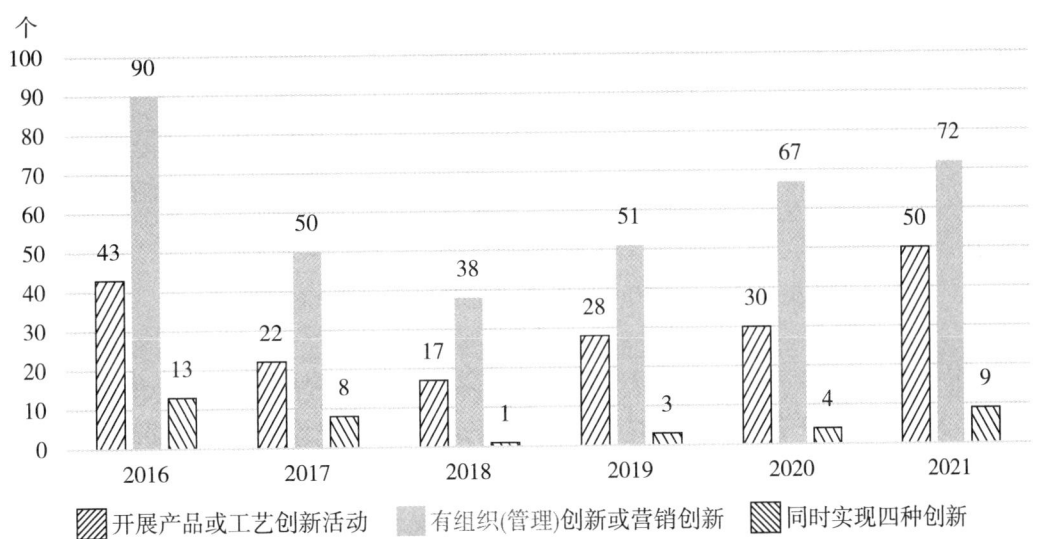

图8-8-16 2016~2021年平凉市企业创新活动开展情况

(二)企业R&D活动情况

1.开展R&D活动的企业情况

2016~2021年,开展内部R&D活动企业数从2016年的6家上升至2021年的8家,年均增长率为5.92%。2021年平凉市开展内部R&D活动企业占规模(限额)以上企业比重为3.07%。表8-8-15,图8-8-17。

表 8-8-15 2016~2021 年平凉市内部 R&D 企业情况

年度	有内部 R&D 的企业数(个)	增长率(%)	有内部 R&D 的企业数占比(%)
2016	6	—	2.30
2017	3	−50.00	1.52
2018	2	−33.33	1.33
2019	6	200.00	3.05
2020	12	100.00	5.53
2021	8	−33.33	3.07

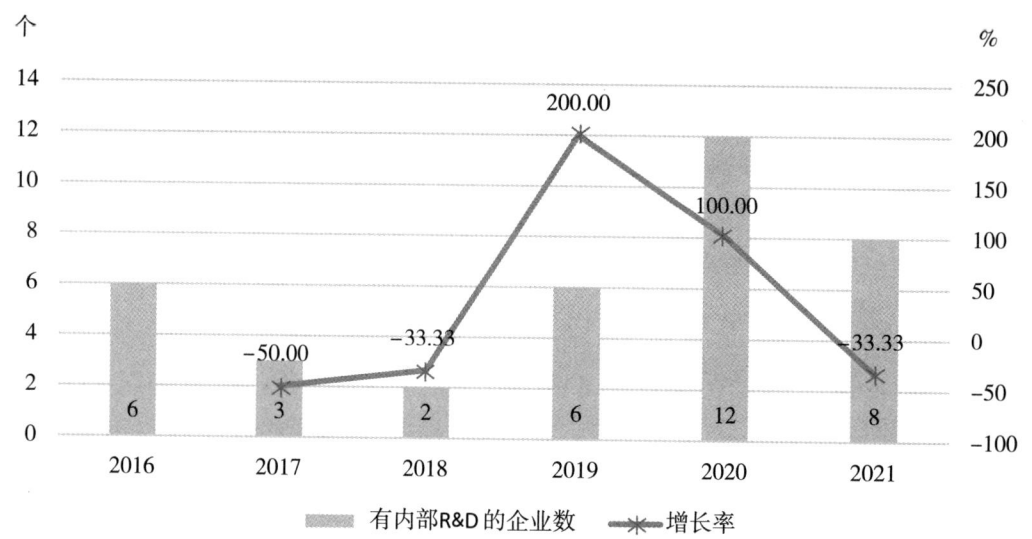

图 8-8-17 2016~2021 年平凉市内部 R&D 企业情况

2016~2021 年,开展外部 R&D 企业数呈现波动变化态势。2016~2021 年,开展外部 R&D 活动企业数从 2016 年的 12 家增加至 2021 年的 15 家,年均增长率为 4.56%。2021 年平凉市开展外部 R&D 活动企业占规模(限额)以上企业比重为 5.75%。表 8-8-16,图 8-8-18。

表 8-8-16 2016~2021 年平凉市开展外部 R&D 企业情况

年度	有外部 R&D 的企业数(个)	增长率(%)	有外部 R&D 的企业数占比(%)
2016	12	—	4.60
2017	16	33.33	8.08
2018	27	68.75	18.00
2019	23	−14.81	11.68
2020	21	−8.70	9.68
2021	15	−28.57	5.75

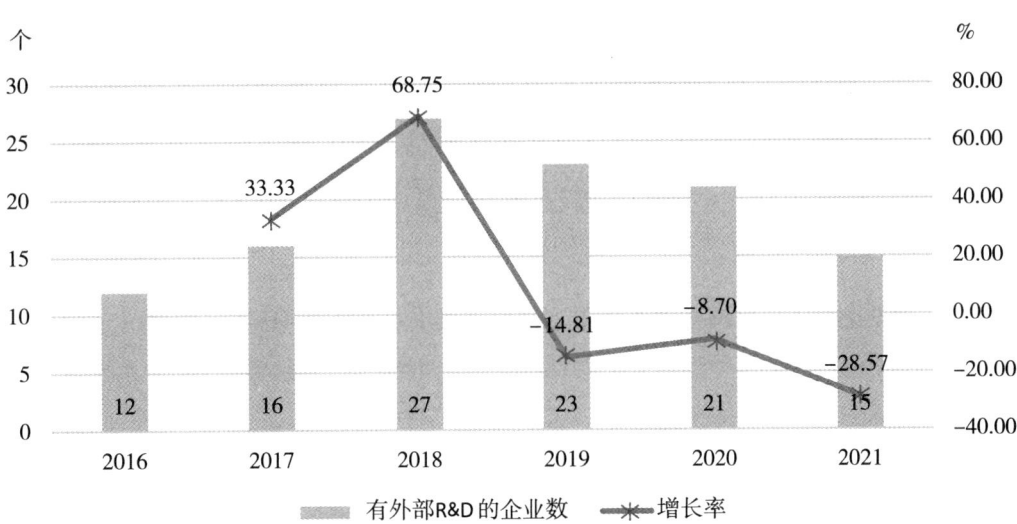

图 8-8-18　2016~2021 年平凉市开展外部 R&D 企业数情况

2.工业企业创新费用情况

2016~2021 年,工业企业创新费用变化呈波动变化态势,从 2016 年的 1.3 亿元减少至 2021 年的 1.5 亿元,年均增长率为 2.96%。2017 年增长率最低,为 -24.17%,2018 年增长率最高,为 133.98%。表 8-8-17,图 8-8-19。

表 8-8-17　2016~2021 年平凉市工业企业创新费用及其增长率

年度	工业企业创新费用(亿元)	增长率(%)
2016	1.30	—
2017	0.98	-24.17
2018	2.30	133.98
2019	1.43	-38.03
2020	1.12	-21.42
2021	1.50	33.93

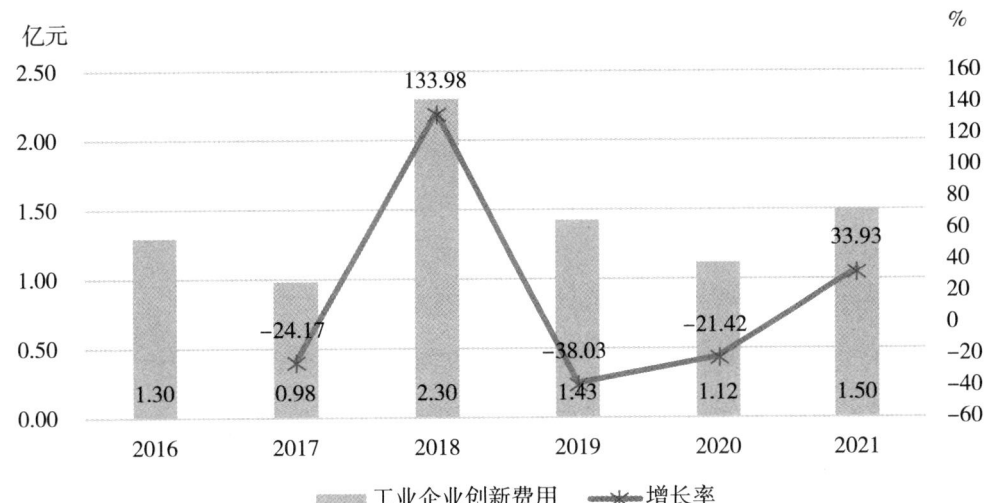

图 8-8-19　2016~2021 年平凉市工业企业创新费用及其增长率

3.企业 R&D 经费情况

2016~2021 年,平凉市规模以上工业企业 R&D 经费呈现波动变化态势,从 2016 年的 0.22 亿元增加至 2021 年的 0.29 亿元,年均增长率为 5.86%。占规模以上工业企业营业收入的比重从 2016 年的 0.16% 减少到 2021 年的 0.1%。其中 2017 年占比最低,为 0.06%,2018 年占比最高,为 0.34%。表 8-8-18,图 8-8-20。

表 8-8-18　2016~2021 年平凉市规模以上工业企业 R&D 经费情况

年度	规模以上工业企业 R&D 经费(亿元)	占规模以上工业企业营业收入(或主营业务收入)的比重(%)
2016	0.22	0.16
2017	0.08	0.06
2018	0.50	0.34
2019	0.53	0.25
2020	0.50	0.22
2021	0.29	0.10

注：因统计口径变化,2016~2018 年使用规模以上工业企业主营业务收入,2019~2021 年使用规模以上工业企业营业收入。

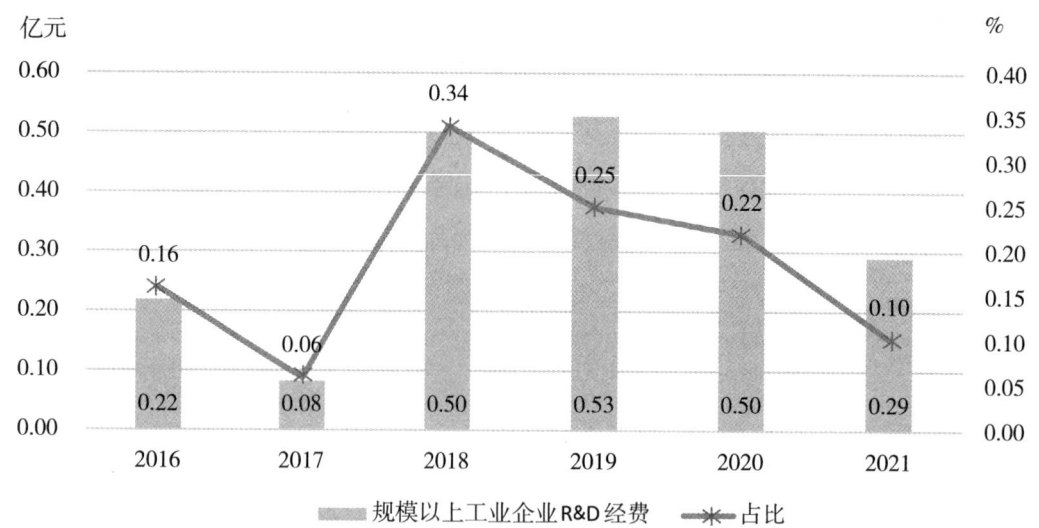

图 8-8-20　2016~2021 年平凉市规模以上工业企业 R&D 经费情况

(三)知识产权情况

1.专利授权情况

2016~2022 年,平凉市专利授权量呈现波动增长态势,从 2016 年的 230 件增加至 2022 年的 412 件,年均增长率为 10.20%,其中,2020 年增长率最高,为 70.89%,2019 年增长率最低,为 -33.80%。表 8-8-19,图 8-8-21。

表 8-8-19　2016~2022 年平凉市专利授权量及其增长率

年度	专利授权量(件)	增长率(%)
2016	230	—
2017	272	18.26
2018	358	31.62
2019	237	−33.80
2020	405	70.89
2021	587	44.94
2022	412	−29.81

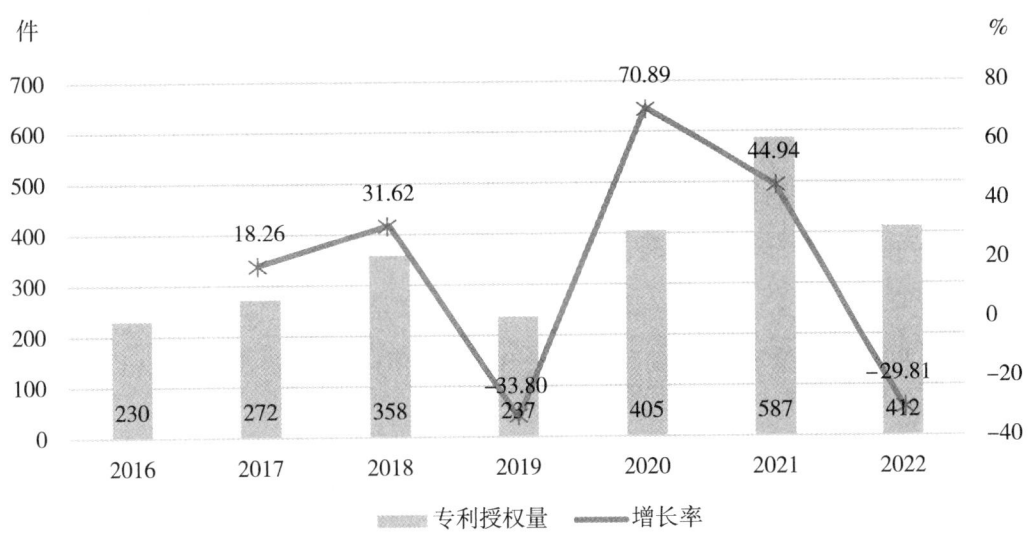

图 8-8-21　2016~2022 年平凉市专利授权量及其增长率

2.发明专利拥有量

2016~2022 年,平凉市发明专利拥有量稳定增长,从 2016 年的 56 件增长至 2022 年的 125 件,年均增长率为 14.32%。万人发明专利拥有量从 2016 年的 0.25 件增长至 2022 年的 0.69 件,年均增长率为 18.44%。其中,2019 年专利发明专利拥有量增长率最低,为 7.32%。2017 年发明专利拥有量增长率最高,为 36%。表 8-8-20,图 8-8-22。

表 8-8-20　2016~2022 年平凉市发明专利拥有量情况

年度	发明专利拥有量(件)	每万人口发明专利拥有量(件)
2016	56	0.25
2017	76	0.34
2018	82	0.36
2019	88	0.41
2020	95	0.45
2021	110	0.6
2022	125	0.69

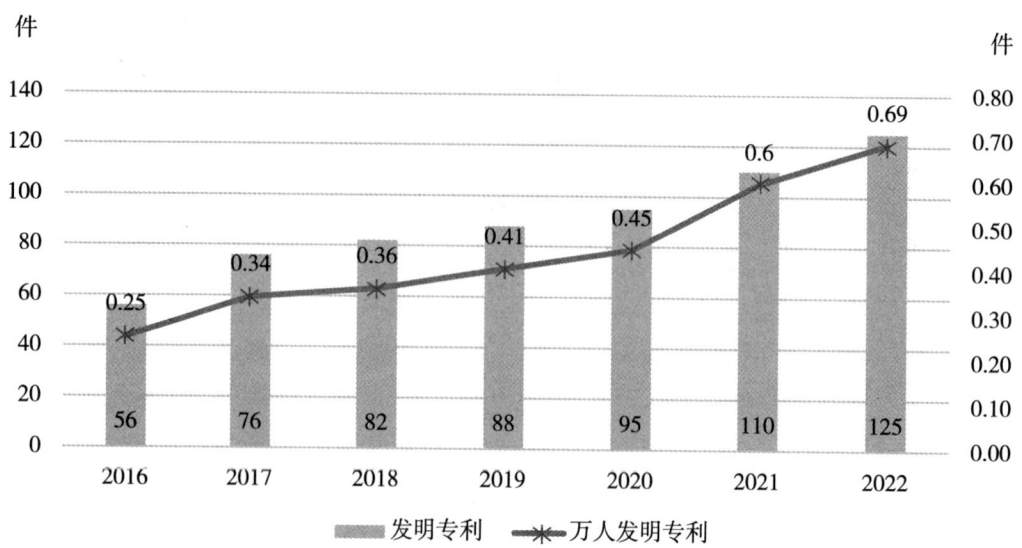

图 8-8-22 2016~2022 年平凉市发明专利拥有量情况率

3.高价值专利拥有量

(1)总体情况

2022 年,平凉市高价值发明专利拥有量 32 件,相比于 2021 年增加 10 件,增长率为 45.45%。表 8-8-21,图 8-8-23。

表 8-8-21 2021~2022 年平凉市高价值发明专利拥有量

年度	高价值发明专利拥有量(件)
2021	22
2022	32

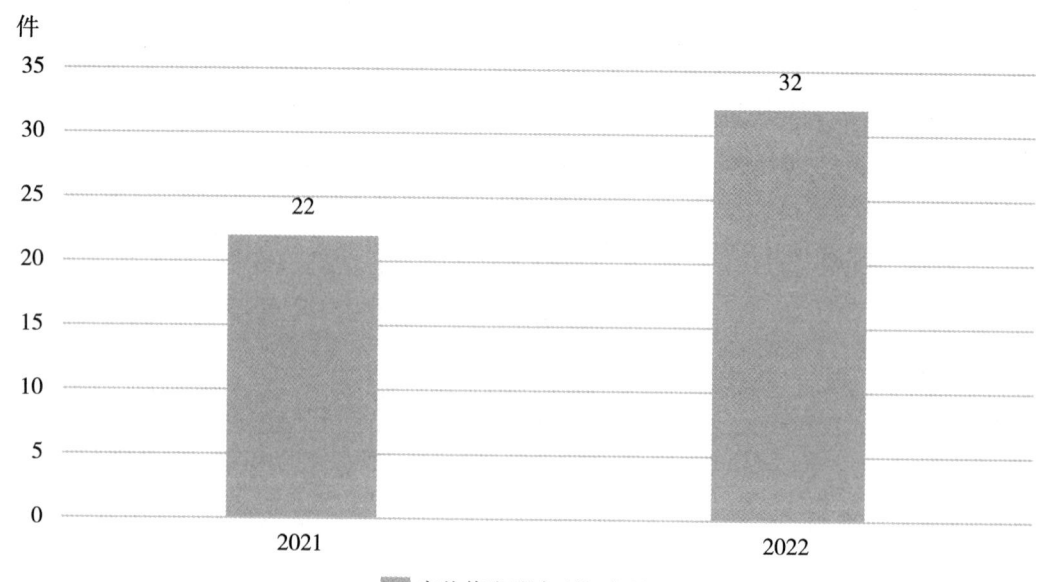

图 8-8-23 2021~2022 年平凉市高价值发明专利拥有量

（2）五个维度分布情况

2022年平凉高价值专利拥有量中，战略性新兴产业的有效发明专利量为17件，占比最高，为53.13%。维持年限超10年的有效发明专利量为14件，为43.75%。获得较高质押融资金额的有效发明专利为1件，占比为3.13%。表8-8-22，图8-8-24。

表8-8-22　2022年平凉市高价值发明专利拥有量维度分布情况

分类	高价值发明专利拥有量（件）
战略性新兴产业的有效发明专利	17
维持年限超10年的有效发明专利	14
在海外有同族专利权的有效发明专利	0
获得较高质押融资金额的有效发明专利	1
获得国家科技奖或中国专利奖的有效发明专利	0

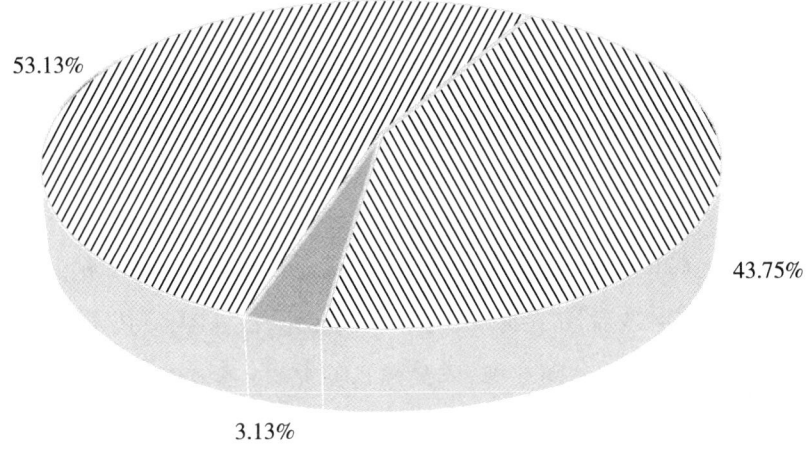

图8-8-24　2022年平凉市高价值发明专利拥有量维度分布情况

（四）技术市场交易情况

1.总体情况

2016~2022年，平凉累计登记技术合同1272项，成交额共计52.59亿元，成交额先下降后增加，呈现"U"形变化趋势，其中，2022年平凉登记技术合同476项，技术合同成交额11.81亿元，比2016年下降13.32%。表8-8-23，图8-8-25。

表 8-8-23 2016~2022年平凉市技术市场合同统计表

年度	2016	2017	2018	2019	2020	2021	2022
合同数（项）	189	36	70	90	157	254	476
成交额（亿元）	13.63	4.96	3.15	3.79	6.68	8.56	11.81

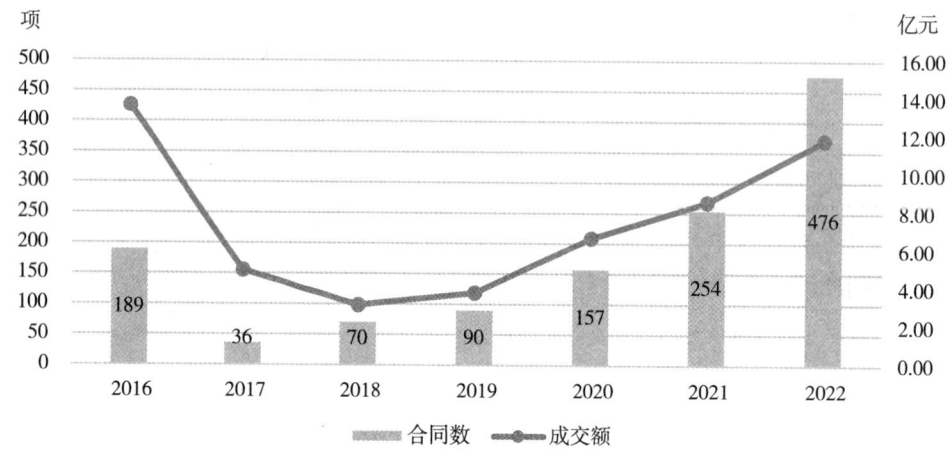

图 8-8-25 2016~2022年平凉市技术市场合同数和成交额情况

2.不同类型分布情况

（1）按合同类别分布情况

2016~2022年，平凉市共登记技术服务合同1252项，成交额49.93亿元，占平凉市技术交易额的比重为93.8%；技术开发合同7项，成交额2.13亿元，占4.04%；技术咨询合同10项，成交额1.12亿元，占2.13%；技术转让合同3项，成交额0.02亿元，占0.03%。表8-8-24,图8-8-26。

表 8-8-24 2016~2022年平凉市技术合同按合同类别统计表

	年度	2016	2017	2018	2019	2020	2021	2022	总计
总计	合同数（项）	189	36	70	90	157	254	476	1272
	成交额（亿元）	13.63	4.96	3.15	3.79	6.68	8.56	11.81	52.59
技术开发	合同数（项）	5	0	0	1	0	1		7
	成交额（亿元）	1.94	0.00	0.00	0.00	0.00	0.19	0.00	2.13
技术转让	合同数（项）	1	0	0	0	0	1	1	3
	成交额（亿元）	0.01	0.00	0.00	0.00	0.00	0.01	0.00	0.02
技术咨询	合同数（项）	2	0	1	1	0	4	2	10
	成交额（亿元）	0.87	0.00	0.00	0.00	0.00	0.23	0.02	1.12
技术服务	合同数（项）	181	36	69	88	157	248	473	1252
	成交额（亿元）	10.81	4.96	3.15	3.79	6.68	8.14	11.79	49.33
技术许可	合同数（项）	—	—	—	—	—	—	—	—
	成交额（亿元）	—	—	—	—	—	—	—	—

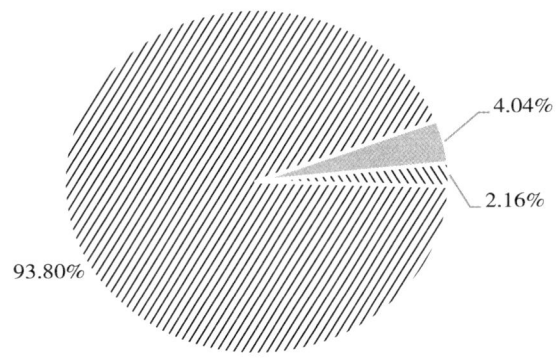

技术服务　技术开发　技术咨询、技术转让

图 8-8-26　2016~2022 年平凉市技术交易总金额按合同类别占比

（2）按卖方类别分布情况

2016~2022 年，平凉市技术交易主体主要是企业法人，其次是机关法人和事业法人。企业法人共输出技术合同 1000 项，成交额 43.05 亿元，占平凉市技术交易额的 81.85%；机关法人共输出技术合同 49 项，成交额 5.27 亿元，占平凉市技术交易额的 10.02%；事业法人共输出技术合同 217 项，成交额 3.83 亿元，占平凉市技术交易额的 7.29%；社团法人共输出技术合同 4 项，成交额 0.44 亿元，占平凉市技术交易额的 0.83%；自然人共输出技术合同 2 项，成交额仅 0.01 亿元，占平凉市技术交易额的 0.01%。表 8-8-25，图 8-8-27。

表 8-8-25　2016~2022 年平凉市技术合同按卖方类别统计表

	年度	2016	2017	2018	2019	2020	2021	2022	总计
总计	合同数（项）	189	36	70	90	157	254	476	1272
	成交额（亿元）	13.63	4.96	3.15	3.79	6.68	8.56	11.81	52.59
机关法人	合同数（项）	26	18	4	1	0	0	0	49
	成交额（亿元）	2.07	2.43	0.46	0.31	0.00	0.00	0.00	5.27
事业法人	合同数（项）	25	5	0	4	0	100	83	217
	成交额（亿元）	1.29	0.45	0.00	0.51	0.00	0.63	0.95	3.83
社团法人	合同数（项）	0	0	3	0	0	1	0	4
	成交额（亿元）	0.00	0.00	0.35	0.00	0.00	0.09	0.00	0.44
企业法人	合同数（项）	138	13	63	85	157	152	392	1000
	成交额（亿元）	10.27	2.08	2.34	2.98	6.68	7.84	10.86	43.05
自然人	合同数（项）	0	0	0	0	0	1	1	2
	成交额（亿元）	0.00	0.00	0.00	0.00	0.00	0.01	0.00	0.01
其他组织	合同数（项）	0	0	0	0	0	0	0	0
	成交额（亿元）	0.00	0.00	0.00	0.00	0.00	0.00	0.00	0.00

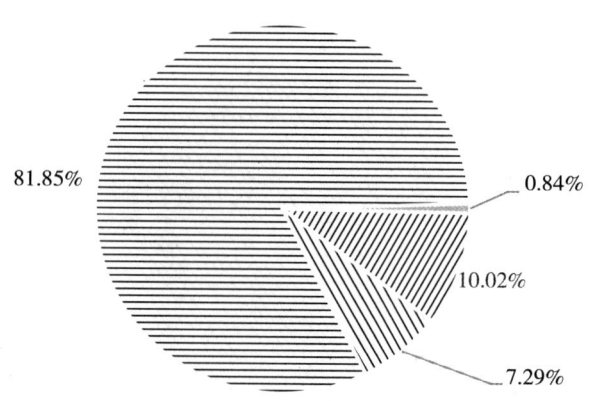

图 8-8-27　2016~2022 年平凉市技术交易总金额按卖方类别占比

(五)科技论文

2016~2020 年,平凉市共发表科技论文 314 篇,占全省国内论文比重为 0.79%。表 8-8-26,图 8-8-28。

表 8-8-26　2016~2020 年平凉市国内论文数

年度	2016	2017	2018	2019	2020
论文数(篇)	82	60	51	49	72
占甘肃省国内论文比重(%)	1.01	0.78	0.67	0.62	0.87

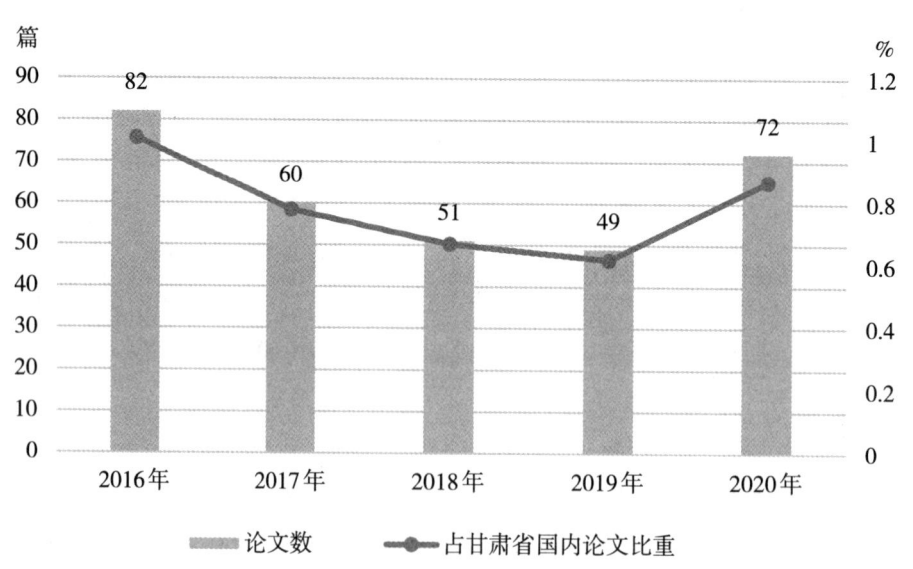

图 8-8-28　2016~2020 年平凉市国内论文发表

[9] 酒 泉 篇

一、科技投入情况

(一) R&D 人员投入

2021年酒泉市R&D人员达到4190人，占全省R&D人员的7.61%。2016~2021年期间，酒泉市R&D人员投入总体波动幅度较大。其中，2016~2017年呈现下降趋势，2018年开始回升至2434人，较上年增长77.41%，2019~2020年又开始回落，2021年继续回升，达到4190人，较上年增长145.65%，是"十三五"期间R&D人员增幅最高的一年，占全省R&D人员的7.61%。表8-9-1，图8-9-1。

表 8-9-1　酒泉市 R&D 人员投入表

年度	R&D人员(人)	比上年增长(%)	占全省比例(%)
2016	2123	10.98	5.33
2017	1372	-35.37	3.35
2018	2434	77.41	6.29
2019	1806	-25.80	3.92
2020	1706	-5.56	3.96
2021	4190	145.65	7.61

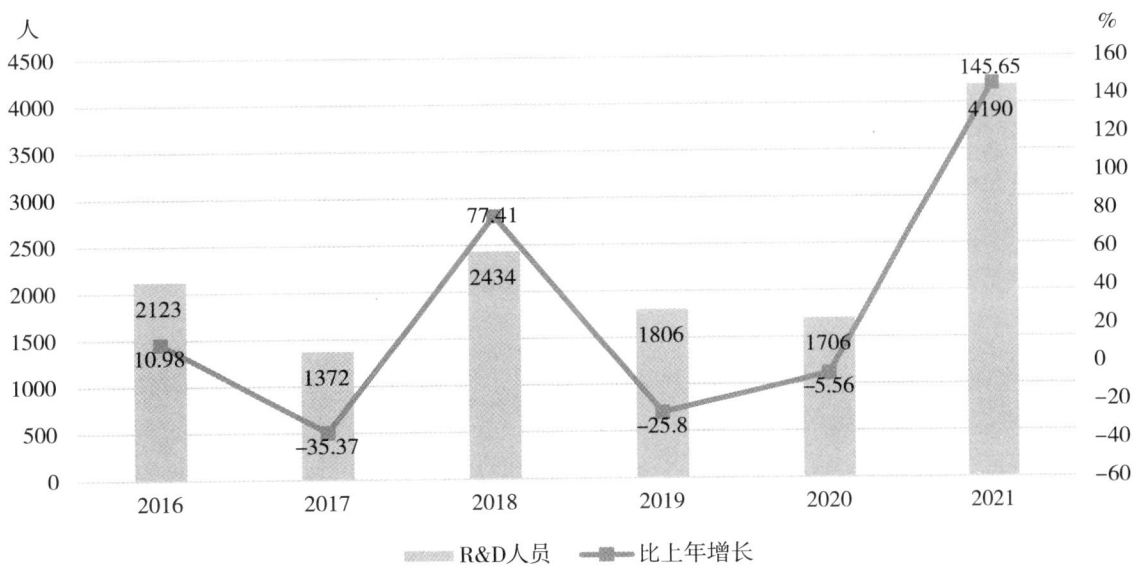

图 8-9-1　酒泉市 R&D 人员投入情况

(二)R&D 经费投入

1.总体情况

2016~2021 年,酒泉市 R&D 经费总体波动变化幅度较大。其中,2016~2017 年呈现下降趋势,2018 年开始回升至 6.21 亿元,较上年增长 131.26%,2019~2021 年继续回升,2021 年达到 15.07 亿元,较上年增长 202.09%,是"十三五"期间 R&D 经费支出增幅最高的一年。表 8-9-2,图 8-9-2。

表 8-9-2 酒泉市 R&D 经费内部支出表

年度	R&D 经费内部支出(亿元)	比上年增长(%)
2016	6.09	18.86
2017	2.69	-55.86
2018	6.21	131.26
2019	4.13	-33.47
2020	4.99	20.68
2021	15.07	202.09

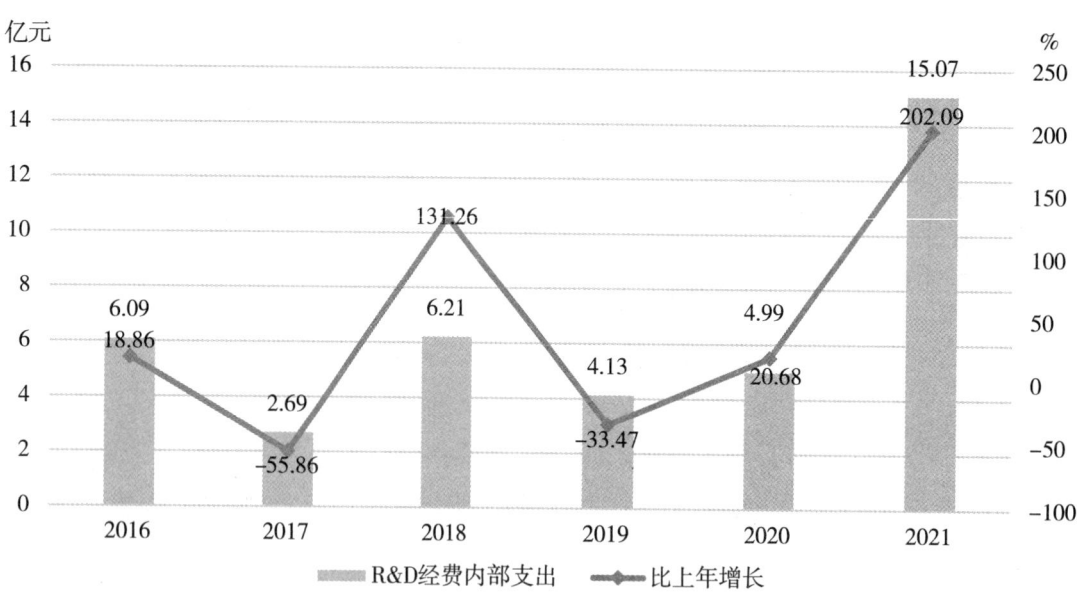

图 8-9-2 酒泉市 R&D 经费内部支出及增长情况

2.结构分布

(1)按活动类型分布情况

2016~2021 年酒泉市 R&D 经费主要用于试验发展活动。其中,基础研究经费呈现"正态"趋势,在 2019 年达到峰值,为 9187 万元,较上年增长 52.05%,2020 年开始回落,2021 年又开始回升,达到 5466 万元,较上年增长 11.81%。应用研究经费在 2018 年达到最高,为 39 402 万元,

2019~2021年持续增长,2021年增长至27 010万元,较上年增长135.50%。试验发展经费总体呈现先降后升的趋势,2016~2018年逐年下降,2019~2021年持续上升,2021年上升至118 237万元,较上年增长250.84%。表8-9-3,图8-9-3。

从活动类型来看,2021年酒泉市基础研究、应用研究和试验发展占R&D经费的比重分别为3.63%、17.92%和78.44%,其中试验发展经费占比高于全省平均水平,占全省的13.71%。

表8-9-3 按活动类型分组的R&D经费支出表

年度	基础研究(万元)	应用研究(万元)	试验发展(万元)
2016	5596	1913	53373
2017	2933	1488	22451
2018	6042	39402	16698
2019	9187	3927	28228
2020	4720	11469	33701
2021	5466	27010	118237

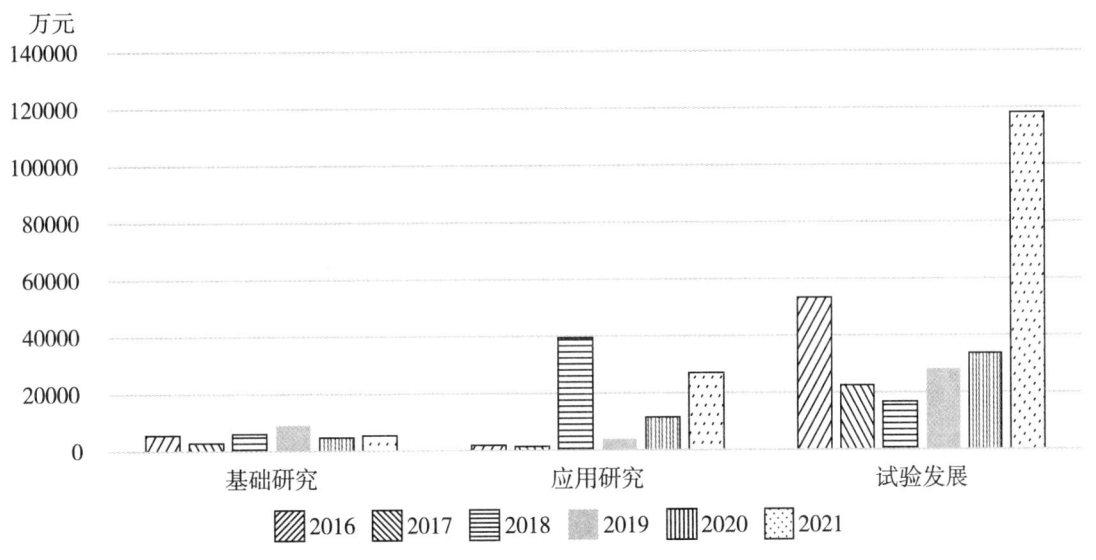

图8-9-3 按活动类型分组的R&D经费支出情况

(2)按支出用途分布情况

按支出用途来看,酒泉市R&D经费日常性支出远远超过资产性支出。2021年,酒泉市日常性支出为115 489万元,占酒泉市R&D经费的76.63%;资产性支出为35 224万元,占酒泉市R&D经费的23.37%。表8-9-4,图8-9-4。

表 8-9-4 按支出用途分组的 R&D 经费内部支出表

年度	日常性支出（万元）	资产性支出（万元）
2016	52975	7907
2017	23764	3108
2018	55890	6252
2019	39606	1736
2020	47142	2716
2021	115489	35224

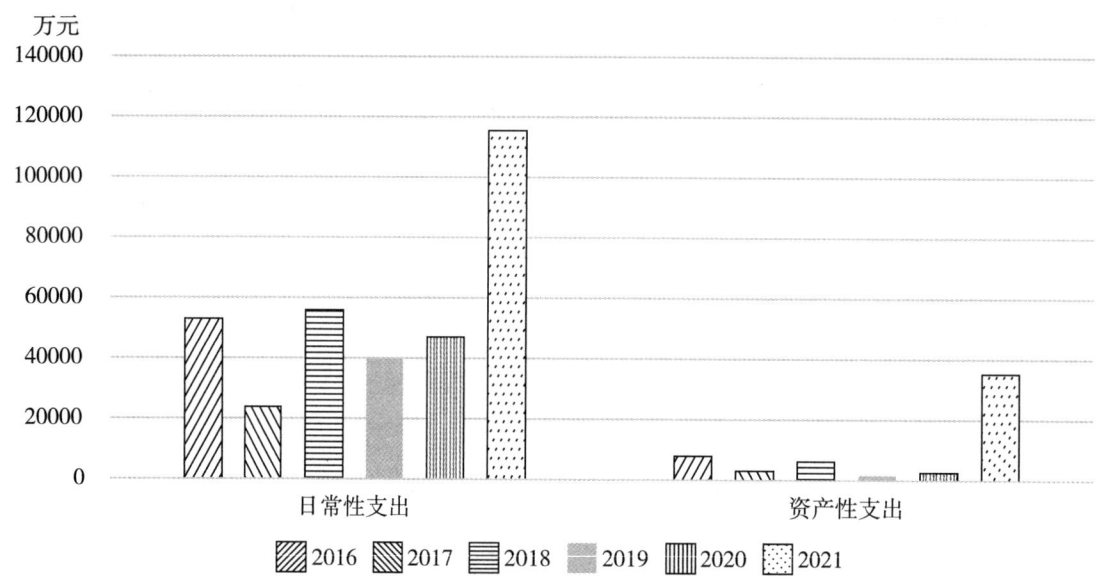

图 8-9-4 按支出用途分组的 R&D 经费内部支出情况

(三) R&D 经费投入强度

2016~2021 年，酒泉市 R&D 经费投入强度总体波动较大，2016~2018 年呈现先降后升趋势，2019~2021 年持续增长，从 2019 年的 0.67% 增长到 2021 年的 1.98%，增加 1.31 个百分点。表 8-9-5，图 8-9-5。

表 8-9-5 R&D 经费投入强度表

年度	R&D 经费内部支出（亿元）	R&D 经费投入强度（%）
2016	6.09	1.05
2017	2.69	0.49
2018	6.21	1.04
2019	4.13	0.67
2020	4.99	0.76
2021	15.07	1.98

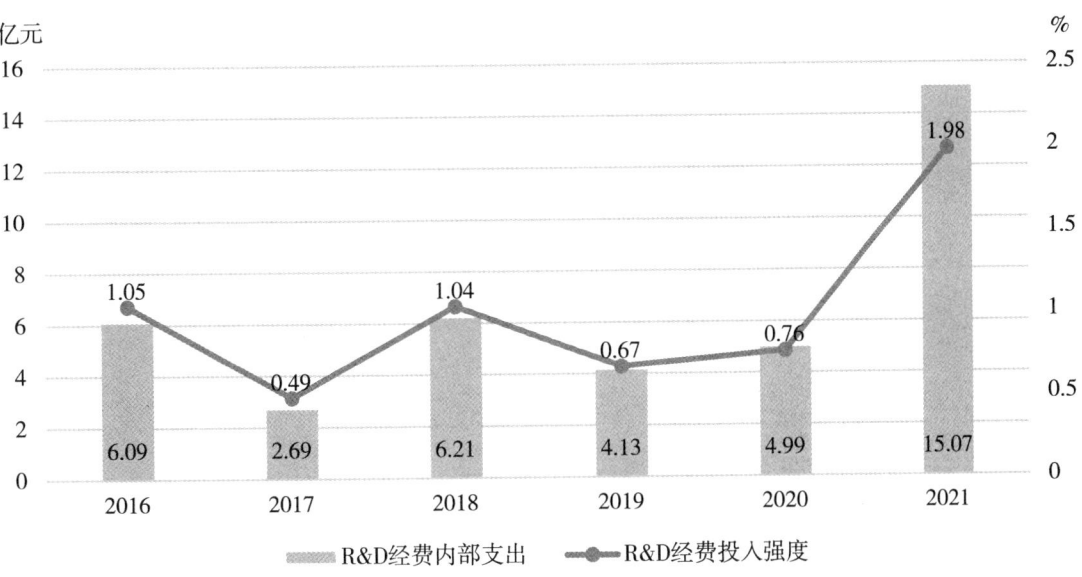

图 8-9-5 R&D 经费投入强度变化情况

(四)财政科技支出

1.总体情况

表 8-9-6 财政科技支出表

年度	一般公共预算收入 (亿元)	一般公共预算支出 (亿元)	财政科技支出 (亿元)	财政科技支出占一般公共 预算支出比重(%)
2016	36.22	127.64	0.74	0.58
2017	34.50	141.53	0.87	0.62
2018	36.52	137.21	0.99	0.72
2019	37.01	157.60	0.65	0.41
2020	36.17	155.44	0.85	0.55
2021	42.31	154.77	1.22	0.79

(1)一般公共预算收入

2016~2021 年,酒泉市一般公共预算收入总体呈现增长趋势,年均增速为 3.16%。其中,2020~2021 年变化幅度较大,2021 年达到 42.31 亿元,较上年增长 16.99%。表 8-9-6,图 8-9-6。

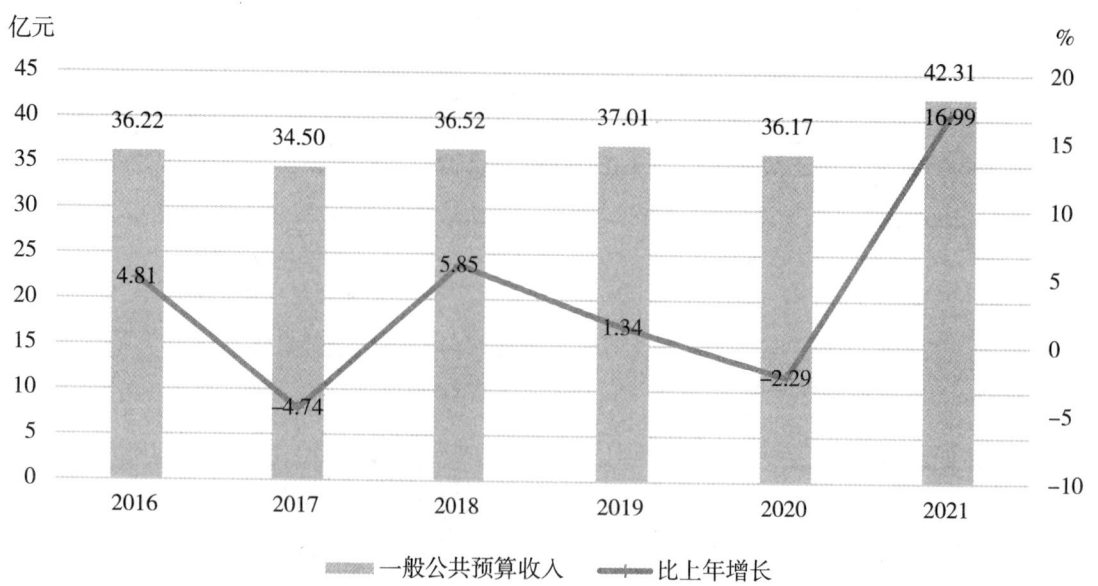

图 8-9-6　一般公共预算收入及增长情况

（2）一般公共预算支出

2016~2021 年，酒泉市一般公共预算支出呈现"正态"变化趋势。其中，2018~2019 年持续增长，2019~2021 年开始逐年下降，2021 年下降至 154.77 亿元，较上年减少 0.43%。图 8-9-7。

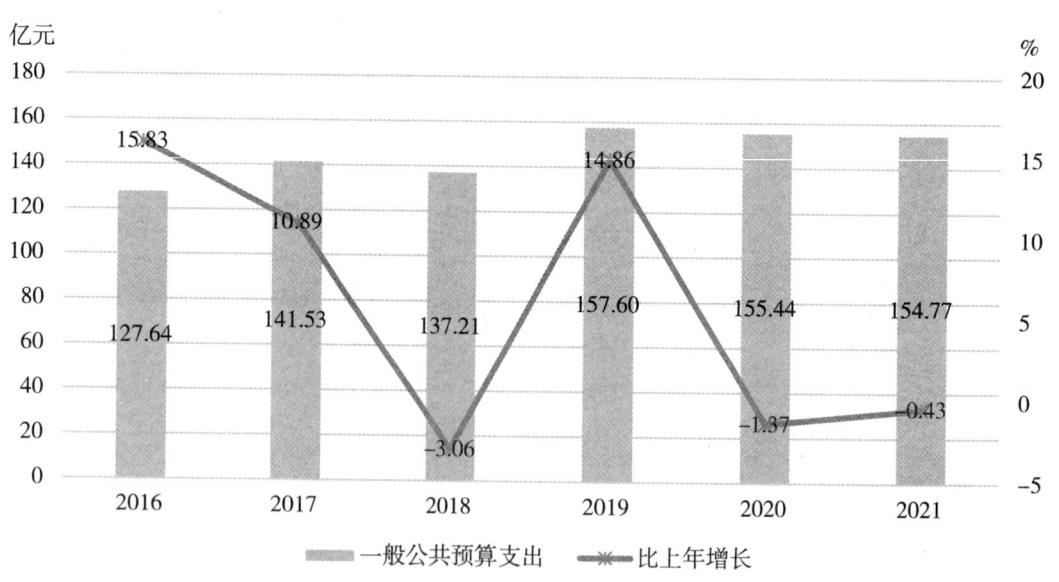

图 8-9-7　一般公共预算支出及增长情况

（3）财政科技支出

2016~2021 年，酒泉市财政科技支出总体呈现增长趋势。其中，2016~2018 年持续上升，从 2016 年的 0.74 亿元上升到 2018 年的 0.99 亿元，年均增速为 15.67%；2019~2021 年继续呈现上升趋势，2021 年上升至 1.22 亿元，较上年增长 43.53%，占一般公共预算支出的比重为 0.79%。图 8-9-8。

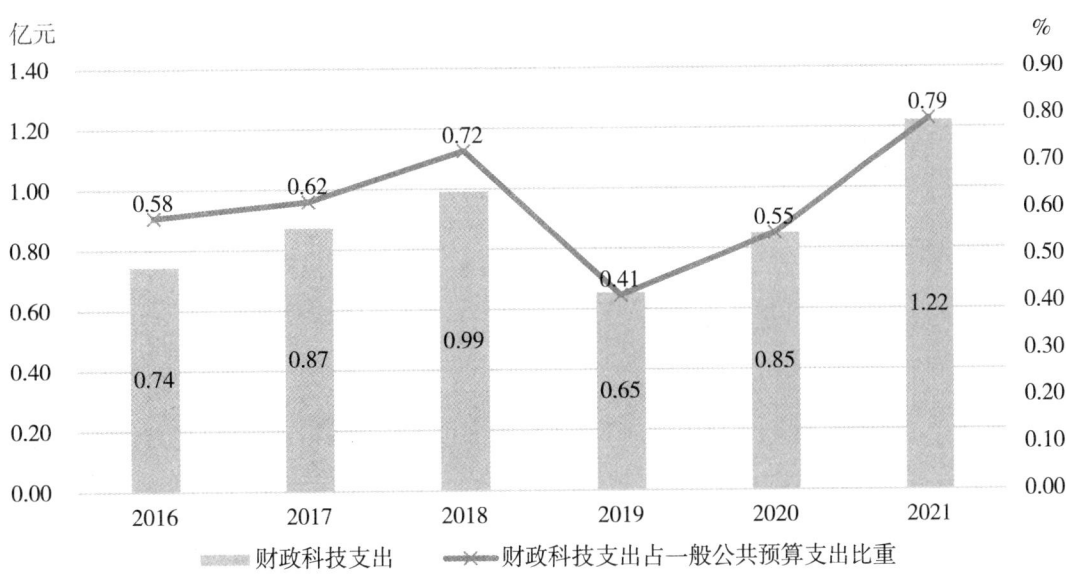

图 8-9-8 地方财政科技支出及占比情况

2.地区分布情况

（1）各区县一般公共预算收入

2016~2021年，肃州区一般公共预算收入较高，总体呈现增长趋势，年均增速为5.57%，2021年增长至9.27亿元，较上年增长3%。阿克塞哈萨克族自治县一般公共预算收入较低，2021年一般公共预算收入为0.75亿元，占全市的1.78%。金塔县、瓜州县、肃北蒙古族自治县、玉门市和敦煌市一般公共预算收入处于中间水平，2021年分别占全市一般公共预算收入的7.18%、7.18%、7.21%、12.31%和12.62%。表8-9-7，图8-9-9。

表 8-9-7 各区县一般公共预算收入表（亿元）

年度	肃州区	金塔县	瓜州县	肃北蒙古族自治县	阿克塞哈萨克族自治县	玉门市	敦煌市
2016	7.07	2.24	3.49	1.42	1.29	5.21	5.85
2017	7.49	2.46	3.29	1.55	0.71	3.70	5.00
2018	7.94	2.60	3.45	1.83	0.80	4.14	5.25
2019	8.47	2.73	3.72	2.30	0.86	4.53	5.42
2020	9.00	2.44	3.49	3.00	0.79	4.22	3.77
2021	9.27	3.04	3.79	3.05	0.75	5.21	5.34

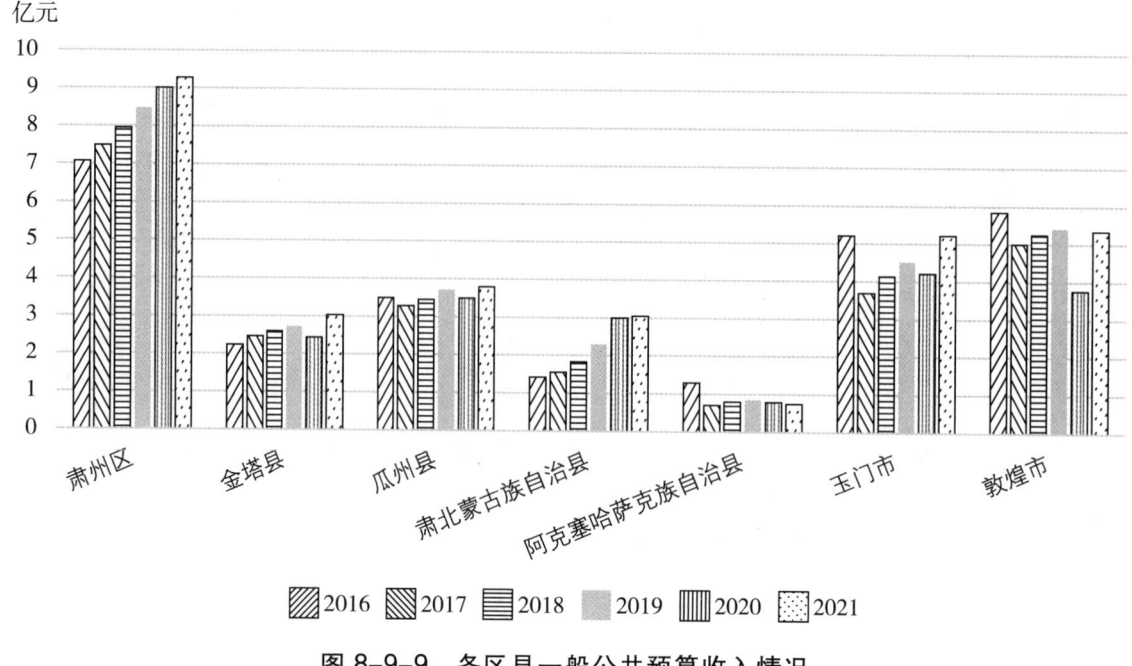

图 8-9-9　各区县一般公共预算收入情况

（2）各区县一般公共预算支出

2016~2021年,肃州区一般公共预算支出较高,呈现"正态"变化趋势。其中,2016~2019年持续增长,从2016年的23.88亿元增长到2019年的42.25亿元,年均增速为20.95%;2020年出现下降趋势,2021年又回升至34.06亿元,较上年增长2.38%。阿克塞哈萨克族自治县总体最高支出不足10亿元,2021年一般公共预算支出占全市一般公共预算支出的3.92%。金塔县、瓜州县、肃北蒙古族自治县、玉门市和敦煌市一般公共预算收入处于中间水平,2021年分别占全市一般公共预算收入的11.62%、11.10%、6.93%、14.74%和11.92%。表8-9-8,图8-9-10。

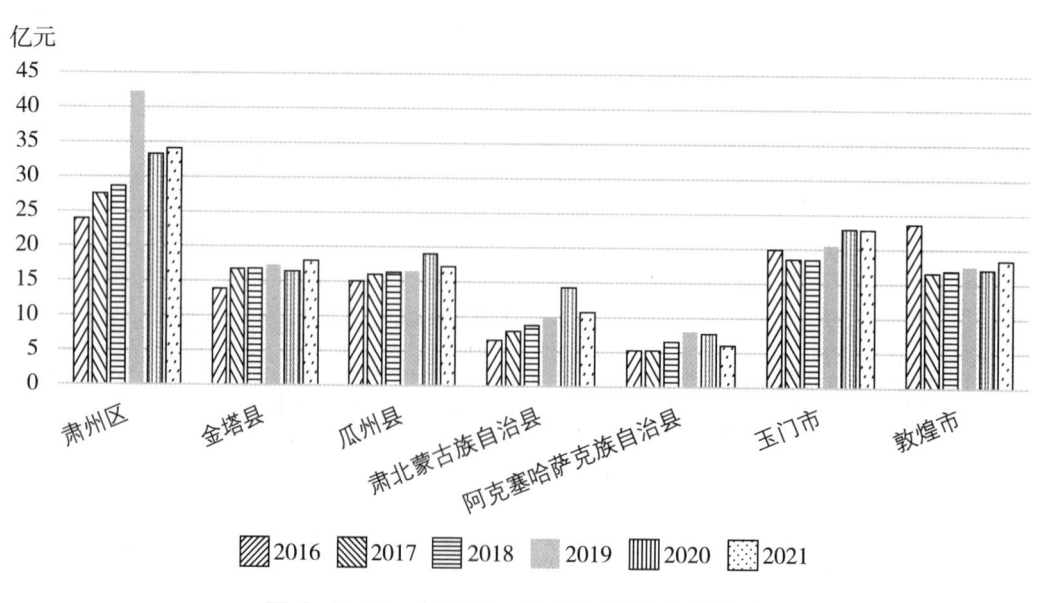

图 8-9-10　各区县一般公共预算支出情况

表 8-9-8 各区县一般公共预算支出表（亿元）

年度	肃州区	金塔县	瓜州县	肃北蒙古族自治县	阿克塞哈萨克族自治县	玉门市	敦煌市
2016	23.88	13.88	15.06	6.65	5.30	19.93	23.62
2017	27.54	16.75	16.03	7.98	5.29	18.51	16.63
2018	28.62	16.78	16.33	8.86	6.57	18.45	16.93
2019	42.25	17.34	16.52	10.08	8.06	20.56	17.61
2020	33.27	16.44	19.01	14.28	7.73	22.88	17.11
2021	34.06	17.98	17.18	10.72	6.07	22.81	18.44

（3）各区县财政科技支出

2016~2021年，玉门市财政科技支出相对较高，2019~2021年持续增长，从2019年的1084万元增长到2021年的2670万元，年均增速为31.04%。肃北蒙古族自治县和阿克塞哈萨克族自治县总体财政科技支出较低，2021年财政科技支出分别占全市财政科技支出的1.37%和2.49%。肃州区、金塔县、瓜州县和敦煌市财政科技支出处于中间水平，2021年分别占全市财政科技支出的12.71%、7.39%、7.53%和7.37%。表8-9-9，图8-9-11。

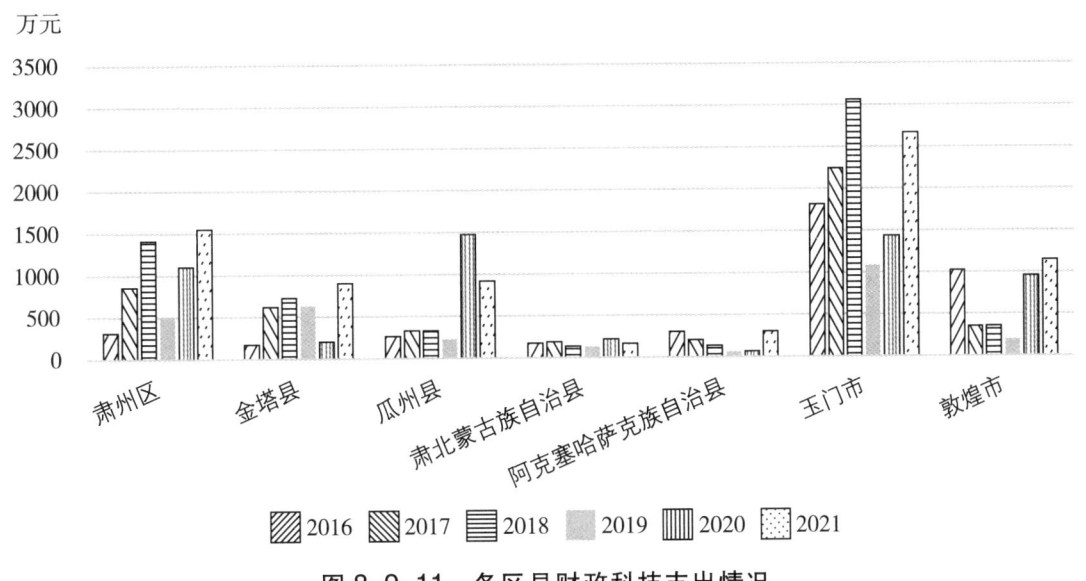

图 8-9-11 各区县财政科技支出情况

表 8-9-9 各区县财政科技支出表（万元）

年度	肃州区	金塔县	瓜州县	肃北蒙古族自治县	阿克塞哈萨克族自治县	玉门市	敦煌市
2016	315	172	265	173	303	1814	1023
2017	862	620	330	190	202	2242	353
2018	1414	725	330	134	134	3062	357
2019	502	631	230	130	64	1084	201
2020	1105	203	1476	218	67	1436	959
2021	1553	903	920	167	304	2670	1145

二、科技产出情况

(一)企业创新活动情况

1.企业总体情况

2016~2021年,酒泉市规模(限额)以上企业数呈现波动变化态势,从2016年530家增长至2021年的543家,年均增长率为0.49%。企业数增长率最高的年度为2021年,达21.21%,增长率最低的年度为2017年,为-15.47%。2020年酒泉市规模(限额)以上企业数为448家,2021年较上年增长95家,占全省规模(限额)以上企业数的8.92%。表8-9-10,图8-9-12。

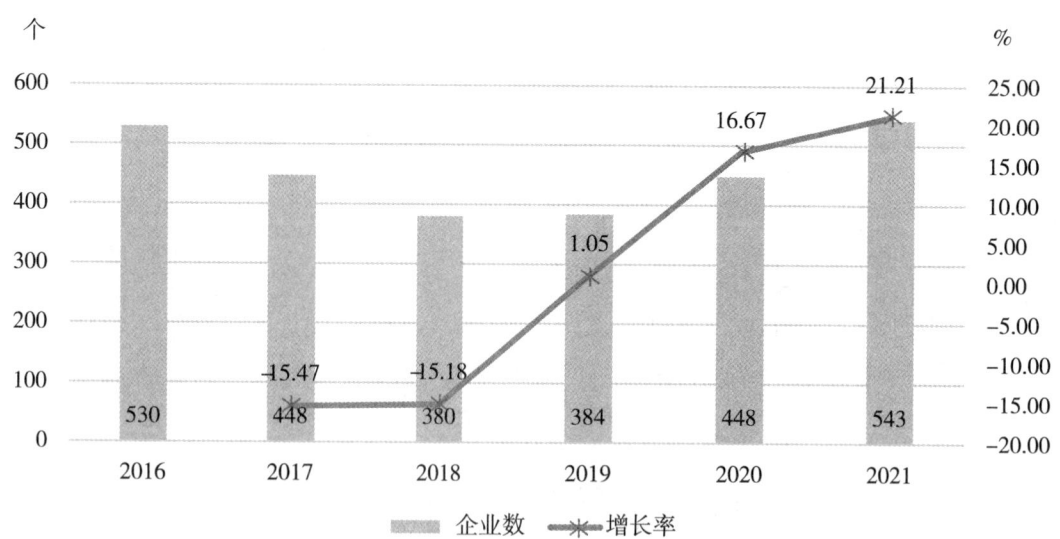

图 8-9-12 2016~2021 年酒泉市企业数与增长率

表 8-9-10 2016~2021年酒泉市企业数与增长率

年度	企业数(个)	增长率(%)	占全省比例(%)
2016	530	–	10.10
2017	448	−15.47	8.68
2018	380	−15.18	7.95
2019	384	1.05	7.71
2020	448	16.67	8.32
2021	543	21.21	8.92

2.企业开展创新活动情况

2016~2021年,酒泉市规模(限额)以上企业中开展创新活动企业数呈现波动变化态势,从2016年177家增长至2021年的224家,年均增长率为4.82%。2017年、2018年、2019年增长率为负,呈现下降态势。2020年增长率最高,为47.22%,2021年开展创新活动企业数达224家,相较于2020年增加65家,增长率达到40.88%,占全省的9.21%。表8-9-11,图8-9-13。

表 8-9-11 2016~2021年酒泉市开展创新企业数与增长率

年度	企业数(个)	增长率(%)	占全省比例(%)
2016	177	–	9.40
2017	146	−17.51	7.74
2018	110	−24.66	6.33
2019	108	−1.82	5.70
2020	159	47.22	8.11
2021	224	40.88	9.21

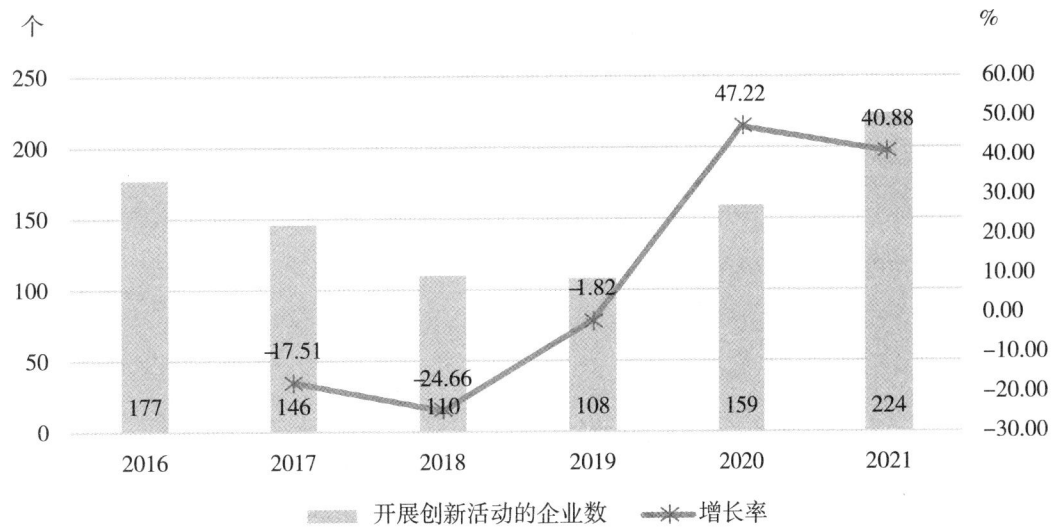

图 8-9-13 2016~2021年酒泉市开展创新企业数与增长率

2016~2021年,酒泉市规模(限额)以上企业中开展创新活动企业数占比呈现增长态势,从2016年的33.40%增长至2021年的41.25%,增长了7.85个百分点。2020年占比为35.49%,2021年持续提升,增长了5.76个百分点。表8-9-12,图8-9-14。

表8-9-12 2016~2021年酒泉市开展创新活动企业数占总企业数比重

年度	占比(%)
2016	33.40
2017	32.59
2018	28.95
2019	28.13
2020	35.49
2021	41.25

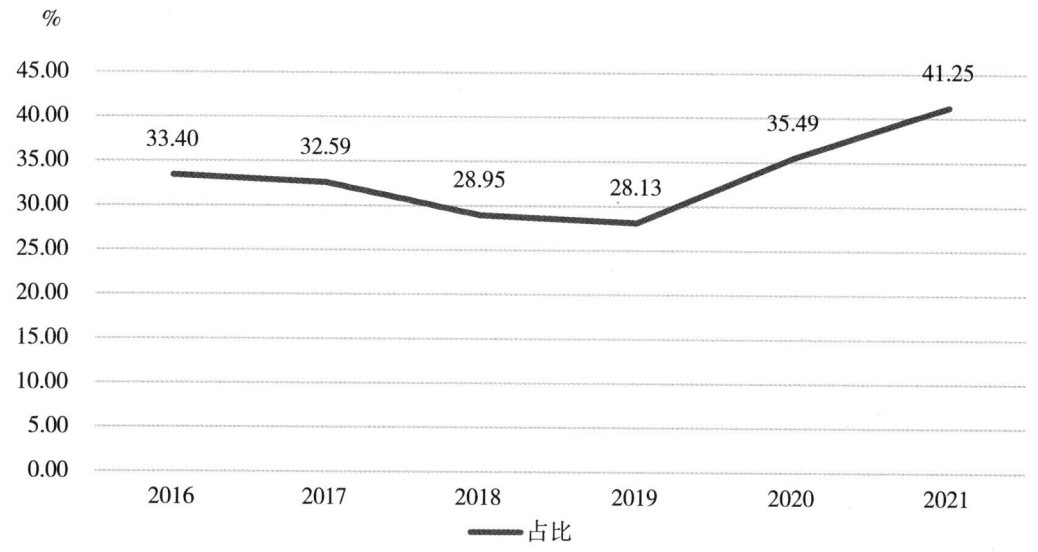

图8-9-14 2016~2021年酒泉市开展创新活动企业数占总企业数比重

开展创新活动企业中,部分企业成功实现创新,2016~2021年,成功创新企业占开展创新活动企业比例基本保持稳定,完成率皆保持在91%以上。2020年企业实现创新完成率达100%,2021年企业实现创新完成率达95.54%。表8-9-13,图8-9-15。

表 8-9-13　2016~2021 年酒泉市实现创新完成企业占比

年度	实现创新完成率(%)
2016	91.53
2017	94.52
2018	95.45
2019	91.67
2020	100.00
2021	95.54

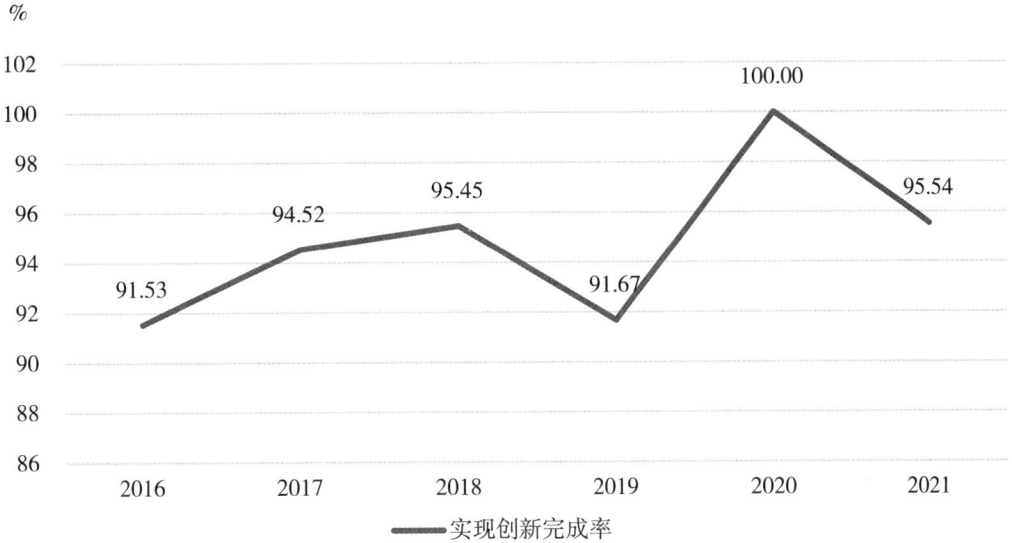

图 8-9-15　2016~2021 年酒泉市实现创新完成企业占比

3.创新活动类型情况

2021 年,酒泉市开展组织(管理)创新活动或营销创新活动的企业占开展创新活动企业数的 81.25%,开展产品创新活动或工艺创新活动的企业占 50.45%,同时开展 4 种创新活动的企业占 8.93%。表 8-9-14,图 8-9-16。

表 8-9-14　2016~2021 年酒泉市企业创新活动开展情况

年度	开展产品或工艺创新活动企业数(个)	占比(%)	有组织(管理)创新或营销创新企业数(个)	占比(%)	同时实现四种创新企业数(个)	占比(%)
2016	111	62.71	144	81.36	18	10.17
2017	64	43.84	128	87.67	6	4.11
2018	55	50.00	98	89.09	12	10.91
2019	66	61.11	81	75.00	14	12.96
2020	90	56.60	131	82.39	17	10.69
2021	113	50.45	182	81.25	20	8.93

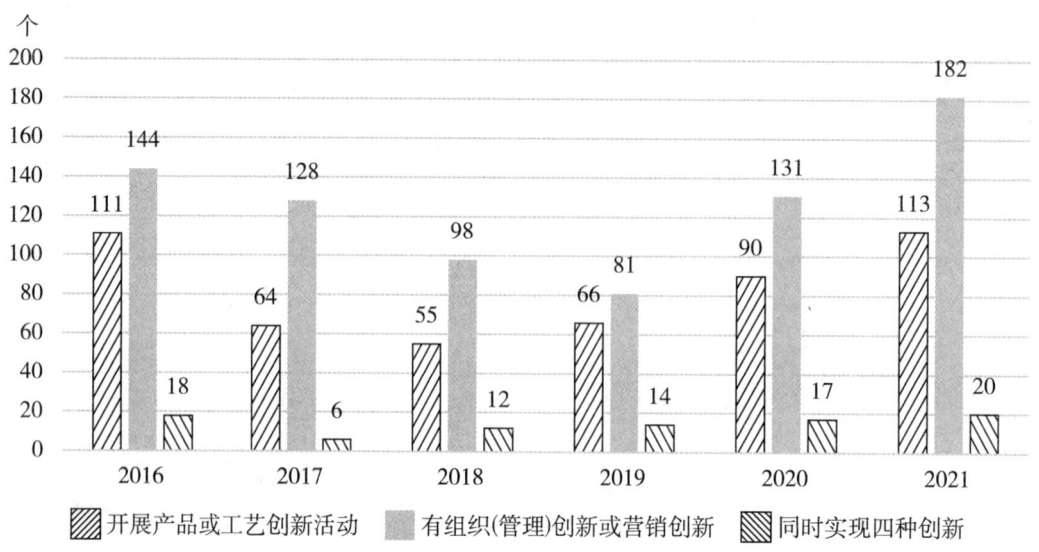

图 8-9-16 2016~2021 年酒泉市企业创新活动开展情况

(二)企业 R&D 活动情况

1.开展 R&D 活动的企业情况

企业开展 R&D 活动可分为内部 R&D 活动与外部 R&D 活动。2016~2021 年,开展内部 R&D 活动企业数呈现波动变化,从 2016 年的 67 家减少至 2021 年的 59 家,年均增长率为-2.51%。2021 年酒泉市开展内部 R&D 活动企业占规模(限额)以上企业比重为 10.87%。表 8-9-15,图 8-9-17。

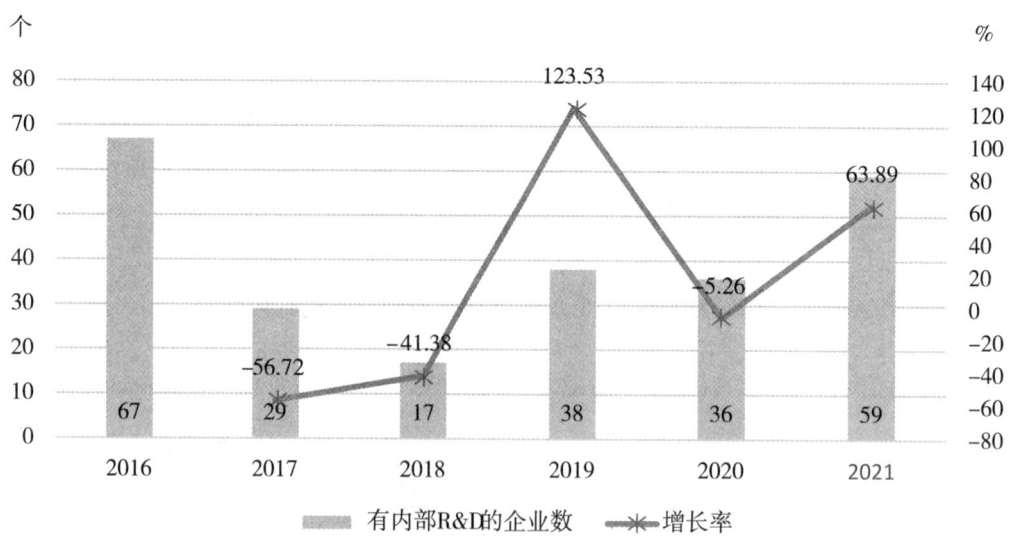

图 8-9-17 2016~2021 年酒泉市内部 R&D 企业情况

表 8-9-15 2016~2021年酒泉市内部R&D企业情况

年度	有内部R&D的企业数(个)	增长率(%)	有内部R&D的企业数占比(%)
2016	67	—	12.64
2017	29	−56.72	6.47
2018	17	−41.38	4.47
2019	38	123.53	9.90
2020	36	−5.26	8.04
2021	59	63.89	10.87

2016~2021年,开展外部R&D企业数呈现波动变化态势。从2016年的9家减少至2019年的5家,后又从2019年的5家增长至2021年的9家。2021年酒泉市开展外部R&D活动企业占规模(限额)以上企业的比重为1.66%。表8-9-16,图8-9-18。

表 8-9-16 2016~2021年酒泉市开展外部R&D企业情况

年度	有外部R&D的企业数(个)	增长率(%)	有外部R&D的企业数占比(%)
2016	9	—	1.70
2017	3	−66.67	0.67
2018	1	−66.67	0.26
2019	5	400.00	1.30
2020	10	100.00	2.23
2021	9	−10.00	1.66

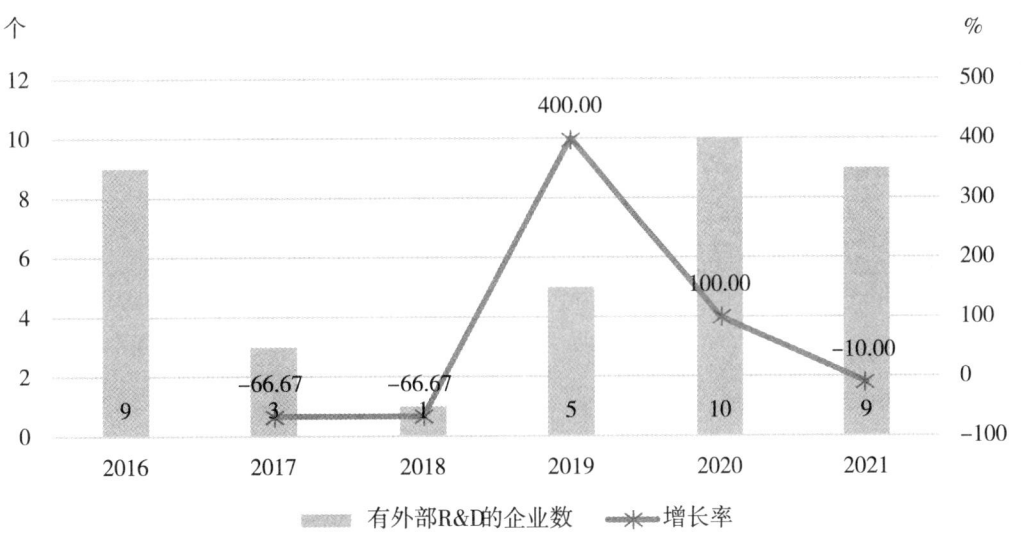

图 8-9-18 2016~2021年酒泉市开展外部R&D企业数情况

2.工业企业创新费用情况

2016~2021年,工业企业创新费用变化呈波动状态,从2016年的5.54亿元变化至2021年的13.81亿元,年均增长率为20.03%。2017年增长率最低,为-58.97%,2021年增长率最高,为167.64%。表8-9-17,图8-9-19。

表8-9-17 2016~2021年酒泉市工业企业创新费用及其增长率

年度	工业企业创新费用(亿元)	增长率(%)
2016	5.54	—
2017	2.27	-58.97
2018	5.60	146.23
2019	3.62	-35.27
2020	5.16	42.36
2021	13.81	167.64

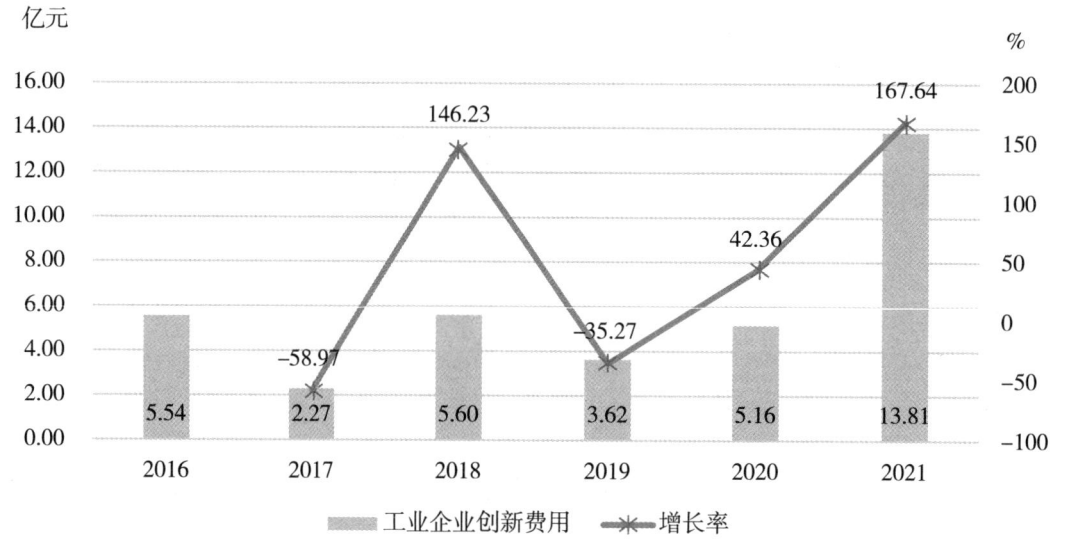

图8-9-19 2016~2021年酒泉市工业企业创新费用及其增长率

3.企业R&D经费情况

2016~2021年,酒泉市规模以上工业企业R&D经费呈现波动上升状态,从2016年的4.62亿元增长至2021年的12.49亿元,年均增长率为22.00%。占规模以上工业企业营业收入的比重从2016年的1.39%增长到2021年的2.15%。其中2017年占比最低,为0.5%,2021年占比最高。表8-9-18,图8-9-20。

表 8-9-18　2016~2021年酒泉市规模以上工业企业R&D经费情况

年度	规模以上工业企业R&D经费(亿元)	占规模以上工业企业营业收入(或主营业务收入)的比重(%)
2016	4.62	1.39
2017	1.59	0.50
2018	5.00	1.55
2019	2.66	0.71
2020	3.68	0.77
2021	12.49	2.15

注：因统计口径变化，2016~2018年使用规模以上工业企业主营业务收入，2019~2021年使用规模以上工业企业营业收入。

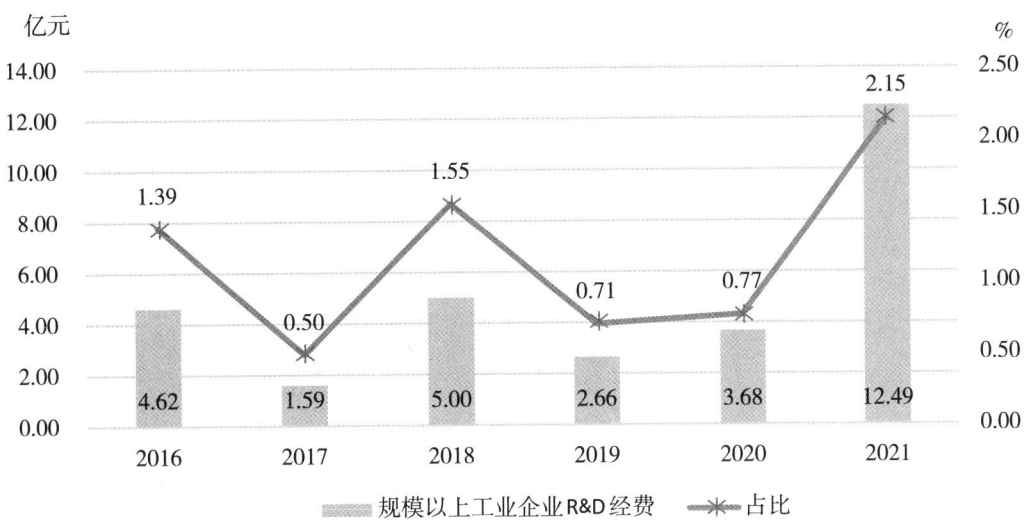

图 8-9-20　2016~2021年酒泉市规模以上工业企业R&D经费情况

(三)知识产权情况

1.专利授权情况

2016~2022年，酒泉市专利授权量波动变化，从2016年的413件增长至2022年的1202件，年均增长率为19.49%，其中，2018年增长率最高，为109.18%，2019年增长率最低，为-49.81%。表8-9-19，图8-9-21。

表 8-9-19　2016~2022 年酒泉市专利授权量及其增长率

年度	专利授权量（件）	增长率（%）
2016	413	—
2017	621	50.36
2018	1299	109.18
2019	652	−49.81
2020	956	46.63
2021	1123	17.47
2022	1202	7.03

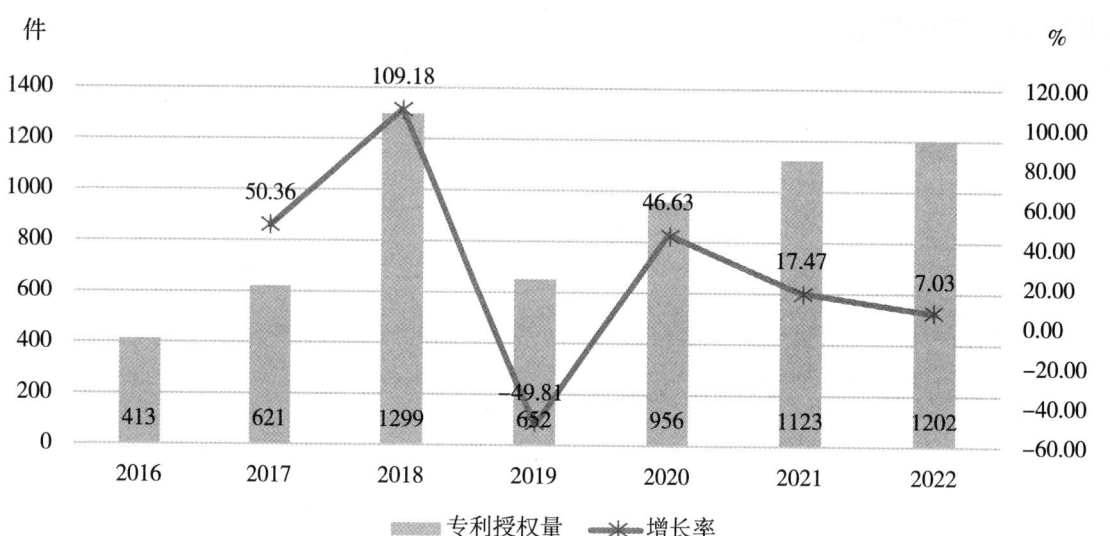

图 8-9-21　2016~2022 年酒泉市专利授权量及其增长率

2.发明专利拥有量

2016~2022 年,酒泉市发明专利拥有量稳定增长,从 2016 年的 159 件增长至 2022 年的 270 件,年均增长率为 9.23%。万人发明专利拥有量从 2016 年的 1.31 件增长至 2022 年的 2.56 件,年均增长率为 11.81%。其中,2020 年专利发明专利拥有量增长率最低,为−24.38%。2018 年发明专利拥有量增长率最高,为 27.32%。表 8-9-20,图 8-9-22。

表 8-9-20 2016~2022年酒泉市发明专利拥有量情况

年度	发明专利拥有量（件）	每万人口发明专利拥有量（件）
2016	159	1.31
2017	194	1.58
2018	247	2.01
2019	283	1.85
2020	214	1.89
2021	241	2.28
2022	270	2.56

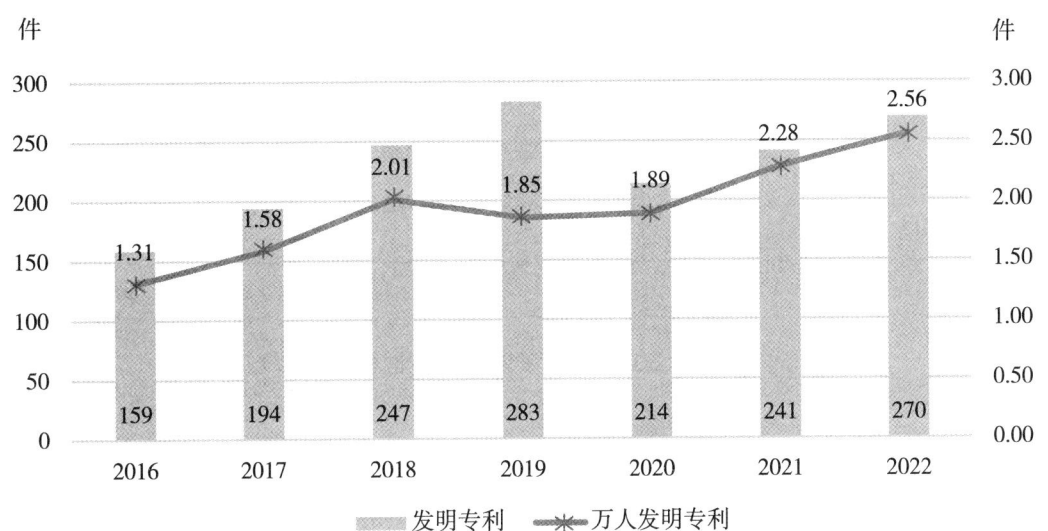

图 8-9-22 2016~2022年酒泉市发明专利拥有量情况率

3.高价值专利拥有量

（1）总体情况

2022年，酒泉市高价值发明专利拥有量76件，相比于2021年增加9件，增长率为13.43%。表8-9-21，图8-9-23。

表 8-9-21 2021~2022年酒泉市高价值发明专利拥有量

年度	高价值发明专利拥有量（件）
2021	67
2022	76

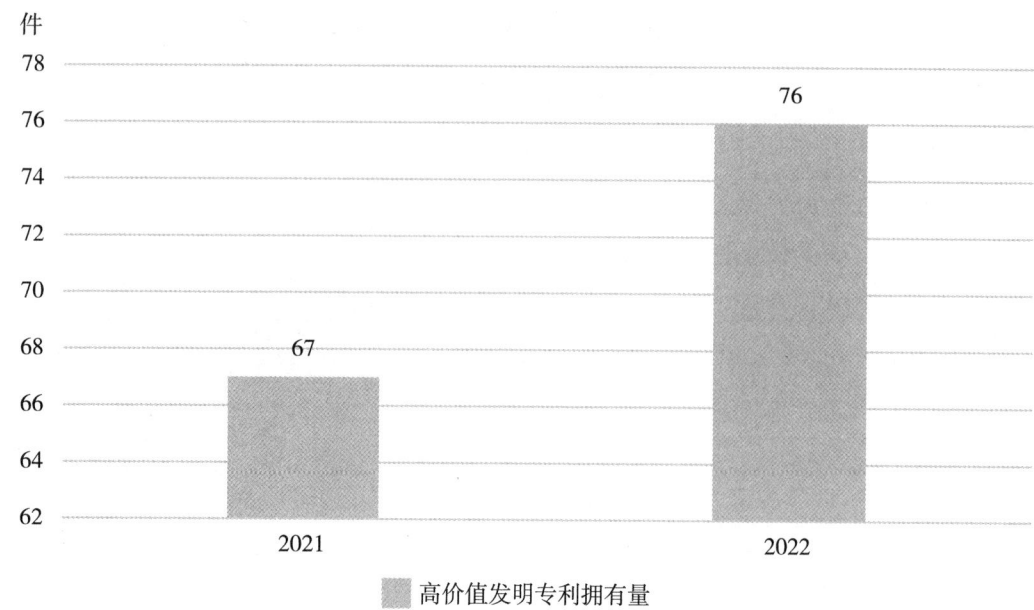

图 8-9-23 2021~2022 年酒泉市高价值发明专利拥有量

（2）五个维度分布情况

2022年酒泉高价值专利拥有量中，维持年限超10年的有效发明专利量为47件，占比最高，为50%。战略性新兴产业的有效发明专利量为29件，占比为31%。获得国家科技奖或中国专利奖的有效发明专利为11件，占比为12%。获得较高质押融资金额的有效发明专利为7件，占比为7%。表8-9-22，图8-9-24。

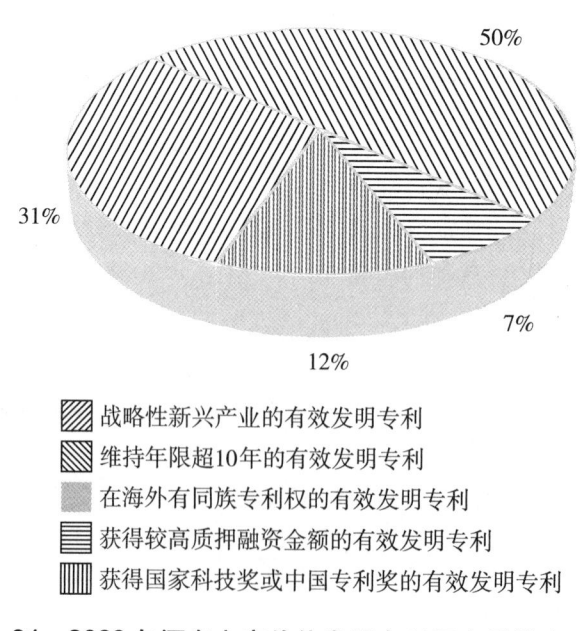

图 8-9-24　2022 年酒泉市高价值发明专利拥有量维度分布情况

表8-9-22 2022年酒泉市高价值发明专利拥有量维度分布情况

分类	高价值发明专利拥有量(件)
战略性新兴产业的有效发明专利	29
维持年限超10年的有效发明专利	47
在海外有同族专利权的有效发明专利	0
获得较高质押融资金额的有效发明专利	7
获得国家科技奖或中国专利奖的有效发明专利	11

(四)技术市场交易情况

1.总体情况

2016~2022年,酒泉累计登记技术合同1122项,成交额共计209.58亿元,年均增长率11.99%,其中,2022年酒泉登记技术合同430项,技术合同成交额44.05亿元,比2016年增长97.26%。表8-9-23,图8-9-25。

表8-9-23 2016~2022年酒泉市技术市场合同统计表

年度	2016	2017	2018	2019	2020	2021	2022
合同数(项)	61	78	85	177	122	169	430
成交额(亿元)	22.33	24.32	27.10	24.41	30.98	36.40	44.05

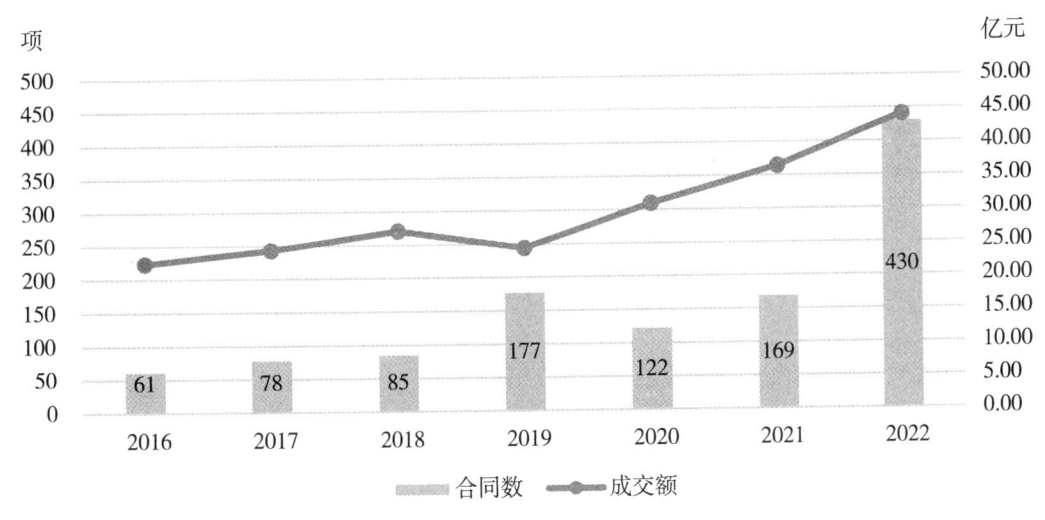

图8-9-25 2016~2022年酒泉市技术市场合同数和成交额情况

2.不同类型分布情况

(1)按合同类别分布情况

2016~2022年,酒泉市登记技术合同大部分为技术服务合同,共登记技术服务合同1053项,成交额208.25亿元,占酒泉市技术交易额的比重为99.37%;技术开发合同12项,成交额

0.95亿元,占0.45%;技术咨询合同2项,成交额0.05亿元,占0.02%;技术转让合同51项,成交额0.32亿元,占0.15%;2022年新增技术许可合同,共登记4项,成交额0.01亿元。表8-9-24,图8-9-26。

表8-9-24 2016~2022年酒泉市技术合同按合同类别统计表

	年度	2016	2017	2018	2019	2020	2021	2022	总计
总计	合同数(项)	61	78	85	177	122	169	430	1122
	成交额(亿元)	22.33	24.32	27.10	24.41	30.98	36.40	44.05	209.58
技术开发	合同数(项)	0	2	0	5	0	2	3	12
	成交额(亿元)	0.00	0.66	0.00	0.05	0.00	0.02	0.22	0.95
技术转让	合同数(项)	0	0	17	0	30	1	3	51
	成交额(亿元)	0.00	0.00	0.12	0.00	0.20	0.00	0.00	0.32
技术咨询	合同数(项)	0	0	0	0	0	2	0	2
	成交额(亿元)	0.00	0.00	0.00	0.00	0.00	0.05	0.00	0.05
技术服务	合同数(项)	61	76	68	172	92	164	420	1053
	成交额(亿元)	22.33	23.66	26.98	24.36	30.78	36.33	43.81	208.25
技术许可	合同数(项)	-	-	-	-	-	-	4	4
	成交额(亿元)	-	-	-	-	-	-	0.01	0.01

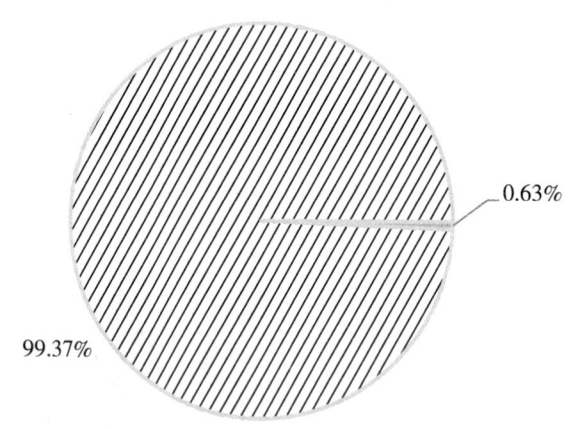

图8-9-26 2016~2022年酒泉市技术交易总金额按合同类别占比

(2)按卖方类别分布情况

2016~2022年,酒泉市技术交易主体主要是企业法人,其次是事业法人和自然人。企业法人共输出技术合同1113项,成交额209.54亿元,占酒泉市技术交易额的99.98%;事业法人共输出技术合同8项,成交额0.03亿元,占酒泉市技术交易额的0.01%;自然人输出技术合同1项,成交额62万元。表8-9-25,图8-9-27。

表8-9-25 2016~2022年酒泉市技术合同按卖方类别统计表

年度		2016	2017	2018	2019	2020	2021	2022	总计
总计	合同数(项)	61	78	85	177	122	169	430	1122
	成交额(亿元)	22.33	24.32	27.10	24.41	30.98	36.40	44.05	209.58
事业法人	合同数(项)	0	0	0	0	0	2	6	8
	成交额(亿元)	0.00	0.00	0.00	0.00	0.00	0.02	0.01	0.03
社团法人	合同数(项)	0	0	0	0	0	0	0	0
	成交额(亿元)	0.00	0.00	0.00	0.00	0.00	0.00	0.00	0.00
企业法人	合同数(项)	61	78	85	177	122	166	424	1113
	成交额(亿元)	22.33	24.32	27.10	24.41	30.98	36.37	44.03	209.54
自然人	合同数(项)	0	0	0	0	0	1	0	1
	成交额(亿元)	0.00	0.00	0.00	0.00	0.00	0.01	0.00	0.01

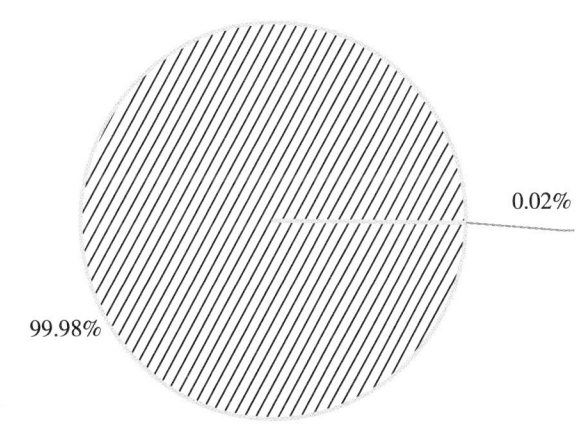

图8-9-27 2016~2022年酒泉市技术交易总金额按卖方类别占比

(五)科技论文

2016~2020年,酒泉市共发表科技论文499篇,占全省国内论文比重为1.26%。表8-9-26,图8-9-28。

表 8-9-26　2016~2020 年酒泉市国内论文数

年度	2016	2017	2018	2019	2020
论文数(篇)	120	68	94	106	111
占甘肃省国内论文比重(%)	1.48	0.88	1.23	1.34	1.34

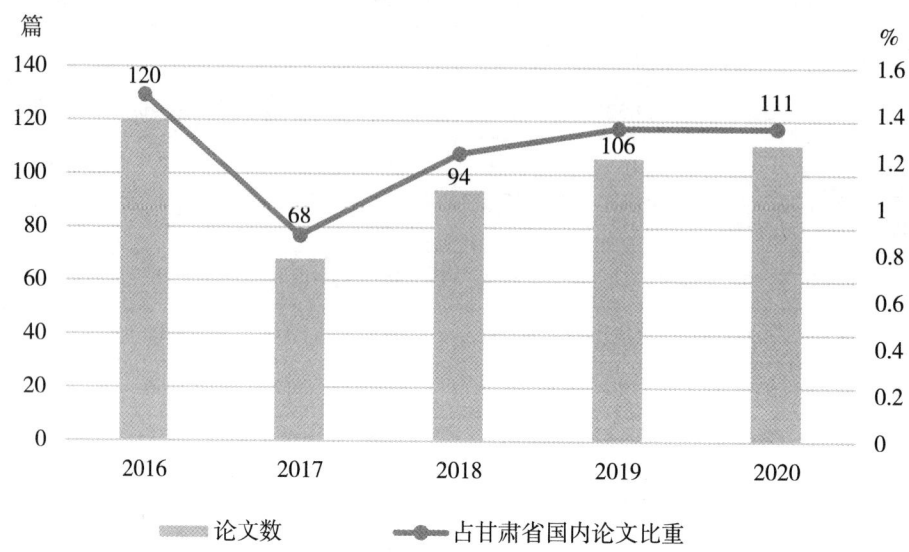

图 8-9-28　2016~2020 年酒泉市国内论文发表

[10] 庆阳篇

一、科技投入情况

(一) R&D 人员投入

2021年庆阳市R&D人员达到2047人,占全省R&D人员的3.72%。2016~2021年期间,庆阳市R&D人员投入呈现先降后升趋势。其中,2017~2019年呈现下降趋势,2019~2021年开始回升,2021年回升至2047人,较上年增长40.21%,是"十三五"期间R&D人员增幅最高的一年。表8-10-1,图8-10-1。

表 8-10-1 庆阳市 R&D 人员投入表

年度	R&D 人员(人)	比上年增长(%)	占全省比例(%)
2016	1805	-22.03	4.54
2017	1940	7.48	4.73
2018	1210	-37.63	3.13
2019	1148	-5.12	2.49
2020	1460	27.18	3.39
2021	2047	40.21	3.72

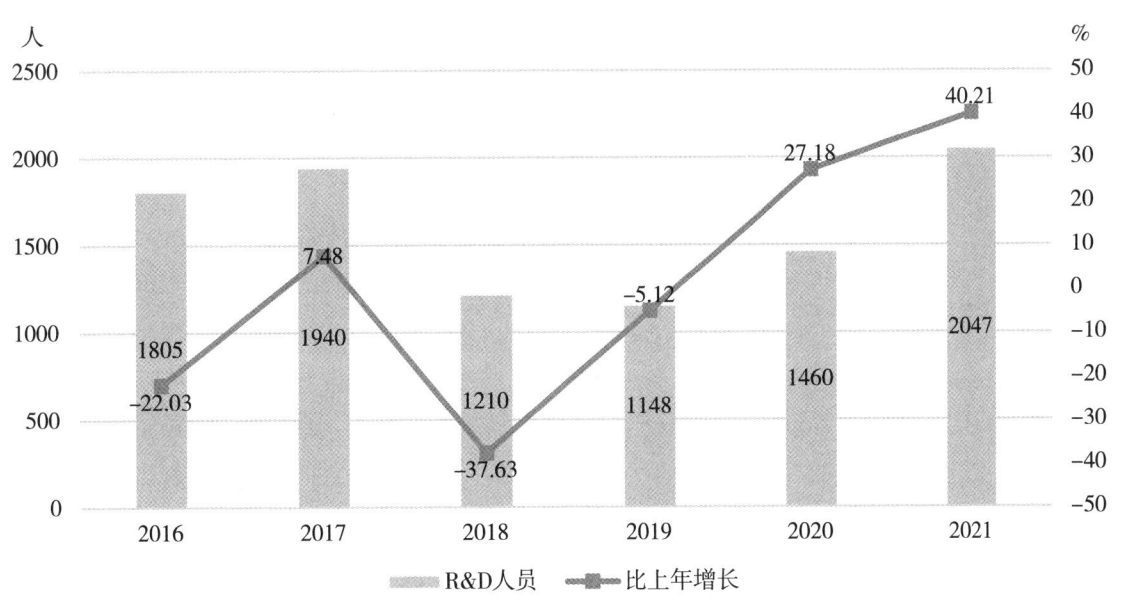

图 8-10-1 庆阳市 R&D 人员投入情况

(二)R&D经费投入

1.总体情况

2016~2021年,庆阳市R&D经费总体呈现先降后升趋势。其中,2016~2018年呈现下降趋势,2019~2021年开始回升,2021年达到3.55亿元,较上年增长103.79%。表8-10-2,图8-10-2。

表8-10-2 庆阳市R&D经费内部支出表

年度	R&D经费内部支出(亿元)	比上年增长(%)
2016	1.94	-17.47
2017	0.95	-51.02
2018	0.48	-49.00
2019	0.78	60.91
2020	1.74	123.74
2021	3.55	103.79

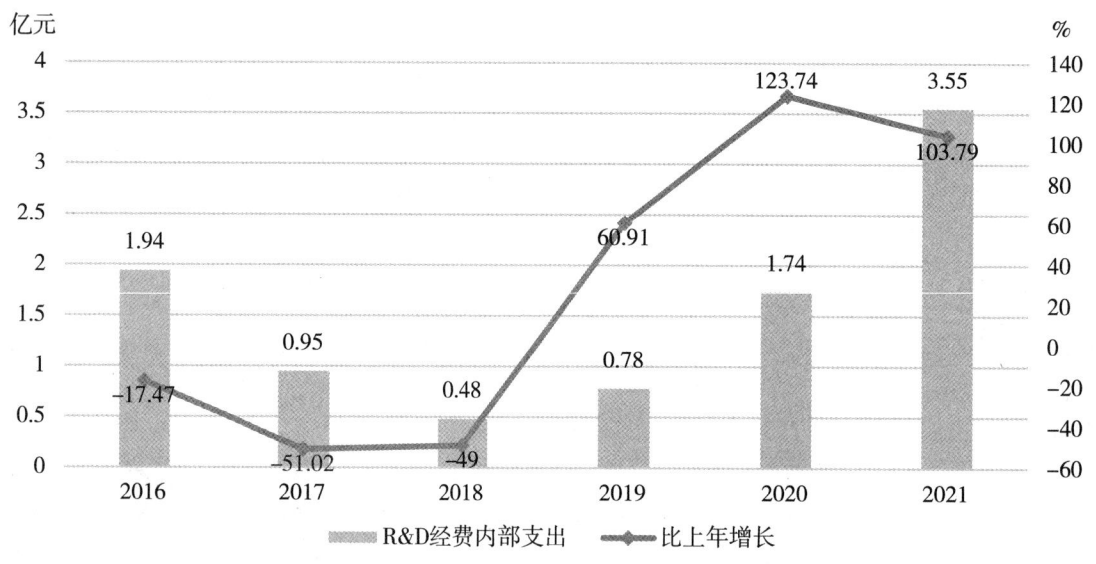

图8-10-2 庆阳市R&D经费内部支出及增长情况

2.结构分布

(1)按活动类型分布情况

2016~2021年庆阳市R&D经费主要用于试验发展活动。其中,基础研究经费呈现增长趋势,2021年增长至2643万元,较上年增长68.23%。应用研究经费在2021年达到最高,为5512万元,较上年增长167.24%。试验发展经费总体呈现先降后升的趋势,2016~2018年逐年下降,2019~2021年持续上升,2021年上升至27 336万元,较上年增长98.72%。表8-10-3,图8-10-3。

从活动类型来看,2021年庆阳市基础研究、应用研究和试验发展占R&D经费的比重分别为7.48%、15.53%和77.02%,其中试验发展经费占比高于全省平均水平,占全省的3.17%。

表 8-10-3 按活动类型分组的 R&D 经费支出表(万元)

年度	基础研究	应用研究	试验发展
2016	252	1615	17497
2017	455	1658	7372
2018	476	3378	982
2019	503	2804	4477
2020	1571	2086	13756
2021	2643	5512	27336

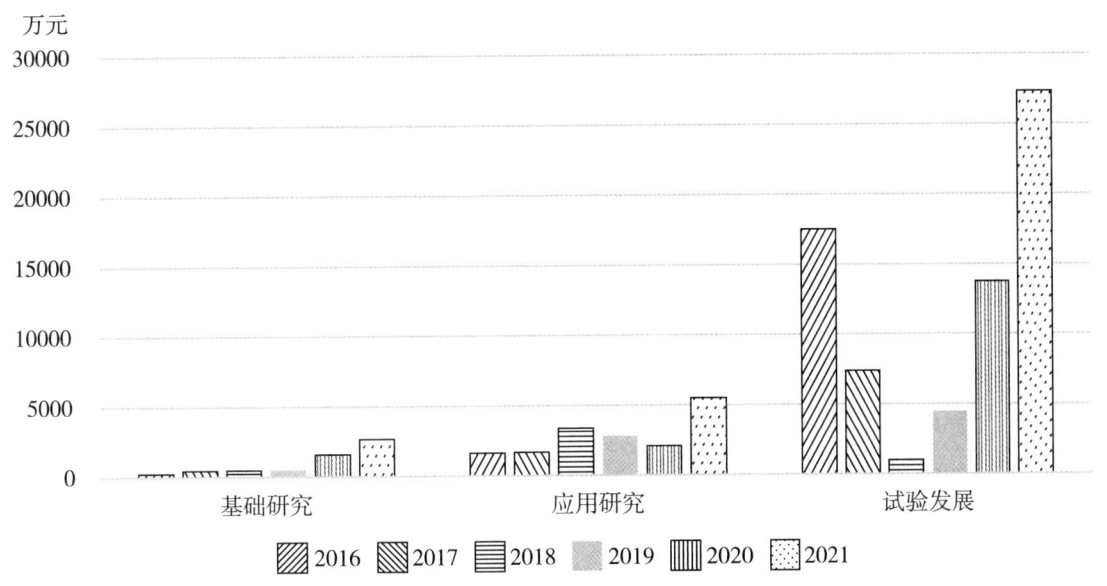

图 8-10-3 按活动类型分组的 R&D 经费支出情况

(2)按支出用途分布情况

按支出用途来看,庆阳市 R&D 经费日常性支出远远超过资产性支出。2021 年,庆阳市日常性支出为 31 266 万元,占庆阳市 R&D 经费的 88.10%;资产性支出为 4224 万元,占庆阳市 R&D 经费的 11.90%。表 8-10-4,图 8-10-4。

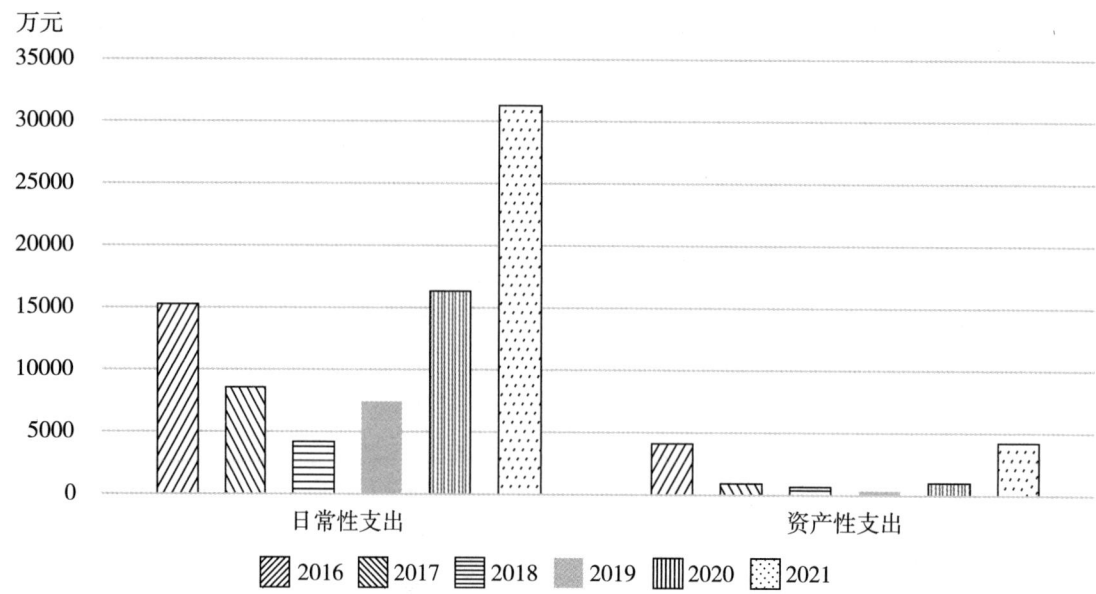

图 8-10-4　按支出用途分组的 R&D 经费内部支出情况

表 8-10-4　按支出用途分组的 R&D 经费内部支出表(万元)

年度	日常性支出	资产性支出
2016	15241	4123
2017	8547	937
2018	4178	659
2019	7417	366
2020	16326	995
2021	31266	4224

(三)R&D 经费投入强度

2016~2021 年,庆阳市 R&D 经费投入强度呈"U"形变化,2016~2018 年逐年下降,2019~2021 年持续增长,从 2019 年的 0.10%增长到 2021 年的 0.40%,增加 0.3 个百分点。表 8-10-5,图 8-10-5。

表 8-10-5　R&D 经费投入强度表

年度	R&D 经费内部支出(亿元)	R&D 经费投入强度(%)
2016	1.94	0.32
2017	0.95	0.16
2018	0.48	0.07
2019	0.78	0.10
2020	1.74	0.23
2021	3.55	0.40

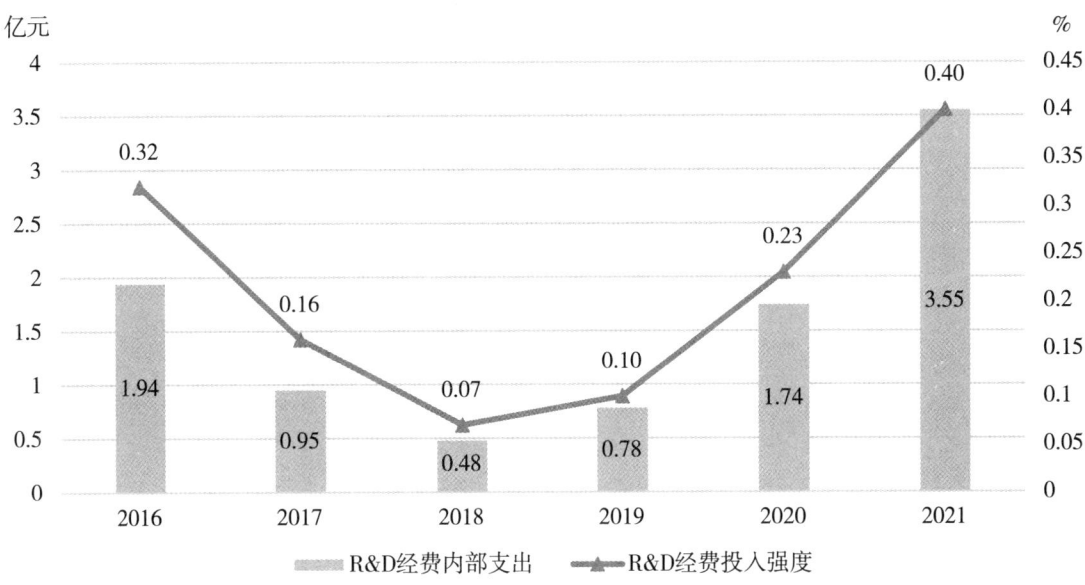

图 8-10-5 R&D 经费投入强度变化情况

(四)财政科技支出

1.总体情况

(1)一般公共预算收入

2016~2021 年,庆阳市一般公共预算收入总体呈现增长趋势,年均增速为 8.86%。其中,2020~2021 年变化幅度较大,2021 年达到 65.38 亿元,较上年增长 19.89%。表 8-10-6,图 8-10-6。

表 8-10-6 财政科技支出表

年度	一般公共预算收入（亿元）	一般公共预算支出（亿元）	财政科技支出（亿元）	财政科技支出占一般公共预算支出比重(%)
2016	42.76	215.15	1.50	0.70
2017	46.78	234.35	1.39	0.60
2018	53.09	250.13	1.17	0.47
2019	58.64	281.15	1.32	0.47
2020	54.53	300.89	0.91	0.30
2021	65.38	301.38	1.98	0.66

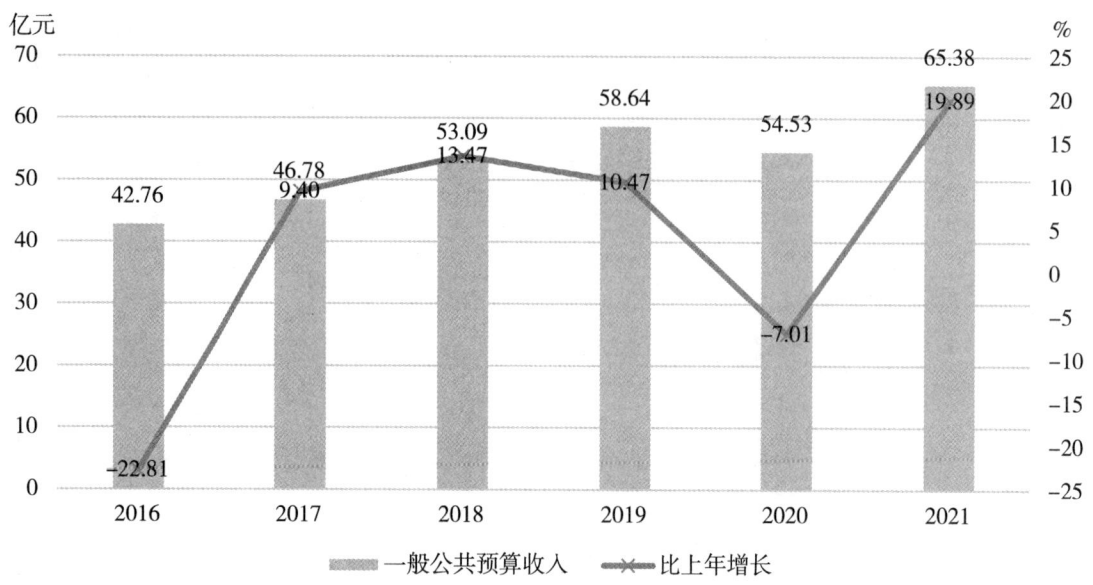

图 8-10-6 一般公共预算收入及增长情况

(2) 一般公共预算支出

2016~2021 年,庆阳市一般公共预算支出呈现增长态势,年均增速为 6.97%。2021 年增长至 301.38 亿元,较上年增长 0.16%。图 8-10-7。

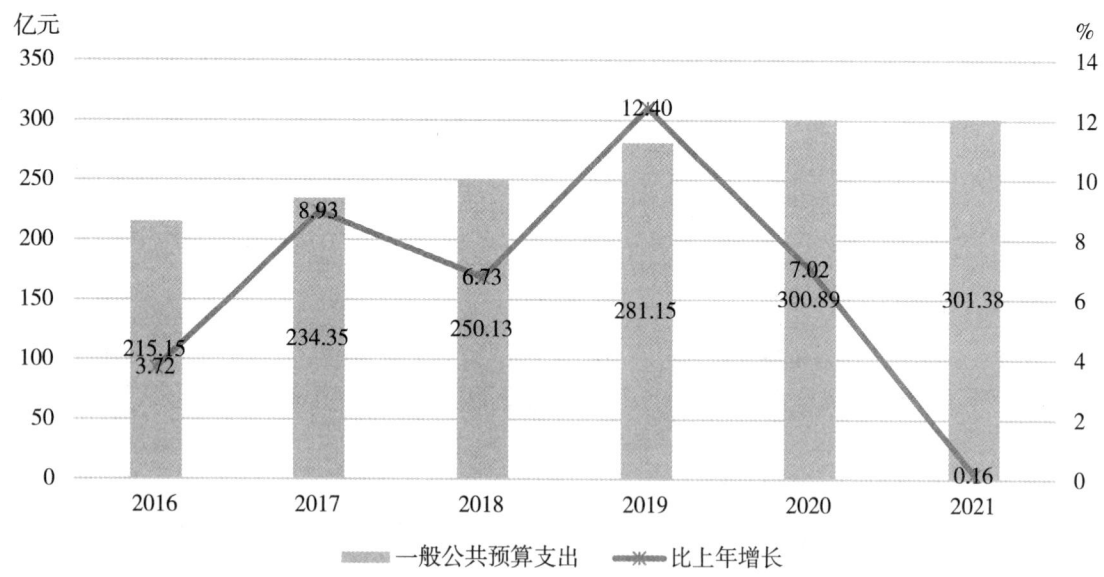

图 8-10-7 一般公共预算支出及增长情况

(3) 财政科技支出

2016~2021 年,庆阳市财政科技支出总体呈现先降后升趋势。其中,2016~2020 年逐年下降,2021 年开始回升,达到 1.98 亿元,较上年增长 117.58%,占一般公共预算支出的比重为 0.66%。图 8-10-8。

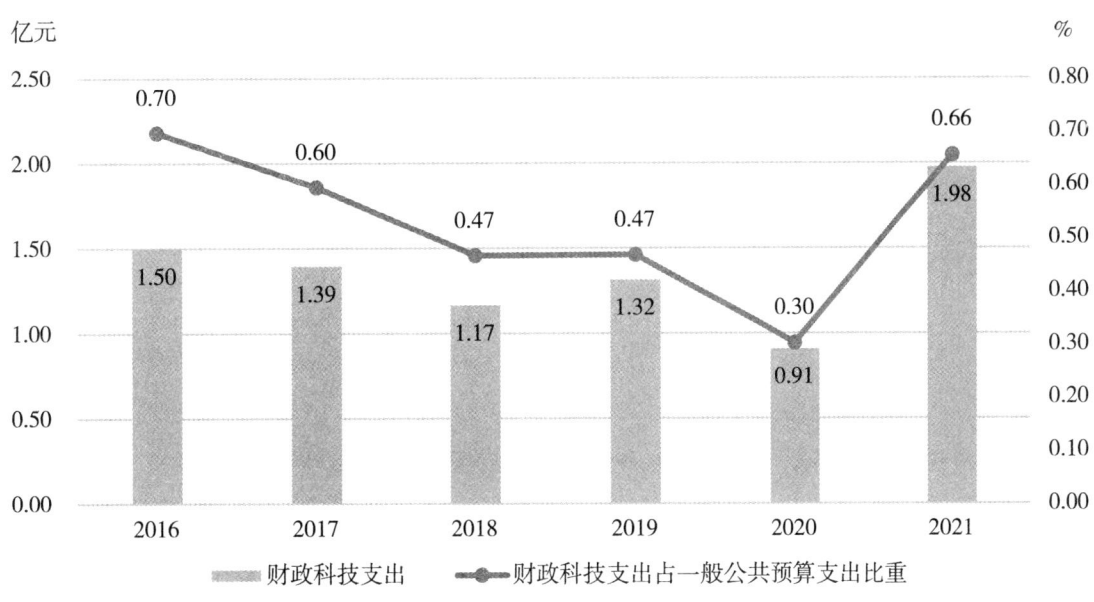

图 8-10-8　地方财政科技支出及占比情况

2.地区分布情况

（1）各区县一般公共预算收入

2016~2021 年,西峰区一般公共预算收入较高,总体呈现增长趋势,年均增速为 15.88%,2021 年增长至 12.62 亿元,较上年增长 23.60%。合水县、正宁县、宁县和镇原县一般公共预算收入较低,2021 年一般公共预算收入分别占全市的 4.00%、3.52%、4.17% 和 3.84%。庆城县、环县和华池县一般公共预算收入处于中间水平,2021 年分别占全市一般公共预算收入的 6.23%、10.52% 和 5.60%。表 8-10-7,图 8-10-9。

表 8-10-7　各区县一般公共预算收入表（亿元）

年度	西峰区	庆城县	环县	华池县	合水县	正宁县	宁县	镇原县
2016	6.04	3.29	3.01	2.26	1.49	1.52	1.52	1.73
2017	7.30	3.09	3.13	2.32	1.38	1.05	1.65	1.87
2018	8.91	3.82	3.20	2.68	1.46	1.34	1.79	2.13
2019	10.11	4.30	4.26	3.00	1.61	1.51	1.98	2.49
2020	10.21	3.74	6.30	2.88	1.92	1.13	2.52	2.30
2021	12.62	4.07	6.88	3.66	2.61	2.30	2.73	2.51

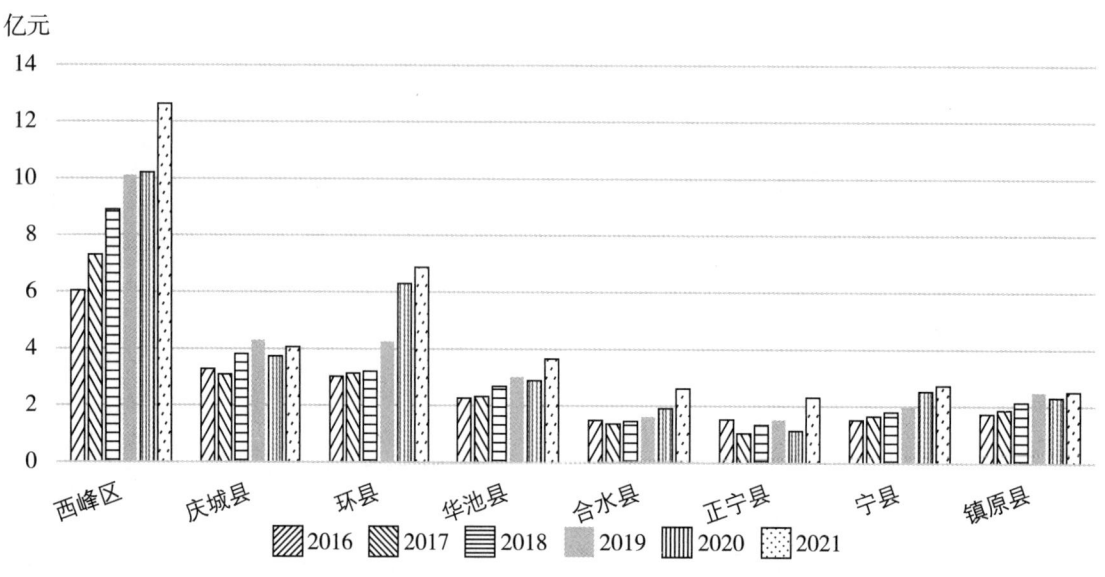

图 8-10-9　各区县一般公共预算收入情况

(2)各区县一般公共预算支出

2016~2021 年,环县一般公共预算支出较高,总体呈现增长趋势。其中,2016~2020 年持续增长,年均增速为 13.80%;2021 年回落至 47.20 亿元,较上年减少 12.28%。镇原县仅次于环县,2016~2020 年持续增长,年均增速为 12.40%,2021 年回落至 45 亿元,较上年减少 7.06%。合水县总体最高支出不足 20 亿元,2021 年一般公共预算支出占全市一般公共预算支出的 6.06%。西峰区、庆城县、华池县、正宁县和宁县一般公共预算收入处于中间水平,2021 年分别占全市一般公共预算收入的 11.54%、8.45%、7.86%、7.36% 和 11.25%。表 8-10-8,图 8-10-10。

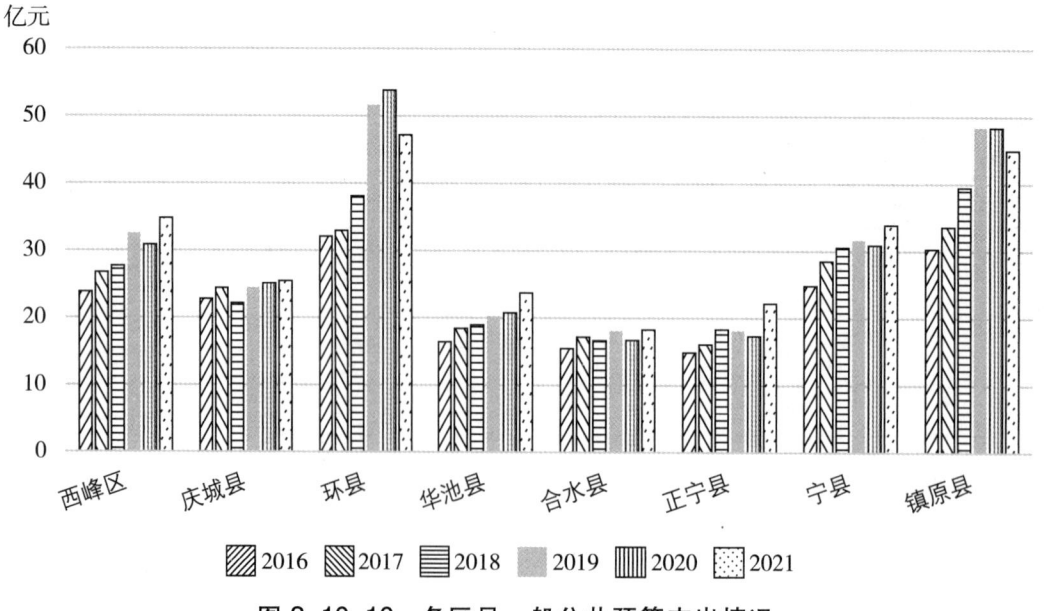

图 8-10-10　各区县一般公共预算支出情况

表 8-10-8　各区县一般公共预算支出表（亿元）

年度	西峰区	庆城县	环县	华池县	合水县	正宁县	宁县	镇原县
2016	23.81	22.73	32.09	16.40	15.47	14.91	24.78	30.34
2017	26.76	24.35	32.95	18.40	17.17	16.07	28.50	33.60
2018	27.71	22.12	38.07	18.93	16.65	18.32	30.57	39.44
2019	32.56	24.41	51.63	20.22	18.09	18.12	31.63	48.47
2020	30.86	25.06	53.81	20.73	16.71	17.33	30.90	48.42
2021	34.77	25.46	47.20	23.68	18.26	22.18	33.89	45.00

（3）各区县财政科技支出

2016~2021年，环县财政科技支出相对较高，2019~2020年持续增长，2021年回落至2317万元，较上年减少10.75%。西峰区仅次于环县，2016~2019持续增长，2020年开始下降，2021年又回升至1833万元，较上年增长4.21%。华池县和合水县总体财政科技支出较低，2021年财政科技支出分别占全市财政科技支出的3.10%和0.62%。庆城县、正宁县、宁县和镇原县财政科技支出处于中间水平，2021年分别占全市财政科技支出的6.51%、5.35%、8.66%和11.66%。表8-10-9，图8-10-11。

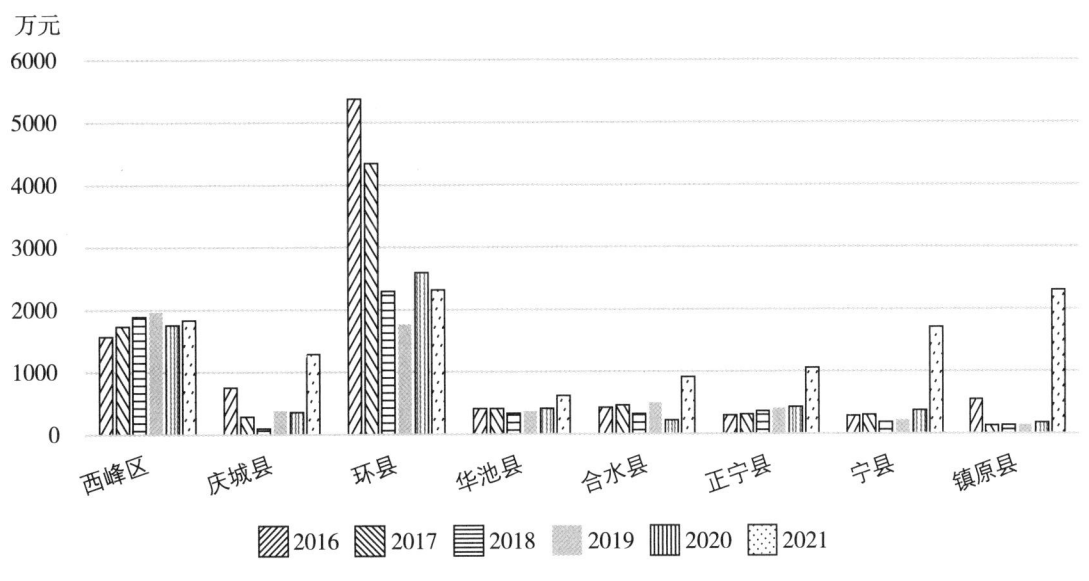

图 8-10-11　各区县财政科技支出情况

表 8-10-9　各区县财政科技支出表（万元）

年度	西峰区	庆城县	环县	华池县	合水县	正宁县	宁县	镇原县
2016	1566	751	5378	410	424	297	287	550
2017	1736	287	4346	410	460	311	303	128
2018	1892	95	2294	335	321	364	183	132
2019	1966	385	1766	366	504	408	218	137
2020	1759	358	2596	412	220	429	375	176
2021	1833	1287	2317	613	913	1057	1712	2303

二、科技产出情况

（一）企业创新活动情况

1.企业总体情况

2016~2021 年，庆阳市规模（限额）以上企业数呈现波动增长态势，从 2016 年 328 家增长至 2021 年的 359 家，年均增长率为 1.82%。企业数增长率最高的年度为 2021 年，达 23.37%，增长率最低的年度为 2018 年，是-14.38%。2021 年较上年增长 23.37%，占全省规模（限额）以上企业数的 5.90%。表 8-10-10，图 8-10-12。

表 8-10-10　2016~2021 年庆阳市企业数与增长率

年度	企业数（个）	增长率（%）	占全省比例（%）
2016	328	-	6.25
2017	313	-4.57	6.06
2018	268	-14.38	5.61
2019	278	3.73	5.58
2020	291	4.68	5.41
2021	359	23.37	5.90

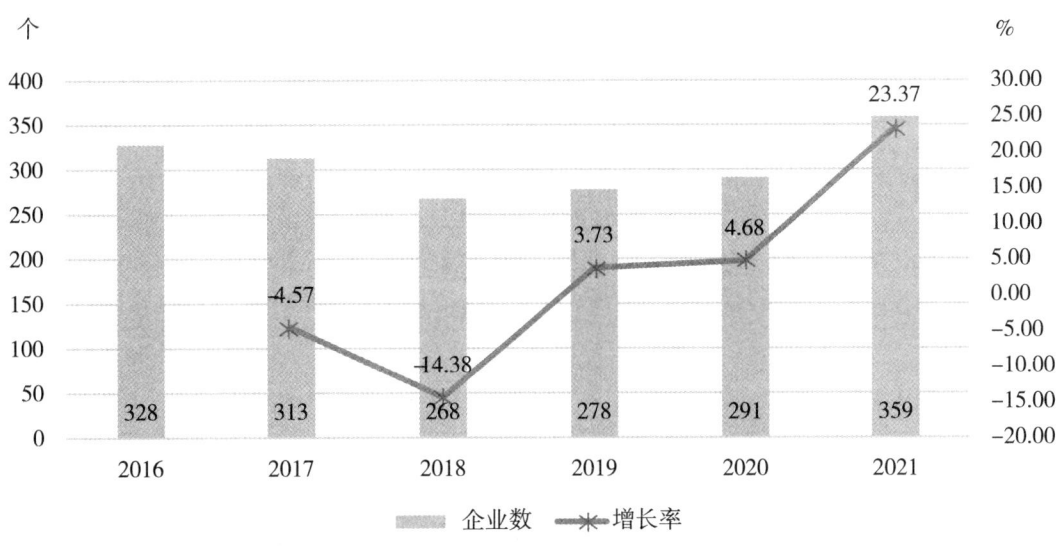

图 8-10-12　2016~2021 年庆阳市企业数与增长率

2.企业开展创新活动情况

2016~2021 年,庆阳市规模(限额)以上企业中开展创新活动企业数呈现波动变化态势,从 2016 年 131 家下降至 2021 年的 107 家,年均增长率为-3.97%。2017 年、2018 年、2020 年增长率为负,呈现下降态势。2019 年增长率最高,为 27.78%,2021 年开展创新活动企业数达 107 家,相较于 2020 年增加 22 家,增长率达到 25.88%,占全省的 4.4%。表 8-10-11,图 8-10-13。

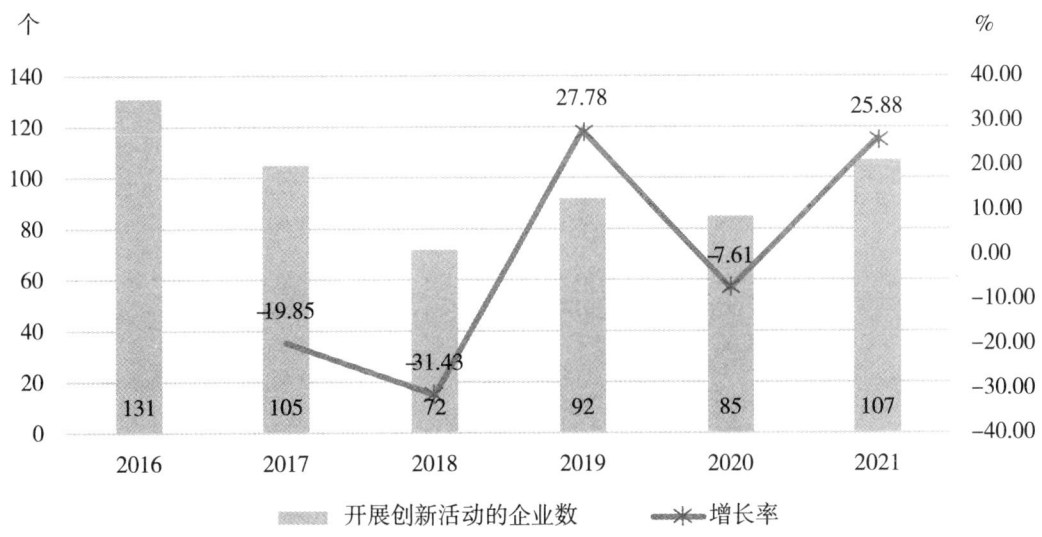

图 8-10-13　2016~2021 年庆阳市开展创新企业数与增长率

表 8-10-11　2016~2021年庆阳市开展创新企业数与增长率

年度	企业数(个)	增长率(%)	占全省比例(%)
2016	131	—	6.96
2017	105	−19.85	5.56
2018	72	−31.43	4.15
2019	92	27.78	4.85
2020	85	−7.61	4.34
2021	107	25.88	4.40

2016~2021年,庆阳市规模(限额)以上企业中开展创新活动企业数占比波动变化,从2016年的39.94%减少至2021年的29.81%,减少了10.13个百分点。2020年占比为29.21%,2021年略有提升,增长至29.81%。表8-10-12,图8-10-14。

表 8-10-12　2016~2021年庆阳市开展创新活动企业数占总企业数比重

年度	占比(%)
2016	39.94
2017	33.55
2018	26.87
2019	33.09
2020	29.21
2021	29.81

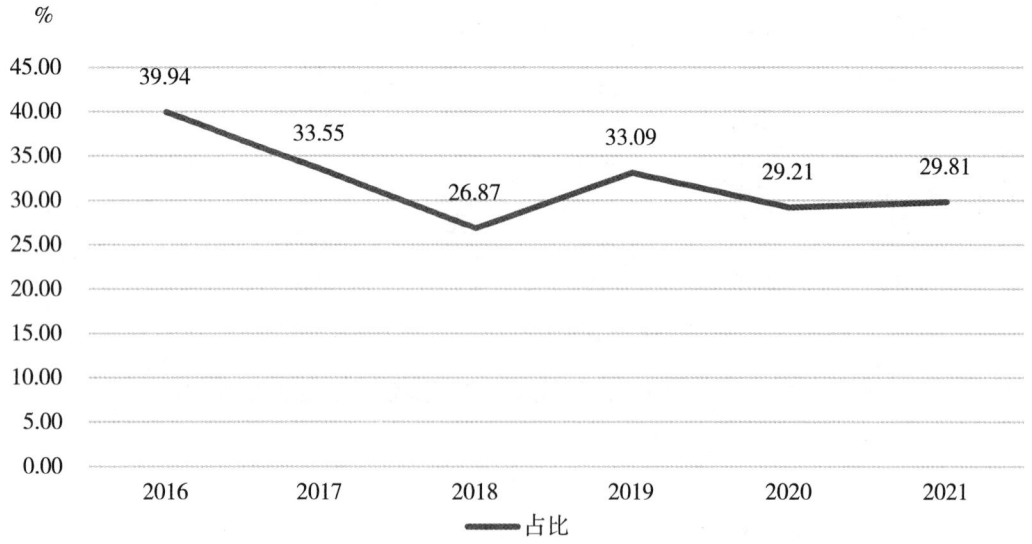

图 8-10-14　2016~2021年庆阳市开展创新活动企业数占总企业数比重

开展创新活动企业中,部分企业成功实现创新,2016~2021年,成功创新企业占开展创新活动企业比例基本保持稳定,完成率皆保持在92%以上。2020年企业实现创新完成率达100%,2021年企业实现创新完成率达96.26%。表8-10-13,图8-10-15。

表8-10-13　2016~2021年庆阳市实现创新完成企业占比

年度	实现创新完成率(%)
2016	92.37
2017	96.19
2018	97.22
2019	97.83
2020	100.00
2021	96.26

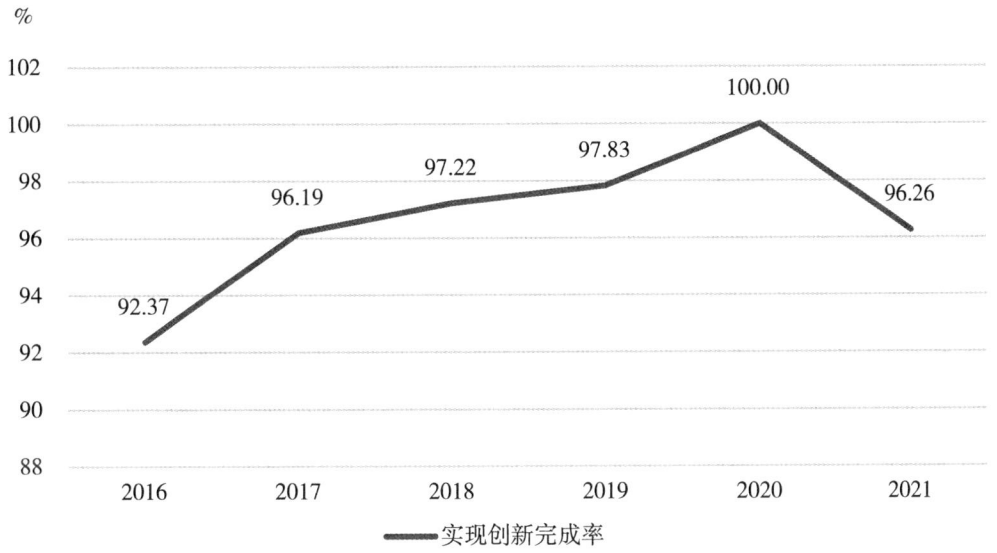

图8-10-15　2016~2021年庆阳市实现创新完成企业占比

3.创新活动类型情况

2021年,庆阳市开展组织(管理)创新活动或营销创新活动的企业占开展创新活动企业数的87.85%,开展产品创新活动或工艺创新活动的企业占42.99%,同时开展4种创新活动的企业占7.48%。表8-10-14,图8-10-16。

表 8-10-14　2016~2021 年庆阳市企业创新活动开展情况

年度	开展产品或工艺创新活动企业数(个)	占比(%)	有组织(管理)创新或营销创新企业数(个)	占比(%)	同时实现四种创新企业数(个)	占比(%)
2016	72	54.96	111	84.73	17	12.98
2017	44	41.90	97	92.38	11	10.48
2018	19	26.39	67	93.06	5	6.94
2019	32	34.78	88	95.65	5	5.43
2020	29	34.12	77	90.59	3	3.53
2021	46	42.99	94	87.85	8	7.48

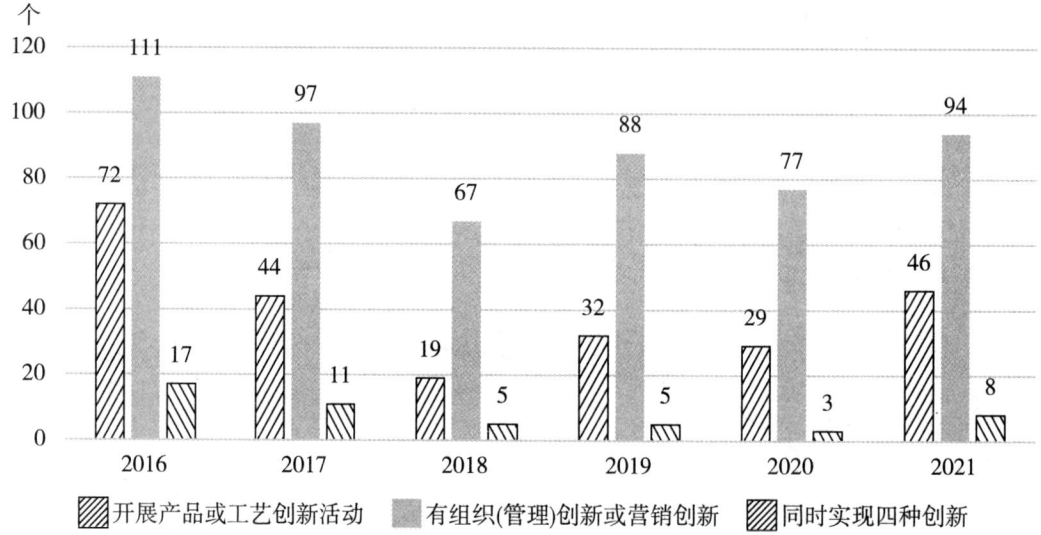

图 8-10-16　2016~2021 年庆阳市企业创新活动开展情况

(二)企业 R&D 活动情况

1.开展 R&D 活动的企业情况

企业开展 R&D 活动可分为内部 R&D 活动与外部 R&D 活动。2016~2021 年,开展内部 R&D 活动企业数从 2016 年的 14 家增加至 2021 年的 28 家,年均增长率为 14.87%。2021 年庆阳市开展内部 R&D 活动企业占规模(限额)以上企业比重为 7.8%。表 8-10-15,图 8-10-17。

表 8-10-15　2016~2021 年庆阳市内部 R&D 企业情况

年度	有内部 R&D 的企业数(个)	增长率(%)	有内部 R&D 的企业数占比(%)
2016	14	—	4.27
2017	6	−57.14	1.92
2018	2	−66.67	0.75
2019	3	50.00	1.08
2020	14	366.67	4.81
2021	28	100.00	7.80

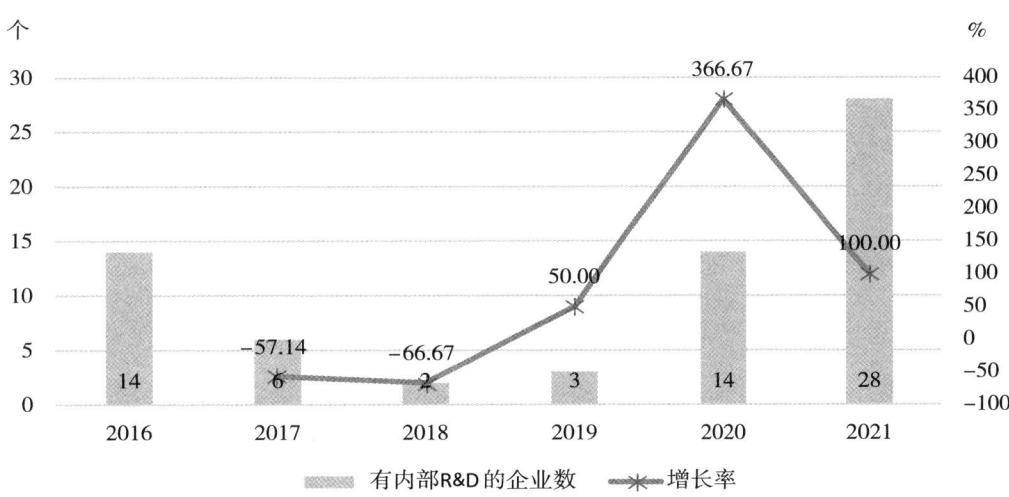

图 8-10-17　2016~2021 年庆阳市内部 R&D 企业情况

2016~2021 年,开展外部 R&D 企业数呈现波动变化态势。2016~2021 年,开展外部 R&D 活动企业数从 2016 年的 4 家增加至 2021 年的 7 家,年均增长率为 11.84%。2021 年庆阳市开展外部 R&D 活动企业占规模(限额)以上企业比重为 1.95%。表 8-10-16,图 8-10-18。

表 8-10-16　2016~2021 年庆阳市开展外部 R&D 企业情况

年度	有外部 R&D 的企业数(个)	增长率(%)	有外部 R&D 的企业数占比(%)
2016	4	—	1.22
2017	3	−25.00	0.96
2018	2	−33.33	0.75
2019	3	50.00	1.08
2020	2	−33.33	0.69
2021	7	−10.00	1.66

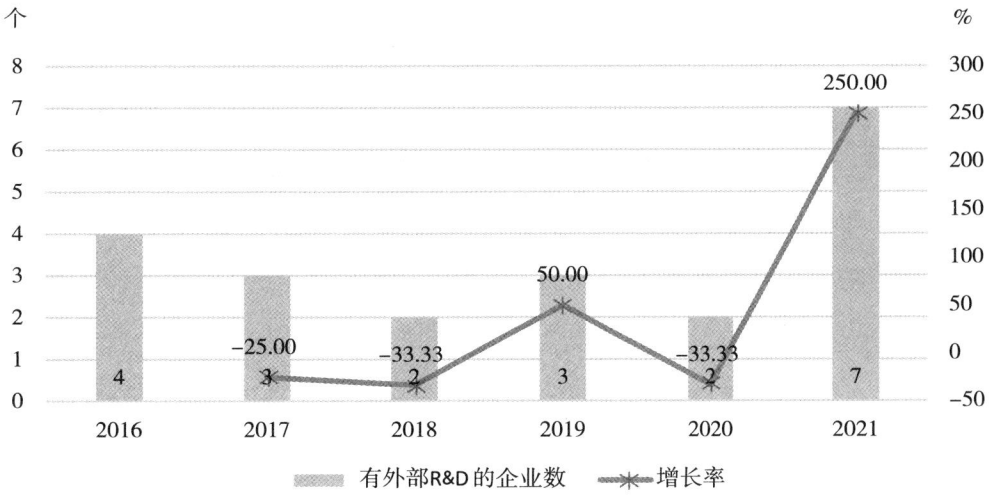

图 8-10-18　2016~2021 年庆阳市开展外部 R&D 企业数情况

2.工业企业创新费用情况

2016~2021年,工业企业创新费用变化呈波动状态,从2016年的2.14亿元变化至2021年的2.62亿元,年均增长率为4.15%。2017年增长率最低,为-62.2%,2020年增长率最高,为101.16%。表8-10-17,图8-10-19。

表 8-10-17　2016~2021年庆阳市工业企业创新费用及其增长率

年度	工业企业创新费用(亿元)	增长率(%)
2016	2.14	—
2017	0.81	-62.20
2018	0.50	-38.13
2019	0.78	55.10
2020	1.56	101.16
2021	2.62	67.95

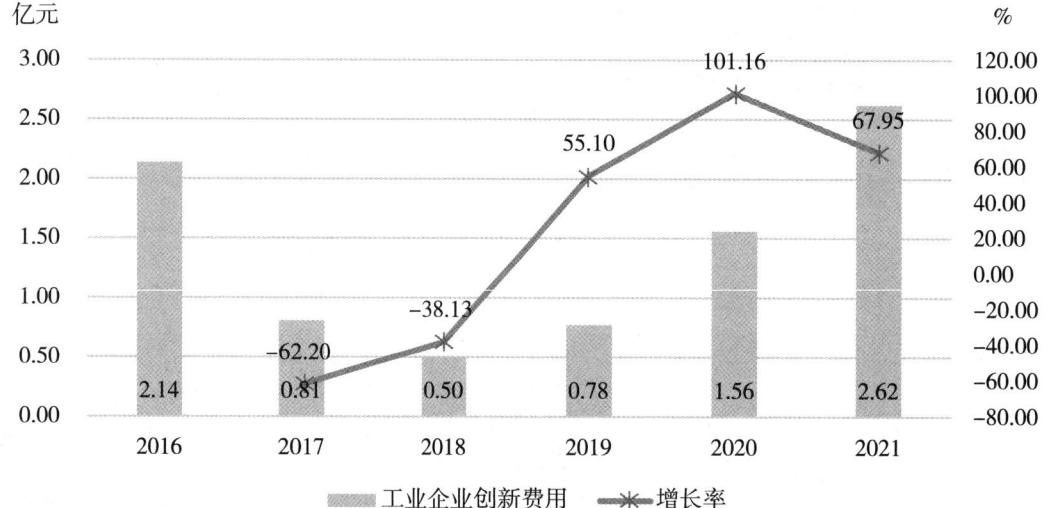

图 8-10-19　2016~2021年庆阳市工业企业创新费用及其增长率

3.企业R&D经费情况

2016~2021年,庆阳市规模以上工业企业R&D经费呈现波动上升状态,从2016年的1.68亿元增加至2021年的2.21亿元,年均增长率为5.62%。占规模以上工业企业营业收入的比重从2016年的0.43%减少到2021年的0.34%。其中2018年占比最低,为0.04%,2016年占比最高。表8-10-18,图8-10-20。

表 8-10-18 2016~2021 年庆阳市规模以上工业企业 R&D 经费情况

年度	规模以上工业企业 R&D 经费(亿元)	占规模以上工业企业营业收入(或主营业务收入)的比重(%)
2016	1.68	0.43
2017	0.64	0.14
2018	0.20	0.04
2019	0.32	0.06
2020	1.22	0.26
2021	2.21	0.34

注：因统计口径变化，2016~2018 年使用规模以上工业企业主营业务收入，2019~2021 年使用规模以上工业企业营业收入。

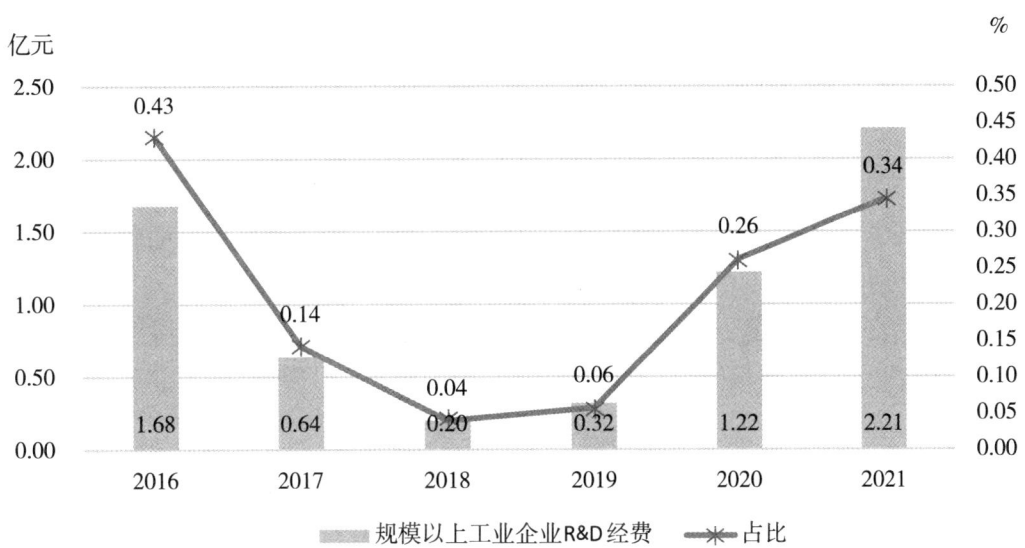

图 8-10-20 2016~2021 年庆阳市规模以上工业企业 R&D 经费情况

(三)知识产权情况

1.专利授权情况

2016~2022 年，庆阳市专利授权量呈现波动增长态势，从 2016 年的 325 件增长至 2022 年的 1037 件，年均增长率为 21.33%，其中，2021 年增长率最高，为 114.24%，2019 年增长率最低，为-47.46%。表 8-10-19，图 8-10-21。

表 8-10-19　2016~2022 年庆阳市专利授权量及其增长率

年度	专利授权量（件）	增长率（%）
2016	325	—
2017	490	50.77
2018	748	52.65
2019	393	−47.46
2020	646	64.38
2021	1384	114.24
2022	1037	−25.07

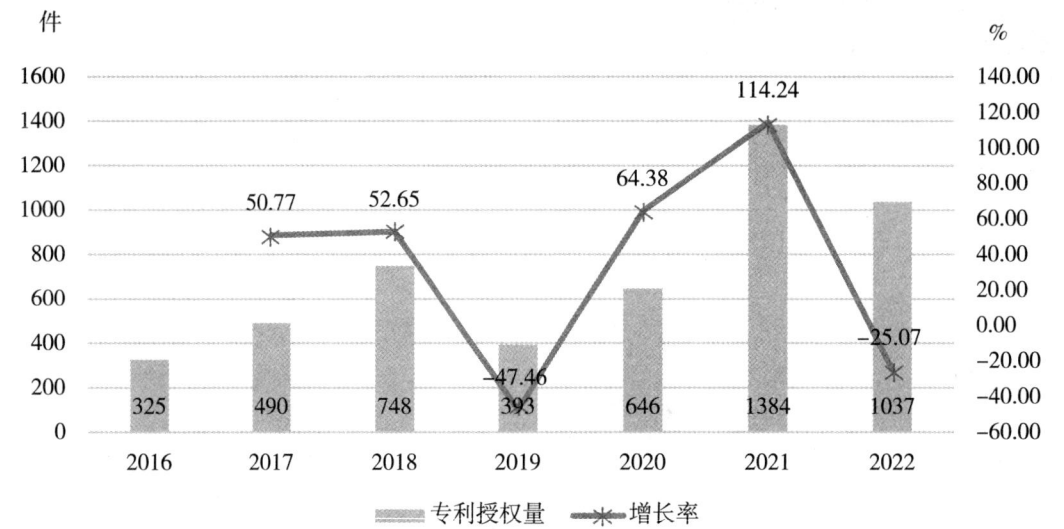

图 8-10-21　2016~2022 年庆阳市专利授权量及其增长率

2.发明专利拥有量

2016~2022 年，庆阳市发明专利拥有量稳定增长，从 2016 年的 42 件增长至 2022 年的 178 件，年均增长率为 27.21%。万人发明专利拥有量从 2016 年的 0.16 件增长至 2022 年的 0.82 件，年

表 8-10-20　2016~2022 年庆阳市发明专利拥有量情况

年度	发明专利拥有量（件）	每万人口发明专利拥有量（件）
2016	42	0.16
2017	58	0.22
2018	91	0.35
2019	91	0.39
2020	95	0.42
2021	125	0.57
2022	178	0.82

均增长率为31.31%。2018年发明专利拥有量增长率最高,为56.90%。表8-10-20,图8-10-22。

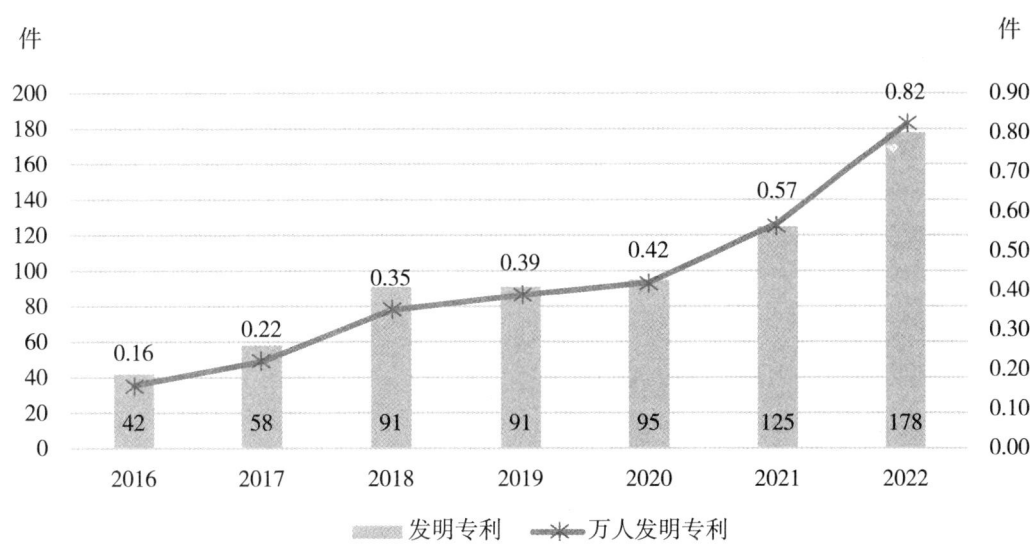

图 8-10-22　2016~2022 年庆阳市发明专利拥有量情况率

3.高价值专利拥有量

(1)总体情况

2022年,庆阳市高价值发明专利拥有量31件,相比于2021年增加2件,增长率为6.9%。表8-10-21,图8-10-23。

表 8-10-21　2021~2022 年庆阳市高价值发明专利拥有量

年度	高价值发明专利拥有量(件)
2021	29
2022	31

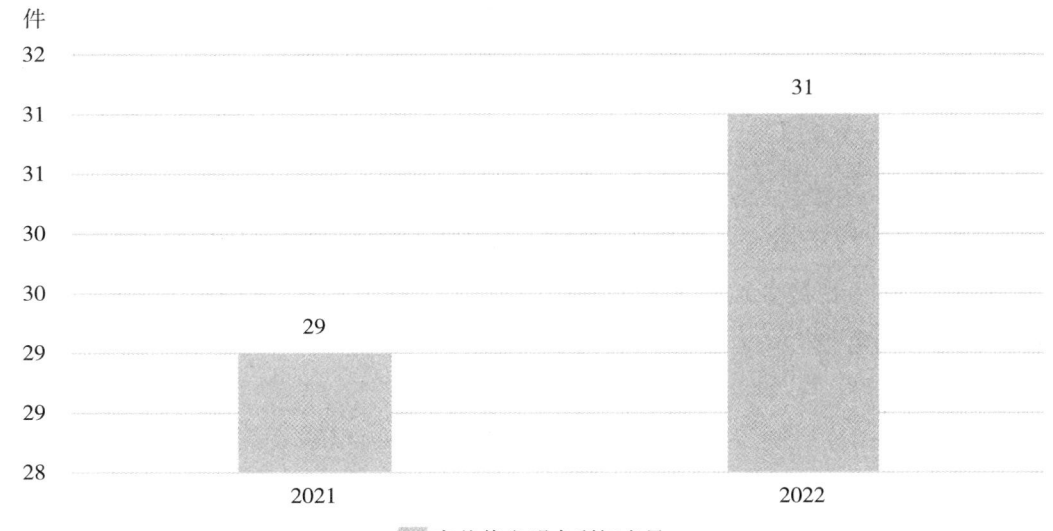

图 8-10-23　2021~2022 年庆阳市高价值发明专利拥有量

(2)五个维度分布情况

2022年庆阳高价值专利拥有量中,战略性新兴产业的有效发明专利量为19件,占比为58%。维持年限超10年的有效发明专利量为14件,占比为42%。表8-10-22,图8-10-24。

表8-10-22　2022年庆阳市高价值发明专利拥有量维度分布情况

分类	高价值发明专利拥有量(件)
战略性新兴产业的有效发明专利	19
维持年限超10年的有效发明专利	14
在海外有同族专利权的有效发明专利	0
获得较高质押融资金额的有效发明专利	0
获得国家科技奖或中国专利奖的有效发明专利	0

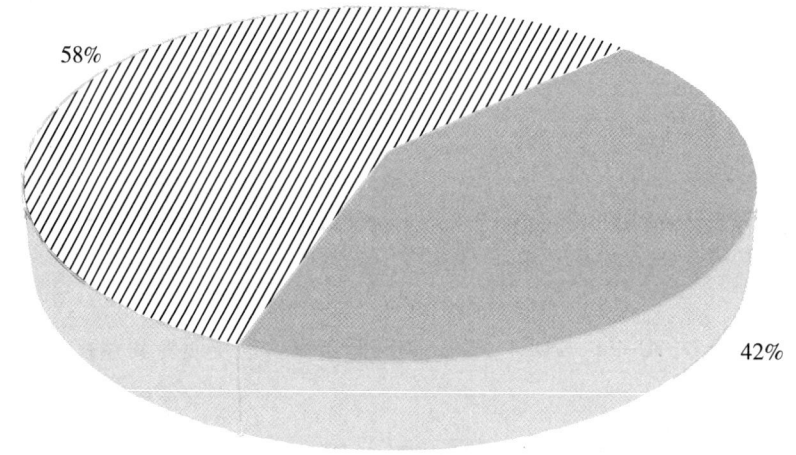

图8-10-24　2022年庆阳市高价值发明专利拥有量维度分布情况

(四)技术市场交易情况

1.总体情况

2016~2022年,庆阳累计登记技术合同1390项,成交额共计59.23亿元,年均增长率46.67%,其中,2022年张掖登记技术合同922项,技术合同成交额23.05亿元,比2016年增长895.52%。表8-10-23,图8-10-25。

表 8-10-23 2016~2022年庆阳市技术市场合同统计表

年度	2016	2017	2018	2019	2020	2021	2022
合同数(项)	28	122	17	56	75	170	922
成交额(亿元)	2.31	3.01	4.58	8.83	8.54	8.91	23.05

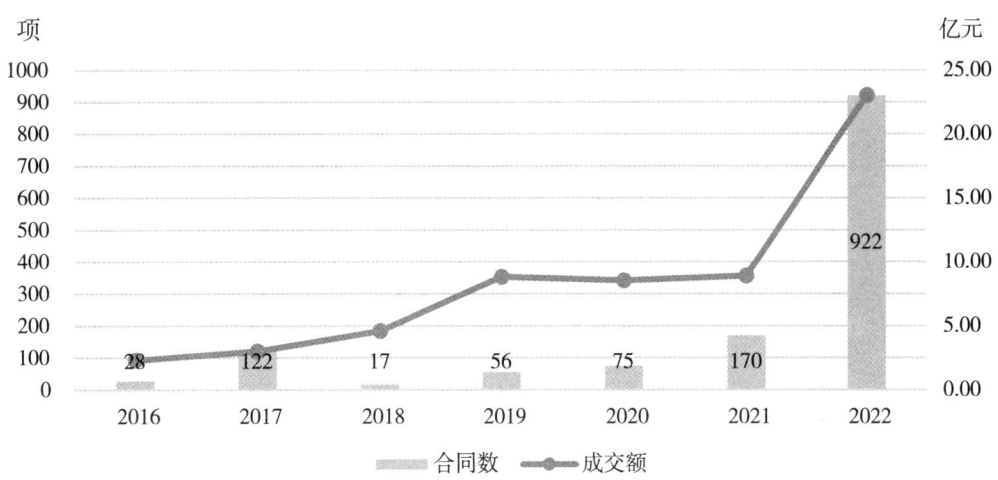

图 8-10-25 2016~2022年庆阳市技术市场合同数和成交额情况

2.不同类型分布情况

（1）按合同类别分布情况

2016~2022年,庆阳市共登记技术服务合同1210项,成交额45.23亿元,占庆阳市技术交易额的比重为76.36%;技术开发合同82项,成交额6.99亿元,占11.8%;技术转让合同52项,成交额4.61亿元,占7.79%;技术咨询合同42项,成交额2.32亿元,占3.91%;2022年新增技术许可合同,共登记4项,成交额0.09亿元,占0.15%。表8-10-24,图8-10-26。

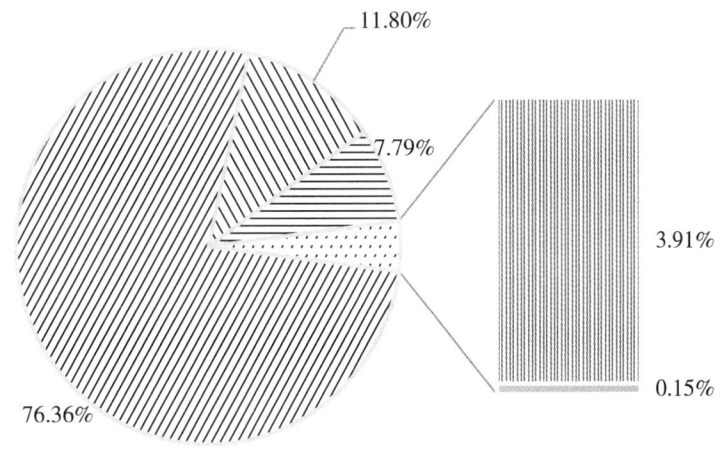

图 8-10-26 2016~2022年庆阳市技术交易总金额按合同类别占比

表 8-10-24　2016~2022年庆阳市技术合同按合同类别统计表

年度		2016	2017	2018	2019	2020	2021	2022	总计
总计	合同数（项）	28	122	17	56	75	170	922	1390
	成交额（亿元）	2.31	3.01	4.58	8.83	8.54	8.91	23.05	59.23
技术开发	合同数（项）	0	7	2	23	12	22	16	82
	成交额（亿元）	0.00	0.01	0.28	3.93	1.66	0.87	0.23	6.99
技术转让	合同数（项）	0	0	0	4	14	17	17	52
	成交额（亿元）	0.00	0.00	0.00	0.28	1.87	1.06	1.40	4.61
技术咨询	合同数（项）	6	1	4	3	4	10	14	42
	成交额（亿元）	0.15	0.01	0.21	0.45	0.79	0.53	0.19	2.32
技术服务	合同数（项）	22	114	11	26	45	121	871	1210
	成交额（亿元）	2.17	2.99	4.09	4.18	4.21	6.46	21.14	45.23
技术许可	合同数（项）	-	-	-	-	-	-	4	4
	成交额（亿元）	-	-	-	-	-	-	0.09	0.09

（2）按卖方类别分布情况

2016~2022年，庆阳市技术交易主体主要是企业法人与事业法人，自然人、机关法人、其他组织输出少量合同。企业法人共输出技术合同956项，成交额52.71亿元，占庆阳市技术交易额的88.99%；事业法人共输出技术合同417项，成交额6.46亿元，占庆阳市技术交易额的10.91%；其他组织共输出技术合同1项，成交额485.7万元，占庆阳市技术交易额的0.08%；自然人共输出技术合同13项，成交额136.78万元，占庆阳市技术交易额的0.02%；机关法人输出技术合同3项，成交额仅1.2万元。表8-10-25，图8-10-27。

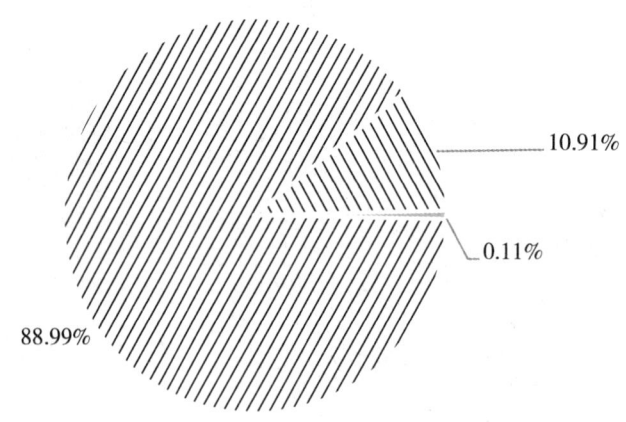

图 8-10-27　2016~2022年庆阳市技术交易总金额按卖方类别占比

表 8-10-25　2016~2022年庆阳市技术合同按卖方类别统计表

年度		2016	2017	2018	2019	2020	2021	2022	总计
总计	合同数(项)	28	122	17	56	75	170	922	1390
	成交额(亿元)	2.31	3.01	4.58	8.83	8.54	8.91	23.05	59.23
机关法人	合同数(项)	0	0	0	0	0	0	3	3
	成交额(亿元)	0.00	0.00	0.00	0.00	0.00	0.00	0.00	0.00
事业法人	合同数(项)	12	106	14	4	9	2	270	417
	成交额(亿元)	0.82	1.37	3.01	0.81	0.00	0.00	0.45	6.46
社团法人	合同数(项)	0	0	0	0	0	0	0	0
	成交额(亿元)	0.00	0.00	0.00	0.00	0.00	0.00	0.00	0.00
企业法人	合同数(项)	15	9	3	52	66	168	643	956
	成交额(亿元)	1.45	1.63	1.57	8.03	8.54	8.91	22.59	52.71
自然人	合同数(项)		7	0	0	0	0	6	13
	成交额(亿元)	0.00	0.01	0.00	0.00	0.00	0.00	0.01	0.01
其他组织	合同数(项)	1	0	0	0	0	0	0	1
	成交额(亿元)	0.05	0.00	0.00	0.00	0.00	0.00	0.00	0.05

(五)科技论文

2016~2020年,庆阳市共发表科技论文470篇,占全省国内论文比重的1.19%。表8-10-26,图8-10-28。

表 8-10-26　2016~2020年庆阳市国内论文数

年度	2016	2017	2018	2019	2020
论文数(篇)	85	85	82	92	126
占甘肃省国内论文比重(%)	1.05	1.1	1.07	1.17	1.52

图 8-10-28　2016~2020年庆阳市国内论文发表

[11] 定西篇

一、科技投入情况

(一) R&D人员投入

2021年定西市R&D人员达到1254人,占全省R&D人员的2.28%。2016~2021年期间,定西市R&D人员投入呈现先降后升趋势。其中,2017~2018年呈现下降趋势,2019~2021年开始回升,2021年回升至1245人,较上年增长62.25%,是"十三五"期间R&D人员增幅最高的一年。表8-11-1,图8-11-1。

表8-11-1 定西市R&D人员投入表

年度	R&D人员(人)	比上年增长(%)	占全省比例(%)
2016	533	77.67	1.34
2017	674	26.45	1.64
2018	504	-25.22	1.30
2019	532	5.56	1.16
2020	773	45.24	1.79
2021	1254	62.25	2.28

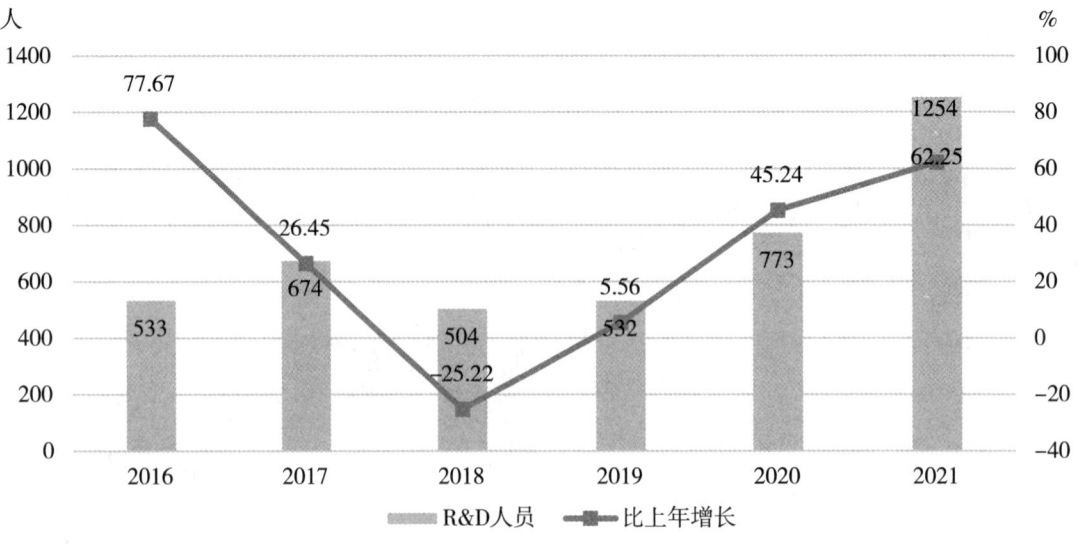

图8-11-1 定西市R&D人员投入情况

(二)R&D经费投入

1.总体情况

2016~2021年,定西市R&D经费总体呈现上升趋势。其中,2016~2018年持续增长,2019年开始下降,2021年继续回升,达到2.81亿元,较上年增长67.94%。表8-11-2,图8-11-2。

表8-11-2　定西市R&D经费内部支出表

年度	R&D经费内部支出(亿元)	比上年增长(%)
2016	0.57	166.43
2017	0.83	45.41
2018	1.23	47.08
2019	0.90	−26.48
2020	1.65	83.32
2021	2.81	69.74

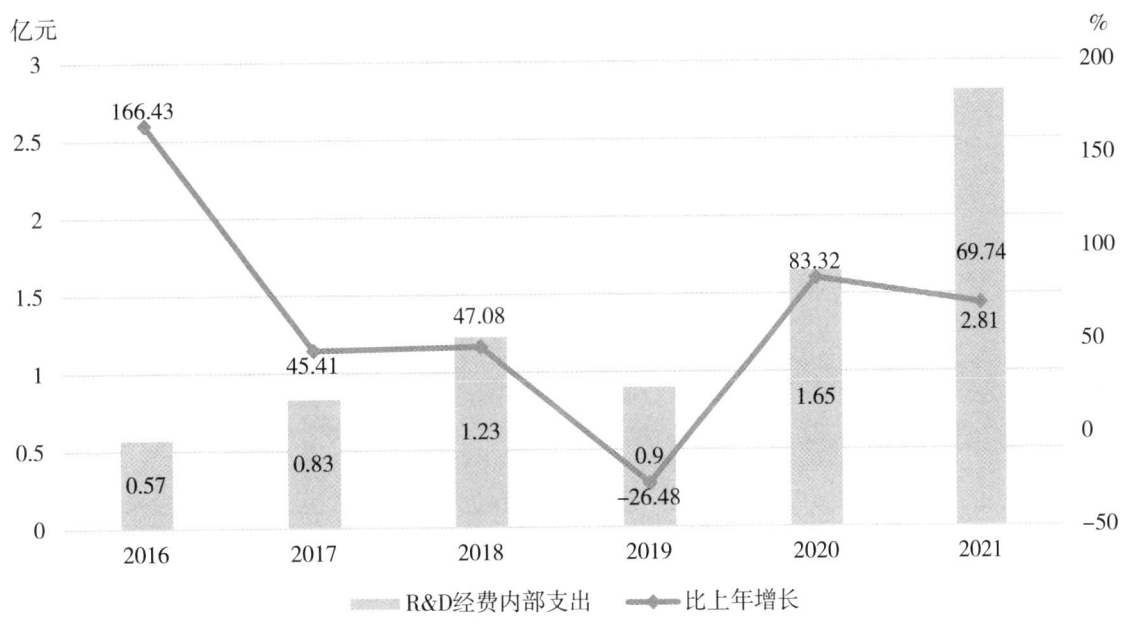

图8-11-2　定西市R&D经费内部支出及增长情况

2.结构分布

(1)按活动类型分布情况

2016~2021年定西市R&D经费主要用于试验发展活动,总体呈现上升趋势,2016~2018年持续上升,2019年回落至8990万元,2020~2021年持续上升,2021年上升至26 693万元,较上年增长61.60%。表8-11-3,图8-11-3。

从活动类型来看,2021年定西市基础研究、应用研究和试验发展占R&D经费的比重分别为0.53%、4.44%和95.04%,其中试验发展经费占比高于全省平均水平,占全省的3.10%。

表 8-11-3 按活动类型分组的 R&D 经费支出表

年度	基础研究(万元)	应用研究(万元)	试验发展(万元)
2016	7	730	5004
2017	10	1988	6350
2018	11	25	12243
2019	2	34	8990
2020	7	22	16518
2021	148	1246	26693

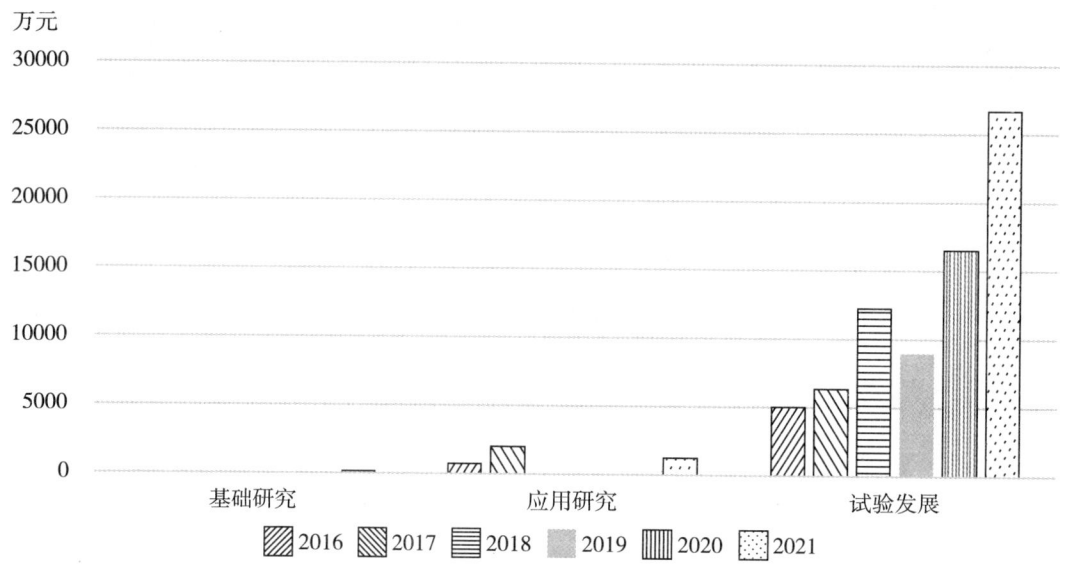

图 8-11-3 按活动类型分组的 R&D 经费支出情况

(2)按支出用途分布情况

按支出用途来看,定西市 R&D 经费日常性支出远远超过资产性支出,且呈增长趋势。2021年,定西市日常性支出为 27 103 万元,占定西市 R&D 经费的 96.50%;资产性支出为 985 万元,占定西市 R&D 经费的 3.50%。表 8-11-4,图 8-11-4。

表 8-11-4 按支出用途分组的 R&D 经费内部支出表

年度	日常性支出(万元)	资产性支出(万元)
2016	4767	975
2017	7017	1332
2018	9435	2844
2019	8718	308
2020	15868	649
2021	27103	985

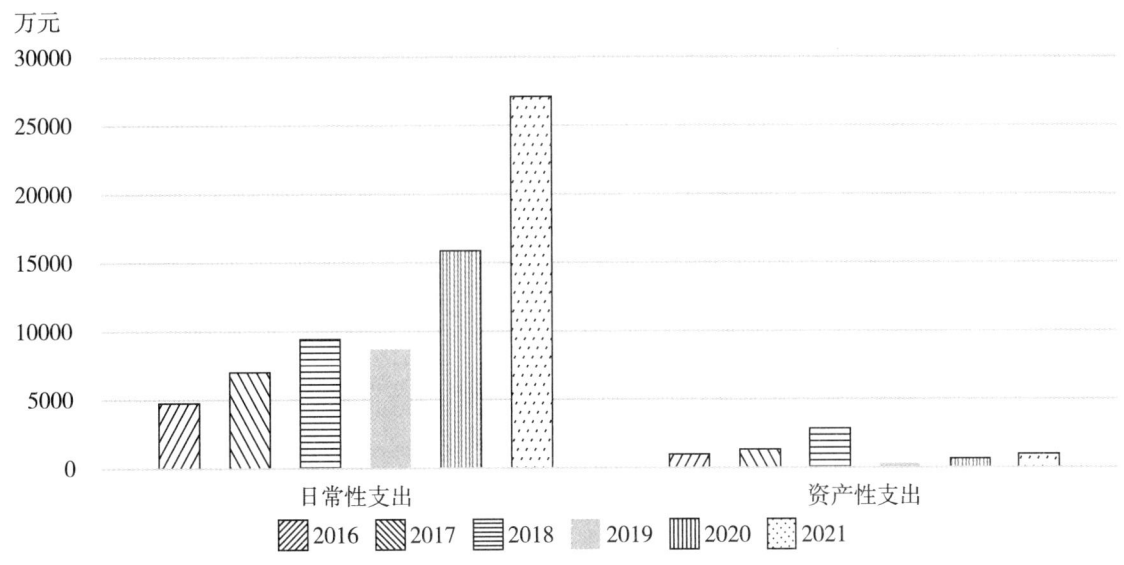

图 8-11-4 按支出用途分组的 R&D 经费内部支出情况

(三)R&D 经费投入强度

2016~2021 年,定西市 R&D 经费投入强度呈"N"形变化,2016~2018 年持续上升,2019 年开始回落,2019~2021 年继续回升,从 2019 年的 0.22% 增长到 2021 年的 0.56%,增加 0.34 个百分点。表 8-11-5,图 8-11-5。

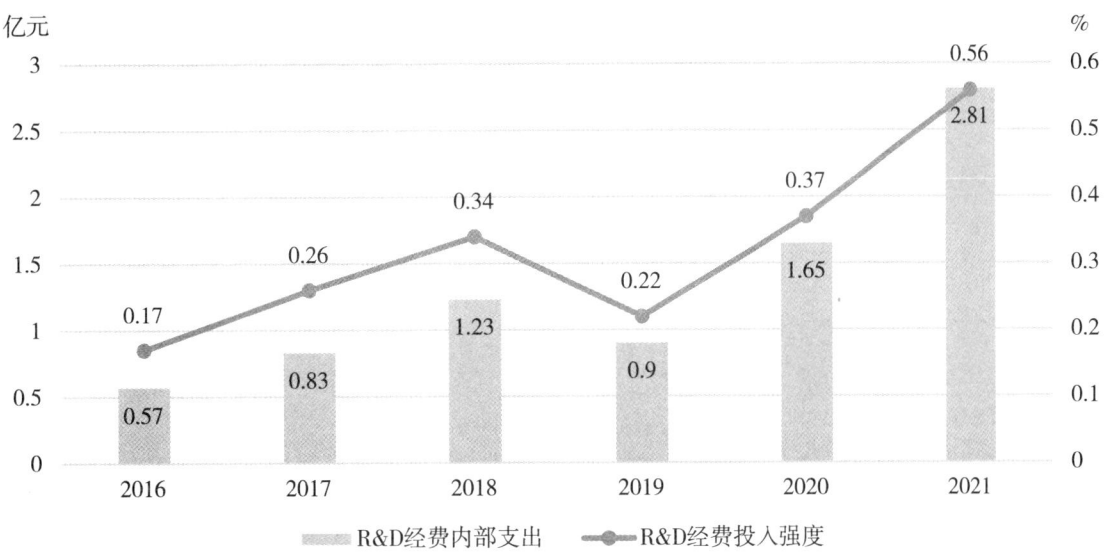

图 8-11-5 R&D 经费投入强度变化情况

表 8-11-5　R&D 经费投入强度表

年度	R&D 经费内部支出(亿元)	R&D 经费投入强度(%)
2016	0.57	0.17
2017	0.83	0.26
2018	1.23	0.34
2019	0.9	0.22
2020	1.65	0.37
2021	2.81	0.56

(四)财政科技支出

1.总体情况

(1)一般公共预算收入

2016~2021 年,定西市一般公共预算收入总体呈现增长趋势,年均增速为 7.23%。其中,2017~2021 年持续增长,2021 年达到 30.61 亿元,较上年增长 19.24%。表 8-11-6,图 8-11-6。

表 8-11-6　财政科技支出表

年度	一般公共预算收入（亿元）	一般公共预算支出（亿元）	财政科技支出（亿元）	财政科技支出占一般公共预算支出比重(%)
2016	25.10	200.50	0.84	0.42
2017	22.81	218.48	0.93	0.43
2018	24.06	250.94	0.96	0.38
2019	24.67	260.16	1.01	0.39
2020	25.67	288.75	1.09	0.38
2021	30.61	281.24	1.54	0.55

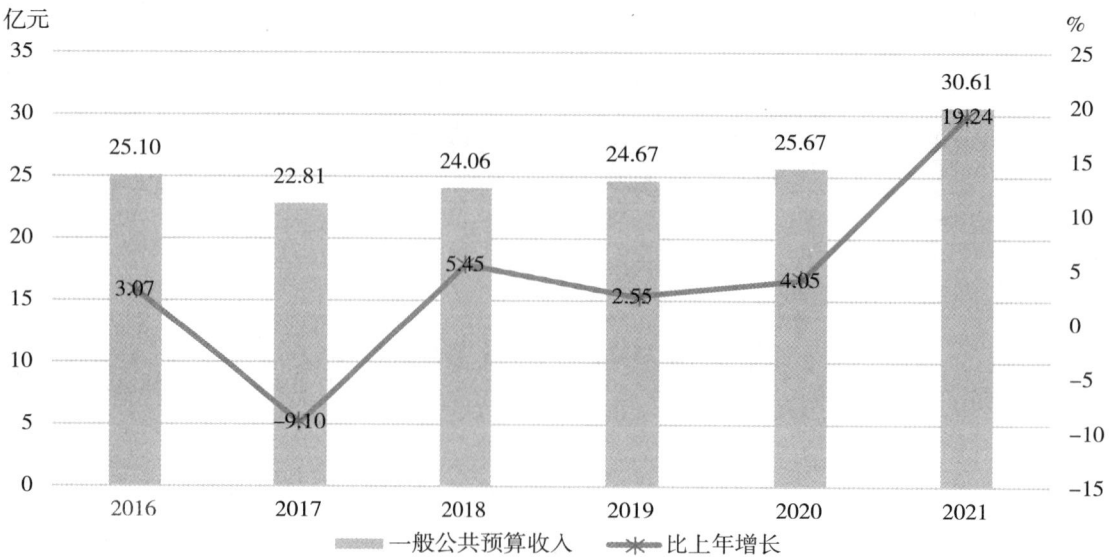

图 8-11-6　一般公共预算收入及增长情况

(2)一般公共预算支出

2016~2021年,定西市一般公共预算支出呈现先增后降趋势,2016~2020年持续增长,年均增速为9.55%;2021年回落至281.24亿元,较上年减少2.60%。图8-11-7。

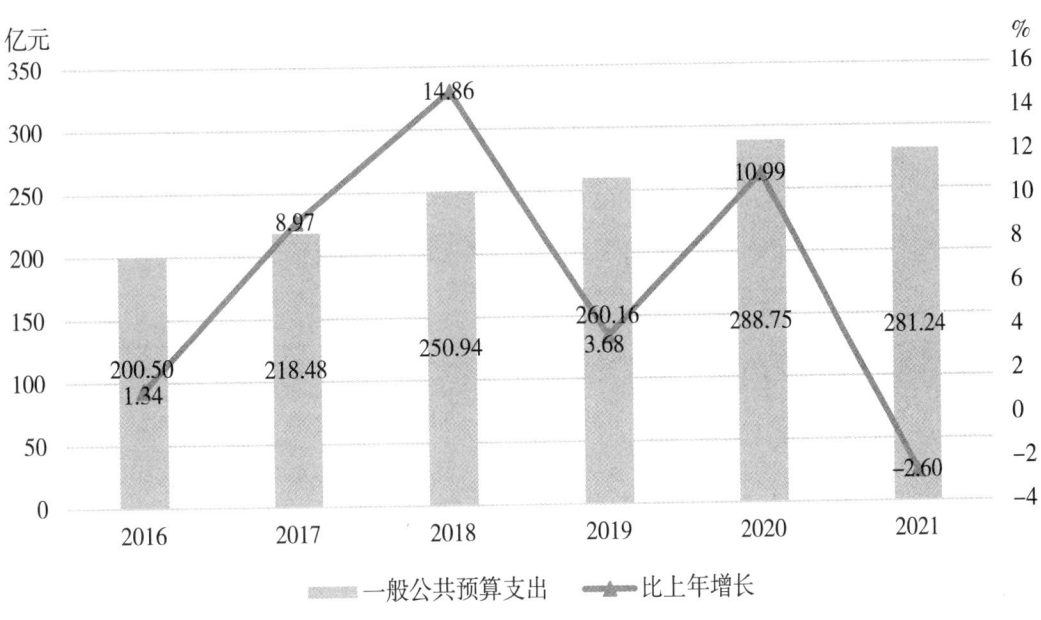

图8-11-7 一般公共预算支出及增长情况

(3)财政科技支出

2016~2021年,定西市财政科技支出总体呈现增长趋势,年均增速为12.89%。2021年上升至1.54亿元,较上年增长41.28%,是增幅最高的一年,占一般公共预算支出的比重为0.55%。图8-11-8。

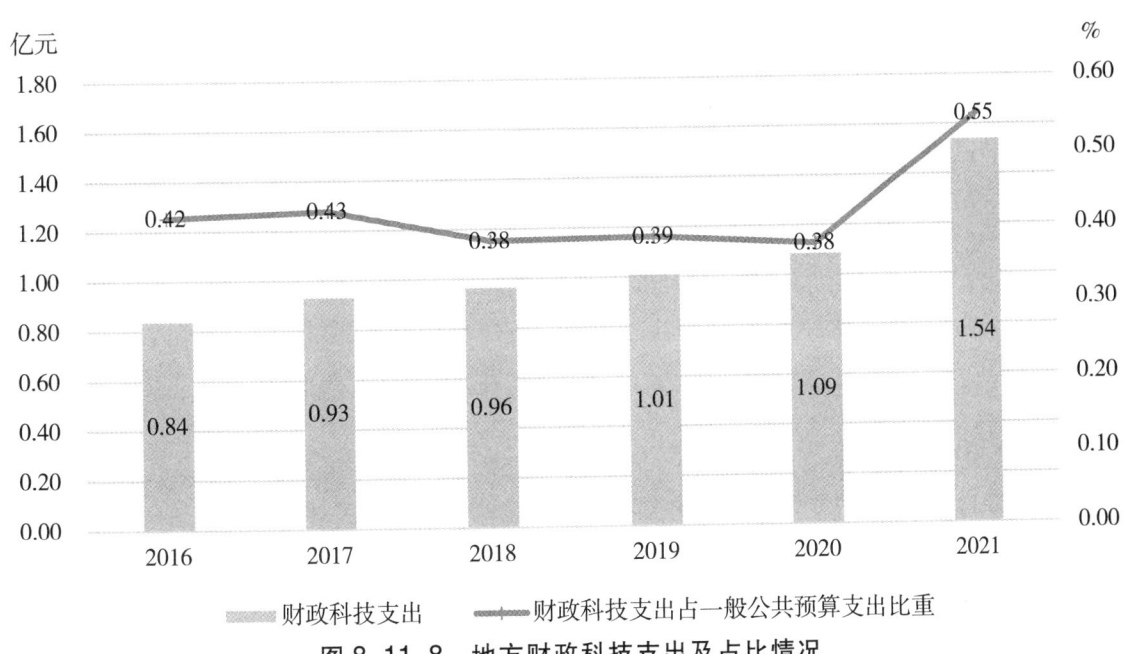

图8-11-8 地方财政科技支出及占比情况

2.地区分布情况

(1)各区县一般公共预算收入

2016~2021年,陇西县一般公共预算收入较高,总体呈现增长趋势,年均增速为6.38%,2021年增长至6.39亿元,较上年增长22.18%。渭源县和漳县一般公共预算收入较低,2021年一般公共预算收入分别占全市的6.40%和6.37%。安定区、通渭县、临洮县和岷县一般公共预算收入处于中间水平,2021年分别占全市一般公共预算收入的16.76%、8.58%、15.83%和9.02%。表8-11-7,图8-11-9。

表8-11-7 各区县一般公共预算收入表(亿元)

年度	安定区	通渭县	陇西县	渭源县	临洮县	漳县	岷县
2016	3.93	1.72	4.69	1.75	4.15	1.66	2.17
2017	3.83	1.80	4.70	1.39	3.41	1.42	1.92
2018	4.09	2.00	4.99	1.48	3.65	1.50	2.05
2019	4.27	2.08	5.07	1.53	3.81	1.57	2.14
2020	4.41	2.21	5.23	1.62	4.00	1.65	2.26
2021	5.13	2.63	6.39	1.96	4.84	1.95	2.76

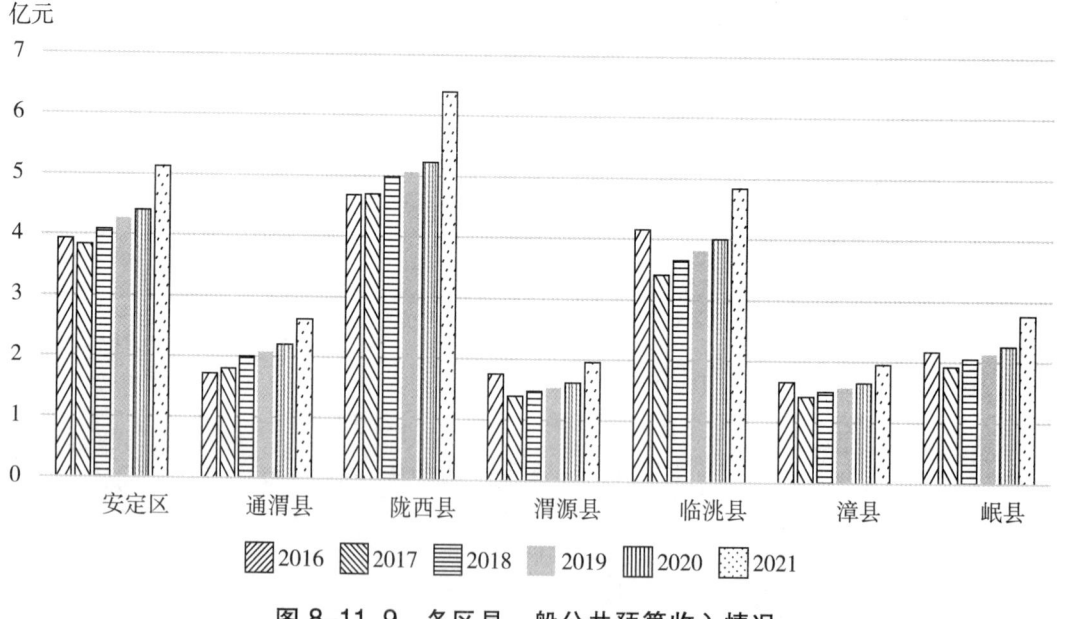

图8-11-9 各区县一般公共预算收入情况

(2)各区县一般公共预算支出

2016~2021年,安定区一般公共预算支出较高,总体呈现"正态"变化。其中,2016~2019年持续增长,年均增速为12.62%;2019~2021年逐年下降,2021年回落至40.90亿元,较上年减少12.28%。漳县总体最高支出不足20亿元,2021年一般公共预算支出占全市一般公共预算支出的6.52%。通渭县、陇西县、渭源县、临洮县和岷县一般公共预算收入处于中间水平,2021年分别占全市一般公共预算收入的14.22%、14.02%、10.88%、14.27%和13.53%。表8-11-8,图8-11-10。

表8-11-8 各区县一般公共预算支出表(亿元)

年度	安定区	通渭县	陇西县	渭源县	临洮县	漳县	岷县
2016	31.81	27.68	28.63	22.36	29.26	13.80	25.20
2017	35.17	31.41	32.01	23.84	33.66	14.89	27.99
2018	40.95	39.61	37.84	29.63	35.61	16.19	34.37
2019	45.44	38.05	37.09	31.21	38.80	16.90	36.65
2020	41.39	42.98	38.09	31.35	39.31	18.41	44.69
2021	40.90	39.99	39.42	30.61	40.14	18.33	38.06

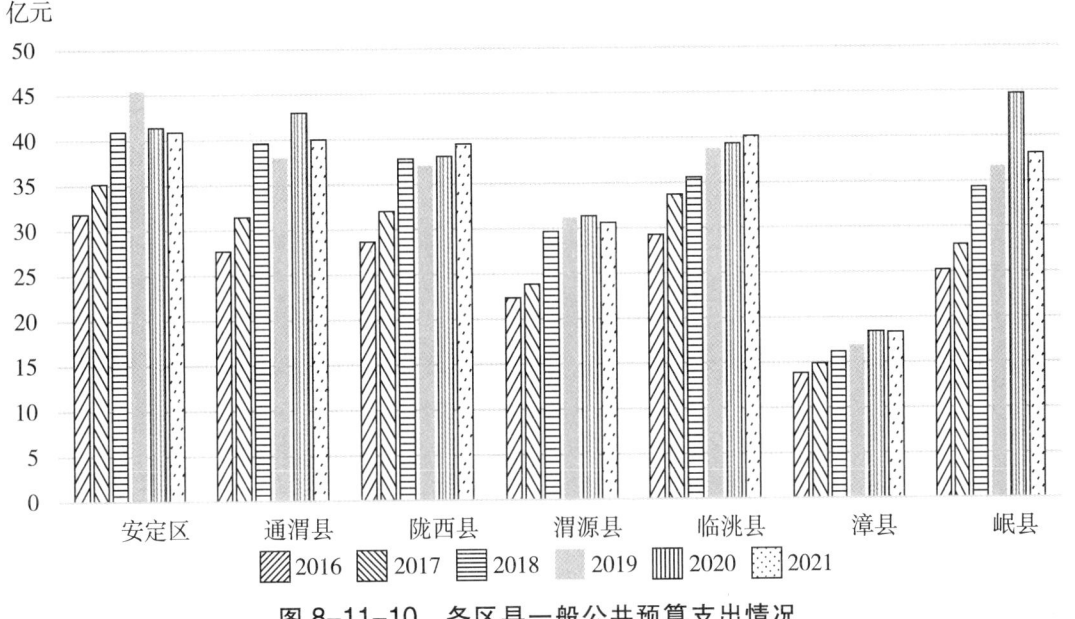

图8-11-10 各区县一般公共预算支出情况

(3)各区县财政科技支出

2016~2021年,岷县财政科技支出相对较高,2019~2020年持续增长,2021年回落至1671万元,较上年减少43.78%。陇西县仅次于岷县,2021年达到1353万元。漳县总体财政科技支出较低,2021年财政科技支出占全市财政科技支出的6.51%。安定区、通渭县、渭源县和临洮县财政科技支出处于中间水平,2021年分别占全市财政科技支出的10.99%、13.87%、9.93%和13.57%。表8-11-9,图8-11-11。

表 8-11-9　各区县财政科技支出表（万元）

年度	安定区	通渭县	陇西县	渭源县	临洮县	漳县	岷县
2016	666	152	875	250	562	221	2284
2017	658	152	1691	429	283	209	2561
2018	652	233	1038	604	634	144	2663
2019	781	321	1015	385	525	140	2940
2020	677	358	1546	362	460	179	2972
2021	1691	2134	1353	1528	2088	1002	1671

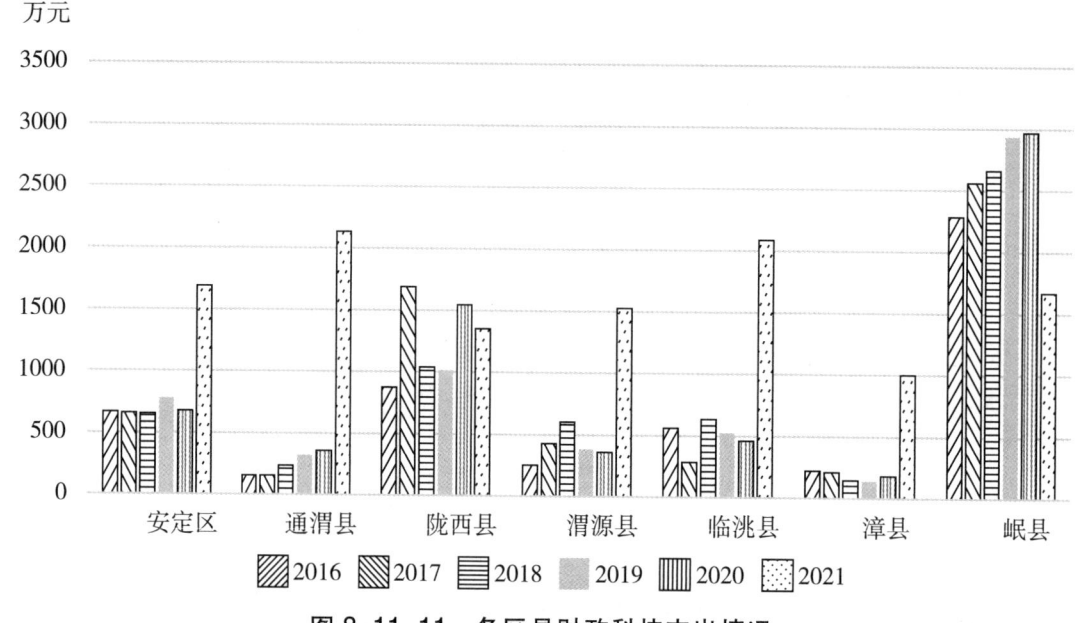

图 8-11-11　各区县财政科技支出情况

二、科技产出情况

（一）企业创新活动情况

1.企业总体情况

2016~2021 年，定西市规模（限额）以上企业数波动增长，从 2016 年 272 家增长到 2021 年的 339 家。企业数增长率最高的年度为 2021 年，达 21.51%，增长率最低的年度为 2019 年，是-3.99%。2021 年较上年增长 21.51%，占全省规模（限额）以上企业数的 5.57%。表 8-11-10，图 8-11-12。

表 8-11-10　2016~2021 年定西市企业数与增长率

年度	企业数(个)	增长率(%)	占全省比例(%)
2016	272	-	5.19
2017	272	0.00	5.27
2018	276	1.47	5.77
2019	265	-3.99	5.32
2020	279	5.28	5.18
2021	339	21.51	5.57

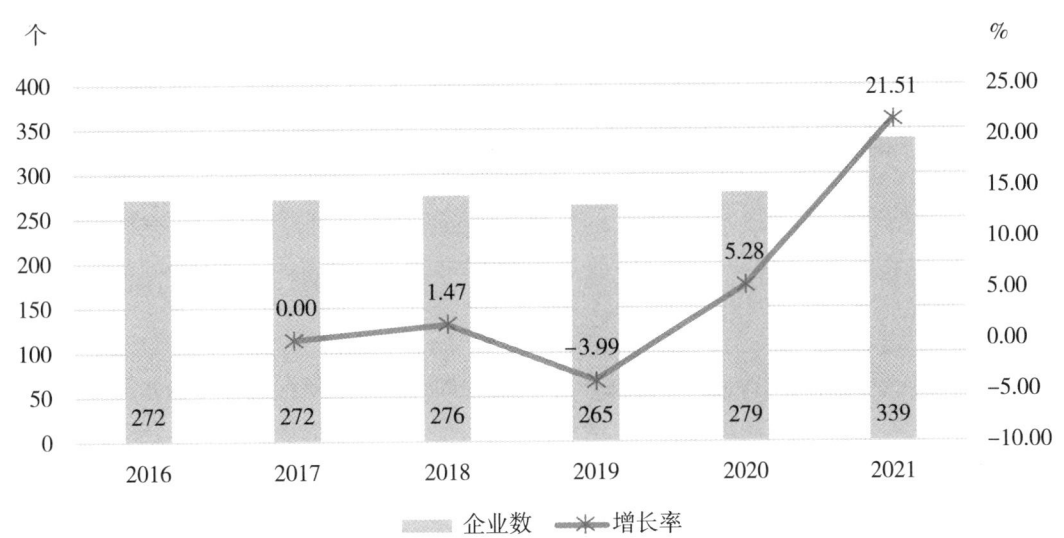

图 8-11-12　2016~2021 年定西市企业数与增长率

2.企业开展创新活动情况

2016~2021 年,定西市规模(限额)以上企业中开展创新活动企业数波动变化,从 2016 年 99 家增加至 2021 年的 157 家,年均增长率为 9.66%。2018 年、2019 年增长率为负,呈现下降态势。2020 年增长率最高,为 42.7%,2021 年开展创新活动企业数达 157 家,相较于 2020 年增加 30 家,增长率达到 23.62%,占全省的 6.45%。表 8-11-11,图 8-11-13。

表 8-11-11　2016~2021 年定西市开展创新企业数与增长率

年度	企业数(个)	增长率(%)	占全省比例(%)
2016	99	-	5.26
2017	111	12.12	5.88
2018	104	-6.31	5.99
2019	89	-14.42	4.70
2020	127	42.70	6.48
2021	157	23.62	6.45

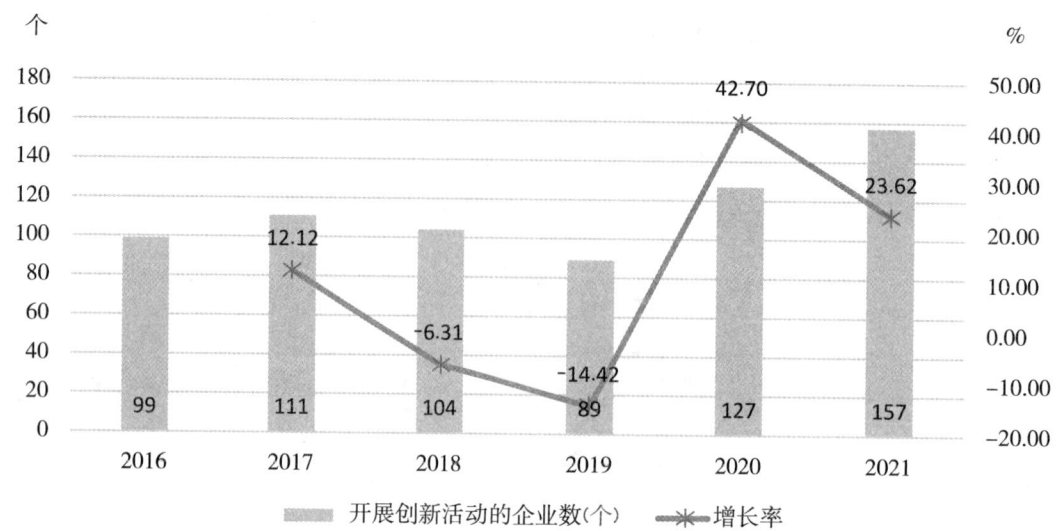

图 8-11-13　2016~2021 年定西市开展创新企业数与增长率

2016~2021 年,定西市规模(限额)以上企业中开展创新活动企业数占比波动变化,从 2016 年的 36.40%上升至 2021 年的 46.31%,增加了 9.91 个百分点。2020 年占比为 45.52%,2021 年略有上升,增长了 0.79 个百分点。表 8-11-12,图 8-11-14。

表 8-11-12　2016~2021 年定西市开展创新活动企业数占总企业数比重

年度	占比(%)
2016	36.40
2017	40.81
2018	37.68
2019	33.58
2020	45.52
2021	46.31

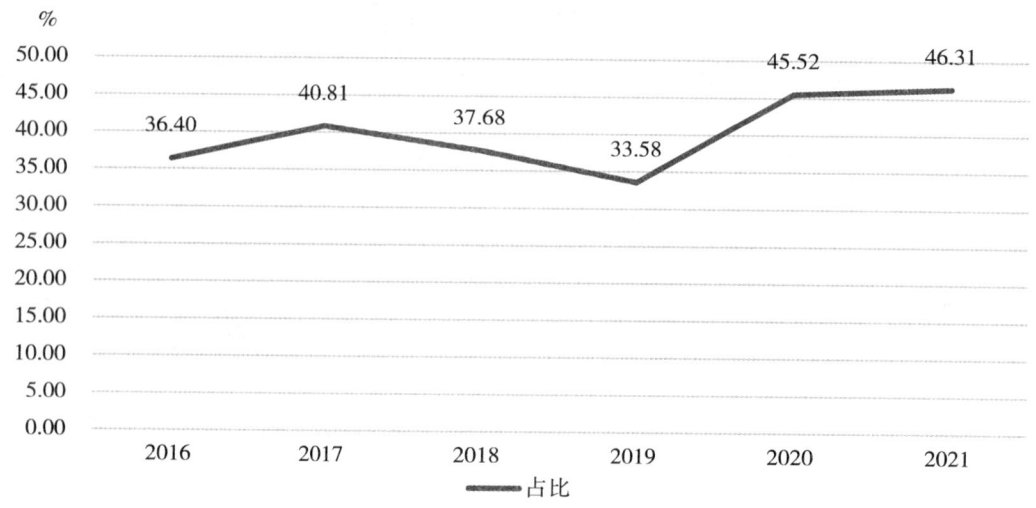

图 8-11-14　2016~2021 年定西市开展创新活动企业数占总企业数比重

开展创新活动企业中,部分企业成功实现创新,2016~2021年,成功创新企业占开展创新活动企业比例呈现下降趋势,完成率皆保持在84%以上。2021年企业实现创新完成率达84.08%。表8-11-13,图8-11-15。

表8-11-13 2016~2021年定西市实现创新完成企业占比

年度	实现创新完成率(%)
2016	96.97
2017	98.20
2018	98.08
2019	93.26
2020	93.70
2021	84.08

图8-11-15 2016~2021年定西市实现创新完成企业占比

3.创新活动类型情况

2021年,定西市开展组织(管理)创新活动或营销创新活动的企业占开展创新活动企业数的45.86%,开展产品创新活动或工艺创新活动的企业占31.85%,同时开展4种创新活动的企业占5.73%。表8-11-14,图8-11-16。

表 8-11-14　2016~2021 年定西市企业创新活动开展情况

年度	开展产品或工艺创新活动企业数(个)	占比(%)	有组织(管理)创新或营销创新企业数(个)	占比(%)	同时实现四种创新企业数(个)	占比(%)
2016	43	43.43	90	90.91	13	13.13
2017	22	19.82	50	45.05	8	7.21
2018	17	16.35	38	36.54	1	0.96
2019	28	31.46	51	57.30	3	3.37
2020	30	23.62	67	52.76	4	3.15
2021	50	31.85	72	45.86	9	5.73

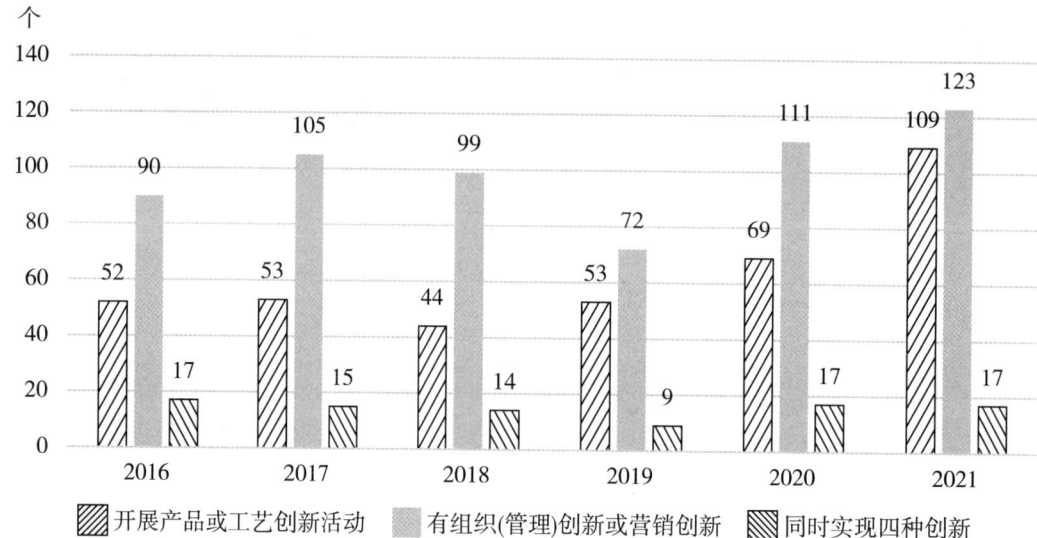

图 8-11-16　2016~2021 年定西市企业创新活动开展情况

(二)企业 R&D 活动情况

1.开展 R&D 活动的企业情况

企业开展 R&D 活动可分为内部 R&D 活动与外部 R&D 活动。2016~2021 年,开展内部 R&D 活动企业数从 2016 年的 13 家增加至 2021 年的 65 家,年均增长率为 37.97%。其中,2021 年增长率最高,为 140.74%,2018 年增长率最低,为-33.33%。2021 年定西市开展内部 R&D 活动企业占规模(限额)以上企业比重为 19.17%。表 8-11-15,图 8-11-17。

表 8-11-15　2016~2021 年定西市内部 R&D 企业情况

年度	有内部 R&D 的企业数(个)	增长率(%)	有内部 R&D 的企业数占比(%)
2016	13	—	4.78
2017	18	38.46	6.62
2018	12	-33.33	4.35
2019	15	25.00	5.66
2020	27	80.00	9.68
2021	65	140.74	19.17

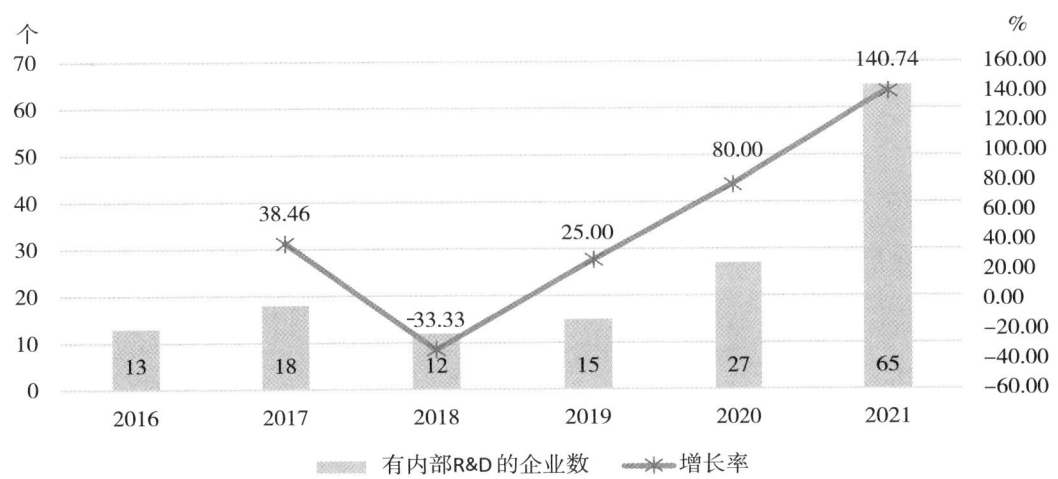

图 8-11-17　2016~2021 年定西市内部 R&D 企业情况

2016~2021 年，开展外部 R&D 企业数呈现波动变化态势，开展外部 R&D 活动企业数从 2016 年的 5 家增加至 2021 年的 11 家，年均增长率为 17.08%。2021 年定西市开展外部 R&D 活动企业占规模（限额）以上企业比重为 3.24%。表 8-11-16，图 8-11-18。

表 8-11-16　2016~2021 年定西市开展外部 R&D 企业情况

年度	有外部 R&D 的企业数（个）	增长率（%）	有外部 R&D 的企业数占比（%）
2016	5	—	1.84
2017	3	−40.00	1.10
2018	—	—	—
2019	2	—	0.75
2020	7	250.00	2.51
2021	11	57.14	3.24

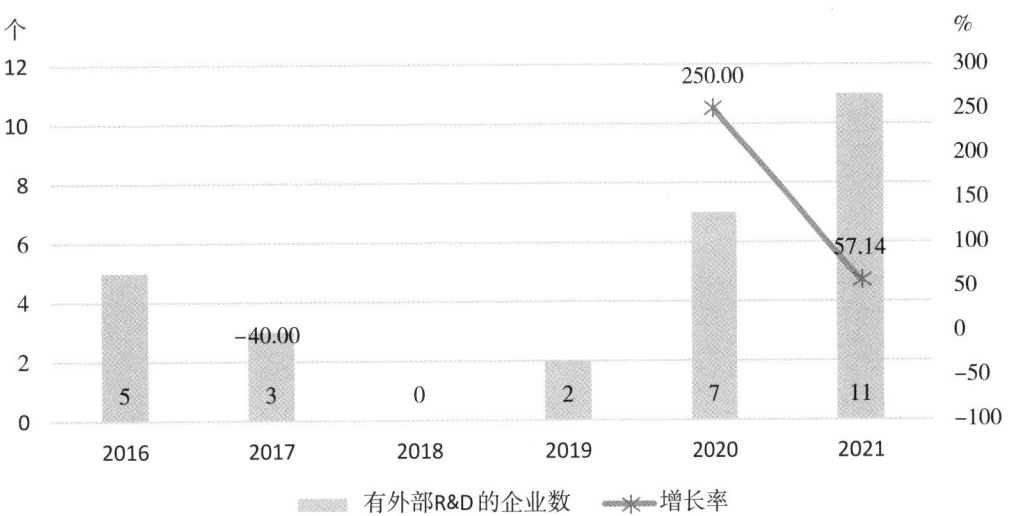

图 8-11-18　2016~2021 年定西市开展外部 R&D 企业数情况

2.工业企业创新费用情况

2016~2021年，工业企业创新费用变化呈波动增加态势，从2016年的0.63亿元增加至2021年的2.71亿元，年均增长率为33.67%。2019年增长率最低，为-52.1%,2018年增长率最高，为147%。表8-11-17,图8-11-19。

表8-11-17　2016~2021年定西市工业企业创新费用及其增长率

年度	工业企业创新费用(亿元)	增长率(%)
2016	0.63	—
2017	1.13	78.54
2018	2.80	147.00
2019	1.34	−52.10
2020	1.74	29.65
2021	2.71	55.85

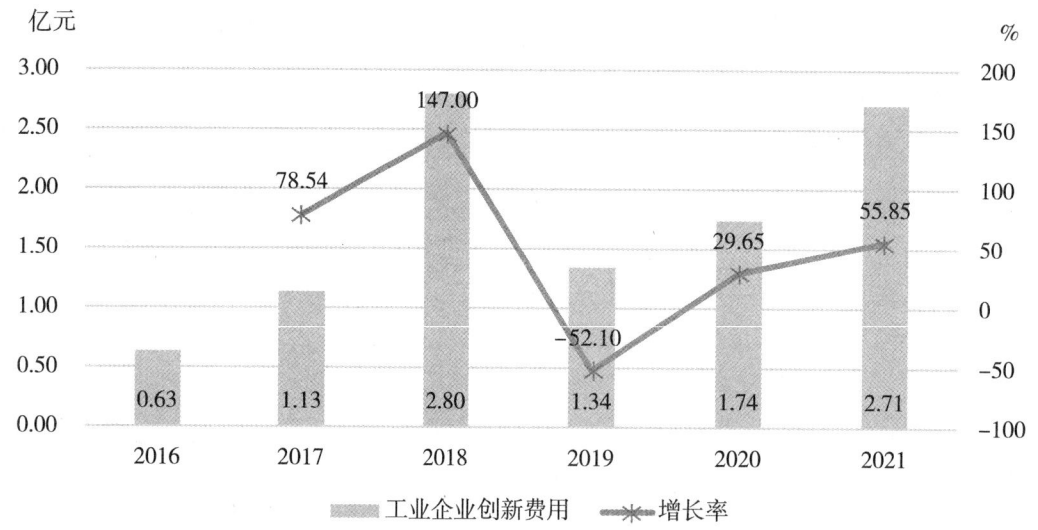

图8-11-19　2016~2021年定西市工业企业创新费用及其增长率

3.企业R&D经费情况

2016~2021年，定西市规模以上工业企业R&D经费呈现波动变化态势，从2016年的0.46亿元增加至2021年的2.34亿元，年均增长率为38.61%。占规模以上工业企业营业收入的比重从2016年的0.34%增加到2021年的1.08%。其中2016年占比最低,2021年占比最高。表8-11-18,图8-11-20。

表 8-11-18 2016~2021年定西市规模以上工业企业R&D经费情况

年度	规模以上工业企业R&D经费（亿元）	占规模以上工业企业营业收入（或主营业务收入）的比重（%）
2016	0.46	0.34
2017	0.71	0.52
2018	1.10	0.78
2019	0.66	0.44
2020	1.35	0.81
2021	2.34	1.08

注：因统计口径变化，2016~2018年使用规模以上工业企业主营业务收入，2019~2021年使用规模以上工业企业营业收入。

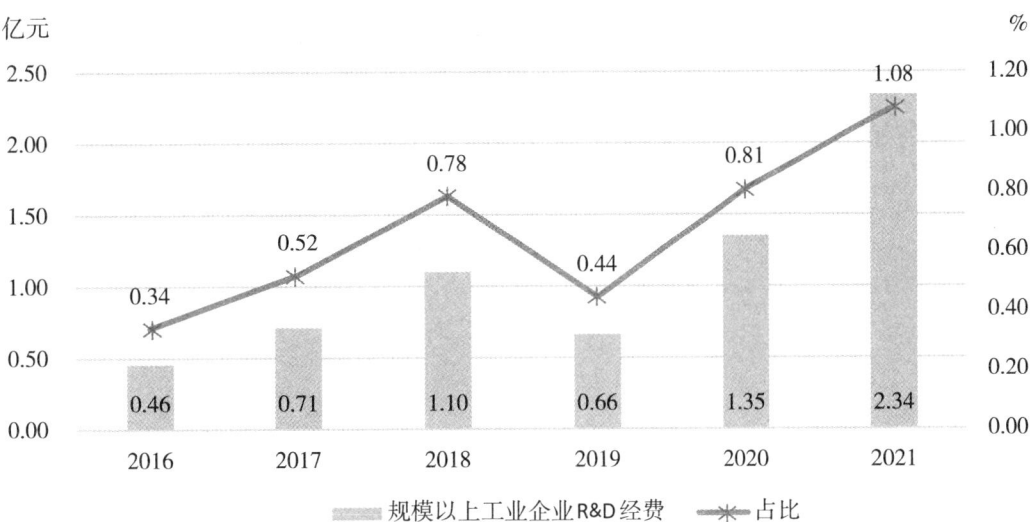

图 8-11-20 2016~2021年定西市规模以上工业企业R&D经费情况

(三) 知识产权情况

1. 专利授权情况

2016~2022年，定西市专利授权量呈现波动增长态势，从2016年的248件增长至2022年的1182件，年均增长率为29.73%，其中，2020年增长率最高，为81.15%，2022年增长率最低，为-11.33%。表8-11-19，图8-11-21。

表 8-11-19　2016~2022年定西市专利授权量及其增长率

年度	专利授权量(件)	增长率(%)
2016	248	—
2017	255	2.82
2018	328	28.63
2019	451	37.50
2020	817	81.15
2021	1333	63.16
2022	1182	−11.33

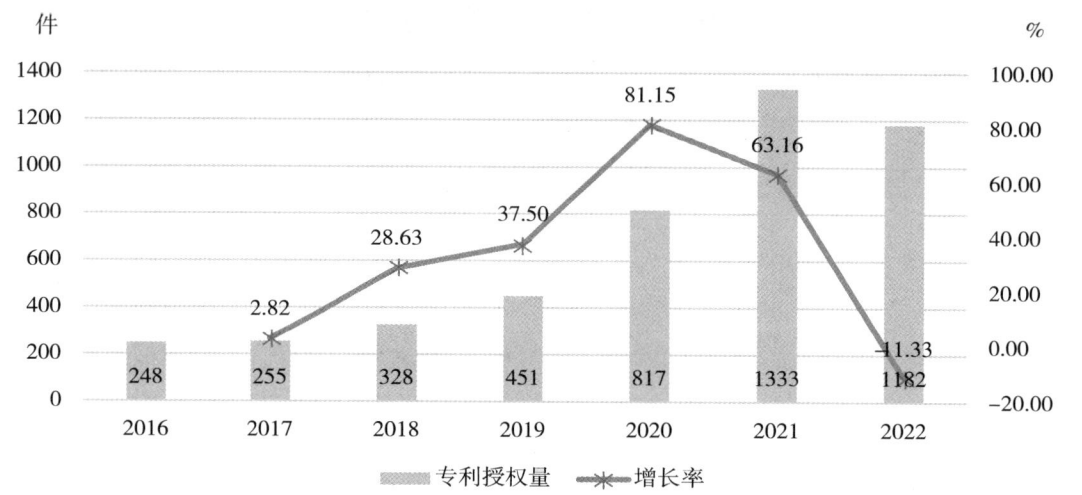

图 8-11-21　2016~2022年定西市专利授权量及其增长率

2.发明专利拥有量

2016~2022年,定西市发明专利拥有量稳定增长,从2016年的150件增长至2022年的211件,年均增长率为5.85%。万人发明专利拥有量从2016年的0.54件增长至2022年的0.84件,年均增长率为7.64%。其中,2019年专利发明专利拥有量增长率最低,为−3.05%。2017年发明专

表 8-11-20　2016~2022年定西市发明专利拥有量情况

年度	发明专利拥有量(件)	每万人口发明专利拥有量(件)
2016	150	0.54
2017	181	0.65
2018	197	0.7
2019	191	0.68
2020	191	0.68
2021	211	0.84
2022	211	0.84

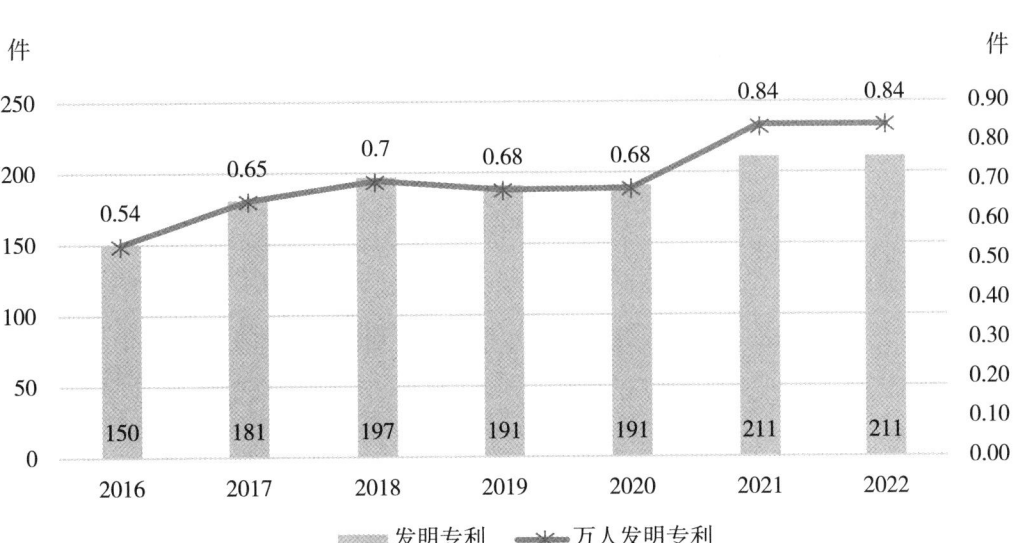

图 8-11-22　2016~2022 年定西市发明专利拥有量情况率

利拥有量增长率最高,为 20.67%。表 8-11-20,图 8-11-22。

3.高价值专利拥有量

(1)总体情况

2022 年,定西市高价值发明专利拥有量 84 件,相比于 2021 年增加 1 件,增长率为 1.2%。表 8-11-21,图 8-11-23。

表 8-11-21　2021~2022 年定西市高价值发明专利拥有量

年度	高价值发明专利拥有量(件)
2021	83
2022	84

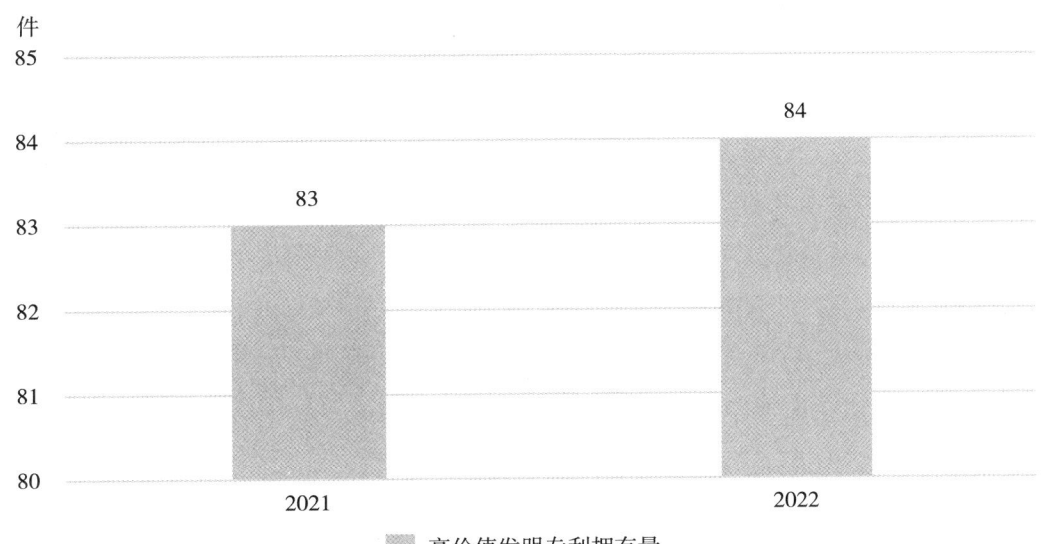

图 8-11-23　2021~2022 年定西市高价值发明专利拥有量

(2)五个维度分布情况

2022年定西高价值专利拥有量中,维持年限超10年的有效发明专利量为46件,占比最高,为43%。战略性新兴产业的有效发明专利量为38件,占比为36%。获得较高质押融资金额的有效发明专利为21件,占比为20%。获得国家科技奖或中国专利奖的有效发明专利为1件,占比为1%。表8-11-22,图8-11-24。

表8-11-22 2022年定西市高价值发明专利拥有量维度分布情况

分类	高价值发明专利拥有量(件)
战略性新兴产业的有效发明专利	38
维持年限超10年的有效发明专利	46
在海外有同族专利权的有效发明专利	0
获得较高质押融资金额的有效发明专利	21
获得国家科技奖或中国专利奖的有效发明专利	1

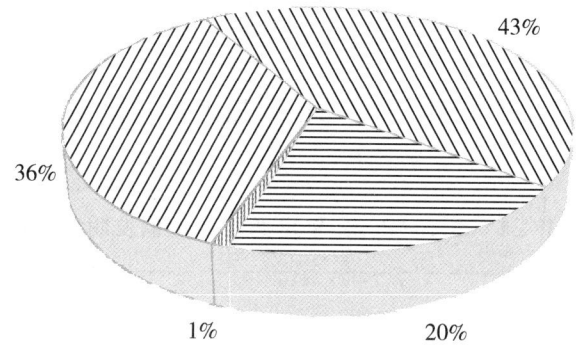

图8-11-24 2022年定西市高价值发明专利拥有量维度分布情况

(四)技术市场交易情况

1.总体情况

2016~2022年,定西累计登记技术合同1187项,成交额共计46.78亿元,成交额年均增长率30.49%,其中,2022年定西登记技术合同323项,技术合同成交额12.75亿元,比2016年增长393.7%。表8-11-23,图8-11-25。

表 8-11-23 2016~2022 年定西市技术市场合同统计表

年度	2016	2017	2018	2019	2020	2021	2022
合同数（项）	41	73	124	128	216	282	323
成交额（亿元）	2.58	3.88	5.47	6.23	7.07	8.81	12.75

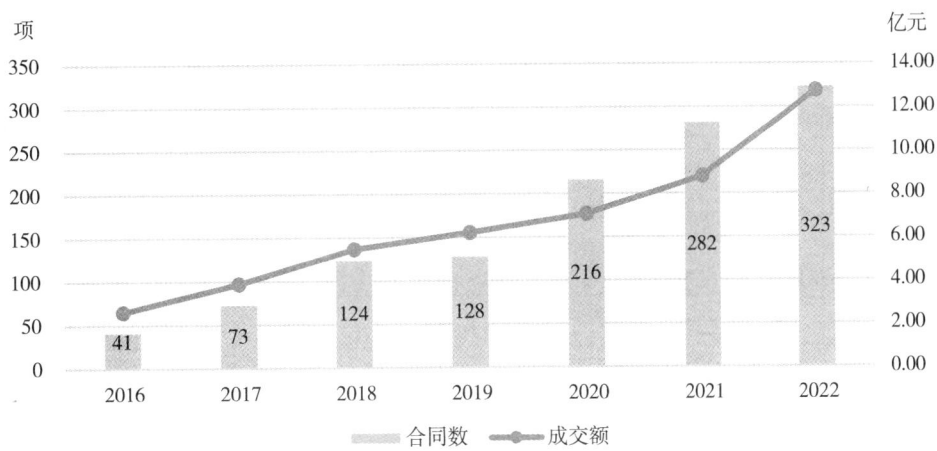

图 8-11-25 2016~2022 年定西市技术市场合同数和成交额情况

2.不同类型分布情况

（1）按合同类别分布情况

2016~2022 年，定西市绝大部分技术交易合同为技术服务合同，共登记 1156 项，成交额 46 亿元，占定西市技术交易额的比重为 98.33%；技术开发合同 9 项，成交额 0.21 亿元，占 0.44%；技术咨询合同 13 项，成交额 0.55 亿元，占 1.18%；技术转让合同 2 项，成交额 101 万元，占 0.02%；2022 年新增技术许可合同，共登记 7 项，成交额 106.8 万元。表 8-11-24，图 8-11-26。

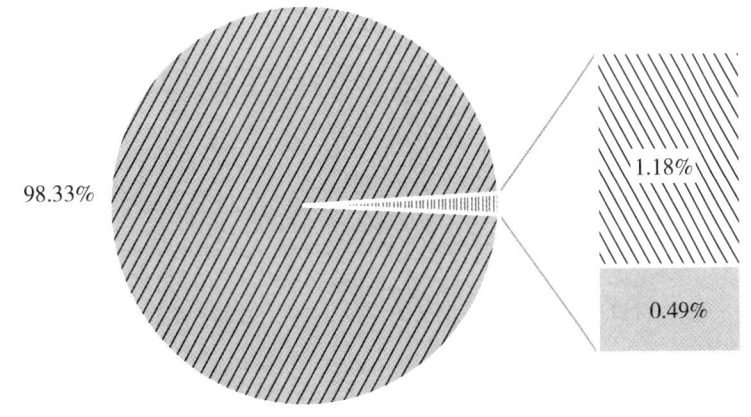

图 8-11-26 2016~2022 年定西市技术交易总金额按合同类别占比

表 8-11-24　2016~2022 年定西市技术合同按合同类别统计表

年度		2016	2017	2018	2019	2020	2021	2022	总计
总计	合同数(项)	41	73	124	128	216	282	323	1187
	成交额(亿元)	2.58	3.88	5.47	6.23	7.07	8.81	12.75	46.78
技术开发	合同数(项)	0	0	0	0	0	6	3	9
	成交额(亿元)	0.00	0.00	0.00	0.00	0.00	0.19	0.02	0.21
技术转让	合同数(项)	0	0	0	0	0	0	2	2
	成交额(亿元)	0.00	0.00	0.00	0.00	0.00	0.00	0.01	0.01
技术咨询	合同数(项)	0	0	0	0	1	10	2	13
	成交额(亿元)	0.00	0.00	0.00	0.00	0.01	0.49	0.05	0.55
技术服务	合同数(项)	41	73	124	128	215	266	309	1156
	成交额(亿元)	2.58	3.88	5.47	6.23	7.06	8.13	12.65	46.00
技术许可	合同数(项)	-	-	-	-	-	-	7	7
	成交额(亿元)	-	-	-	-	-	-	0.01	0.01

（2）按卖方类别分布情况

2016~2022 年，定西市技术交易主体有企业法人、事业法人与其他组织，其中，企业法人共输出技术合同 1130 项，成交额 44.44 亿元，占定西市技术交易额的 95.01%；事业法人共输出技术合同 27 项，成交额 1.26 亿元，占定西市技术交易额的 2.7%；其他组织输出技术合同 30 项，成交额仅 1.07 亿元，占定西市技术交易额的 2.29%。表 8-11-25，图 8-11-27。

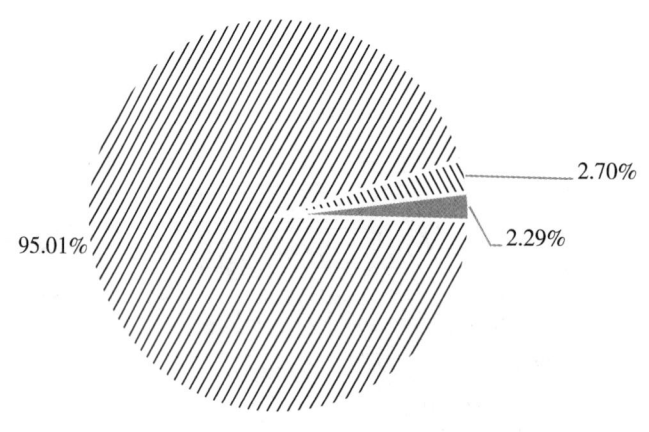

图 8-11-27　2016~2022 年定西市技术交易总金额按卖方类别占比

表 8-11-25 2016~2022年定西市技术合同按卖方类别统计表

年度		2016	2017	2018	2019	2020	2021	2022	总计
总计	合同数（项）	41	73	124	128	216	282	323	1187
	成交额（亿元）	2.58	3.88	5.47	6.23	7.07	8.81	12.75	46.78
机关法人	合同数（项）		0	0	0	0	0	0	0
	成交额（亿元）	0	0	0	0	0	0	0	0
事业法人	合同数（项）	4	4	4	0	0	0	15	27
	成交额（亿元）	0.39	0.41	0.46	0.00	0.00	0.00	0.01	1.26
社团法人	合同数（项）	0	0	0	0	0	0	0	0
	成交额（亿元）	0	0	0	0	0	0	0	0
企业法人	合同数（项）	37	69	119	123	206	276	300	1130
	成交额（亿元）	2.19	3.47	4.96	6.06	6.43	8.70	12.63	44.44
自然人	合同数（项）	0	0	0	0	0	0	0	0
	成交额（亿元）	0	0	0	0	0	0	0	0
其他组织	合同数（项）	0	0	1	5	10	6	8	30
	成交额（亿元）	0.00	0.00	0.06	0.16	0.63	0.11	0.10	1.07

（五）科技论文

2016~2020年，甘肃省14个市州共发表国内论文39 630篇，其中定西市共发表科技论文260篇，占全省国内论文比重为0.66%。表8-11-26，图8-11-28。

表 8-11-26 2016~2020年定西市国内论文数

年度	2016	2017	2018	2019	2020
论文数（篇）	75	63	45	36	41
占甘肃省国内论文比重(%)	0.92	0.82	0.59	0.46	0.5

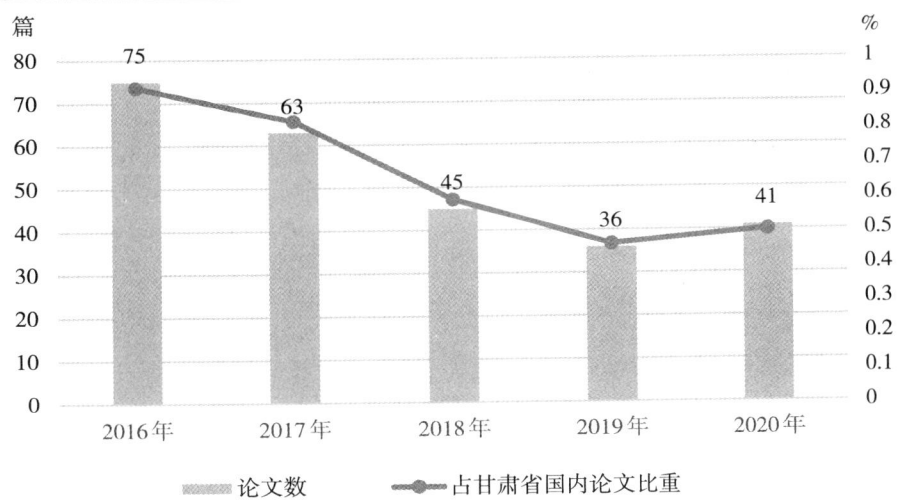

图 8-11-28 2016~2020年定西市国内论文发表情况

[12] 陇南篇

一、科技投入情况

(一) R&D 人员投入

2021年陇南市 R&D 人员达到552人,占全省 R&D 人员的1.00%。2016~2021年期间,陇南市 R&D 人员投入呈现先升后降趋势。其中,2016~2020年持续上升,年均增速为23.24%,2021年回落至552人,较上年减少25.91%。表8-12-1,图8-12-1。

表8-12-1 陇南市 R&D 人员投入表

年度	R&D 人员(人)	比上年增长(%)	占全省比例(%)
2016	323	41.05	0.81
2017	418	29.41	1.02
2018	454	8.61	1.17
2019	654	44.05	1.42
2020	745	13.91	1.73
2021	552	-25.91	1.00

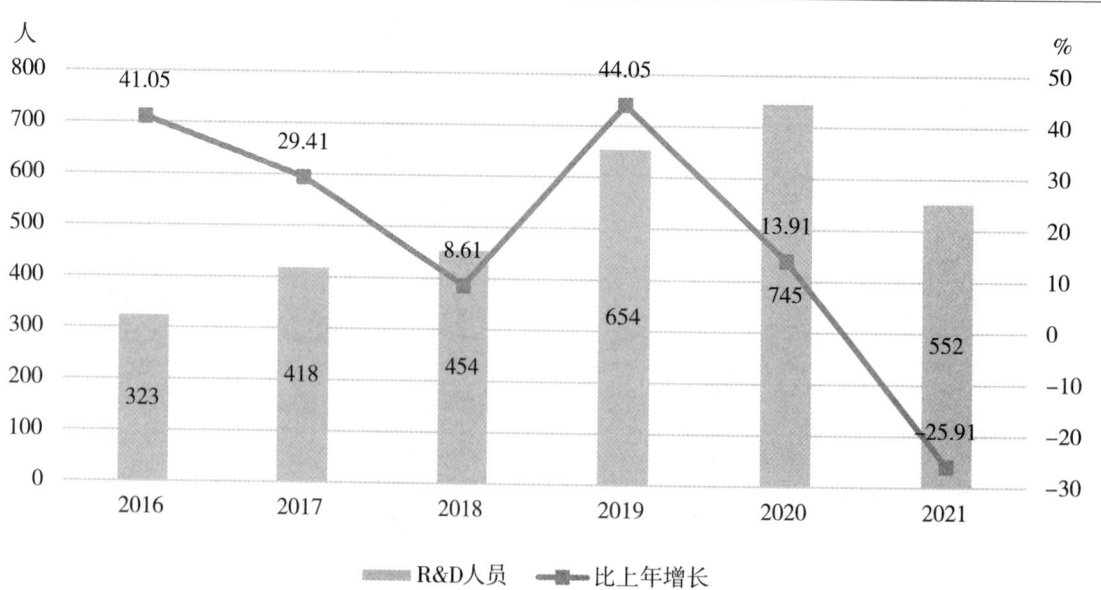

图8-12-1 陇南市 R&D 人员投入情况

(二)R&D 经费投入

1.总体情况

2016~2021 年,陇南市 R&D 经费总体呈现先升后降趋势。其中,2016~2020 年持续增长,年均增速为 26.56%,2021 年开始下降,为 0.69 亿元,较上年减少 41.33%。表 8-12-2,图 8-12-2。

表 8-12-2　陇南市 R&D 经费内部支出表

年度	R&D 经费内部支出(亿元)	比上年增长(%)
2016	0.46	59.97
2017	0.52	14.29
2018	0.54	2.61
2019	0.65	20.49
2020	1.18	83.00
2021	0.69	−41.33

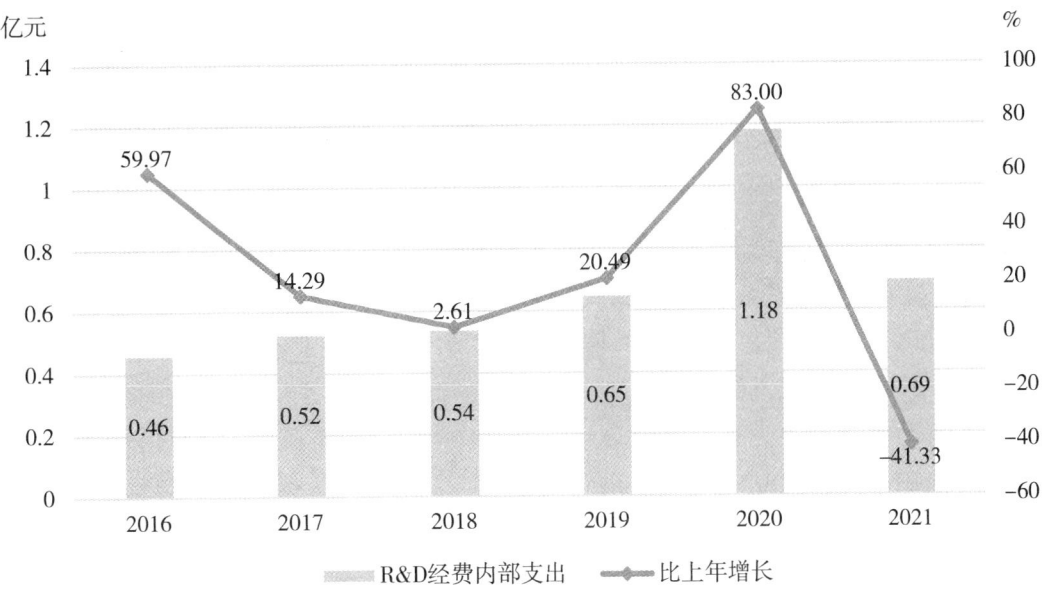

图 8-12-2　陇南市 R&D 经费内部支出及增长情况

2.结构分布

(1)按活动类型分布情况

2016~2021 年陇南市 R&D 经费主要用于试验发展活动,总体呈现先升后降趋势,2018~2020 年持续增长,2021 年回落至 6077 万元,较上年减少 61.60%。表 8-12-3,图 8-12-3。

从活动类型来看,2021 年陇南市基础研究、应用研究和试验发展占 R&D 经费的比重分别为 3.06%、9.37% 和 87.57%,其中试验发展经费占比高于全省平均水平,占全省的 0.70%。

表 8-12-3 按活动类型分组的 R&D 经费支出表

年度	基础研究(万元)	应用研究(万元)	试验发展(万元)
2016	41	1272	3261
2017	19	176	5033
2018	23	540	4801
2019	53	477	5933
2020	121	441	11266
2021	212	650	6077

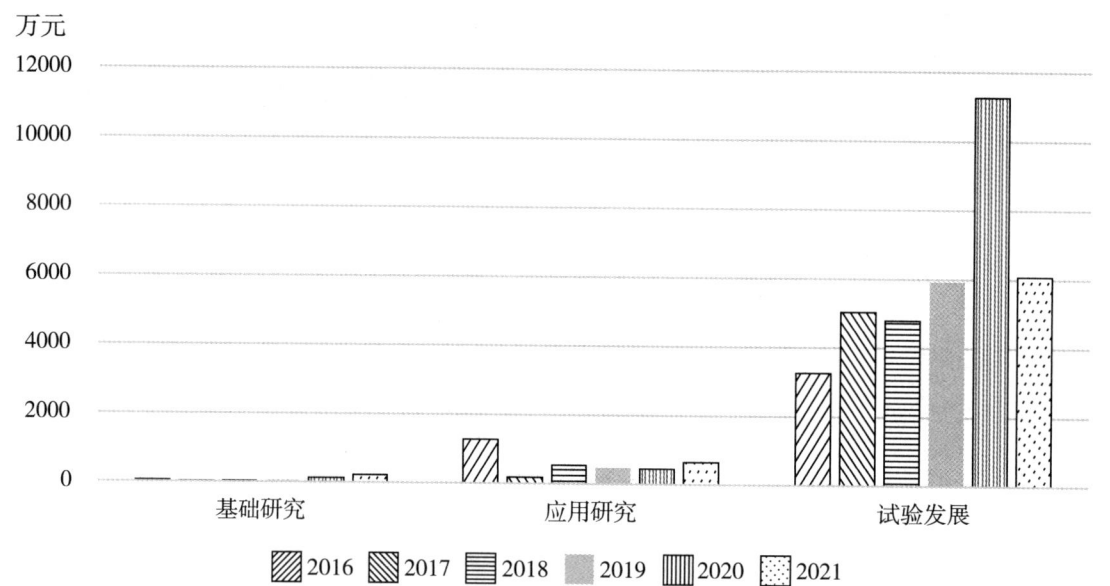

图 8-12-3 按活动类型分组的 R&D 经费支出情况

(2)按支出用途分布情况

按支出用途来看,陇南市 R&D 经费日常性支出远远超过资产性支出,且呈先升后降趋势,2018~2020 年持续增长。2021 年,陇南市日常性支出为 6794 万元,占陇南市 R&D 经费的 97.91%;资产性支出为 145 万元,占陇南市 R&D 经费的 2.09%。表 8-12-4,图 8-12-4。

表 8-12-4 按支出用途分组的 R&D 经费内部支出表

年度	日常性支出(万元)	资产性支出(万元)
2016	4032	542
2017	3773	1454
2018	5333	31
2019	6141	322
2020	10885	933
2021	6794	145

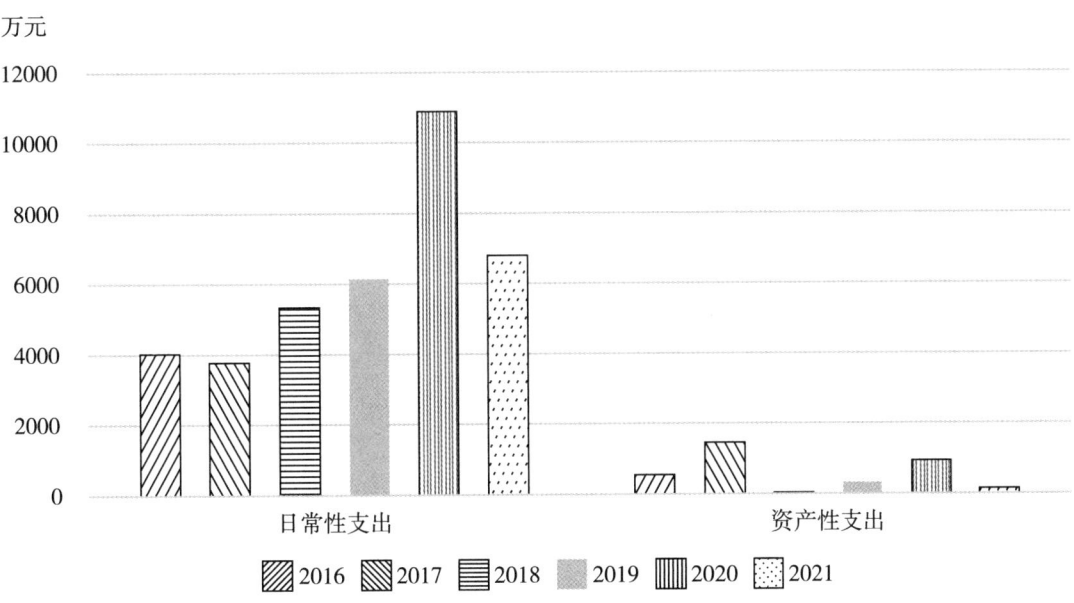

图 8-12-4　按支出用途分组的 R&D 经费内部支出情况

(三) R&D 经费投入强度

2016~2021 年，陇南市 R&D 经费投入强度呈先升后降趋势，2016~2020 年持续上升，从 2016 年的 0.13% 增长到 2020 年的 0.26，增长 0.13 个百分点；2021 年回落至 0.14%，较上年减少 0.12 个百分点。表 8-12-5，图 8-12-5。

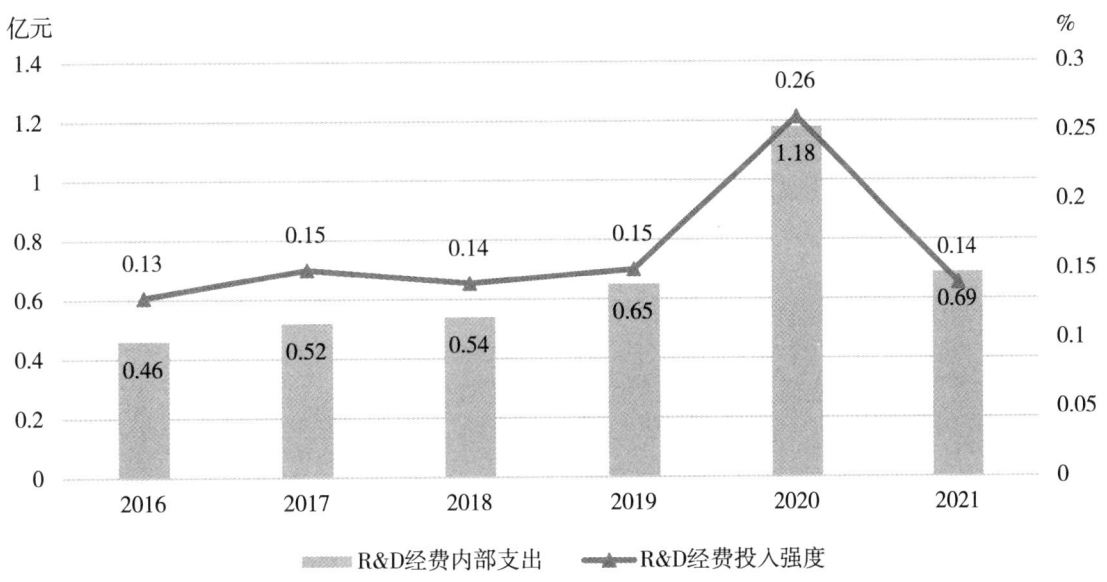

图 8-12-5　R&D 经费投入强度变化情况

表 8-12-5 R&D 经费投入强度表

年度	R&D 经费内部支出(亿元)	R&D 经费投入强度(%)
2016	0.46	0.13
2017	0.52	0.15
2018	0.54	0.14
2019	0.65	0.15
2020	1.18	0.26
2021	0.69	0.14

(四)财政科技支出

1.总体情况

表 8-12-6 财政科技支出表

年度	一般公共预算收入（亿元）	一般公共预算支出（亿元）	财政科技支出（亿元）	财政科技支出占一般公共预算支出比重(%)
2016	26.69	208.27	0.59	0.28
2017	26.17	225.95	0.81	0.36
2018	26.95	262.36	0.99	0.38
2019	23.61	278.57	0.99	0.36
2020	23.20	336.38	1.22	0.36
2021	28.19	288.52	1.36	0.47

(1)一般公共预算收入

2016~2021 年，陇南市一般公共预算收入总体波动幅度较低,2016~2017 年小幅下降,2018~2020 年逐年下降,2021 年开始回升,达到 28.19 亿元,较上年增长 21.48%。表 8-12-6,图 8-12-6。

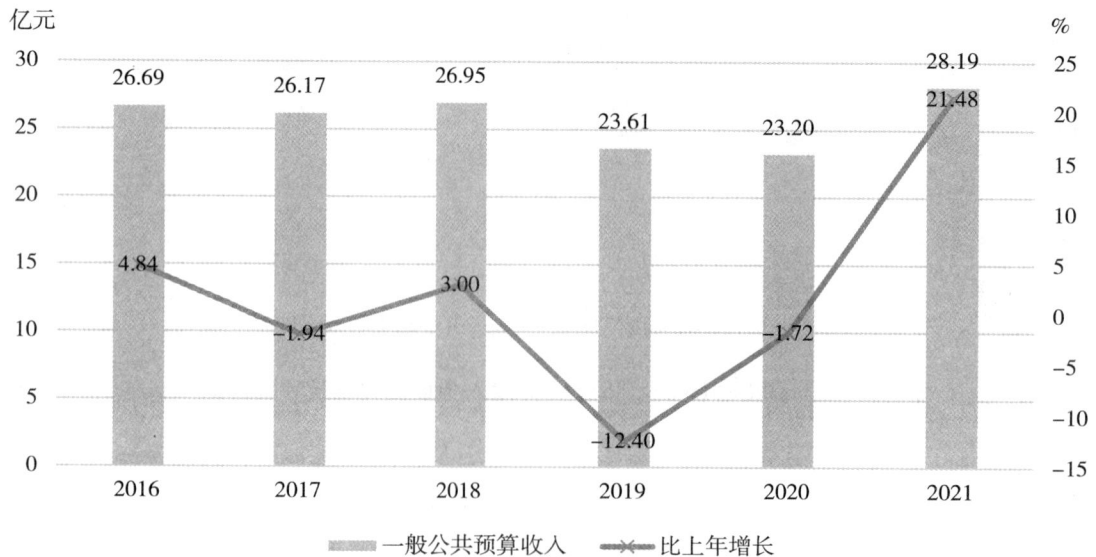

图 8-12-6 一般公共预算收入及增长情况

(2)一般公共预算支出

2016~2021年,陇南市一般公共预算支出呈现先增后降趋势,2016~2020年持续增长,年均增速为12.73%;2021年回落至288.52亿元,较上年减少1.23%。图8-12-7。

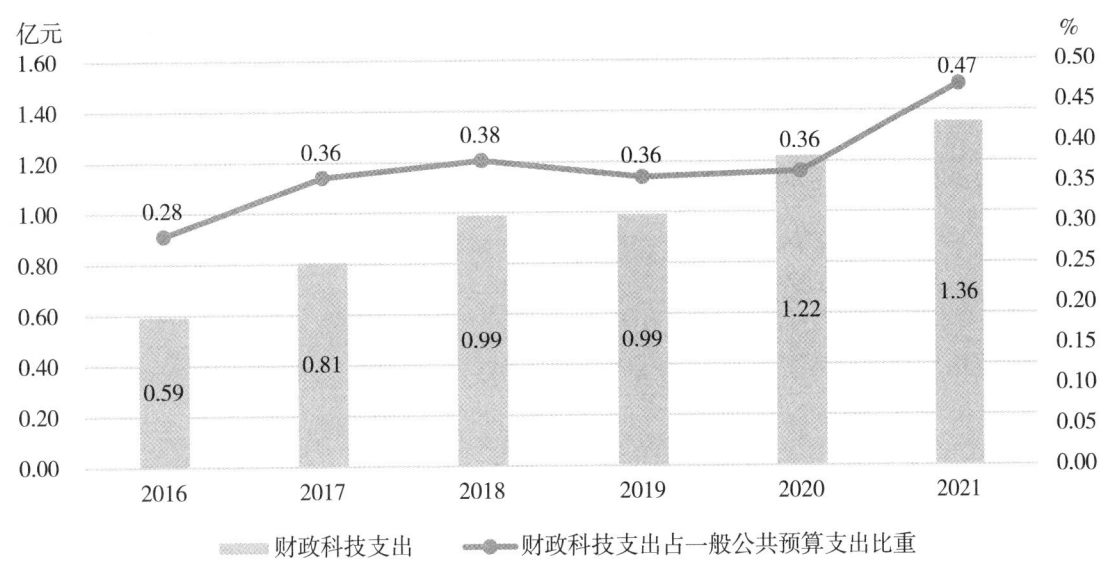

图8-12-7 一般公共预算支出及增长情况

(3)财政科技支出

2016~2021年,陇南市财政科技支出总体呈现增长趋势,年均增速为18.18%。2021年上升至1.36亿元,较上年增长11.48%,占一般公共预算支出的比重为0.47%。图8-12-8。

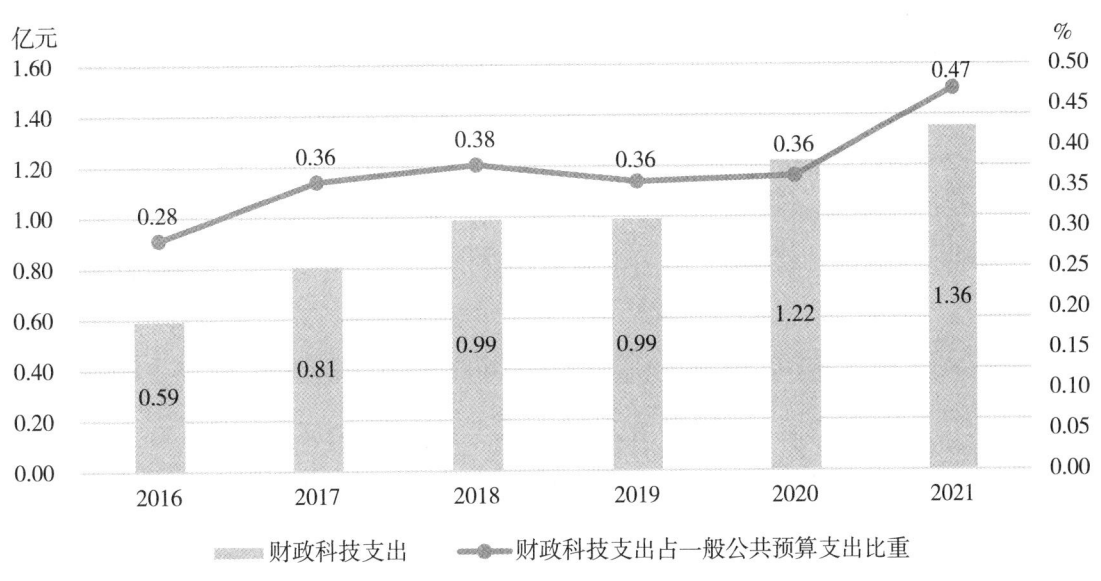

图8-12-8 地方财政科技支出及占比情况

2.地区分布情况

(1)各区县一般公共预算收入

2016~2021年,武都区一般公共预算收入较高,总体变化幅度较低,2021年达到5.48亿元,较上年增长20.18%。成县仅次于武都区,2021年一般公共预算收入达到4.41亿元,较上年增长34.04%。两当县一般公共预算收入较低,2021年一般公共预算收入为0.59亿元,占全市的2.11%。文县、宕昌县、康县、西和县、礼县和徽县一般公共预算收入处于中间水平,2021年分别占全市一般公共预算收入的8.40%、6.38%、5.00%、8.06%、8.01%和12.98%。表8-12-7,图8-12-9。

表8-12-7 各区县一般公共预算收入表(亿元)

年度	武都区	成县	文县	宕昌县	康县	西和县	礼县	徽县	两当县
2016	5.10	4.41	2.25	1.50	1.54	1.82	2.16	3.07	0.82
2017	5.09	4.74	2.12	1.62	1.40	1.58	1.96	2.88	0.38
2018	5.25	4.83	2.14	1.40	1.18	1.96	2.48	3.16	0.54
2019	4.66	3.75	2.00	1.60	0.98	1.84	1.89	2.77	0.58
2020	4.56	3.29	2.03	1.51	1.16	1.94	1.61	3.06	0.41
2021	5.48	4.41	2.37	1.80	1.41	2.27	2.26	3.66	0.59

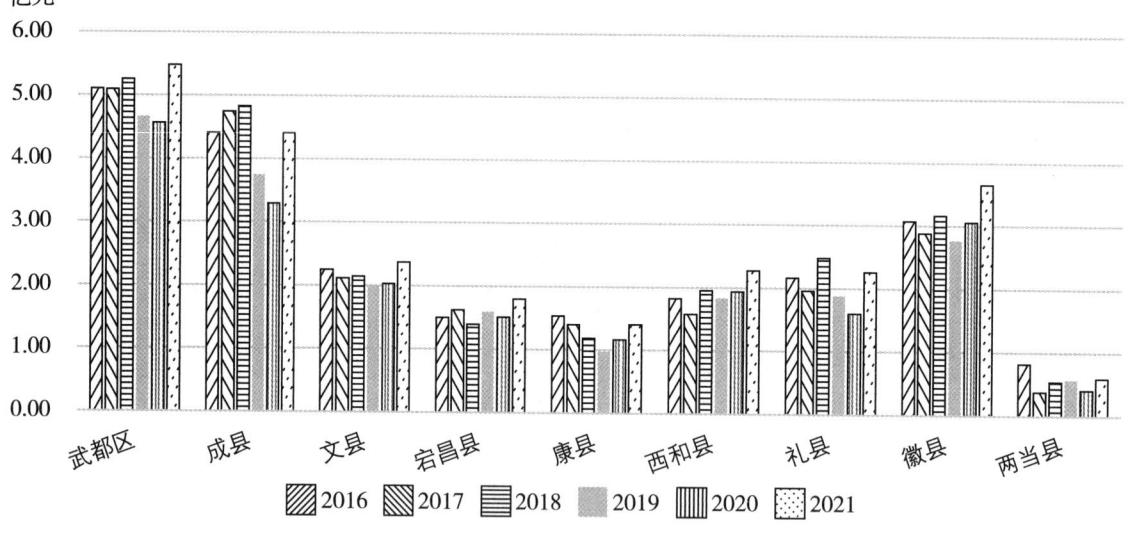

图8-12-9 各区县一般公共预算收入情况

(2)各区县一般公共预算支出

2016~2021年,武都区一般公共预算支出较高,总体呈现先升后降趋势。其中,2016~2020年持续增长,年均增速为12.12%;2021年回落至46.33亿元,较上年减少17.85%。两当县总体最高支出不足15亿元,2021年一般公共预算支出占全市一般公共预算支出的3.08%。成县、文县、宕昌县、康县、西和县、礼县和徽县一般公共预算收入处于中间水平,2021年分别占全市一般公共预算收入的 7.46%、11.19%、10.92%、7.98%、11.55%、13.16% 和 6.76%。表 8-12-8，图 8-12-10。

表 8-12-8　各区县一般公共预算支出表（亿元）

年度	武都区	成县	文县	宕昌县	康县	西和县	礼县	徽县	两当县
2016	35.69	19.45	20.23	20.41	15.87	24.81	29.44	15.81	7.45
2017	38.86	21.50	21.11	22.51	16.84	27.28	34.02	18.34	7.44
2018	43.85	22.24	24.93	35.76	16.63	33.03	41.14	19.00	7.88
2019	48.66	22.47	25.27	34.20	18.77	38.17	44.92	19.40	8.86
2020	56.40	25.05	31.58	40.40	23.49	44.05	49.78	21.13	10.51
2021	46.33	21.53	32.28	31.49	23.02	33.32	37.98	19.50	8.88

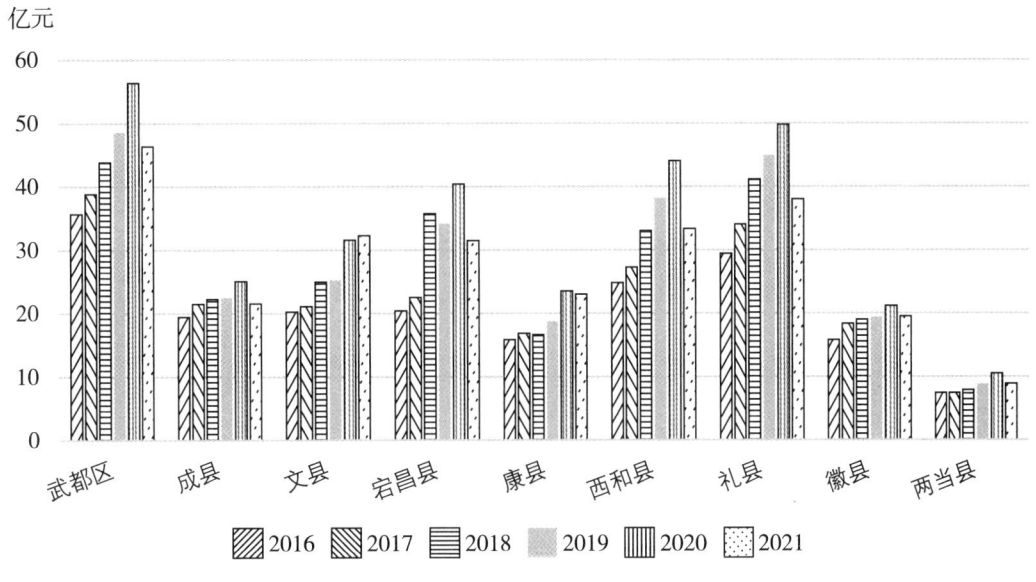

图 8-12-10　各区县一般公共预算支出情况

（3）各区县财政科技支出

2016~2021 年，文县财政科技支出相对较高，2016~2019 年持续增长，2020 年开始回落，2021 年继续回升至 1904 万元，增速幅度较大。两当县总体财政科技支出较低，2021 年财政科技支出占全市财政科技支出的 7.58%。武都区、成县、宕昌县、康县、西和县、礼县和徽县财政科技

表 8-12-9　各区县财政科技支出表（万元）

年度	武都区	成县	文县	宕昌县	康县	西和县	礼县	徽县	两当县
2016	344	232	1758	387	319	161	307	278	165
2017	419	461	1956	452	807	197	429	473	165
2018	1777	355	2175	393	712	175	600	766	189
2019	1119	579	2304	565	815	563	347	711	216
2020	1010	2221	387	591	1605	1534	1105	1243	250
2021	657	1404	1904	599	1348	1673	2206	775	1028

支出处于中间水平,2021年分别占全市财政科技支出的4.85%、10.36%、4.42%、9.94%、12.34%、16.27%和5.72%。表8-12-9,图8-12-11。

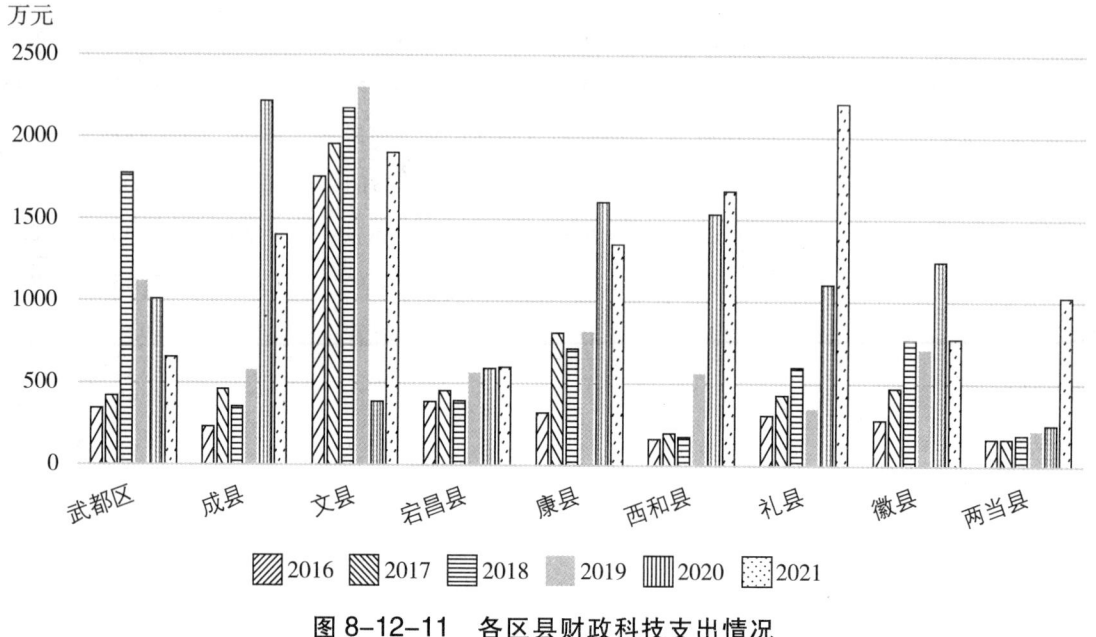

图 8-12-11　各区县财政科技支出情况

二、科技产出情况

(一)企业创新活动情况

1.企业总体情况

2016~2021年,陇南市规模(限额)以上企业数呈现增长变化,从2016年177家逐渐增长至2021年的223家,年均增长率为4.73%。企业数增长率最高的年度为2021年,达17.99%,增长率最低的年度为2018年,为-5.20%。2021年占全省规模(限额)以上企业数的3.66%。表8-12-10,图8-12-12。

表 8-12-10　2016~2021年陇南市企业数与增长率

年度	企业数(个)	增长率(%)	占全省比例(%)
2016	177	-	3.37
2017	173	-2.26	3.35
2018	164	-5.20	3.43
2019	179	9.15	3.60
2020	189	5.59	3.51
2021	223	17.99	3.66

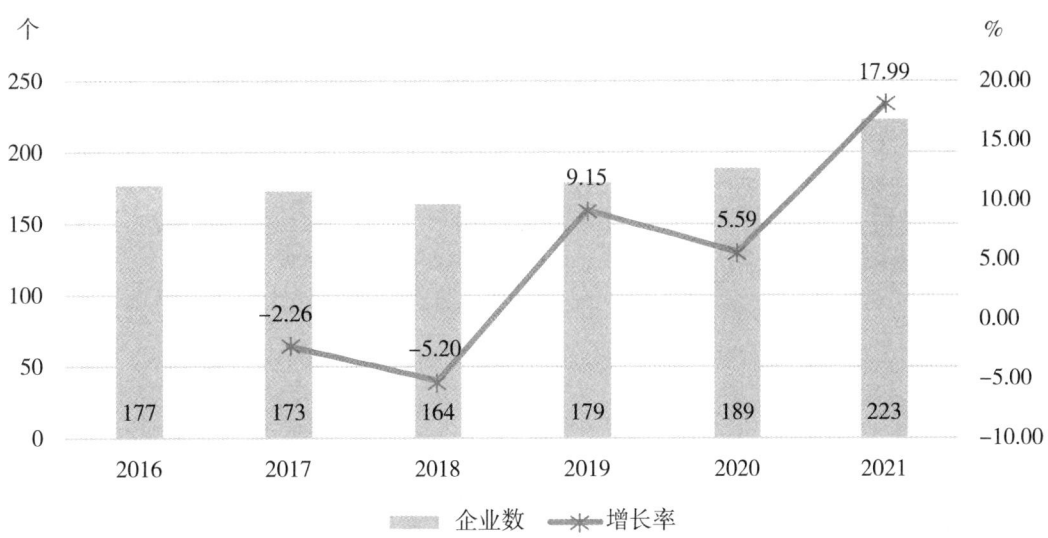

图 8-12-12 2016~2021 年陇南市企业数与增长率

2.企业开展创新活动情况

2016~2021 年,陇南市规模(限额)以上企业中开展创新活动企业数波动变化,从 2016 年 69 家增加至 2021 年的 83 家,年均增长率为 3.76%。2017 年、2018 年、2020 年增长率为负,呈现下降态势。2019 年增长率最高,为 19.05%,2021 年开展创新活动企业数达 83 家,相较于 2020 年增加 10 家,增长率达到 13.70%,占全省的 3.41%。表 8-12-11,图 8-12-13。

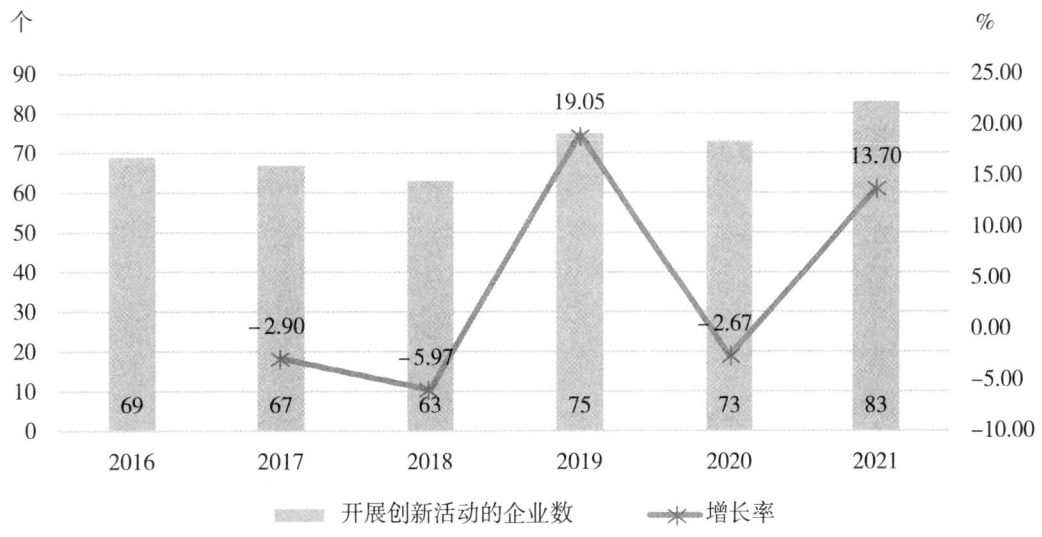

图 8-12-13 2016~2021 年陇南市开展创新企业数与增长率

表 8-12-11　2016~2021 年陇南市开展创新企业数与增长率

年度	企业数(个)	增长率(%)	占全省比例(%)
2016	69	—	3.67
2017	67	−2.90	3.55
2018	63	−5.97	3.63
2019	75	19.05	3.96
2020	73	−2.67	3.72
2021	83	13.70	3.41

2016~2021 年,陇南市规模(限额)以上企业中开展创新活动企业数占比波动变化,从 2016 年的 38.98%下降至 2021 年的 37.22%,减少了 1.76 个百分点。2020 年占比为 38.62%,2021 年略有下降,减少了 1.4 个百分点。表 8-12-12,图 8-12-14。

表 8-12-12　2016~2021 年陇南市开展创新活动企业数占总企业数比重

年度	占比(%)
2016	38.98
2017	38.73
2018	38.41
2019	41.90
2020	38.62
2021	37.22

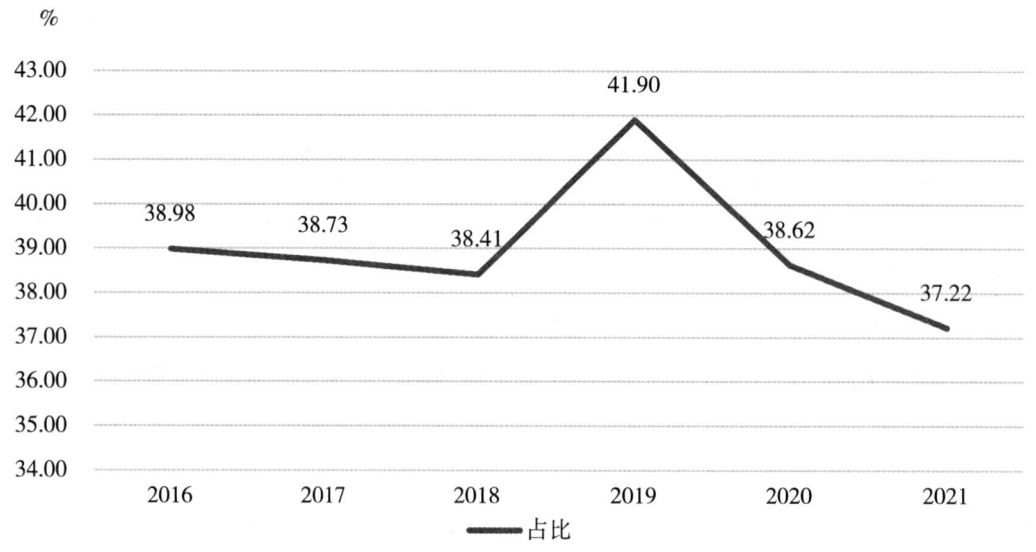

图 8-12-14　2016~2021 年陇南市开展创新活动企业数占总企业数比重

开展创新活动企业中,部分企业成功实现创新,2016~2021年,成功创新企业占开展创新活动企业比例呈现波动上升趋势,完成率皆保持在82%以上。2021年企业实现创新完成率达96.39%。表8-12-13,图8-12-15。

表8-12-13 2016~2021年陇南市实现创新完成企业占比

年度	实现创新完成率(%)
2016	82.61
2017	89.55
2018	95.24
2019	90.67
2020	98.63
2021	96.39

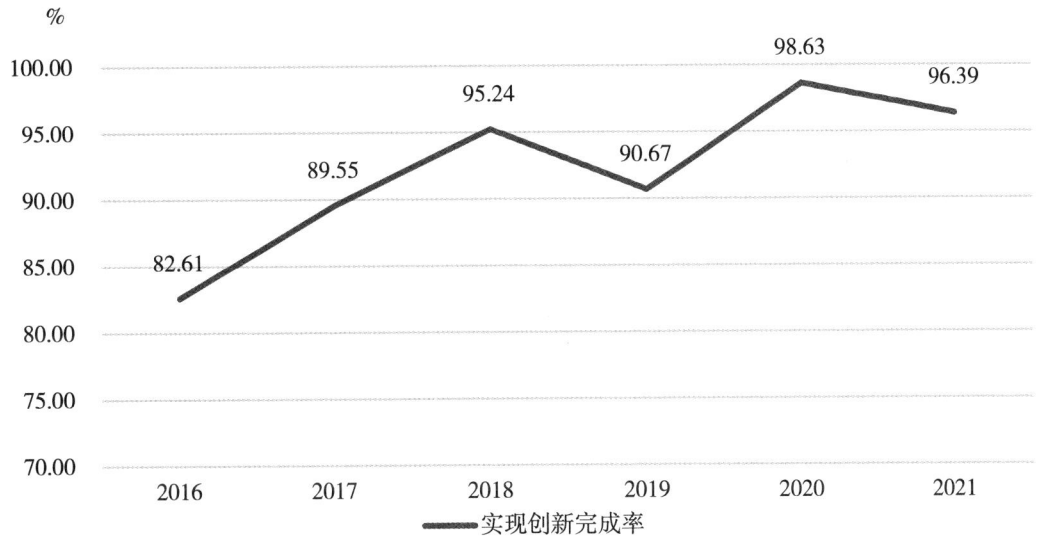

图8-12-15 2016~2021年陇南市实现创新完成企业占比

3.创新活动类型情况

2021年,陇南市开展组织(管理)创新活动或营销创新活动的企业占开展创新活动企业数的92.77%,开展产品创新活动或工艺创新活动的企业占36.14%,同时开展4种创新活动的企业占4.82%。表8-12-14,图8-12-16。

表 8-12-14 2016~2021 年陇南市企业创新活动开展情况

年度	开展产品或工艺创新活动企业数(个)	占比(%)	有组织(管理)创新或营销创新企业数(个)	占比(%)	同时实现四种创新企业数(个)	占比(%)
2016	47	68.12	53	76.81	15	21.74
2017	40	59.70	58	86.57	12	17.91
2018	29	46.03	56	88.89	11	17.46
2019	34	45.33	67	89.33	7	9.33
2020	34	46.58	66	90.41	8	10.96
2021	30	36.14	77	92.77	4	4.82

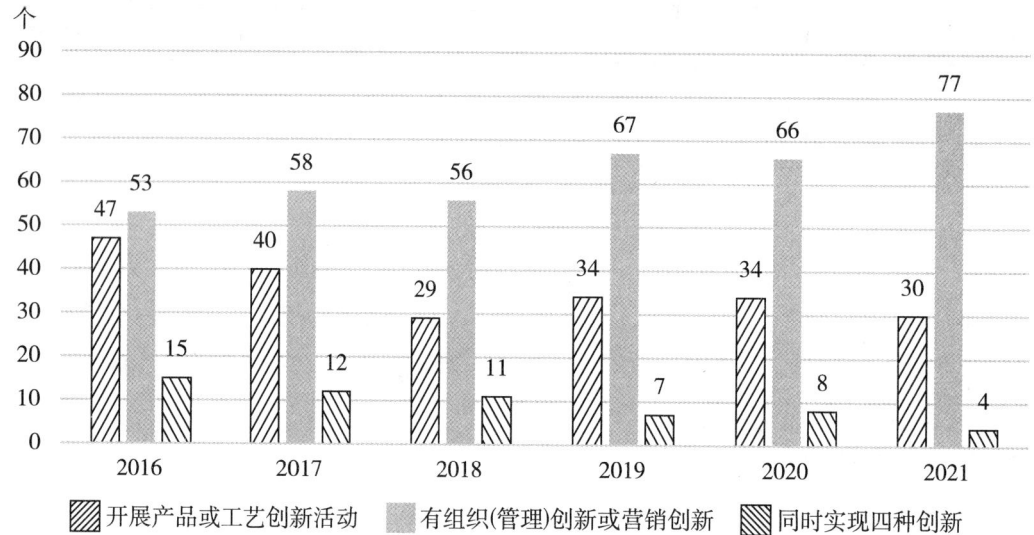

图 8-12-16 2016~2021 年陇南市企业创新活动开展情况

(二)企业 R&D 活动情况

1.开展 R&D 活动的企业情况

2016~2021 年,开展内部 R&D 活动企业数从 2016 年的 14 家下降至 2021 年的 7 家,年均增长率为-12.94%。2021 年陇南市开展内部 R&D 活动企业占规模(限额)以上企业比重为 3.14%。表 8-12-15,图 8-12-17。

表 8-12-15 2016~2021 年陇南市内部 R&D 企业情况

年度	有内部 R&D 的企业数(个)	增长率(%)	有内部 R&D 的企业数占比(%)
2016	14	—	7.91
2017	10	-28.57	5.78
2018	6	-40.00	3.66
2019	7	16.67	3.91
2020	10	42.86	5.29
2021	7	-30.00	3.14

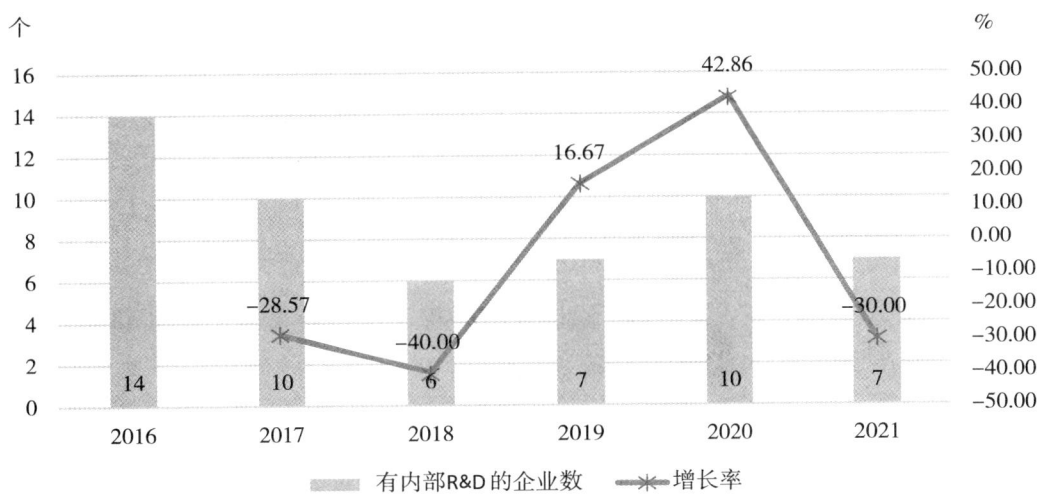

图 8-12-17　2016~2021 年陇南市内部 R&D 企业情况

2016~2021 年,开展外部 R&D 企业数呈现下降态势。2016~2021 年,2016 年、2020 年开展外部 R&D 活动企业数皆为 3 家,2016~2020 年开展外部 R&D 企业数波动变化,2021 年无外部 R&D 活动企业数。表 8-12-16,图 8-12-18。

表 8-12-16　2016~2021 年陇南市开展外部 R&D 企业情况

年度	有外部 R&D 的企业数(个)	增长率(%)	有外部 R&D 的企业数占比(%)
2016	3	—	1.69
2017	1	-66.67	0.58
2018	2	100.00	1.22
2019	1	-50.00	0.56
2020	3	200.00	1.59
2021	0	-100.00	0.00

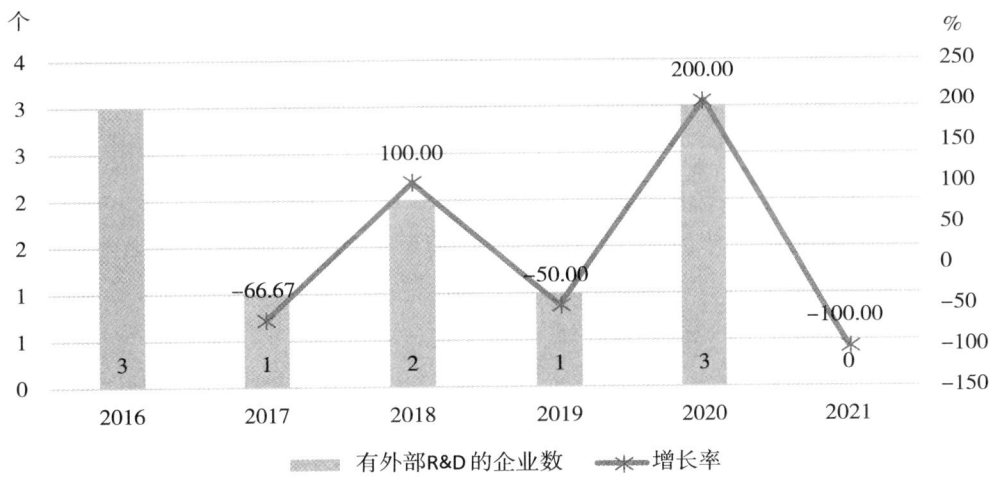

图 8-12-18　2016~2021 年陇南市开展外部 R&D 企业数情况

2.工业企业创新费用情况

2016~2021年,工业企业创新费用变化呈波动变化态势,从2016年的2.84亿元减少至2021年的0.94亿元,年均增长率为-19.84%。2017年增长率最低,为-59.88%,2019年增长率最高,为49.71%。表8-12-17,图8-12-19。

表8-12-17　2016~2021年陇南市工业企业创新费用及其增长率

年度	工业企业创新费用(亿元)	增长率(%)
2016	2.84	—
2017	1.14	-59.88
2018	0.70	-38.57
2019	1.05	49.71
2020	1.11	5.92
2021	0.94	-15.32

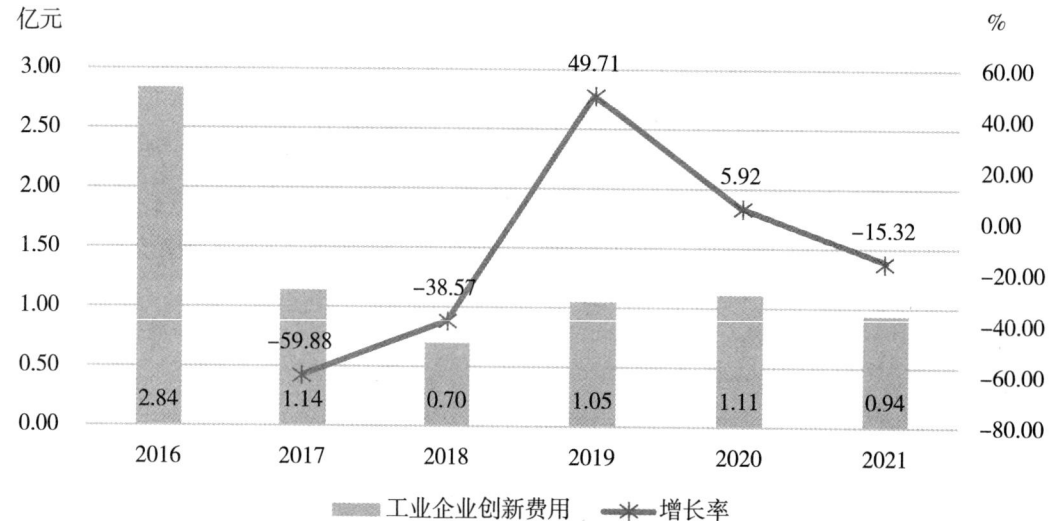

图8-12-19　2016~2021年陇南市工业企业创新费用及其增长率

3.企业R&D经费情况

2016~2021年,陇南市规模以上工业企业R&D经费呈现波动变化态势,从2016年的0.39亿元增加至2021年的0.47亿元,年均增长率为3.84%。占规模以上工业企业营业收入的比重从2016年的0.36%减少到2021年的0.26%。其中2018年占比最低,为0.25%,2016年、2017年占比最高,为0.36%。表8-12-18,图8-12-20。

表 8-12-18　2016~2021年陇南市规模以上工业企业R&D经费情况

年度	规模以上工业企业R&D经费(亿元)	占规模以上工业企业营业收入(或主营业务收入)的比重(%)
2016	0.39	0.36
2017	0.40	0.36
2018	0.30	0.25
2019	0.42	0.34
2020	0.96	0.71
2021	0.47	0.26

注：因统计口径变化，2016~2018年使用规模以上工业企业主营业务收入，2019~2021年使用规模以上工业企业营业收入。

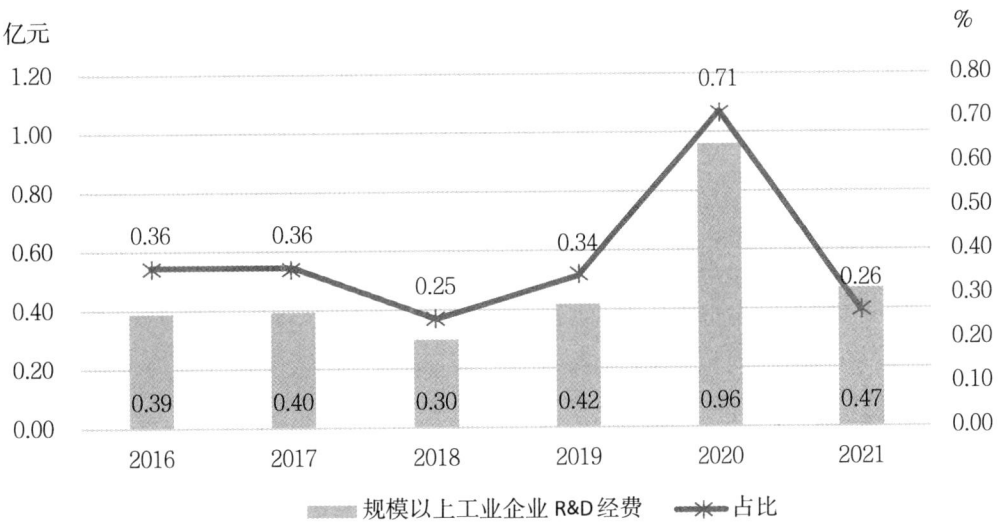

图 8-12-20　2016~2021年陇南市规模以上工业企业R&D经费情况

(三)知识产权情况

1.专利授权情况

2016~2022年，陇南市专利授权量呈现波动增长态势，从2016年的148件增长至2022年的817件，年均增长率为32.94%，其中，2018年增长率最高为103.17%，2022年增长率最低，为-24.70%。表 8-12-19，图 8-12-21。

表 8-12-19　2016~2022年陇南市专利授权量及其增长率

年度	专利授权量(件)	增长率(%)	年度	专利授权量(件)	增长率(%)
2016	148	—	2020	1026	0.38
2017	221	0.49	2021	1085	0.06
2018	449	1.03	2022	817	−0.25
2019	743	0.65			

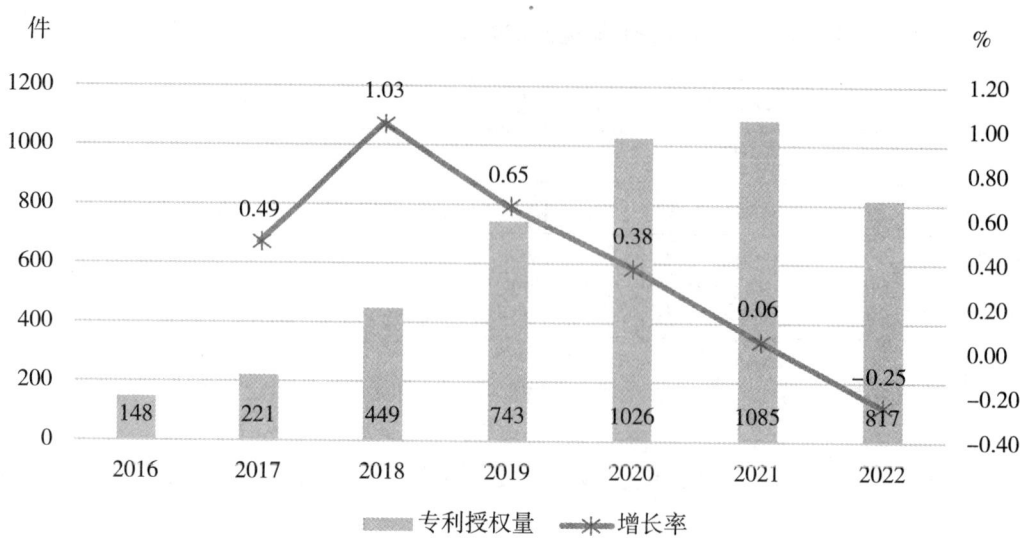

图 8-12-21　2016~2022 年陇南市专利授权量及其增长率

2.发明专利拥有量

2016~2022 年,陇南市发明专利拥有量稳定增长,从 2016 年的 61 件增长至 2022 年的 124 件,年均增长率为 12.55%。万人发明专利拥有量从 2016 年的 0.29 件增长至 2022 年的 0.52 件,年均增长率为 10.22%。其中,2018 年专利发明专利拥有量增长率最低,为-5.06%。2017 年发明专利拥有量增长率最高为 29.51%。表 8-12-20,图 8-12-22。

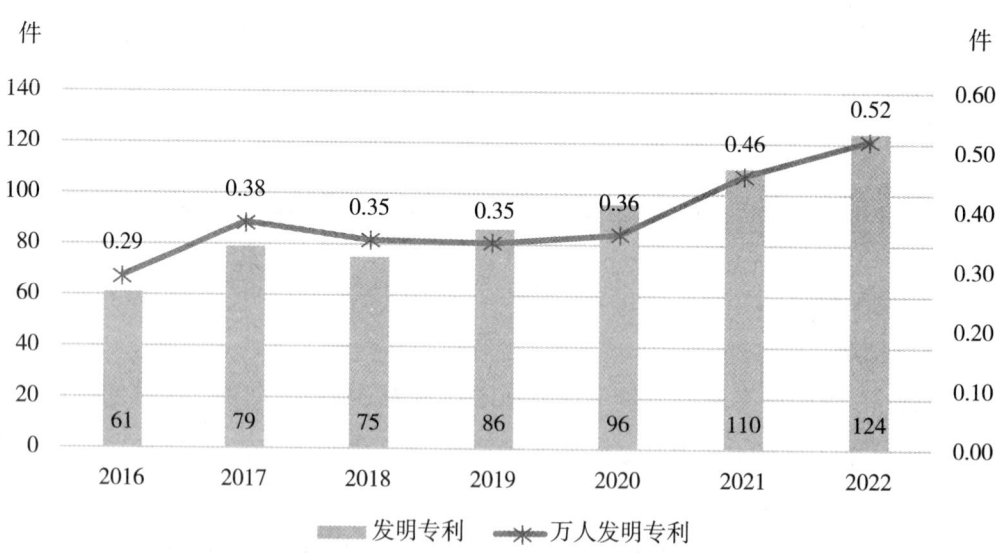

图 8-12-22　2016~2022 年陇南市发明专利拥有量情况率

表 8-12-20 2016~2022年陇南市发明专利拥有量情况

年度	发明专利拥有量（件）	每万人口发明专利拥有量（件）
2016	61	0.29
2017	79	0.38
2018	75	0.35
2019	86	0.35
2020	96	0.36
2021	110	0.46
2022	124	0.52

3.高价值专利拥有量

（1）总体情况

2022年,陇南市高价值发明专利拥有量37件,相比于2021年减少6件,增长率为-13.95%。表 8-12-21,图 8-12-23。

表 8-12-21 2021~2022年陇南市高价值发明专利拥有量

年度	高价值发明专利拥有量（件）
2021	43
2022	37

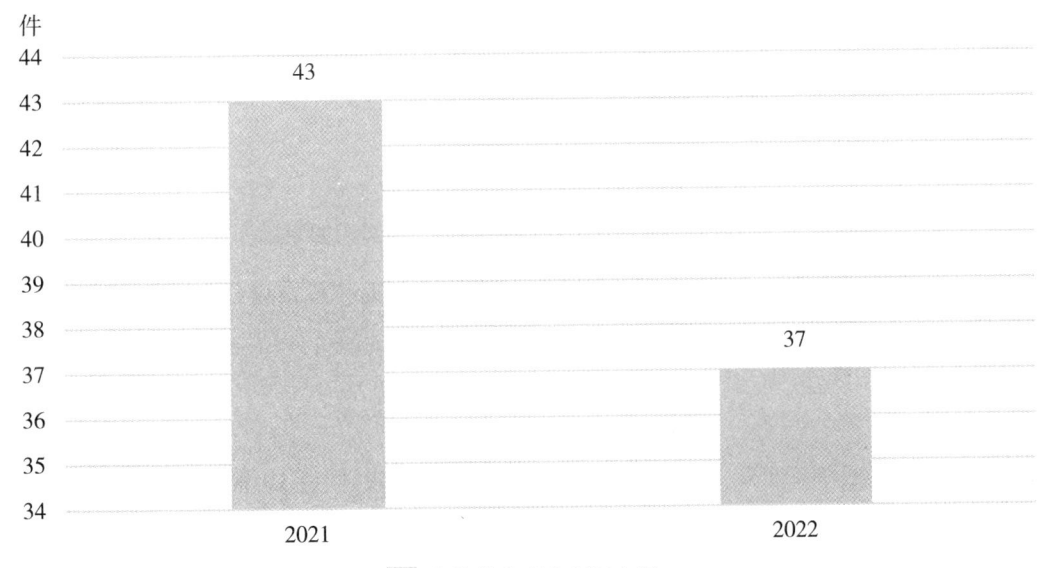

图 8-12-23 2021~2022年陇南市高价值发明专利拥有量

（2）五个维度分布情况

2022年陇南高价值专利拥有量中，维持年限超10年的有效发明专利量为28件，占比最高，为56%。战略性新兴产业的有效发明专利量为13件，占比为26%。获得较高质押融资金额的有效发明专利为6件，占比为12%。获得国家科技奖或中国专利奖的有效发明专利为3，占比为6%。表8-12-22，图8-12-24。

表8-12-22 2022年陇南市高价值发明专利拥有量维度分布情况

分类	高价值发明专利拥有量（件）
战略性新兴产业的有效发明专利	13
维持年限超10年的有效发明专利	28
在海外有同族专利权的有效发明专利	0
获得较高质押融资金额的有效发明专利	6
获得国家科技奖或中国专利奖的有效发明专利	3

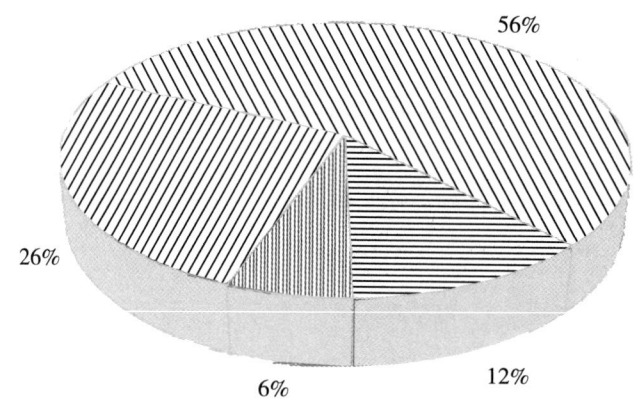

图8-12-24 2022年陇南市高价值发明专利拥有量维度分布情况

(四)技术市场交易情况

1.总体情况

2016~2022年，陇南累计登记技术合同628项，成交额共计44.19亿元，成交额年均增长率28.12%，其中，2022年陇南登记技术合同135项，技术合同成交额11.79亿元，比2016年增长342.26%。表8-12-23，图8-12-25。

表 8-12-23　2016~2022 年陇南市技术市场合同统计表

年度	2016	2017	2018	2019	2020	2021	2022
合同数（项）	50	93	64	105	96	85	135
成交额（亿元）	2.67	3.29	6.75	5.22	6.73	7.75	11.79

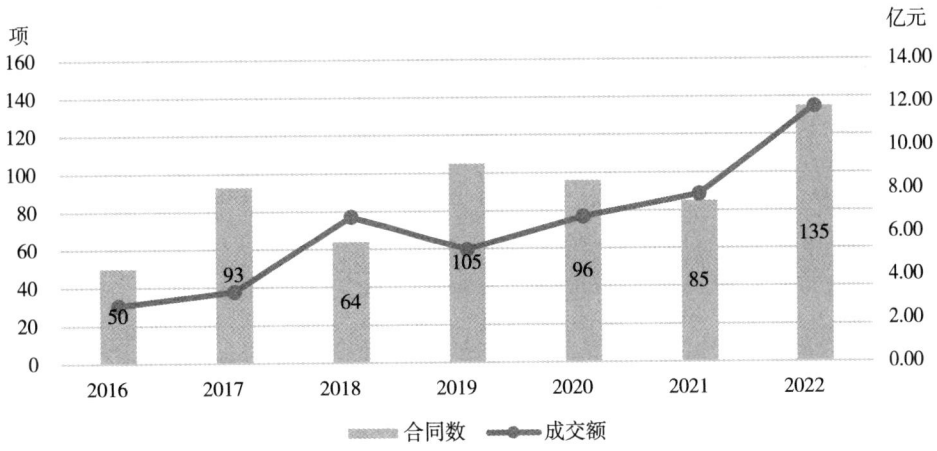

图 8-12-25　2016~2022 年陇南市技术市场合同数和成交额情况

2.不同类型分布情况

（1）按合同类别分布情况

2016~2022 年，陇南市绝大部分技术交易合同为技术服务合同，共登记 562 项，成交额 38.73 亿元，占陇南市技术交易额的比重为 87.64%；技术开发合同 36 项，成交额 2.56 亿元，占 5.8%；技术咨询合同 4 项，成交额 0.64 亿元，占 1.45%；技术转让合同 8 项，成交额 0.46 亿元，占

表 8-12-24　2016~2022 年陇南市技术合同按合同类别统计表

	年度	2016	2017	2018	2019	2020	2021	2022	总计
总计	合同数（项）	50	93	64	105	96	85	135	628
	成交额（亿元）	2.67	3.29	6.75	5.22	6.73	7.75	11.79	44.19
技术开发	合同数（项）	1	1	0	5	1	11	17	36
	成交额（亿元）	0.24	0.02	0.00	0.75	0.02	0.19	1.34	2.56
技术转让	合同数（项）	0	0	0	0	0	0	8	8
	成交额（亿元）	0.00	0.00	0.00	0.00	0.00	0.00	0.46	0.46
技术咨询	合同数（项）	0	1	0	0	0	0	3	4
	成交额（亿元）	0.00	0.06	0.00	0.00	0.00	0.00	0.58	0.64
技术服务	合同数（项）	49	91	64	100	95	74	89	562
	成交额（亿元）	2.42	3.22	6.75	4.47	6.71	7.56	7.60	38.73
技术许可	合同数（项）	—	—	—	—	—	—	18	18
	成交额（亿元）	—	—	—	—	—	—	1.80	1.80

1.03%；2022年新增技术许可合同,共登记18项,成交额1.8亿元,占4.08%。表8-12-24,图8-12-26。

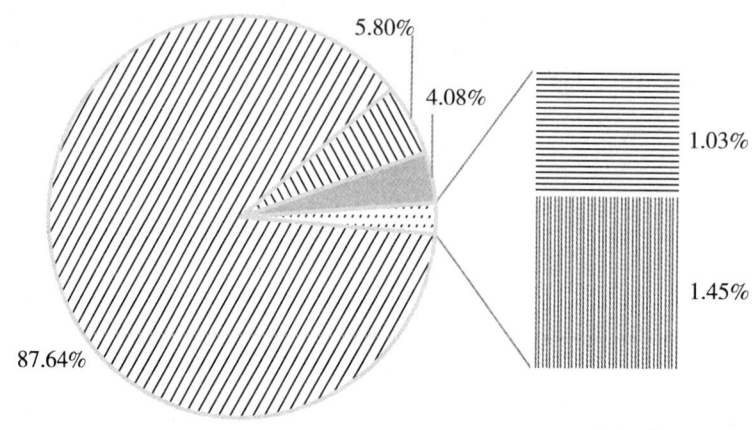

图8-12-26　2016~2022年陇南市技术交易总金额按合同类别占比

（2）按卖方类别分布情况

2016~2022年,陇南市企业法人共输出技术合同558项,成交额39.9亿元,占陇南市技术交易额的90.29%；机关法人输出技术合同10项,成交额3.03亿元,占陇南市技术交易额的6.85%；事业法人输出技术合同44项,成交额0.92亿元,占陇南市技术交易额的2.09%；社团法

表8-12-25　2016~2022年陇南市技术合同按卖方类别统计表

	年度	2016	2017	2018	2019	2020	2021	2022	总计
总计	合同数(项)	50	93	64	105	96	85	135	628
	成交额(亿元)	2.67	3.29	6.75	5.22	6.73	7.75	11.79	44.19
机关法人	合同数(项)	1	0	1	2	0	5	1	10
	成交额(亿元)	0.00	0.00	2.00	0.27	0.00	0.76	0.00	3.03
事业法人	合同数(项)	9	5	8	11	4	0	7	44
	成交额(亿元)	0.16	0.25	0.29	0.14	0.08	0.00	0.00	0.92
社团法人	合同数(项)	0	0	0	3	2	2	4	11
	成交额(亿元)	0.00	0.00	0.00	0.20	0.01	0.06	0.02	0.30
企业法人	合同数(项)	40	88	55	85	90	78	122	558
	成交额(亿元)	2.51	3.04	4.46	4.57	6.64	6.93	11.76	39.90
自然人	合同数(项)	0	0	0	0	0	0	1	1
	成交额(亿元)	0.00	0.00	0.00	0.00	0.00	0.00	0.00	0.00
其他组织	合同数(项)	0	0	0	4	0	0	0	4
	成交额(亿元)	0.00	0.00	0.00	0.04	0.00	0.00	0.00	0.04

人输出技术合同11项,成交额0.3亿元,占陇南市技术交易额的0.67%;其他组织输出技术合同4项,成交额仅0.04亿元,占陇南市技术交易额的0.09%;自然人输出技术合同1项,成交额23万元,占陇南市技术交易额的0.01%。表8-12-25,图8-12-27。

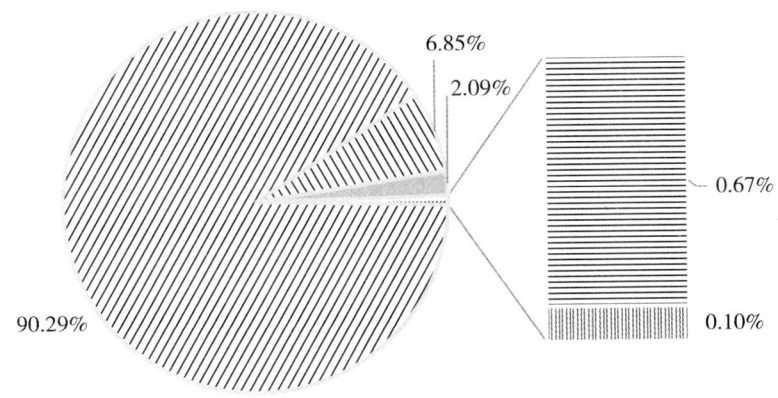

图8-12-27 2016~2022年陇南市技术交易总金额按卖方类别占比

(五)科技论文

2016~2020年,陇南市共发表科技论文181篇,占全省国内论文比重为0.46%。表8-12-26,图8-12-28。

表8-12-26 2016~2020年陇南市国内论文数

年度	2016	2017	2018	2019	2020
论文数(篇)	44	41	35	31	30
占甘肃省国内论文比重(%)	0.54	0.53	0.46	0.39	0.36

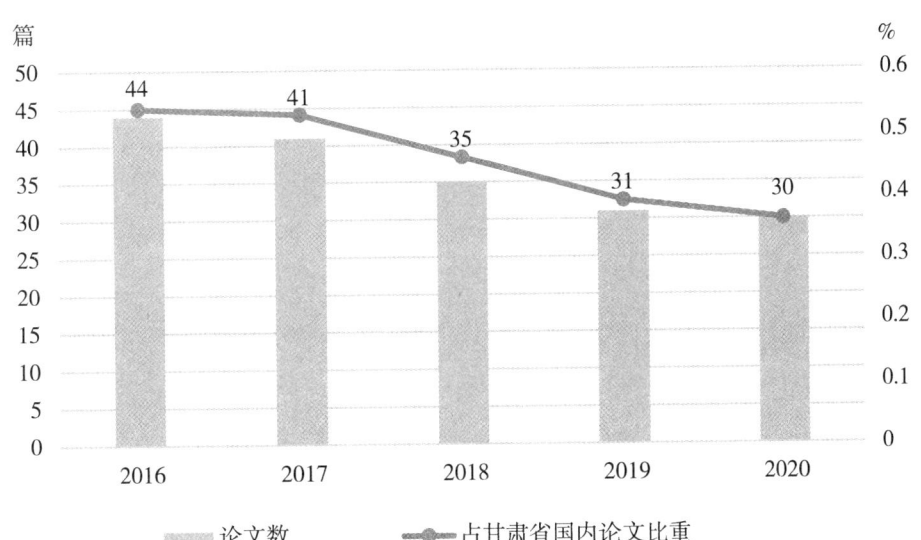

图8-12-28 2016~2020年陇南市国内论文发表情况

[13] 临夏篇

一、科技投入情况

(一)R&D人员投入

2021年临夏回族自治州R&D人员达到292人,占全省R&D人员的0.53%。2016~2021年期间,临夏回族自治州R&D人员投入波动幅度较大。其中,2018~2020年持续上升,年均增速为71.73%,2021年回落至292人,较上年减少36.93%。表8-13-1,图8-13-1。

表8-13-1 临夏州R&D人员投入表

年度	R&D人员(人)	比上年增长(%)	占全省比例(%)
2016	144	−52.00	0.36
2017	252	75.00	0.61
2018	157	−37.70	0.41
2019	399	154.14	0.87
2020	463	16.14	1.08
2021	292	−36.90	0.53

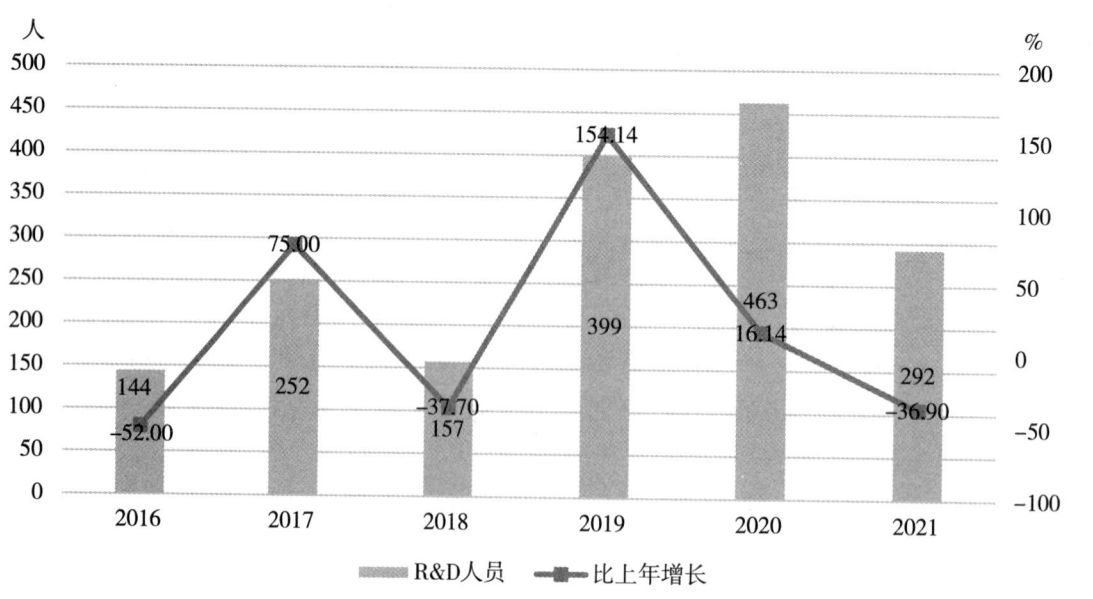

图8-13-1 临夏州R&D人员投入情况

(二)R&D 经费投入

1.总体情况

2016~2021 年,临夏回族自治州 R&D 经费总体呈现先升后降趋势。其中,2016~2020 年持续增长,年均增速为 26.56%,2021 年开始下降,为 0.46 亿元,较上年减少 49.45%。表 8-13-2,图 8-13-2。

表 8-13-2 临夏州 R&D 经费内部支出表

年度	R&D 经费内部支出(亿元)	比上年增长(%)
2016	0.13	−65.79
2017	0.27	107.69
2018	0.50	85.19
2019	0.88	76.00
2020	0.91	3.41
2021	0.46	−49.45

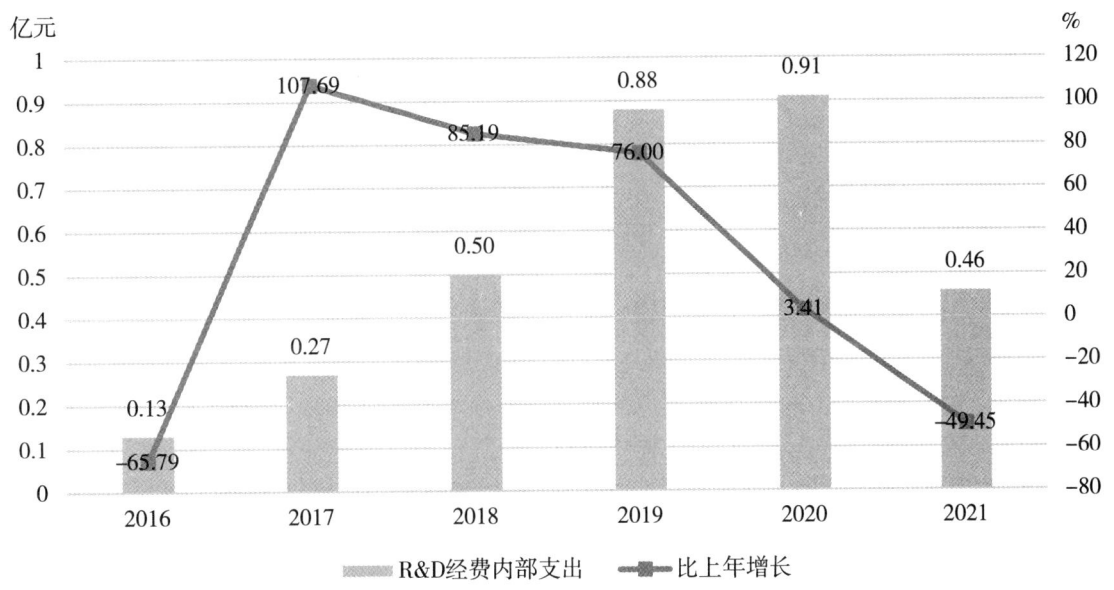

图 8-13-2 临夏州 R&D 经费内部支出及增长情况

2.结构分布

(1)按活动类型分布情况

2016~2021 年临夏回族自治州 R&D 经费主要用于试验发展活动,总体呈现先升后降趋势,2016~2020 年持续增长,2021 年回落至 4576 万元,较上年减少 51.53%。表 8-13-3,图 8-13-3。

从活动类型来看,2021 年临夏回族自治州基础研究和试验发展占 R&D 经费的比重分别为 0.09% 和 99.91%,其中试验发展经费占比高于全省平均水平,占全省的 0.53%。

表 8-13-3 按活动类型分组的 R&D 经费支出表

年度	基础研究(万元)	应用研究(万元)	试验发展(万元)
2016	—	116	1191
2017	—	143	2566
2018	4	100	4864
2019	11	282	8489
2020	3	262	8881
2021	4	—	4576

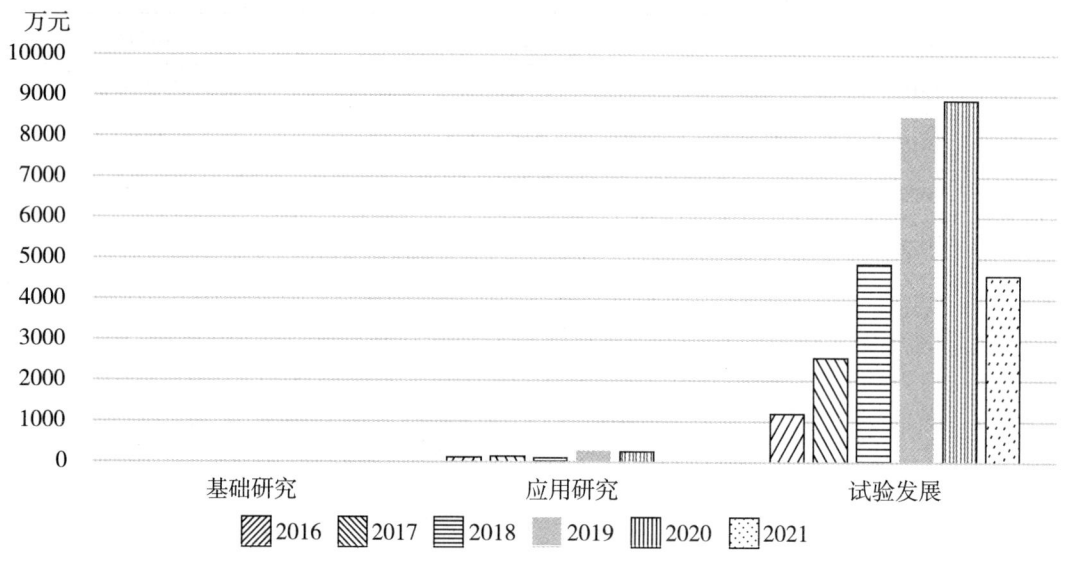

图 8-13-3 按活动类型分组的 R&D 经费支出情况

（2）按支出用途分布情况

按支出用途来看,临夏回族自治州 R&D 经费日常性支出远远超过资产性支出,且呈先升后降趋势,2016~2020 年持续增长。2021 年,临夏回族自治州日常性支出为 4511 万元,占临夏回族自治州 R&D 经费的 98.49%;资产性支出为 69 万元,占临夏回族自治州 R&D 经费的 1.51%。表 8-13-4,图 8-13-4。

表 8-13-4 按支出用途分组的 R&D 经费内部支出表

年度	日常性支出(万元)	资产性支出(万元)
2016	1241	65
2017	1975	735
2018	3468	1500
2019	7100	1682
2020	7933	1208
2021	4511	69

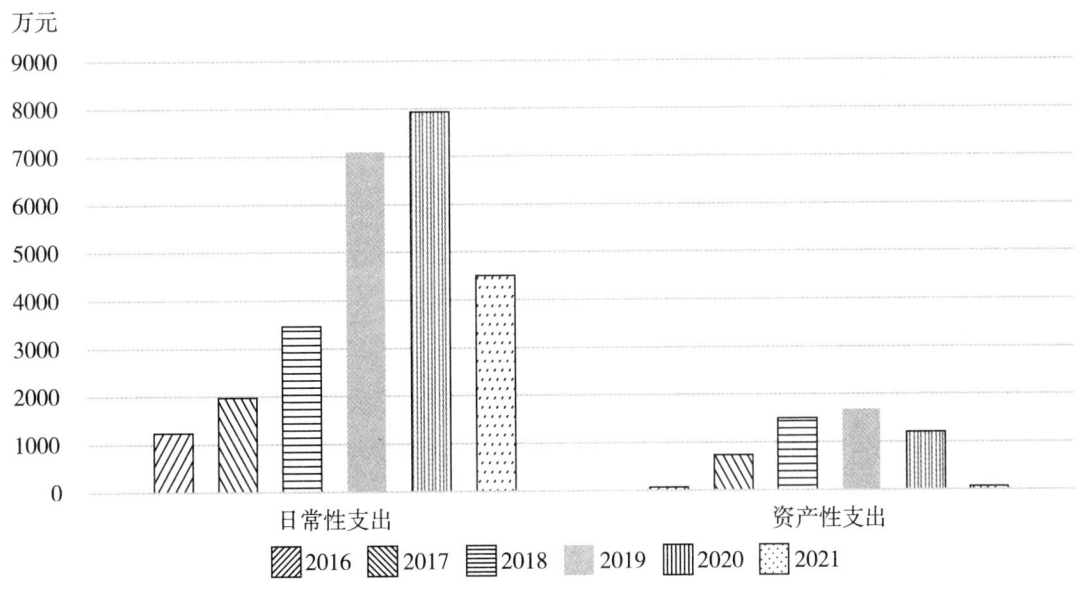

图 8-13-4 按支出用途分组的 R&D 经费内部支出情况

(三) R&D 经费投入强度

2016~2021 年,临夏回族自治州 R&D 经费投入强度呈先升后降趋势,2016~2020 年持续上升,从 2016 年的 0.06% 增长到 2020 年的 0.28%,增长 0.22 个百分点;2021 年回落至 0.12%,较上年减少 0.16 个百分点。表 8-13-5,图 8-13-5。

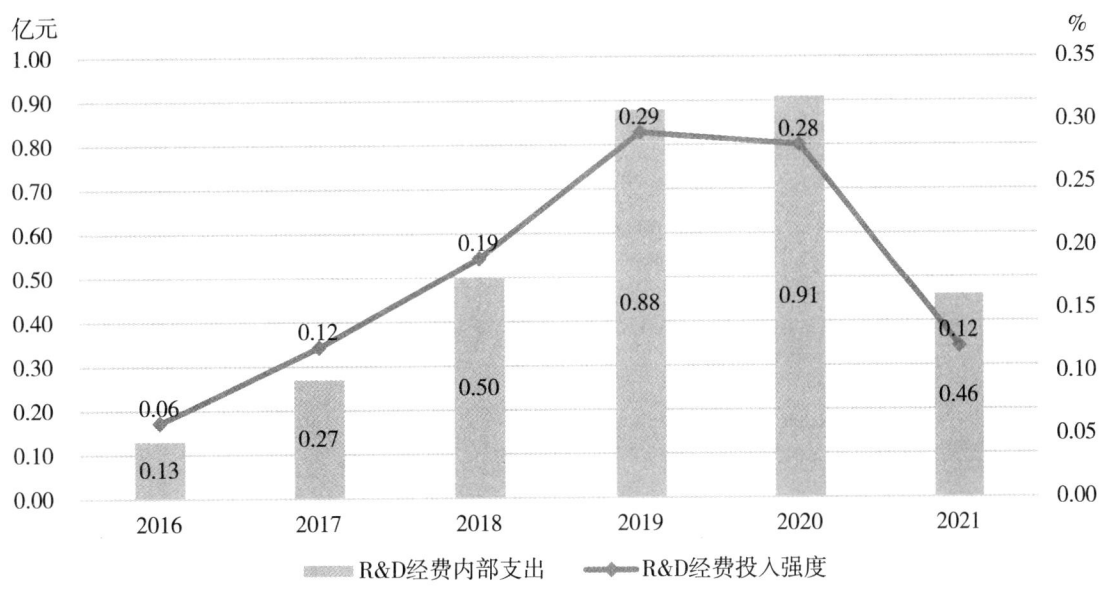

图 8-13-5 R&D 经费投入强度变化情况

表 8-13-5　R&D 经费投入强度表

年度	R&D 经费内部支出(亿元)	R&D 经费投入强度(%)
2016	0.13	0.06
2017	0.27	0.12
2018	0.50	0.19
2019	0.88	0.29
2020	0.91	0.28
2021	0.46	0.12

(四)财政科技支出

1.总体情况

(1)一般公共预算收入

2016~2021 年,临夏回族自治州一般公共预算收入呈现先降后升趋势,2016~2018 年小幅下降,2019~2021 年持续上升,2021 年回升至 23.12 亿元,较上年增长 20.50%。表 8-13-6,图 8-13-6。

表 8-13-6　财政科技支出表

年度	一般公共预算收入（亿元）	一般公共预算支出（亿元）	财政科技支出（亿元）	财政科技支出占一般公共预算支出比重(%)
2016	18.21	197.80	0.85	0.43
2017	16.89	203.43	0.83	0.41
2018	15.52	252.43	0.72	0.28
2019	16.38	275.44	0.76	0.28
2020	19.18	320.30	0.80	0.25
2021	23.12	308.45	1.23	0.40

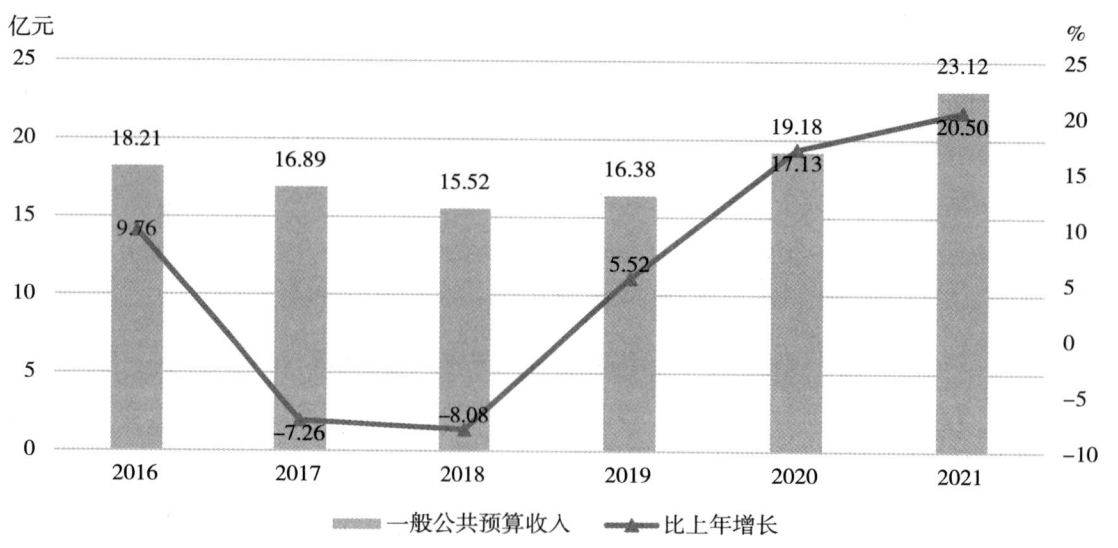

图 8-13-6　一般公共预算收入及增长情况

（2）一般公共预算支出

2016~2021年,临夏回族自治州一般公共预算支出呈现先升后降趋势,2016~2020年持续增长,年均增速为12.81%;2021年回落至308.45亿元,较上年减少3.70%。图8-13-7。

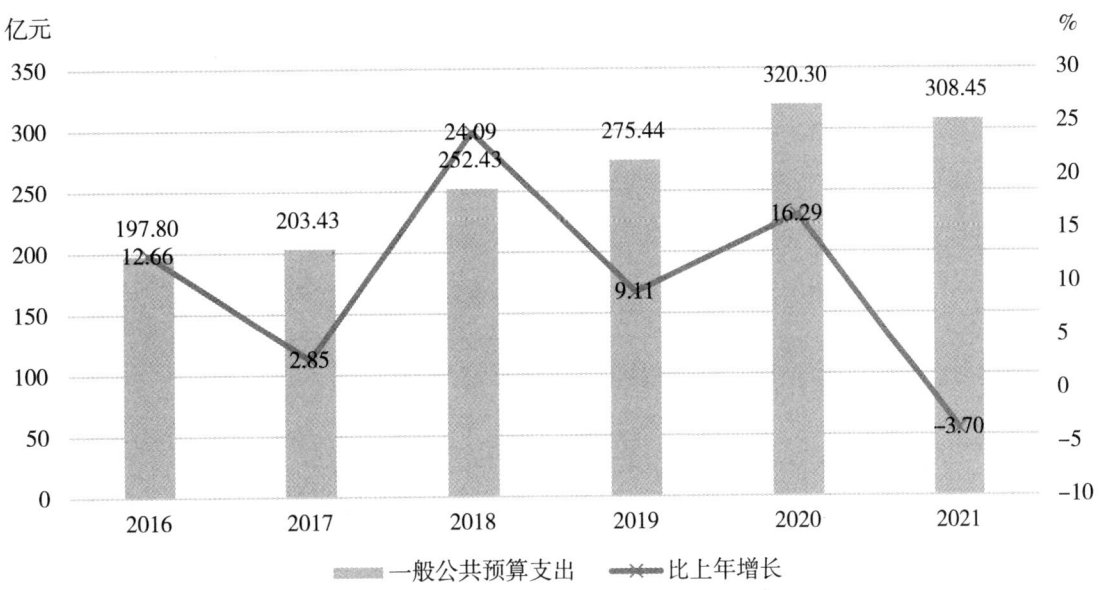

图8-13-7　一般公共预算支出及增长情况

（3）财政科技支出

2016~2021年,临夏回族自治州财政科技支出总体呈现先降后升趋势,2016~2018年逐年下降,2019~2021年持续增长,2021年上升至1.23亿元,较上年增长53.75%,占一般公共预算支出的比重为0.40%。图8-13-8。

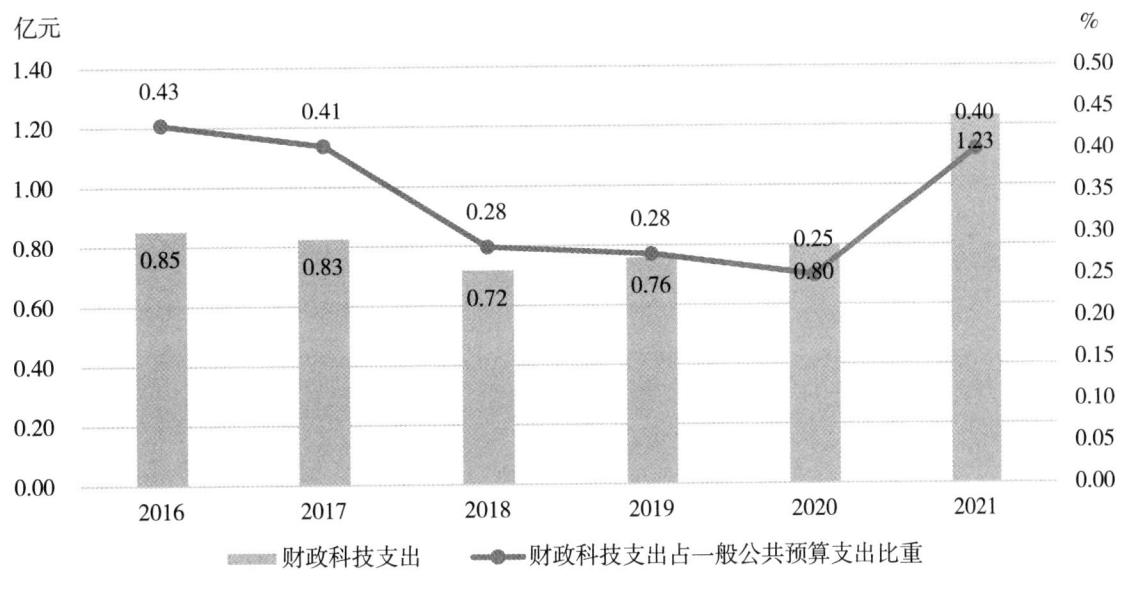

图8-13-8　地方财政科技支出及占比情况

2.地区分布情况

(1)各市县一般公共预算收入

2016~2021年,临夏市一般公共预算收入较高,总体呈增长态势,2017~2021年持续增长,年均增速为10.86%。2021年达到7.07亿元,较上年增长21.9%。永靖县仅次于临夏市,2021年一般公共预算收入达到4.41亿元,较上年增长19.85%。积石山保安族东乡族撒拉族自治县一般公共预算收入较低,2021年一般公共预算收入为1.26亿元,占全州的5.45%。临夏县、康乐县、广河县、和政县和东乡族自治县一般公共预算收入处于中间水平,2021年分别占全州一般公共预算收入的11.35%、6.45%、6.93%、5.47%和5.90%。表8-13-7,图8-13-9。

表8-13-7 各市县一般公共预算收入表(亿元)

年度	临夏市	临夏县	康乐县	永靖县	广河县	和政县	东乡族自治县	积石山保安族东乡族撒拉族自治县
2016	4.91	1.62	1.16	3.97	1.26	1.49	0.76	1.41
2017	4.68	1.71	1.14	3.13	1.33	0.91	0.81	1.53
2018	5.01	1.24	0.92	3.36	0.96	0.87	0.87	0.72
2019	5.08	1.43	1.13	3.20	1.01	0.83	0.95	0.80
2020	5.80	2.21	1.21	3.68	1.33	1.00	1.10	1.04
2021	7.07	2.62	1.49	4.41	1.60	1.26	1.36	1.26

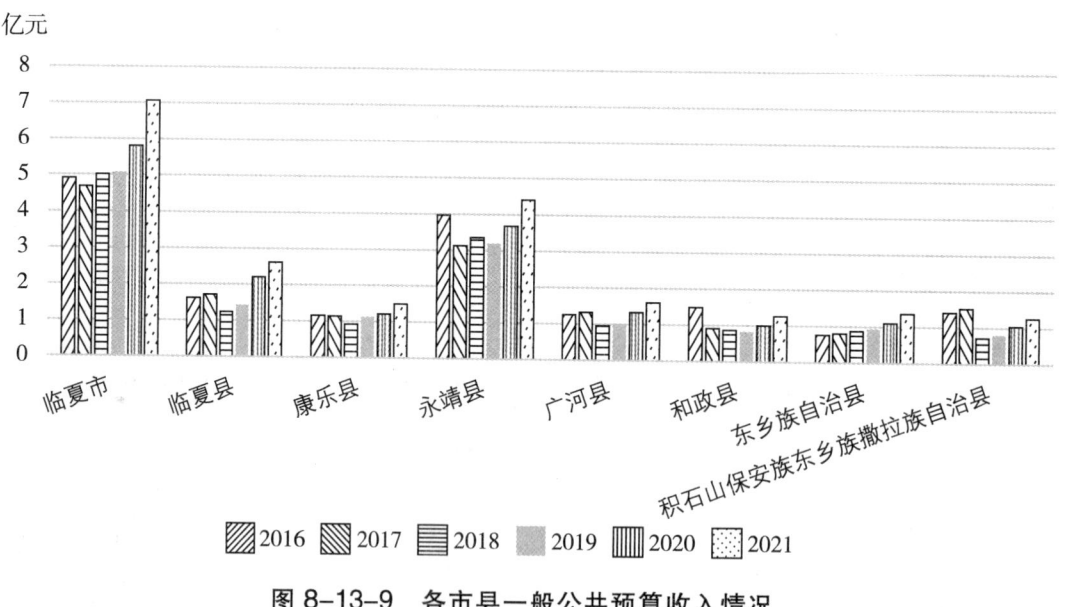

图8-13-9 各市县一般公共预算收入情况

(2)各市县一般公共预算支出

2016~2021年,东乡族自治县一般公共预算支出较高,总体呈现先升后降趋势。其中,2019~2020年持续增长,2021年开始回落,为47.39亿元,较上年减少14.72%。和政县总体最高支出不足30亿元,2021年一般公共预算支出为27.02亿元,占全州的8.76%。临夏市、临夏县、康乐县、永靖县、广河县和积石山保安族东乡族撒拉族自治县一般公共预算收入处于中间水平,2021年分别占全州一般公共预算收入的9.93%、14.30%、10.28%、9.29%、8.81%和19.13%。表8-13-8,图8-13-10。

表8-13-8 各市县一般公共预算支出表(亿元)

年度	临夏市	临夏县	康乐县	永靖县	广河县	和政县	东乡族自治县	积石山保安族东乡族撒拉族自治县
2016	27.59	25.01	20.09	19.84	17.36	17.56	24.17	19.75
2017	25.81	26.38	20.44	21.99	18.80	16.90	29.29	23.81
2018	25.73	34.27	25.97	25.73	25.82	22.22	46.08	28.36
2019	28.89	39.44	29.32	29.41	27.84	25.23	43.30	31.64
2020	31.50	45.70	30.46	30.17	28.80	27.08	55.57	33.78
2021	30.62	44.11	31.72	28.67	27.17	27.02	47.39	31.84

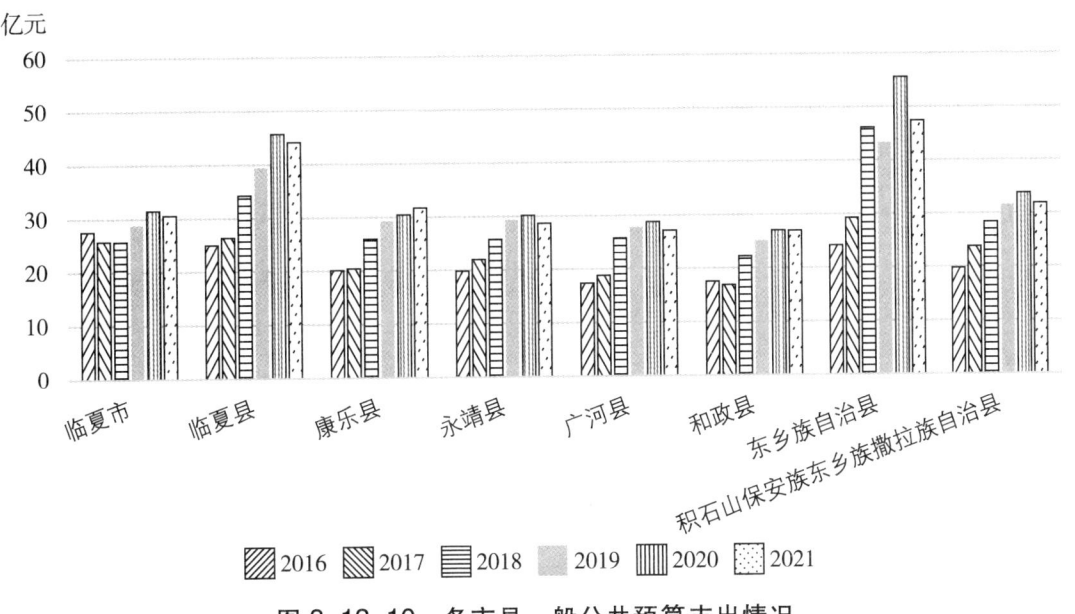

图8-13-10 各市县一般公共预算支出情况

(3)各市县财政科技支出

2016~2021年,临夏州财政科技支出相对较高,2019~2021年持续增长,2021年增长至1267万元。广河县和和政县总体财政科技支出较低,2021年财政科技支出分别占全州财政科技支出的2.93%和2.13%。临夏县、康乐县、永靖县、东乡族自治县和积石山保安族东乡族撒拉族自治县财政科技支出处于中间水平,2021年分别占全州财政科技支出的15.11%、12.99%、10.55%、3.40%和4.90%。表8-13-9,图8-13-11。

表 8-13-9 各市县财政科技支出表(万元)

年度	临夏市	临夏县	康乐县	永靖县	广河县	和政县	东乡族自治县	积石山保安族东乡族撒拉族自治县
2016	2513	261	208	290	238	285	853	450
2017	2553	175	234	245	261	301	597	445
2018	491	155	290	485	342	481	669	705
2019	479	435	343	527	416	250	462	474
2020	657	343	354	378	349	169	436	629
2021	1267	1864	1603	1302	361	263	419	605

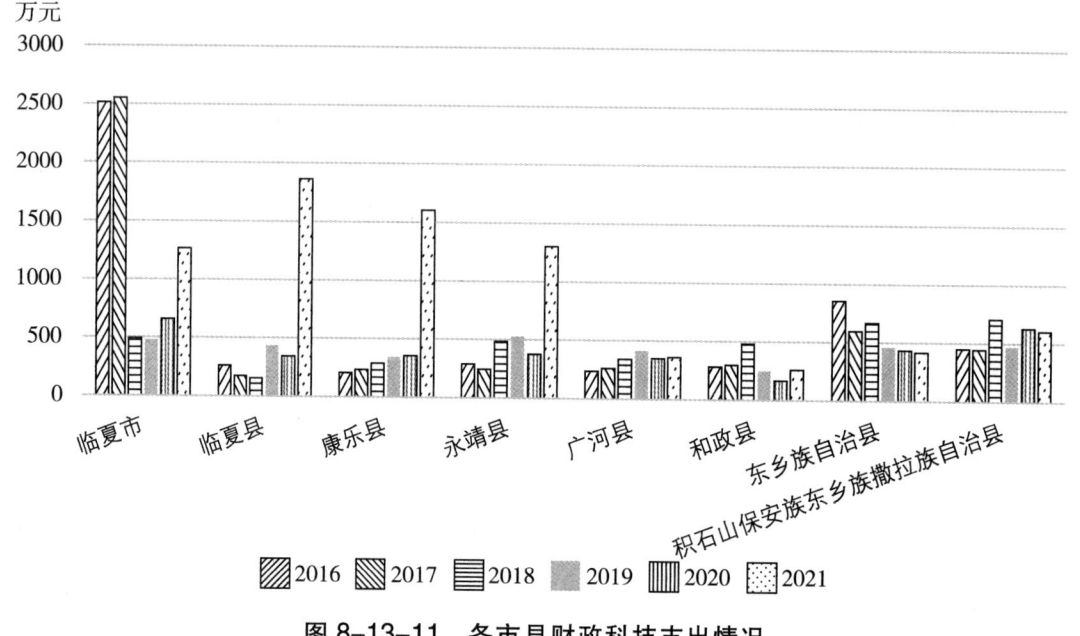

图 8-13-11 各市县财政科技支出情况

二、科技产出情况

(一)企业创新活动情况

1.企业总体情况

2016~2021年,临夏州规模(限额)以上企业数呈现波动变化态势,从2016年109家增长至2021年的186家,年均增长率为11.28%。企业数增长率最高的年度为2021年,达36.76%,增长率最低的年度为2018年,为-7.56%。2021年占全省规模(限额)以上企业数的3.06%。表8-13-10,图8-13-12。

第八章 甘肃省市州科技经费投入产出分析

表 8-13-10 2016~2021年临夏州企业数与增长率

年度	企业数(个)	增长率(%)	占全省比例(%)
2016	109	-	2.08
2017	119	9.17	2.31
2018	110	-7.56	2.30
2019	115	4.55	2.31
2020	136	18.26	2.53
2021	186	36.76	3.06

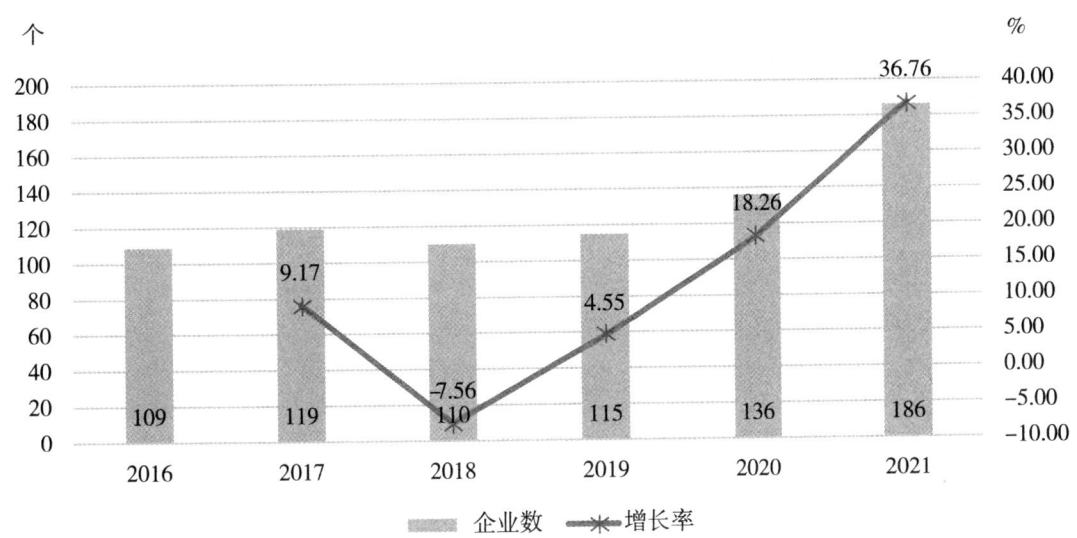

图 8-13-12 2016~2021年临夏州企业数与增长率

2.企业开展创新活动情况

2016~2021年,临夏州规模(限额)以上企业中开展创新活动企业数呈现波动变化态势,从2016年36家增长至2021年的66家,年均增长率为12.89%。2018年增长率为负,呈现下降态势。2021年增长率最高,为34.69%,2021年开展创新活动企业数相较于2020年增加17家,占全省的2.71%。表 8-13-11,图 8-13-13。

表 8-13-11 2016~2021年临夏州开展创新企业数与增长率

年度	企业数(个)	增长率(%)	占全省比例(%)
2016	36	-	1.91
2017	47	30.56	2.49
2018	40	-14.89	2.30
2019	45	12.50	2.37
2020	49	8.89	2.50
2021	66	34.69	2.71

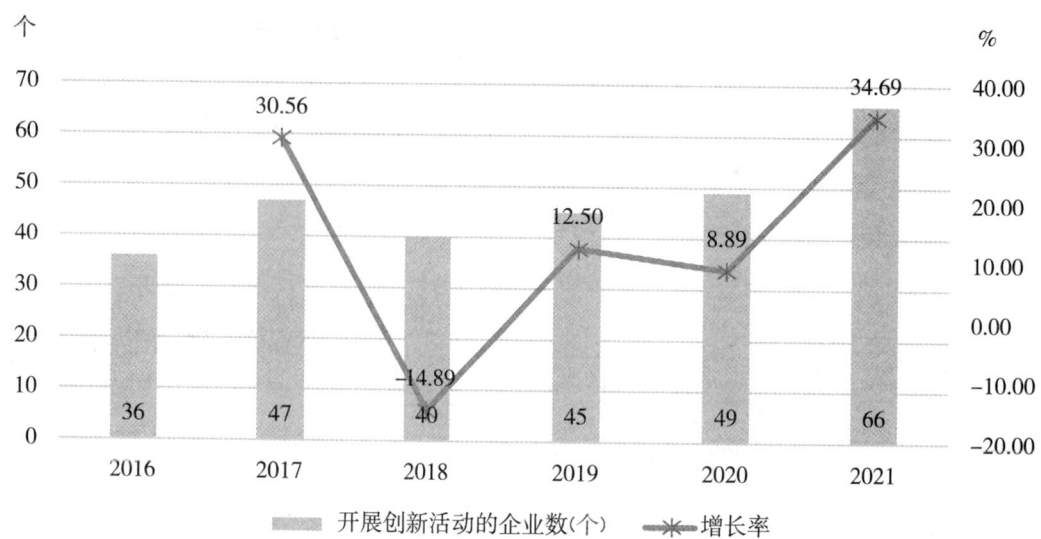

图 8-13-13　2016~2021 年临夏州开展创新企业数与增长率

2016~2021 年,临夏州规模(限额)以上企业中开展创新活动企业数占比波动变化,从 2016 年的 33.03% 增长至 2021 年的 35.48%,增长了 2.46 个百分点。2020 年占比为 36.03%,2021 年下降了 0.55 个百分点。表 8-13-12,图 8-13-14。

表 8-13-12　2016~2021 年临夏州开展创新活动企业数占总企业数比重

年度	占比(%)	年度	占比(%)
2016	33.03	2019	39.13
2017	39.50	2020	36.03
2018	36.36	2021	35.48

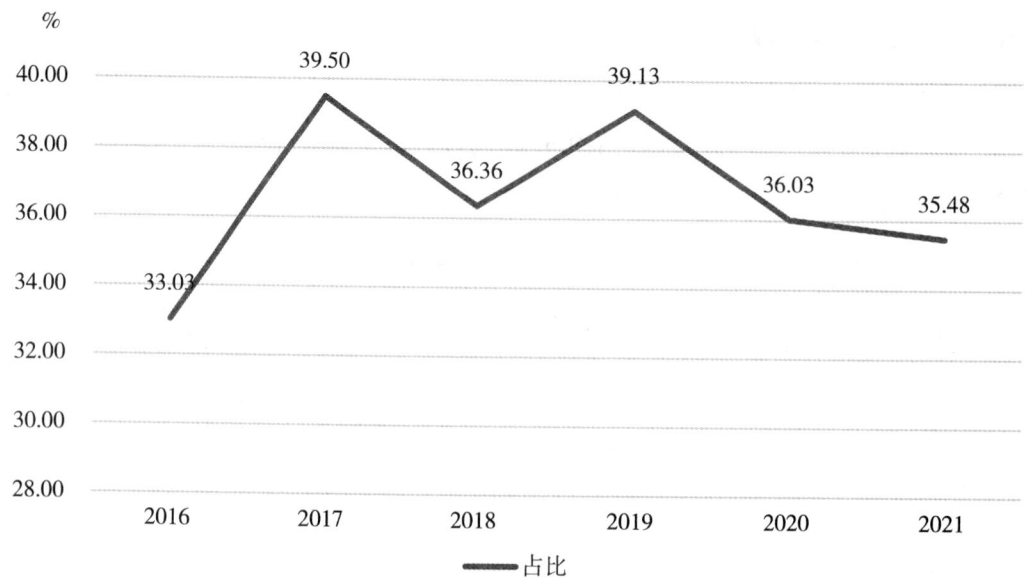

图 8-13-14　2016~2021 年临夏州开展创新活动企业数占总企业数比重

开展创新活动企业中,部分企业成功实现创新,2016~2021年,成功创新企业占开展创新活动企业比例基本保持稳定,完成率皆保持在八成以上。2016年企业实现创新完成率达100%,2021年企业实现创新完成率达96.97%。表8-13-13,图8-13-15。

表8-13-13 2016~2021年临夏州实现创新完成企业占比

年度	实现创新完成率(%)
2016	100.00
2017	95.74
2018	92.50
2019	91.11
2020	87.76
2021	96.97

图8-13-15 2016~2021年临夏州实现创新完成企业占比

3.创新活动类型情况

2021年,临夏州开展组织(管理)创新活动或营销创新活动的企业占开展创新活动企业数的93.94%,开展产品创新活动或工艺创新活动的企业占50.00%,同时开展4种创新活动的企业占15.15%。表8-13-14,图8-13-16。

表 8-13-14　2016~2021 年临夏州企业创新活动开展情况

年度	开展产品或工艺创新活动企业数（个）	占比（%）	有组织（管理）创新或营销创新企业数（个）	占比（%）	同时实现四种创新企业数（个）	占比（%）
2016	19	52.78	35	97.22	9	25.00
2017	19	40.43	45	95.74	5	10.64
2018	16	40.00	35	87.50	5	12.50
2019	26	57.78	40	88.89	11	24.44
2020	30	61.22	42	85.71	14	28.57
2021	33	50.00	62	93.94	10	15.15

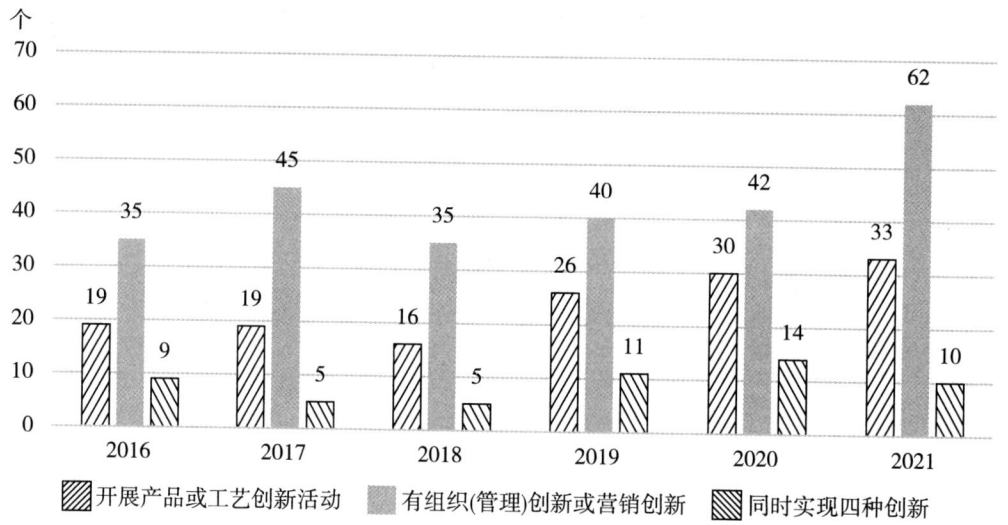

图 8-13-16　2016~2021 年临夏州企业创新活动开展情况

（二）企业 R&D 活动情况

1.开展 R&D 活动的企业情况

企业开展 R&D 活动可分为内部 R&D 活动与外部 R&D 活动。2016~2021 年，临夏州开展内部 R&D 活动企业数呈现波动变化态势，从 2016 年的 4 家变化至 2021 年的 18 家，年均增长率为 35.10%。2021 年临夏州开展内部 R&D 活动企业占规模（限额）以上企业的比重为 9.68%。表 8-13-15，图 8-13-17。

表 8-13-15　2016~2021 年临夏州内部 R&D 企业情况

年度	有内部 R&D 的企业数（个）	增长率（%）	有内部 R&D 的企业数占比（%）
2016	4	-	3.67
2017	7	75.00	5.88
2018	7	0.00	6.36
2019	15	114.29	13.04
2020	22	46.67	16.18
2021	18	-18.18	9.68

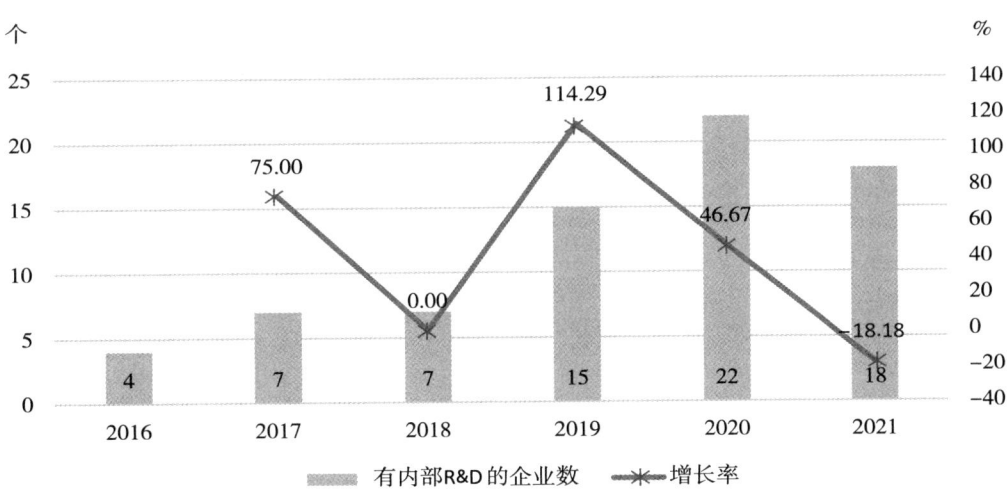

图 8-13-17 2016~2021 年临夏州内部 R&D 企业情况

2016~2021 年,开展外部 R&D 企业数呈现波动变化态势。2016~2021 年,开展外部 R&D 活动企业数呈现波动增长态势,从 2016 年的 3 家增长到 2021 年 7 家,年均增长率为 18.47%。2021 年临夏州开展外部 R&D 活动企业占规模(限额)以上企业的比重为 3.76%。表 8-13-16,图 8-13-18。

表 8-13-16 2016~2021 年临夏州开展外部 R&D 企业情况

年度	有外部 R&D 的企业数(个)	增长率(%)	有外部 R&D 的企业数占比(%)
2016	3	—	2.75
2017	4	33.33	3.36
2018	5	25.00	4.55
2019	3	−40.00	2.61
2020	4	33.33	2.94
2021	7	75.00	3.76

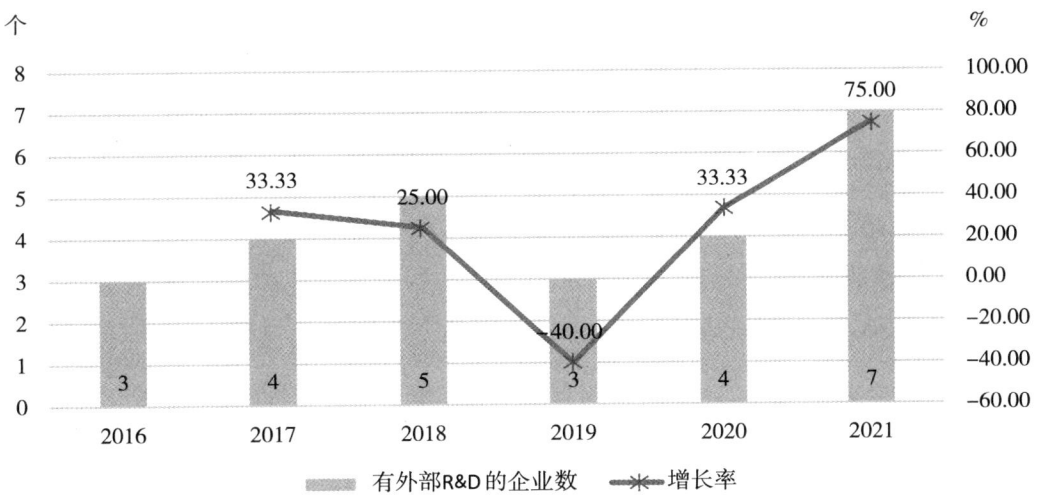

图 8-13-18 2016~2021 年临夏州开展外部 R&D 企业数情况

2.工业企业创新费用情况

2016~2021年,工业企业创新费用变化呈波动状态,从2016年的0.44亿元下降至2021年的0.33亿元,年均增长率为-5.39%。2021年增长率最低,为-63.74%,2018年增长率最高,为77.55%。表8-13-17,图8-13-19。

表8-13-17 2016~2021年临夏州工业企业创新费用及其增长率

年度	工业企业创新费用(亿元)	增长率(%)
2016	0.44	—
2017	0.34	-22.36
2018	0.60	77.55
2019	0.87	45.12
2020	0.91	4.51
2021	0.33	-63.74

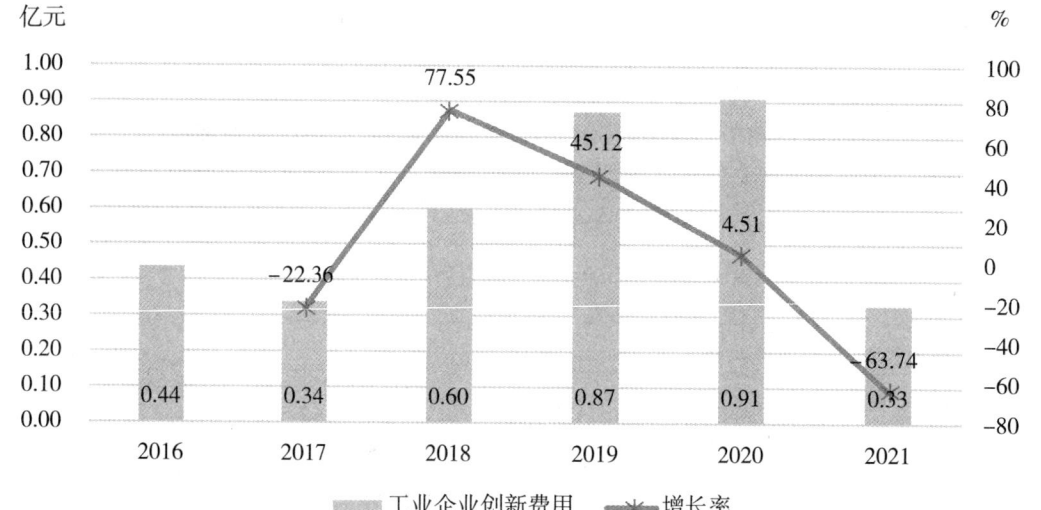

图8-13-19 2016~2021年临夏州工业企业创新费用及其增长率

3.企业R&D经费情况

2016~2021年,临夏州规模以上工业企业R&D经费呈现波动上升状态,从2016年的0.06亿元增加至2021年的0.31亿元,年均增长率为38.16%。占规模以上工业企业营业收入的比重从2016年的0.1%增加到2021年的0.39%。其中,2016年占比最低,2020年占比最高,为1.08%。表8-13-18,图8-13-20。

表 8-13-18 2016~2021 年临夏州规模以上工业企业 R&D 经费情况

年度	规模以上工业企业 R&D 经费(亿元)	占规模以上工业企业营业收入(或主营业务收入)的比重(%)
2016	0.06	0.10
2017	0.19	0.28
2018	0.40	0.52
2019	0.78	1.00
2020	0.80	1.08
2021	0.31	0.39

注：因统计口径变化，2016~2018 年使用规模以上工业企业主营业务收入，2019~2021 年使用规模以上工业企业营业收入。

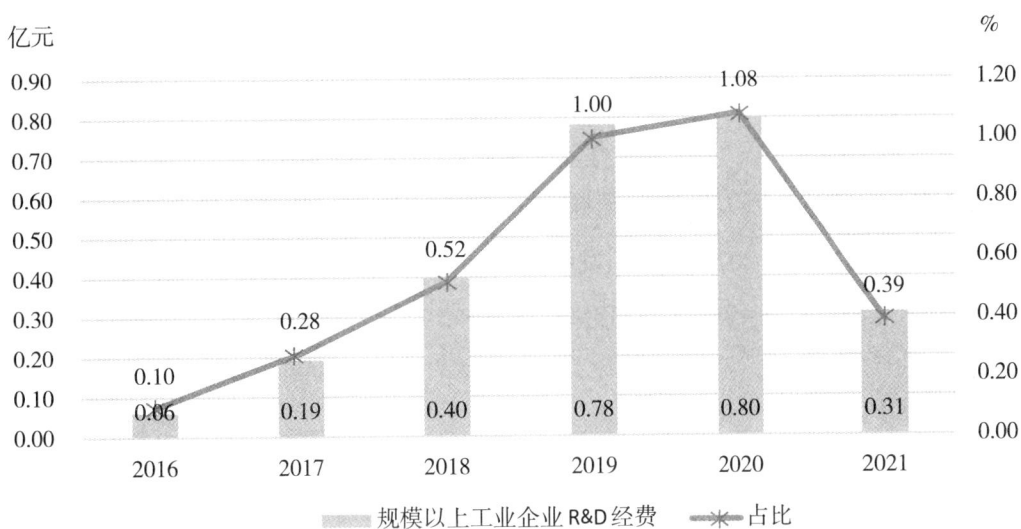

图 8-13-20 2016~2021 年临夏州规模以上工业企业 R&D 经费情况

(三)知识产权情况

1.专利授权情况

2016~2022 年，临夏州专利授权量呈现增长态势，从 2016 年的 69 件增长至 2022 年的 367 件，年均增长率为 32.12%，其中，2018 年增长率最高，为 73.64%，2022 年增长率最低，为 -17.90%。表 8-13-19，图 8-13-21。

表 8-13-19 2016~2022 年临夏州专利授权量及其增长率

年度	专利授权量(件)	增长率(%)	年度	专利授权量(件)	增长率(%)
2016	69	—	2020	371	49.60
2017	110	59.42	2021	447	20.49
2018	191	73.64	2022	367	-17.90
2019	248	29.84			

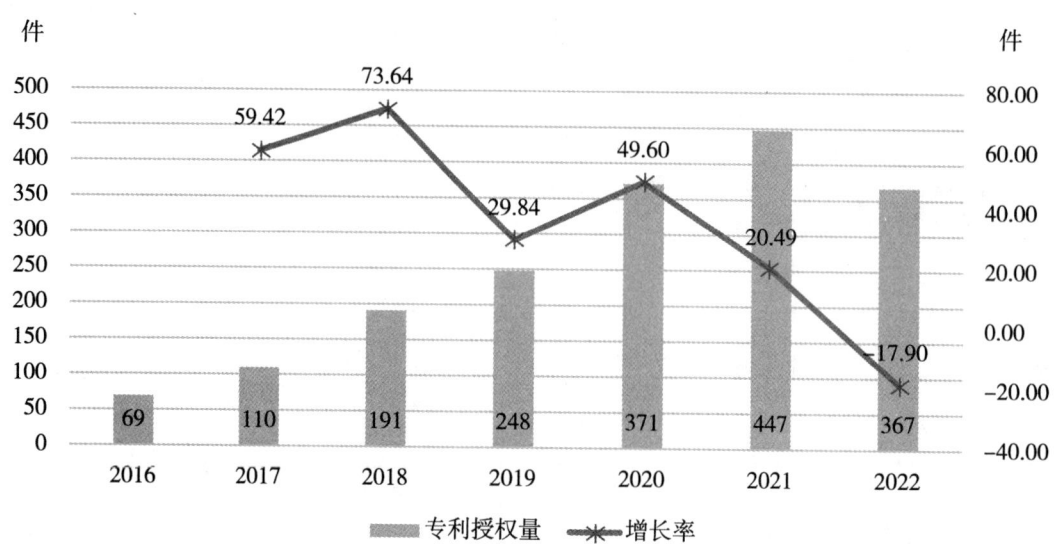

图 8-13-21 2016~2022 年临夏州专利授权量及其增长率

2.发明专利拥有量

2016~2022 年,临夏州发明专利拥有量稳定增长,从 2016 年的 47 件增长至 2022 年的 68 件,年均增长率为 6.35%。万人发明专利拥有量从 2016 年的 0.23 件增长至 2022 年的 0.32 件,年均增长率为 5.66%。其中,2020 年专利发明专利拥有量增长率最低,为-3.17%。2017 年发明专利拥有量增长率最高,为 23.4%。表 8-13-20,图 8-13-22。

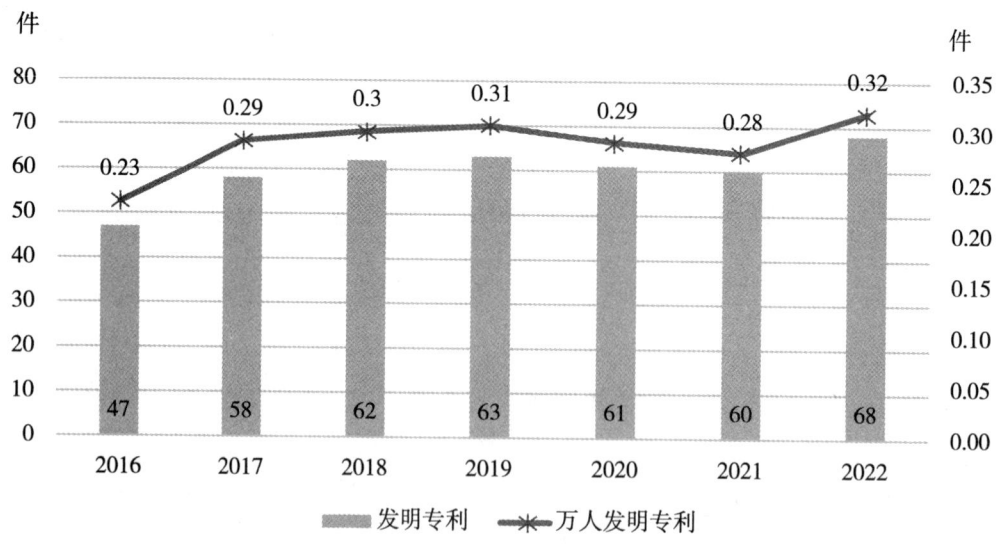

图 8-13-22 2016~2022 年临夏州发明专利拥有量情况率

表 8-13-20 2016~2022年临夏州发明专利拥有量情况

年度	发明专利拥有量（件）	每万人口发明专利拥有量（件）
2016	47	0.23
2017	58	0.29
2018	62	0.3
2019	63	0.31
2020	61	0.29
2021	60	0.28
2022	68	0.32

3.高价值专利拥有量

（1）总体情况

2022年临夏州高价值发明专利拥有量为26件，与2021年持平。表8-13-21，图8-13-23。

表 8-13-21 2021~2022年临夏州高价值发明专利拥有量

年度	高价值发明专利拥有量（件）
2021	26
2022	26

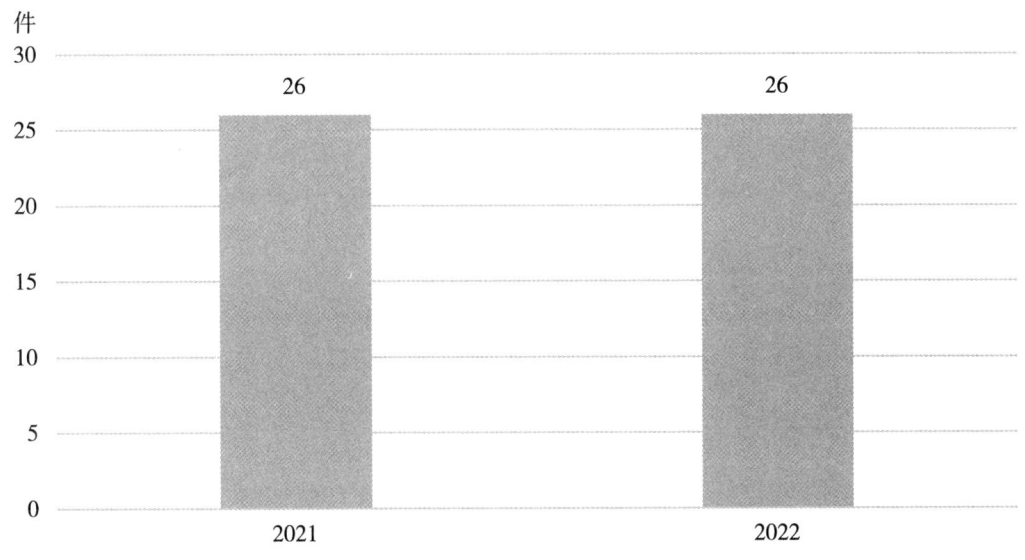

图 8-13-23 2021~2022年临夏州高价值发明专利拥有量

（2）五个维度分布情况

2022年临夏州高价值专利拥有量中，维持年限超10年的有效发明专利量为22件，占比最高，为69%。战略性新兴产业的有效发明专利量为9件，占比为28%。在海外有同族专利权的有效发明专利为1件，占比为3%。表8-13-22，图8-13-24。

表8-13-22　2022年临夏州高价值发明专利拥有量维度分布情况

分类	高价值发明专利拥有量（件）
战略性新兴产业的有效发明专利	9
维持年限超10年的有效发明专利	22
在海外有同族专利权的有效发明专利	1
获得较高质押融资金额的有效发明专利	0
获得国家科技奖或中国专利奖的有效发明专利	0

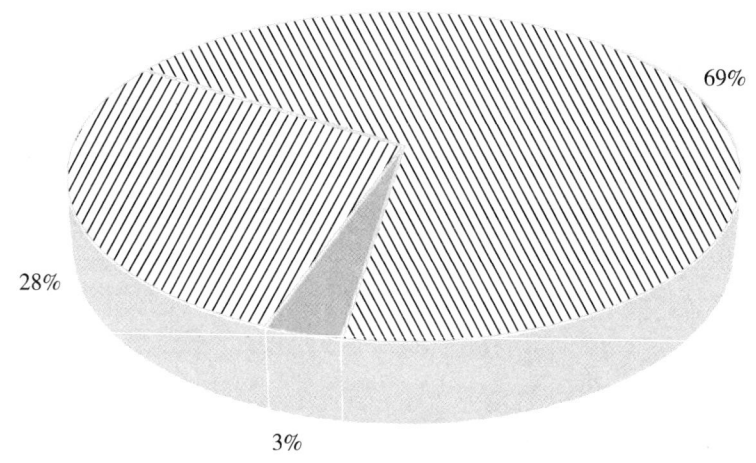

图8-13-24　2022年临夏州高价值发明专利拥有量维度分布情况

(四)技术市场交易情况

1.总体情况

2016~2022年，临夏州累计登记技术合同259项，成交额共计9.38亿元，成交额年均增长率22.39%，其中，2022年临夏州登记技术合同141项，技术合同成交额2.19亿元，比2016年增长236.12%。表8-13-23，图8-13-25。

表 8-13-23 2016~2022 年临夏州技术市场合同统计表

年度	2016	2017	2018	2019	2020	2021	2022
合同数(项)	14	15	12	10	18	49	141
成交额(亿元)	0.65	0.92	1.12	1.22	1.33	1.95	2.19

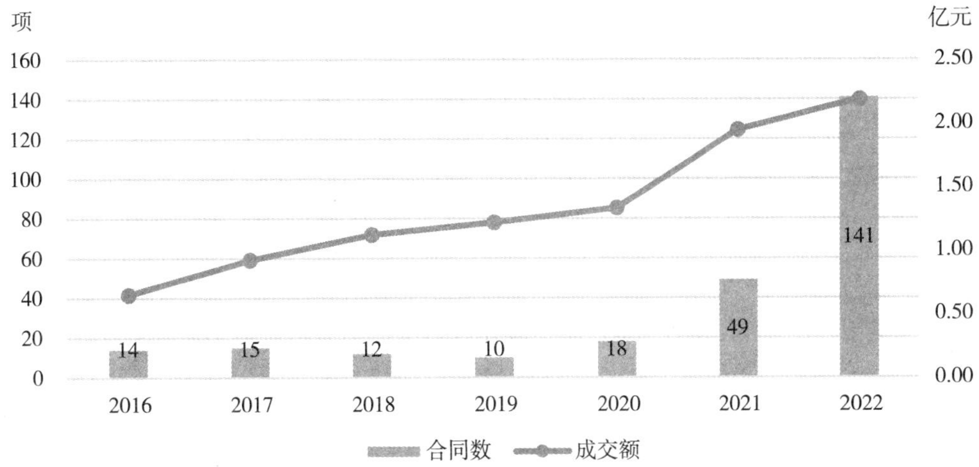

图 8-13-25 2016~2022 年临夏州技术市场合同数和成交额情况

2.不同类型分布情况

（1）按合同类别分布情况

2016~2022 年,临夏州绝大部分技术交易合同为技术服务合同,共登记 230 项,成交额 9.22 亿元,占临夏州技术交易额的比重为 98.28%;技术开发合同 3 项,成交额 328.08 万元,占 0.35%;技术咨询合同 5 项,成交额 1082 万元,占 1.15%;技术转让合同 21 项,成交额 206.2 万元,占 0.22%。表 8-13-24,图 8-13-26。

表 8-13-24 2016~2022 年临夏州技术合同按合同类别统计表

	年度	2016	2017	2018	2019	2020	2021	2022	总计
总计	合同数(项)	14	15	12	10	18	49	141	259
	成交额(亿元)	0.65	0.92	1.12	1.22	1.33	1.95	2.19	9.38
技术开发	合同数(项)	0	0	0	0	0	2	1	3
	成交额(亿元)	0.00	0.00	0.00	0.00	0.00	0.03	0.00	0.03
技术转让	合同数(项)	0	0	0	0	0	2	19	21
	成交额(亿元)	0.00	0.00	0.00	0.00	0.00	0.02	0.00	0.02
技术咨询	合同数(项)	0	1	0	0	0	3	1	5
	成交额(亿元)	0.00	0.05	0.00	0.00	0.00	0.06	0.00	0.11
技术服务	合同数(项)	14	14	12	10	18	42	120	230
	成交额(亿元)	0.65	0.88	1.12	1.22	1.33	1.84	2.18	9.22
技术许可	合同数(项)	-	-	-	-	-	-	-	-
	成交额(亿元)	-	-	-	-	-	-	-	-

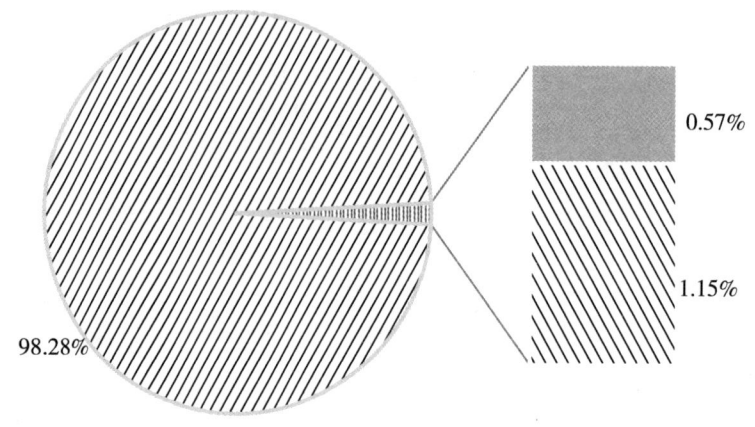

技术服务　技术开发、技术转让　技术咨询

图 8-13-26　2016~2022 年临夏州技术交易总金额按合同类别占比

（2）按卖方类别分布情况

2016~2022 年，临夏州企业法人共输出技术合同 141 项，成交额 3.45 亿元，占临夏州技术交易额的 36.81%；自然人输出技术合同 89 项，成交额 4.49 亿元，占临夏州技术交易额的 47.89%；事业法人输出技术合同 25 项，成交额 1.2 亿元，占临夏州技术交易额的 12.74%；其他组织输出技术合同 3 项，成交额仅 0.22 亿元，占临夏州技术交易额的 2.35%；社团法人输出技术合同 1 项，成交额 200 万元，占临夏州技术交易额的 0.21%。表 8-13-25，图 8-13-27。

表 8-13-25　2016~2022 年临夏州技术合同按卖方类别统计表

年度		2016	2017	2018	2019	2020	2021	2022	总计
总计	合同数（项）	14	15	12	10	18	49	141	259
	成交额（亿元）	0.65	0.92	1.12	1.22	1.33	1.95	2.19	9.38
机关法人	合同数（项）	0	0	0	0	0	0	0	0
	成交额（亿元）	0.00	0.00	0.00	0.00	0.00	0.00	0.00	0.00
事业法人	合同数（项）	1	2	2	0	0	16	4	25
	成交额（亿元）	0.07	0.24	0.26	0.00	0.00	0.54	0.09	1.20
社团法人	合同数（项）	0	0	0	0	0	1	0	1
	成交额（亿元）	0.00	0.00	0.00	0.00	0.00	0.02	0.00	0.02
企业法人	合同数（项）	2	4	3	0	4	21	107	141
	成交额（亿元）	0.13	0.27	0.39	0.00	0.10	1.04	1.54	3.45
自然人	合同数（项）	11	9	7	10	13	11	28	89
	成交额（亿元）	0.45	0.42	0.48	1.22	1.16	0.35	0.41	4.49
其他组织	合同数（项）	0	0	0	0	1	0	2	3
	成交额（亿元）	0.00	0.00	0.00	0.00	0.07	0.00	0.15	0.22

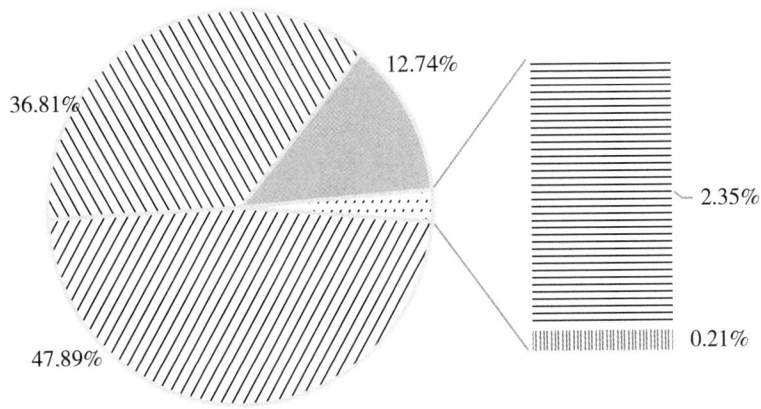

图 8-13-27 2016~2022年临夏州技术交易总金额按卖方类别占比

(五)科技论文

2016~2020年,甘肃省14个市州共发表国内论文39 630篇,其中临夏州共发表科技论文97篇,占全省国内论文比重为0.24%。表8-13-26,图8-13-28。

表 8-13-26 2016~2020年临夏州国内论文数

年度	2016	2017	2018	2019	2020
论文数(篇)	24	23	18	14	18
占甘肃省国内论文比重(%)	0.3	0.3	0.24	0.18	0.22

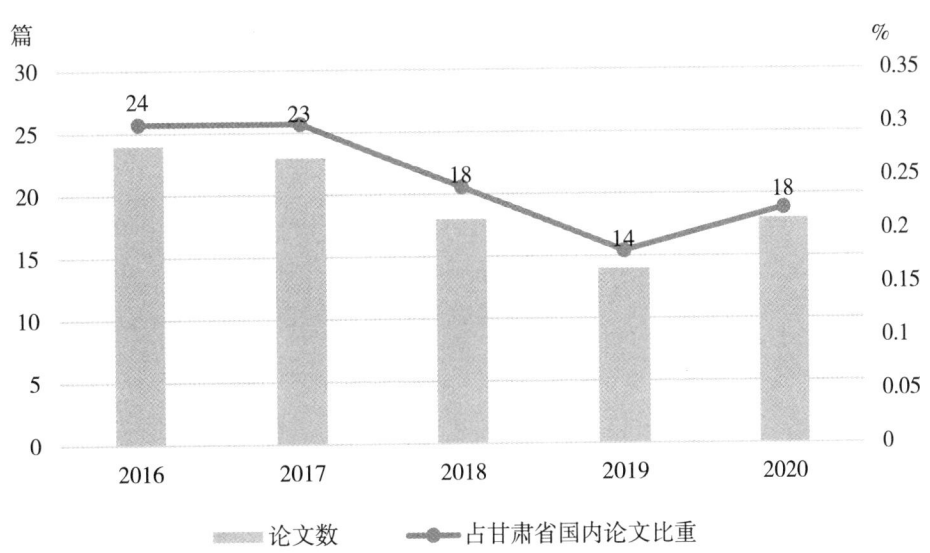

图 8-13-28 2016~2020年临夏州国内论文发表情况

[14] 甘南篇

一、科技投入情况

(一)R&D人员投入

2021年甘南藏族自治州R&D人员达到213人,占全省R&D人员的0.39%。2016~2021年期间,甘南藏族自治州R&D人员投入波动幅度较大。其中,2016~2018年持续上升,年均增速为22.21%,2021年回落至213人,较上年减少4.05%。表8-14-1,图8-14-1。

表8-14-1 甘南州R&D人员投入表

年度	R&D人员(人)	比上年增长(%)	占全省比例(%)
2016	154	-24.14	0.39
2017	177	14.94	0.43
2018	230	29.94	0.59
2019	174	-24.35	0.38
2020	222	27.59	0.52
2021	213	-4.05	0.39

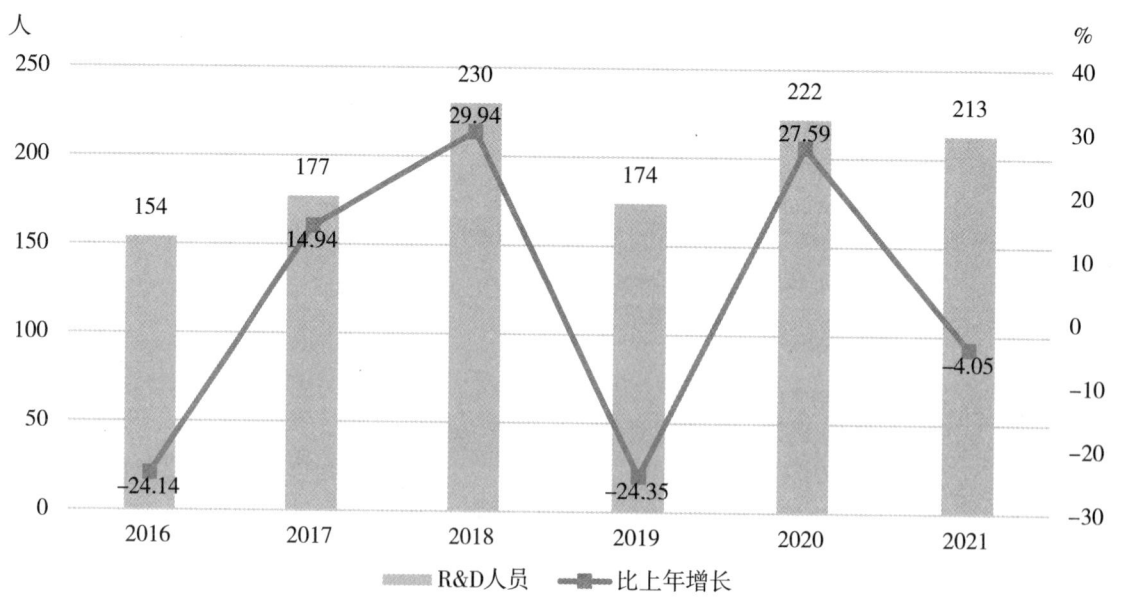

图8-14-1 甘南州R&D人员投入情况

(二)R&D 经费投入

1.总体情况

2016~2021 年,甘南藏族自治州 R&D 经费总体波动幅度较大。其中,2019~2020 年持续增长,2021 年开始下降,为 0.07 亿元,较上年减少 73.08%。表 8-14-2,图 8-14-2。

表 8-14-2　甘南州 R&D 经费内部支出表

年度	R&D 经费内部支出(亿元)	比上年增长(%)
2016	0.07	-11.24
2017	0.06	-14.29
2018	0.13	116.67
2019	0.11	-15.38
2020	0.26	136.36
2021	0.07	-73.08

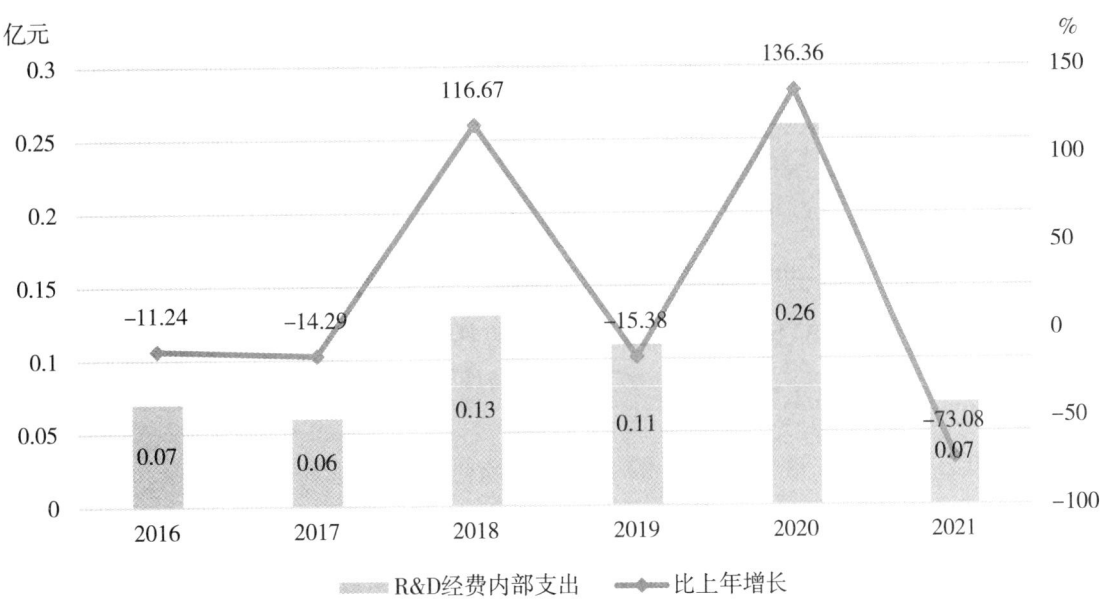

图 8-14-2　甘南州 R&D 经费内部支出及增长情况

2.结构分布

(1)按活动类型分布情况

2016~2021 年甘南藏族自治州 R&D 经费主要用于试验发展活动,总体呈现先升后降趋势,2018~2020 年持续增长,2021 年回落至 418 万元,较上年减少 82.01%。表 8-14-3,图 8-14-3。

从活动类型来看,2021 年甘南藏族自治州基础研究、应用研究和试验发展占 R&D 经费的比重分别为 31.06%、5.61% 和 63.33%,其中基础研究经费占比高于全省平均水平,占全省的 0.12%。

表 8-14-3 按活动类型分组的 R&D 经费支出表

年度	基础研究(万元)	应用研究(万元)	试验发展(万元)
2016	100	192	359
2017	104	232	313
2018	158	323	782
2019	69	79	971
2020	216	56	2324
2021	205	37	418

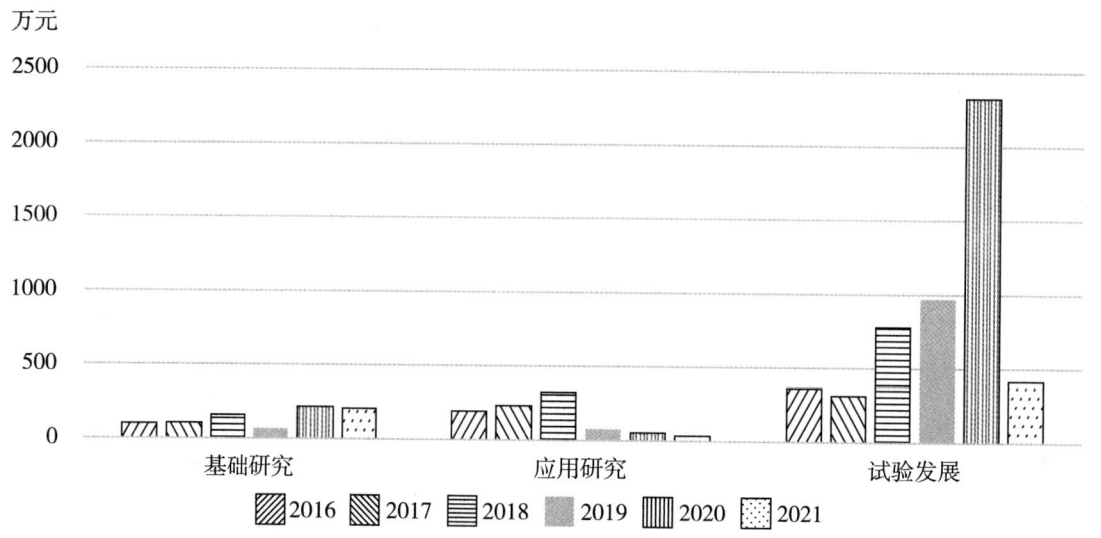

图 8-14-3 按活动类型分组的 R&D 经费支出情况

(2)按支出用途分布情况

按支出用途来看,甘南藏族自治州 R&D 经费日常性支出远远超过资产性支出,且呈先升后降趋势,2019~2020 年持续增长,2021 年甘南藏族自治州日常性支出为 495 万元,占甘南藏族自治州 R&D 经费的 75.00%;资产性支出为 165 万元,占甘南藏族自治州 R&D 经费的 25.00%。表 8-14-4,图 8-14-4。

表 8-14-4 按支出用途分组的 R&D 经费内部支出表

年度	日常性支出(万元)	资产性支出(万元)
2016	629	22
2017	632	17
2018	1219	45
2019	699	421
2020	1870	725
2021	495	165

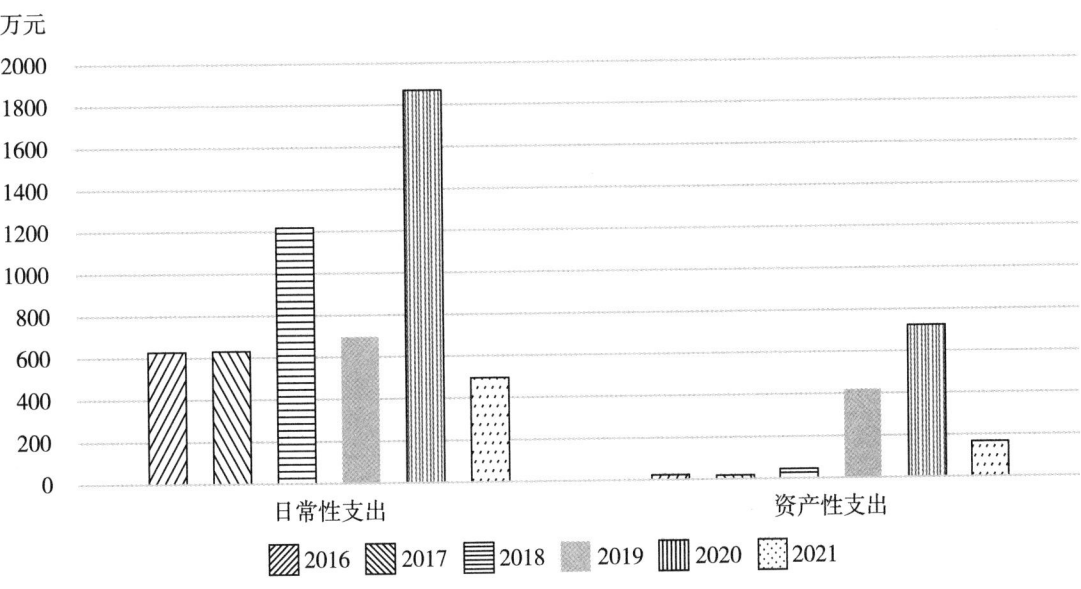

图 8-14-4 按支出用途分组的 R&D 经费内部支出情况

(三)R&D 经费投入强度

2016~2021 年,甘南藏族自治州 R&D 经费投入强度呈先升后降趋势,2016~2018 年持续上升,从 2016 年的 0.05% 增长到 2020 年的 0.08%,增长 0.03 个百分点;2021 年回落至 0.03%,较上年减少 0.09 个百分点。表 8-14-5,图 8-14-5。

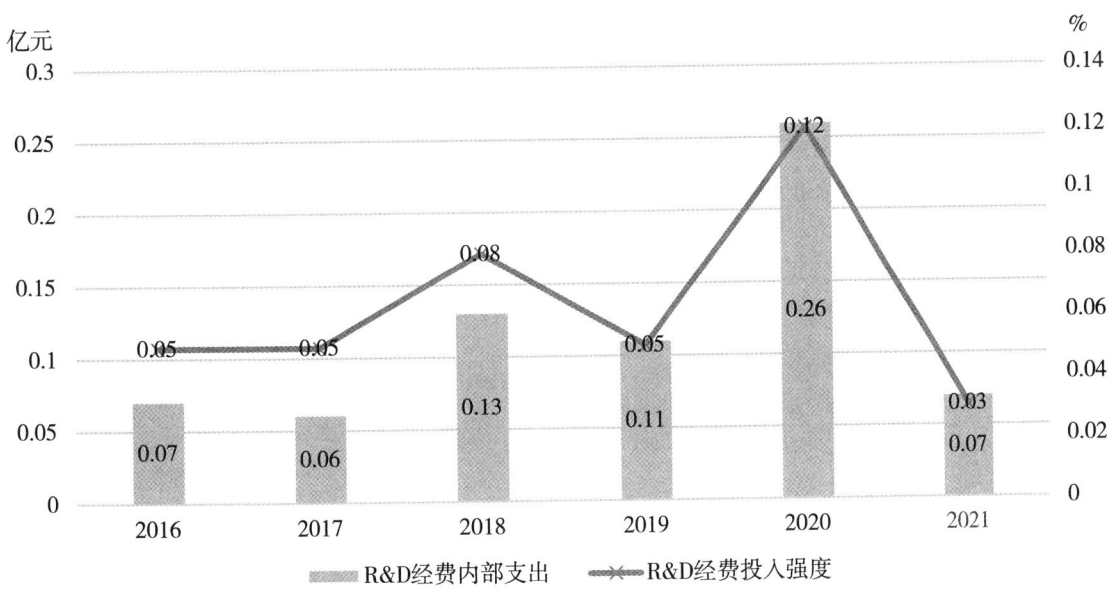

图 8-14-5 R&D 经费投入强度变化情况

表 8-14-5　R&D 经费投入强度表

年度	R&D 经费内部支出(亿元)	R&D 经费投入强度(%)
2016	0.07	0.05
2017	0.06	0.05
2018	0.13	0.08
2019	0.11	0.05
2020	0.26	0.12
2021	0.07	0.03

(四)财政科技支出

1.总体情况

表 8-14-6　财政科技支出表

年度	一般公共预算收入(亿元)	一般公共预算支出(亿元)	财政科技支出(亿元)	财政科技支出占一般公共预算支出比重(%)
2016	9.85	149.29	0.36	0.24
2017	8.55	171.07	0.41	0.24
2018	9.99	202.74	0.43	0.21
2019	10.49	210.00	0.41	0.19
2020	10.47	221.90	0.76	0.34
2021	10.19	198.16	0.69	0.35

(1)一般公共预算收入

2016~2021 年,甘南藏族自治州一般公共预算收入呈现先升后降趋势,2017~2019 年逐年上升,2020~2021 年小幅下降,2021 年下降至 10.19 亿元,较上年减少 2.68%。表 8-14-6,图 8-14-6。

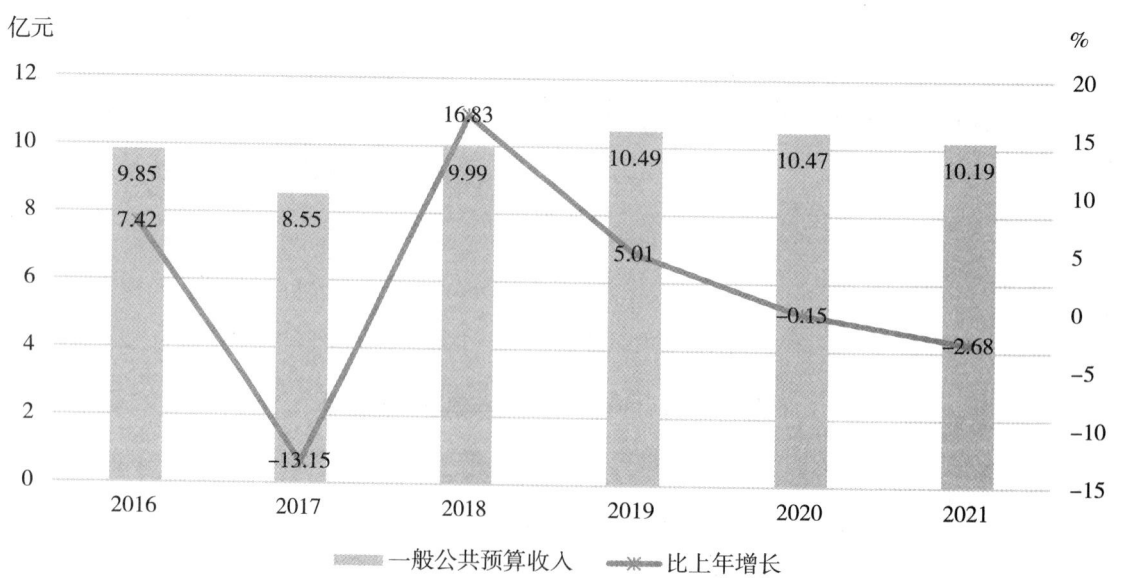

图 8-14-6　一般公共预算收入及增长情况

(2)一般公共预算支出

2016~2021年,甘南藏族自治州一般公共预算支出呈现先升后降趋势,2016~2020年持续增长,年均增速为10.42%;2021年回落至198.15亿元,较上年减少10.70%。图8-14-7。

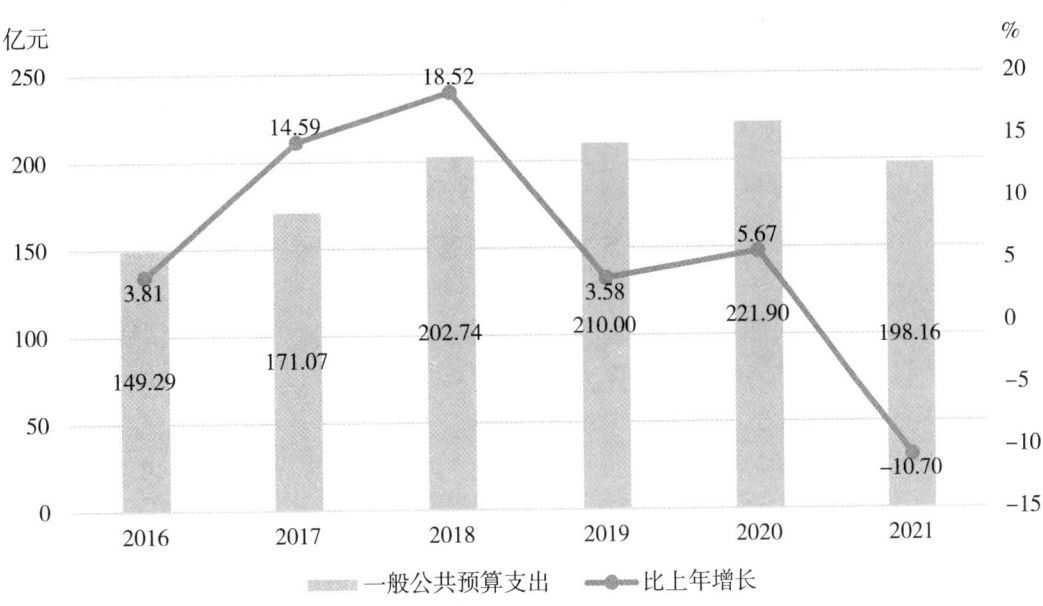

图8-14-7 一般公共预算支出及增长情况

(3)财政科技支出

2016~2021年,甘南藏族自治州财政科技支出总体呈现先升后降趋势,2019~2020年快速增长,2020~2021年小幅下降,2021年回落至0.69亿元,较上年减少9.21%,占一般公共预算支出的比重为0.69%。图8-14-8。

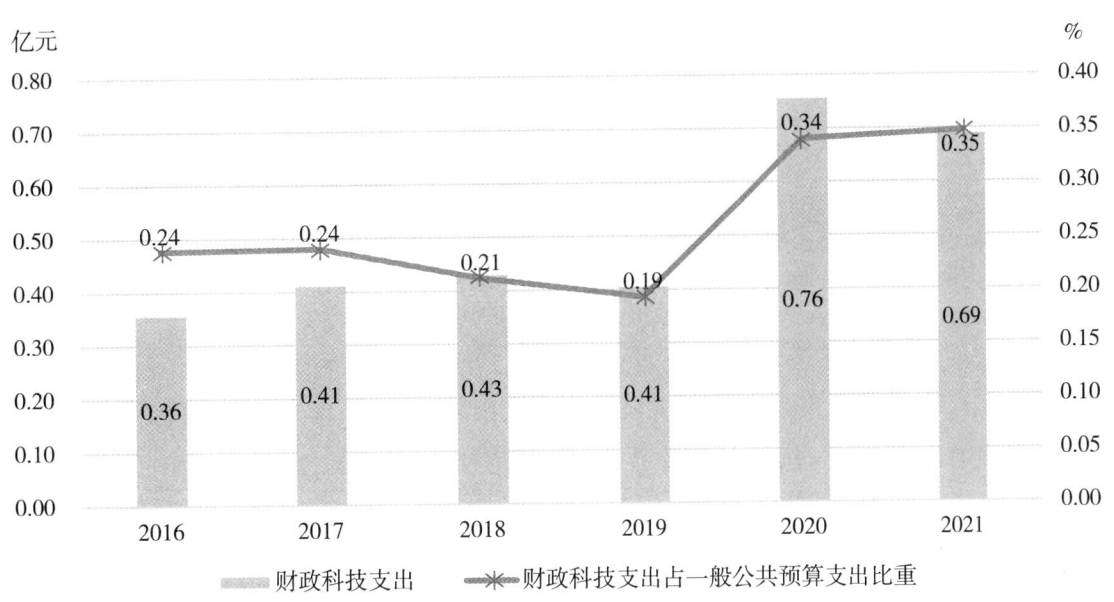

图8-14-8 地方财政科技支出及占比情况

2.地区分布情况

(1) 各市县一般公共预算收入

2016~2021年,合作市一般公共预算收入较高,总体呈增长态势,2017~2021年持续增长,年均增速为11.10%。2021年达到2.42亿元,较上年增长9.50%。碌曲县一般公共预算收入较低,2021年一般公共预算收入为0.35亿元,占全州的3.46%。临潭县、卓尼县、舟曲县、迭部县、玛曲县和夏河县一般公共预算收入处于中间水平,2021年分别占全州一般公共预算收入的7.96%、10.49%、11.71%、7.11%、2.86%和10.28%。表8-14-7,图8-14-9。

表8-14-7 各市县一般公共预算收入表(亿元)

年度	合作市	临潭县	卓尼县	舟曲县	迭部县	玛曲县	碌曲县	夏河县
2016	1.84	0.82	0.78	0.98	0.99	1.04	0.69	1.23
2017	1.59	0.69	0.67	0.82	0.78	0.21	1.12	0.94
2018	1.71	0.55	0.90	1.43	0.93	1.15	0.26	0.66
2019	2.18	0.52	0.97	1.58	0.81	1.20	0.29	0.80
2020	2.21	0.56	0.90	1.12	0.73	1.20	0.32	1.18
2021	2.42	0.81	1.07	1.19	0.07	0.29	0.35	1.05

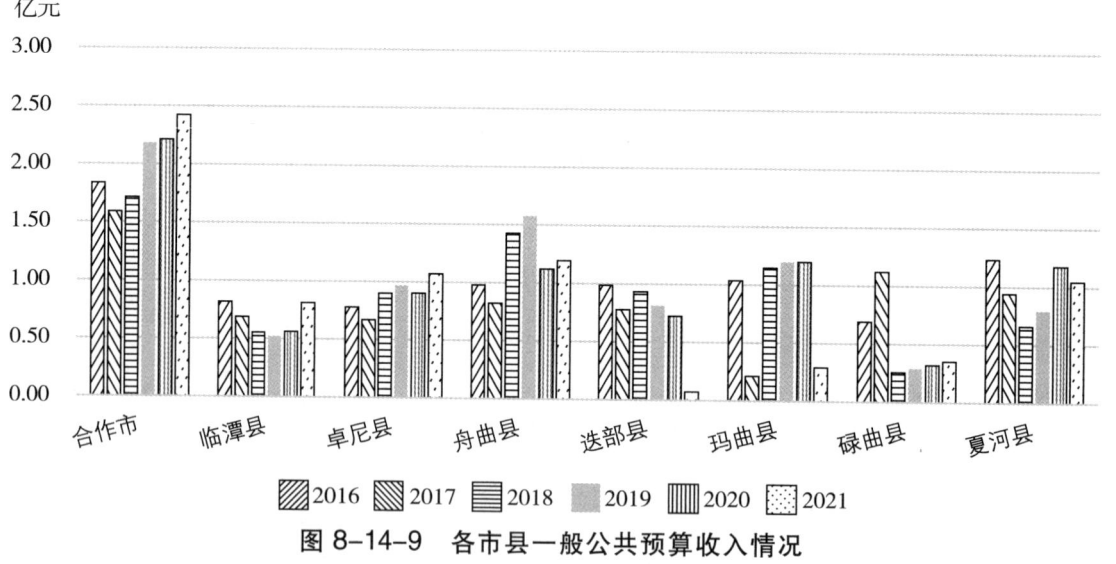

图8-14-9 各市县一般公共预算收入情况

(2) 各市县一般公共预算支出

2016~2021年,临潭县和舟曲县一般公共预算支出较高,均呈现先升后降趋势。其中,临潭县一般公共预算支出2016~2020年持续增长,年均增速为10.31%,2021年开始回落,为29.06亿元,较上年减少8.62%;舟曲县一般公共预算支出2016~2020年持续增长,年均增速为13.23%,2021年开始回落,为26.22亿元,较上年减少21.89%。碌曲县总体最高支出不足20亿元,2021年一般公共预算支出为17.51亿元,占全市的8.84%。合作市、卓尼县、迭部县、玛曲县和夏河县一般公共预算收入处于中间水平,2021年分别占全州一般公共预算收入的9.16%、12.09%、8.16%、8.84%和11.71%。表8-14-8,图8-14-10。

表8-14-8 各市县一般公共预算支出表(亿元)

年度	合作市	临潭县	卓尼县	舟曲县	迭部县	玛曲县	碌曲县	夏河县
2016	16.20	21.48	18.62	20.42	13.82	14.98	11.16	16.45
2017	18.79	22.85	20.59	22.54	13.55	14.67	17.74	20.06
2018	18.20	26.08	24.82	26.51	21.16	21.42	17.23	22.58
2019	19.38	27.60	27.30	30.24	18.29	19.65	17.53	22.27
2020	19.84	31.80	26.73	33.57	19.36	21.83	17.79	24.84
2021	18.15	29.06	23.96	26.22	16.18	17.51	17.51	23.20

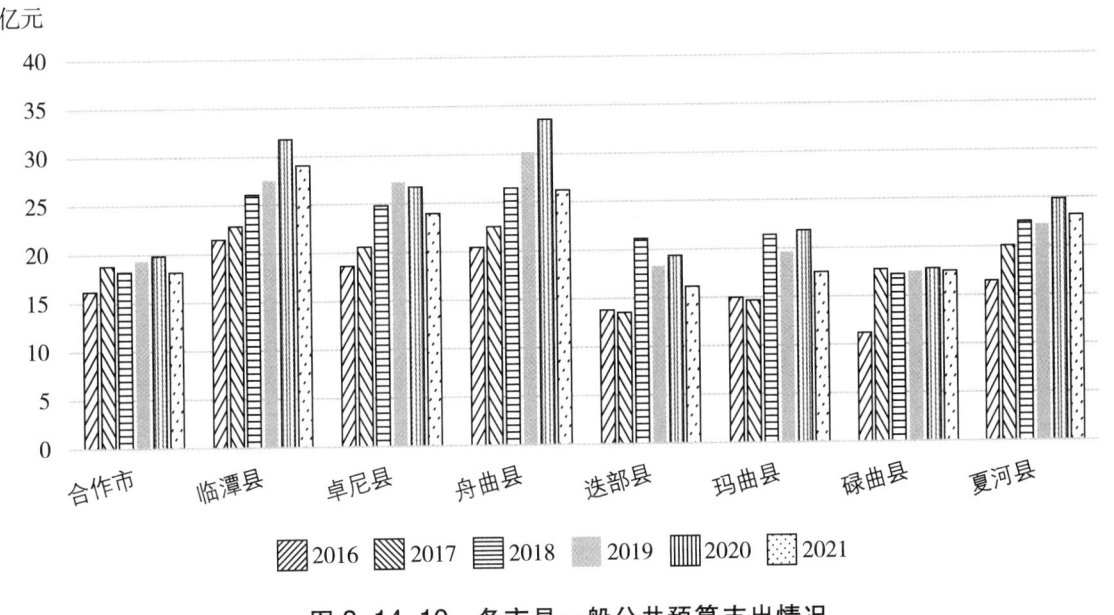

图8-14-10 各市县一般公共预算支出情况

(3)各市县财政科技支出

2016~2021年,卓尼县财政科技支出相对较高,2016~2018年持续增长,2019年小幅下降,2020年快速增长至1361万元,较上年增长83.47%,2021年回落至165万元。玛曲县总体财政科技支出较低,2021年财政科技支出为36万元,占全州的0.52%。合作市、临潭县、舟曲县、迭部县、碌曲县和夏河县财政科技支出处于中间水平,2021年分别占全州财政科技支出的3.53%、4.17%、2.71%、0.57%、1.87%和1.16%。表8-14-9,图8-14-11。

表 8-14-9　各市县财政科技支出表（万元）

年度	合作市	临潭县	卓尼县	舟曲县	迭部县	玛曲县	碌曲县	夏河县
2016	170	181	207	34	135	119	71	167
2017	168	219	218	68	208	71	227	152
2018	167	191	294	251	190	176	80	206
2019	155	221	225	115	97	35	105	144
2020	274	282	1361	184	40	100	813	135
2021	243	287	165	187	39	36	129	80

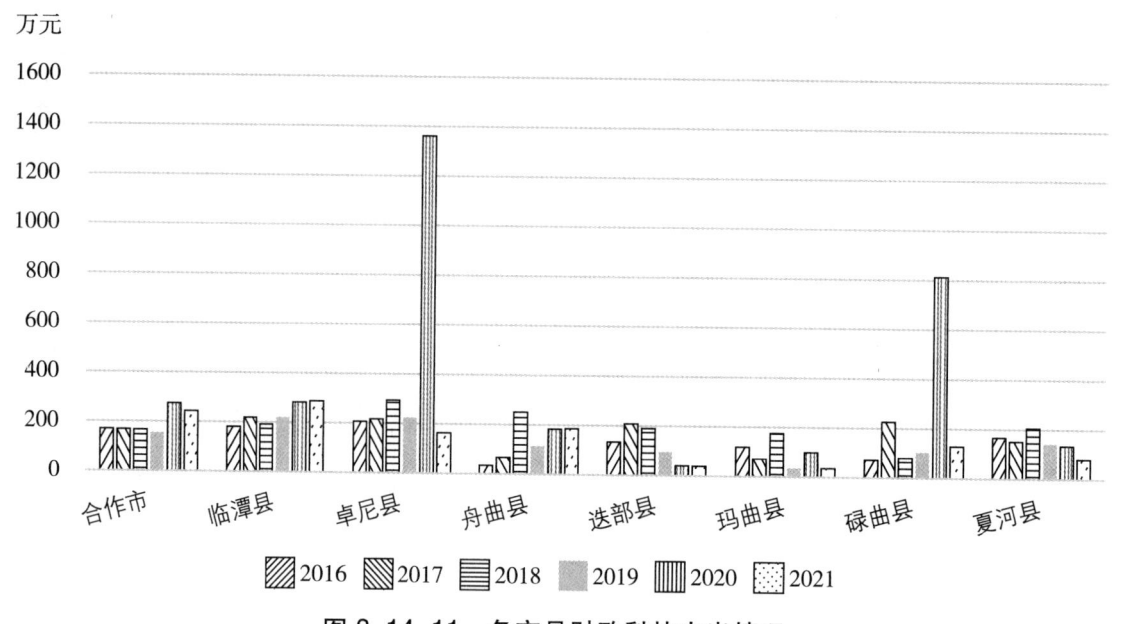

图 8-14-11　各市县财政科技支出情况

二、科技产出情况

（一）企业创新活动情况

1. 企业总体情况

2016~2021 年，甘南州规模（限额）以上企业数呈现"U"形变化态势，从 2016 年 58 家增长至 2021 年的 63 家，年均增长率为 1.67%。企业数增长率最高的年度为 2021 年，达 10.53%，增长率最低的年度为 2017 年，是-5.17%。2020 年企业数为 57 家，2021 年较上年增长了 6 家，占全省规模（限额）以上企业数的 1.04%。表 8-14-10，图 8-14-12。

表 8-14-10 2016~2021年甘南州企业数与增长率

年度	企业数(个)	增长率(%)	占全省比例(%)
2016	58	-	1.11
2017	55	-5.17	1.07
2018	54	-1.82	1.13
2019	54	0.00	1.08
2020	57	5.56	1.06
2021	63	10.53	1.04

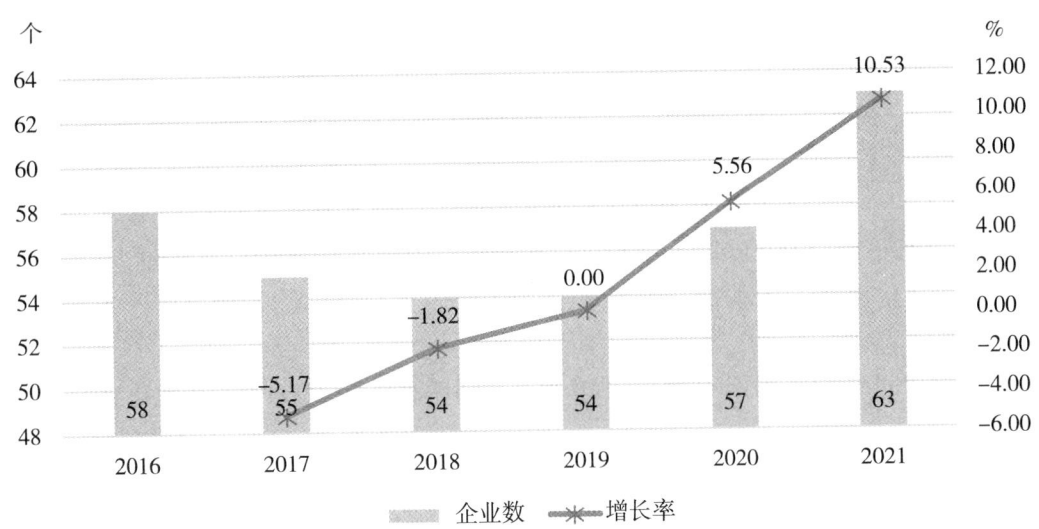

图 8-14-12 2016~2021年甘南州企业数与增长率

2.企业开展创新活动情况

2016~2021年,甘南州规模(限额)以上企业中开展创新活动企业数波动减少,从2016年的25家降低至2021年的13家,年均增长率为-12.26%。2017年、2019年、2021年呈现下降态势,2021年开展创新活动企业数为13家,相较于2020年减少3家,占全省的0.53%。表8-14-11,图8-14-13。

表 8-14-11 2016~2021年甘南州开展创新企业数与增长率

年度	企业数(个)	增长率(%)	占全省比例(%)
2016	25	-	1.33
2017	17	-32.00	0.90
2018	23	35.29	1.32
2019	16	-30.43	0.84
2020	16	0.00	0.82
2021	13	-18.75	0.53

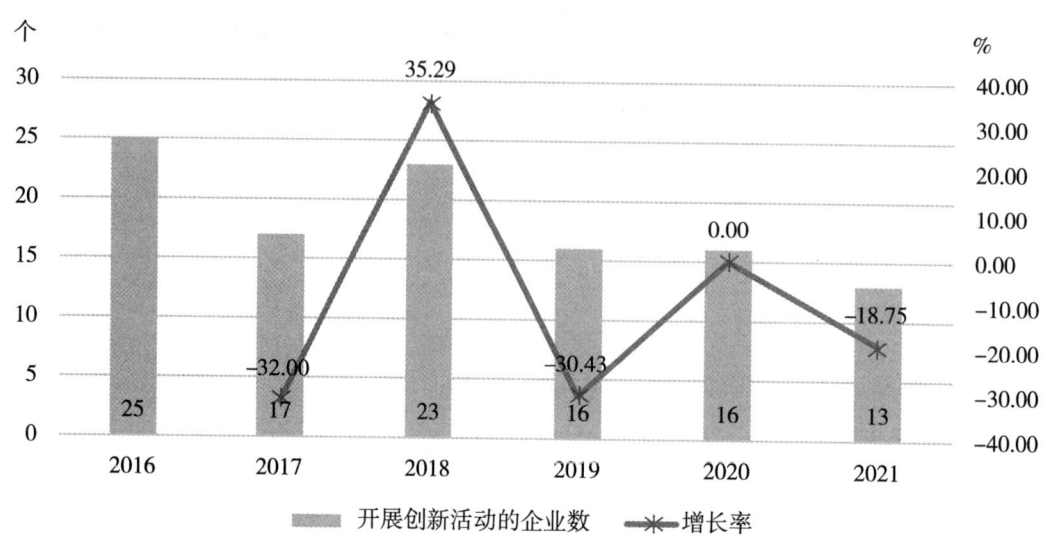

图 8-14-13 2016~2021 年甘南州开展创新企业数与增长率

2016~2021 年,甘南州规模(限额)以上企业中开展创新活动企业数占比呈现下降态势,从 2016 年的 43.10% 下降至 2021 年的 20.63%,减少了 22.47 个百分点。2020 年占比为 28.07%,2021 年较上年减少了 7.44 个百分点。表 8-14-12,图 8-14-14。

表 8-14-12 2016~2021 年甘南州开展创新活动企业数占总企业数比重

年度	占比(%)	年度	占比(%)
2016	43.10	2019	29.63
2017	30.91	2020	28.07
2018	42.59	2021	20.63

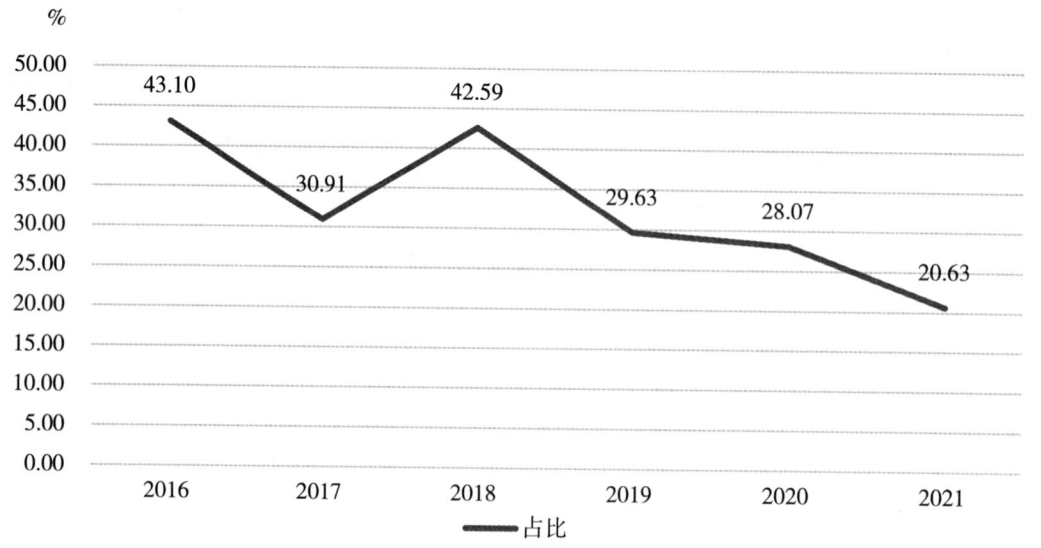

图 8-14-14 2016~2021 年甘南州开展创新活动企业数占总企业数比重

开展创新活动企业中,部分企业成功实现创新,2016~2021年,企业实现创新完成率呈现稳定态势,成功创新企业占开展创新活动企业比例稳定在九成以上,2016年、2017年、2019年、2021年企业实现创新完成率为百分之百,2018年企业实现创新完成率最低,为91.30%。2020年企业实现创新完成率为93.75%。表8-14-13,图8-14-15。

表8-14-13 2016~2021年甘南州实现创新完成企业占比

年度	实现创新完成率(%)
2016	100.00
2017	100.00
2018	91.30
2019	100.00
2020	93.75
2021	100.00

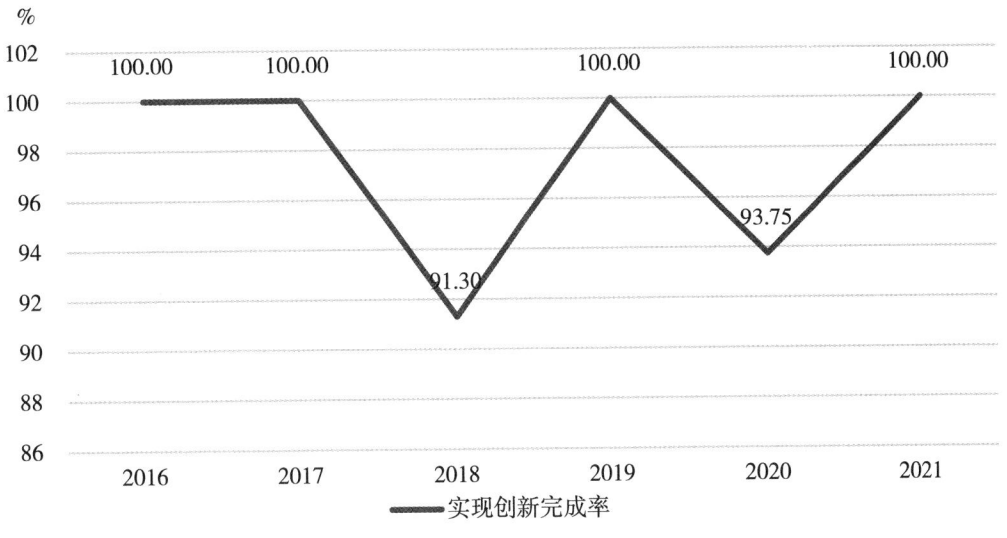

图8-14-15 2016~2021年甘南州实现创新完成企业占比

3.创新活动类型情况

2021年,甘南州开展组织(管理)创新活动或营销创新活动的企业占开展创新活动企业数的92.31%,开展产品创新活动或工艺创新活动的企业占53.85%,同时开展4种创新活动的企业占15.38%。表8-14-14,图8-14-16。

表 8-14-14 2016~2021 年甘南州企业创新活动开展情况

年度	开展产品或工艺创新活动企业数(个)	占比(%)	有组织(管理)创新或营销创新企业数(个)	占比(%)	同时实现四种创新企业数(个)	占比(%)
2016	8	32.00	25	100.00	3	12.00
2017	5	29.41	17	100.00	3	17.65
2018	9	39.13	20	86.96	4	17.39
2019	6	37.50	16	100.00	3	18.75
2020	12	75.00	13	81.25	2	12.50
2021	7	53.85	12	92.31	2	15.38

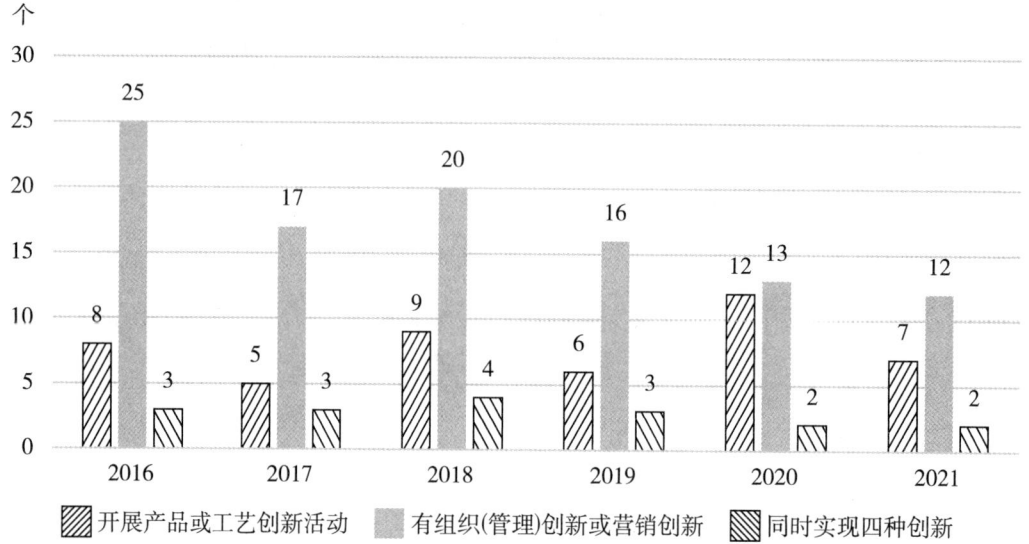

图 8-14-16 2016~2021 年甘南州企业创新活动开展情况

(二)企业 R&D 活动情况

1.开展 R&D 活动的企业情况

2018~2021 年,开展内部 R&D 活动企业数呈现波动变化态势,从 2018 年的 2 家增长至 2020 年的 5 家,至 2021 年又回落到 2 家。2021 年甘南州开展内部 R&D 活动企业占规模(限额)以上企业的比重为 3.17%。表 8-14-15,图 8-14-17。

表 8-14-15 2018~2021 年甘南州内部 R&D 企业情况

年度	有内部 R&D 的企业数(个)	增长率(%)	有内部 R&D 的企业数占比(%)
2018	2	—	3.70
2019	1	−50.00	1.85
2020	5	400.00	8.77
2021	2	−60.00	3.17

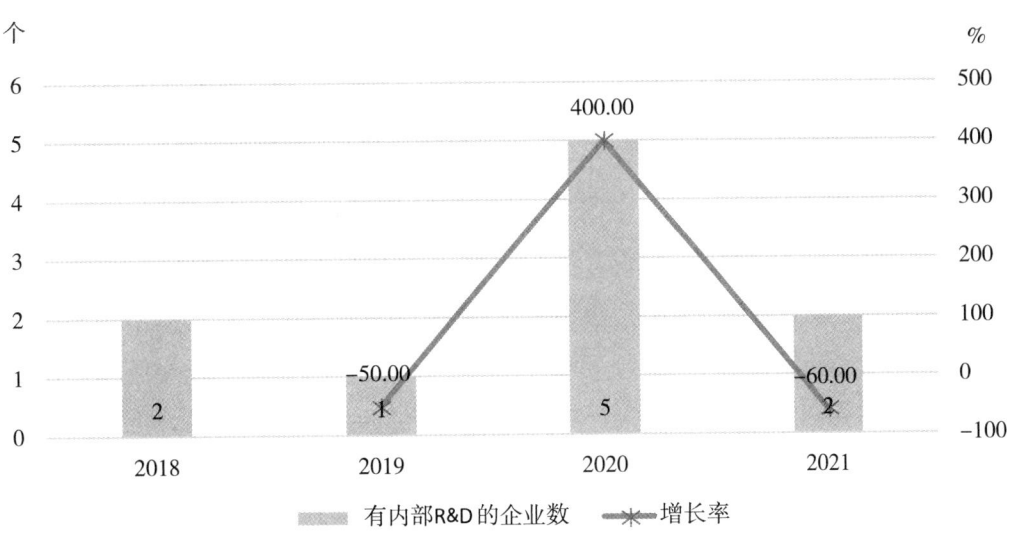

图 8-14-17　2018~2021 年甘南州内部 R&D 企业情况

2020~2021 年,开展外部 R&D 企业数持平,皆为 1 家。2021 年甘南州开展外部 R&D 活动企业占规模(限额)以上企业的比重为 2.32%。表 8-14-16,图 8-14-18。

表 8-14-16　2020-2021 年甘南州开展外部 R&D 企业情况

年度	有外部 R&D 的企业数(个)	增长率(%)	有外部 R&D 的企业数占比(%)
2020	1	—	—
2021	1	0.00	2.32

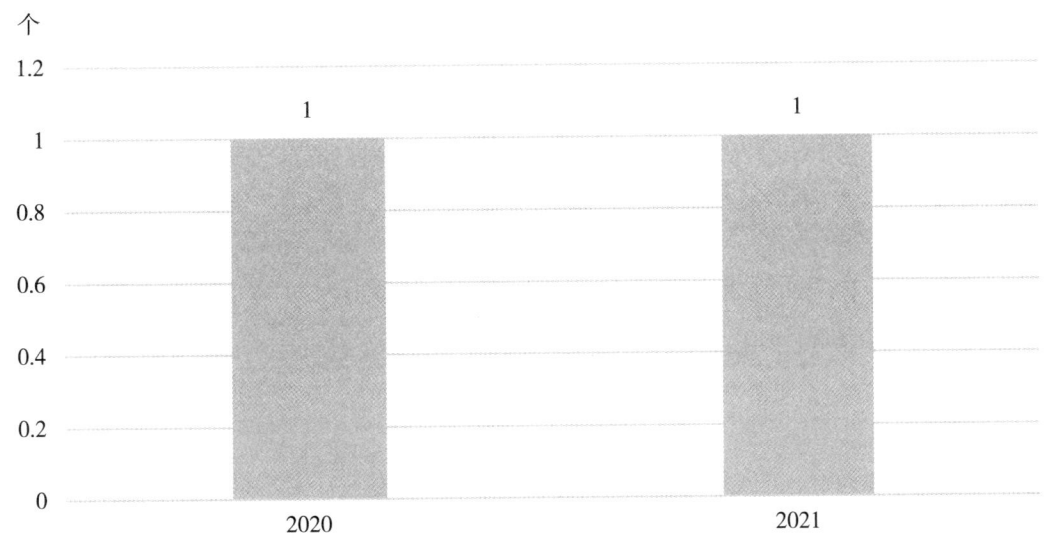

图 8-14-18　2020~2021 年甘南州开展外部 R&D 企业数情况

2.工业企业创新费用情况

2016~2021年，工业企业创新费用呈现较大波动变化态势，从2016年的0.02亿元增长至2021年的0.17亿元，年均增长率为56.51%。2018年增长率最高，为417.60%，2021年增长率最低，为-65.66%。表8-14-17，图8-14-19。

表8-14-17　2016~2021年甘南州工业企业创新费用及其增长率

年度	工业企业创新费用(亿元)	增长率(%)
2016	0.02	—
2017	0.02	6.74
2018	0.10	417.60
2019	0.12	20.50
2020	0.50	310.79
2021	0.17	-65.66

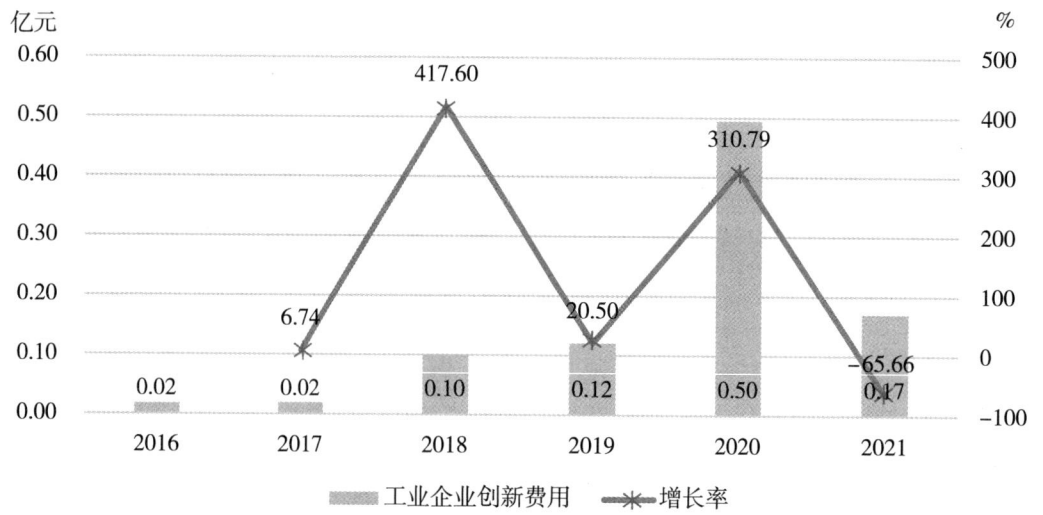

图8-14-19　2016~2021年甘南州工业企业创新费用及其增长率

3.企业R&D经费情况

2019~2021年，甘南州规模以上工业企业R&D经费从2019年的0.06亿元减少至2021年的0.01亿元，年均增长率为-97.63%。占规模以上工业企业营业收入的比重从2019年的0.2%下降至2021年的0.03%。其中2020年占比最高，为0.60%，2021年占比最低。表8-14-18，图8-14-20。

表8-14-18　2019~2021年甘南州规模以上工业企业R&D经费情况

年度	规模以上工业企业R&D经费(亿元)	占规模以上工业企业营业收入(或主营业务收入)的比重(%)
2019	0.06	0.20
2020	0.22	0.60
2021	0.01	0.03

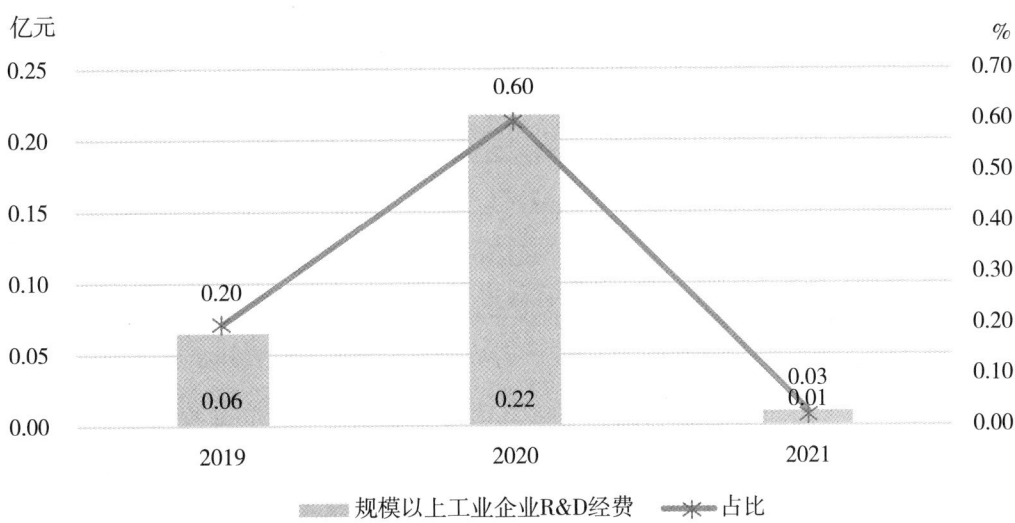

图 8-14-20　2019~2021 年甘南州规模以上工业企业 R&D 经费情况

(三)知识产权情况

1.专利授权情况

2016~2022 年,甘南州专利授权量呈现增长态势,从 2016 年的 128 件增长至 2022 年的 197 件,年均增长率为 7.45%,其中,2019 年增长率最高,为 96.66%,2018 年增长率最低,为 -61.29%。表 8-14-19,图 8-14-21。

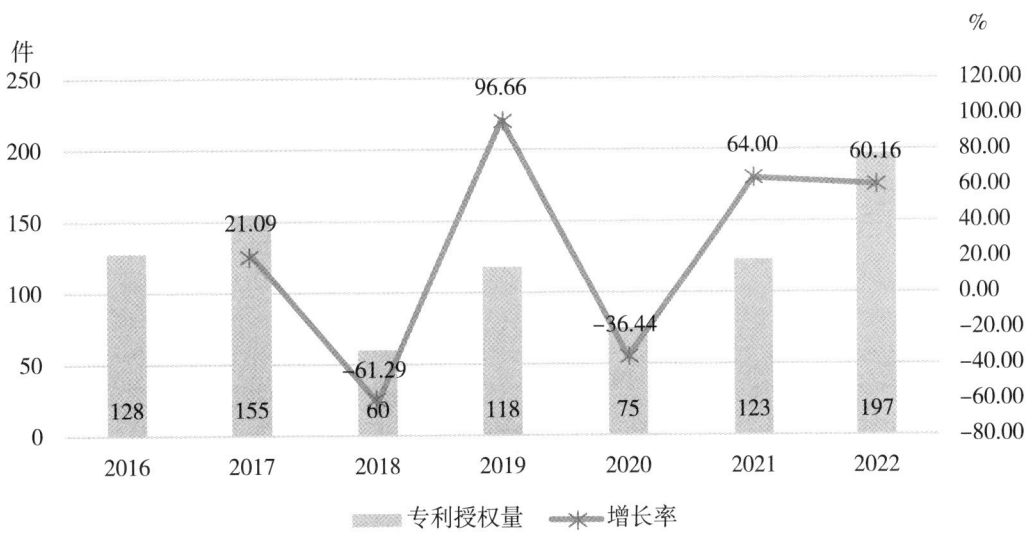

图 8-14-21　2016~2022 年甘南州专利授权量及其增长率

表 8-14-19 2016~2022年甘南州专利授权量及其增长率

年度	专利授权量(件)	增长率(%)	年度	专利授权量(件)	增长率(%)
2016	128	-	2020	75	-36.44
2017	155	21.09	2021	123	64.00
2018	60	-61.29	2022	197	60.16
2019	118	96.66			

2.发明专利拥有量

2016~2022年,甘南州发明专利拥有量波动变化,从2016年的25件增长至2022年的27件,年均增长率为1.29%。万人发明专利拥有量从2016年的0.36件增长至2022年的0.39件,年均增长率为1.34%。其中,2021年专利发明专利拥有量增长率最低,为-7.14%。2017年发明专利拥有量增长率最高,为8%。表8-14-20,图8-14-22。

表 8-14-20 2016~2022年甘南州发明专利拥有量情况

年度	发明专利拥有量(件)	每万人口发明专利拥有量(件)
2016	25	0.36
2017	27	0.38
2018	28	0.39
2019	27	0.37
2020	28	0.39
2021	26	0.38
2022	27	0.39

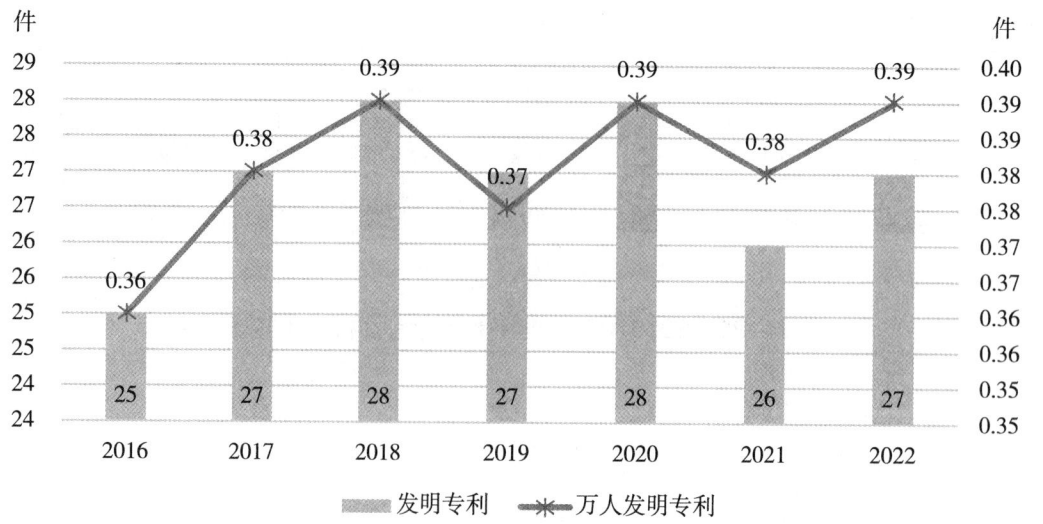

图 8-14-22 2016~2022年甘南州发明专利拥有量情况

3.高价值专利拥有量

（1）总体情况

2022年，甘南州高价值发明专利拥有量8件，相比于2021年减少3件，增长率为-27.27%。表8-14-21，图8-14-23。

表8-14-21　2021~2022年甘南州高价值发明专利拥有量

年度	高价值发明专利拥有量（件）
2021	11
2022	8

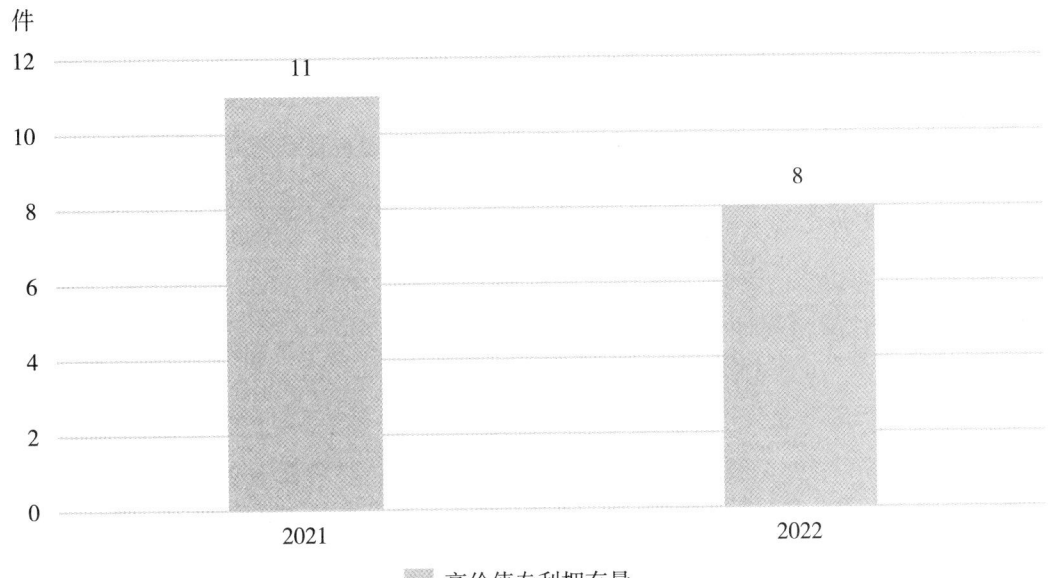

图8-14-23　2021~2022年甘南州高价值发明专利拥有量

（2）五个维度分布情况

2022年甘南州高价值专利拥有量中，维持年限超10年的有效发明专利量为7件，占比为63.64%。战略性新兴产业的有效发明专利量为4件，为36.36%。表8-14-22，图8-14-24。

表8-14-22　2022年甘南州高价值发明专利拥有量维度分布情况

分类	高价值发明专利拥有量（件）
战略性新兴产业的有效发明专利	4
维持年限超10年的有效发明专利	7
在海外有同族专利权的有效发明专利	0
获得较高质押融资金额的有效发明专利	0
获得国家科技奖或中国专利奖的有效发明专利	0

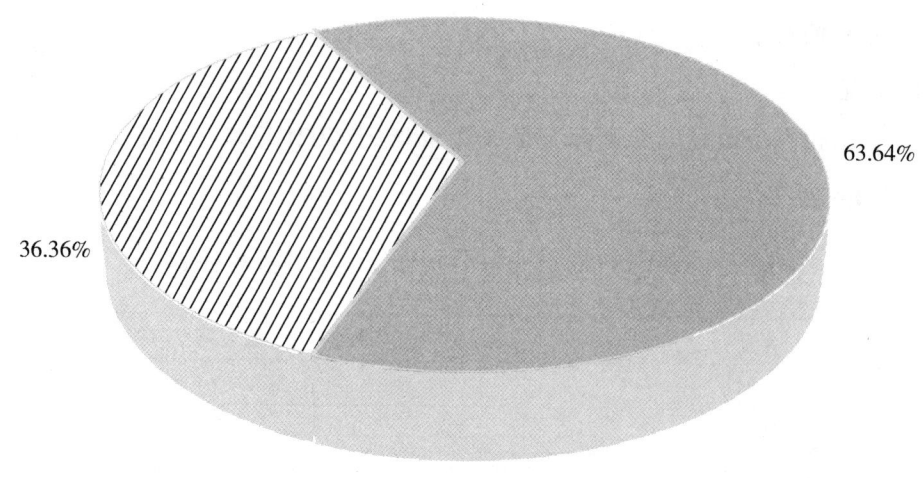

战略性新兴产业的有效发明专利　　维持年限超10年的有效发明专利

图 8-14-24　2022 年甘南州高价值发明专利拥有量维度分布情况

(四)技术市场交易情况

1.总体情况

2016~2022 年,甘南州累计登记技术合同 36 项,成交额共计 6.55 亿元,其中,2022 年甘南州登记技术合同 9 项,技术合同成交额 0.44 亿元,比 2016 年下降 36.1%。表 8-14-23,图 8-14-25。

表 8-14-23　2016~2022 年甘南州技术市场合同统计表

年度	2016	2017	2018	2019	2020	2021	2022
合同数(项)	8	2	6	4	4	3	9
成交额(亿元)	0.69	0.76	0.85	1.14	1.26	1.40	0.44

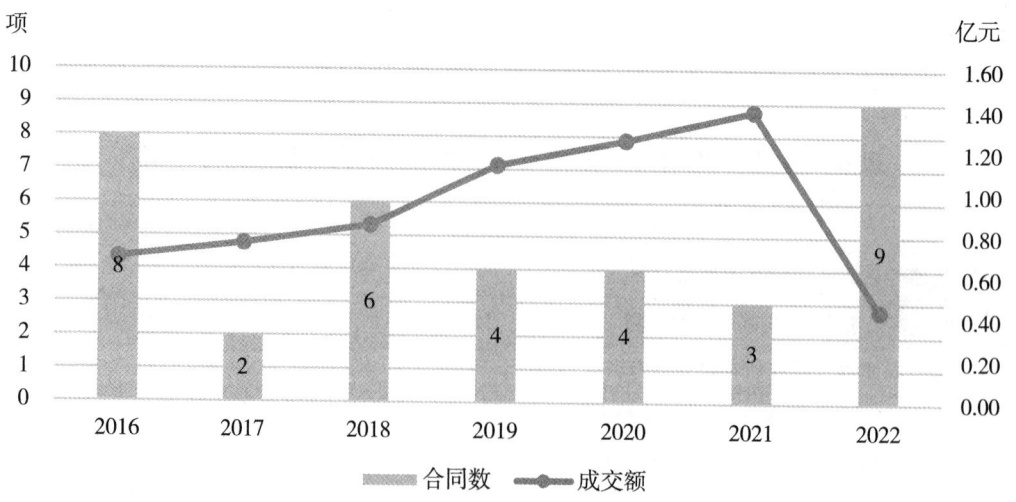

图 8-14-25　2016~2022 年甘南州技术市场合同数和成交额

2.不同类型分布情况

(1)按合同类别分布情况

2016~2022年,甘南州绝大部分技术交易合同为技术服务合同,共登记35项,成交额6.55亿元,占甘南州技术交易额的比重为99.98%;技术开发合同1项,成交额10万元,占0.02%。表8-14-24,图8-14-26。

表 8-14-24 2016~2022年甘南州技术合同按合同类别统计表

年度		2016	2017	2018	2019	2020	2021	2022	总计
总计	合同数(项)	8	2	6	4	4	3	9	36
	成交额(万元)	0.69	0.76	0.85	1.14	1.26	1.40	0.44	6.55
技术开发	合同数(项)	0	0	0	0	0	0	1	1
	成交额(万元)	0.00	0.00	0.00	0.00	0.00	0.00	0.00	0.00
技术转让	合同数(项)	0	0	0	0	0	0	0	0
	成交额(万元)	0.00	0.00	0.00	0.00	0.00	0.00	0.00	0.00
技术咨询	合同数(项)	0	0	0	0	0	0	0	0
	成交额(万元)	0.00	0.00	0.00	0.00	0.00	0.00	0.00	0.00
技术服务	合同数(项)	8	2	6	4	4	3	8	35
	成交额(万元)	0.69	0.76	0.85	1.14	1.26	1.40	0.44	6.55

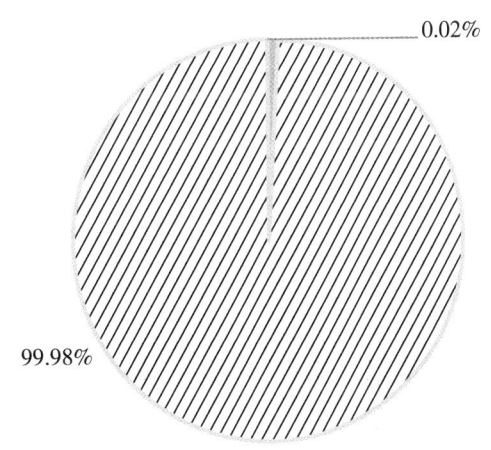

图 8-14-26 2016~2022年甘南州技术交易总金额按合同类别占比

（2）按卖方类别分布情况

2016~2022年，甘南州机关法人输出技术合同28项，成交额6.11亿元，占甘南州技术交易额的93.24%；企业法人共输出技术合同8项，成交额0.44亿元，占甘南州技术交易额的6.76%。表8-14-25，图8-14-27。

表8-14-25　2016~2022年甘南州技术合同按卖方类别统计表

年度		2016	2017	2018	2019	2020	2021	2022	总计
总计	合同数（项）	8	2	6	4	4	3	9	36
	成交额（亿元）	0.69	0.76	0.85	1.14	1.26	1.40	0.44	6.55
机关法人	合同数（项）	8	2	6	4	4	3	1	28
	成交额（亿元）	0.69	0.76	0.85	1.14	1.26	1.40	0.00	6.11
事业法人	合同数（项）	0	0	0	0	0	0	0	0
	成交额（亿元）	0.00	0.00	0.00	0.00	0.00	0.00	0.00	0.00
社团法人	合同数（项）	0	0	0	0	0	0	0	0
	成交额（亿元）	0.00	0.00	0.00	0.00	0.00	0.00	0.00	0.00
企业法人	合同数（项）	0	0	0	0	0	0	8	8
	成交额（亿元）	0.00	0.00	0.00	0.00	0.00	0.00	0.44	0.44
自然人	合同数（项）	0	0	0	0	0	0	0	0
	成交额（亿元）	0.00	0.00	0.00	0.00	0.00	0.00	0.00	0.00
其他组织	合同数（项）	0	0	0	0	0	0	0	0
	成交额（亿元）	0.00	0.00	0.00	0.00	0.00	0.00	0.00	0.00

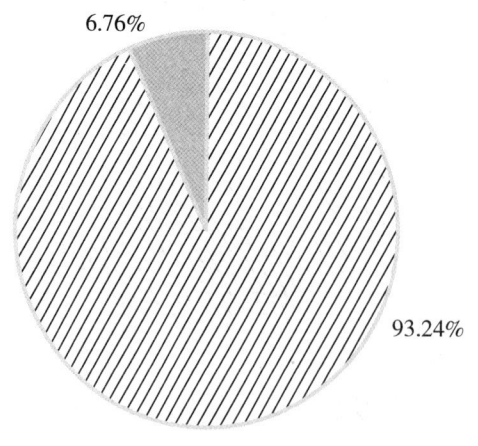

图8-14-27　2016~2022年甘南州技术交易总金额按卖方类别占比

(五)科技论文

2016~2020年,甘肃省14个市州共发表国内论文39 630篇,其中甘南州共发表科技论文78篇,占全省国内论文的比重为0.2%。表8-14-26,图8-14-28。

表8-14-26 2016~2020年甘南州国内论文数

年度	2016	2017	2018	2019	2020
论文数(篇)	18	17	22	10	11
占甘肃省国内论文比重(%)	0.22	0.22	0.29	0.13	0.13

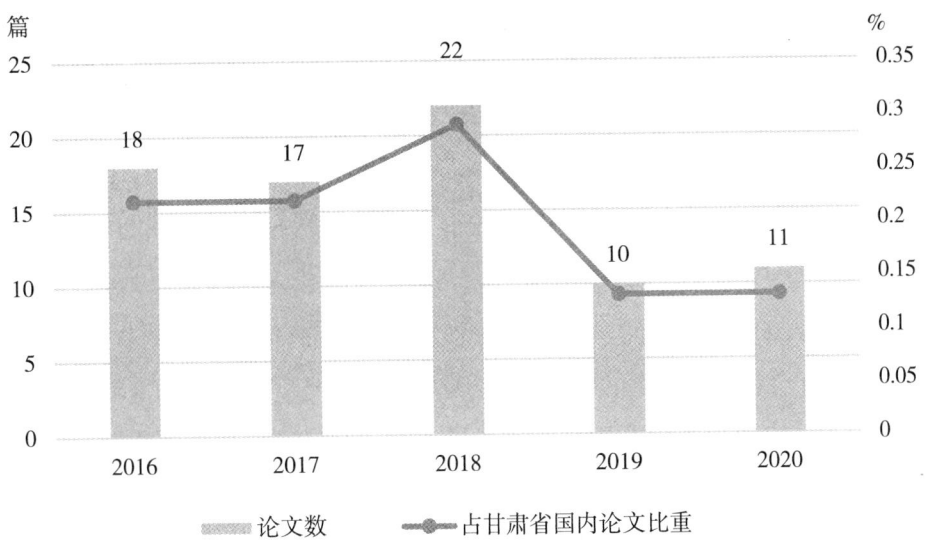

图8-14-28 2016~2020年甘南州国内论文发表情况

第九章　提高甘肃省科技经费投入效率的建议

一、甘肃省科技经费投入分析

(一)甘肃省科技经费投入存在的问题

甘肃省经济发展水平落后,科技经费投入不足,是典型的西部欠发达省份,通过前文对甘肃省R&D经费投入、工业企业R&D投入进行的专题研究,剖析存在的突出问题,进而提出解决措施。

1.R&D经费投入不足且投入结构不合理

"十三五"以来,甘肃R&D经费投入持续增加。R&D经费投入总量从2016年的86.99亿元增加到2021年的129.47亿元,年均增速8.28%。R&D经费投入强度从1.22%上升到1.26%,提升了0.04个百分点。虽然甘肃省研发经费投入总量不断增加,但全社会研发经费投入强度仍然较低,2021年甘肃省全社会研发经费支出占全国总量(27 956.3亿元)的0.46%,全社会研发经费支出占地区生产总值的比重比全国平均水平低1.18个百分点,在全国排第22位。甘肃省目前1.26%的R&D经费投入强度远低于全国水平(2.44%)和西部水平(1.54%),较北京、上海滞后20年以上,较广东、浙江、江苏等发达省份滞后15年以上。同处西部的四川、重庆,R&D经费投入规模均在甘肃省的5倍以上,R&D经费投入强度均在甘肃省的1.5倍以上。甘肃省R&D经费投入结构与全国相似,绝大部分经费主要用于试验发展和应用研究,基础研究投入相对较少。

2.科技经费投入不均衡

从甘肃省14个市州的情况来看,各市州的R&D投入存在较大的差距。兰州市拥有众多的省部属科研院所及大专院校,2021年,兰州市R&D经费投入为70.83亿元,R&D经费投入超过全省的50%,R&D经费投入强度也在全省平均水平之上。相比之下,平凉、陇南、临夏、甘南等市州R&D经费投入处于较低水平,2021年,R&D经费投入强度分别为0.16%、0.14%、0.12%、0.03%。同样,各市州财政科技支出占财政总支出的比重也存在较大地区差异,2021年兰州市、嘉峪关市、金昌市的财政科技支出占财政总支出的比重超过全省平均水平,而武威、甘南、临夏、天水等市州不足全省平均水平的一半。

3.科技成果转化能力不足

"十三五"以来,甘肃省科技成果登记数稳步上升,从2016年的1276项增长到2022年的1815项,年均增长6.05%。虽然甘肃省科技产出数量有了长足的增长,但是仍然存在科技成果的应用性不强,科技成果转换率低的现象。2022年全省登记的1851项科技成果中,不能直接转化应用的基础理论和软科学成果共663项,占35.82%;可用于转化的应用技术成果1188项,其中实现产业化应用的项目418项、小批量或小范围应用项目455项、试用项目182项、未能得到应用科技成果131项。在1188项科技成果中,实现转化效益的有644项,占34.79%。

4.基础研发力度不够

甘肃省的科技经费主要用于试验发展的领域。2021年试验发展的R&D经费投入达到86.21亿元,占到了总经费的66.59%。2016~2021年,甘肃省用于基础研究的R&D经费保持着年均4.76%的增长速度,但在投入比例中的份额,多年来却没有明显改变,而且这一比例有下降态势,2019年基础研究经费支出占R&D经费支出比例达到最高的16.84%,2019年以后逐年下降,到2021年用于基础研究的R&D经费17.07亿元,仅占总经费的13.19%。可见,甘肃省的基础研究投入偏低是不争的事实。

5.高新技术产业化程度较低

近年来,甘肃省积极提倡依靠科技进步,培育高新技术产业,经过多年的努力,已经形成一定规模,但总体来说,仍然存在总量不足、产品附加值较低、创新能力还不强等问题,还没有形成较大的新的经济增长点。部分高新技术企业的核心技术市场竞争力弱,专利申请量少,没有充分体现出"高技术、高投入、高收益"的"三高"特征,存在"重生产、轻研发"的弊端,创新意识不强,创新能力薄弱,真正有能力参与国内外竞争的大企业屈指可数。且甘肃省高新技术企业的分布几乎都在兰州市,其他各市州所占份额严重偏小,这种区域分布的严重失衡局面将大大制约甘肃省经济全面发展的战略布局。

6.科技创新人才缺乏且分布不均衡

2016~2021年,甘肃省专业技术人员从57.27万人扩大到61.74万人,R&D人员从3.98万人扩大到5.51万人,分别年均增长1.51%和6.72%。但是,甘肃省R&D人员数量依旧不足西部地区总数的5%,仅仅占到四川的两成、重庆和陕西的三成。2021年,兰州市R&D人员数分别是陇南、临夏、甘南的56.79倍、107.35倍、147.17倍,市州R&D人员数差异较大。企业普遍存在高技术人才引进难,企业创新动力后继乏力的问题。例如,企业与大专院校多方接洽,试图在本地区院校毕业生中吸纳适用性人才进行培养,但本地毕业生生源外流,外地聘请的高技术人才无法长期留驻。

(二)甘肃省企业R&D投入存在问题分析

1.企业研发经费投入不足

相较于发达省、市、区而言,甘肃省工业企业的研发意识不够强,研发投入的力度不够大,企业普遍存在着技术创新动力不足、压力不大、能力不强、运转不灵等问题。2021年,甘肃省企业研发经费支出(72.99亿元)占全社会研发经费支出(129.47亿元)的比重为56.38%,比全国平均水平(76.92%)低20.54个百分点,在全国排第24位。规模以上工业企业研发经费支出(64.29亿元)占营业收入(10 043.63亿元)的比重为0.64%,比全国平均水平(1.33%)低0.69个百分点,在全国排第23位。虽然近几年工业企业的R&D经费投入有所增加,但从全国水平来看,工业企业R&D经费投入强度也一直徘徊在较低水平,甘肃省工业企业R&D经费规模明显太小,这对企业的长远发展、做大做强是远远不够的。

2.创新主体规模偏小

整体来看,甘肃省高新技术企业由2016年的436家增长到2022年的1696家,年均增长25.41%,但总量不足全国的1%。全省规模以上工业企业数由2016年的2097家增加到2021年的2262家,企业规模较小。兰白自创区作为全省科技发展的重要"阵地",高新技术企业数在全省的占比不足30%,兰州国家高新区对兰州市的地区生产总值贡献占比仅为10.84%,而西安国家高新区对所在市的地区生产总值贡献占比达到25.09%。2021年,规模以上工业企业有研发活动的企业(470家)占规模以上工业企业(2262家)的比重为20.78%,比全国平均水平(38.33%)低17.55个百分点,在全国排第22位。甘肃省开展研发活动的规模以上工业企业较少,绝大多数科技型企业都没有设立研发机构,更没有较强的研发团队,造成科技研发层次很低,实现市场化难度很大。

3.持续创新能力不足

发展不均衡导致企业所处区域产业聚集度低,优势特色产业聚集效应尚未形成,企业发展程度不高,技术创新能力弱,产学研用结合不紧密,科技创新的内生动力不足。部分企业为规避创新风险,只注重进行周期短、有一定技术基础的创新活动,或直接引进相关技术,无法形成突破性技术创新,仍处在有"制造"无"创造"、有"产权"无"知识"的生存状态。多数科技型企业虽注重技术创新,但受制于创新机制不健全、经费和研发人员不足、组织管理与技术创新不配套等问题,企业研发能力薄弱,技术储备较少,许多产业只是低水平、简单的重复和集聚,产业链与创新链有待进一步融合,阻碍了技术创新的连贯性与递进性。2020年,甘肃省高新技术企业科技活动经费支出71.39亿元,占全国总数的0.26%,在全国排名靠后;高新技术企业人均科技活动经费4.19万元,为北京的30.67%、上海的34.19%;高新技术企业人均R&D经费0.89万元,为北京的20.27%、广东的21.31%。

4.融资服务体系不健全

甘肃省科技型企业融资模式缺乏完善性和持续性,尚未发挥风险投资、产权交易、金融租赁、典当融资等渠道应有的作用,以合伙投资、互助基金、民间信用等为代表的各种非正规金融、以"私募"为代表的直接融资渠道尚未成为科技型中小企业多元化融资的有力补充。相比大中型企业,科技型中小企业规模小、信贷抵押资产少、财务管理不规范,在贷款方面需支付更多的浮动利息。金融机构贷款担保要求高,手续繁杂,需付出诸如担保费、抵押资产评估等相关费用,导致融资成本上升。统一的金融服务平台缺乏,银企双方信息不对称问题突出,个别银行审批权限上收、审批链条过长、效率不高,导致企业融资更难、更慢。在借款期限方面,科技型企业一般只能借到短期信用贷款,贷款难是科技型企业在资金方面最大的痛点。

二、提高甘肃省科技经费投入效率的建议

"十四五"期间,甘肃省需加快建设区域创新体系,通过集聚资源要素,营造一流生态环境,不断培育壮大新动能,激发创新驱动内生动力,将科技创新转化为高质量发展的新动能。

(一)构建多元化科技投入机制

一是引导市、县政府建立稳定增长的财政科技投入机制。持续增加市、县(区)财政科技投入,确保市、县(区)财政科技支出只增不减。各级政府将科技创新作为财政支出重点领域,统筹各类科技创新发展资金,确保财政科技支出只增不减、增速明显高于一般公共预算支出。二是鼓励企业加大科研经费投入。积极引导企业建立自主增加研发投入的长效机制,把企业研发投入和技术创新能力作为申请政府经费支持的前提条件,倒逼企业向创新转型转变。三是引导金融资本向科技领域配置,构建科技资源与金融资源高效对接的体制机制,推动科技创新与金融创新良性互动,加快构建以财政投入为引导,以企业投入为主体,以金融资本、社会资本投入为支撑的多元化、多渠道、多层次的创新投入体系。

(二)加大对基础研究领域的投入

基础研究是科技创新的关键,在科技创新中发挥着至关重要的作用,甘肃省应按照"有所为,有所不为"的原则,集中优势财力,重点突破,增强基础研究能力,把基础研究放在优先支持领域。一是加大对高校和科研院所基础研究的投入,逐年提高高校和科研院所基础研究经费保障水平,形成对高校和科研机构基础研究的稳定支持机制,逐步建立起基础研究人员、研究基地等稳定支持的投入渠道,更充分地发掘高等院校和科研机构的基础研究潜力,使其成为基础研究的主力军。各相关部门统筹经费,支持省级重点学科高校及有较强实力的科研院所自主选题开展基础研究,提升原始创新能力。二是引导企业加大基础研究经费投入,引导企业本身增加对市场竞争能力强的高新技术产品研究项目,特别是技术核心项目的投入。形成以政府为主体,包括企业、研究机构、高等院校在内的基础研究投入的多元化格局。

(三)推进科技成果转移转化

一是深化科技成果评价改革。健全科技成果分类评价体系,通过考评"指挥棒",引导科技成果向应用端聚焦。健全科技成果创新激励机制,开展赋予科研人员职务科技成果所有权或长期使用权试点,激励科研人员主动开展成果转化。二是加快市场化技术转移转化机构建设。完善甘肃省科技成果转化(交易·评价)综合服务平台功能,充分发挥甘肃省国家技术转移机构、省级技术转移示范机构和第三方评估机构作用,加强省级科技成果转移转化示范区建设。三是提升科技园区成果转化带动力。充分发挥高新区作为科技成果转化主阵地的作用,完善运营模式和配套政策,加快科技成果落地转化。四是推动产学研深度协作。鼓励企业与高校院所开展紧密合作,联合建立产学研技术联盟、企业实验室、技术中心等,实现企业资金优势与高校、科研机构技术优势互补,协同提升产业技术水平。

(四)激励企业加大研发投入

一是引导企业建立研发投入增长机制。对企业科技创新产出进行考核,建立资格认定与科研实绩相结合的综合奖补机制,激励企业加大研发投入。加强规模以上工业企业培育发展,建立全省"小升规"重点企业培育库。引导规模以上企业加大研发投入,提高规模以上工业企业中高新技术企业占比。二是支持国有企业、民营科技领军企业聚焦国家重大需求,牵头组建体系化、任务型创新联合体。三是支持国内外一流科研机构和大型企业在甘设立或共建分支机构、研发中心、产业研究院等研发平台。

(五)提升企业技术创新能力

一是大力培育科技创新型企业。实施科技创新型企业和高新技术企业倍增计划,支持培育一批"专精特新"企业。支持规模以上高新技术企业成长为科技领军企业。二是支持中小微企业开展科技创新。支持中小微企业开展新产品、新技术、新工艺开发研究,不断加大研发投入,支持和引导科技创新服务平台为中小微企业提供科技创新服务,推动中小微企业科技创新的专业化、精细化、特色化发展。三是支持民营企业开展科技创新。支持民营企业公开公平公正参与承担重大科技任务,鼓励支持高校院所面向民营企业选派"科技专员",带技术和项目助力民营企业创新发展。鼓励引导大企业开放创新资源和应用场景,推动大中小企业融通发展。

(六)提升科技人才创新能力

一是稳定支持高层次科技人才。对领军人才实行人才梯队配套、科研条件配套、管理机制配套的特殊政策,定向支持高层次人才和创新团队开展应用基础研究和产业化技术攻关。二是培养青年人才后备军。实施博士后引进培养计划,建设一批博士后科研流动(工作)站和博士后创新实践基地。鼓励青年人才领衔重大科技任务,支持博士研究生、硕士研究生和优秀本科生参与科研项目攻关。三是拓宽引才聚才渠道。发挥好院士工作站作用,带动创新人才团队培养。支持企业与省外高校院所、企业等建立长期稳定的人才交流合作关系,柔性引进产业急需科技人才。搭建国际人才合作交流平台,对引进的高端人才,实行"一事一议",给予多方位的配套政策支持。

(七)建立科技金融紧密结合的投融资保障机制

一是构建多元化、多层次、多渠道的科技投融资体系。鼓励银行机构设立科技金融专营机构或科技支行,适当下放授信审批权限。支持企业利用众创、众筹、众包等新型模式吸收社会资本开展技术创新。二是发挥兰白科技投资基金和国家科技成果转化引导基金的引导作用,根据基金设立方案和运营情况适时补充资金池。探索新设天使投资引导基金,支持天使投资机构和创业投资机构与创业孵化平台开展合作。支持大型国有企业设立企业风险投资基金。三是强化科技风险投资机制,加大政府投入启动资金和支持风险投资发展的力度,规范和鼓励风险投资行为,保护风险投资者的各种利益。建立相应的财力支持,建立风险资本市场的运行机制。鼓励设立创业风险投资引导资金,支持金融机构、保险公司、证券公司等依法依规开展创业风险投资业务。四是发展知识产权质押贷款,知识产权作为科技企业最宝贵的资产,其本身的价值只有在流动中才能得到充分的体现。对于处于初创期、成长扩张期的科技型中小企业来说,知识产权质押贷款是解决融资困难的创新性途径。

(八)进一步完善科技经费投入绩效评价机制

一是建立政府科技经费投入效率评价机制,将科技投入绩效评价定位为政府整体绩效管理的管理工具。科学的科技经费投入绩效评价体系,可以准确评价政府科技投入的绩效,有效地发挥政府资源对技术进步的促进作用,进而发挥其对经济增长和社会发展的促进作用。二是加强科研项目的评估管理,对科研项目实施评估,政府部门可以根据评估结果,决定对研究机构的经费支持,可以有效提高科研效率。科研项目评价要实行分类评价,根据各类科学技术项目的不同特点,选择科学合理的评价程序、评价标准和方法,确保评价结果的科学性和可靠性。

后 记

本书是在甘肃省自然科学基金项目(22JR5RA793)、甘肃省软科学计划项目(22JR11RA274)研究成果的基础上补充完善而成的,在本书即将付梓之际,感谢所有为本书研究和撰写做出贡献的人员,他们的辛勤工作和专业知识为本书的完成提供了坚实的基础。

全书主要由张爱宁、李晥玲、李建伟、谢艳艳等完成。其中:张爱宁撰写第二章、第三章和第八章部分内容,共计14万字;李晥玲撰写第一章和第八章部分内容,共计13万字;李建伟撰写第五章、第六章和第八章部分内容,共计13万字;谢艳艳撰写第四章、第八章部分内容和第九章,共计12万字。其余内容由项目课题组成员徐爱娟、柴丽霞等共同完成。

本书属于学术研究成果,不代表作者所在单位和项目资助方的观点和结论,仅为撰写人员的学术见解。

希望本书能够为读者提供有价值的信息和启发,促进科技经费投入产出效率的提高,推动科技创新发展。在撰写本书的过程中,我们尽可能地收集了大量的数据和信息,并进行了详尽的研究和分析。然而,由于数据量的庞大和复杂性,以及数据信息的随时变化,难免会存在一些纰漏和不完整之处。有些数据还存在四舍五入的处理原则,希望参考时慎重使用。另外,本书中所提供的信息可能会有一定的滞后性,读者在使用和引用本书中的数据时,应该结合最新的研究成果和实际情况进行判断和分析。